内 容 提 要

本书以热电联产与火电节能为主线，以“温度对口，梯级利用”的科学用能思想为指导，剖析了火电机组，特别是热电联产机组的节能机理、节能潜力，阐述了中低温余热利用的系统集成方法、主要设备等，包括利用热泵回收中低温余热、新型凝抽背供热、烟气余热利用、低真空供热等各类技术，论述了火电厂中低温余热利用工程设计、运行优化等方面的技术准则及注意事项，并以实际工程应用的典型案例为依据，进行详细的分析。

本书可供火电厂相关设计、管理、运行人员，电力设计院，电力科学研究院等单位从事节能系统设计与工程改造的技术人员使用，同时可供能源动力领域从事科研、设计、管理、运行等工作人员，以及各高校能源动力专业老师及学生的参考用书。

图书在版编目（CIP）数据

火电厂中低温余热利用技术/孙士恩，高新勇，郑立军编著．—北京：中国电力出版社，2020.3
ISBN 978-7-5198-4152-2

Ⅰ.①火…　Ⅱ.①孙…　②高…　③郑…　Ⅲ.①火电厂—低温余热—余热利用　Ⅳ.①TM621.4

中国版本图书馆 CIP 数据核字（2020）第 017243 号

出版发行：中国电力出版社
地　　址：北京市东城区北京站西街 19 号（邮政编码 100005）
网　　址：http：//www.cepp.sgcc.com.cn
责任编辑：畅　舒
责任校对：王小鹏
装帧设计：郝晓燕
责任印制：吴　迪

印　　刷：三河市万龙印装有限公司
版　　次：2020 年 3 月第一版
印　　次：2020 年 3 月北京第一次印刷
开　　本：787 毫米×1092 毫米　16 开本
印　　张：25.25　1 插页
字　　数：621 千字
印　　数：0001—1500 册
定　　价：118.00 元

前 言

能源是人类社会赖以生存和发展的重要物质基础，是国民经济的基础产业和战略性资源，对保障和促进经济增长与社会发展具有重要作用。目前，我国处于社会经济发展的重要阶段，能源需求大幅度增加，然而我国人均能源资源拥有量较低，能源资源短缺成为制约我国经济和社会发展的重要因素。21 世纪以来，我国电力工业发展迅猛，电力装机容量和发电量快速增长，其中：火电装机容量仍占电力总装机容量的 60%左右，火力发电量占总发电量的比例超过 70%，可见火力发电作为用能大户，对于我国工业领域节能降耗至关重要。2015 年 12 月，国务院常务会议上提出，2020 年以前，现役燃煤发电机组与新建燃煤发电机组供电煤耗要低于 310g/kWh 与 300g/kWh，这也进一步加快推进火力发电行业的节能降耗。

一方面，由于人们生活水平的提高，对采暖的需求大幅增加，我国仍面临着采暖供热耗能大幅增加，或无法满足供热需求的问题；另一方面火电行业能效仍普遍较低，存在着大量的锅炉排烟余热和汽轮机冷端余热未被充分利用。以燃煤火电机组为例，纯凝机组综合热效率只有约 38%，即使热电机组在最大供热工况下也不超过 65%。其中，汽轮机乏汽余热（占输入热量的 30%以上）通过冷却塔直接被排放，造成巨大的冷端余热损失。而在火电厂锅炉的各项热损失中，锅炉排烟热损失是其中最大的一项，占锅炉总热损失的比例超过 80%。当前，我国北方地区采暖所消耗的能源达到了每年近 4 亿吨标准煤，且一半左右为效率低下的散烧煤供热方式，这不仅造成了巨大的环境污染问题，而且也产生了巨大的能源浪费。对于居民采暖来说，所需的热能为低品位能源，如果能采取有效措施将火电厂的低温余热用于居民采暖，不仅可以有效提升火电厂的整体能效水平，而且可以解决居民生活采暖的问题，这对于社会来说，也是一项巨大的节能减排成就。

为了帮助同领域的从业人员进一步熟知火电行业节能技术的发展，本书以火电节能与热电联产的技术发展为主线，以总能系统集成理论为指导，详细讲解了火电厂中低温余热利用技术及应用。本书一共分为 13 章节，第 1 章介绍了国内外的能源现状及发展趋势，分析了国内外的节能减排战略形势，并从能量品质的角度，描述了能量的品位及其评价方法；第 2 章从总能系统概论、能量梯级利用原理和能量系统过程集成方法三方面介绍了总能系统集成理论，为火电厂节能奠定了扎实的理论基础；第 3 章在分析国内外热电联产发展情况的基础上，进一步从热力学定律和梯级利用的角度阐述了火电厂中低温余热利用的节能机理；第 4～9 章详细介绍了不同火电厂中低温余热利用技术的工作原理、系统集成、热力设计、主要设备等，主要技术包括压缩式热泵技术、吸收式热泵技术、大温差热泵技术、低真空供热技术、新型凝抽背供热技术、烟气余热利用技术、热电系统集成技术等；第 10 章论述了火电厂中低温余热利用工程设计、运行优化等方面的技术准则及注意事项；第 11～13 章则是从技术方案比选、系统设计、设备选型、工程建设方案、项目财务评价等角度详细分析了多项火电厂中低温余热利用工程改造的典型案例，主要涉及吸收式热泵回收火电厂余热工程改造、火电厂高背压供热工程改造、火电厂中低温烟气余热再利用工程改造、火电厂新型凝抽背供热工程改造和热电联产厂网一体化扩容供热工程改造等。本书在编写过程中，相关工程案例是来源于编者在华电电力科学研究院有限公司工作多年积累的应用成果，得到了华电电力科学研究院有限公司供热技术部团队的何晓红、俞聪、冯亦武、庞建锋、陈菁、舒斌、赵明德、费盼峰、洪纯珩、王伟、李开创、刘帅等多位同事的全力帮助，在此对他们表示衷心的感谢。

本书可供能源动力领域从事科研、管理、设计、运行等工作的人员阅读参考，同时也是火电厂相关设计、管理、运行人员、电力设计院、电科院从事节能改造相关人员的重要参考书，还可作为高校热能动力专业学生及老师理论联系实际的学习参考用书。由于编者水平有限，编写时间仓促，书中难免存在错误和不妥之处，敬请广大读者批评指正。

编著者

2019 年 12 月

目 录

第 1 章

能源与能源品位评价

第 1 节　能源现状及发展趋势

1.1　概述

能源是指能够提供能量的物质，是为人类的生产和生活提供各种能力和动力的物质资源，是国民经济的重要物质基础。能源的开发和有效利用程度以及人均消费量是生产技术和生活水平的重要标志。

随着世界经济总量的发展和人口增长，特别是中国，一次能源消费量不断增加。世界能源消费结构趋向优质化，但地区差异仍然很大。不同国家能源消费呈现不同的增长模式，发达国家工业化程度高，经济开始向低能耗、高产出的产业结构发展，能源消费增长速率明显低于发展中国家。随着能源消费总量的持续增长，能源资源分布的集中度日益扩大，对能源资源的争夺也会日趋激烈。但化石能源的开发利用，特别是煤炭，对大气、地下水资源等环境的污染也越来越严重。面对以上挑战，世界能源供应和消费将向多元化、清洁化、高效化、全球化和市场化趋势发展。

截至 2016 年底，我国北方地区城乡建筑取暖总面积约 206 亿 m^2。其中，城镇建筑取暖面积 141 亿 m^2，农村建筑取暖面积 65 亿 m^2。“2＋26”城市城乡建筑取暖面积约 50 亿 m^2。我国北方地区取暖使用能源以燃煤为主，燃煤取暖面积约占总取暖面积的 83%，天然气、电、地热能、生物质能、太阳能、工业余热等合计约占 17%。取暖用煤年消耗约 4 亿 t 标准煤，其中散烧煤（含低效小锅炉用煤）约 2 亿 t 标准煤，主要分布在农村地区。北方地区供热平均综合能耗约 22kg/m^2 标准煤，其中，城镇约 19kg/m^2 标准煤，农村约 27kg/m^2 标准煤。如果选择合理的供热能源，并进行适当优化，供热的平均综合能耗可以降低到 10kg/m^2 标准煤以下。由此可见，供热的节能潜力巨大，如果将供热的综合能耗降下来，将对国家的节能减排做出重要贡献。

在北方城镇地区，主要通过热电联产、大型区域锅炉房等集中供热设施满足取暖需求，承担供热面积约 70 亿 m^2，集中供热尚未覆盖的区域以燃煤小锅炉、天然气、电、可再生能源等分散供热作为补充。城乡结合部、农村等地区则多数为分散供热，大量使用柴灶、火炕、炉子或土暖气等供热，少部分采用天然气、电、可再生能源供热。

1.2　国内外能源利用现状

1.2.1　全球能源综合利用现状

2016 年，全球能源需求增长率为 1%，类似于 2015 年 1%和 2014 年 0.9%的增长率，远低于过去十年 1.8%的平均增长率水平。2016 年的增长基本来自快速增长的发展中经济体，约有一半的增长量来自中国和印度。印度能源需求增长率为 5.4%，不过中国的能源需求增长率仅为 1.3%。2016 年中国的增长率接近于 2015 年的 1.2%，约只有其十年平均增长率的 1/4。2015 年和 2016 年是 1997～1998 年以来中国能源需求增速最为缓慢的两年，尽管增速放缓，但中国的需求逐年增长，已经连续第十六年成为全球范围内增长最快的能源市场。然而，经济发达国家需求基本保持不变。

全球煤炭的生产量与消费量出现了持续性下滑，这主要是源于美国和中国这两大国家煤炭的生产量与消费量下滑。2016 年，中国煤炭生产量为 24.08 亿 t 标准煤，相比于 2015 年下降了 7.7%。2016 年，中国煤炭消费量为 27.03 亿 t 标准煤，相比于 2015 年下降了 1.3%。而在英国，煤炭消费量减少了一半以上，英国煤炭消费量已下滑至约 200 年前工业革命之初的水平。英国电力部门于 2017 年 4 月实现了首个“无煤炭”日。

全球石油用量增长强劲，增幅 1.6%，每天的用量增加 160 万桶，连续第二年高于其十年平均增速。印度和欧洲的需求增长强劲，增长 30 万桶/天。而中国的需求增长为 40 万桶/天，与近年来的水平相比有所下滑。2016 年，即期布伦特平均价格为每桶 44 美元，低于 2015 年的每桶 52 美元，也是自 2004 年以来最低的年平均价格。价格疲软影响了全球石油产量的增长，2016 年的产量仅增长 0.5%，是 2009 年以来的最低增幅，仅为 40 万桶/天。

2016 年全球天然气消费量增加 1.5%，低于 2.3%的十年平均增长率。但是，天然气消费量在中国（增长 7.7%）、欧洲（增长 6%）和中东（增长 3.5%）增长强劲。全球天然气产量仅增长 0.3%，除金融危机期间之外，这是 34 年以来产量增长最低的一年。由于天然气价格较低，美国的天然气产量也出现了页岩气革命开始以来的首次下滑。然而，澳大利亚由于新建液化气设施投产，天然气产量大幅增加。受澳大利亚新建输出设施的拉动，全球液化气进/出口增长 6.2%。随着更多新建项目投产，液化气生产有望在未来 3 年内增长约 30%。

2016 年可再生能源继续保持最快的增长速度。不考虑水电，可再生能源增长了 12%，虽低于 15.7%的十年平均增长水平，但这仍是有史以来可再生能源最大的年增加量，增加 5500 万 t 油当量，超出了煤炭消耗量的减少量。可再生能源的增长量一半以上来自风电。2016 年，风电增长了 16%，太阳能增长了 30%。虽然太阳能仅占可再生能源产出的 18%，但太阳能的增长量约占可再生能源全部增长量的 1/3。2016 年，中国超越美国成为世界最大的可再生能源电力单一生产国，而亚太地区则超越欧洲和欧亚大陆成为可再生能源电力最大的生产地区。另外，水电在 2016 年增长了 2.8%，增长量为 2710 万 t 油当量。最大的增量仍来自中国，美国紧随其后。

1.2.2 中国能源利用现状

2017 年上半年，能源行业总体平稳，市场供需基本平衡，能源价格波动不大。需要关注的是煤炭去产能喜中有忧、天然气消费大幅增长、成品油市场竞争激烈、燃煤发电企业经营形势严峻等焦点问题。

（1）煤炭供需基本稳定，价格高位盘整，去产能喜中有忧。受火电需求旺盛及下游行业回暖影响，煤炭消费低速增长。初步统计，2017 年上半年全国煤炭表观消费量 18.78 亿 t 左右，同比增加约 4000 万 t，同比增长约 2.2%。主要由于水电出力不足，火电需求旺盛，带动发电用煤需求显著增加。据中国电力企业联合会统计，2017 年上半年全国火力发电量同比增加7.1%，比上年同期增加10.2个百分点，发电用煤约9.3亿t，同比增长8.2%。

全社会煤炭库存减少，市场总体平稳，价格高位盘整。初步统计，2017年6月末，全社会煤炭库存同比减少4000万t。2017年上半年，由于市场供需总体平稳，煤炭价格持续在560～610元/t的区间波动。

退出产能成效显著，但减量重组推进困难。2017年1～6月，全国退出煤炭产能1.11亿t，完成全年任务的74%。自2016年2月以来，累计完成退出煤炭产能4.01亿t，已完成“退出产能5亿t”目标的80.2%，成效显著。但是，“减量重组5亿t”的目标进展较慢，产能置换落实困难，优质产能释放缓慢。

(2) 天然气需求大幅增加，带动国内产量回升、进口持续增长。受大气污染防治行动计划及北方地区清洁能源供热在京津冀及周边地区的有效实施，以及宏观经济持续改善、电力消费较快增长、化工产品价格走高、LNG汽车市场回暖的影响，发电、化工、工业燃料和重型卡车用气需求显著增加，在传统淡季天然气消费出现了大幅增长。据国家发展改革委统计，2017年1～6月，全国天然气消费量1146亿m^3，同比增长15.2%，自2014年以来首次出现两位数增长。

同时，市场回暖带动国内天然气产量回升，页岩气持续上产。据发改委统计，2017年1～6月，国内天然气产量743亿m^3，同比增长10.1%，提高7.2个百分点。表明国内产能正在逐步释放。

受美元升值等因素影响，天然气进口平均价格小幅上涨，进口量依然上涨，但增速同比下降。2017年1～6月，天然气进口419亿m^3，同比增长17.9%，增速同比下降3.3个百分点。

另外，2017年7月，国家发布《加快推进天然气利用的意见》，重申将天然气在一次能源结构中的比重从当前的6%提高至2020年的10%和2030年的15%，实施城镇燃气、天然气发电、工业燃料升级、交通燃料升级四项重大工程，并从严格环保政策、完善价格机制、健全市场体系、完善产业政策、强化财政和投融资支持、加大科技创新、推进试点示范等方面提出了有力的保障措施。

(3) 电力消费增速企稳回升，电力供需宽松，但煤电形势严峻。工业和三产加速增长，带动电力消费中速增长。2017年1～6月工业用电增长6.1%，同比提高5.6个百分点，对全社会用电量增长的贡献率达到67.3%。其中，四大高载能行业带动工业用电明显回暖。2017年1～6月，除化工外，四大高载能行业用电增速明显反弹，合计同比增长6.3%，同比提高9.6个百分点，其中黑色和有色金属冶炼行业用电增速同比分别提高12.1个和18.3个百分点。此外，新型制造业用电比重明显提高，成为电力消费结构调整的亮点。值得注意的是，第三产业用电保持9.3%的快速增长态势，对全社会用电量增长的贡献率为19.6%。城乡居民生活用电同比增长4.5%，增速同比回落3.2个百分点。总体来看，全社会用电量增速比上年明显回升，呈中速增长态势。

电力新增装机规模回落，煤电去产能政策取得一定效果。2017年1～6月，全国基建新增发电装机5056万kW，比去年同期少投产643万kW，其中，火电、核电比上年同期分别少投产1290万kW和109万kW，水电、风电和太阳能发电分别多投产126万、27万kW和602万kW，非化石能源发电在新增装机中的比重提高到71.9%，电源结构调整步伐继续加快。

火电发电利用小时数微增，但电力供需总体依然宽松。2017 年 1～6 月，主要受来水减少和洪涝灾害的影响，水电发电量大幅降低，发电利用小时数比去年同期降低 144h。受此影响，火电发电量同比增长 7.1%，增速同比提高 10.2 个百分点，发电利用小时数同比小幅增加 46h，但仍处于历史低位。总体来看，电力供需形势依旧宽松，煤电产能过剩问题突出，部分地区电力严重过剩的局面没有根本扭转。通过电力辅助服务市场建设、跨省跨区电力优化调度运行以及提高电力系统灵活性等一系列措施，全国弃风量和弃风率均有明显下降。

发电企业经营形势严峻。2019 年以来，受电煤价格高位运行的影响，发电企业一直在盈亏平衡之下经营，企业效益受到挤压。加之煤电机组利用小时数处于低位，且计划外市场交易电量快速增加、节能环保改造投入持续扩大等多重因素，造成煤电企业经营困难，亏损面不断扩大。

1.2.3 丹麦先进的能源利用模式

丹麦的能源发展模式表明，通过制定宏伟的可再生能源发展目标，实行稳健、积极的和具有成本效益的能源政策，提高能源效率，扶持技术创新与产业发展，就能够在保持经济显著增长的同时，维持较高的生活水准，实现高水平的能源供应安全，同时减少对化石燃料的依赖，减缓气候变化。

1990 年以来，丹麦调整后的温室气体排放量已经降低了 30%以上。按照目前的措施，丹麦能源署预计，2020 年温室气体排放量将降低约 40%。丹麦的非水电可再生能源比例在全球电力系统中最高，2014 年已达到 56%。2015 年，丹麦电力消耗超过 40%来自风电，到 2020 年，这个数字将很可能超过 50%。

丹麦政府对能源行业进一步发展提出了一系列目标，包括：继续以具有成本效益的方式实现低碳能源领域转型，并在一些低碳技术和系统中保持丹麦的国际领先地位。到 2050 年，使丹麦最终实现可再生能源的自给自足，并确保面向 21 世纪的能源转型是完全可行且经济上可实现的。

丹麦实行积极的能源政策有着悠久的传统，最初源于 1973 年为了应对第一次石油危机。多年来，丹麦议会达成广泛共识，促进丹麦能源系统的转型，实现减少能源消耗，增加分布式能源产量，提高可再生能源的利用。一致、坚定和长期的政治目标形成了丹麦能源行业向低碳转型的基础。

1. 能源情景分析

2007 年，丹麦成立了气候变化政策委员会，确保丹麦以具有成本效益的方式实现向未来低碳能源的转变。丹麦能源署通过详细的情景分析支持该委员会的工作，具体探讨了技术可能性。通过研究分析表明，有可能经济高效地设计出不同能源系统，所有这些系统均能在 2050 年前达到低碳能源的目标。所有情景均显示出巨大的节能效果，成为实现低碳能源系统战略的组成部分。分析将一种常规发展模式作为参考情景，经分析表明，不论风能和生物质能发展情景，相比于化石燃料发展，其额外成本均不超过 10%。

丹麦能源系统的低碳转型不仅需要进一步提高能效，开发新的低碳能源，而且还需要与丹麦邻国开展进一步的能源合作，以降低成本，确保能源供应的稳定性和安全性。丹麦完全支持成立欧盟能源联盟，以此来提高能源安全，并降低绿色转型的成本。

2. 创新与系统开发

新技术和新系统的研究、开发和示范一直是保持丹麦能源领域领先水平的关键要素。公共与私营部门之间的合作，加上稳定的政治和监管框架，也促进了重大创新及突破性能源概念与系统的开发。低碳转型的基础包括三个方面：能效、可再生能源及电气化等系统集成。

3. 能源效率

能源效率是能源领域绿色转型的一个重要因素。如果不能大幅度提高能效，要用新型的本来更昂贵的能源，如可再生能源来满足能源需求，代价将十分高昂。能效措施的成功实施促使各种能源服务社会的需求更有效与更高效，从而使能量消耗减少。实现这些目标，一方面要通过采用更节能的技术和解决方案，另一方面要依靠不断提高的能源意识，改变消费者的行为。

丹麦在家庭、制造业和能源生产等方面提高能效已经取得了明显的成效。例如，1975 年以来，每平方米建筑能耗已降低了 45%。过去十年内，制造业能源强度的年降幅超过 2%。根据最近的一项研究结果，由于在过去十年油价的上涨，能效方面取得的成就使得丹麦的制造业成本竞争力提高了 9%。

4. 可再生能源

虽然几乎没有任何水电资源，丹麦却成功地成为可再生能源发电的全球领导者。1980 年以来，可再生能源在丹麦终端能源消费中的比例一直在稳步增长。仅从电力供应角度来看，目前丹麦的可再生能源占国内发电量的 50%以上，主要来自风力发电。当风力充足时，丹麦风电机组的发电量超过了国内用电需求。

得益于新型可再生能源技术，丹麦的能源系统和电网发生了根本性的改变。丹麦的经验表明，传统发电的灵活性，结合强有力的输配电网络，以及为扩大平衡区与周边国家进行更多的电力交易，成为克服这些挑战的重要组成部分。

丹麦总体能源结构的改变，导致了能源生产的排放量大幅下降。从 1990～2014 年，来自电力生产的二氧化碳排放量下降了 50%以上。与 1990 年相比，2014 年单位国内生产总值排放量减少了一半，人均排放量下降了近 40%。

利用国内的能源资源，如风能、太阳能和生物质能等可再生能源，不仅对碳排放的急剧下降做出了重大贡献，也提高了能源供应的安全性。展望未来，进一步扩大可再生能源装机容量和资源，已成为丹麦政府实现其通过可再生能源及其发电来满足能源需求的长远目标的重要组成部分。

值得一提的是，丹麦征收的能源税，以及参加欧洲排放交易体系，是为了纠正其市场中的不完善因素，使能源市场参与者和投资者意识到间接的发电成本。还应当指出的是，由于执行了严格的排放和能效标准，丹麦每兆瓦时发电量产生的排放水平非常低。计算这些排放标准还包括对风能和太阳能等波动性可再生能源的平衡成本，丹麦电力系统的平衡成本约为 1～2 欧元/MWh。

5. 协同效应——能源系统集成与开发

着眼于更广泛的整合与系统，而不是单独的组件和概念，这是丹麦能源模式的另一个重要方面。丹麦能源模式的特点在于能源规划的整体视图，重点是整合，例如热能和电力生产，发挥发展可再生能源的税收政策和辅助政策框架之间的协同效应。此外，发电与供热领域的紧密相互作用，即热电联产，在区域供热系统中使用热存储技术，以及通过增加使用热泵和电加热锅炉，在供热企业提高电力的使用，将会缓解电力系统中集成各种可再生能源所带来的挑战。

丹麦对可再生能源并网的支持并结合北欧运作良好的开放性电力市场即北欧电力市场，确保了丹麦的电力价格并不明显高于其他欧洲国家，即使这些价格中包含了支持大规模可再生能源发电和上网的成本。

6. 密切的国际交流与合作

有大量的丹麦能源系统创新工作是与其他国家的政府机构和私营企业密切合作完成的。这样的合作既来自欧洲和其他发达国家，也包括来自各大洲迅速发展的新兴经济体。利用取得的经验和教训，丹麦正在努力激发全球性的低碳增长。丹麦与能源相关的温室气体排放量约占全球排放总量的0.1%。因此丹麦的气候和能源政策不会改变全球的碳足迹，也不会降低对气候变化的威胁，而这些威胁在未来几十年将主要来自迅速发展的新兴经济体。通过丹麦与一批高速增长的经济体的政府间合作，丹麦能源模式的若干要素可影响高达20亿的能源消费者，占全球温室气体排放量的1/3。所有这些经济体的能源强度都明显高于丹麦，让这些国家的能源强度下降到丹麦的水平将对全球温室气体排放产生深远的影响，并将降低全球变暖的风险。

丹麦模式已经证明，能源消耗量和碳排放量都可以在很短的时间内快速改善，同时保持稳健持续的经济发展。在未来几年，加强国际合作将成为丹麦努力减缓气候变化的一个重要组成部分。

1.3 火力发电现状及发展趋势

1.3.1 全球火电行业现状

2015年全球发电累计装机容量达到了60亿kW，其中：化石能源占全部能源总装机容量的62.3%；全球总发电量为24万亿kWh，其中：化石能源发电量占63%。2015年火电市场煤电和气电装机容量分别为19亿kW和17亿kW，发电量分别为9万亿kWh和5万亿kWh。预计煤电每5年新增装机1亿kW以上，气电每5年新增装机1.5亿kW左右。

1. 煤电

根据世界煤炭工业协会的数据，目前全球有510座燃煤电站在建，有1874座燃煤电站在计划中，合计有2384座。其中，中国、印度、印度尼西亚合计占到71%，再加上菲律宾、越南、土耳其和巴基斯坦，合计占81%。

东南亚地区：美国通用电气GE对东南亚地区的电力进行了分析，指出未来十年东南亚持续的电力需求保持5%以上的年均增长率。与2014年相比，2024年的年发电量将增加65%，从约860万亿Wh增加到约1440万亿Wh，其中燃煤年发电量预计新增约400万亿Wh，增加2.5倍。根据国际能源署IEA发布的报告，除去中国和印度新增的150GW的容量，东南亚燃煤机组装机容量在2020年将达到80GW，在2035年将达到160GW。

南亚地区：电力短缺是南亚国家面临的另一个巨大的能源问题。据估算，南亚大多数国家的发电能力必须达到每年8%的增速，才能满足其城市不断攀升的电力需求。南亚地区煤炭储量占世界总储量的7%，石油占世界总储量的5%，天然气仅占世界总储量的1%。该地区的化石燃料主要蕴藏于印度、巴基斯坦与孟加拉国三国。2014年9月，习近平主席访问南亚期间宣布，中国将在未来5年为南亚国家提供200亿美元优惠性质贷款。

撒哈拉以南非洲地区：在过去15年中，撒哈拉以南非洲的GDP翻了一番。GDP在1990年代末之前加速增长，在2008年和2015年之间达到年均5%的增速。2015年增速降至 3.5%。根据 IEA《世界能源展望》中新的政策情景，在现有和预期政策措施下，撒哈拉以南非洲的电力需求将在 2040 年增长超过 3 倍，达到 1300TWh；2040 年，总发电装机容量预计将增至 4 倍，达到 385GW；2020 年之前平均每年增加 7GW。

2. 燃气发电

1970～2012 年间，全世界天然气发电量的年均增长率在 5%以上。IEA 发布的 2014 年全球能源展望报告中：2014～2035 年间全球电力行业燃气发电新增装机容量预计在 1270GW，到 2035 年燃气发电总装机容量将达到 2450GW，占电力装机总量的 25.1%。

国际能源署 IEA 发布的《2016 年世界能源投资》报告显示：在投资能源种类方面，中东由于具有较好的天然气发电基础设施，因此更倾向于投资天然气发电。IEA 测算：2014～2035 年间全球燃气发电投资总额将达到 10540 亿美元，年均投资金额约为 480 亿美元。其中：2014～2035 年间非 OECD 地区燃气发电投资总额为 5830 亿美元。

中东地区：该地区 95%的发电量以油气为燃料，GE 对中东地区的电力需求分析得知，在 2016～2025 年，每年订单容量有 34GW，其中，燃气电站份额接近 60%，订单容量 20GW。

东南亚地区：根据 GE 对东南亚地区电力预测，与 2014 年相比，在 2024 年该地区燃气发电将新增装机 5 万 MW，以及未来燃气电站持续增长。

1.3.2　我国火力发电现状及发展趋势

1. 发展现状

"富煤缺油少气"的能源现状决定我国一次能源生产和消费在较长时间内以煤炭为主的格局不会改变。根据国家统计数据显示，截至 2013 年，煤炭在我国一次能源生产中所占比例约为 71.6%，在一次能源消耗中所占比例约为 59.4%，其中发电所消耗的原煤占国内煤炭消费总量 50%以上。近年来，虽然核电、风电、太阳能发电比重有所增加，但中国电力工业仍以火力发电为主，火电装机容量占电力总装机容量的 69%左右，火力发电量占总发电量的 75%左右，可见火力发电在我国工业生产中所占的位置举足轻重。

火力发电的基本运行过程是将燃料的化学能通过锅炉、汽轮机等设备最终转化为电能的能量转变过程。火力发电厂的三大主机为锅炉、汽轮机和发电机，火力发电几乎全部的能量转化过程都发生在三大主机中。其中，火力发电厂的锅炉效率一般为 80%～94%，损失的部分包括排烟热损失、化学未完全燃烧损失、机械未完全燃烧损失、散热损失、灰渣热物理损失等；汽轮机的能源转化效率一般为 30%～48%，其主要损失包括排汽凝结损失、节流损失、漏气损失、机械摩擦损失等；发电机的效率较高，一般要高于 95%，大型发电机的效率更是高于 98.5%，电磁涡流损失、鼓风损失、机械摩擦损失等是发电机的主要损失。世界范围内，火力发电的化石燃料主要是煤、油和气三种。根据国家能源局发布的数据，2014 年 6000kW 及以上电厂供电标准煤耗为 318g/kWh，达到了较高的水平。但与国外先进水平还存在一定差距，目前日本和韩国供电标准煤耗约为 300g/kWh。近年来，我国 300MW 及以上火电机组占全国火电机组总容量的比例已超过了 70%，这说明我国高参数、大容量、低能耗火电机组的比例在逐渐增加，这得益于火力发电技术的发展以及节能管理水平的提高和节能理论的指导。统计结果显示：1000MW 级火电机组平均供电煤耗分别比 600MW 级火电机组低约 28g/kWh，比 300MW 级火电机组低约 48g/kWh。可见高参数、大容量机组具有很好的节能效果。热电厂是把汽轮机中做过功的蒸汽供给热用户，通过热电联产的方式实现在发电厂中既生产电能又生产热能，是一种有效利用能源的方式。

目前，热电厂汽轮机抽汽方式主要有可调节抽汽和背压排汽两种。调节抽汽是指从汽轮机的某一级或两级抽出一部分具有一定压力、做过功的蒸汽，向热用户供热。这种方式能自动调节热电出力，保证供汽量和供汽参数，满足热用户和电负荷的要求。背压排汽是指在排汽压力大于大气压的情况下，将排汽供给热用户。采用背压排汽的方式，热电循环的热能利用率高，而且不需要凝汽器，使得设备简化。两种热电联产方式的热能利用率都要高于发电机组普通朗肯循环。

根据城乡建设统计公报数据显示，2014 年年末，城市蒸汽供热能力 8.5 万 t/h，比上年增长 0.4%，热水供热能力 44.7 万 MW，比上年增长 10.8%，供热管道 18.7 万 km，比上年增长 5.1%，集中供热面积 61.1 亿 m^2，比上年增长 6.9%。其中热电联产约占 62.9%，其余为区域锅炉供热和其他方式供热。可见我国正逐渐实现集中供热，供热能源也渐趋合理化。

2. *发展趋势*

目前中国燃煤发电行业在技术和运行经验上都已趋于成熟，节能减排取得一定成效。近年来中国发电装机容量增速不断放缓，火电投资占比不断下降。然而，整个行业的产能建设已过度，结合行业发展现状及相关政策分析，近段时间火电发电企业很难有大规模的增长。《能源发展战略行动计划》要求，到 2020 年，非化石能源占一次能源消费比重达到 15%，天然气比重达到 10%以上，煤炭消费比重控制在 62%以内。根据行业人士分析测算，截至 2020 年，留给火电机组容量的增长空间约为 2 亿 kW。然而统计数据显示，目前中国在建、已核准、获路条火电机组合计将近 4 亿 kW。显然，这些机组并不会全部落地，但已足够体现出电力行业投资热情高涨与投资空间受限的矛盾。

2014 年出台的《煤电节能减排升级与改造行动计划》被视为燃煤发电对标燃气发电，实施“超低排放”的开始。从 2014 年开始不到两年的时间，“超低排放”由一个在学界和业界仍有争议的概念成为了“十三五”规划期间限时完成的政策，这与国家推进节能减排，实现煤炭清洁高效利用的强烈意愿是分不开的。2015 年 12 月，国家环境保护部、国家发改委、国家能源局联合制定了《全面实施燃煤电厂超低排放和节能改造工作方案》。此《方案》要求，到 2020 年，全国所有具备改造条件的燃煤电厂力争实现超低排放，且要求东部、中部地区分别提前至 2017、2018 年前总体完成超低排放改造任务。

上述《方案》要求，对于经整改仍不符合能耗、环保、质量、安全等要求的小火电机组，由地方政府予以淘汰关停，优先淘汰改造后仍不符合能效、环保等标准的 30 万 kW 以下机组，特别是运行满 20 年的纯凝机组和运行满 25 年的抽凝机组。并提出力争在“十三五”期间淘汰落后火电机组超过 2000 万 kW。

同时，由于“上大压小”政策以及“一带一路”倡议的实施，“十三五”期间仍将有一批火电机组建设投产。《关于推进大型煤电基地科学开发建设的指导意见》提出，在 2020 年前，锡林郭勒、鄂尔多斯、呼伦贝尔、晋北、晋中、晋东、陕北、宁东、哈密、准东十个现代化千万千瓦级大型煤电基地将建设完成。业内人士称，随着电网输送能力的提升，未来电源规划重心将向中西部地区转移，加速淘汰各地落后产能，在中西部地区兴建清洁、高效的大容量机组进行外送，在保证能源供给，支撑“一带一路”倡议的同时，带动当地经济发展。但是用户直购、电力外送等方式能在一定程度上消纳目前国内过剩的火电产能，但在寻求消纳途径时应严格遵循总量控制，避免造成新的过度建设。

以上从能源政策等方面分析了火电产业面临的现状，那么我国的火电行业到底将如何发展，我们还要从火电行业存在的价值来分析。我们知道，火电行业存在的本质原因是为第一、第二、第三产业的发展提供最基本的能源。当前国家的经济仍然保持稳定快速发展，但电力需求增长乏力，这主要是由于我国正在进行产业结构升级造成的。国家为了实现经济持续稳定快速增长，跳出中等国家收入的陷阱，就必须通过创新，通过产业升级，淘汰落后的高能耗、高污染的产业，向绿色、低碳的高端产业转型。举一个通俗的例子，将国家看作是一个个体，一个人。这个人是一个鞋厂的造鞋工人，刚开始只能水平较低，做出的鞋子次品率较高，速度也慢，所以收入较低。随着时间的积累，他做鞋的水平越来越高，几乎没有次品，而且速度也是最快的，他的收入（为社会做出的贡献）达到了造鞋工作的最高水平，收入再想增加，如果没有重大变革，几乎是不可能的。如果他能够从造鞋的过程中总结经验，由造鞋工人转型为鞋的设计人员，他的收入（对社会的贡献）可能又可以达到一个新的高度。国家现在的产业升级，创新在某种程度上说也是突破当前我国的 GDP 增长模式，通过产业升级来突破 GDP 靠人力、资源等的增长模式，转变为靠创新驱动的新型绿色、低能耗的增长模式。

从上面的分析，可以推断在我国一、二线城市，靠第二产业特别是高能耗产业的 GDP 增长模式将发生转变，而是转向为低能耗的产业。也是指我国的经济增加仍将保持中高速增长，但是能耗并不会随着经济增长而成直线成长。这也是说近几年我国 GDP 仍然增长迅速，但是社会总的耗电量增长放缓。同时，由于生活水平的提高，全社会生活用电用热量将快速增长。特别是提高生活舒适度的采暖和空调用热量将更快速增长。

全社会的主要二次能源需求为电力产品和热力产品的需求。当前满足电力和热力的需求，主要是利用高效的热电联产方式，这种方式下可以根据电力和热力的需求分配电力和热力的供应比例，与单一的电力与热力生产方式相比，减少了总的装机容量需求，节约投资。另外从能源品质来看，电力的品质（品位为 1）要远高于热力产品的品质（根据热能的卡诺循环效率计算）。也就是说全社会的用能需求一个为高品位能源，一个为中低品位能源。为了满足用户的需求可以仅建立一个高品位的能源网（电网），或建立一个高品位的能源网（电网）和一个中低品位的能源网（热力网）。在我国南方区域可以以高品位的能源网为主，因为南方区域采暖周期短，需求的总热量相对少，如果采用大型集中采暖方式，初期投资较大。当有热负荷需求时，利用高品位的能源向低品位的能源转化，转化的方式有电采暖（如电地暖、电极锅炉等）或空气源热泵、水源热泵等方式采暖。在我国北方区域，同时建立电网和热力网是一种更为高效（例如丹麦、韩国等）的方式。因为在北方地区冬季采暖时间较长，采暖需热量较大，如果仅建立了电网，为了满足供热需求，只能用电来满足用户的用热需求。如果采用电采暖，从一次能源利用效率看，效率太低（一次能源转换电能效率在 40%左右，电转热能的效率即便达到 100%，从整个周期看，能源利用效率也仅为 40%）。同时建立电网和热力网，就可以在发电的同时，将发电过程的中低品位热能输送至千家万户，同时也可以将热网覆盖区域的其他中低品位热能输送到热力网，避免只有将能量转换为电能才能输送的尴尬，从而提升整个区域的能量利用效率。

总之，从能源利用效率来看，同时建立电网和热力网，既可以同时满足大众的用电和用热需求，又避免了高品位能的直接浪费，以及低品位能用于供热需增加转化环节，由此造成整体能源利用效率低下。从建设规模和供给的灵活性来看，应设置蓄能系统，通过蓄能系统的主动蓄放能，起到削峰填谷作用，从而避免了为满足峰值需求使得装机规模必须大于或等于最大需求时的规模，还提升了能源供给侧的响应速度。但是如果从整个社会资源的配置和利用上来看，应根据当地的具体情况来确定能源网的形式。例如，在我国南方区域，随着人们生活水平的提高，也存在采暖的用热需求，但相对来讲用热需求量不大。为了满足这部分用热需求，如果也采用集中供热方式，建立大型热网，就需要分析节约的能源能否补偿建立热力网所消耗的资源。

另一方面，随着风能、太阳能等新能源的接入，对电网的要求提出了更高的要求，特别是为了适应风电、太阳能的快速变化，必须有相应的蓄电装置或调峰电源来满足要求。当前蓄电的初投资过大，还难以实现大规模的应用。因此，火电机组的调峰在目前的技术条件下是最经济、有效、安全的调节方式。尽管火电机组从带基本负荷转变为调峰机组后，机组的效率必然会下降，但是相对于弃风、弃光等措施，从国家层面来看，能源利用效率是提升的，化石燃料的消耗必然也会减少，因此火电机组调峰将会是一种必然趋势。

但是并不是所有区域的火电机组都要满足调峰要求，中国相对于欧洲等地许多国家要大得多，情况要复杂得多，所以中国的能源政策很难简单模仿某一个国家或区域的政策。例如丹麦、德国的情况，仅仅是与我国三北区域相似，而与我国南方区域则相差甚远。在我国三北区域，和丹麦一样需要集中采暖，为了满足供热需求和机组的安全稳定运行，火电机组存在最小发电负荷要求。当火电机组的最小发电负荷要求与风电、光电等新能源的负荷之和大于用户需要的电负荷时，为了保证机组的安全运行，要么进行储能，要么弃风、弃光。要想减少弃风、弃光情况的发生，最好的办法就是实现热电解耦或使得机组在相同热负荷情况下，电负荷尽可能的低。这就需要进行火电灵活性的改造。另一方面，风电、光电的负荷波动较大，为了满足用户的需求，火电机组要解决这个问题，就需要更快的响应速度，也就是快速爬坡能力和降负荷速率。在我国南方区域，风电、光电装机不大的情况下，随着电力市场的全面开放，火电机组为了响应用户负荷的变化，也需要提高其响应速度。

综上所述，随着人们生活水平的提高，生活用热、用冷的需求量将越来越大，为了满足用户的冷、热、电需求，从能源利用效率上来看，火电机组将逐渐向热电联产机组转变；随着风电、太阳能等可再生能源装机的逐渐增加，再加上电力市场的逐步落实，火电机组为了响应需求侧的要求，必须提高其灵活性，具体来说，是提高机组的负荷响应速度和调峰深度，甚至需要提高燃料的适应能力。

第 2 节　节能减排战略及演变趋势

2.1　各国节能减排战略规划

2.1.1　世界各国节能减排要点

近年来，世界各国都加大了对能源消耗和能效效率的研发投入，节能新技术、新产品不断被推向市场，而各国政府为推动节能环保发展，也是不遗余力。以下是近期各国在推进节能减排方面的相关举措。

1. 欧盟

2016 年 7 月，欧盟联合研究中心发布了《欧盟 28 成员国 2000—2014 能源消耗和能效效率趋势》官方报告，系统统计了欧盟近 15 年间的能耗及能效数据，梳理了各成员国在家居住宅能耗、第三产业能耗、交通能耗和工业能耗的相关进展。报告指出，欧盟 2000—2014 年总内陆能源消耗、主要能源消耗及终端能源消耗分别下降了 7.15%、6.76%和 6.32%，其中工业部门和家居住宅能耗下降显著，分别下降了 17.62%和 9.52%；交通部门能耗略有上升，升幅为 2.21%；第三产业能耗上升显著，15 年间升幅达 16.48%。在能源指标方面，欧盟终端能源强度和终端人均能源消费分别下降了 35.82%和 10.02%，居全球领先地位。

2016 年 7 月，在欧盟科研与创新框架“地平线 2020”的资金支持下，欧盟宣布启动工业能效最佳实践数据库项目。该项目通过收录并筛选欧盟成员国实施的数千个工业能效案例，总结分析其基本模式、程序、方法学及相关工具，以加速欧盟工业能效标准的修订，帮助欧盟成员国提高工业能效。该数据库将覆盖全行业，预计可提供最佳可持续发展模式建议、特定行业能效提升的最优行动与技术手段、节能成本与节能量估算等功能。该项目预计于 2017 年 2 月正式上线。

2. 英国

2016 年 7 月初，英国国家电网发布《2106 年英国未来能源展望》称，英国正处于“能源革命”之中，全国电力供应结构正在经历重要转变。报告指出，电动汽车与电池存储发展迅速，英国 2035 年电动汽车预期数量增长 120%，将达 830 万辆；2030 年电池存储容量预期由 3GW 增至 11GW，2040 年将达 18GW。另外，英国 2030 年跨国电力能源传输容量预期也将由 4GW 增至 23GW。

3. 澳大利亚

近日，澳大利亚国立大学发布了一项新的 IT 能效研究成果，该成果充分利用计算机处理器搜索与互动的空闲时间，可将计算机能效提升 20%。研究人员表示，大型互联网企业的中央处理器能耗巨大，其中有相当大部分能源空耗在用户搜索与服务器互动之间的空闲等待中。新技术采用协同控制核心技术，将闲置资源动态引导至其他处理任务中，从而大幅降低了能源消耗，并将能源利用效率提升 20%。

该课题由澳大利亚国立大学与微软公司合作开发，微软公司负责人表示，通信基站和数据中心占 IT 通信行业总能耗 50%以上，该技术有效地利用了闲置资源和能源，广泛应用后预计可节约 25%电费开支。

4. 美国

美国建筑节能公司采用一种智能化自动监测系统，可简易安装传感器联动计算机实现建筑能耗削减 30%。该技术适用于大型商业与工业建筑，通过安装智能传感器将建筑设备信息录入系统，后台可自动监控设备运转，同时基于成本分析，在保证运行效率的前提下关闭或打开某些设备，进而实现节约能源消耗，最高可节能 30%。

另外，该公司解决了“业主安装节能设备动力不足”的难题。在传统模式下，业主支付节能设备费用，租户支付能耗费用，导致业主缺乏安装节能设备的动力。该公司与租户签订节能服务协议，并将服务收益按比例分一部分给业主，一举调动了双方的积极性。该模式在约翰逊公司、西门子公司、霍尼韦尔公司等项目中取得了成功。

2.1.2　我国节能减排战略规划

目前，我国正以科学发展观为指导，加快发展现代能源产业，坚持节约资源和保护环境的基本国策，把建设资源节约型、环境友好型社会放在工业化、现代化发展战略的突出位置，努力增强可持续发展能力，建设创新型国家，继续为世界经济发展和繁荣做出更大贡献。随着国家能源战略的深入，国务院办公厅、国家发改委、环保部、国家能源局相继印发《煤电节能减排升级与改造行动计划（2014—2020年）》《2014—2015年节能减排低碳发展行动方案》，进一步推进国家节能减排战略，具体表现在：

1. 加强新建机组准入控制

坚持“以热定电”，严格落实热负荷，科学制定热电联产规划，建设高效燃煤热电机组，同步完善配套供热管网，对集中供热范围内的分散燃煤小锅炉实施替代和限期淘汰。

在符合条件的大中型城市，适度建设大型热电机组，鼓励建设背压式热电机组；在中小型城市和热负荷集中的工业园区，优先建设背压式热电机组；鼓励发展冷热电多联供。

2. 加快现役机组改造升级

完善火电行业淘汰落后产能后续政策，鼓励具备条件的地区通过建设背压式热电机组、高效清洁大型热电机组等方式，对能耗高、污染重的落后燃煤小热电机组实施替代。

因厂制宜采用汽轮机通流部分改造、锅炉烟气余热回收利用、电动机变频、供热改造等成熟适用的节能改造技术，重点对30万kW和60万kW等级亚临界、超临界机组实施综合性、系统性节能改造，改造后供电煤耗力争达到同类型机组先进水平。20万kW级及以下纯凝机组重点实施供热改造，优先改造为背压式供热机组。

3. 推进技术创新和集成应用

进一步加大对煤电节能减排重大关键技术和设备研发支持力度，通过引进与自主开发相结合，掌握最先进的燃煤发电除尘、脱硫、脱硝和节能、节水、节地等技术。

加强企业技术创新体系建设，推动产学研联合，支持电力企业与高校、科研机构开展煤电节能减排先进技术创新。积极推进煤电节能减排先进技术集成应用示范项目建设，创建一批重大技术攻关示范基地，以工程项目为依托，推进科研创新成果产业化。

4. 大力推进产业结构调整

调整优化能源消费结构。实行煤炭消费目标责任管理，严控煤炭消费总量，降低煤炭消费比重。加快推进煤炭清洁高效利用，在大气污染防治重点区域地级以上城市大力推广使用型煤、清洁优质煤及清洁能源，限制销售灰分高于16%、硫分高于1%的散煤。增加天然气供应，优化天然气使用方式，新增天然气优先用于居民生活或替代燃煤。

5. 加快建设节能减排降碳工程

推进实施重点工程。大力实施节能技术改造工程，运用余热余压利用、能量系统优化、电机系统节能等成熟技术改造工程设备。加快实施节能技术装备产业化示范工程，推广应用低品位余热利用、半导体照明等先进技术装备。

加快更新改造燃煤锅炉。开展锅炉能源消耗和污染排放调查。实施燃煤锅炉节能环保综合提升工程，全面推进燃煤锅炉除尘升级改造。

国家在《国务院关于印发“十三五”节能减排综合工作方案的通知》中提出，一是推动能源结构优化。加强煤炭安全绿色开发和清洁高效利用，推广使用优质煤、洁净型煤，推进煤改气、煤改电，鼓励利用可再生能源、天然气、电力等优质能源替代燃煤使用。因地制宜发展海岛太阳能、海上风能、潮汐能、波浪能等可再生能源。安全发展核电，有序发展水电和天然气发电，协调推进风电开发，推动太阳能大规模发展和多元化利用，增加清洁低碳电力供应。对超出规划部分可再生能源消费量，不纳入能耗总量和强度目标考核。在居民采暖、工业与农业生产、港口码头等领域推进天然气、电能替代，减少散烧煤和燃油消费。到 2020 年，煤炭占能源消费总量比重下降到 58%以下，电煤占煤炭消费量比重提高到 55%以上，非化石能源占能源消费总量比重达到 15%，天然气消费比重提高到 10%左右；加快节能减排共性关键技术研发示范推广。启动“十三五”节能减排科技战略研究和专项规划编制工作，加快节能减排科技资源集成和统筹部署，继续组织实施节能减排重大科技产业化工程。加快高超超临界发电、低品位余热发电、小型燃气轮机、煤炭清洁高效利用、细颗粒物治理、挥发性有机物治理、汽车尾气净化、原油和成品油码头油气回收、垃圾渗滤液处理、多污染协同处理等新型技术装备研发和产业化。推广高效烟气除尘和余热回收一体化、高效热泵、半导体照明、废弃物循环利用等成熟适用技术。遴选一批节能减排协同效益突出、产业化前景好的先进技术，推广系统性技术解决方案。

2.2　欧美节能减排政策演变趋势

自 20 世纪 70 年代第一次能源危机后，欧美各国根据各自国情，采取了相应的节约能源政策和措施，力求缓和能源危机。欧美各国的节能政策演变历程按政策实施特点可划分为以下三个阶段：

（1）命令控制型政策为主，财政激励政策为辅的阶段。从 20 世纪 70 年代中末期开始，欧美各国把节约能源作为本国重要的能源发展战略，纷纷加强节约能源的管理与规划，目标是减少能源的使用量，遏制能源消费量上升势头，保证能源的供应安全。20 世纪 70 年代发生的能源危机促使美国陆续出台了多部能源法案，1975 年颁布实施了《能源政策和节约法》，主要目标是实现能源安全、节能及提高能效；1977 年通过了《1977 年能源部组织法案》，把能源相关职责统一到能源部；1978 年出台了《国家节能政策法案》；1982 年针对机动车辆的能效问题制定了《机动车辆信息与成本节约法》；1987 年颁布了《国家电器产品节能法》；1988 年出台了《联邦能源管理促进法规》。期间欧盟各国也提出各自的节能战略，例如，德国于 1976 年通过了《节能法》。欧盟还制定最低能效标准，只有符合最低能效标准的产品才能允许生产和销售。同时辅以低息贷款和补助等财税激励政策，其中最普遍的是欧盟国家在建筑、家用电器、交通等诸多领域都制定了针对能效改进和节能的低息贷款和补助政策。欧美各国在这一阶段制定节能政策主要是采取命令控制型政策，辅以少量的财政激励配套政策。他们制定了较为完备的、具有强制性的节能法律法规，主要目的在于以采取最低标准的形式，严格限制消费品的单位能耗，并尝试使用财税激励政策引导和鼓励企业和居民积极节能。

（2）经济激励政策为主，信息宣传手段为辅的阶段。20 世纪 80 年代末期后，欧美各国给予节能行为主体（企业、用户等）适当的经济激励政策。这一阶段欧美各国普遍推行的节能财税激励政策主要有两类，一是降低节能投资成本促进节能的政策，主要包括财政拨款和补贴、补贴审计、税费减免等。例如，美国采取的财政激励政策有现金补贴、税收减免和低息贷款等。2001 年美国加州政府启动的“能源回扣补贴项目”规定，如果用户 2001 年夏季的耗电量比 2000 年同期降低 2%，则返还当年夏季电费的 2%；2003 年新的《能源政策法规》修订的新内容主要涉及新设备的节能标准和新建建筑的财政激励政策方面；2005 年公布的《新能源法案》则突出了减免税政策。欧盟国家在建筑、家电、交通等诸多领域都实施了针对节能的补贴及减免税政策。例如，德国和法国对低收入家庭的节能行为提供补贴，对节能减排效果明显的产品则免征消费税。另外，欧盟还实施了税费政策，目的是引导企业节能和提高能效。例如，荷兰自 1998 年加倍征收能源税，德国对汽车燃料、天然气、电能征收能源税，同时开征二氧化碳税。同时，从 20 世纪 80 年代末期到 21 世纪初期，世界各国对节能的重要性取得了共识，尽力提高本国能源利用效率。这一阶段欧美国家根据形势的变化不断强化能源立法。例如，美国 1992 年制定《国家能源政策法》，1998 年公布了《国家能源综合战略》。并且在 1991～1998 年期间，共发布了 1 项执行条例和 2 份总统备忘录。欧盟内部除各成员国的节约能源法案外，1991 年欧盟实施了两期提高能效的项目“SAVE 计划”，该计划的重点是节约能源，注重培养公众节能意识；2000 年 4 月，欧盟委员会颁布了《欧盟提高能效的行动计划》；为提高能源利用效率，2003 年正式启动“欧洲理智能源计划”；2005 年 6 月欧盟发表了《关于能源效率的绿皮书》，把减少能源消费作为控制温室气体排放的一个最直接手段。总之，这一阶段欧美各国实施节能政策主要采取名种经济激励政策，包括融资政策、财税政策、政府采购等政策，同时辅以命令控制型政策。

(3) 基于市场的政策手段为主，综合使用多种手段的阶段。21 世纪初期，由于能源消耗的日益增加，由此带来的温室效应引起的全球气候变暖成为国际社会关注的热点，欧美各国节能政策实施更加注重环境因素。最近几年在欧盟各国悄然兴起的一种基于市场的可交易节能证书机制，在节能领域取得显著成效。它借鉴绿色证书机制（针对可再生能源发电）、电力需求管理机制及基于项目级的排放交易机制三种规制手段的设计原理，把能效改进过程中产生的“节能量”作为一种可交易的商品，促使节能主体能够以最有效的方式实现节能目标。世界上第一个完全成熟的可交易节能证书制度，2005 年在意大利实施，它规定电力和天然气分销商每年必须实现的节能目标。如果能超额完成，由政府审核和颁发证书，证书可在现货市场或场外实现交易，并可储存。2005 年在英国实施的能效协议规定，经监管者核准的超额节能量也可进行交易，并且超额的节能量作为碳节约量，放入国家排放交易计划进行交易。目前法国、瑞典、比利时等国家也正在计划实施这一政策。2005 年 4 月由欧盟委员会计划推行的“白色证书”机制也正在实施。美国虽然尚未实施节能证书计划，但已有几个州提出能效标准交易以提高节能。2006 年美国银星公司开发的白标交易认证系统亦称“白标”机制，已提交到美国西北太平洋国家实验室和佐治亚技术研究室接受审查，康涅狄格、内华达和宾夕法尼亚三个州打算实施类似的能效交易机制。综上所述。近年来欧美各国除采用传统的强制性节能法规和财税激励政策外，更多注重基于市场的政策组合工具，综合使用多种手段，发挥市场机制在资源配置中的作用，这是近年来欧美各国节能政策演变的新趋势。

从 20 世纪 70 年代至今，欧美各国节能减排政策是根据本国不同经济发展阶段而制定的，节能政策演变趋势是由命令控制型政策向基于市场的政策转变。2006 年初我国提出“十一五”期间单位 GDP 能耗要降低 2%的节能目标，但由于我国国情和历史原因，实现节能目标主要依赖于传统行政命令手段，手段比较单一，不能从根本上保障节能政策目标的实现。因此，欧美各国国家节能政策的演变趋势，借鉴欧美各国节能管理工作的成功经验，对完善我国的节能政策具有重要的现实意义。

第 3 节　能量品质的评价方法

3.1　能源的品位

能量不仅有数量多少的不同，还有品质高低的差别。品质高的能源做功能力强，称为高品位能源，例如机械能、电能就可以完全转化为功，属于高品位能源；反之，品质低的能源做功能力弱，称为低品位能源，例如热能只有部分做功能力，只能部分可转化为功，属于较低品位的能源。

热力学有两个基本的定律，即热力学第一定律和热力学第二定律，这两个定律分别对能量在数量上和品质上的特性进行了概括。

热力学第一定律即能量守恒定律，它概括了能量在数量上的特有规律：在自然界里，能量的总量不变，能量既不能被创造，也不能被消灭，只能从一种形式转化为另一种形式，或者从一个地方转移到另一个地方。

热力学第二定律则概括了能量在品质上的特性：在自然状态下，热量只能自发地从高温物体传给低温物体，而不可能自发地从低温物体传给高温物体；进一步讲，高品位能量可以自发地转化为低品位能量，而低品位能量不可能自发地、完全地转化为高品位能量。

3.1.1　能量的品位分类

根据能量的做功能力可以将它分为三种品位：

（1）可以完全转化为功的能量，如机械能、电能等，这些能量在理论上可以百分之百地转化为功或其他形式的能量，其品位是最高的。

（2）可部分转化为功的能量，如高温蒸汽、高温热水等能量，这些能量只能部分转化为功或其他形式的能量。

（3）不能转化为功的能量，如大气环境温度状态下的热能以及上述电厂产生的乏汽中的热能，这种能量只有量，没有质，不能做任何功。

能量中可转化为功的部分就是有用能，热力学中称为“㶲”，能量中不能转化为功的部分就是无用能，称为“𬌗”。

$$总能量=㶲+𬌗 \tag{1-1}$$

在燃煤发电厂中，锅炉产生蒸汽，这些蒸汽中所含有的能量属于第二种能量。它们通过蒸汽轮机做功后，一部分转化为电能，即可以完全转化为功的第一种能量，这部分能量就是蒸汽的“㶲”；另一部分则转化为乏汽的热能，即不能转化为功的第三种能量，这部分能量就是蒸汽的“𬌗”。

利用热能做功时，低温热源的温度（T_2）越低越好，而在自然界中，大气环境是我们能够选择的最低温度的低温热源。这是因为大气环境是最基本的状态，所有能量在经过相关转化过程后最终都释放到大气环境中，要想得到比大气环境温度更低的热源，需要消耗额外的能量。为了衡量某种能量中可用能也就是㶲的多少，用这种能量从某一状态可逆地变化到环境温度状态时对外界所能做的最大功来表示㶲的大小。

3.1.2　能量贬值原理

热力学第二定律指出，在自然状态下，热量只能从高温物体传给低温物体，高品位能量只能自动转化为低品位能量，所以在使用能量的过程中，能量的品位总是不断地降低，因此热力学第二定律也称为能量的贬值原理。

在使用各种设备利用能量的过程中，无论是加热还是做功，都会不可避免地产生各种能量损失。能量的损失大体可以分为四种：设备散热，设备生热、设备排热和能量品位下降。

1. 设备散热

设备内部的热能会通过辐射、对流、热传导等传热方式从设备的表面向外散失，这些能量最后都扩散到大气环境中，成为品位最低的无用能（炁）。

2. 设备生热

这部分损失就是设备的内耗。设备的摩擦、设备内部压力和温度的波动、设备的频繁启停等都会使品位较高的机械能变成品位很低的热能，这些热能不但没有用处，有时候还要设置专门的冷却装置将它们带走。

3. 设备排热

设备产生的各种烟气、灰渣、冷却水都会带走大量的热量，例如锅炉和工业炉的烟气、炉渣，汽轮机的排汽，以及各种工业半成品和产成品等都会带走大量的热量。这些热量的排出比较集中，比较有利于回收利用，而设备的散热和生热一般是无法回收利用的。

4. 能量品位下降

这部分损失的实质就是对能量的“降格”使用。例如，在城市集中供热系统中，先用电厂 200℃左右的蒸汽将一次热网循环水加热至 100～130℃，再用一次热网循环水将二次热网循环水加热至 60～80℃，最后，由二次热网循环水向建筑室内供热。在这个过程中，如果不考虑换热设备和管道的散热，就没有其他能量损失，能量的总量没变，但是能量的品位下降了，需要 80℃的热量，却提供了 200℃的热量，热量被人们主动地降格使用，浪费了能量。

这种造成可用能损失的过程是不可逆的过程，所以这种可用能的损失也称为不可逆损失，不可逆损失有以下几种：①量从高温传向低温，直至接近环境温度。②液体从压力高处流向压力低处，直至接近与环境相平衡的压力。③物质从浓度高处扩散转移到浓度低处，直至接近与环境相平衡的浓度。④物体从高的位置降落到稳定的位置。⑤电荷从高电位迁移到接近于环境的电位。

由于能量是守恒的，所以虽然能量的品位总是不断降低，但是总量并没有减少。无论以哪种方式利用燃料燃烧所产生的热能，这些能量并没有消失，只是温度越来越低，最终都被释放到大气环境中，变成品位最低的环境温度（T_0）状态的热能。这些热能在被释放到大气环境之前，虽然还有一定的品位，但品位很低，通常无法直接利用。要想利用它们，就要借助一定的设备和手段，例如热泵技术。热泵技术是一种典型的利用低品位能源的技术，但需要以消耗一定的高品位能源为代价。

3.2 评价能源利用合理性的方法

能量不仅具有数量上的属性还具有品位上的属性，所以在评价能源利用效率时不仅要考虑能量在数量上的效率，还要考虑能量品位利用的合理性。在需要一定能量的情况下，为了提高能量的利用效率，不仅应该在数量上投入尽可能少的能量，同时也应该尽可能利用品位较低的能量。

为了提高能量的利用效率，需要对系统或装置所消耗的能量进行分析，了解能量损失的性质、大小与分布，指明提高能量利用率的方向，这个过程被称为能量分析。能量分析的方法一般可以分为两类：

第一类分析方法依据的是能量的数量守恒原理（即热力学第一定律），也称为能量平衡分析方法。通过能量分析，揭示出能量的数量在能量转化、传递、利用和损失过程中的变化情况，确定某个系统或装置的能量利用效率。

第二类分析方法依据的是热力学第二定律。通过分析，揭示出能量品位在能量转化、传递、利用和损失过程中的变化情况，确定出该系统或装置利用能量品位的合理性。

两种分析方法既互有联系又各有特点。第一类分析方法的特点是不同品位的能量在数量上的平衡，它只考虑了量的利用程度，反映的只是能量的外部损失。当然，它也为节约能量指明了一定的方向，比如可以通过回收余热，回收尚未利用的废气物资以及减少物料的泄漏，加强保温等措施减少能量的外部损失。因此，进行一定的能量平衡分析是有必要的，而且也可以为第二类分析方法打下基础。但是由于第一类分析方法无法揭示系统内部的能量“品位”的贬值和损耗，不能深刻揭示能量损耗的本质。在实际应用中，这两类分析方法应相互结合在一起使用。

针对第二类分析方法，主要介绍㶲分析法和能质系数分析法。利用这两种分析方法，还可以对不同能源品位的高低进行比较和评价。

3.2.1　㶲和㶲效率

㶲就是一种能量中从某一状态可逆地变化到环境温度状态时对外界所能做的最大功。一种能量中㶲的多少能够反映这种能量对外界做功的能力，因此在一定程度上能够反映这种能量的品位。

任何不可逆过程都必然会引起㶲损失，只有可逆过程才没有㶲损失。因为实际过程均为不可逆过程，所以㶲并不守恒，在能量利用过程中㶲是不断减少的，这也是能量贬值原理的一种体现。㶲的损失既能反映能量在数量上的损失，也能反映能量在品位和品质上的损失。

为了全面衡量设备或过程在能量转化方面的完善程度，可以采用㶲效率作为全面反映能量在转化过程中有效利用程度和判断能量综合利用效率的尺度，即

$$㶲效率＝获得的㶲/消耗的㶲 \tag{1-2}$$

㶲效率可以比较准确地反映出能量在转化过程中品位的损失。举一个简单的例子，如果通过换热器把 100℃热水的热量传给 60℃的温水，假定这个换热器的保温性能很好，对外散热可以忽略不计，按照能量分析的方法，这个过程的效率应为 100％。但是，由于 60℃的温水所含有的㶲少于 100℃的热水，因而该过程的㶲效率则小于 100％。

3.2.2　能质系数及计算方法

㶲分析方法只是在理论上对能量的合理利用做出了指导。在实际应用中，热能能否转化为功还受到实际技术条件的限制。为此清华大学江亿院士等学者在㶲分析和能级分析的基础上提出了一个在实际应用中衡量各种能源品位高低的指标——能质系数，并给出了各种能源的能质系数计算方法。

该方法将不同能源对外所能做的最大功和其总能量的比值定义为这种能源的能质系数，用 λ 表示，其计算公式如下

$$\lambda=\frac{W}{Q} \tag{1-3}$$

式中　Q——该种形式能源的总能量，kJ；

W——总能量中可以转化为功的部分，即这种能源所拥有的㶲的数量，kJ。

能质系数与能级的概念十分接近，但能质系数更侧重于能量的实际做功能力，而能级则侧重于能量的理论做功能力。

电能和机械能是最高品位的能源，可以完全转化为功，其能质系数 λ 为 1，其他能源形式的能质系数需要根据其对外做功的能力分别确定。

1. 燃料的能质系数

燃料需要通过燃烧将能量以热能的形式释放出来，再用热能去做功。根据式（1-4），各种燃料做功能力的大小与它们的燃烧温度有关，燃烧温度越高，做功能力就越强，如果燃料燃烧产生的烟气温度为 T_{ran}，不考虑换热效率和转化效率，并以大气环境 T_0 作为低温热源温度，那么燃料燃烧后在 T_{ran}这个温度下可以做的功为

$$W=\left(1-\frac{T_0}{T_{ran}}\right)Q \tag{1-4}$$

由于做功的过程是动态的，燃料燃烧产生的烟气在做功的过程中温度会不断下降。当烟气的温度为 T 时，温度稍稍降低∂T 所释放出来的热量为∂Q，其做功的能力为∂W，那么

$$\partial W=\left(1-\frac{T_0}{T_{ran}}\right)\partial Q \tag{1-5}$$

因此以环境温度 T_0 作为低温热源温度，烟气在从烟气温度 T_{ran}下降到环境温度 T_0 的过程中，所累积的做功的总量需要用积分表示

$$W=\int\left(1-\frac{T_0}{T}\right)\partial Q \tag{1-6}$$

由于$\partial Q=C_P\partial T$，其中 C_P为烟气的比热容，即每 1kg 烟气温度下降 1℃所释放的热量，式（1-6）可转化为

$$W=\int\left(1-\frac{T_0}{T}\right)C_P\partial T \tag{1-7}$$

对式（1-7）进行积分后可得

$$W=\left(1-\frac{T_0}{T_{ran}-T_0}\ln\frac{T_{ran}}{T_0}\right)Q_{ran} \tag{1-8}$$

式中　Q_{ran}——燃料燃烧产生的热量。

那么，燃料的能质系数可以初步表示为

$$\lambda_{ran}=1-\frac{T_0}{T_{ran}-T_0}\ln\frac{T_{ran}}{T_0} \tag{1-9}$$

根据式（1-9）及相关技术应用条件，可获得各种燃料的能质系数。

以燃煤为例计算，燃煤燃烧产生高温烟气，然后通过锅炉等装置将能量传递给蒸汽等二次能源，利用这些二次能源进行做功。在现有技术条件下，由于锅炉材质的耐温性能，限制了蒸汽的上限温度，估计当前燃煤发电系统所采用的蒸汽动力装置，所承受的最高蒸汽温度约为 550℃（823.15K），此温度是煤能质系数的实际计算温度，由此计算得出燃煤的能质系数在 0.41～0.46。

2. 二次能源的能质系数

我们经常利用的二次能源有电力、蒸汽和热水等形式，电的能质系数为 1，以下主要介

绍市政热水和市政蒸汽两种二次能源的能质系数计算方法。

（1）市政热水。以环境温度 T_0 作为低温热源温度，供、回水温度分别为 T_g 和 T_h 的市政热水在从温度 T_g 下降到温度 T_h 的过程中，其热量中可以完全转化为功的部分为

$$W=\left(1-\frac{T_0}{T_g-T_h}\ln\frac{T_g}{T_h}\right)Q \tag{1-10}$$

因此，市政热水的能质系数计算方法见式（1-11），其能质系数的大小与供、回水的温度密切相关，即

$$\lambda_{reshui}=1-\frac{T_0}{T_g-T_h}\ln\frac{T_g}{T_h} \tag{1-11}$$

（2）市政蒸汽。市政蒸汽压力一般在 0.4～0.8MPa。按照蒸汽压力来计算，蒸汽做功的能力为汽化潜热释放阶段，此阶段为等温过程。由此，市政蒸汽的能质系数见式（1-12），其中 T_{qi} 是蒸汽压力所对应的饱和温度（单位为 K）。

$$\lambda_{qi}=1-\frac{T_0}{T_{qi}} \tag{1-12}$$

根据上述分析，能源品位的高低，或者说能质系数的大小与能源使用地点的参考温度（选用大气环境温度 T_0）密切相关。根据采暖空调系统的使用时间，可以分夏季和冬季两种情况来考虑。夏季的参考温度选择为：夏季空气调节日平均温度；冬季的参考温度选择为：日平均温度小于或等于 5℃期间的平均温度。表 1-1 是在北京市气象参数条件下，各种不同种类能源的能质系数。由于冬季和夏季的环境温度 T_0 不同，所以各种能源在冬季和夏季的能质系数也是不一样的。

表 1-1　　能　质　系　数

名称	夏季能质系数	冬季能质系数	备注
天然气	0.60	0.64	
燃煤	0.41	0.46	
市政热水	0.15	0.23	与供/回水温度有关
市政蒸汽	0.27	0.35	与使用的蒸汽压力有关

3. 能源综合利用系数

一次能源的能量释放出来以后，可以转化为几种能质系数不同的二次能源，如果转化为第 i 种二次能源的效率为 η，这种二次能源的能质系数为 λ_i，则能源综合利用系数 E 可以表示为

$$E=\sum\eta_i\lambda_i \tag{1-13}$$

在没有热电联产的火电厂中，煤燃烧产生能量将水加热为蒸汽，蒸汽推动汽轮机做功发电。煤是一次能源，电是二次能源，电的能质系数是 1，若发电综合效率是 35%，那么火电厂的能源综合利用系数也等于发电综合效率，为 35%。在有热电联产的热电厂中，蒸汽中的能量先用于发电，再用于供热。若发电量占能量消耗总量的 35%，供热量占能量消耗总量的 60%，供热热水的能质系数是 0.25，那么这个热电厂的能源综合利用系数为 $E=35\%+0.25\times60\%=50\%$，高于只发电的火电厂。

第 2 章

总能系统集成理论

第1节　总 能 系 统 概 论

1.1　概述

我国是世界上最大的煤炭生产国和消费国，能源结构极其不合理，以及化石燃料使用带来的环境污染问题，比较低下的能源效率，解决这些问题是我国国民经济发展的重大需求和能源科学技术发展的战略重点。能源利用科学的发展趋势具有以下三个特点：

(1) 不同学科之间的交叉、综合已成为当代能源科学发展的一个基本特征。

(2) 随着社会与经济对能源科技的需求越来越高，能源与社会、经济与环境等领域的渗透与综合已成为能源科学发展的另一主要趋势。

(3) 通过不断突破原有界限与假定，不断利用新理论、新方法和新手段，继续深化对能源转化利用规律的探索。

总能系统是近年来随着能源科技发展所提出来的高效合理的能源利用系统，它是一种根据工程热力学原理，提高能源利用水平的概念或方法及其相应的能量系统。它强调的是系统集成与功能，即按照能量品位高低进行梯级利用，从总体上安排好功、热（冷）与物料热力学能等各种能量之间的匹配关系与转换利用，在系统高度上总体的综合利用好各种能源，以取得更好的总效果，而不仅是着眼于单一生产设备或工艺的能源利用率或其他性能指标的提高。总能系统又分为狭义总能系统和广义总能系统。狭义总能系统是指热工领域中实现一种或多种热工功能的能量系统，而广义总能系统则是多领域学科交叉渗透、多能源与多输出一体化的总能系统。

1.2　狭义总能系统

1980 年，吴仲华教授从能量转化的基本定律出发，阐述了热能的梯级利用与品位概念和基于能的梯级利用的总能系统。他提出了著名的“温度对口、梯级利用”原则，包括：通过热机把能源最有效地转化为机械能时，基于热源品位概念的“热力循环的对口梯级利用”原则；把热机发电和余热利用或供热联合时，大幅度提高能源利用率的“功热并供的梯级利用”原则；把高温下使用的热机和中低温下工作的热机有机联合时，“联合循环的梯级利用”原则等。基于温度对口、梯级利用的热力系统，也被称为狭义总能系统，它是基于热力学第二定律，通过能量的品位差别与梯级利用，解决热工领域内单一工艺过程进一步提高能效所存在的局限性。狭义总能系统可以定义为：从总体上安排好功（电）与热的能源利用，而不仅是着眼于提高单一生产过程或工艺的能源利用率。

热力学第一定律也称为能量守恒定律，在自然界、工程界中都适用。该定律可以表示为：经过一个热力过程后，体系总的传热量 Q 等于体系总的输出功 P 与在此过程中体系的内能升高值 ΔE 之和，即

$$Q = P + \Delta E \tag{2-1}$$

在分析各种热机工作的过程时，首先用到的是第一定律。但是，它只规定了能量转化的数量关系，而没有表明转化的方向性。在实际过程中，不同能量之间的彼此转化是有可否、难易之分的，也是有某些方向性的。因此，分析热机很重要的还有热力学第二定律，常是用它来分析能源是否被充分利用。

第二定律可以表述为：热机不可能将单一热源传给工质的热 Q_1 全部转化为功 P，如图 2-1 所示。工质在热机中经过若干个热力学循环后，其内能升高值不变，即 $\Delta E=0$，由高温热源传给体系的热量 Q_1 不可能全部转化为功，必有一部分热量 Q_2 传给另一较低温度的热源。由此，可用热效率来表征热机中传热量 Q_1 转化为机械功的程度，即热效力为

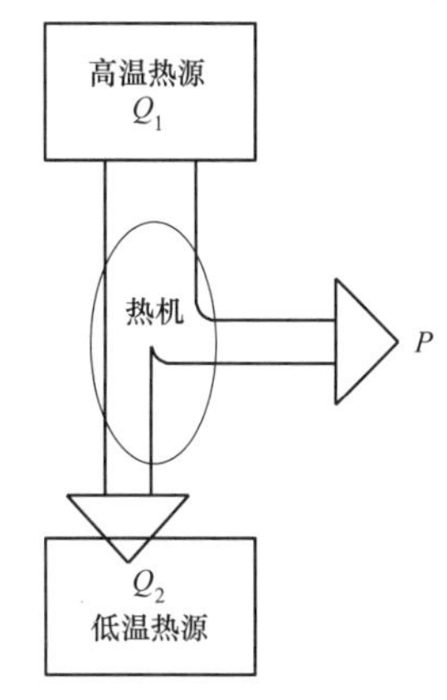

图 2-1　热力学第二定律示意图

$$\eta = \frac{P}{Q_1} = \frac{Q_1 - Q_2}{Q_1} = 1 - \frac{Q_2}{Q_1} \tag{2-2}$$

在实际工作中，Q_1 和 Q_2 都需要考虑具体过程来计算，因而比较困难。但可以结合理想热机来得出一些简单地、具有定性指导意义的关系。在理想热机中，传热都是恒温过程，即高温热源向热机传热的温度 T_1 不变，热机向低温热源传热的温度 T_2 不变。在这种理想条件下，理想热机的热效率可表述为

$$\eta = 1 - \frac{T_2}{T_1} \tag{2-3}$$

由此分析可发现，对于理想热机来说，高温热源的绝对温度 T_1 越高越好，低温热源的绝对温度 T_2 越低越好。能源生产的热机工质（如蒸汽）温度高，称为高品位能源，这就是高品位的含义。反而，能源生产的工质温度若比较低，就称为低品位能源。热机中的 T_1 高，理想热效率高，实际热效率也相应地高。

当考虑余热利用时，如果余热温度太低，那么用于热机做功时，热效率就很低，经济上不合算；如果余热温度高，那么用于热机做功时，热效率就高，也会有比较好的经济效益。由此，高品位能最好用在热机上，因为可以获得更多的机械功；而低品位能则只能作为供应较低温度的蒸汽或热水用。也就是不同品质的能源应做到合理分配、对口供应，各得其用。总的来说，要充分地利用能源，特别是利用热机转化为机械功，就需要做很多研究工作，如整个热机循环参数要选择好，各个热力过程要组织好，燃料要充分燃烧，传热要高效，内部流动损失要很小，这样才能使得能源的利用效率最高。

对于简单循环的热机系统，随着循环参数和部件性能的改善，单机热力系统的热效率将会不断提高。但是，由于在一定条件下的技术局限性，提高幅度不会很大，因为其散热或排气带走的能量占很大比例。若把常规热力系统和其他用能系统结合起来，综合考虑整个系统的能流安排，合理利用系统中的各种余能、废热，则可以很大程度上提高总的能源利用水平。但是，人们所说的总能系统不是多个热力循环或用能系统的简单叠加，而是基于能的梯

级利用原理集成的一体化系统。

狭义总能系统也是指传统的总能系统，已在电力、石化、冶金等方面得到广泛的应用，应用方式主要有联合循环、功热并供、余能利用、先热利用以及能源利用综合体等。

(1) 联合循环。是指将具有不同工作温度区间的热机循环联合起来，互为补充，从而提高整体循环效率的联合热力系统或装置。人们常说的联合循环，是指最常用的燃气轮机和汽轮机串联在一起的联合循环，也称为狭义的联合循环。但广义的联合循环应该包括所有可能的有效形式，例如以活塞式内燃机作为顶部与以燃气轮机作为底部的联合循环，其退化形式为底部循环不输出功，而只给循环顶部提供压力的涡轮增压内燃机。联合循环是当今热能动力装置发展的一个主要方向，因此新的设想、新的方式层出不穷，如注蒸汽燃气轮机循环(STIG)、湿空气透平（HAT）循环、氢氧联合循环、燃料电池联合循环（FC-CC)、燃煤联合循环（CFCC）等。

(2) 功热并供。是指热机输出机械功或电能的同时，还生产工艺用热或生活用热，也称为热电联产或热电并供。它具体是指高温段的工质在热机中先做功，然后以热的形式回收利用工质携带的余热。由此达到，高温段出功，低温段供热，合乎工程热力学高效利用能的原则。在功热并供装置中，功热比是指输出的净机械功之和与供热量之和的比值。一般背压式汽轮机的功热比较小，约为0.1；抽汽式汽轮机的功热比可达到0.3；燃气轮机功热并供装置的功热比范围为0.3～1.0；而联合循环的热电联产系统则有更高功热比，其值范围为0.5～2.0。

(3) 余能利用或称余热利用。是指采用一定手段回收利用一些生产过程排放的具有余热或压力的流体的余能（余热)。余能利用的场合很多，根据其温度的不同而有不同的用处，当温度较高时，可以功的形式回收利用；而温度较低时则需以热的形式来回收利用。

(4) 先热利用。主要是用于化石燃料，一般燃烧时可达2000℃高温，而大部分企业所需温度则都远低于此温度的场合。为充分利用燃料燃烧所释放的高品位能，应设法先将高温热量在高温区加以利用，然后再按用户需要的工艺过程或设备对外供应，与余热利用相对应，可称为“先热利用”。与余热利用的不同之处，是先热利用时转化的能量是需要另外补充的，若认为原有的工艺过程或设备的能量利用率不变，则新增设的先热利用装置的出功效率原则上可接近100%。但其赖以进行的先决条件是需要适用于高温环境的设备，这是高科技产品（技术)。

(5) 能源利用综合体。则是将总能系统的概念扩大应用于整个工厂、整个地区或更大范围，而不是仅局限于一台具体设备上。就是把虽然目前还不属于同一行业，但在能源与原料利用上能够相互匹配、就近运输，可以依据能源品位梯级利用的原则集中地建在一起，相互协调、用能互补，以提高能源利用水平。原则上这类综合体能联合的单位越多，就越有可能获得更佳的匹配与梯级利用。但其最大的弊端是联合得越多则越难于协调运行与管理，这便存在着一个最佳方案的优化与可行性论证问题。随着科学技术的发展，这些困难是可以克服的。若仅从热工角度扩大能源系统应用范围的能源综合体，则仍为狭义总能系统范畴；若扩大到不同领域和多功能综合，则属于广义总能系统。

“互联网＋”能源体系，当前互联网的快速发展，推动了互联网在能源领域的深度融合。在国家《能源发展“十三五”规划》中提出，着力优化能源系统，推动能源生产供应集成优化，构建多能互补、供需协调的智慧能源系统。所谓智慧能源，就是指拥有自组织、自检查、自平衡、自优化等人类大脑功能，满足系统、安全、清洁和经济要求的能源形式。而智慧能源的诞生，则恰当的可以解决建立能源综合体所存在的最大弊端，即系统用能单位匹配越多，越难以协调运行与管理。当前提出的“互联网＋”智慧能源，是一种互联网与能源生产、传输、存储、消费以及能源市场深度融合的能源产业发展新形态，具有设备智能、多能协同、信息对称、供需分散、系统扁平、交易开放等主要特征。因此，可以利用互联网，进行不同用能单位的联合匹配，既能获得较佳的匹配与梯级利用，又能解决联合时存在的难以协调运行与管理的问题，形成基于“互联网＋”的能源综合体系。

1.3　广义总能系统

广义总能系统是在狭义总能系统的基础上，面对更多领域以实现更多功能需求目标而扩展形成的能源转换利用系统。也是指资源-能源-环境一体化的多功能能源系统，可包括多种能源、资源输入，并具有多功能或联产输出的能源利用系统。它是在接受不同物料、能源等输入而完成热工功能的同时，既生产出化工产品及清洁燃料等，又对污染物进行有效回收与利用，把热工过程和污染控制过程一体化，从而协调兼顾了能源动力、化工、石化、环境等诸多领域的问题。另外，广义总能系统也是在能源利用方面发展循环经济的最重要的方式之一。因为能源综合体就是以一个企业或一个地区为体系的能量系统，它基于能量综合梯级利用原理，以能源资源高效利用与综合循环利用为核心，以系统集成为主要手段，来实现与发展该企业或地区低消耗、低排放、高效率等特征的循环经济。

广义总能系统相对于狭义总能系统来说，其主要差异在于：

(1) 从热工领域拓展到了热工与化工或石化以及环境等诸多领域，而不是仅局限于热工领域。如图 2-2 所示，它为一个与环境协调相容的多功能能源环境系统，是按照总能系统集成的原则思路来开拓集成系统，具有多种能源输入、多种产出、与环境相容等多功能系统的特点。

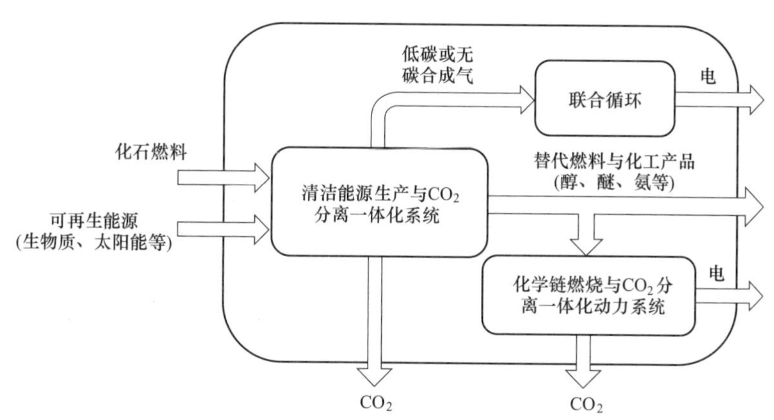

图 2-2　典型广义总能系统示例图

(2) 系统集成的核心科学问题从物理能（热能）的梯级利用拓展到化学能与物理能的综合梯级利用。图 2-3 为广义总能系统中能的综合梯级利用 EUD 图，其纵坐标 A 表示能的品位，横坐标表示热力循环的最高温度。卡诺循环效率曲线的上方表示燃料化学㶲，下方表示物理㶲。其特点是多层次不同品位的化学过程与热力循环相结合的集成，也是与狭义总能系

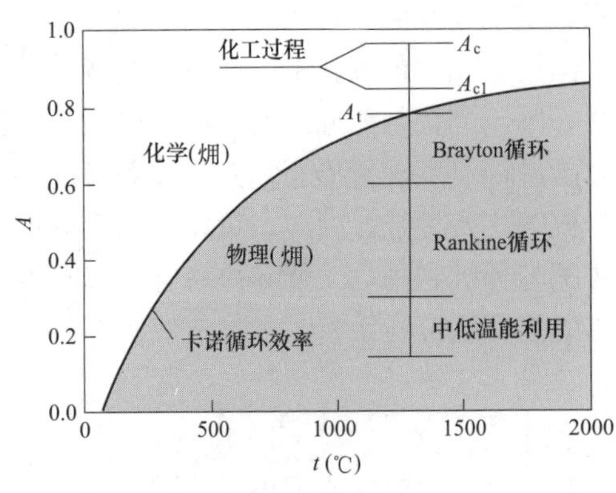

图 2-3　广义总能系统中能的综合梯级利用 EUD 图

统的最大区别之一。首先，在燃料高品位的化学能区，通过与不同化学过程的整合，可完成燃料品位由 $A_c \rightarrow A_{c1}$ 的转化和低品位反应热的品位提升等过程。其次，可通过燃烧方式实现燃料化学㶲向物理㶲的转化，其品位由 A_{c1} 转化为物理㶲品位 A_t。最后，通过不同热力学循环方式实现热能的梯级利用。与传统能源动力系统相比，该系统突破了燃料化学能直接通过燃烧方式单纯转化为物理能的传统利用方式，而是依据不同化学反应的能品位高低，将燃料化学能进行多层次的梯级利用与转化。

（3）从热工功能目标拓展到多功能综合。不再仅局限于热工功能即热工性能指标的系统集成与创新，而是从传统能源动力领域的热工功能拓展到能源、环境、化工等多领域综合的多功能目标，并以多功能指标为目标函数进行系统的集成与创新。

（4）从单一能源利用系统拓展到更多的能源综合互补利用系统。当前，大部分能源动力系统应用的依旧是单一能源；今后，为更好实现燃料化学能的梯级利用，或更好地开发利用可再生能源等，将会更多发展多能源互补的多功能系统。

针对广义总能系统来说，传统的“温度对口、梯级利用”原理已不再完全适用，而是需在此原理的基础上，提升到更宽更高层面的梯级利用原理。下面主要阐述应用于广义总能系统的三个基本原理：

（1）化学能与物理能综合梯级利用原理。在物理能梯级利用原理的基础上，将化学能与物理能相融合，实现综合梯级利用。其突破了燃料化学能通过直接燃烧转化为物理能的传统利用方式，依据不同化学反应的能品位的高低，实现燃料化学能多层次、多方式的综合转化和利用。其重点与难点在于有效地减少化学能的损失，比较可能实现的解决途径有：①热转功的热力循环与化工等其他生产过程有机结合。此时，不仅注重温度对口的热能梯级利用，同时有机结合化学能的梯级利用，实现热能与化学能的有机结合、综合高效利用；从而突破传统联合循环的概念，以实现各领域渗透的系统创新。②热力学循环与非热力学动力系统有机结合。例如将燃料化学能通过电化学反应直接转化为电能的过程（燃料电池）和热转功热力学循环有机结合，实现化学能与热能综合梯级利用等。③多功能的能源转换利用系统。它是指在完成热工动力功能的同时，利用化石燃料生产出甲醇、乙醚等清洁燃料，还可以分离出理想的清洁燃料氢气，进一步对 CO_2 进行有效地分离、回收与利用，或者更进一步与各种化工生产过程紧密结合，使动力系统既实现能源的合理利用和低污染或零污染，又能提供高效清洁能源，从而协调兼顾动力与化工、环境等诸多方面的问题。

（2）能量转换与温室气体控制一体化原理。传统的 CO_2 分离方式是从工业生产的排气中分离出 CO_2，其难点在于 CO_2 的化学性质稳定，排气中的 CO_2 常被空气中的 N_2 稀释，浓度变得很低，需要处理的气量很大；同时，排气中还含有一些影响分离效果的复杂成分，因而更增加了 CO_2 分离的难度。目前的技术虽然能够实现 CO_2 的分离，但从能源效率与经济性考虑，是不可行的。热力学与化学环境学的交叉，既在于揭示能源转换系统中 CO_2 的形成、反应、迁移、转化机理，又在于发现能源转化与温室气体控制的协调机制。从长远考虑，生产过程系统控制 CO_2 排放应朝着 CO_2 分离过程和热功转换与生产过程等有机整合的方向发展。

（3）多能源综合互补机理。鉴于化石能源的资源有限及具有排放污染物的特性，开发新的清洁能源，特别是非碳能源转换利用的总能系统，如可再生能源转换利用系统，是当前可持续发展的重要方向之一。例如利用太阳能发电或制氢是开拓新能源资源的重要途径。生物质能资源也极为丰富，大部分可在总体上实现 CO_2 零排放。但是，多数可再生能源动力系统是不稳定、不连续的，随着时间、季节及气候等因素的变化而变化。因此，开发可再生能源与化石能源或水能相结合的多能源综合利用系统，也是可持续发展的一个重要研究方向，如燃料电池与太阳能联合发电系统，太阳能与燃煤互补发电系统等。

在当前可持续发展的大背景下，能源动力系统的发展越来越趋向于多领域渗透和多目标综合，对其功能与性能目标的要求将更严格和更多样化。许多热力系统不仅对热力性能，还对其经济性与环保性能等都提出了严格要求。因此，常常也把狭义总能系统和广义总能系统统称为总能系统。

1.4　总能系统的基本形式

总能系统既可以利用单一能源，也可以综合利用多种能源；既可以实现单一功能目标，也可以同时实现多种功能目标。由此，集成系统的过程类型有多种，包括不同的热力过程、能源转化化学物理过程及污染物控制过程等。对集成系统的过程单元与部件的划分和界定则比较灵活，可根据不同情况而有所不同。当前主要从总能系统的功能和利用能源的类别角度，将总能系统概述为：不同功能的总能系统基本形式和不同能源的总能系统基本形式。

1.4.1　不同功能的总能系统基本形式

总能系统的最基本和最常用的功能是通过常规联合循环或多重联合循环的单元系统来实现热功转换功能目标，即纯产功；在此基础上发展出了热工领域的多联产系统，即同时发电、供热、制冷等；随后，又扩展到多领域的多功能总能系统，即满足输出有效功和热的同时，还完成化工产品生产、清洁燃料生产、污染控制等不同功能需求的目标。主要有下列几种形式：纯产功的总能系统（联合循环发电系统等）、热工领域的多联产热力系统（功热并供与冷热电联产系统及分布式能源系统等）、多领域的多功能系统（化工动力多联产系统等）、无公害（零排放）的能源动力系统（CO_2 零排放的 IGCC 系统等）等。

以燃气轮机为核心的联合循环发电系统是纯产功的总能系统的最主要形式，除了目前最为广泛使用和最高实用热机效率的燃气蒸汽联合循环发电系统，还有近期开发的正逆向耦合循环动力系统，都是以产功或发电为单一功能目标的总能系统。卡诺定律给出热力循环效率的可能极限值，并指出提高其热功转换效率的两条途径，即提高高温热源的温度和降低低温热源的温度。长期以来，提高燃气轮机性能的重点多放在提高循环初温及其相应措施方面；而降低循环放热过程的温度相对困难，多被忽视。正逆向耦合循环是通过吸收式制冷逆向循环，利用各种废热或余热，把正向燃气轮机循环进口工质温度降低，相当于循环放热平均温度下降，即利用系统集成方法将正向循环和逆向循环整合起来，来提高循环性能。与吸收式制冷系统相结合的 O_2/CO_2 循环，就是正逆向耦合循环动力系统。该循环是将正向循环（O_2/CO_2 循环）和逆向制冷循环耦合组成，扩大了工质的工作温度区间。传统的 O_2/CO_2

循环是将超临界 CO_2 蒸汽轮机循环和带再热的燃气轮机循环联合而成，因此在循环中存在 CO_2 液化过程，由于 CO_2 的三相点很低，在常温下需要将 CO_2 压缩到很高的压力（7MPa 以上）才能将其液化。从图 2-4 可以看出，CO_2 的压缩过程是由一台两级间冷的压气机实现的，大量 CO_2 压缩到如此高的压力需要消耗大量的压缩功，同时排放大量的间冷热。耦合循环利用吸收式制冷系统回收 CO_2 压气机的间冷热和燃气透平的排烟余热以及部分 CO_2 冷凝热，在降低了系统向环境放热温度的同时还利用这些低温余热制冷，制得的冷量用来冷凝部分二级压气机出口处的 CO_2 工质，减少了第三级压气机的功耗，从而提高系统效率。

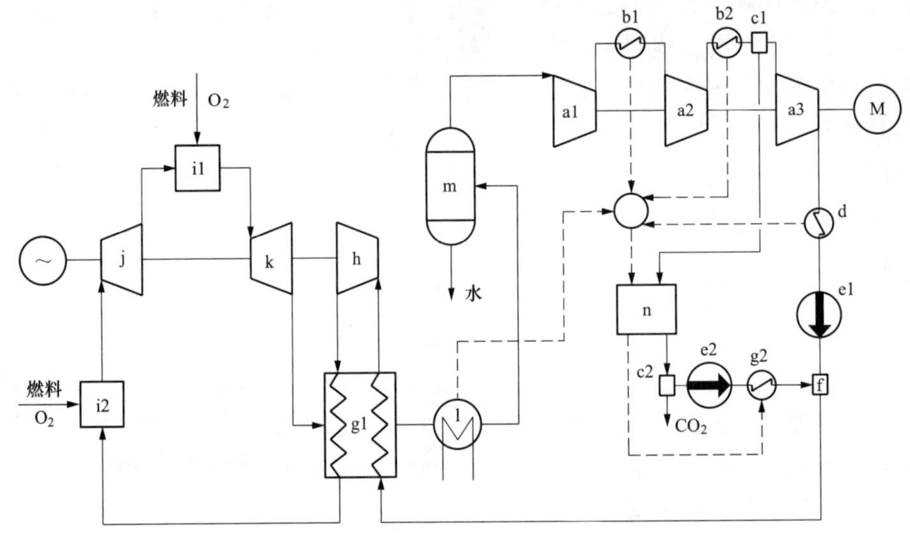

图 2-4　与吸收式制冷系统相结合的 O_2/CO_2 循环

a1、a2、a3—压气机；b1、b2—中间冷却器；c1、c2—分离器；d—二氧化碳凝汽器；e1、e2—泵；f—混合器；g1、g2—回热器；h—高压透平；i1、i2—燃烧室；j—中压透平；k—低压透平；l—冷却器；m—水分离器；n—吸收式制冷装置

热工领域的多联产系统是指具有两种以上热工功能的热力系统，目前应用最为广泛的主要有供热并供、冷热电多联产及分布式能源系统等形式。燃气-蒸汽联合循环功热并供系统是指将燃气轮机和蒸汽动力装置联合成一个整体，在输出机械功（或电）的同时，还生产工艺用热和生活用热，而大多数热用户所需温度并不高，往往可以用输出功的热机余热来满足，如图 2-5 所示。由此，高温段产功，低温段供热，符合工程热力学梯级利用能的原则。

冷热电多联产系统也是运用能量梯级利用原则，把制冷、供热及发电过程有机结合在一起的能源利用系统，其目的在于进一步提高能源利用效率，减少二氧化碳和有害气体排放。

图 2-6 所示为分布式能源系统的一种常见系统图。在商业、建筑领域以及小型的工业用户中，用户的需求通常是电力、供热、制冷、通风、蒸汽和热水等多种用能形式，简单地可以归结为电、热、冷三种。常规的电网供电和集中供热所提供的能量品种单一，不能充分满足用户要求。分布式冷热电联产系统有多种能源输出形式，可以在一定区域内同时满足用户的多功能需求，因而成为分布式供能模式的主要技术。正如常规的集中式热电并供系统可以

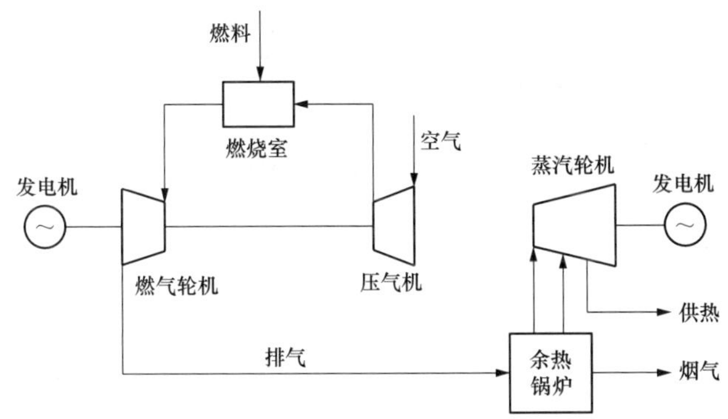

图 2-5　燃气-蒸汽联合循环功热并供系统示意图

提高能源利用率一样，小型冷热电联产系统是一种建立在能量梯级利用基础上，将供热（采暖和供热水）、制冷及发电过程有机结合在一起的总能系统。由于实现了能量的综合梯级利用以及面向用户需求就地生产和利用，相对于传统的集中供电系统，冷热电联产系统在综合互补利用可再生能源等各种能源和大幅度提高系统能源利用率的同时，可明显降低环境污染和改善系统的热经济性，更好地满足用户对不同能源形式的需求。因此，分布式冷热电联产系统被认为是目前分布式能源发展的主要方向和主要形式。

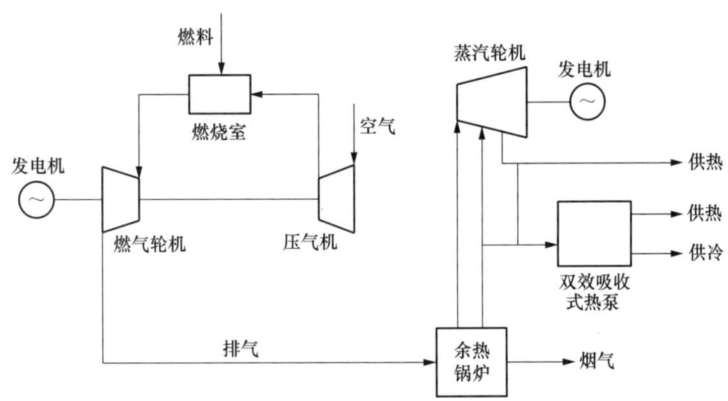

图 2-6　分布式冷热电多联产系统示意图

1.4.2　不同能源的总能系统基本形式

常规的热力系统主要燃用常规燃料能源来实现热功功能，而总能系统已扩展到应用各种类型的能源，包括各种常规能源和新能源，也包括各种含能体类和过程体类的二次能源。主要有以下几种形式：燃用气体燃料（主要为天然气）和液体燃料的联合循环总能系统、洁净煤发电系统（整体煤气化联合循环系统等）、核能联合循环热力系统（核能氦气-蒸汽透平联合循环等）、可再生能源总能系统（太阳能热发电系统等）、多能源互补的总能系统（太阳能-化石能源互补的联合发电系统等）等。

太阳能-化石能源互补的联合发电系统，是将太阳能集成到常规发电系统之中，不仅有效解决太阳能利用不稳定的问题，同时还可利用成熟的常规发电技术，降低开发利用太阳能的技术和经济风险。如图 2-7 所示。

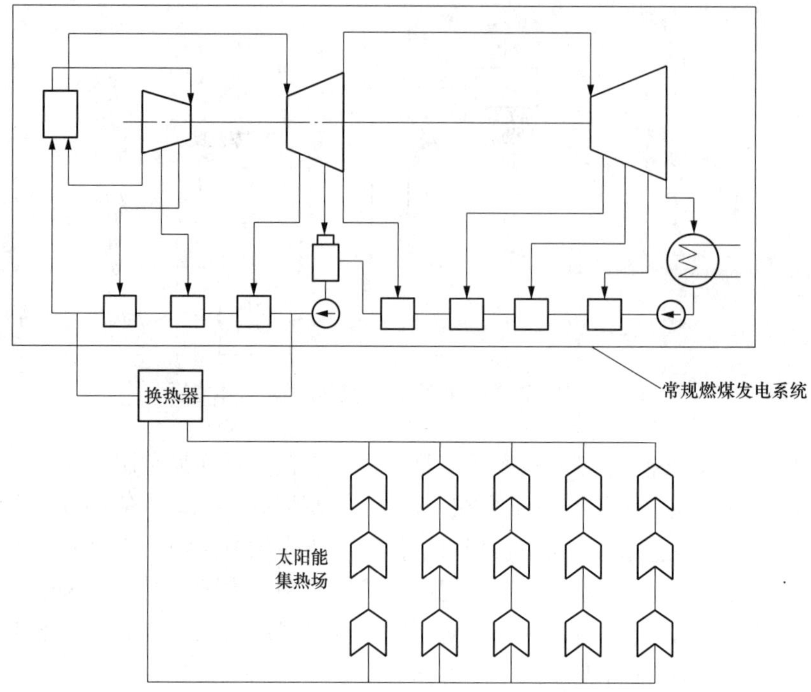

图 2-7　太阳能与燃煤互补的发电系统示意图

第 2 节　热能梯级利用原理

2.1　概述

总能系统是通过系统集成把各种过程有机地整合在一起，来同时满足能源、化工以及环境等多目标功能需求的能量系统，而不是各种用能系统的有关过程的简单叠加。合理科学的集成不仅可以使能源动力系统达到提高能源利用率和降低污染排放的目的，而且还可以降低系统中其他联产过程的能耗与初投资。

从系统集成的角度看，可以把总能系统大致分为三类，即传统的总能系统（热工领域）、多领域综合总能系统和环境相容的总能系统，这三类系统集成理论的核心都是能的综合梯级利用和过程一体化原理。本书主要从狭义总能系统的角度展开研究，而本节则主要从热能的梯级利用原理来介绍系统集成理论。

用以实现热功转换功能的热力循环是热机发展的理论基础和能源动力系统的核心，而其相关的核心科学问题就是热能的梯级利用。因为热能转换利用时不仅有数量的问题，而且还有热能的品位的问题。热能的品位是指单位能量所具有可用能的比例，它常常被认为热能温度所对应的卡诺循环效率。“温度对口、梯级利用”原理从能的“质与量”相结合的思路进行系统集成，其本质是如何实现系统内动力、中温、低温余热等不同品位能量的耦合与转换利用。热力循环是利用燃烧后工质温度与环境温度之间的温区范围内的热能，所以系统集成的好坏取决于这部分热能利用的是否充分和有效。

不同的总能系统体现“热能梯级利用”的集成原理的途径和方法将有很大的差别，关键是寻找体现能的综合梯级利用的各种行之有效的技术与方法，即要针对指定的具体功能和条件，从不同思路采用多种措施和组合。例如，①联合循环的梯级利用，对于联合循环来说，一般高品位（高温）的热能首先在高温热力循环（如燃气轮机）中做功，而中、低品位（中、低温）的排热和系统中其他余热与废热回收后再利用中、低温热力循环（如汽轮机）中膨胀做功，然后利用系统流程和参数的综合优化，使各循环实现合理的匹配，减小系统的不可逆损失，从而获得总能系统性能最优。②热（或冷）功联产的梯级利用，对于热功或冷热电联产系统集成时，则侧重于按照热能品位的高低对口梯级利用，从系统层面安排好功、热或冷与工质内能等各种能量之间的配合关系与转换使用，以便在实现多热功能目标时达到最合理用能。③系统中低温热能的梯级利用，对注蒸汽燃气轮机循环（STIG）和湿空气透平循环（HAT）等系统，系统集成的侧重点在于通过热能梯级利用来高效利用系统中各种中低温余热与废热。

2.2　不同总能系统的集成原则

2.2.1　功热并供系统

功热并供系统是将燃料化学能转化为热能后，对热能进行不同功能的转换利用。系统仅能利用燃料燃烧后生成高温气体的温度到环境温度之间的温区范围内的热能，因此系统集成的好坏取决于这部分热能利用的充分性与有效性。

热能的转换利用时不仅有数量的问题，还有质量（热能品位）的问题。而热能梯级利用原理则是从能的“质”与“量”相结合的角度进行系统集成，其本质是实现不同品位的能量之间的耦合和转换利用。而集成的关键，就是寻找体现能的综合梯级利用的各种有效的技术与方法。对于联合循环和联供系统集成时，就是要针对指定的具体功能和条件，从不同思路采用多种措施和组合。如：①不同工作温区的热力循环的优化整合，就是把系统中各种高温热能先输入到高温热力循环，进行有效的热功转换以产生有用功（或电）输出；再把其排热和其他中低温热能提高给中低温热力循环以进一步实现热功转换以产功（或电），或提供给需要中低温热量的过程；各种低品位的热能优先提供给需要低温热量的过程或作为有效热输出供热。②不同品位热能的用能系统整合，如发电与供热系统的一体化联合，一般用户对热的需求温度不是很高，所以系统先把高品位的热转换为功，再根据温度对口利用排热或其他余热提供给热用户，使各子系统间不同的能量实现品位互补和合理匹配。③正、逆热力循环的耦合，即把动力正循环和热泵逆循环进行耦合，利用系统中合适的余热驱动热泵回收低温余热，来产生有效热对外输出。

联合循环功热并供系统就是将联合循环发电与功热并供系统，根据热能的品位进行有效的集成，集成系统在热能高品位时首先在燃气轮机循环中做功，其次利用中低温品位的排热和系统中其他余热回收后再在蒸汽轮机循环中膨胀做功，同时根据热能的品位，在系统相应温度对口的地方输出热。如图 2-8 所示为联合循环功热并供系统能量利用平衡示意图。则燃气循环和蒸汽循环的能源利用效率，也称为热力学第一定律效率，分别表示为

$$\eta_{gt}=\frac{W_{gt}}{Q_f} \tag{2-4}$$

$$\eta_{st}=\frac{W_{st}}{Q_{st}} \tag{2-5}$$

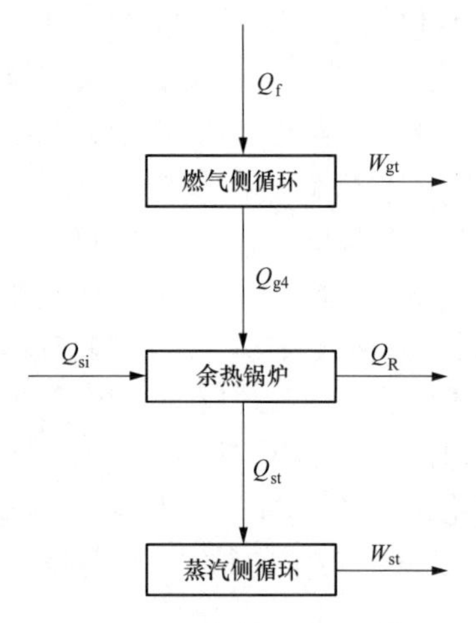

图 2-8　联合循环功热并供系统能量利用平衡示意图

式中　W_{gt}、W_{st}——燃气循环和蒸汽循环的有效功输出。

此时，纯产功的联合系统输出功与燃气侧输出功之比为

$$\frac{W_{\infty}}{W_{gt}}=\frac{\eta_{\infty}}{\eta_{gt}}=\frac{W_{gt}+W_{st}}{W_{gt}} \tag{2-6}$$

对于功热并供系统，则有

$$\frac{W_{\infty}+Q_R}{W_{gt}}=\frac{\eta_1}{\eta_{gt}} \tag{2-7}$$

式中　Q_R——系统的有效热输出。

由此，当简单循环燃气轮机扩展集成为联合循环或功热并供等总能系统时，式（2-6）和式（2-7）分别表示了不同热力循环的结合和不同用能系统一体化整合时的总能系统效率提升情况，即系统热能梯级利用完善度。

2.2.2　分布式冷热电联产系统

分布式冷热电联产系统是一种比较复杂的能量转换利用系统，它的总体性能不仅与各子系统的具体形式和性能参数有关，更重要的是还取决于系统构成流程形式以及各子系统间的热力参数匹配情况。下面针对不同原理，介绍冷热电联产系统集成优化的原则及措施。

1. 基于热能梯级利用的集成原则

（1）温度对口、梯级利用。分布式联产系统的中温和低温热能主要来自上游某热力子系统（如燃气轮机循环系统）的输出，其品位的高低和热负荷的大小会受到很多因素的限制。因此，在系统集成选择利用中温和低温热能的方式时，需要对用户的需求以及各个热力子系统的功能进行仔细分析。综合来说，分布式冷热电联产系统的热能综合梯级利用设计的因素主要分为：①热能的品位。当热能品位较高时，有更多的可利用方式。如 100℃以上的热能可以用于驱动吸收式制冷，也可以直接供热；而 100℃以下的热能一般只能用于直接供热。②热能的量。上游的热能利用技术不同，其排出的余热量也不相同，由此对下游热能利用产生的影响也不同。如利用单一循环的燃气轮机发电与利用回热循环的燃气轮机发电相比，其尾部排出的余热，在品位和数量上都比较大，由此给下游的制冷、供热子系统带来的影响也不同。③热能的利用效果。当利用的技术不同，其热能利用效果也会有较大差异。如选择余热直接供热与选择利用吸收式热泵供热相比，最终的热能利用效果会有明显的差别。

图 2-9 为分布式冷热电联产系统中热能梯级利用的示意图，它表示各温度区间及相应可用能源和用途的对应情况。动力子系统的输出为高品位的电能，因此对输入热能的品位要求很高。另外，动力子系统利用热能的温度下限与其具体热机有很大关系，如以燃气轮机为动力的子系统，利用热能的温度下限通常在 450～570℃；而对于内燃机来说，可利用热能的温度下限一般为300～

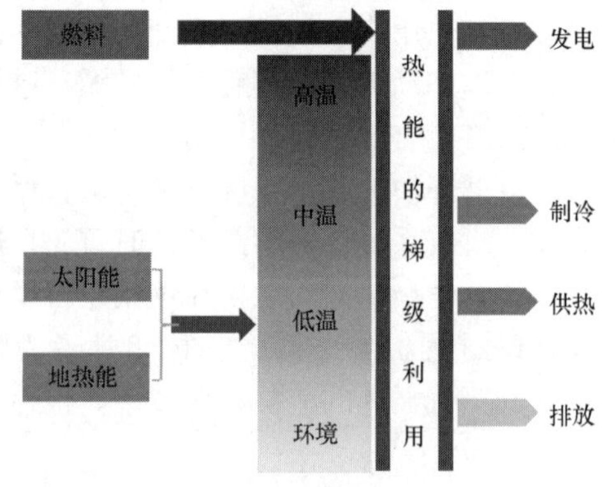

图 2-9　分布式冷热电联产系统中热能梯级利用示意图

500℃。而其温度下限也决定了下游子系统的热能利用方式，当下限温度较高时，通常考虑结合蒸汽轮机进一步做功，输出高品位电能；当下限温度较低时，则可利用双效吸收式制冷机组或双效吸收式热泵来利用动力子系统的排气余热。由于在双效吸收式机组中的换热过程存在传热温差，双效吸收式机组只能利用动力子系统排气中170℃以上的热量。而与双效吸收式机组相比，生活热水和供热所需热量的温度大大降低，一般只需60℃左右。由此实现了依据温度高低的不同，对热能加以综合梯级利用。

（2）正循环与逆循环耦合。分布式联产系统是由多个循环集成得到的总能系统，不同的循环各具特性，在集成时如果能充分考虑不同循环的特点，将显著改善联产系统的总体性能。不同循环基本可以分为两大类：正循环和逆循环。正循环是指沿着热能品位高低顺时针方向的循环，目前普遍采用的传统热转功系统，如动力子系统输出电能，属于正循环。而逆循环则相反，是沿着热能品位高低逆时针方向的循环，如吸收式热泵利用低温余热生产中、高温热能；吸收式制冷机利用动力子系统的余热驱动，输出低于环境温度的冷量。

正逆循环耦合的关键在于两循环之间进行能量传递与转换利用时，量与质同时优化匹配，以最大程度降低能量转换利用过程的损失。通常，动力正循环和制冷逆循环运行的温度区间分别位于环境状态以上和以下，两者具有多方面的互补性。在此基础上，将动力系统和制冷系统进行系统集成，构成正逆耦合循环，即制冷系统的高温换热器充当动力系统的低温热源，而动力系统的排热充当制冷系统的高温驱动热源，如图2-10所示。两者系统的有效整合可大幅度提高联产系统的性能。因此，正逆循环耦合的核心科学问题正是热能的综合梯级利用。

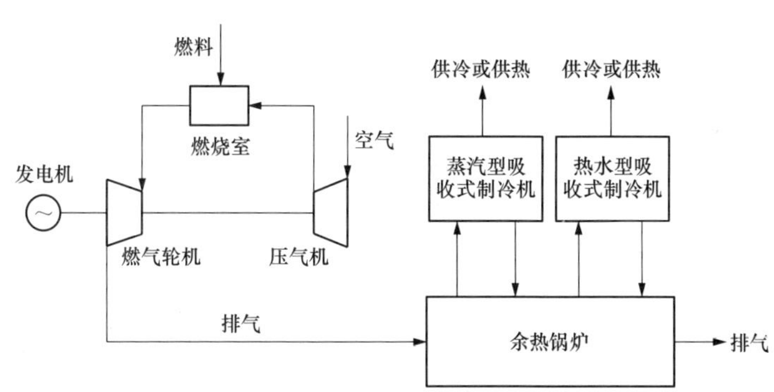

图2-10　分布式联产系统的集成示意图

2. 基于全工况特性的集成原则

各子系统变工况的运行，一般都会使总能系统的性能降低，而偏离设计工况越远，总能系统的性能下降得越明显。由此，联产系统集成时，为有效缓解变工况运行对系统性能的负面影响，应考虑基于全工况特性的系统集成原则及采取必要的相应措施。

（1）输出能量比例可调的集成措施。联产系统运行时，制冷、供热子系统利用的主要是动力子系统的排热，动力子系统降负荷时，系统的制冷量和供热量输出通常会相应地有所下降。当联产系统的流程和具体设备确定后，任一运行工况下联产系统的输出量基本就确定了。当联产系统变工况运行时，不同能量需求的比例与设计工况相比，存在一定的差异，当不同能量的输出比例变化时，也会与需求之间存在差异，从而导致联产系统的性能明显恶化。

当建筑所需的冷、热负荷发生变化时，制冷、供热子系统所需的输入热量也随之变化，由此也会引起动力子系统的运行工况发生变化。联产系统中各种形式的输出能源与各子系统的输入能源之间具有直接的关系。当对应的输入增加时，相应的输出也将增加。从这个角度出发，若能根据用户的需求变化，采取一定方法来调节不同子系统的能源输入量，进而控制不同子系统的能源输出量，使系统的输出可以满足用户的需求，则联产系统的全工况性能将得到明显改善。例如，在冷、热负荷需求不大的情况下，常规联产系统的燃气轮机如果满负荷运行，余热锅炉就会产生超过用户需求量的蒸汽。此时，要么将多余的蒸汽排放掉，要么对系统进行降负荷运行，这两种方式都会对系统的热力学性能产生不利的影响。此时，若采用燃气轮机注蒸汽技术的联产系统集成，就可以将多余的蒸汽注入到燃气轮机的燃烧室中，使它们与高温燃气混合加热，然后共同进入透平机膨胀做功。这时联产系统在运行时，当用户需求的冷、热负荷较低时，就可以将多余蒸汽注入到燃烧室而多发电；当需求的冷、热负荷较高时，就可以减少注入燃烧室的蒸汽量从而提供更多的热输出。由此，可以在一定范围内来根据用户需求进行能源输出量的调节，联产系统对负荷变化的适应能力也大大增强，联产系统的全工况性能也得到了较大的改善。

（2）利用蓄能调节的集成手段。分布式冷热电联产系统是布置在用户侧的能源系统，供、需双方之间的联系极为密切，用户的需求变化可以对联产系统的运行产生较大的影响。冷、热用户的需求与电用户的需求也存在着时间上的差异，由此引起联产系统需要根据用户的需求进行变工况设计与变工况运行，而对于动力子系统来说，通常需要在稳定的负荷下运行才会有较好的性能。采用蓄能系统则可以缓解这一不同供、需之间的时间性差异矛盾，起到削峰填谷的作用。根据联产系统的冷、热、电三种能源输出，与其相配套的蓄能系统可分为三类，分别为蓄冷、蓄热和蓄电。蓄电系统是将系统输出的多余电力或动力储存起来，在供应不足时再输出，如飞能蓄能、电池蓄能、压缩空气蓄能等技术。蓄冷系统和蓄热系统则是采用某种介质，利用一定温差变化下的热容量或一定温度下的相变热等特性，分别储存系统产生的多余冷和热能。

图 2-11 所示为联产系统集成时蓄能调节的原理图。从图 2-11（a）和（b）可以看出，当没有蓄能时，联产系统要完全依靠能源供应设备来满足外界负荷的随时需求，特别是负荷波动较大时，也仅能依靠各设备变工况运行来调节。此时，联产系统的装机容量就需要满足系统高峰负荷时的要求，由此引起联产系统的装机容量大幅度增加。然而对于动力装置来说，只有在额定工况或接近额定工况时运行，才能保持装置本身具有的低污染、高效率和经济性等特性，而在非额定工况运行时，其本身的效率、环保、经济性都会有所下降。对于图 2-11（c）和（d）装有蓄能设备的联产系统来说，蓄能设备所具有的作用非常重要。首先，蓄能装置可以起到平衡负荷峰谷，降低甚至消除由尖峰负荷引起设备容量的增加，减少设备初投资的作用。其次，更重要的作用是能够起到“节能”的效果。如动力机组与蓄电装置组合，协调工作，可以有效保证动力机组总是处于标准或准标准工况运行，达到效率、环保和经济性能最佳。当低负荷时，动力机组额定工况运行输出的电能在满足需求的情况下，多余电能利用蓄能装置储存；当处于尖峰负荷时，动力机组仍可以保持额定状态，不足的电能需求则利用蓄能装置释能来解决。由此，总的效果就是配备蓄能装置使得联产系统装机容量大幅下降，同时也使得动力机组的全工况效率也大幅度改善。同理，对于制冷和供热子系统与

蓄冷、蓄热的结合，也可以达到同样的作用。

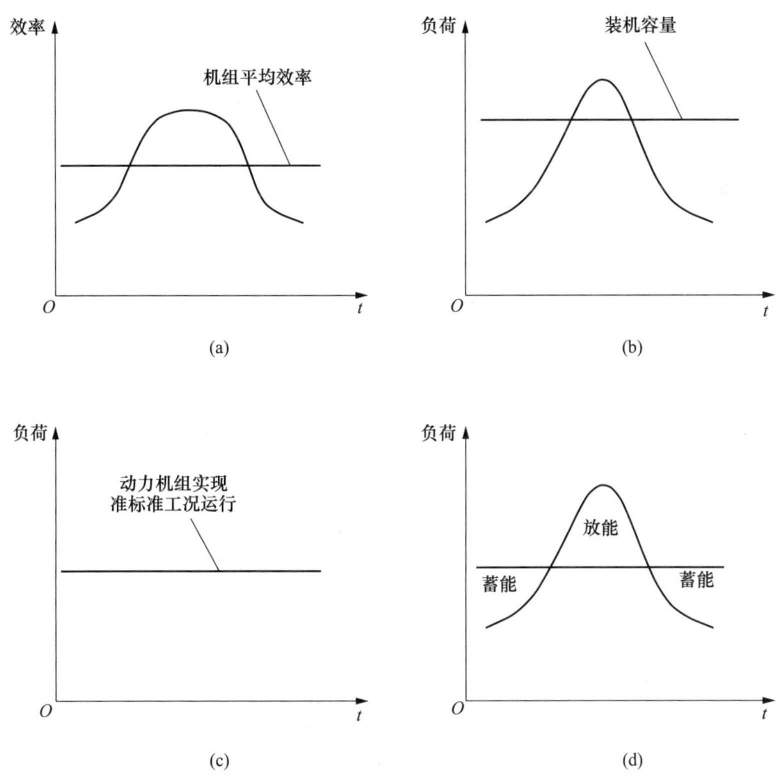

图 2-11　联产系统集成时蓄能调节的原理图

(a)、(b) 无蓄能系统；(c)、(d) 有蓄能系统

同时，在常规大规模的集中式供能系统中，如城市电网和热网，由于总能系统规模过于庞大，相对应的大规模集中式蓄能在技术上相当困难。因此，只有采用变工况运行来满足用户的需求变化。由此，当用户侧需求变化频繁时，系统性能就会受到严重的影响。然而若在用户侧配备蓄能系统，相对来说易于实现，同时也能克服能量供应和需求之间的时间性或局部性的差异。产生这种差异的情况一般有两种，一是由用户需求侧引起，此时在用户高负荷需求时，可以利用蓄能系统来满足超负荷供应，从而起到调节或缓冲的作用。另一种则是由能源供应侧引起，当能源供应量大于需求量时，也可以利用蓄能系统来保持能量供应的均衡。

(3) 系统配置与运行优化的集成方式。在实际应用中，分布式冷热电联产系统输出的各类能量数量、比例通常与用户的需求存在一定的差异，此时可以利用常规分产系统作为补充，从而更好地满足用户的能量需求；两种系统的合理整合虽有利于提高用户能量供应的可靠性，但是需全面考虑系统的容量与运行方式。由此，可以采用多种系统配置与运行优化模式。例如：①部分常规系统与联产系统的优化整合，当不配备蓄能系统时，在运行期间，由于用户冷、热能需求的频繁波动，联产系统仅有部分时间处于高负荷工况运行。当高负荷需求的时间较短时，可以考虑采用适当容量的常规系统替代部分联产系统，以降低整个联产系统的容量。这时，当用户负荷需求低时，联产系统的真实运行工况与设计工况的偏差会较小，从而改善整个联产系统的性能；而当用户需求超出联产系统容量时，由于持续时间较短，使用部分常规系统对整个系统的性能影响不大。因此，联产系统容量的大小应根据用户需求的大小，以及不同需求持续时间的长短来确定，通过分析、优化使整个能源供应系统的全工况性能尽可能达到最佳配置。②与网电配合的优化运行模式，由于用户电力需求的周期性，城市电网中白天对电力的需求较高，而夜间较低。为减少电网中发电机组的频繁启停带来的不利影响，很多地区推出峰谷电价来引导用户减少高峰时的用电需求，将白天用电转移到夜间低谷时用电。此时，可利用夜间电网电价较低的特点，采用电压缩制冷系统，在夜间制冷并储存起来，到白天制冷负荷需求高峰时再供给用户使用。从而一方面降低联产系统的容量，节省建设成本；另一方面可有效利用常规系统的资源，检查整个系统的运行成本，同时还可以改善常规电力系统的性能。

2.2.3 多能源互补系统

多能源互补是指不同种类燃料的相互补充与综合利用，既包括不同种类能源的互补，如可再生能源与化石能源互补，还包括同一类能源不同种类燃料之间的互补，如煤和天然气间的能源互补。多种能源的互补利用方法很多，概括起来主要遵循以下基本原则：

（1）资源互补、高效利用。多能源互补首先要考虑能源资源特点，综合互补。不同能源具有其独特的特性，若一种能源的优点恰好是另一种能源的缺点，那么它们就具有互补利用的可能性。例如，太阳能的优点是属于可再生能源，利用过程中不会带来环境污染、资源丰富、分布范围广；而其缺点是能量密度低，利用成本高，供应不稳定、不连续，随时间、季节以及气候等因素的变化而变化。与太阳能不同，化石能源的优点是能量密度高，便于利用，供应温度，不受时间、季节及气候等因素的影响；而其缺点是属于不可再生能源，储量有限，利用时还会带来污染问题。由此，太阳能与化石能源的互补，是比较可行的。太阳能与化石燃料互补的系统是指综合利用太阳能与化石燃料，当太阳能充足时尽量利用太阳能，当太阳能不足或中断时利用化石燃料满足能源需求。而且，可再生能源与化石能源的互补还可以解决可再生能源的蓄能难题，因为单独的可再生能源系统为克服可再生能源的不稳定、不连续的问题常常设置有大容量的蓄能装置，这样不仅占地面积大、投资大，还加大了可再生能源大规模利用的难度。

（2）能量转化利用过程互补。多能源互补要注重不同能源利用系统之间能量转化利用过程的互补，互补过程应该满足“转化品位，对口互补”。煤与天然气两种能源的互补利用系统，天然气重整反应温度通常为 600～800℃，多应用天然气直接燃烧提高所需能量。煤通常用于朗肯循环的汽轮机发电系统，煤燃烧产生 550～600℃的蒸汽，由此，造成煤化学能品位严重损失。可见，天然气重整与煤燃烧具有互补的可能性，通过两者互补，一方面减少了天然气的用量，另一方面使高品位的煤的化学能利用更加合理。

（3）多能源互补的污染物控制。可再生能源与化石燃料的综合互补利用，可以减少化石能源的消耗量，这时由化石燃料燃烧产生的污染物排放也相应减小。通常多能源互补之后，能源系统效率会得到提高，当能源需求量不变时，系统效率的提高就意味着能源消耗量的减少以及相应的污染物排放的降低。

（4）多能源互补的系统简化与降低投资。构思多能源互补系统时要重视多种能源系统的集成，使系统简化、投资降低。单独太阳能热发电系统为了具有较高的发电效率而不断提高集热温度，常用塔式集热器，随着集热温度的提高，系统结构越来越复杂，设备投资也不断提高，致使太阳能热发电系统缺乏市场竞争力。太阳能-甲醇多能源互补的动力系统，将甲醇裂解过程与太阳能集热过程有机整合起来，系统发电效率高达 30%。而由于甲醇裂解反应温度在 250℃左右，对太阳能集热系统要求不高，太阳能集热设备的投资将大幅降低。

2.3　不同总能系统的理论分析

2.3.1　功热并供集成系统

热电联供系统（CHP）是一种基于热能梯级利用概念将供热与发电过程有机结合在一起的总能系统。下面针对采用简单循环燃气轮机的功热联供系统进行简单理论分析。

功热联供的评价标准一般包括热力学第一定律效率、热力学第二定律效率或㶲效率、经济㶲效率。由于功和热的品位不同，第一定律效率存在着一定的评价局限性。

功热联供的㶲效率一般表达式为

$$\eta_e = \frac{(W + BQ)}{fH_u} \tag{2-8}$$

式中　W——燃机单位流量输出功率或汽轮机功率，kW；

B——热转功效率或热与功售价比，%；

Q——燃机单位流量供热率或汽轮机供热量，kW；

f——燃机燃空比或蒸汽锅炉燃料耗量，kg/s；

H_u——燃料低位发热量，kJ/kg。

当 B 等于 1 时，式（2-8）就表示为热力学第一定律效率。当 B 为热与功售价比时，式（2-8）就表示为经济㶲效率。

功热联供的另一个评价标准为功热比。各种不同的循环形式都有其相适应的功热比范围，特别是最佳功热比范围。

蒸汽流量与燃气流量之比为

$$X_G = \frac{c_r(T_4 - T_x - \Delta T_x)}{h_s - h_b} \tag{2-9}$$

式中　c_r——燃气侧平均比热，kJ/(kg・℃)；

T_4——燃气透平出口温度，℃；

T_x——受热工质的相变温度，℃；

ΔT_x——余热锅炉最小节点温差，℃；

h_s——供热蒸汽比焓，kJ/kg；

h_b——饱和水比焓，kJ/kg。

经济㶲系数为

$$\theta = \frac{1}{Z}\left(1 + \frac{B}{R}\right)\frac{\tau\eta_t\left(1 - \dfrac{1}{\varphi d}\right) - \dfrac{(\varphi - 1)}{\eta_c}}{\tau - 1 - \dfrac{(\varphi - 1)}{\eta_c}}\eta_b \tag{2-10}$$

$$\varphi = x^{(K-1)/K}$$

$$d = D^{(K-1)/K}$$

式中　Z——燃料与功价格比；

R——功热比；

τ——燃气轮机温比，T_3/T_1；

η_t——透平效率；

η_c——压气机效率；

η_b——燃烧室效率；

D——总压恢复系数；

K——定熵指数；

x——燃气轮机压比，$x=P_2/P_1$。

系统功热比为

$$R_{PR}=\frac{\tau\eta_t\left(1-\frac{1}{\varphi d}\right)-\frac{(\varphi-1)}{\eta_c}}{\left\{\tau\left[1-\left(1-\frac{1}{\varphi d}\right)\eta_t\right]-\frac{T_x+\Delta T_x}{T_1}\right\}\frac{h_s-h_1}{h_s-h_b}} \tag{2-11}$$

由式（2-11）进行求导

$$\frac{\partial\theta}{\partial\varphi}=0 \tag{2-12}$$

可获得最佳压比 φ_{opt}，再带入式（2-11），则可得最佳的功热比 R_{PRopt}。

同理，也可以导出汽轮机功热联供关系式

$$\theta=\frac{1}{Z}\left(1+\frac{B}{R}\right)\frac{\eta_g[h_0-h_k-\alpha(h_s-h_k)]}{(1+\Delta q)(h_0-h_1)} \tag{2-13}$$

式中　η_g——锅炉效率；

h_0——锅炉出口蒸汽比焓，kJ/kg；

h_k——排汽比焓，kJ/kg；

Δq——锅炉连续排污率；

α——汽轮机抽汽量份额。

汽轮机功热联供系统功热比为

$$R_{ST}=\frac{\frac{(h_0-h_k)}{\alpha}-(h_s-h_k)}{(h_s-h_1)} \tag{2-14}$$

当 α 为 100%时，此时为背压式汽轮机的功热联供关系式；当 α 趋于零时，R_{ST}趋于无穷大，此时为凝汽式汽轮机的单纯供功关系式。当 R_{ST} 为零时，即为无输出功热的锅炉供热，此时 α 也为 100%。

2.3.2　分布式冷热电联产集成系统

冷热电联产系统（CCHP）是在热电联产系统基础上发展起来的一种主要用于满足建筑能源需求的总能系统。与传统能源系统相比，冷热电联产系统更加复杂，系统比较及优化时，评价标准的作用更为关键。

以下针对图 2-12 的典型冷热电联系系统，进行相关评价标准分析，可参见参考文献［63］。

系统燃料输入量为

$$q_{co}=c_pT_1^*\left[\tau\eta_t\left(1-\frac{1}{\varphi d}\right)+\frac{\Delta T}{T_1^*}\right] \tag{2-15}$$

式中　c_p——平均比热，kJ/(kg·℃)；

ΔT——回热器冷端传热温差。

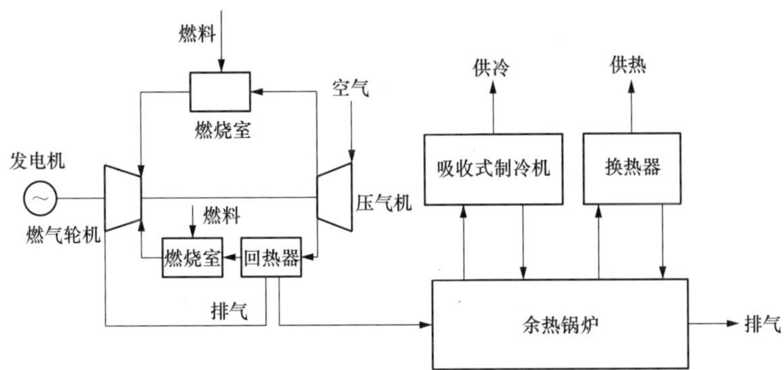

图 2-12　典型冷热电联产系统示意图

系统比功为

$$w = c_p T_1^* \left[\tau\eta_t\left(1-\frac{1}{\varphi d}\right)-\frac{(\varphi-1)}{\eta_c}\right] \tag{2-16}$$

系统制冷量为

$$C = COP_a c_p T_1^* \left[\frac{(\varphi-1)}{\eta_c}+1+\frac{\Delta T}{T_1^*}-\frac{T_5}{T_1^*}\right] \tag{2-17}$$

式中　COP_a——制冷系统性能系数；

ΔT——回热器冷端传热温差，t。

系统供热量为

$$H = c_p T_1^* \left(\frac{T_5}{T_1^*}-\frac{T_6}{T_1^*}\right) \tag{2-18}$$

此时，等值看待系统输出的冷、热、电三种能，则得到系统的能量利用系数为

$$\eta_x = (w + C + H)/q_{co} \tag{2-19}$$

根据不同能量的做功能力大小，可得系统的㶲效率为

$$\eta_y = (w + A_c C + A_h H)/E \tag{2-20}$$

式中　A_c——制冷卡诺循环效率；

A_h——供热卡诺循环效率；

E——系统燃料输入㶲。

针对化石燃料，燃料输入㶲与燃料低位热值差别不大，也可以用低位热值表示

$$\eta_y = (w + A_c C + A_h H)/q_{co} \tag{2-21}$$

考虑能量价格差异时，可得到系统的经济㶲效率为

$$\eta_z = (w + B_c C + B_h H)/q_{co} \tag{2-22}$$

式中　B_c——制冷冷价与电价比；

B_h——供热热价与电价比。

为反映出联产系统与常规系统在能量使用上的差异，引入节能率来表示

$$FESR = (q_s - q_{co})/q_{co} \tag{2-23}$$

式中　q_s——相同产出时分产系统的燃料消耗量。

将联产系统消耗的燃料量扣除输出冷、热量对应参照系统的燃料量，假定剩余燃料产生

了联产系统输出的电力，由此得到的为折合发电效率

$$\eta_{el}=\frac{w}{\left[q_{co}-\frac{C}{COP_e\eta_{ed}}-\frac{H}{\eta_{eg}}\right]} \tag{2-24}$$

式中 COP_e——电压缩制冷系统性能系数；

η_{ed}——电网效率；

η_{eg}——供热锅炉效率。

2.4 总能系统的㶲分析方法

2.4.1 㶲分析概述

在过去的长期一段时间内，热力学和能源科学中还没有提出一种物理量可以单独评价能量价值的问题。而㶲是从“质”和“量”相结合的角度去科学地评价能量“价值”的一种物理量。㶲概念的提出，使人们对能的性质的认识更加深化，改变了对能的损失和能量转换率的一些传统观念，促进了人们对更合理用能的深入研究。

㶲是以给定环境作为基准得出的相对量，凡是与给定环境相平衡的状态，系统㶲值都为零。这里的“环境”是指系统外特定的外界，与给定环境相平衡的状态又称为“死态”。目前，环境的物理基准模型已趋于统一，由此物理㶲的计算可以取一个统一的环境基准态。

1824年，卡诺就指出工作于高温热源 T_1 和低温热源 T_2 之间的热机从高温热源吸取热量 Q 时，可转变为功的部分最多为 $W=Q\ (1-T_1/T_2)$。这是最早的关于能量可用性的分析。1873年，吉布斯第一次推导出了通常使用的封闭系内能㶲的公式，即

$$W_{rev}\big|_1^0=A_1^*-A_0^*=(U_1-p_0V_1-T_0S_1)-(U_0-p_0V_0-T_0S_0) \tag{2-25}$$

1889年，Gouy得出了与以上形式相同的可用能，同时还推导出了这种总轴功与路径无关而仅与状态有关的重要结论。1898年，Stodola与Gouy各自独立得出了可用能损失与熵增之间的关系，从而奠定了计算可用能损失的基础。而㶲分析方法真正广泛应用于热力学系统分析中是在1956年之后，此时南斯拉夫学者Rant正式把相对环境条件下系统能量中能最大限度地转变为有用功的那部分能量命名为㶲（exergy），不能转变为有用功的部分称为炕（anergy）；同时还确定了㶲值的计算原则，从而获得了科学地定量表示能量品质的方法。

1972年，Hamel和Brown提出一个评价能量中含有的价值高低的指标 λ，即

$$\lambda=\frac{E}{H} \tag{2-26}$$

实质上，无量纲参数 λ 表示每单位能量中所含有的㶲值的多少，λ 越高，㶲能量中含有的值越大，也就是其“质”越高。但是，只有当㶲与能取相同的基准态，此结论才是正确的。

㶲是一个重要的热力学状态参数，基于热力学第二定律的㶲分析方法，已广泛应用于热力系统分析中。目前，常用的热力系统㶲分析方法可分为“黑箱”㶲分析法、㶲流图分析法、EUD图像㶲分析法。

2.4.2 “黑箱”㶲分析法

“黑箱”㶲分析法是先发展起来的系统㶲分析方法，是在系统能量各个转化过程的㶲平衡计算基础上进行分析。如图2-13，将某个过程或单元当作一个黑盒子处理，仅仅研究盒子

边界处㶲的输入与输出，而忽略过程或单元内部㶲的利用过程。黑盒子边界处的输出㶲E_{out}与输入㶲E_{in}的差值为该过程或单元的㶲损失 E_{des}。输出的㶲中只有一部分为产品㶲E_{pr}，另一部分㶲E_{los}则随排烟等物流排放到环境中而损失掉了。

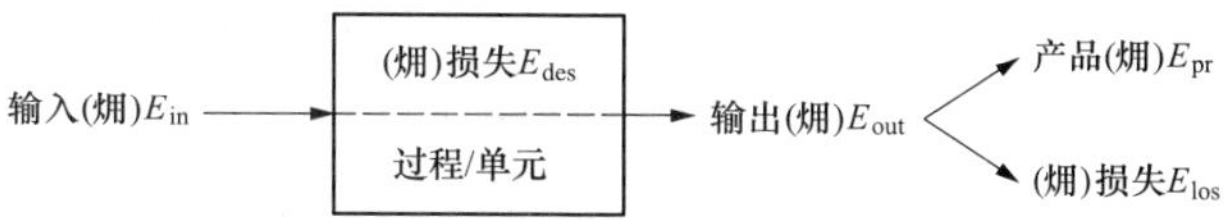

图 2-13　“黑箱”㶲分析方法示意图

生成的产品㶲与总输入㶲的比值，为该过程的㶲效率，定义为

$$\eta=\frac{E_{pr}}{E_{in}} \tag{2-27}$$

“黑箱”㶲分析方法还可以扩展到对系统的分析，将一个复杂系统分成多个过程或单元，然后对每隔过程或单元以及它们组成的系统进行“黑箱”㶲分析。由于系统中单元之间存在能量和㶲的传递，将各个过程或单元的㶲输入与㶲输出连接起来就得到了整个系统的㶲损失分布，计算得到的各个过程的㶲损失与系统输出的㶲占输入系统总㶲的比例，就成为系统的㶲损结构模型。㶲损结构模型一是清楚解释系统内各单元引起㶲损失的份额，发现具有㶲节能潜力较大的单元，明确系统改进方向；二是可以帮助模拟系统进行自我检查，模拟结果是否正确，是否符合热力学第二定律。

虽然“黑箱”㶲分析法可以为我们指明系统中㶲损失最大的地方，即提高系统性能的潜力单元，但是不能揭示各单元或过程内部的能量利用情况，不能揭示㶲损失机理。

表 2-1 为某燃煤发电系统的能量与㶲损失平衡表。从表 2-1 中可以发现，该系统的热效率为 41%，㶲效率为 39%，相差不大，但是系统内部各单元的损失情况却具有明显差异。虽然凝汽器的能量损失最大，但其㶲损失仅占系统总输入㶲的 1.5%。而锅炉系统的能量损失仅为 9%，但其㶲损失占系统总输入㶲的一半。而锅炉系统中㶲损失最大的过程为燃烧过程，达到了 29%。由此可发现，仅根据能量平衡分析，对系统的改进容易产生误导，必须结合㶲平衡分析来同时进行。

表 2-1　　某燃煤发电系统的能量与㶲损失平衡表

设备	能量损失（%）	㶲损失（%）
锅炉	9	49
燃烧过程	—	29.17
传热过程	—	14.90
烟道损失	—	1.21
扩散损失	—	3.72
汽轮机	≈0	4
凝汽器	47	1.5
加热器	≈0	1.0
其他	3	5.5
功	41	39
合计	100	100

由于大型机组锅炉的热效率能达到 90%以上，锅炉㶲效率的提高，其主要贡献来自于机组参数的不断提高，循环吸热平均温度的提高以及热产品品位的显著提高，这就是高参数大容量机组能够提高发电效率的关键。

由表 2-2 可以看到，从中压机组到超临界机组，机组发电㶲效率（热效率）从 25.6%提高到 43.5%。从第一定律角度分析，从中压机组到超临界机组，锅炉效率从 88%提高到 93%，是很有限的；而从第二定律角度分析，锅炉第二定律效率相应从 36.5%提高到 51.6%，提高幅度则很大。从第一定律角度分析，机组循环热效率却从 29.1%提高到 46.8%，幅度很大。而从第二定律角度分析，汽轮机系统第二定律效率只从 70.2%提高到 84.3%，幅度并不大。由此可见，在进行能量系统的分析及改进时，需能量平衡分析与㶲平衡分析的角度同时展开，以寻求最佳的技术改进措施。

表 2-2　　国产燃煤机组主要机炉参数及其热经济性指标

指标名称	单位	中压机组	高压机组	超高压机组	亚临界机组	超临界机组
主、再热蒸汽压力	MPa	3.4	8.8	13.2/2.5	16.2/3.6	24.2/4.8
主、再热蒸汽和给水温度	℃	435/104	535/220	550/550/240	537/537/274	538/566/285
吸热平均温度	K	509.6	591.8	630.8	646.8	670.3
锅炉热效率	%	88	90	91	92	93
锅炉㶲效率	%	36.5	44.7	48.0	49.6	51.6
汽轮机的㶲效率	%	70.2	76.5	79.2	80.0	84.3
机组循环热效率	%	29.1	38.0	41.7	43.1	46.8
发电㶲效率（热效率）	%	25.6	34.2	38.0	39.7	43.5
发电燃料热耗	g/kWh	479.9	360.0	323.7	310.0	282.6

注　环境温度 $t_0=25℃$。

2.4.3　㶲流图分析法

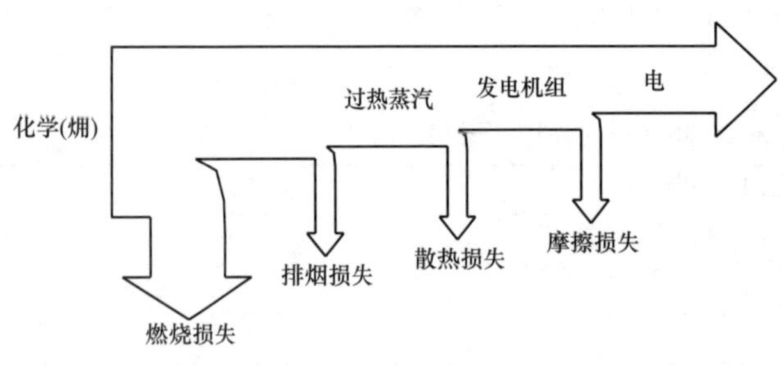

图 2-14　凝汽式汽轮机发电系统的㶲流图

㶲流图是在“黑箱”㶲分析方法之上，将㶲流输入、输出和㶲损失以流程图形式表现出来，能够较为形象地看出系统输入㶲伴随能量转化的传递与分布情况。图 2-14 为凝汽式汽轮机发电系统的㶲流图，图中清楚的表示了系统㶲的转移过程，以及系统㶲损失最大的地方发生在燃烧过程。与“黑箱”㶲分析法相比，㶲流图分析法相对简单明了，而且也能够较为清晰地反映出各个单元之间可用能的传递情况，因此得到国内外学者的广泛应用。

虽然㶲流图分析法可以用类似㶲流动的流程图形式揭示系统㶲损失在各个能量转化过程的分布，但是，它与“黑箱”㶲分析法一样，仅仅单纯以热力学第二定律为对象，未能将热力学第一定律融合进来。即使有的学者在利用㶲流图分析法时会同时借用能流图，但仍会造成易于理解的以热力学第一定律为基础的能量分析与㶲分析的割舍，从而使㶲分析法因其难涩难懂，迄今为止仍未能得到工程上的广泛应用和高度重视。另外，无论“黑箱”㶲分析还是㶲流图分析，两者㶲损失的表达关注的仍是各个能量转化单元的进出口的㶲的数值变化，未能用更为简捷的无量纲化的物理量来表示系统可用能的转化和利用。

2.4.4　EUD图像㶲分析法

EUD图像㶲分析法是基于能的品位概念，将系统各个能的转化过程的能量变化、能的品位变化与能量传递过程中的㶲损失三者有机联合，并共用一个图像描述这三者的内在联系。也就是说，EUD图像分析法同时将热力学第一定律与热力学第二定律有机地结合，共用一个图像的方式来表达能量转化过程，打破了以往常规的“黑箱”㶲分析和㶲流图分析将两者孤立的局面。

1. 含义解释

前述EUD图像法是一种基于能量品位概念的方法，能量品位公式如下

$$A=\frac{\Delta E}{\Delta H}=1-T_0\left(\frac{\Delta S}{\Delta H}\right) \tag{2-28}$$

式中　ΔE——能量传递过程的㶲变化；

ΔH——能量传递过程的焓变化。

对于一个能量传递过程，总是存在一个能量释放侧和一个能量接受者。能量由提供者放出，然后被接受者接受。因此，对于能量释放侧和能量接受者而言，两者都存在各自的品位，即能量释放侧品位A_{ed}和能量接受者品位A_{ea}，公式如下

$$A_{ed}=\frac{\Delta E_{ed}}{\Delta H_{ed}} \tag{2-29}$$

$$A_{ea}=\frac{\Delta E_{ea}}{\Delta H_{ea}} \tag{2-30}$$

这里，下角ed表示能量释放侧，下角ea表示能量接受者。根据热力学第一定律和第二定律，能量释放侧与能量接受者之间存在以下关系

$$\Delta H_{ed}+\Delta H_{ea}=0 \tag{2-31}$$

$$\Delta S_{ed}+\Delta S_{ea}\geqslant 0 \tag{2-32}$$

式（2-31）中对于一个能量传递（传热或化学反应）过程能量释放过程中放出的能量（$-\Delta H_{ed}$，负号表示$\Delta H_{ed}<0$）与接收过程获得的能量（ΔH_{ea}）相等。根据热力学第二定律，式（2-32）中整个过程的熵增应大于或等于0。能量传递过程的㶲损失表达式为

$$\Delta E=\Delta H-T_0\Delta S \tag{2-33}$$

则能量释放侧和能量接受者构成的能量传递㶲变化关系式为

$$\begin{aligned}\Delta E_{ed}+\Delta E_{ea}&=(\Delta H_{ed}+\Delta H_{ea})-T_0(\Delta S_{ed}+\Delta S_{ea})\\&=-T_0(\Delta S_{ed}+\Delta S_{ea})\leqslant 0\end{aligned} \tag{2-34}$$

式中　$\Delta E_{ed}+\Delta E_{ea}$——能量传递过程中的㶲损。

式（2-34）乘以（-1），可得

$$\begin{aligned}-\sum\Delta E_i&=-(\Delta E_{ed}+\Delta E_{ea})=\Delta H_{ea}\left[-\left(\frac{\Delta E_{ed}}{\Delta H_{ea}}\right)-\left(\frac{\Delta E_{ea}}{\Delta H_{ea}}\right)\right]\\&=\Delta H_{ea}\left[\left(\frac{\Delta E_{ed}}{\Delta H_{ed}}\right)-\left(\frac{\Delta E_{ea}}{\Delta H_{ea}}\right)\right]\\&=\Delta H_{ea}(A_{ed}-A_{ea})\geqslant 0\end{aligned} \tag{2-35}$$

$$-\int dE = \int (A_{ed} - A_{ea}) dH_{ea} \tag{2-36}$$

由以上各公式，可推得

$$A_{ed} \geqslant A_{ea} \tag{2-37}$$

式（2-37）表明能量释放侧的品位应大于或等于能量接受者的品位，以 ΔH_{ea} 为横坐标，ΔA_{ed} 和 ΔA_{ea} 为纵坐标作图，那么 ΔA_{ed} 和 ΔA_{ea} 两条曲线之间的面积为过程的㶲损失。这样的图就是 EUD 图。该方法是将一个过程分成 n 个子过程，再将每个子过程的能量传递分为能量的释放侧和接收侧，将能量释放侧和接收侧的品位用图像的形式表现出来，就得到了该过程的能量传递细节，能量释放侧和能量接收侧直接的面积表示该过程的㶲损失。

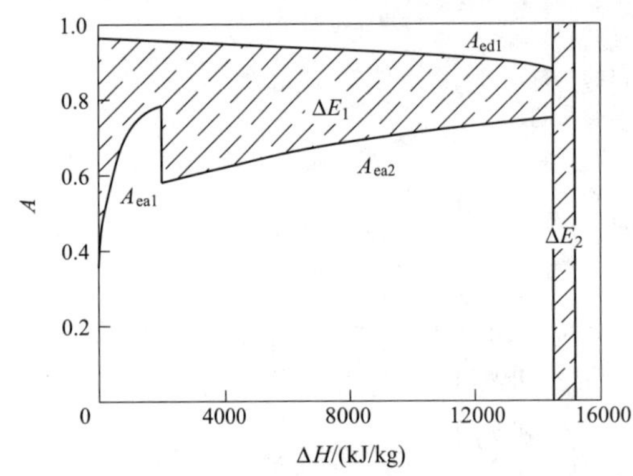

图 2-15　联合循环中燃烧过程的 EUD 图像

如图 2-15 表示联合循环中燃烧过程的 EUD 图像，它从能的品位与能量相结合的观点反映了燃烧过程化学㶲的利用情况。天然气燃烧过程中能量的释放侧为天然气化学能的释放过程，天然气在燃烧时化学能品位接近 1，随着燃烧反应的进行，天然气化学能品位（ΔA_{ed1}）逐渐降低。天然气燃烧释放的能量分别被天然气的加热过程（ΔA_{ea1}）和空气加热过程（ΔA_{ea2}）吸收，图中阴影面积为燃烧过程中的㶲损失（ΔE_1）。从图中可以看出能量释放侧和能量接收侧的品位差是导致天然气燃烧过程中的㶲损失过大的主要原因。通常燃料化学能的品位都比较高，而燃烧过程中物理能的品位较低，燃料化学能与物理能之间存在较大的品位差（$\Delta A_{ea1} - \Delta A_{ea2}$），这一现象是造成燃烧反应㶲损失大的根本原因。

2. 特征描述

从上述 EUD 图像㶲分析法解释中可以明显看出，在 EUD 图中，横坐标从能的“量”的角度反映了能量传递过程中的能量变化，纵坐标以能的品位的无量纲形式体现了能量传递过程中的能的“质”的变化。如图 2-16 所示，在图像中，以能量释放侧（A_{ed}）和能量接收侧（A_{ea}）成对出现的形式表征了它们彼此的品位变化和能量的变化，两者与横坐标包围的面积（面积 $abcd$、面积 $efcd$）分别反映了彼此的最大做功能力，两者品位变化所夹的面积（面积 $abfe$）则表示了能量传递过程中的㶲损失。EUD 图像从本质上将热力学第一定律和第二定律有机结合，来共同描述系统的能量传递和转化情况。更为重要的是，它能够从能量

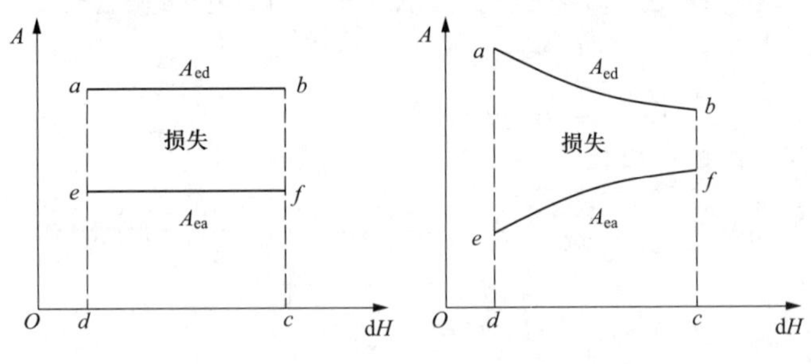

图 2-16　EUD 示意图

释放者和能量接收者两方面的品位匹配角度，去清晰地揭示和发现如何减少可用能损失的途径和方法。

传统“黑箱”㶲分析法单纯地从过程㶲的输入和输出来计算过程㶲损失的大小，即仅从数值角度去考虑能量转化过程的两个起始点，不去分析和深入揭示过程中发生㶲损失的内部原因。然而，EUD 图像法克服了“黑箱”㶲分析法的不足，它深入过程内部，将过程中能量的提供者和接收者分离开来，然后把能量转化过程分成 N 个子过程，通过考察内部能量释放侧和能量接收侧的品位变化以及匹配情况，去发现能量传递过程中发生㶲损失的根源。通常，“黑箱”方法和 EUD 图像法相互结合，通过“黑箱”方法得到㶲损失结构模型，指出系统㶲损失最大所在地，再通过 EUD 图像㶲分析的精确方法去揭示发生㶲损失的机理，从而指出减少㶲损失的具体改进途径，为进一步提高系统性能指明方向。

第 3 节　能量过程集成方法——夹点分析法

3.1　概述

能源是人类生存和社会发展的必要和重要因素。进入 21 世纪以来，随着全球能源短缺问题日益严峻，应对气候变化挑战日益加剧；同时，能源的稀缺性和环境污染的不可逆性，让全球各国对能源与环境问题更加重视起来。节约能源成为各个行业越来越关注的问题，特别是过程工业，包括化工、冶金、炼油等行业，所消耗的能源一般都占相当高的比例，其节能工作一直都是其发展生产技术、提高竞争能力的重要组成部分。

能源效率是单位能源所带来的经济效益多少的问题，提高能源利用效率是实现节能减排目标和缓解能源供需矛盾的一个重要途径，对实现低碳经济和可持续发展，建立资源节约型和环境友好型社会起着至关重要的作用。

20 世纪 80 年代以来，过程系统工程学的发展使得人们认识到要把一个过程工业的工厂设计的能耗费用降至最小和环境污染减至最少，就必须把整个系统集成起来作为一个有机结合的整体来看待，达到整体设计最优化。过程集成是一种新兴的技术科学，是一种总体系统中各子系统之间同步协调综合、联合优化的方法。

迄今，过程集成主要具有三个分支，即能量、物质和物性的集成。过程集成首先关注的是热集成问题，即能量集成，其集成目标是进一步提高能量密集型过程的能源利用效率，最早应用于解决换热网络优化综合问题。针对物质和物性的集成研究，一是以浓度为基础的质量集成，其集成的性能目标是实现最小新鲜物质消耗量和最小废物排放量；二是在物质集成的基础上，兴起了一种新的研究领域，即物性集成，其是基于物流的化学或物理特性，而不是组成特性。

过程集成的一个主要分支，即能量的集成，是指将原本独立的能量流或工艺过程进行耦合匹配，实现能量的合理优化利用。能量过程集成的原则是实现温度对口、压力对口、物理㶲和化学㶲的梯级利用，改善系统的整体性能。目前，能量过程集成最实用的方法是夹点分析法。夹点分析法采用系统工程的方法，基于热力学的原理，在分析一个工艺过程的热流及能量回收系统的基础上，设计之初就首先确定系统的最小公用工程消耗目标值。这种方法利用温焓图来识别过程集成的机会，从而找到切实可行的较优方案。

3.2 夹点分析方法

夹点技术是以热力学为基础，从宏观的角度分析过程系统中能量流沿温度的分布，从中发现系统用能的“瓶颈”所在，并给予解决“瓶颈”的一种方法。1978 年 Linnhoff 和 Umcda 分别提出了换热器网络中的温度夹点问题，指出夹点限制了换热网络可能达到的最大热回收。1982 年和 1983 年 Linnhoff 比较系统地论述了用于换热器网络综合的夹点技术，并推广应用于整个过程系统的能量分析与调优，1993 年对夹点技术（更确切地说，称为夹点分析）做了全面的总结性评述，世界上著名工程公司，如赫斯特、拜耳等较早地采用了夹点分析方法进行过程工业的工厂设计，其中：进行新厂设计时可比传统方法节能 30%～50%，节省投资 10%；进行老厂改造时，可节能 20%～35%，改造投资回收年限缩短至 0.5～3 年。由此可见，由于夹点分析以整个系统为出发点，同以前只着眼于局部、只考虑某几股热流的回收、某个设备的改造等节能技术相比，节能效果和经济效益要显著得多。

下面以一余热回收设计方案为例，简单介绍夹点分析法所产生的节能效果。如图 2-17 所示，在该生产过程中，原料物流从 5℃加热至 200℃进入反应器进行反应。反应的产物由 200℃冷却至 35℃进入分离器，分离塔底产品由 200℃冷却至 125℃出装置，而塔顶轻组分则返回，与反应进料混合。

为了回收反应产物和塔底产品的热量，使其与进料冷物流进行换热，按温位的高低设置了三台换热器，如图 2-17（a）所示，换热过程最小传热温差取 10℃。进料预热不足部分由蒸汽来补充，而反应产物冷却不足部分由冷却水进一步冷却。这样设计后，系统所得加热公用工程量为 1722kW，冷却公用工程量为 654kW。该方初看起来是合理的。

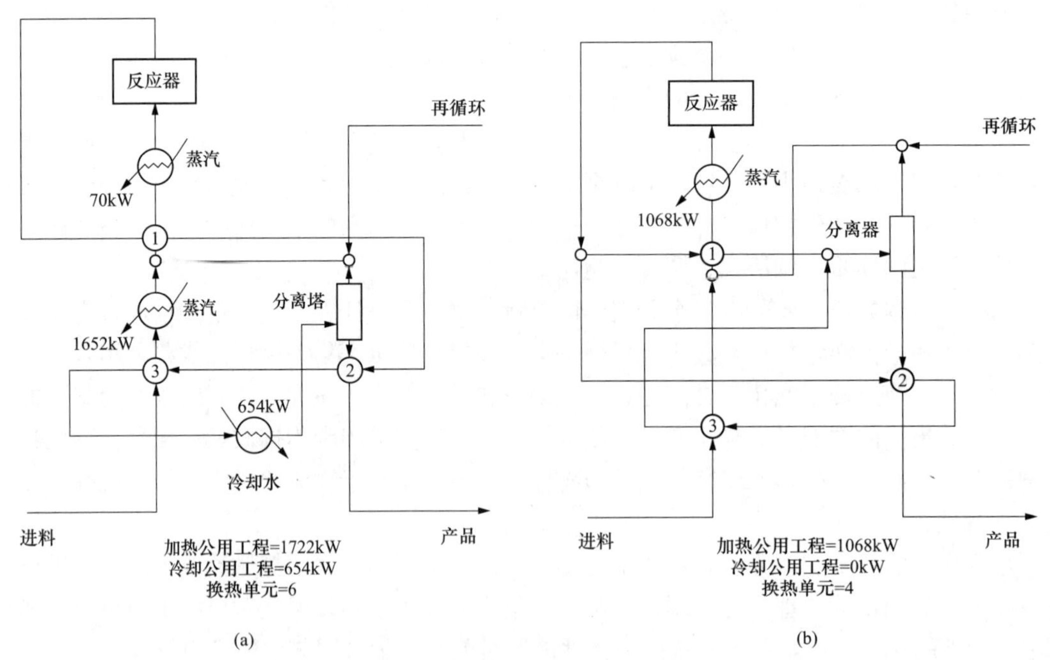

图 2-17　不同余热回收方案的比较

然而，应用夹点分析来进行设计时，则还可得到更优的方案，如图 2-17（b）所示，该方案可使加热公用工程减至1068kW，减少了40%；冷却套用工程减为0；而且换热单元数目（包括蒸汽加热器、冷却器、换热器）由6台降为4台。其结果是既大大降低了生产过程的能量消耗，又降低了换热网络的设备投资。

图2-17（a）所示的节能方案虽然没有达到最好，但还能取得一些节能效果。这里要举的第二个例子则不但不节能，反而耗能耗资。某企业为了回收利用一个蒸发器的二次蒸汽，采用了热泵系统。但经夹点技术分析，发现该蒸发器位于夹点之下，这意味着整个系统中有足够多的余热可以提供给该蒸发器作为热源。而在这种情况下采用热泵装置，其总效果是将外加的功转化成了废热排给了冷却公用工程，造成了能量浪费，更不要提还要花费热泵本身的设备投资了。

所以，当站在整个系统的角度采用夹点技术考虑节能时，所得的结论有时是很不同于仅考虑单个热流、单独设备时的情形。由于以前过程系统的设计和节能改造没有采用夹点技术这样的过程系统节能技术，因此夹点技术无论是指导现有系统的改造还是指导设计行过程，均会取得很大的节能和经济效益。

3.2.1　夹点的形成

1. *T-H* 图或温焓图

在 *T-H* 图上能够简单明了地描述过程系统中的工艺物流及公用工程物流的热特性。该图的纵轴为温度 T，K（或℃）；横轴为焓 H，kW。这里的焓只有热流率的单位，kW。这是因为在工艺过程中的物流都具有一定的质量流量，单位是kg/s，所以这里的 *T-H* 图中的焓相当于物理化学中的焓（单位是kJ/kg）再乘以物流的质量流量，即其单位是

$$\mathrm{kJ/kg} \times \mathrm{kg/s} = \mathrm{kJ/s} = \mathrm{kW}$$

一物流在 *T-H* 图上可以用一线段（直线或曲线）来表示，当给出该物流的质量流量 W、状态、初始温度 T、目标（或终了）温度 T，就可以标绘在 *T-H* 图上，具体做法如下。例如，一冷物流，由 T_B（℃）升至 T_A（℃）且没有发生相的变化，在该温度区间的平均热容为 C_{ar}［kJ/(kg·℃)］，则该物流由 T_B℃升至 T_A℃所吸收的热量为

$$Q = WC_{\mathrm{av}}(T_B - T_A) = \Delta H \tag{2-38}$$

该热量即为 *T-H* 图中的焓差 ΔH，该冷物流在 *T-H* 图上的标绘结果如图2-18中的线段 AB，并以箭头表示物流湿度及焓变化的方向。线段 AB 具有两个特征：一是 AB 的斜率为物流热容流率（物流的质量流量乘以热容）的倒数，由式（2-38）可得

$$\frac{T_B - T_A}{\Delta H} = \frac{1}{WC_{\mathrm{av}}} \tag{2-39}$$

线段 AB 的斜率为

$$\frac{\Delta T}{\Delta H} = \frac{T_B - T_A}{\Delta H} = \frac{1}{WC_{\mathrm{av}}} \tag{2-40}$$

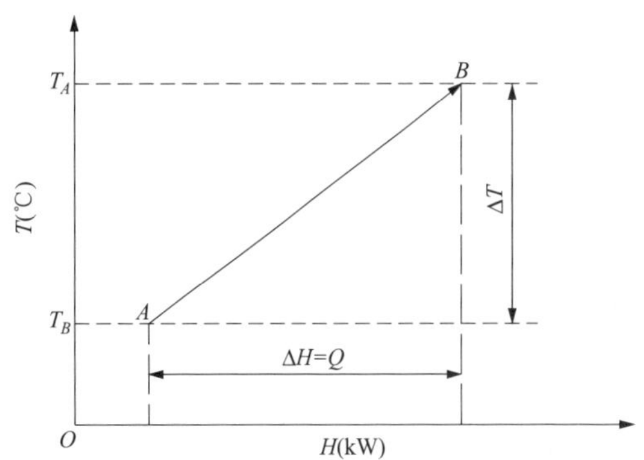

图2-18　无相变化的冷物流在 *T-H* 图上标绘

另一特征是线段 AB 可以在 *T-H* 图中水平移动并不改变其对物流热特性的描述，这是因为线段 AB 在 *T-H* 图中水平移动时，并不改变物流的初始和目标温度以及 AB 在横轴上的投影长度，即热量 $Q = \Delta H$ 不变。实际上，对于横轴 H，关注的是焓差-热量。

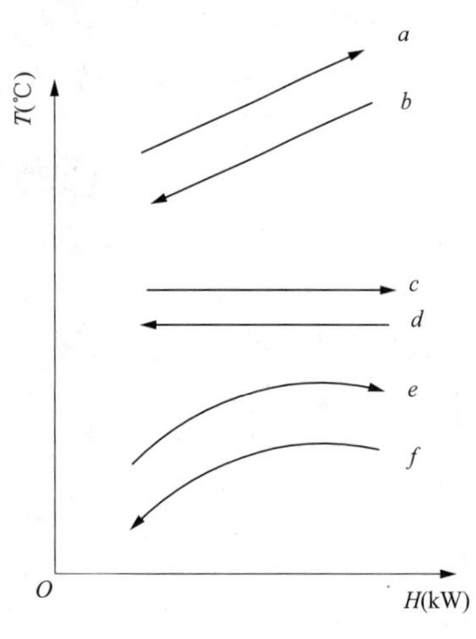

图 2-19　几种不同类型物流在 T-H 图上的标绘

物流的类型是多种多样的，如热物流（初温 T_A 大于终温 T_B），冷物流（初温 T_A 小于终温 T_B），无相变化、有相变化、纯组分、多组分混合物等。图 2-19 所示为几种不同物流在 T-H 图上的标绘，各线段具体说明如下：

a 表示一无相变化的冷物流，为一直线，这是由于物流的热容选用了该温度间隔的平均热容值，所以线段的斜率为一定值，即为一直线。当物流热容值随温度变化较小时，该直线就应该用一定值，即为一直线。当物流热容值随温度变化较小时，该直线就应该用一曲线代替，或近似用一折线来表达，即在分成几个小的温度间隔内几个热容平均值，由几个具有不同斜率的线段构成一条折线。箭头朝向右上方，表示冷物流吸收热量后朝着温度及焓同时增加的方向变化。

b 表示一无相变化的热物流，为一箭头朝向左下方的直线，其他情况的分析同 a。

c 表示一纯组分饱和液体的汽化。纯组分饱和液体在汽化过程中温度保持恒定，所以为一水平线，箭头向右表示物流汽化过程中吸收热量，朝着焓值增大的方向变化。

d 表示一纯组分饱和蒸汽的冷凝。纯组分饱和蒸汽在冷凝过程中湿度保持恒定，所以也为一水平线，箭头向左表示物流冷凝向外散热：朝着焓值减小的方向变化。

e 表示一多组分饱和液体的汽化。如果该多组分饱和液体达到全部汽化，则其温度的变化是由泡点变化到露点，中间温度下的物流处于汽、液两相状态。该汽化曲线可通过选用合适的热力学状态方程进行严格计算得出。该曲线箭头指向右上方，表示物流在汽化过程中吸热，朝着焓和温度增大的方向变化。

f 表示一多组分饱和蒸汽的冷凝。如果该多组分饱和蒸汽达到全部冷凝，则其温度的变化是由露点变化到泡点，中间温度下物流处于汽、液两相状态。该冷凝曲线可通过选用合适的热力学状态方程进行严格计算得出。该曲线箭头指向左下方，表示物流在冷凝过程中放热，朝着焓和温度减小的方向变化。

2. 组合曲线

在一过程系统中，包含有多股热物流和冷物流，在 T-H 图上孤立地研究一个物流，是作为研究工作的基础，更重要的是应当把它们有机地组合在一起，同时考虑热、冷物流间的匹配换热问题，这是更有意义的，从而提出了在 T-H 图上构造热物流组合曲线和冷物流组合曲线及其应用的问题。

在 T-H 图上，多个热物流和多个冷物流可分别用热组合曲线和冷组合曲线进行表达。

例如，冷的过程物流 C_1 和 C_2 在 T-H 图上分别表示为线段 AB 和 CD，见图 2-20（a）所示。图 2-20（b）表示 C_1 和 C_2 两个冷物流组合曲线的构造过程。首先将线段 CD 水平移动至点 B 与点 C 在同一垂线上，即物流 C_1 和 C_2"首尾相接"，然后沿点 B、点 C 分别作水平线，交 CD 于点 F，交 AB 于点 E，这表明物流 C_1 的 BE 部分与物流 C_2 的 CF 部分位于同一温度间隔，则可用一个虚拟物流，即线段 EF（对角线），表示该间隔内的 C_1 和 C_2 两个物流的组合。因为 EF 的热负荷等于（BE+CF）的热负荷，且在同一温度间隔。图 2-20

(c) 表示最终得到的冷物流 C_1 和 C_2 的组合曲线 $AEFD$。

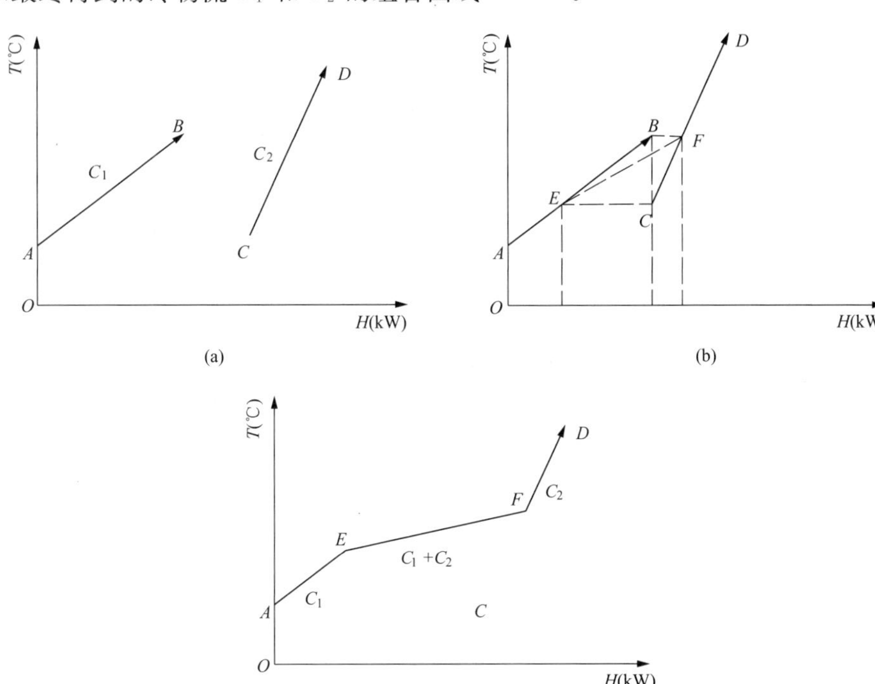

图 2-20　组合曲线的构造过程

(a) 冷物流 C_1 和 C_2 在 T-H 图上的标绘；(b) 构造组合曲线；(c) C_1 和 C_2 的组合曲线

多个热过程物流或多个冷过程物流的组合曲线的做法同上，只要把相同温度间隔内物流的热负荷累加起来，然后在该温度区间用一个具有累加热负荷值的虚拟物流来代表即可。

进行构造组合曲线相反的过程，就可以由组合曲线分解出各物流的单个图线。

3. 夹点描述

在 T-H 图上可以形象、直观地表达过程系统的夹点位置，为了确定过程系统的夹点，需要给出下列数据：所有过程物流的质量流量、组成、压力、初始漏度、目标温度，以及选用的热、冷物流间匹换热的最小允许传热温差 ΔT_{min}。用作图的方法在 T-H 图上确定夹点位置的步骤如下，参见图 2-21。

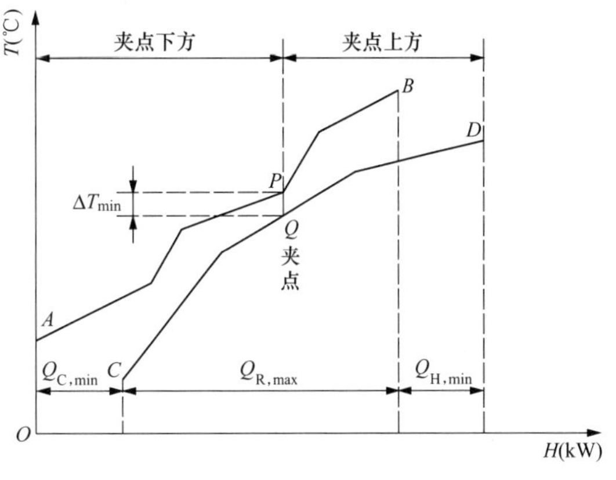

图 2-21　在 T-H 图上描述夹点

第一步，根据给出的热，冷物流数据，在 T-H 图上分别作出热物流组合曲线 AB 及冷物流组合曲线 CD。

第二步，热物流组合曲线置于冷物流组合曲线上方，并且两者水平方向相互靠拢，当两组合曲线在某处的垂直距离整好等于 ΔT_{min}，如图中所示的 PQ，则该处即为夹点。

应当强调指出，凡是等于 P 点温度的热流体部位以及凡是等于 Q 点温度的冷流体部位都是夹点，即从温位来讲，热流体夹点的温度与冷流体的夹点温度刚好相差 ΔT_{min}。

过程系统的夹点位置确定之后，相应地在 T-H 图上可以得出下列信息：

(1) 该过程系统所需的最小公用工程加热负荷 $Q_{H,min}$ 及所需的最小公用工程冷却负荷 $Q_{C,min}$。

(2) 该过程系统所能达到的最大热回收 $Q_{R,max}$。

(3) 夹点 PQ 把过程系统分隔为两部分：一是夹点上方，包含点温度以上的热，冷工艺物流，称热端，其只需要公用工程加热，故也称为热井；另一是夹点下方，包含夹点温度以下的热、冷工艺物流，称冷端，其只需要公用工程冷却，故也称为热源。

由上可知，选用的热、冷物流间匹配换热的最小允许传热温度差 ΔT_{min}值的大小，直接影响了夹点的位置。图 2-22 是对于同一过程系统的热、冷物流来讲，当选用不同的 ΔT_{min}值，则夹点位置、$Q_{H,min}$、$Q_{C,min}$以及 $Q_{R,max}$都发生了变化，该变化见表 2-3。

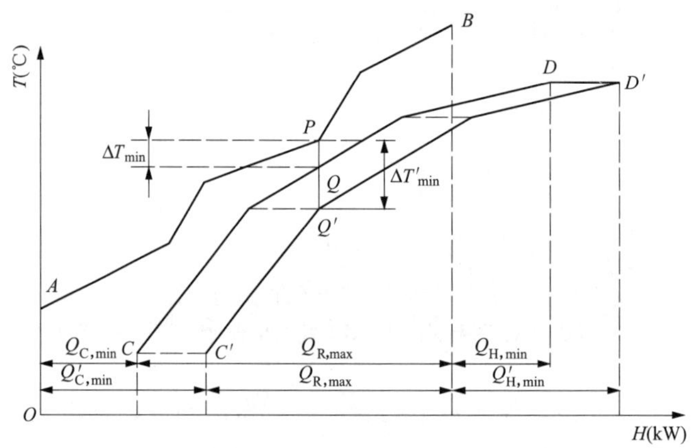

图 2-22 选用不同的 ΔT_{min}值对夹点位置的影响

表 2-3　　选用不同的 ΔT_{min}值对夹点位置的影响

选用的最小允许传热温差	夹点位置	所需最小的公用工程加热负荷	所需最小的公用工程冷却负荷	最大的热回收
ΔT_{min}	PQ	$Q_{H,min}$	$Q_{C,min}$	$Q_{R,max}$
$\Delta T'_{min}$	PQ'	$Q'_{H,min}$	$Q'_{C,min}$	$Q'_{R,max}$

由图 2-22 可见，下面的不等式成立：

如果
$$\Delta T'_{min} > \Delta T_{min}$$
则
$$Q'_{C,\ min} > Q_{C,\ min}$$
$$Q'_{H,\ min} > Q_{H,\ min}$$
$$Q'_{R,\ max} < Q_{R,\ max}$$

通常，ΔT_{min}值要以过程系统的总费用（设备投资费与操作费的总和）最小为目标进行优选，通常在设计时选取能量目标、换热单元数目目标、经济目标等为设计目标，进行 ΔT_{min}值的选择，具体介绍参照冯霄《化工节能原理与技术》。

3.2.2　夹点的确定

用“问题表格法”确定夹点位置是比较常用的方法，而且从中可以更深刻地理解夹点的实质及特征，下面以一数字例题进行说明。

【例】 过程系统含有的工艺物流为 2 个热物流及 2 个冷物流，给定的数据列于表 2-4 中，并选热、冷物流间最小允许传热温差，试确定该过程系统的夹点位置。

表 2-4　　冷热物流数据表

物流标号	热容流速 C_{av}(kW/℃)	初始温度 T_A(℃)	终止温度 T_B(℃)	热负荷 Q(kW)
H_1	2.0	150	60	180
H_2	8.0	90	60	240
C_1	2.5	20	125	262.5
C_2	3.0	25	100	225

注　物流标号中，H_1、H_2 为热物流；C_1、C_2 为冷物流。

根据该例子，利用“问题表格法”进行求解，具体步骤如下：

第一步，以垂直轴为流体温度的坐标，把各物流按其初温和终温标绘成有方向的垂直线。但要注意，标绘时在同一水平位置的冷、热物流间要正好相差 ΔT_{min}，即热物流的标尺数值比冷物流标尺的数值高 ΔT_{min}，这样就保证了热、冷物流间 ΔT_{min} 的传热温差。按上述标绘的结果，如图 2-23 所示。

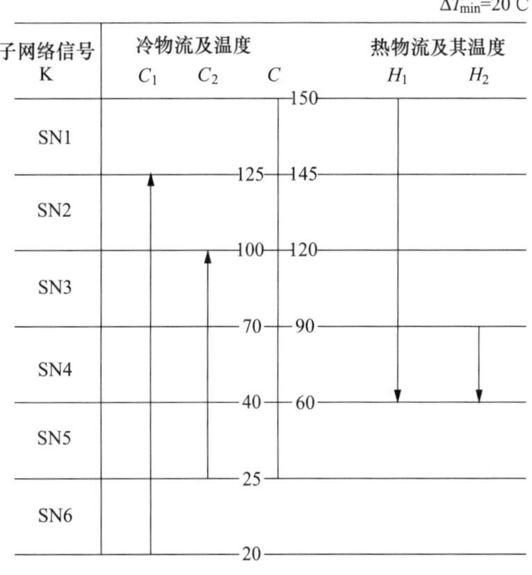

图 2-23　“问题表格法”表述

由图 2-23 可看出，由各个冷、热物流的初温点和终温点作水平线，出了 6 个温度间隔，每个温度间隔称为子网络，该 6 个子网络以 SN1、SN2、…、SN6 表示。如子网络 3 是由冷物流 C_2 的终温和热物流 H_2 的初温所规定的温度间隔，对冷物流为 100－70＝30(℃)，或对热物流为 120－90＝30(℃)。

相邻两个子网络之间的界面温度可以人为定义一个虚拟的界面温度，其值等于该界面处冷、热流体温度的算术平均值。例如，子网络 SN3 与 SN4 之间的虚拟界面温度为（70＋90)/2＝80(℃)。

第二步，依次对每一子网络用下式作热量衡量

$$O_K = I_K - D_K \tag{2-41}$$

即

$$D_K = \left(\sum CP_{cold} - \sum CP_{hot}\right)(T_K - T_{K+1}) \quad (k = 1, 2, \ldots, K) \tag{2-42}$$

式中　K——子网络数。

D_K——第 K 个子网络本身的赤字，表示该网络为满足热平衡时所需外加的净热量，D_K 值为正，表示需要由外部供热；D_K 值为负，表示该子网络有剩余热量可

输出。

I_K——由外界或其他子网络供给第 K 个子网络的热量。

O_K——第 K 个子网络向外界或向其他子网络排出的热量。

$\sum CP_{\text{cold}}$——子网络 K 中包含的所有冷物流的热容流率之和。

$\sum CP_{\text{hot}}$——子网络 K 中包含的所有热物流的热容流率之和。

$T_K - T_{K+1}$——子网络 K 的温度间隔，用该间隔的热物流温度之差或冷物流温度之差皆可。

参见图 2-23，对该 6 个子网络的计算如下：

$K=1$，对热物流，温度间隔为 145～150℃

$$D_1 = I_1 - O_1 = (0-2)(150-145) = -10$$

说明该子网络有剩余热量 10kW。

而 $I_1=0$，指没有从外界供给进来热量。

由热平衡算知

$$O_1 = I_1 - D_1 = 0-(-10) = 10$$

说明该子网络中的剩余热量可以输出给外界或其他子网络。

$K=2$，对热流物，温度间隔为 145～120℃

$$D_2 = I_2 - O_2 = (2.5-2)(145-120) = 12.5$$

表明该子网络有赤字 12.5kW。

$$I_2 = O_1 = 10$$

即指子网络 1 的剩余热量供给了子网络 2，则

$$O_2 = I_2 - D_2 = 10-12.5 = -2.5$$

说明该子网络只能向下一子网络提供负的剩余热量。

$K=3$，对热流体，温度间隔为 120～90℃

$$D_3 = I_3 - O_3 = (2.5+3-2)(120-90) = 105$$

$$I_3 = O_2 = -2.5$$

表示由于网络 2 提供负的剩余热量。

$$O_3 = I_3 - D_3 = (-2.5) - 105 = -107.5$$

$K=4$，对热流体，温度间隔为 90～60℃

$$D_4 = I_4 - O_4 = (2.5+3-2-8)(90-60) = -135$$

$$I_4 = O_3 = -107.5$$

$$O_4 = I_4 - D_4 = -107.5-(-135) = 27.5$$

$K=5$，对热流体，温度间隔为 40～25℃（该子网络中没有热流体）

$$D_5 = I_5 - O_5 = (2.5+3)(40-25) = 82.5$$

$$I_5 = O_4 = 27.5$$

$$O_5 = I_5 - D_5 = 27.5-82.5 = -55$$

$K=6$，温度间隔为，对热流体 25～20℃

$$D_6 = I_6 - O_6 = 2.5(25-20) = 12.5$$

$$I_6 = O_5 = (-55)$$

$$O_6 = I_6 - D_6 = (-55)-12.5 = -67.5$$

该6个子网络计算完毕，结果列于表2-5中。

由上面计算结果可以看出：在某些子网络中出现了供给热量 I_K 及排出热量 O_K 为负值的现象，如：$O_2=-2.5$，又 $I_3=O_2=-2.5$，负值表明2.5kW的热量是要由子网络3流向子网络2，但这是不能实现的，因为子网络3的温位低于子网络2的温位，所以一旦出现某子网络中排出热量 O_K 为负值的情况，说明系统中的热物流提供不出使系统中冷物流达到终温所需要的热量（在指定的允许最小传热温差 ΔT_{min} 前提下），也就是需要采用外部公用工程物流（如加热蒸汽，或燃烧炉等）提供热量，使 O_K（或 I_K）消除负值。所需外界提供的最小热量就是应该使各子网络中所有的 Q_K 或 I_K 消除负值，即 O_K 或 I_K 中负值最大者变成零。

该例题中，$I_4=O_3=-107.5$，为 O_K 或 I_K 中负值最大者，所以从外部提供热量107.5kW，即向第一个子网络输入 $I_1=-107.5$，使得 $I_4=O_3=0$。

表2-5　$\Delta T_{min}=20$℃时的问题表格计算结果

子网络序号	赤字 D_K(kW)	无外界输入热量（kW）		外界输入最小热量（kW）	
		I_K	O_K	I_K	O_K
SN1	−10.0	0	10.0	107.5	117.5
SN2	12.5	10.0	−2.5	117.5	105.5
SN3	105.0	−2.5	−107.5	105.0	0
SN4	−135.0	107.5	27.5	0	135.0
SN5	82.5	27.5	−55.0	135.0	52.5
SN6	12.5	−55.0	67.5	52.5	40.0

注　1. 表中数字的第5列第1个元素为107.5，即为系统所需的最小公用工程加热负荷 $Q_{H,min}$。
2. 表中数字的第6列最后一个元素为40，即子网络SN6向外输出的热量，也就是系统所需的最小公用工程冷却负荷 $Q_{C,min}$。

当 I_1 由零改为107.5时，各子网络依次作热量衡算，结果列于表2-5中的第5列和第6列。实际上，该表中的第3、第4列中各值分别加上107.5，即得出表中的第5、第6列的值。

由表2-5中数字的第5、第6列可见，子网络SN3输出的热量，即子网络SN4输入的热量为零值，其他子网络的输入、输出热量皆无负值，此时SN3与SN4之间的热流量为零，该处即为夹点，该处传热温差刚好为 ΔT_{min}。由表2-5知，夹点处热物流的温度为90℃，冷物流的温度为70℃，夹点温度可以用该界面的虚拟温度（90+70）/2=80(℃）来代表。

下面再看一下选用不同的 ΔT_{min} 值对计算结果有何影响，先选用 $\Delta T_{min}=15$℃，物流数据不变，计算如下。

第一步，按 $\Delta T_{min}=15$℃，得到问题表格，如图2-24所示。

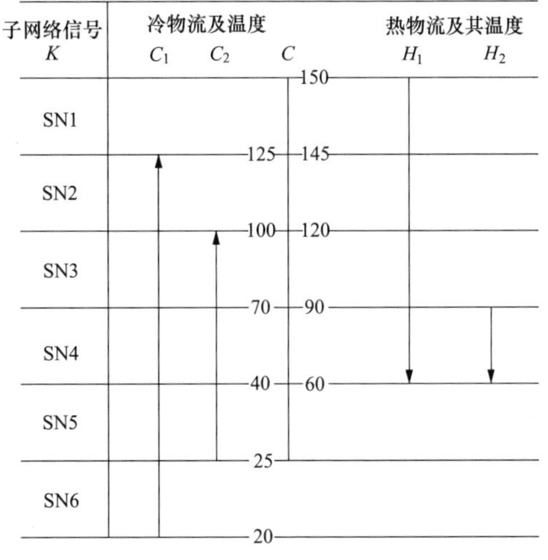

图2-24　$\Delta T_{min}=15$℃时的“问题表格法”表述

第二步，按上述步骤依次对每一子网络作热量衡算，得出结果列于表 2-6，则得到有关信息如下：

（1）夹点位置在第 3 与第 4 子网络的界面处，夹点温度是：热物流为 90℃，冷物流为 75℃；

（2）最小公用工程加热负荷 $Q_{H,min}$ =80kW；

（3）最小公用工程冷却负荷 $Q_{C,min}$ =12.5kW。

表 2-6　　ΔT_{min}=15℃时的问题表格计算结果

子网络序号	赤字 D_K(kW)	无外界输入热量（kW）		外界输入最小热量（kW）	
		I_K	O_K	I_K	O_K
SN1	−20.0	0	20.0	80	100
SN2	12.5	20	7.5	100	87.5
SN3	87.5	7.5	100	87.5	0
SN4	−135.0	−80	55	0	135
SN5	110	55	55	135	25
SN6	12.5	−55.0	−67.5	25	12.5

该例题选用 ΔT_{min}=20℃及 15℃进行计算分析，对比结果的列于表 2-7 中。从表中可见，ΔT_{min}值对 $Q_{H,min}$、$Q_{C,min}$以及夹点位置均有影响。从表中还可以看出一个特征，即当 ΔT_{min}变化时，$Q_{H,min}$及 $Q_{C,min}$在竖直变化上相等，即该表中 107.5－80＝40－12.5＝27.5(kW)，以此也可检验当 ΔT_{min}改变时的计算结果是否有误。

表 2-7　　不同 ΔT_{min}值的计算结果比较

ΔT_{min}(℃)	$Q_{H,min}$(kW)	$Q_{C,min}$(kW)	夹点位置（℃）	
			热物流	冷物流
20	107.5	40	90	70
15	80	12.5	90	75

3.2.3　夹点的设计准则

在设计换热网络时，首先设计具有最大热回收（也就是达到能目标）的换热网络，然后再根据经济性进行调优。

在夹点处，冷、热流体之间的传热温差最小。为了达到最大的回收，必须保证没有热晕穿过夹点。这些使夹点成为设计中约束多的地方，因而要先从夹点着手，将换热网络分成夹点上、下两部分分别向两头进行物流间的匹配换热。在夹点设计中，物流的匹配应遵循以下准则。

1. 物流数目准则

由于在夹点之上不应有任何冷却器，这就意味所有的热物流均要靠同冷物流换热达到夹点温度，而冷物流可以用公用工程加热器加热到目标温度，因此每股热流均要有冷流匹配，即夹点以上的热流数目 N_H应小于或等于冷流数目 N_C，即：

夹点之上

$$N_H \leqslant N_C$$

同理，在夹点之下，为保证每股冷流都被匹配，应有

$$N_H \geqslant N_C$$

要指出的是，这样的准则，不是对实际系统的要求，而是对设者设计上作的指导。如果实际系统中物流数目不能满足上述准则应通过将物流人为地分流来满足该准则。例如若实际系统夹之上有三股热流，两股冷流，如图 2-25（a）所示，不满足物流数目准则。这时通过将一股冷流进行分支，就可增加冷流数目，使准则得到满足，如图 2-25（b）所示。

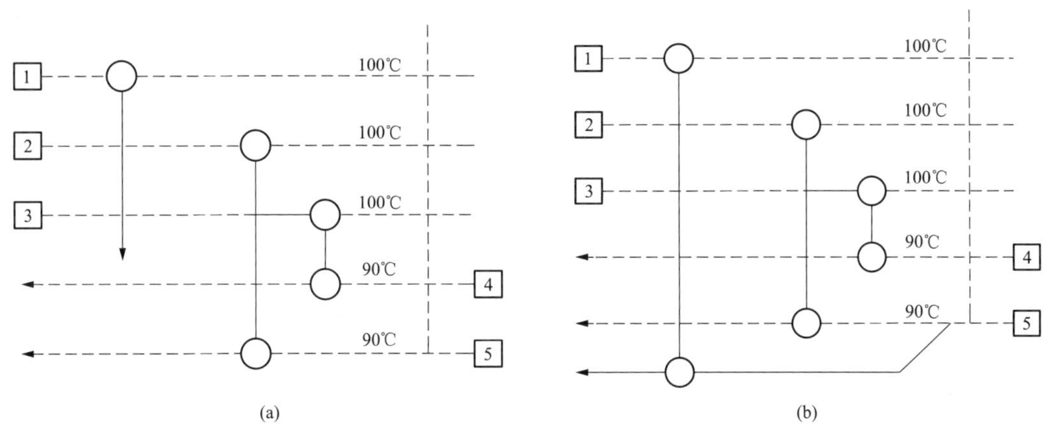

图 2-25　用流股分支来满足物流数目准则

还要指出的是，该准则主要针对夹点处的物流，夹点处的物流须遵守该准则；而在远离夹点处，只要温差许可，物流可逐次进行匹配。不必遵守该准则。例如图 2-26 所示夹点之上系统，虽然不满足物流数目准则，却不必分流，因为其换热器 2 的匹配已远离夹点，其冷热流体之间有足够的温差。

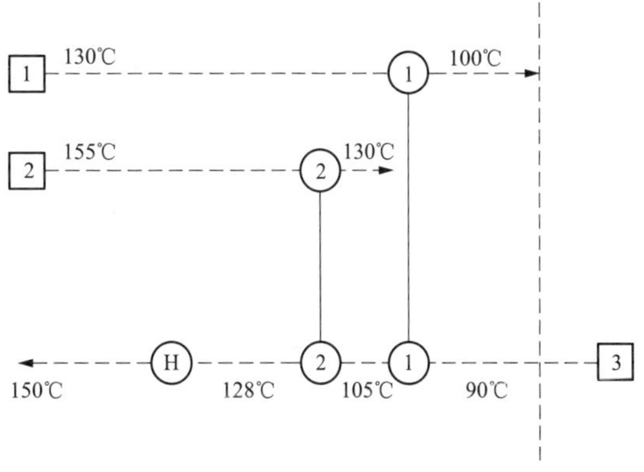

图 2-26　远离夹点处的匹配

2. 热容流率准则

本准则适用于夹点处的匹配。夹点处的温差 ΔT_{min}是网络中的最小温差，为保证各换热匹配的温差始终不小于 ΔT_{min}，要求夹点处匹配的物流的热容流率满足以下准则：

夹点之上

$$C_{P,H} \leqslant C_{P,C}$$

夹点之下

$$C_{P,H} \geqslant C_{P,C}$$

该准则可以用图 2-27 解释。在夹点之下，换热器中热流进口和冷流出口处的温差等于 ΔT_{min}。若 $C_{P,H} \leqslant C_{P,C}$，则热流线比冷流线陡，在换热的过程中就会出现 $\Delta T \leqslant \Delta T_{min}$；反之，若 $C_{P,H} \geqslant C_{P,C}$，则匹配各处的传热温差将不小于 ΔT_{min}，如 2-27（a）所示。同样，在夹点之上，换热器中冷流进口和热流出口处的温差等于 ΔT_{min}，若 $C_{P,H} \geqslant C_{P,C}$，则冷流进入

换热器后升温很快，热流降温较慢，换热的过程中就会出现 $\Delta T \leqslant \Delta T_{min}$；反之，若 $C_{P,H} \leqslant C_{P,C}$，就可以保证匹配各处的传热温差不小于 ΔT_{min}，如图 2-27（b）所示。

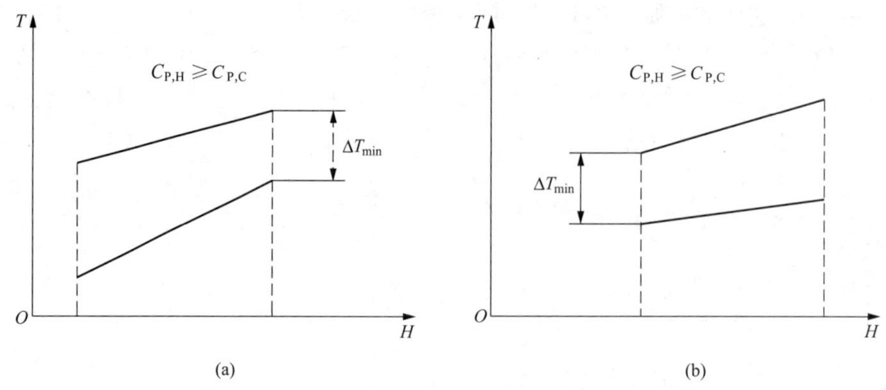

图 2-27 夹点处匹配的热容流率准则

同物流数目准则一样，这个准则，不是对实际系统的要求，而对设计者设计工作的指导。如果夹点处的实际物流不能满足该准则，就应通过分流来减少夹点之上所需匹配的热流的热容流率或夹点之下所需匹配的冷流的热容流率。

如在图 2-28（a）所示的情形中，有一股热流，两股冷流，满足物流数目准则，但热流 1 的热容流率 $C_P = 4.0$，无法与冷流 2 和 3 相匹配。为了满足热容流率准则，将热流股 1 分支成两股，热容流率各为 $C_P = 2.0$，然后分别与冷流股 2 和 3 匹配，如图 2-28（b）所示，这样就同时满足了物流数目准则和热容流率准则。

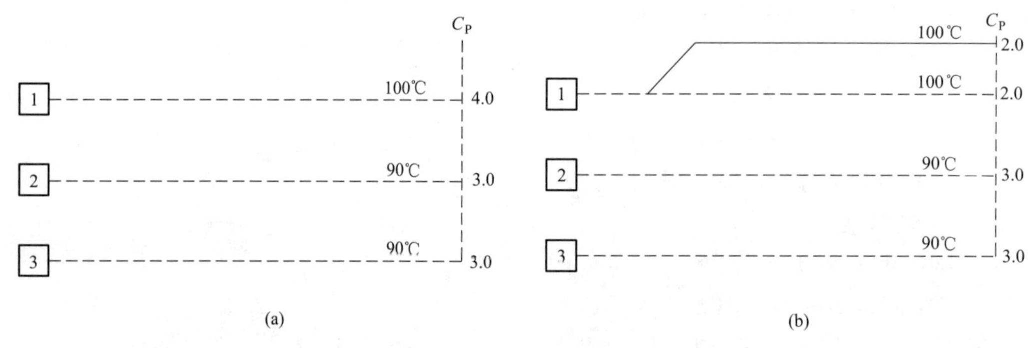

图 2-28 用流股分支来满足热容流率准则

离开夹点后，由于物流间的传热温差都增大了，就不必一定遵该准则，但仍应保证匹配中各处温差均不小于 ΔT_{min}。

3. 最大换热负荷准则

为保证最小数目的换热单元，每一次匹配应换完两股物流中的一股。

3.2.4 最优夹点温差的确定

在换热网络的综合中，夹点温差的大小是一个关键的因素。夹温差越小，热回收量越多，则所需的加热和冷却公用工程量越少，即运行中能量费用越少。但夹点温差越小，整个换热网络各处传热温差均相应减小，使换热面积加大，造成网络投资费用的增大。夹点温差与费用的关系如图 2-29 所示。因此，当系统物流和经济环境一定时，存在一个使总费用目标最小的夹点温差，换热网络的综合，应在此最优夹点温差下进行。

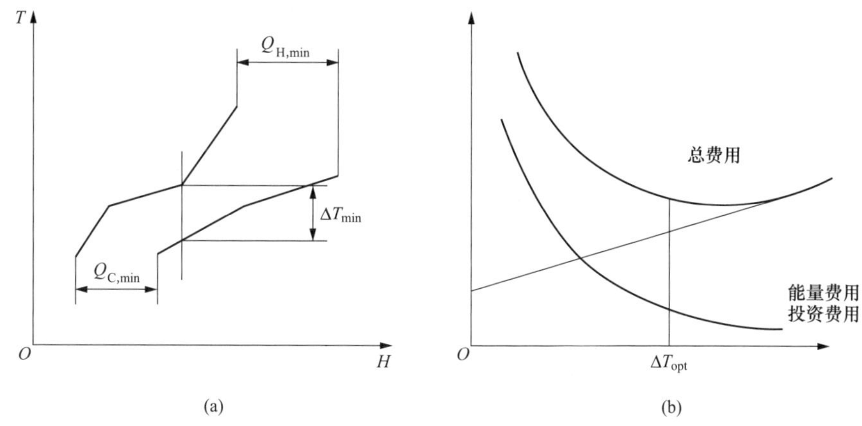

图 2-29　夹点温差与费用的关系

最优夹点温差的确定方法，大致有以下几类：

（1）根据经验确定，此时需要考虑公用工程和换热器设备的价格、换热工质、传热系数、操作弹性等因素的影响。

当换热器材质价格较高而能源价格较低时，可取较高的夹点温差以减少换热面积，例如对钛材或不锈钢换热系统，材质昂贵，可取 $\Delta T_{min}=50$℃左右。反之，当能源价格较高时，则应取较低的夹温差，以减少对公用工程的需求，例如对冷冻换热系统，因冷冻公用工程的费用很高，此时取 $\Delta T_{min}=5\sim10$℃。

换热工质及传热系数对 ΔT_{min} 也有较大影响。当传热系数较大时，可取较低的 ΔT_{min}，因为在相同负荷下，换热面积反比于传热系数与传热温差的乘积。

另外，企业出于操作弹性的考虑，往往希望传热温差不小于某个值，此时也可取该值作为夹点温差。

（2）在不同的夹点温差下，综合出不同的换热网络，然后比较网络的总费用，选取总费用最低的网络所对应的夹点温差。

用这个方法所求得的最优夹点温差是实际的最优夹点温差，但该方法的缺点是工作量太大。

（3）在网络综合之前，依据冷热复合温焓线，通过数学优化估算最优夹点温差。

A. 输入物流和费用等数据，指定一个 ΔT_{min}。

B. 做出冷热复合曲线。

C. 求出能量目标 Q_H 和 Q_C（能量目标也可用问题表法求取）、热单元数目目标 U_{min} 和面积目标 $\sum A$。

D. 计算总费用目标。

E. 判断是否达到最优，若是，则输出结果；若否，则改变 ΔT_{min}，再转到步骤 B，重新计算下一组数值。

图 2-30 所示为用数学优化法确定换热网络夹点温差及设计目标的计算框图。

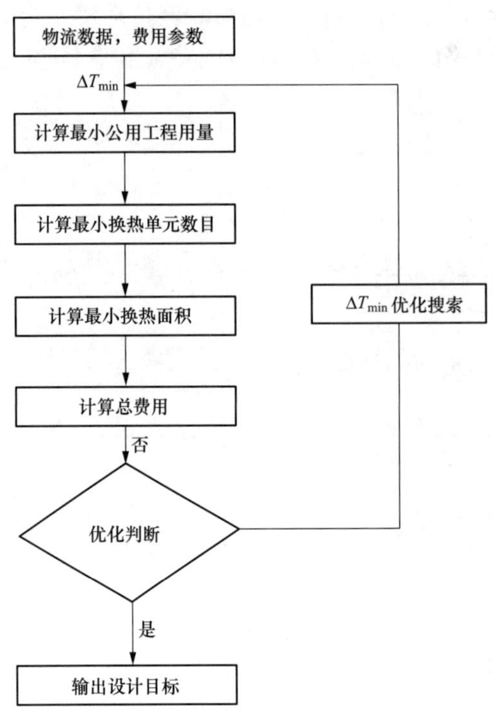

图 2-30　用数学优化法确定换热网络夹点温差和设计目标的计算框图

3.3　夹点分析法在热电联产中的应用

热电系统是指通过相关设备（热机等），在生产电力的同时，还进行热力生产。例如，热电联产系统则是通过利用高温热能来做功发电，而中低温热能则用来对外供热，从而实现能的有效利用。对于汽轮机组来说，乏汽在 40℃被冷凝，因为温位太低而导致不能作为有用的加热流负荷；此时通过提高机组背压，减少机组出力，提高乏汽温度，使乏汽在 80℃冷凝，这就足够用于提供热水为区域供热，从而实现了热电联产。此外，蒸汽还可以在高温下从透平抽出，直接用于过程的加热需要，虽然损失了一部分的做功能力，但是整体上提高了系统的能效。

热机是把热能转化为动力的装置，也是正循环。而热泵则通常以热机的相反方式工作，提高输入动力使低温位热量转移到高温位，从而实现低品位能的再利用，也是逆循环。

3.3.1　热机与热泵的适宜配置

热机的热力学基础相当简单，如图 2-31（a）所示。热机在温度为 T_1 的热源和较低温度 T_2 的热井之间操作。从热源中吸收热量 Q_1，释放 Q_2 的热量到热井中，产生的功为 W，用热力学第一定律可以表示为

$$W = Q_1 - Q_2 \tag{2-43}$$

第二热力学定律解释为：所有热不能转变为功，存在由热机操作温度控制的明确上限。如下式所示，也称为卡诺方程。

$$W = Q_1\ \eta_{mech}\ \frac{T_1 - T_2}{T_1} \tag{2-44}$$

式中　η_{mech}——系统的机械效率，热力学理想或可逆热机为1，所有实际热机要低于理想情况；

$\frac{T_1-T_2}{T_1}$——卡诺效率 η_c，表示热转化为功的最大可能，T_1 和 T_2 为热力学温度。

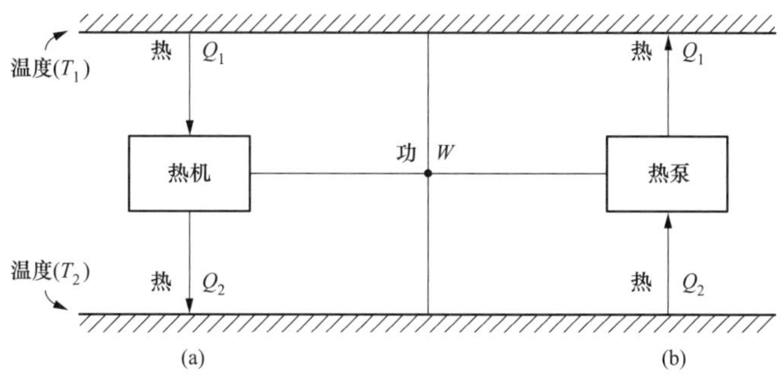

图2-31　热机和热泵的热力学基础

根据卡诺方程，对于给定的热源温度 T_1，若热井温度 T_2 增加了，则产生的功将减少。因此，在热电系统中，T_2 成为热公用工程提供的水平，正确选择 T_2 是至关重要的。

热泵就是一台简单逆向运转的热机，如图2-31（b）所示。它从温度为 T_2 的热井吸收热量 Q_2，向温度为 T_1 的热源释放热量 Q_1，消耗的功为 W。同样，其热力学第一定律表示为式（2-44），热力学第二定律表示为

$$W=\frac{Q_1}{\eta_{mech}}\times\frac{T_1-T_2}{T_1} \tag{2-45}$$

定义实际热机和热泵的总效率是有用的，根据

$$W=\eta Q_1 \tag{2-46}$$

对于热机 $\eta<\eta_C$，对于热泵 $\eta>\eta_C$。对于热泵，式（2-46）可重新表示为

$$W=\frac{Q_1}{COP_p}=\frac{Q_2}{COP_r} \tag{2-47}$$

式中，COP_p即基于从热泵或蒸汽再压缩系统中释放热量 Q_1 的“性能系数”，COP_r为基于从过程中吸收热量 Q_2 的制冷系统性能系数。从式（2-44）、式（2-46）～式（2-48），可得到

$$COP_p=\frac{Q_1}{W}=\frac{1}{\eta}=\frac{\eta_{mech}T_1}{T_1-T_2} \tag{2-48}$$

$$COP_r=\frac{Q_2}{W}=\frac{Q_1-W}{W}=COP_p-1 \tag{2-49}$$

$$COP_r=\frac{Q_2}{W}=\frac{1-\eta}{\eta}=\frac{\eta_{mech}T_2}{T_1-T_2} \tag{2-50}$$

因此，（T_1-T_2）的温差越小，COP_p越大，转化为单位功需要更多的热量。然而，随着 T_2 降低，COP_r也降低，故制冷系统随着热力学温度的降低需要更多的动力转化为单位热量。

针对热电联产系统（CHP系统），以下结合夹点定义进行简要分析。图2-32为过程示意图，在夹点处温度分为两部分，夹点以上区域需要净加热为 H，夹点以下区域需要净冷

却为 C。另外，我们利用热机通过消耗一定的热量来生产功量 W。假定热机效率为 33%，那么需要 $3W$ 的单位燃料产生 $2W$ 排热。若热机与过程单独运行，那么需要（$H+3W$）的热公用工程和（$C+2W$）的冷公用工程。此时，热机向过程放热，而不是排除热量到冷却水中。然而，若把热公用工程与冷公用工程的需求加起来即为 CHP 系统的耗热量，此时发现这与单独系统没有区别，这显然是不合理的配置方法。

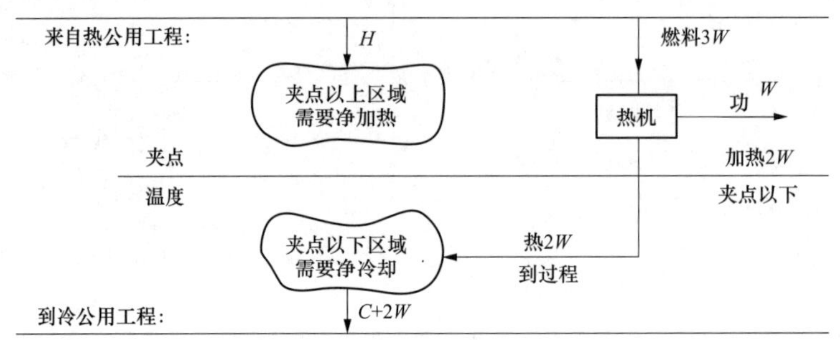

图 2-32　热机的不合理放置

将夹点以上的用热过程称为热公用工程，夹点以下的用热过程称为冷公用工程。由此，夹点以上使用冷公用工程的热量 Q，必然导致热公用工程消耗额外的热量 Q，夹点以下则正好相反。因此，在利用夹点分析设计换热网络时，必须遵循以下三个配置原则：①不要通过夹点传递热量；②夹点以上不要使用冷公用工程；③夹点以下不要使用热公用工程。

从热机中产生的热量可作为过程的热公用工程，从热泵移除热量成为冷公用工程（排出热可作为热公用工程）。由此看出，图 2-32 的设计违背了利用夹点分析的原则：不要通过夹点传递热量，以及夹点以下不要使用热公用工程。所以，以上的热机配置是非常不合理的。

现在改变系统使热机在夹点以上排热，如图 2-33 所示。此时，热机的废热供给夹点以上区域，使得必须供给该区域的热量得到节省。总的热公用工程的热需求量就降低至（$H+W$），而冷公用工程的需求降低为 C。在 CHP 系统中，可以发现，产生的功为 W，实际上是以 100%的边际效率（未考虑能量损失）把热量都转化为功。但是，这并不违背热力学第二定律。因为，100%的热效率是将两个单一系统集成为一个总系统来考虑的。由此，也可以看出，CHP 系统与单一系统相比，在提高系统能效方面，具有很大的优势。

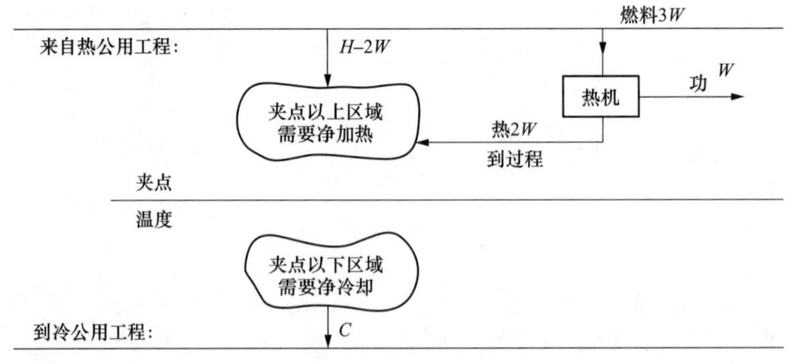

图 2-33　热机的合理放置

而根据图 2-33 设计的唯一限制条件是过程必须保证在排气温度下能够使用热机所提供

的所有热量。因此，热机的选择取决于需要的公用工程负荷和温度水平。

针对热泵的配置，如图 2-34（a）中，热泵完全放置在夹点以上，可以看出，该热泵的作用是用 W 量的功来代替 W 量的热公用工程，这种设置一般是不具有价值的。而在图 2-34（b）中，热泵完全设置在夹点以下，这就相当于把 W 量的功转变成了 W 量的废热，也被比作是把浸没式加热器放在了冷凝塔里。以上两种配置都是不合理的配置方式。

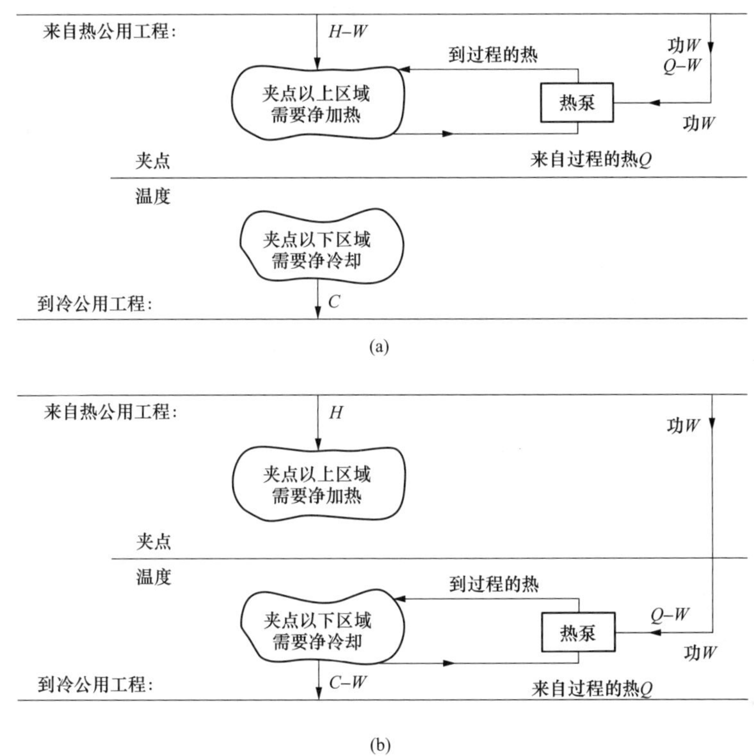

图 2-34　热泵的不合理放置

而热泵的配置只有参照图 2-35 所示穿过夹点来配置，即热泵从热井向热源输送热量，才能实现真正的节能作用。由此可以看出，要得到“正常”的效率，适宜配置热泵意味着穿过夹点放置。在夹点任一侧放置都是不合适的，将导致能量浪费。这也再次说明了一个广泛的原理：热量必须在总组合曲线的夹点以下移除和热量必须在总组合曲线的夹点以上提供。

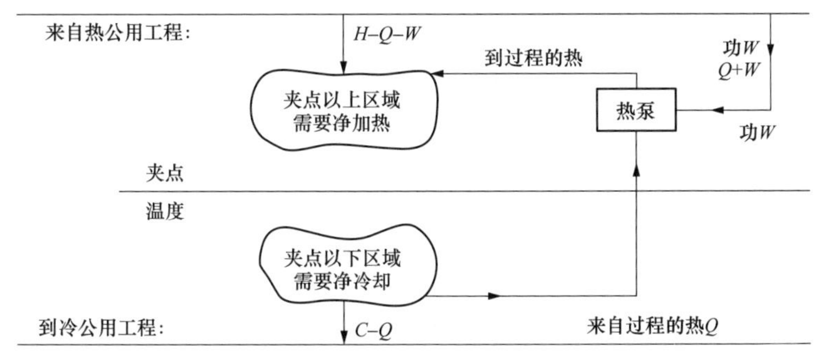

图 2-35　热泵的适宜配置

3.3.2 夹点分析在实际工程中的应用

1. 实际热机的设计

最简单的蒸汽动力装置理想循环是朗肯循环。朗肯循环系统由锅炉、汽轮机、凝汽器和给水泵组成，如图 2-36 所示。燃料在锅炉 1 中燃烧，放出热量，水在锅炉中吸热，汽化成饱和蒸汽；饱和蒸汽在锅炉过热器 2 中吸热成为过热蒸汽；蒸汽通过汽轮机 3 膨胀做功，做功后的蒸汽降为低压低温乏汽；乏汽进入凝汽器 5 并凝结成水，放出潜热；给水泵 6 将凝结水提高压力并重新输送至锅炉，完成一个循环。这种简单循环热效率不高，主要是该循环的热公用工程（锅炉＋汽轮机）向冷公用工程（凝汽器）输送了热量，造成了热量的损失（不考虑烟气余热）。

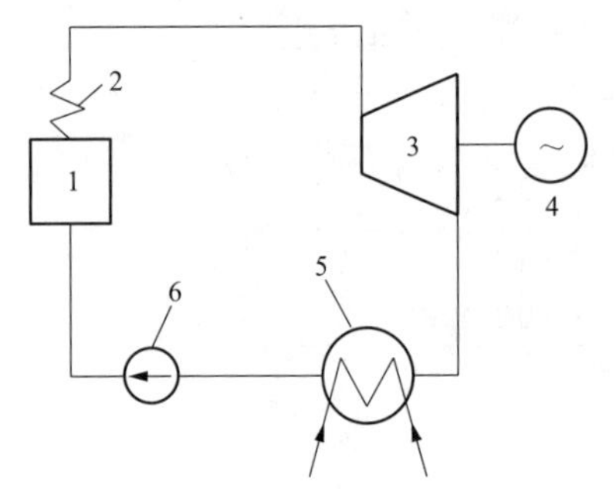

图 2-36 朗肯循环示意图

1—锅炉；2—过热器；3—汽轮机；4—发电机；5—凝汽器；6—给水泵

而实际工程应用中的朗肯循环（火电厂），均是采用给水回热的方式来提高系统的热效率，也称为给水回热循环，如图 2-37 所示。一般是把多级汽轮机中做过功的部分蒸汽，逐级抽出来加热给水，减少输送至冷公用工程的热量（冷端损失），从而改善系统的热效率。

2. 火电厂低温余热回收的设计

对于纯凝电厂来说，其系统示意图与图 2-37 所示一致。由锅炉产生高压蒸汽，高压蒸汽进入汽轮机做功后输出电能，做功后的低压蒸汽进入凝汽器冷却成为水，随后再由凝结水泵送回至锅炉。为进一步减少输送至冷公用工程的热量（冷端损失），提高系统的热效率，通常将纯凝机组改为抽凝式机组，实现在生产电能的同时，还进行热力生产，也简称为热电联产。该抽凝式机组，也是利用高品位的蒸汽来发电，同时将已在汽轮机中做功后的低品位蒸汽抽出对外供热，实现了热能的梯级利用，提高了系统的热利用率。该系统则是在纯凝机组的基础上，增加供热抽汽端口，进行抽汽对外供热。

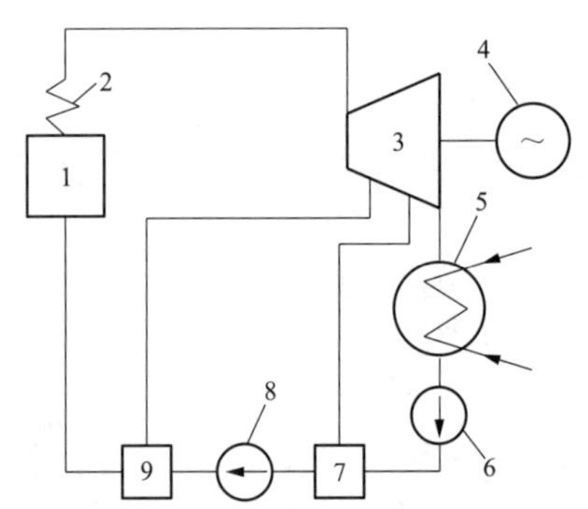

图 2-37 回热循环的系统示意图

1—锅炉；2—过热器；3—汽轮机；4—发电机；5—凝汽器；6—凝结水泵；7—低压加热器；8—给水泵；9—高压加热器

而与抽凝式机组相对应的，则是背压式汽轮机组，其系统如图 2-38 所示。在该系统中，通过提高汽轮机乏汽压力，从而提高乏汽温度，以实现汽轮机的排汽可以全部用来对外供热，此时的凝汽器相当于热网换热器，热网水进入凝汽器被加热后，输送至热用户进行供热。也称为低真空供热技术，该机组完全没有冷端损失，不考虑设备效率及散热损失时，此时的系统相当于无冷公用工程（不考虑烟气余热），热效率达到了最大值。

而低真空供热时，主要存在以下一些问题，对机组的安全经济性运行有一定的影响，如：①乏汽压力升高后，排气缸和支架相连的支座温度将升高，底座发生膨胀，改变轴承推力，使转子中心线发生变化，可能引起转子震动加剧。②机组背压提高至一定值后，末级的理想焓降减少的多，末级工况严重恶化，对叶片产生冲击破坏严重。③由于低真空供热是

“以热定电”的运行方式，需要具有较大的供热负荷需求，才能保证机组对外供热的可行性。特别是“以热定电”的运行方式，使得机组的发电量完全取决于热负荷，多余或不足的电力由电网调节，这种运行方式，严重限制了火电灵活性。

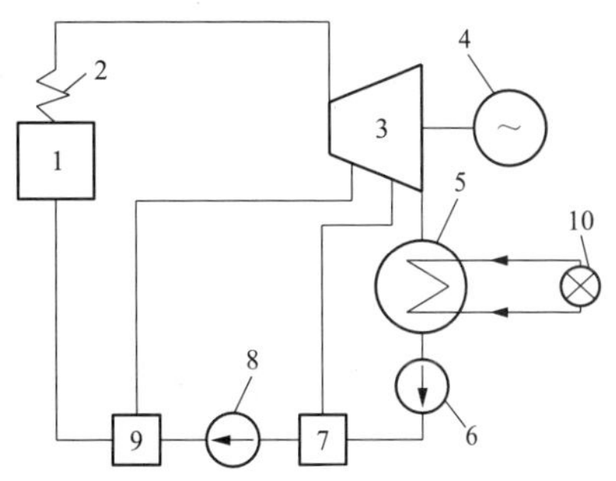

图 2-38　背压式热电联产系统示意图

1—锅炉；2—过热器；3—汽轮机；4—发电机；5—凝汽器；6—凝结水泵；7—低压加热器；8—给水泵；9—高压加热器；10—热用户

另外，吸收式热泵技术是利用汽轮机的抽汽作为驱动热源，以低温循环水为低温热源，回收低温循环水的余热来对外供热。吸收式热泵的配置原则符合图 2-35 所示，利用一定的功量，回收利用冷公用工程的热量，减少了热公用工程的直接耗热量，具有很大的节能效果。与低真空供热技术相比，吸收式热泵技术具有机组改动小、切换灵活、适用范围广及投资额较小等优点而得到了广泛应用。

第 3 章

火电厂中低温能量梯级利用概论

第 1 节　国内外热电联产发展情况

1.1　国外热电联产发展概述

1.1.1　丹麦集中供热发展状况

早在 20 世纪 60 年代初，丹麦在集中供热领域的运行经验已经超过 50 年。今天，丹麦的集中供热发展得到了进一步加强，一些丹麦集中供热服务商推出的新理念是使城市发展基于低温集中供热系统（系统温度最高达约 90℃），这样会降低集中供热的热力站和分配管网的投资。另外，在运行方面，也会使终端用户的热负荷不完全被动地受到热源厂生产状况的限制，从而节约能源。

世界上第一个供热管网的管道是由铁和保温的泡沫混凝土制成的，但这种做法会造成输配管线的腐蚀，特别是当管网铺设在排水不良的土壤中时。为了解决这个问题，后来管道被悬挂在混凝土管道内，并由矿物质棉保温，使其远离湿气的腐蚀。然而，这样的解决方案的成本太高，它只对耗热量较大的大型热用户适用，如医院和工业用户等。因此，在一段时期内，该方案禁止在新开发的住宅区域供热系统中应用。

为住宅区域提供供热服务的突破性进展来自于一些丹麦公司开发出的预保温供热管道技术。这种技术将工厂生产的铁管首先覆盖一层聚氨酯保温层，然后再包裹一层质密的抗腐蚀的防水塑料外壳。这个解决方案的关键是如何获得一个完全严密封装的管道。而依靠特殊的技术，即一种焊接或拧接的套筒技术，将管道、保温层和保护层紧密封装在一起，事实证明这样的处理是成功的。此外，管道的保温层内还内置了渗漏检测电极，使人们可以及时发现渗水和泄漏，使维修工作变得简单。

最初的塑料外壳不耐高温，即管道内流体温度不能超过 90℃。很快材料得到改进，耐受温度被提高到了 120℃。最初丹麦的供热热源大部分来自于热水锅炉，较低的管网运行温度使工业余热的利用成为可能，而工业余热不仅仅是来自于垃圾焚烧厂。保温管道和垃圾焚烧厂技术的结合，促进了丹麦集中供热管网和垃圾焚烧厂的繁荣和发展。因此，战后第一批垃圾焚烧厂的建成开始于 60 年代。

1. 丹麦集中供热的发展时机

值得注意的是，在 70 年代袭击西方世界的能源危机发生之前，丹麦集中供热的发展模式与其他国家是一样的。那时，每个居民的能源消耗量极高。能源危机的结果是，节约能源成为丹麦的必然选择，其中就包括供热系统的节能。供热节能的一个原因是热价突然成倍增长，而且丹麦当时热源厂 100%依靠进口的化石燃料来生产热能。

因此，丹麦政府被迫想尽办法降低燃料消耗，以维护社会利益，并降低消费者的热费。一些节能倡议纷纷被提出，其中包括：所有区域的供热方案采用系统化的设计和规划方案；在这些基础规划中尽最大可能采用热电联产技术；建筑外墙设置保温；开发高效的集中供热系统，装配高保温性和低安装成本的预保温直埋管道；降低集中供热系统的运行温度，使管道内流体变流量运行，以确保整个供热生产和传输系统在最经济的工况下运行，同时尽可能采用带保温层的直埋管道。

依靠严格的能源政策法案，以及中央和地方政府、供热公司和一些私营公司的协作努力，在能源危机后的一段时期内，丹麦供热产业取得了一些节能成果。这意味着在 21 世纪初的今天，丹麦人均供热能源消耗量仅为 1973 年时的 50%左右。

在燃料方面，也提出了一些节能倡议。在大城市，以前小区域的分散式供热系统已经被大区域的集中供热系统取代，来自热电联产机组、垃圾焚烧厂和工业余热的热量通过集中供热管网覆盖广大的区域。一些老的单体供热锅炉房仅作为调峰或备用负荷热源，仅在冬季最冷的时期向外供热。

丹麦在仅有 250～500 名居民的小范围乡村区域，也兴建了一些分散的小型热电厂。这些电厂的发电装机容量由热负荷需求量决定，并与国家电网相连。原则上这些热电厂仅在热负荷存在时才投入运行，但通过在热电厂内兴建储热罐，电能和热能的整体生产可以得到调节和优化。这些热电厂一般以天然气、秸秆、木屑、沼气和其他当地燃料作为燃料，二氧化碳排放量十分有限。

2. 丹麦集中供热的热源发展

根据丹麦 DBDH 的介绍，经过几十年的发展，丹麦最近几年在供热热源方面有着自身的特点。在能源方面，可再生能源占了很大的比重，使丹麦的供热更环保、更节能。

丹麦的供热系统中，热源主要以热电联产机组、垃圾电厂、工业余热和地热为主，其中，在这些能源中，化石燃料占总量的 62%（天然气占总量的 44%，煤占 9%，重油占 8%，民用燃油占 1%），可再生能源占 31%（垃圾焚烧占 22%，地热占 3%，太阳能占 4%，工业余热占 1%），其他能源占 7%。

在热网侧，各热源电厂提供的热量通过增压泵供给一次热网，在一次网侧，设置最大负荷调峰锅炉和换热站。该调峰锅炉一般以燃油和燃气锅炉为主，在初末寒期，该调峰锅炉一般不运行，由各个电厂和热源带基本热负荷来满足热网的需求。在二次网侧，热网水直接供给热用户，同时，在二次网设置局部峰值调峰锅炉，对二次网进行热量调节，来满足用户需求。

整个热网的调节具有很大的灵活性，在该热网中，热电联产机组提供的热量可满足整个总负荷的 60%，一次网侧的调峰锅炉可提供 30%的热量需求，二次网侧的调峰锅炉可满足 40%的调峰需求。在该系统中，任何一个热电联产机组发生停运，整个系统仍能 100%的满足供热需求。

1.1.2　国外典型热电联产机组介绍

为了更加清楚的了解国外热电联产机组的发展现状，本节进行典型案例介绍。希望能从国外热电联产机组的现状，了解到国内外热电联产技术的不同，从设计理念上寻找出其中的差距，从而找到最适合我国的热电联产技术。特别是随着生活水平的提高，生活用热的需求增长旺盛，但是，目前国内火电装机比例较大，大部分通过新增热电联产机组来解决供热需求的方案，不太可行。而将原本非供热机组改造为供热机组，或原本供热机组通过扩容增效，提高其供热能力是一种较为经济、可行的技术路线。

1. 哥本哈根区域供热系统

最初，在哥本哈根中心区域已经兴建了一些集中供热管网系统，它主要由几个小型和中型热源厂及其外送管网系统组成。同时，在 Amager 岛建有三个大型热电联产机组，但由于特殊的地理位置限制，不可能充分发挥这些机组的供热能力，即将供热范围扩大到 Amager 岛以外的区域。当时缺乏一个将 Amager 电厂与其他集中供热管网连接在一起的外送管线，以充分利用 Amager 大型热电联产机组的供热能力。后来这样的外送管线（一次网）得以兴建，被称作区域供热输送管线。由此，组成了哥本哈根地区的集中供热系统。

最近，哥本哈根市区的两个大型垃圾焚烧机组得到扩建。扩建部分主要以垃圾焚烧热电联产机组为主，垃圾焚烧机组中产生的热量被输送到集中供热管网中。从 2003 年统计数据可以看出，在哥本哈根市，垃圾焚烧热电联产机组提供的热负荷已经超过了市区整个热负荷的 25%。

目前，哥本哈根地区的集中供热系统为世界最大的供热管网系统之一，供热面积达到 5000 万 m^2。管网连接 4 个热电厂、4 个垃圾焚烧电厂和超过 50 座的尖峰锅炉房，区域供热输配公司达到 20 家，整个管网采用多热源联网运行方式，供热量达 30000TJ。

从根本上说，外送管线（一次网）可以看做是连接当地集中供热管网和热源厂的大型管道。供热传输系统的概念设计实际上包含了热量生产、热量传输及热量分配三个不同的供热营运环节。外送管线（一次网）所有公司从热源厂购热，将热量输送给区域热网，也就是销售给合作的地区市政当局，后者再负责将热量传输给众多的独立终端用户。

外送管线运营公司可以根据系统管网结构，自由选择性购买不同地点的热源厂的热量。这样的选择可保证系统是不是在一定的时间内采用了最便宜的热源供热，是不是采用了最符合政府的环保要求的热源，或者是不是在供热高峰期可选择尖峰负荷热源或备用热源投入运行。

哥本哈根地区的供热经验是集中供热系统具有高度的可调节性，不但供热热源可以选择，而且热源厂大多为多重燃料机组，其燃料类型也可以选择。

2. 丹麦哥本哈根 Avedøre 电厂

Avedøre 电厂是东能源（DONG ENERGY）公司的十座主要电厂之一，是世界最高效的热电联产工厂。该厂生产的电力主要输送到北欧电网，并向哥本哈根地区供热。2015 年，Avedøre 热电厂燃料使用构成：木屑颗粒 59%，煤炭 30%，秸秆 7%，天然气 3%，油 1%。

Avedøre 电厂 1 号机组额定容量为 250MW，主要燃烧煤炭。供热功率为 330MJ/s。Avedøre 电厂 2 号机组额定容量为 543MW，供热功率为 520MJ/s，配有一台 105MWth 秸秆锅炉和一台 800MWth 主锅炉。主锅炉主要燃料为木屑颗粒，也可燃烧天然气或重油。2 号机组能量转化效率为 94%～96%，是世界上最为高效灵活的火电机组之一。

Avedøre 电厂配备有 2×20000m^3 的承压储热罐，总储热容量 2×4000GJ。由于热网与储热罐之间的压力差（热网为 1.5MPa，储热罐为 0.5MPa），储热装置安装有蓄热系统和放热系统。储热罐的输出功率为 330MJ/s。储热装置为 1992 年建设，总投资约 550 万欧元，平均投资约 670 欧元/GJ。

3. 丹麦 FYNSVÆRKET 电厂

FYNSVÆRKET 电厂主要为欧登塞市的市区供热（热网总需求为 7700TJ）。电厂有两个热电机组，3 号机组的电、热出力参数为 285MW 和 325MJ/s；7 号机组的电、热出力参数为 400MW 和 450MJ/s，另有两台小型焚烧电厂机组向储热装置供热。

FYNSVÆRKET 电厂安装有大型储热装置，储热量 13500GJ，体积为 73000m^3。为了增加机组的灵活性，2003 年修建了该储热装置。欧登塞市供热网的供热温度相对较低（92℃），因此储热装置为非承压式。储热罐直径为 50m，高度直径比为 0.8。储热量为 13500GJ，输出功率为 600MJ/s。储热装置总投资约 550 万欧元（2003 年），平均投资约 400 欧元/GJ。

在冬季夜晚，当电力市场电价很低时，电厂可以停机；当电力市场中电价较高时，电厂可以停止抽汽，保证电出力最大。在夏季，电厂可以停机一个周末（周末用电负荷较小，电价较低）；在冬季热电联产机组可以停机 6～8 个小时。

4. 德国 Niederaußem 电厂

Niederaußem 电厂是一座德国大型的褐煤电厂，总装机容量为 3669MW。共有 7 台机组，其中，4 台 300MW 机组；2 台 600MW 机组；1 台 1000MW 机组。年发电量 260 亿 kWh，燃烧褐煤 2810 万 t。

5. 瑞典哥德堡电厂

该电厂有 3 台 SGT-800 型燃气轮机，额定容量 45MW（47MW），3 台补燃型余热锅炉（通过尾部烟气热网换热器使排烟温度降至 70℃），1 台 SST-900 型汽轮机，主蒸汽参数为 10MPa，540℃，采用低真空供热方式，同时设置辅助的海水冷凝器，用于调整机组真空。

冬季运行时尽量提高热电比，保证热力供应为主；春季至秋季约 1500h 部分带载运行。最大提供 261MW 电力与 295MJ/s 热力，系统热效率接近 94％。

6. 阿尔汉格尔斯克热电厂

俄罗斯的阿尔汉格尔斯克热电厂，全厂共装有 6 台 ТГМ-84Б 燃气蒸汽锅炉，6 台蒸汽轮机，总装机量 450MW，最大供热能力 5724GJ/h，主蒸汽参数为 14MPa，550℃，供热系统包含 6 台热网加热器。

阿尔汉热电厂的热用户包括采暖用户和生活用热。采暖用热和生活用热采用相同的管道输送，夏季仅有生活用热时，热网水的流量约为 4000t/h，供/回水温度约为 70℃/50℃；冬季热网水的流量约为 13000t/h，供/回水温度约为 70～110℃/50℃。

7. 韩国华城电厂

该电厂为燃气蒸汽联合循机组，有两台 160.8MW 燃气轮机，一台 190.2MW 汽轮机，2 台 265t 余热锅炉。还有两个 25000m^3 的蓄热罐。

发电模式时，该机组的热效率为 50.26％，最大发电出力为 580.7MWh；供热模式时，最大发电功率 380MWh，供热功率为 2097GJ/h，机组热效率为 83.35％。

1.2　国内热电机组发展现状

由于北方城市冬季的集中供热需求，目前国内的热电联产机组主要分散在北方地区，而南方大多数为非采暖地区，仍是以工业热负荷为主，少数的热电联产机组主要集中在工业密集的地方，如工业园区等，且方式主要采用抽凝式。北方地区的热电联产方式相对较多，主要包括背压式供热机组、抽凝式机组等。目前随着国内集中供热需求的快速增长以及电力行业发展面临的现状，国内热电联产机组纷纷进行技术改造以扩大供热能力、降低机组能耗，目前常见的技术有低真空供热技术、吸收式热泵技术、智能热网技术、新型凝抽背供热技术等。同时部分纯凝机组也已完成供热改造，目前 135～660MW 不同容量燃煤机组均有相关纯凝改供热案例，且取得了良好的经济效益。

1. 大唐王滩发电厂纯凝改供热

王滩发电公司 2×600MW 机组，汽轮机为 N600-16.67/538/538 型亚临界一次中间再热、三缸四排汽凝汽式汽轮机。采用中低压连通管打孔抽汽并在低压缸入汽口加装液压蝶阀控制抽汽参数的方式。将机组中压缸至低压缸连通管换成带有调节抽汽联通管，在连通管上打孔安装抽汽管，抽汽管上安装安全阀、抽汽快关调节阀、抽汽逆止阀及关断门，2 台机组抽汽管道分别引至热网首站，作为热网首站内热网加热器的汽源对热网循环水进行加热，加热后的热网循环水供给厂外热网，换热后蒸汽凝结水送回 2 台机组高压除氧器或相应的低压加热器凝结水出口管路，供回水系统、抽汽系统等均设置流量测量装置。

2. 新乡热力公司智能热网改造

新乡热力公司首期工程对 150 座热力站中的 100 座热力站进行智慧热网升级改造。热电厂新建一座供热首站进行了热源容量扩充。总体规划目标是实现管网的远程集中控制管理、智能化节能运行，立足于整网运行监控、供热安全保障、智能分析节能运行的建设内容，并规划整合二级管网侧室内温度采集系统。对供热效果进行分析并指导供热调节和节能运行。

智能热网投运后，热力公司供热期单位采暖面积累计耗热量指标由 0.386GJ/m^2 下降到 0.328GJ/m^2，较上一供热期降低约 15%，节能效果明显。

3. 国电濮阳热电厂工业供热改造

国电濮阳热电厂通过利用“中压调节阀参调”和“蒸汽压力匹配”技术对汽轮机本体及系统进行改造，实现 80t/h 高压抽汽供热能力和 250t/h 中压抽汽供热能力，满足日益增长的工业蒸汽热负荷需求。

高压工业抽汽供热改造采用主蒸汽引射再热热段蒸汽的方案，将主蒸汽和再热蒸汽两种不同参数蒸汽匹配减温后，实现参数 4.2MPa/420℃、抽汽量为 80t/h 的供汽能力。中压工业抽汽供热改造由再热热段抽汽，在中压调门参调下配合减温减压装置，实现参数 1.6MPa/320℃、抽汽量 250t/h 的供汽能力。

供热改造后，每年节约标准煤量为 2.31×10^4 t。在非采暖期，供电煤耗下降 52.8g/kWh，利用小时数以 2500h 计算，改造后供电量为 2.76×10^8 kWh，可节约标准煤 1.45 万 t；在采暖期，供电煤耗下降 36.3g/kWh，利用小时数以 1000h 计算，改造后供电量为 2.37×10^8 kWh，可节约标准煤 0.86 万 t。

4. 华电牡丹江第二发电厂光轴供热改造

华电牡丹江第二发电厂为国内首次对苏制 200MW 等级汽轮机进行低压光轴供热改造，机组在供热期采用低压光轴技术（低压缸解列，低压转子只起到传递扭矩作用，中压联通管排汽全部输送至热网加热器），对原机组进行相关改造，无需蒸汽冷却系统，可最大限度的提高对外供热量，减少对原机组本体及相关辅助系统的改造。

光轴供热技术应用后供热期可实现煤耗降低 163g/kWh 以上，机组电负荷深度调峰能力增加 30%以上。

5. 新疆华电喀什热电厂间接空冷高背压供热改造

新疆华电喀什热电厂为国内首台350MW超临界间接空冷机组高背压供热改造项目。供热改造选用双温区凝汽器供热方案及切换方案。凝汽器采用两路独立冷却水源，各半侧运行，两个温区换热，即凝汽器半侧通过热网循环水，实现对外供热，半侧通过空冷岛冷却循环水，作为备用冷却系统。

改造后，机组可在不停机情况下实现纯凝发电、抽汽供热、背压供热等多种运行工况的在线切换、厂内双机背压供热互换，解决了高背压工况下汽轮机末级叶片的保护及停热不停机等问题，提升了大型高背压循环水供热机组的安全性及调峰灵活性。相同电、热负荷下机组煤耗降低122g/kWh，供热能力提高189MW。

6. 华电青岛电厂双转子双背压改造

华电青岛电厂为国内首台300MW机组双转子双背压改造项目，于2013年11月顺利完成启动后试验，供热参数、轴振、回油温度、热耗值均达到设计要求，机组运行稳定良好。机组进行高背压供热改造后，汽轮机供热能力增加巨大，热经济性大幅提升，机组热耗水平大幅降低；机组新增供热能力135MW，机组发电煤耗降至140g/kWh左右，冷源损失为零，理论热耗可以达到3600kJ/kWh，实际热耗可以达到3750kJ/kWh以下，机组节能降耗效果显著。

非供热期纯凝工况，机组循环热效率43.4%，供热期机组以热定电，机组冷源损失为零，机组最大综合热效率大于83%。

7. 华电鹿华热电直接空冷机组高背压供热

华电鹿华热电厂采用亚临界、一次中间再热、单轴、双缸、双排汽、直接空冷抽汽凝汽式汽轮机。高背压供热改造不改变机组空冷岛现状，汽轮机及原抽汽不做任何更改，在鹿华热电1号机组增设1台高背压凝汽器，回收汽轮机排汽余热对热网循环回水进行初级加热。1机组低压缸排汽至空冷岛进汽总管中引出一路蒸汽至高背压凝汽器，通过调整空冷岛背压和低压缸进汽量，调节高背压凝汽器进汽量。高背压凝汽器抽真空管路接入1号机组抽真空管路，供热凝汽器的凝结水回收至1号机组排汽装置。

相比改造前增加供热量143MW，相当于原热网系统增加了接近200t/h供热抽汽，可实现年增加供热量1480TJ，采暖季发电标准煤耗降低80～100g/kWh，提高了机组的循环热效率。

8. 北京京能热电厂吸收式热泵技术改造

北京京能热电厂，方案配置10×20MW吸收式热泵机组，分两期建设，单台吸收式热泵机组能效值（COP）为1.72，回收余热量8.3MW，总共增加供热面积约164万m^2。

10台吸收式热泵回收循环水余热，年增加供热能力89.58×10^4GJ，按照锅炉设计效率91.04%计算，折合节约标准煤3.36万t；循环水温度升高、导致凝汽器背压由3kPa升高至5.5kPa，发电煤耗升高约2.13g/kWh，按照2010年供热季4号机组发电量4.562亿kWh，则多耗标准煤971.7t；循环水升压泵，疏水泵等转动设备耗用部分厂用电，增加厂用电约1500kW，由于单机形成闭式循环，则可以少开一台循环水泵，功率与余热利用系统增加的厂用电大体相当，则系统节能折合标准煤约3.26万t，另外由于循环水不上塔，减少了吹散损失，年节水约21.6万t。

9. 华电（北京）热电有限公司中低温余热回收利用改造

华电（北京）热电有限公司为吸收式热泵技术在燃气蒸汽联合循环电厂的首次成功应用，先后于2013、2014年完成吸收式热泵循环水余热回收、低温烟气余热回收和天然气预热等改造。

改造完成后，在纯凝工况时，最大发电功率242MW，联合循环热效率为50.6%；在供热工况时，最大发电功率为230MW，供热功率为228MW，机组最大综合热效率达90.3%。

1.3 火电厂中低温余热利用现状

火电厂是以朗肯循环为基础进行热功转化获得电能的，这其中将伴随着大量的热量损失。火电厂中主要的热量损失源是汽轮机冷源损失和锅炉烟气的排热损失，其中汽轮机冷端损失占到火电厂热损失的40%左右，锅炉排烟热损失占到火电厂热损失的8%左右。

据统计，汽轮机冷源损失是凝汽式火力发电厂最大热量损失之一，即使是1000MW超超临界纯凝机组，冷端损失也约占汽水循环热量的50%以上。大型火力发电厂锅炉的排烟温度通常为120～150℃，相对应的热量损失约为燃料热量的5%～12%。排烟温度每升高10℃，排烟热损失会相应的提高0.6%～1%。如果能有效的将这些损失的热量回收利用，将对整个社会的节能减排工作做出巨大贡献。但是这部分热量的温度较低，利用难度较大。

要想将这部分能量利用好，不仅需要技术手段，还需要外界真正的需求，以实现温度对口、梯级利用。

汽轮机冷端损失是朗肯循环中向低温热源放出的能量，也是保证循环正常进行的基础。对于空冷凝汽式机组，汽轮机的乏汽温度在40℃左右；对于湿冷凝汽式机组，循环水的温度一般只有30℃左右，冬季环境温度低时甚至低于20℃。它们都只比环境温度略高，回收利用的难度较大，所以往往被直接排放到大气中，人们对其利用远远不够。同时在日常生活中，经常需要60℃左右的采暖用热水及40℃左右的生活热水，传统的供热方式为燃煤或燃气小锅炉，这将造成大量能源浪费和环境污染，如果将火电厂的这部分热能提升到可利用的程度，将热力产业与电力产业联合起来，就可大幅提高火电厂的综合热效率。以北京市6个主要热电厂为例，其总供热能力约为4128MW，而排放的循环水余热量就达到1240MW，如果将这部分浪费的热量有效利用起来，现有电厂即可在无新增化石能源消耗的情况下供热能力提高30%，从而大幅改善北京市由于供热而引起的环境污染问题。一般大型火力发电厂实际热效率约为40%，以1000MW火力发电厂汽轮机组为例，循环冷却水量为35～45m^3/s，排水温升8～13℃，随着环境温度变化，该温升提供的热量为1.2×10^6～1.9×10^6kJ/s，按年运行5000h计算，其热量损失折合标准煤70～114万t/a，这是巨大的能源损失。若采用低温余热回收技术，对循环水余热进行回收用于供热，可实现大幅节能和降耗。改造后可实现新增供热能力约310万m^2，全厂发电煤耗下降约70g/kWh，折算全年收益约5000万元。

目前火电厂主流的低温余热回收技术，有吸收式热泵余热回收、低真空供热、NCB供热技术、新型凝抽背供热（低压缸切除进汽）技术等技术，如图3-1～图3-4所示。其中吸收式热泵余热回收技术是利用原有的采暖抽汽作为热泵的驱动力，将循环水的热量提升至80℃左右加以利用。低真空供热技术是对低压缸通流进行改造，使汽轮机更好的适应低真空下运行，并提高其经济性。低真空供热技术又可分为供热期非供热期一个转子的方案和供热期非供热期双转子互换方案。供热期非供热季采用同一个转子，将造成在非供热季机组的煤耗大幅升高。双转子互换方案，可避免该问题，但每年需要更换两次转子，增加了检修工作时间和工作量。NCB 供热技术是指可以实现机组在纯凝（N）、抽凝（C）、背压（B）三种运行模式之间的切换运行，该技术为实现背压工况，需要对低压缸转子解列，这主要通过在中、低压缸转子间设置 SSS 自动同步离合器来实现。与 NCB 供热技术相一致的还有新型凝抽背供热（低压缸切除进汽）技术，该技术是依据汽轮机在真空状态下鼓风损失将大幅减少的原理，在保证低压缸真空状态的情况下，低压缸基本不进汽但仍处于全速旋转状态下运行，同时采用冷却蒸汽系统等必要的辅助措施保证其运行安全性。

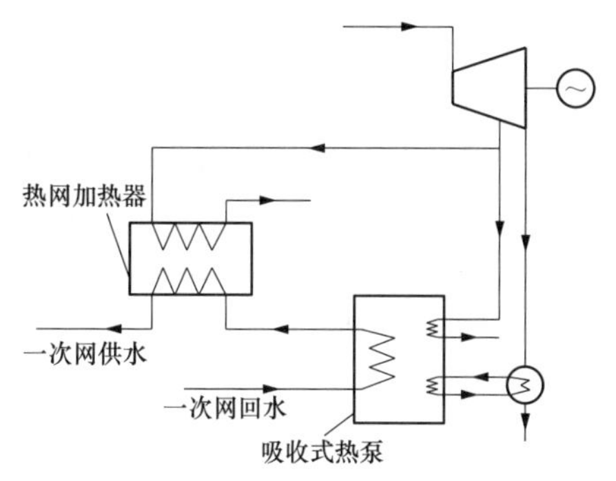

图 3-1　吸收式热泵回收电厂循环水余热示意图

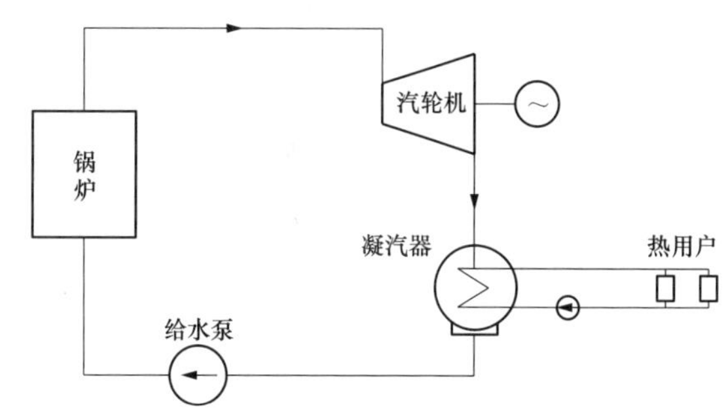

图 3-2　火电厂低真空供热示意图

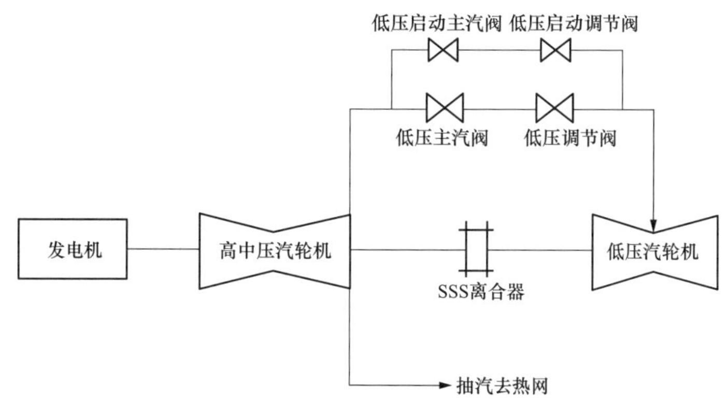

图 3-3　火电厂 NCB 供热技术示意图

锅炉作为以煤炭为主要燃料的火电机组重要热能动力设备，同时也是高能耗、高污染的主要来源，其中锅炉的排烟热损失是锅炉各项热损失中最大的一部分。锅炉排烟温度一般为 120～130℃，循环流化床锅炉排烟温度甚至能达到 150℃，而随着锅炉运行时间的增加，排烟温度甚至可能比设计温度还要高 20～30℃。排烟温度如果提升 10℃，相应的煤耗会增加 1.2%～2.4%，这无疑是一个巨大的能源损失。因此，采用新型技术和工艺降低锅炉排烟温度，不仅可回收烟气余热，而且能降低火力发电厂的煤

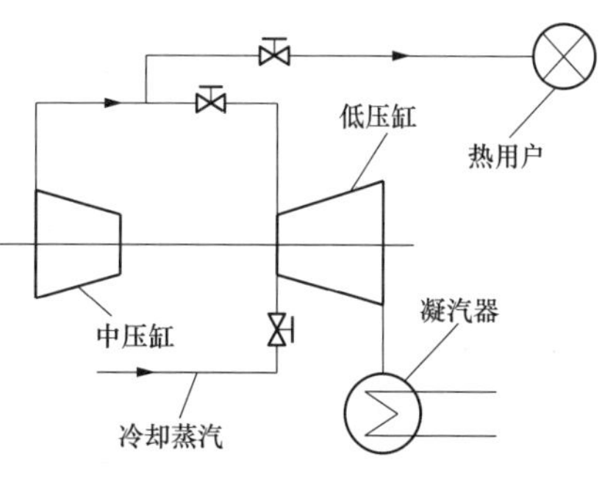

图 3-4　新型凝抽背供热（低压缸切除进汽）技术示意图

耗，实现节能减排。在空预器后采用烟气余热回收系统，回收烟气余热并用来加热热网水，实现节能。改造后可实现新增供热能力约 10 万 m^2，全厂发电煤耗下降约 2.5g/kWh，折算全年收益约 280 万元。

烟气余热回收系统如果在纯凝机组使用，由于回收的余热温度较低，做功能力较低。因此，在分析其对电厂能耗的影响时，不能直接认为回收的热量即为锅炉效率提高带来的热量，应当进行系统的分析，揭示回收热量对发电效率的影响，同时应当扣除增加余热回收装置后，带来烟风阻力增加引起的耗电量增加。此外，回收的余热量对锅炉效率的提高量还与采取的换热方式相关。一般情况下，相变换热器回收的热量温度较低，对发电效率提高的幅度小。这是由于相变换热器要经过一次相变，相变过程中无论烟气的温度多高，回收热量的温度仅与相变压力相关。这使得采用相变余热回收系统时，相变换热器排出的烟气温度即为相变换热器回收热量的最高温度。但相变换热器的换热管束温度均匀，不易出现由于温度不均而造成的换热器腐蚀。随着控制技术的提高，普通换热器通过热水再循环也可有效避免冷水进入换热器时，换热管束的壁面温度低于酸露点而引起的腐蚀。热水再循环的流程示意图如图 3-5 所示。

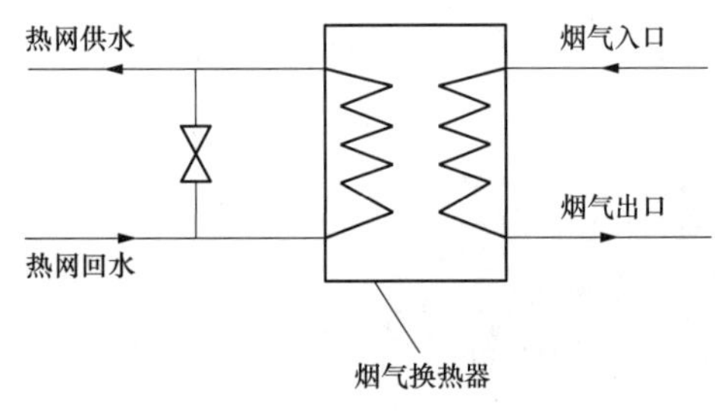

图 3-5　热水再循环的流程示意图

从上面的分析可以看出，从能量守恒第一定律的角度看，火电厂仍然有很多热量可以被充分利用起来，但这些能量得到充分利用的一个必要前提条件是有足够的热用户，这需要电力产业与热力产业的充分融合。国家近几年出台了不少与热电联产相关的政策，也推荐很多热电联产相关技术路线，有些地方要求热电联产机组必须为背压机才允许继续运营或新建。实际上这样做从技术上讲是不合理的，因为采用背压机组意味着必须以热定电或以电定热，降低了机组的灵活性。可以借鉴国外的成熟经验，采用抽汽-背压-凝汽机组，并增加蓄热装置，在实现热力产业与电力产业有机耦合的同时，避免热、电之间的过分耦合。由于我们以电为大的传统理念，使我国对热力产业的发展不够重视，也使得热力产业和电力产业耦合后的节能空间未能充分发挥出来。我们应该加大热力产业的开发整合力度，从而充分发挥出热力产业与电力产业协调发展，同时供给侧改革也给我们带来的巨大节能潜力。

第 2 节　火电厂中低温余热利用的节能机理分析

2.1　从热力学定律角度分析节能潜力

热力学第一定律为理论基础的热平衡分析法，只是简单地从能量守恒的数量关系上考察余热资源的回收问题，而不考虑热量的品质及其利用情况，它的热效率指标不能全面反映热量利用的合理性。热力学第二定律则指出了能量转换的方向性，不同能量的可转换性不同，反映了其可用性的不相等，也就是能量的能级不同。

对余热资源的评价方式与其可利用的方式有关。余热利用可以分为三种基本形式：余热的焓利用、㶲利用和全利用。余热的焓利用是指仅与余热回收量的大小有关，而与其温度水平无关的热利用，通常根据热力学第一定律确定其利用效果。余热的㶲利用是指回收余热的可用能，使其转化为有用的动力，是从最大可回收的可用能，即余热的质量，也是从热力学第二定律角度来进行评价的。

余热的全利用是上述两种余热利用形式相结合，既利用余热的焓，又利用余热的㶲；背压式汽轮发电机组的运行模式是余热全利用很好的实例。凝汽式汽轮发电机组主要用于提高电能的回收量，着重于㶲利用形式；背压式汽轮发电机组既用于发电，又提供生产工艺中需要的蒸汽，属于全利用形式。

在余热的温度较低时，计算出的㶲数值较小，即余热的可用能比较小，做功的本领也小，一般只宜采用焓利用的形式；而在余热的温度较高时，可采用㶲利用或全利用的形式；不仅要从热力学第一定律的能量守恒观点的热效率来评价能量的利用程度；同时要根据热力学第二定律分析法，建立全面用能和节能观点，既要充分利用能量中的㶲以获得高的㶲效率；又要尽量做到按能级匹配用能，使供能质量恰好符合用户的要求。例如现有的供热机组设计参数过高，如图 3-6 所示，为使得机组供汽参数满足外界需求参数，常采用减温减压措施，以至于供热过程中产生严重节流损失。针对这一现象则需采用有效的技术措施实现按能级匹配用能，减少供热过程中的用能不匹配所带来的㶲损失。

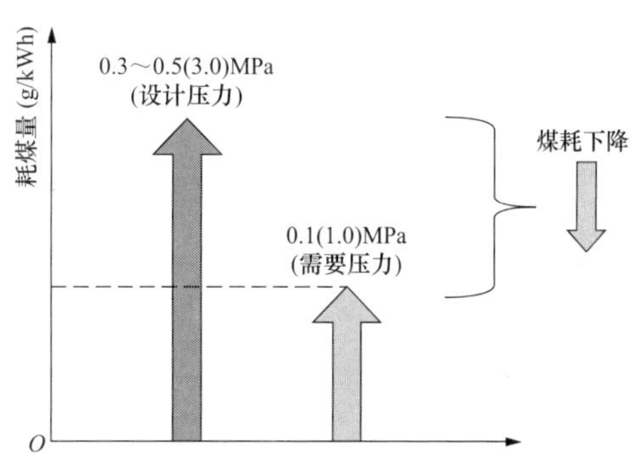

图 3-6　供热机组的供热节能潜力示意图

2.1.1　抽汽供热与纯凝机组的比较

以 300MW 机组为例，经过理论计算，每供 100 万 GJ，工业供热（以抽汽压力 1.8MPa 为例）与纯凝比节煤量为 1.15 万 t；抽汽采暖供热（以抽汽压力 0.49MPa 为例）与纯凝比节煤量为 1.82 万 t。抽汽供热方式下的理论节煤量见表 3-1。

表 3-1　抽汽供热方式下的理论节煤量

300MW 机组供热量（万 GJ）	工业供热与纯凝比节煤量（万 t）	采暖供热与纯凝比节煤量（万 t）
100	1.15	1.82
200	2.30	3.64
300	3.45	5.46

另外，供热抽汽压力对节煤量有很大的影响，采暖供热抽汽一般在 0.3～0.5MPa，工业供热一般在 0.9MPa 以上。现以抽汽压力 0.29、0.35、0.43、0.49、0.95、1.80、3.63MPa 为例，不同抽汽压力下供 100 万 GJ 热量时所对应的节煤量如图 3-7 所示，计算基准为供热煤耗 39kg/GJ，纯凝机组发电煤耗 300g/kWh。由图 3-7 可知，机组供热抽汽压力越低，节煤量越大。因此，对于采暖供热，应尽可能降低抽汽压力以获得更大的节能收益；对于工业抽汽，应充分利用抽汽和供汽的压差，减少节流损失，提高供热效益。

选取部分电厂 300MW 机组 2014～2015 年采暖季统计数据与理论计算进行比较，分析

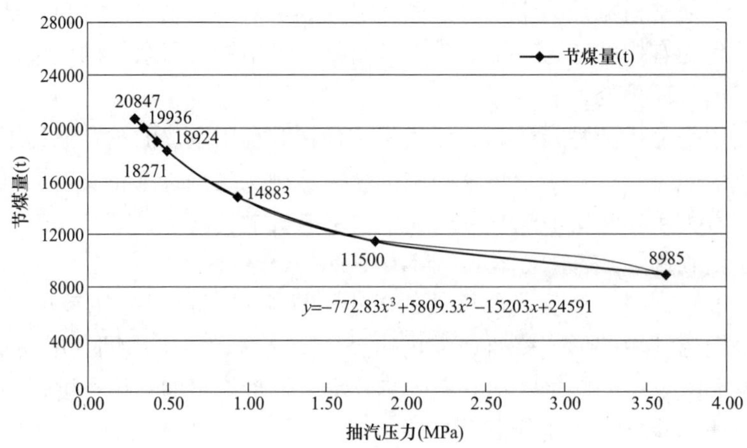

图 3-7　供热量为 100 万 GJ 时机组节煤量随抽汽压力变化曲线

如表 3-2 所示，其中工业供热的设计抽汽压力 3.3MPa，采暖供热的设计抽汽压力 0.4MPa。供热机组在实际运行中，受负荷波动和运行调整影响，造成机组实际节煤量比理论值偏小。

表 3-2　　两种供热方式下节煤量统计值与理论值对比

项目	300MW 机组供热量（万 GJ）	工业供热与纯凝比节煤量（万 t）	采暖供热与纯凝比节煤量（万 t）
统计值	100	0.83	1.75
理论值	100	0.90	1.93
偏差	—	−7.8%	−9.3%

2.1.2　余热回收供热与抽汽供热的比较

目前，余热供热分为低真空供热和热泵技术供热两种方式。经过理论计算，每供 100 万 GJ，低真空供热比抽汽采暖供热多节约标准煤 1.07 万 t；热泵供热比抽汽采暖供热多节约标准煤 1.17 万 t。两种余热供热方式理论节煤量见表 3-3。

表 3-3　　两种余热供热方式理论节煤量

300MW 机组供热量（万 GJ）	低真空供热		热泵供热	
	与采暖比节煤量（万 t）	与纯凝比节煤量（万 t）	与采暖比节煤量（万 t）	与纯凝比节煤量（万 t）
100	1.07	2.89	1.17	2.99
200	2.14	5.78	2.34	5.98
300	3.21	8.67	3.51	8.97

以华电集团公司 2014 年度统计数据进行计算分析，余热供热方式下的统计节煤量见表 3-4。

表 3-4　　两种余热供热方式节煤量统计值和理论值对比

项目	300MW 机组供热量（万 GJ）	低真空供热与纯凝比节煤量（万 t）	热泵供热与纯凝比节煤量（万 t）
统计值	100	—	2.73
理论值	100	2.89	2.99
偏差	—	—	−8.7%

以东华热电为例，经统计数据分析，热泵供热与纯凝工况相比，供 100 万 GJ 热量对应的节煤量为 2.73 万 t；理论计算对应的节煤量为 2.99 万 t，两者偏差为−8.7%，统计值与理论值基本符合。

低真空供热的理论节煤量为 2.89 万 t，由于青岛和裕华电厂低真空供热改造后投运的时间较短，统计数据不完整，无法进行准确分析。

2.2　从梯级利用角度分析节能潜力

能量的转化过程一般是从高品位能源向低品位能量转化，就如同水从高处向低处流动一样，除非有额外的驱动力，例如水泵。以火电厂发电过程为例，首先，燃料在锅炉中燃烧，将燃料的化学能转化为热能，化学能的品位要远高于热能，在化学能转化为热能的过程造成了大量的可用能损失。这些热能经过传热，以高温高压的蒸汽形式存在，然后进入汽轮机，在汽轮机中热能向电能转化。电能的品位要高于热能的品位，因此热能在转化过程中，必然会以一部分能量的品位降低为代价，例如以初蒸汽为载体存在的高温、高压热量品位降低后，转化为以汽轮机的乏汽形式或背压机组排汽形成存在的中低温热量。这些热量的品位都要低于初蒸汽的品位。高品位的热能转化为电能的理论效率要高于低品位的热能，这是火电厂一直追求高温高压的原因。

为了更加深入的分析能量梯级利用对火电机组的影响，下面以纯凝机组高压加热器、低压加热器投入和切除为例，来说明“温度对口、梯级利用”对机组效率的影响。我们知道汽轮机在高压加热器和低压加热器切除后机组的煤耗将会下降 10g/kWh 以上，而在高压加热器、低压加热器投入前后锅炉及汽轮机本体均未发生改变，也就是说锅炉效率和汽轮机效率均未发生较大的变化。而之所以发生这么大的变化，主要原因是高压加热器和低压加热器投入和退出前后系统效率发生了较大的变化，具体表现为锅炉与汽轮机系统的换热过程换热温差大幅增加，在相同换热量下，做功能力损失较大。下面我们采用图像烟分析法（EUD）揭示换热过程烟损失的变化情况。

在高压加热器正常投入的情况下，锅炉燃烧过程的换热过程的 EUD 图，如图 3-8 所示。其中曲线 AA 为燃烧过程，曲线 B_1 为空气加热过程的 EUD 图，曲线 B_2 为煤炭加热过程的 EUD 图，曲线 B_3 为工质水加热过程，B_4 为再热蒸汽的加热过程。图中阴影部分的面积为锅炉燃烧过程的做功能力损失情况。

汽轮机高压加热器和低压加热器的换热过程的 EUD 图，如图 3-9 所示。图 3-9 中 A_1 为 1 号高压加热器，A_2 为 2 号加热器，A_3 为 3 号加热器，A_4 为除氧器，A_5 为 5 号低压加热器，A_6 为 6 号低压加热器，A_7 为 7 号低压加热器，A_8 为 8 号低压加热器。B 为被加热的工质水。

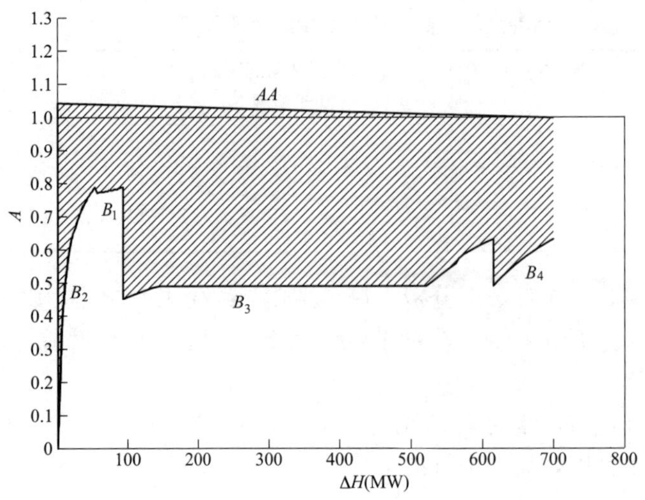

图 3-8　锅炉燃烧过程 EUD 图

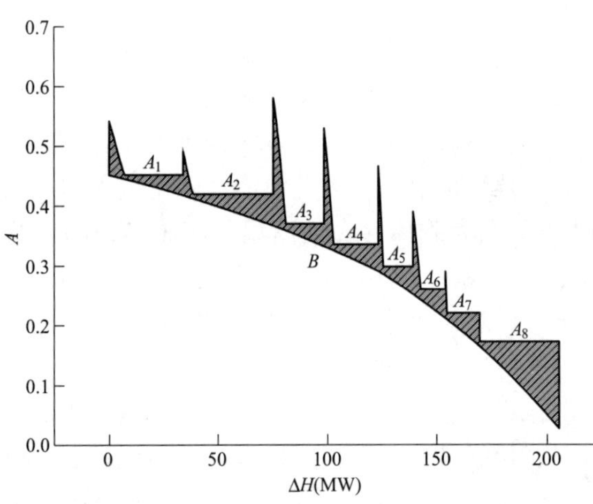

图 3-9　回热系统换热过程 EUD 图

空气预热器的换热过程 EUD 图，如图 3-10 所示。其中 A_1 为烟气放热过程，B_1 为空气被加热过程。图中阴影部分的面积为换热过程的做功能力损失情况。

综上所述，在正常的纯凝工况下，机组在热功转化过程中引起的做功能力损失为 353.92MW。

下面来分析当高压加热器切除后，机组在换热工程的做功能力损失情况。

在高压加热器切除工况下，锅炉燃烧过程的换热过程的 EUD 图，如图 3-11 所示。其中曲线 AA 为燃烧过程，曲线 B_1 为空气加热过程的 EUD 图，曲线 B_2 为煤炭加热过程的 EUD 图，曲线 B_3 为工质水加热过程，B_4 为再热蒸汽的加热过程。图中阴影部分的面积为锅炉燃烧过程的做功能力损失情况。

汽轮机高压加热器和低压加热器的换热过程 EUD 图，如图 3-12 所示。图中 A_4 为除氧器，A_5 为 5 号低压加热器，A_6 为 6 号低压加热器，A_7 为 7 号低压加热器，A_8 为 8 号低压加热器。B 为被加热的工质水。

空气预热器的换热过程 EUD 图，如图 3-13 所示。其中 A_1 为烟气放热过程，B_1 为空气被加热过程。图中阴影部分的面积为换热过程的做功能力损失情况。

综上所述，在高压加热器切除工况下，尽管汽轮机系统换热过程换热量明显减少，但由于换热温差小做功能力损失减少了 3.68MW，而锅炉燃烧换热过程尽管换热量增加不大，但是换热温差很大，造成做功能力损失增加了 22.93MW。最终造成在高压加热器切除工况下，电厂系统的换热过程做功能力损失增加了 19.25MW，这是引起机组煤耗增加的主要原因。

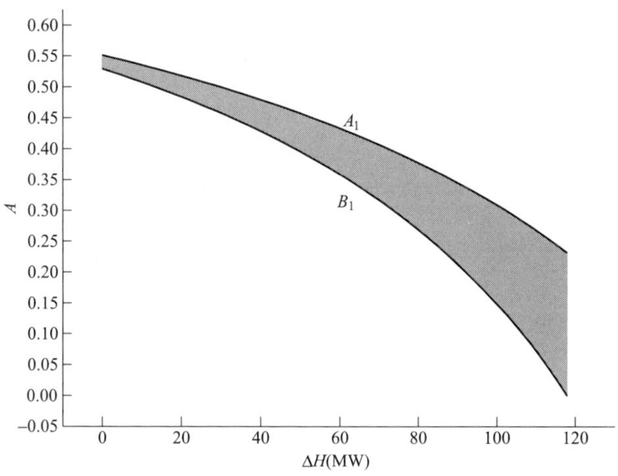

图 3-10　空气预热器换热过程 EUD 图

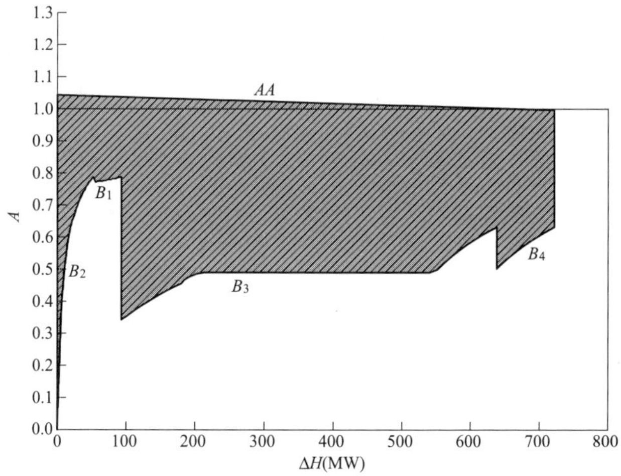

图 3-11　高压加热器切除后锅炉燃烧过程 EUD 图

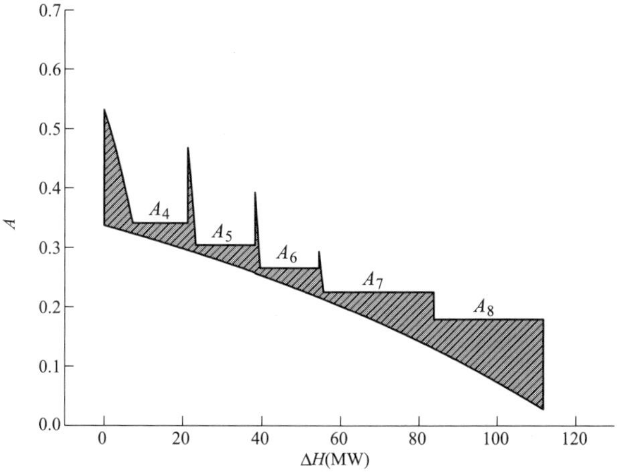

图 3-12　高压加热器切除后回热系统换热过程 EUD 图

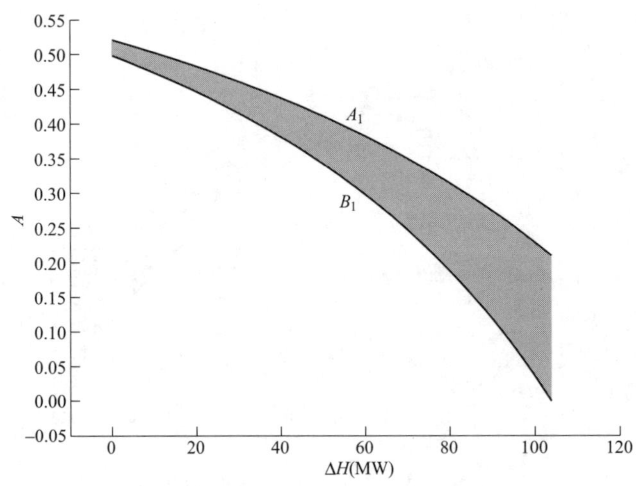

图 3-13　高压加热器切除后空气预热器换热过程 EUD 图

供热系统之所以存在大量的做功能力损失主要就是因为换热过程的换热温差过大，造成了大量的可用能损失。例如，采暖供热时，热用户需要的温度一般不超过 100℃，甚至在换热初期仅仅需要 60℃左右的温度，但是在换热过程中提供的确是 200℃以上的过热蒸汽，大的换热温差造成了大量的做功能力损失。为减少这部分损失，采用了热泵、低真空供热或双转子双背压互换等技术。目的就是减少换热过程的做功能力损失，以提高整个系统的能量利用效率。

此外，现有的热网加热器未设计疏水冷却段，而是直接将疏水接回到主机除氧器，但目前实际热网疏水温度在 90℃左右，但除氧器的温度在 130℃左右，造成了疏水在除氧器中被加热过程的换热温差大，未根据“温度对口、梯级利用”的科学用能原理进行分析和设计，从而使得供热为电厂带来的好处未能充分发挥。建议将热网疏水依据“温度对口、梯级利用”的原理，接入合适的低压加热器。甚至可考虑增加疏水冷却器，根据改造后的疏水温度重新选择回热系统的接口位置，实现“温度对口、梯级利用”，改造后可使疏水温度从 130℃下降到 70℃，实现发电煤耗下降约 1.6g/kWh，全年统计发电煤耗率下降约 0.9g/kWh，折算全年节煤收入约 87 万元。

第 4 章

蒸汽压缩式热泵技术

第 1 节　蒸汽压缩式热泵简述

蒸汽压缩式热泵的工作原理是使制冷剂在压缩机、冷凝器、膨胀阀和蒸发器等热力设备中进行压缩、放热冷凝、节流和吸热蒸发四个主要热力过程，从而在蒸发器中吸收低温热源的热量，以实现供热为目的的热泵循环。

1.1　单级蒸汽压缩式热泵

1.1.1　单级蒸汽压缩式热泵的工作过程

单级蒸汽压缩式热泵系统如图 4-1 所示。它由压缩机、冷凝器、节流阀（或膨胀阀）和蒸发器组成。它们之间用管道连接成一个封闭系统，热泵工质在系统内不断地循环流动。其工作过程是：蒸发器内产生的低压低温热泵工质蒸汽，经过压缩机压缩使其压力和温度升高后排入冷凝器；在冷凝器内热泵工质蒸汽在压力不变的情况下与被加热的水或空气进行热量交换，放出热量而冷凝成温度和压力都较高的液体；高压液体热泵工质流经节流阀，压力和温度同时降低而进入蒸发器；低压低温热泵工质液体在压力不变的情况下不断吸收低位热源（空气或水）的热量而又汽化成蒸汽，蒸汽又被压缩机吸入。这样，热泵工质在系统内经过压缩、冷凝、节流和汽化四个过程完成了一个热泵循环。

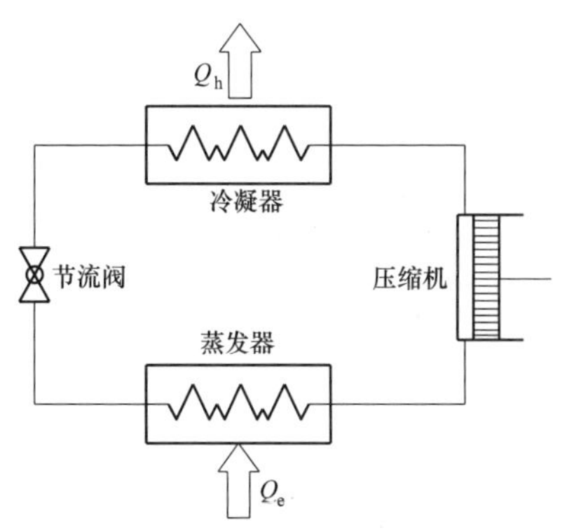

图 4-1　单级蒸汽压缩式热泵的系统图

在热泵系统中，压缩机起着压缩和输送热泵工质蒸汽的作用，它是整个系统的心脏；节流阀对热泵工质起节流降压作用并调节进入蒸发器热泵工质的流量，它是系统高低压的分界线；蒸发器是吸收热量的设备，热泵工质在其中吸收低温热源的热量而产生冷效应；冷凝器是放出热量的设备，从蒸发器中吸收的热量和压缩机消耗功所转化的热量一起在冷凝器中被供热介质（水或空气）带走。在热泵循环中，只有消耗一定的能量后，热泵工质才能把从低温物体吸取的热量不断地传递到高温物体中去，从而实现供热的目的。

1.1.2　单级蒸汽压缩式热泵的理论循环

在热泵循环的分析和计算时，为了进一步了解单级蒸汽压缩式热泵循环中工质状态的变

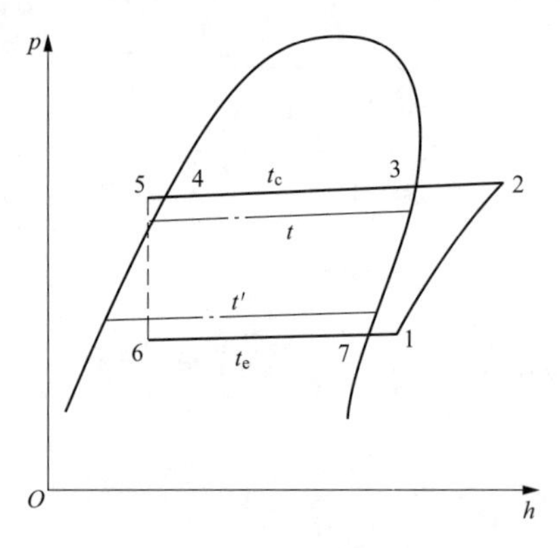

图 4-2　单级蒸汽压缩式热泵循环的 p-h 图

化情况，可把单级热泵装置的工作过程表示在 p-h 图上，如图 4-2 所示。现将图中所表示的各个主要状态点及各个过程简述如下：

点 1 是工质进入压缩机的状态。蒸发压力下的等压线与吸气温度下的等温线相交的交点就是点 1 的状态。

点 2 是工质出压缩机（也就是进冷凝器）时的状态。过程 1-2 即为工质在压缩机内的压缩过程。理想情况下此过程中工质与外界没有热量交换，为等熵过程。点 2 的压力即为冷凝压力。因此，冷凝压力下的等压线与通过点 1 的等熵线的交点即为理想情况下点 2 的状态。

点 5 是工质在冷凝器中冷凝和冷却后成为过冷液体的状态。过程 2-3-4-5 表示工质冷凝器内的气态冷却（2-3）、气态冷凝（3-4）和液态冷却（4-5）的过程。在这一过程中，压力始终保持不变。因此，冷凝压力下的等压线与过冷温度下的等温线的交点即为点 5 的状态。

点 6 是工质出节流阀（亦即进蒸发器）时的状态。过程 5-6 为绝热节流过程。该过程中，工质的压力由冷凝压力降至蒸发压力，工质的温度由过冷温度降至蒸发温度。有一部分液体工质转化为蒸汽，故进入两相区。绝热节流前后工质的焓值不变。所以，过点 5 的等焓线与蒸发压力下的等压线的交点即为点 6 的状态。由于节流过程是不可逆过程，因此在图上用虚线表示。

过程 6-7-1 表示工质在蒸发器内汽化吸热（6-7）和吸热升温（7-1）的过程。在这一过程中工质的压力保持不变，不断从低温热源吸取热量变为过热蒸汽。

1.1.3　单级蒸汽压缩式热泵的实际循环

由于在理论热泵循环中忽略了三个因素：①压缩机在压缩过程中，气体内部和气体与气缸壁之间的摩擦，以及气体与外部的热交换；②制冷剂流经压缩机进、排气阀的损失；③制冷剂流经管道、冷凝器和蒸发器等设备时，制冷剂与管壁或器壁之间的摩擦损失以及与外部的热交换。因此，实际循环与理论循环有一定差异，主要区别如下。

（1）实际压缩过程不是定熵过程。热泵工质蒸汽在气缸压缩过程中存在着明显的热交换过程。压缩初始阶段，蒸汽温度低于缸壁温度，蒸汽吸收缸壁的热量，压缩终了阶段，蒸汽温度高于缸壁的温度，蒸汽又向缸壁放出热量，再加之活塞与气缸壁之间的摩擦，因此，实际压缩过程是一个多变指数不断变化的多变过程。

（2）热泵工质的冷凝和蒸发过程是在有传热温差下进行。温差是传热过程的推动力，实际的热交换过程中总是存在着传热温差。如在冷凝器中，热泵工质冷凝放热的冷凝温度 t_c 高于供热介质（即水或空气）的温度 t；而在蒸发器中，热泵工质沸腾吸热时的蒸发温度 t_e 又低于低温热源的温度 t'。由于有传热温差存在，所以过程是不可逆过程。

（3）热泵工质流经管道、设备时存在流动阻力。热泵工质流经吸、排阀时，要克服阀片的惯性力和弹簧力以及其他流动阻力，其结果使得实际吸气压力低于蒸发压力，实际排气压高于冷凝压力。

综上所述，实际循环中四个基本热力过程，压缩、冷凝、节流、汽化都是不可逆过程，其结果必导致制冷能力下降、功耗增加、制冷系数低。

1.2　双级蒸汽压缩式热泵

在 NH_3、R22（氟利昂的一种）等为制冷剂的单级压缩式热泵装置中，当蒸发温度低于一定值或冷凝温度度高于一定值时，会出现以下问题：①压缩比增大，导致容积效率 η_v、指示效率 η_i、摩擦效率 η_m降低，热泵装置的制热量和热泵的性能系数下降；②压缩机排气温度升高，润滑油性能恶化。此时，若将压缩过程分为两级来完成，并将一级排气冷却至饱和蒸汽附近，则可降低每级的压缩比，防止二级排气温度过高，同时热泵性能得到改善。如图 4-3 所示，为双级蒸汽压缩式热泵系统示意图。目前，双级压缩式热泵循环广泛应用于低温冷冻装置。

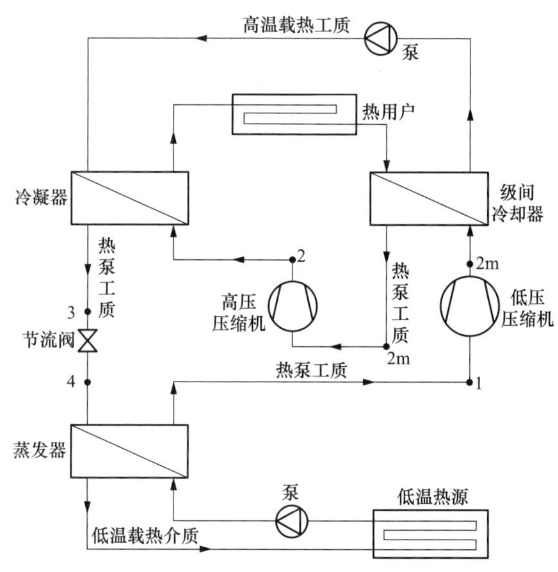

图 4-3　双级蒸汽压缩式热泵系统简图

双级压缩式热泵循环，根据高压液体到达蒸发器过程中所经过的节流元件的个数的不同可分为一级节流和二级节流，同时又根据压缩机的一级排气被冷却的状态，分为中间完全冷却（冷却至饱和蒸汽状态）和中间不完全冷却（冷却至饱和蒸汽附近，但仍为过热蒸汽）两种形式。由此可以构造出一级节流中完全冷却、一级节流中间不完全冷却、二级节流中间完全冷却、二级节流中间不完全冷却双级压缩式热泵循环。其中，双级压缩可以采用一台（或一组），低压级压缩机和一台（或一组）高压级压缩机构成，也可以由单机双级压缩机来实现。

1.3　蒸汽压缩式热泵循环效率的影响因素

1.3.1　冷凝温度和过冷度的影响

为分析简单起见，设热泵循环的过冷度和吸气过热度均为 0。从图 4-4 中可以看出，在

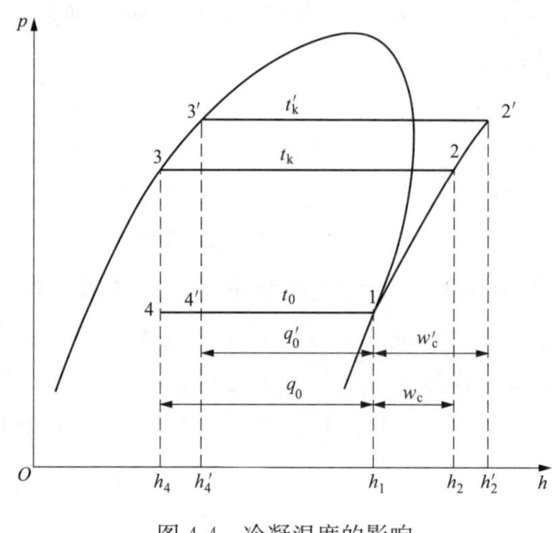

图 4-4　冷凝温度的影响

蒸发温度恒定的条件下，冷凝温度越高，压缩机绝热压缩的单位压缩功 w_c 越大，单位制热量越小，故其热泵性能系数 ε_{th} 也越小。因此，在选配水冷或风冷冷凝器时，必须根据冷凝负荷和冷却介质的温度条件确定冷凝器的传热面积和冷却介质的流速，以保证冷凝温度不致过高。

另一方面，当冷凝温度相同时，高压液态制冷剂的过冷度越大，单位热泵量和热泵系数也越大。但因冷却介质一般为常温条件下的水或空气，不可能将过冷温度冷却至水或空气温度以下，且过冷器的传热面积过大其经济性也不合理，故过冷度一般取 3～5℃为宜。

1.3.2　蒸发温度和过热度的影响

由图 4-5 中可知，当冷凝温度恒定时，蒸发温度越低，单位压缩功 w_c 越大，单位制热量越小，即降低蒸发温度会造成制热系数的降低。因此，蒸发器的面积和被冷却介质的流量应选择适当，使蒸发器的传热温差不宜过大。

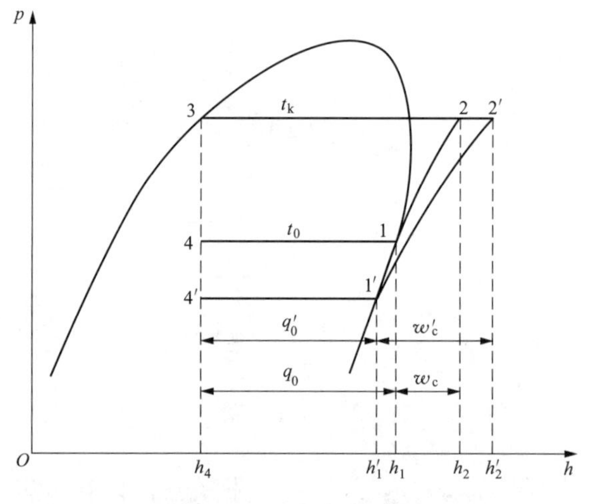

图 4-5　蒸发温度的影响

从图 4-5 中可以看出，增大压缩机的吸气过热度，可以提高单位制热量，但热泵性能系数 ε_{th} 是增大还是减小则取决于单位压缩功 w_c 的大小，最终取决于制冷剂的种类和工况条件。针对制冷剂 NH_3，其吸气过热度越大，热泵性能系数越小，且排气温度越高（会造成润滑油的劣化），故过热度应尽可能小。而对于制冷剂 R22、R410a 而言，过热度增大不会导致制热系数的显著降低；在排气温度允许的范围内，适当提高 R134a 的吸气过热度，有利于提高热泵系数，但单以提高过热度来改善热泵循环性能往往是不经济的，故可以采用回热循环来改善热泵循环性能。

1.3.3　采用多级压缩热泵循环

为了减少过热损失，可采用具有中间冷却的多级压缩热泵循环，低压饱和蒸汽从压力 p_0 先被压缩至中间压力 p_1，经冷却后再被压缩至中间压力 p_2，再经冷却，最后被压缩至冷凝压力 p_k。这种多级压缩热泵循环，不但降低了压缩机的排气温度，而且可以减少过热损失，减少压缩机的总耗功量；高低压差越大，或者说，蒸发温度越低，节能效果越明显。

多级压缩热泵循环的压缩级数一般为二级，常采用闪发蒸汽分离器（经济器）和中间冷却器两种形式，虽然可以提高循环的热泵系数，却要增加压缩机等设备投资，故一般只在压缩比 $p_k/p_0>8$ 的设备中采用。

1.3.4　其他影响因素

（1）膨胀阀前液态制冷剂再冷却。采用液态制冷剂再冷却可以减少节流损失，从而使得热泵的性能系数有所提高。为使膨胀阀前液态制冷剂得到再冷却，可以采用再冷却器。

（2）回收膨胀功。为简化结构，目前在蒸汽压缩式热泵装置中普遍采用膨胀阀作为节流装置，导致出现节流损失。然而，在大容量热泵装置中，由于膨胀机的容量较大，不会出现因机件过小导致加工方面的困难，此时采用膨胀机对高压液体进行膨胀降压，并回收该过程的膨胀功，是提高热泵系数、节省能量消耗的有效方法。

第 2 节　蒸汽压缩式热泵的设备选择

2.1　工质的选择

2.1.1　对工质的要求

1. 热力学性质要求

（1）制冷剂的制冷效率 η_r 适宜。η_r 是理论循环制冷系数 ε_{th} 与有温差传热的逆卡诺循环制冷系数 ε_c 之比，即可 $\eta_r=\varepsilon_{th}/\varepsilon_c$。它标志着不同制冷剂节流损失和过热损失的大小。

（2）临界温度要高。制冷剂的临界温度高，便于用一般冷却水或空气进行冷凝液化。此外，制冷循环的工作区域越远离临界点、制冷循环越接近逆卡诺循环，节流损失越小，制冷系数越高。

（3）适宜的饱和蒸汽压力。蒸发压力不宜低于大气压力，以避免空气渗入制冷系统。冷凝压力也不宜过高，冷凝压力太高，对制冷设备的强度要求高，而且会引起压缩机的耗功增加。此外，希望冷凝压力与蒸发压力间的比值和差值较小，这点对减小压缩机的功耗、降低排气温度和提高压缩机的实际吸气量十分有益。

（4）凝固温度低。可以对较低温度的冷源进行利用。

（5）气化潜热要大。在相同制冷量时，可减少制冷剂的充注量。

（6）对制冷剂单位容积制冷量的要求按压缩机的形式不同区别对待。如大、中型制冷压缩机，希望制冷剂单位容积制冷量越大越好，以减少压缩机的尺寸，但对于小型压缩机或离心式压缩机，有时压缩机尺寸过小反而引起制造上的困难，此时要求单位容积制冷量小些反而合理。

（7）热指数（比热容比）应低。绝热指数越小，压缩机排气温度越低，而且还可以降低其耗功量。

2. 物理化学性质要求

（1）制冷剂的热导率、放热系数要高，这样可提高热交换效率，减少蒸发器、冷凝器等换热设备的传热面积。

（2）制冷剂的密度、黏度要小，可减少制冷剂在系统中的流动阻力，降低压缩机的功耗或减小管路直径。

（3）制冷剂的热化学稳定性要好，在高温下不分解，冷剂对金属和其他材料（如橡胶等）无腐蚀和侵蚀作用。

（4）有良好的电绝缘性。在封闭式压缩机中，由于制冷剂与电动机的线圈直接接触，因此要求制冷剂应具有良好的电绝缘性能。电击穿强度是绝缘性能的一个重要指标，故要求制冷剂的电击穿强度要高。

（5）制冷剂有一定的吸水性，当制冷系统中储存或者渗进极少量的水分时，虽会导致蒸发温度稍有提高，但不会在低温下产生"冰塞"，系统运行安全性好。

（6）冷剂与润滑油的溶解性，一般分为无限溶解和有限溶解，各有优缺点。有限溶解的制冷剂优点是蒸发温度比较稳定，在制冷设备中制冷剂与润滑油分层存在，因此易于分离，但会在蒸发器及冷凝器等设备的热交换面上形成一层很难清除的油膜，影响传热。与油无限溶解的制冷剂的优点是压缩机部件润滑较好，在蒸发器和冷凝器等设备的热交换面上，不会形成油膜阻碍传热；其缺点是使蒸发温度有所提高，制冷剂溶于油会降低油的黏度，制冷剂沸腾时泡沫多，蒸发器中液面不稳定。综合比较，一般认为对油有限溶解的制冷剂要好些。

3. 安全性与环境特性要求

制冷剂应具有可接受的安全性，安全性包括毒性、可燃性和爆炸性。制冷剂在工作范围内，应不燃烧、不爆炸；无毒或低毒，同时具有易检漏的特点。

工质的环境特性主要体现在两个方面，即对臭氧层的破坏和温室效应。热泵工质的使用不能造成对大气臭氧层的破坏及引起全球气候变暖。工质对臭氧层的破坏能力用大气臭氧损耗潜能值（ODP）的大小来表示，工质的温室效应用全球温室效应潜能值（GWP）的大小来表示。

近年来专家学者们指出，在评价替代工质的环境特性时，不但要看其 ODP、GWP 值的大小，更要比较它们的总当量变暖影响（TEWI）。总当量变暖影响（TEWI）是一个评价温室效应的综合指标，可以描述为直接温室效应和间接温室效应两个部分。直接温室效应是指制冷空调装置中制冷剂的泄漏和装置维修或报废时工质的排放对大气温室效应的影响，可以表示为排入大气的工质质量与其 GWP 值的乘积。间接温室效应是指制冷空调装置在使用寿命中因耗能引起的 CO_2 排放量所对应的温室效应。TEWI 综合了温室气体的 GWP 和实际耗能装置的效率对温室效应的影响，可以更客观、公正地评价工质的温室效应。

2.1.2 常用的热泵工质

虽然有很多种工质适用于空调用制冷系统中，但随着人们对环境的关注以及新型工质的出现，目前在热泵机组中使用的工质主要是以下几种：

1. 氟利昂 22（R22）

R22 在空调用热泵装置中被广泛采用。R22 在大气压下的沸点为－40.8℃，凝固温度为－160℃。能工作的最低蒸发温度为－80℃，通常冷凝压力不超过 1.6MPa。

R22 对电绝缘材料的腐蚀性较 R12 大，毒性比 R12 较大。R22 不燃烧也不爆炸，在大气中的寿命约 20 年。R22 能够部分地与矿物油相互溶解，其溶解度随矿物油的种类而变化，随温度的降低而减小。为了防止发生冰塞现象，要求水在 R22 中的质量分数不大于 0.0025％，系统中也必须配干燥过滤器。

R22 无色、无味，安全可靠，是一种良好的工质。但是，R22 属于消耗臭氧层类工质，将被限制和禁止使用。

2. 氟利昂 134a（R134a）

R134a 是一种 R12 的氢氟烃替代工质。其相对分子质量为 102.03，大气压下沸点为 −26.25℃，凝固点为 −101℃，临界温度为 101.05℃，临界压力为 4.06MPa。R134a 无毒、不燃、不爆，是一种安全的工质，其 ODP 值为 0，GWP 值为 1430，对臭氧层无破坏作用，但有一定的温室效应。

R134a 的热力性质和 R12 非常接近。R134a 与 R12 相比，在相同的蒸发温度下其蒸发压力略低，在相同的冷凝温度下其冷凝压力略高。R134a 的等熵指数比 R12 小，所以在同样的蒸发温度和冷凝温度下其排气温度较低。R134a 的单位体积制冷量略低于 R12，其理论循环效率也比 R12 略有下降。R134a 的冷凝和蒸发过程的表面换热系数比 R12 要高 15%～35%。

水在 R134a 中的溶解度比 R12 更小，因此在系统中需要采用与 R134a 相容的干燥剂，如 XH-7 或 XH-9 型分子筛。R134a 的化学稳定性很好，对电绝缘材料的腐蚀程度比 R12 还稳定，毒性级别与 R12 相同。R134a 与传统矿物油不相溶，但能完全溶解于多元醇酯类合成润滑油。R134a 在大气中的寿命为 8～11 年。

3. 氟利昂 142b（R142b）

R142b 在大气压力下的沸点为 −9.25℃，具有较高的制热系数。与 R12 相比，其排气温度略低，容积制热量较小。当冷凝温度高达 80℃时其冷凝压力仅为 1.4MPa，系统采用 R142b 后的供热温度可高于 R12 或 R22 的供热温度，因此适用于在高环境温度下工作的空调或热泵装置。

R142b 具有一定的可燃性，当它与空气混合后其体积分数为 10.6%～15.1%时会发生爆炸。它的毒性与 R22 相近。R142b 对大气臭氧层的破坏作用比 R22 还小，许多国家和地区正在将其作为一种过渡性的替代物进行研究和使用。

4. R227ea

R227ea 是一种很有前途的热泵工质。其相对分子质量为 170.04，大气压下沸点为 −18.3℃，临界温度为 102.8℃，临界压力为 2.94MPa。对臭氧层破坏潜值为零，无毒，而且具有抑制燃烧的作用，可作为一种阻燃组分与可燃工质组成混合物用于热泵，也可以纯工质形式用于热泵。

R227ea 在常温常压下稳定，不与钢、生铁、黄铜、纯铜、锡、铅、铝等金属反应。水在 R227ea 中的溶解度（25℃）为 0.06%。与聚亚烷基二醇、多元醇润滑油互溶性良好。R227ea 在室温下与丁基橡胶、聚乙烯、聚苯乙烯、聚丙烯、ABS、聚碳酸酯、尼龙不发生明显的线膨胀、增重和硬度变化。但与氟橡胶不相容，使聚四氟乙烯增重明显，使聚甲基丙烯酸甲酯发生部分溶解、变形。

2.2　热泵压缩机的选择

热泵压缩机是决定蒸汽压缩式热泵系统能力大小的关键部件，对系统的运行性能、噪声、振动、维护和使用寿命等有着直接的影响。压缩机在系统中的作用在于：抽取来自蒸发器中的制冷剂蒸汽，提高压力和温度后将它排向冷凝器，并维持制冷剂在热泵系统中的不断循环流动。

根据蒸汽压缩的原理，在热泵机组中选用的压缩机类型包括活塞式、回转式和离心式三种类型。

2.2.1 活塞式热泵压缩机

活塞式热泵压缩机是利用气缸中活塞的往复运动来压缩气缸中的气体，通常是利用曲柄连杆机构将原动机的旋转运动变为活塞的往复直线运动，故也称为往复式热泵压缩机。活塞式热泵压缩机要由机体、气缸、活塞、连杆、曲轴和气阀等组成。按压缩机的密封方式，可分开启式、封闭式和全封闭式。热泵压缩机一般都是半封闭式和全封闭式。

1. 理想工作过程

活塞式热泵压缩机的理想工作过程包括吸气、压缩、排气过程。在压缩机理想工作过程中，气缸中热泵工质压力 p 随容积 V 的变化如图 4-6 所示。

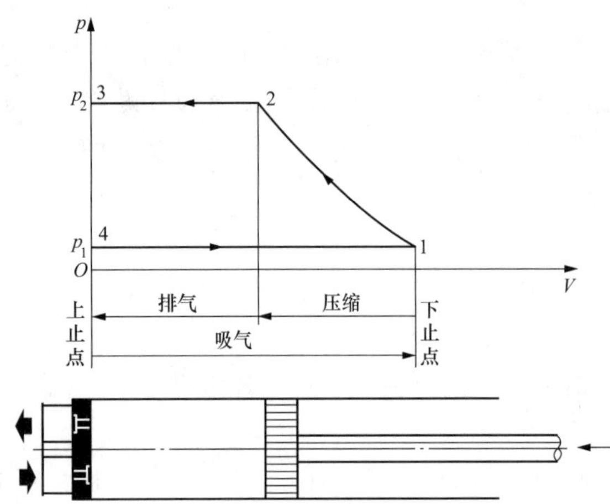

图 4-6 压缩机的理想工作过程示功图

吸气过程：活塞由上止点下行时，排气阀片关闭，气缸内压力瞬间下降，当低于吸气管内压力 p_1 时，吸气阀开启，吸气过程开始，低压气体在定压下 p_1 被吸入气缸内，直至活塞行至下止点为止，如图 4-6 上的 4-1 过程线。

压缩过程：通过压缩过程将制冷剂的压力提高。当活塞处于下止点时，气缸内充满了从蒸发器吸入的低压制冷剂蒸汽，吸气过程结束；此时吸气阀关闭，气缸内形成封闭容积，活塞由下止点上行，缸内气体被绝热压缩，温度和压力逐渐升高。随着活塞上行到某一位置，缸内气体被压缩至压力与排气管内压力相等时 p_2，压缩过程结束，如图 4-6 上的 1-2 过程线。

排气过程：当活塞左行到 2 点时，排气阀开启，排气过程开始。活塞继续左行，排气过程持续进行到活塞行至上止点，将气缸内高压气体在定压 p_2 下全部排出为止，即图 4-6 上的 2-3 过程线。

这样，曲轴旋转一圈，活塞往返一次，压缩机完成吸气、压缩、排气过程，将一定量低压气体吸入经绝热压缩提高压力后全部排出气缸。

2. 实际工作过程的区别

实际压缩机工作过程比理想过程复杂得多。将具有相同吸、排气压力，吸气温度和气缸工作容积的压缩机的实际工作过程和理论工作过程进行对比，两者的循环示功图的主要区别，如图 4-7 所示。

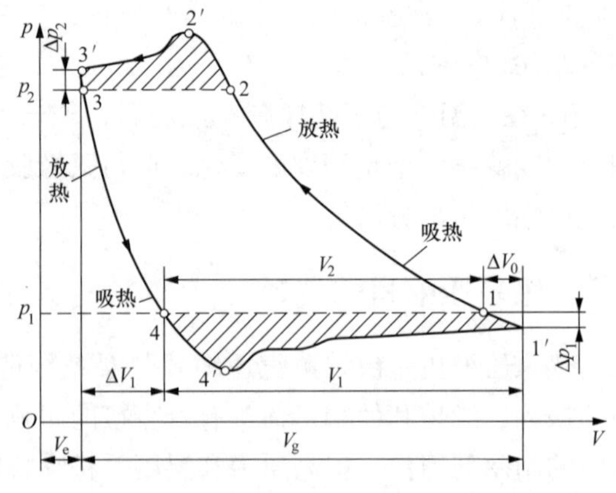

图 4-7 压缩机的实际工作过程示功图

膨胀过程：针对压缩机的实际工作过

程，活塞运动到上止点时，由于压缩机的结构及制造工艺等原因，气缸中仍有一些空间，该空间的容积称为余隙容积。排气过程结束时，在余隙容积中残留的气体为高压气体。活塞开始向下移动时，排气阀关闭，吸气腔内的低压气体不能立即进入气缸，此时余隙容积内的高压气体因容积增加而压力下降，直至气缸内气体的压力降至稍低于吸气腔内气体的压力，即将开始吸气过程时为止，形成膨胀过程的 $3'$-$4'$过程线。

气阀阻力：吸、排气阀片必须在两侧压差足以克服气阀弹簧力和运动零件的惯性力时才能开启。这就造成了吸、排气的阻力损失，导致气缸内实际吸气压力低于吸气腔压力，实际排气压力高于排气腔压力。

过程存在热交换：吸气过程中制冷工质蒸汽与吸入管道、腔、气阀、气缸等零件发生热量交换。

过程存在摩擦与泄漏：气缸内部的不严密处和气阀可能发生延迟关闭引起气体的泄漏损失。另外，运动机构的摩擦，还需要消耗一定的摩擦功。

2.2.2　回转式热泵压缩机

回转式热泵压缩机包括滚动转子式、滑片式、涡旋式与螺杆式几种类型，以下主要针对螺杆式热泵压缩机进行介绍。

螺杆式热泵压缩机是指用带有螺旋槽的一个或两个转子（螺杆）在气缸内旋转使气体压缩的热泵压缩机。螺杆式热泵压缩机属于工作容积作回转运动的容积型压缩机，按照螺杆转子数量的不同，螺杆式热泵压缩机有双螺杆、单螺杆及三螺杆三种。双螺杆式压缩机简称螺杆式压缩机，由两个转子组成，而单螺杆式压缩机由一个转子和两个星轮组成。工作过程如下：

吸气过程：阴、阳转子各有一个基元容积共同组成一对基元容积。当该基元容积与吸入口相通时，气体经吸入口进入该基元容积对。因转子的旋转，转子的齿连续地脱离另一转子的齿槽，使齿间基元容积逐渐扩大，气体不断地被吸入，这一过程称为吸气过程，当转子旋转一定角度后，齿间基元容积达最大值，并超过吸入孔口位置，与吸气孔口断开，吸气过程结束（压缩过程开始），此时阴、阳转子的齿间容积彼此并未相通。

压缩过程：转子继续转动，两个孤立的齿间基元容积相互联通，随着两转子的相互啮合，基元容积不断缩小，气体受到压缩，该压缩直到转子旋转到使基元容积与排气孔口相通的一瞬间为止。

排气过程：当基元容积和排气孔口相通时，排气过程开始，该过程一直进行到两个齿完全啮合、基元容积对的容积值为零时为止。

依靠啮合运动着的一对阴阳转子，借助它们的齿、齿槽与机壳内壁所构成的呈“V”字形的一对齿间容积呈周期性大小变化，来完成制冷剂气体吸入—压缩—排出的工作过程。

2.2.3　离心式热泵压缩机

离心式热泵压缩机属于速度型压缩机，是一种叶轮旋转式的机械。它是靠高速旋转的叶轮对气体做功，以提高气体的压力。气体的流动是连续的，其流量比容积型热泵压缩机要大得多。为了产生有效的能量转换，其旋转速度必须很高。一般都用于大容量的热泵装置中。

离心式热泵压缩机的工作原理与容积型压缩机不同，它是依靠动能的变化来提高气体压力的。它由转子与定子等部分组成。当带叶片的转子（工作轮）转动时，叶片带动气体运动，把功传递给气体，使气体获得动能。定子部分则包括扩压器、弯道、回流器、蜗壳等，它们是用来改变气流的运动方向及把动能转变为压力能的部件。制冷剂蒸汽由轴向吸入，沿半径方向甩出，故称离心压缩机。

离心式热泵压缩机有单级、双级和多级等多种结构形式。单级离心式热泵压缩机主要由吸气室、叶轮、扩压器、蜗壳及密封等组成。

对于多级离心式热泵压缩机，还设有弯道和回流器等部件。一个工作叶轮和与其相配合的固定元件（如吸气室、扩压室、弯道、回流器或蜗壳等）就组成压缩机的一个级。多级离心式热泵压缩机的主轴上设置着几个叶轮串联工作，以达到较高的压力比。

为了节省压缩功耗和不使排气温度过高，级数较多的离心式热泵压缩机中可分为几段，每段包括一到几级。低压段的排气需经中间冷却后才输往高压段。

2.2.4　热泵压缩机的选择

热泵压缩机的选用步骤如下。

（1）确定热泵的工质、冷凝温度、蒸发温度、容积制热量、制热量、压缩机功率。

（2）先考虑有无该工质的专用压缩机，如 R22、R134a、R717、R744 等均有专用压缩机系列。

（3）如有专用压缩机，根据热泵的制热量、功率范围及当地能源情况，确定压缩机的形式。如制热量较大时可考虑离心式压缩机，制热量中等时可考虑螺杆式压缩机，制热量不大时可考虑活塞式、旋转式、涡旋式压缩机。

（4）压缩机形式确定后，选择生产该形式压缩机的制造商，查询压缩机的样本资料或选型软件，根据制热量或由低温热源吸热量确定压缩机的型号（压缩机制热量约等于其低温热源吸热量与功率之和减去机组散热等热损失）。

（5）当热泵工质无专用压缩机时，可考虑与该工质相容的压缩机。对开启式压缩机，一般可使用不同工质，通用性较强，对封闭式压缩机，因压缩机内各种材料均是为某种工质专门设计的，换用其他工质时一定要慎重。

2.3　热交换器的选择

蒸汽压缩式热泵循环是由压缩、放热、节流和吸热四个主要热力过程组成。热泵装置的基本热力设备，除了具有心脏作用的压缩机和节流降压作用的膨胀阀以外，还应具有基本换热设备：冷凝器与蒸发器。冷凝器和蒸发器是热泵装置四大件中的两大件，它们的传热效果，直接影响热泵装置的性能以及运行经济性。

热泵装置的换热设备与其他热力装置中的换热设备相比，具有以下特点：

（1）热泵装置的压力、温度范围比较窄。

（2）介质之间的传热温差较小。小温差换热导致设备的热流密度小，传热系数低，换热面积增大，设备体积增加，而提高传热温差则加大热泵循环的不可逆损失，整机运行不经济；因此，强化换热、改进结构形式和加工工艺，是设计和制造换热设备的正确途径。

（3）要与热泵压缩机匹配。换热设备性能的优劣，不仅要考虑传热系数、流动阻力、单位材料耗量和单位外形体积等，同时还要考虑导致热泵压缩机所耗功率的变化。

冷凝器和蒸发器等换热设备在热泵系统中具有比较重要的作用，而换热设备的选用又与其用途、传热介质的类型、流动方式和传热特性有关，同时不同形式的热泵装置使用的换热器又多种多样，本节只着重介绍氟利昂蒸汽压缩式热泵装置涉及的典型制冷剂——水换热用冷凝器和蒸发器。

2.3.1　冷凝器的选择

冷凝器的作用主要是将压缩机排出的高温高压状态下的气态制冷剂予以冷却并液化，满足制冷剂在系统中循环使用的要求。

压缩机排出的制冷剂在冷凝器中经历三个放热过程：

(1) 热蒸汽进入冷凝器放热，下降到冷凝温度，成为干饱和蒸汽。

(2) 干蒸汽在饱和压力下释放出凝结潜热成为饱和液体。

(3) 冷凝温度高于冷却介质温度，使得饱和液体进一步释放显热成为高压过冷液体。

常见制冷剂—水冷凝器介绍如下：

(1) 卧式壳管冷凝器。卧式壳管冷凝器沿水平方向装设，筒体两端所焊接的管板上焊接或胀接一定数量的传热管。筒体上还设有进气管、出液管、平衡管和安全阀等其他部件连接的接口。当使用氨作为制冷剂时，下部还需设有集油器和放油管。制冷剂由上部进入管束外部空间，冷凝后由下部排出。

一般用带有隔板的封盖封闭筒体两端管板的外侧，全部管束被分隔成几个管组（也称为流程），冷却水在泵的作用下从任意一端封盖的下部进入，按顺序通过各个管组后从同一封盖上部流出，保证每个传热管内充满冷却水。这样就可提高管内冷却水的流动速度，增加冷却水侧的对流换热系数，同时，由于冷却水的行程较长，提高了进出口温差，也减少了冷却水用量。

(2) 立式壳管冷凝器。立式壳管冷凝器的圆筒外壳是由钢板卷焊成，延垂直方向布置，两端均各焊接一块管板，外壳上还设有液面指示器以及放气阀、安全阀、平衡阀和放油阀等管接头。与卧式不同，立式在壳体两端不设端盖。板间焊接或胀接有许多根小口径的无缝钢管。冷却水从上部通入管内，吸热后排入下部水池。冷凝器顶部装有配水箱来保证冷却水均匀分配到每根钢管，每根钢管顶端装有一个带斜槽的导流管嘴，冷却水通过斜槽延切线方向流入管中，并以螺旋线状延管内壁向下流动，在内壁上形成一层较均匀的水膜，可提高冷凝器的冷却效果并节省冷却水循环量。

高压气态制冷剂从冷凝器外壳的中部进入管束外部空间，管束中可设气道使气体易于与管束各根管的外壁接触。

对于立式壳管冷凝器来说，由于气态制冷剂从中部进入，其方向垂直管束，能很好地冲刷钢管外表面，使形成的液膜不会过厚，故传热系数较高，但总体上仍低于卧式。

(3) 套管式冷凝器。套管式冷凝器是由外套管以及内穿的单根或多根传热管组成，弯制成螺旋式或蛇形的一种水冷换热器。外管采用无缝钢管较多，内管则多使用紫铜管，若为增强冷凝换热，内管可使用滚轧低翅片管。

整个系统为逆流式换热，其中冷却水在内管流动，流向为下进上出，气态氟利昂则在外套管自上向下流动，冷凝后的液体从下部流出。注意套管式冷凝器的盘管总长度不应太长，否则不仅造成传热管内流体的流动阻力过大，而且会造成盘管下部积聚较多的冷凝液，使得传热管的传热面积不能得到充分利用。

同卧式壳管冷凝器两侧对流换热相似，套管式冷凝器的传热管大多为铜制低螺纹高效冷凝管，且制冷剂蒸汽同时受传热管内冷却水和无缝钢管外的空气冷却，加上逆向流动布置，故传热效果好。例如，当 R22 作为制冷剂时，套管式冷凝器以冷凝管外面积计的传热系数通常大于 1200J/(s·m^2·℃)。

(4) 冷凝器的选用方法。当对冷凝器的传热负荷、热泵工质冷凝温度及载热介质进出口温度要求均已知时可按下列基本步骤选用或设计冷凝器。

1) 根据已知的热泵工质和载热工质，确定冷凝器的形式。

2) 确定换热器的热负荷。

3) 确定换热器的传热系数。传热系数可根据公式计算（确定热泵工质侧表面换热系数、传热管壁导热、污垢系数、载热介质侧表面换热系数等，再根据冷凝器结构布置得出管内外换热面积比，即可得到冷凝器的传热系数），也可利用经验数据根据冷凝器的运行参数大致选出。

4) 确定冷凝器的对数平均传热温差。可根据热泵工质与载热介质的出口温度及流程布置计算得出。

5) 确定冷凝器的传热面积。冷凝器的传热面积=冷凝热负荷/(传热系数×平均传热温差)。

6) 当从定型产品中选取时，可根据得出的传热面积和载热介质、工质特点，从生产商提供的产品样本中选取适宜的型号并有一定的裕量，当进行冷凝器全新设计时，可根据传热面积数据和长径比或长宽高要求合理安排冷凝器的总体尺寸。

7) 对载热介质强制流动式冷凝器，还需计算载热介质流过冷凝器时的压力降和载热介质流量，确定与冷凝器配套的泵或风机功率及型号。

2.3.2 蒸发器的选择

蒸发器的作用是通过制冷剂蒸发（沸腾），吸收载冷剂的热量，从而达到吸收热源热量的目的。常见的制冷剂—水蒸发器一般基于制冷剂管内蒸发换热阳制冷剂管外沸腾换热两种原理进行设计，分别对应满液式蒸发器和干式蒸发器两种。

1. 满液式蒸发器

满液式壳管蒸发器的筒体由钢板焊制而成，筒体两端焊有管板，板间焊接或胀接许多根水平传热管。两端管板外侧装有带隔板的封盖，靠隔板将水平管束分为几个管组（流程），使被冷却液体顺序流过各管组，以提高管中液体流速，增强传热。液体制冷剂经膨胀阀降压以后，从筒体下半部进入，充满管外空间，受热后形成的气泡，不断浮升到液面，这样，传热表面基本均与液态制冷剂接触。在满液式蒸发器中，由于制冷剂气化、形成大量气泡，使其液面高于静止时的液面，因此，为了避免液态制冷剂被带出蒸发，充注的液量不应浸没全部传热面；由于氟利昂产生泡沫现象比较严重，充液高度为筒体直径的 55%～65%。应留有 1～3 排管子露在液面以上。沸腾过程中，这些管子会被带上来的液体润湿，因而也能起传热作用。如果液面保持较低，则蒸发器管不能充分发挥其传热作用；反之如果液面保持过高，则有将液体带入压缩机的危险。

在满液式蒸发器中，壳体和管子间充满液态制冷剂，可使传热面与液态侧冷剂充分接触，因此沸腾换热系数较高；但是这种蒸发器需充入大量制冷剂，而且若采用能溶于润滑油的制冷剂，则润滑油难以返回压缩机。

2. 干式蒸发器

在干式蒸发器中，液态制冷剂经节流装置进入蒸发器管内，随着在管内流动，不断吸收管外载冷剂的热量，逐渐汽化，故蒸发器内制冷剂处于气液共存状态；这种蒸发器虽克服了满液式蒸发器的缺点，但是，有较多的传热面与气态制冷剂接触，故传热效果不如满液式蒸发器。干式壳管蒸发器的构造与满液式壳管蒸发器相似，它与满液式壳管蒸发器的主要不同点在于：制冷剂在管内流动，而被冷却液体在管束外部空间流动，筒体内横跨管束装有若干块隔板，以增加液体横掠管束的流速。

液态制冷剂经膨胀阀降压，从下部进入管组，随着在管内流动不断吸收热量，逐渐汽化，直至完全变成饱和蒸汽或过热蒸汽，从上部接管流出，返回压缩机。由于蒸发器的传热面全部与不同干度的湿蒸汽接触，故属于非满液式蒸发器；其充液量只为管内容积的 40%左右即可；而且，管内制冷剂流速大于一定数值（约 4m/s），既可保证润滑油随气态制冷剂顺利返回压缩机。此外，由于被冷却液体在管外，故冷量损失少，还可以缓解冻结危险。

干式壳管蒸发器按照管组的排列方式不同可分为直管式和 U 形管式两种。直管式干式壳管蒸发器可以采用光管或具有多股螺旋形微内肋的高效蒸发管作为传热管。由于载冷剂侧的对流换热系数较高，所以一般不用外肋管。因为，随着制冷剂沿管程流动，其蒸汽含量逐渐增加，所以，后一流程的管数应多于前一流程，以满足蒸发器内制冷剂湿蒸汽比容逐渐增大的需要。U 形管式干式蒸发器，传热管为 U 形管，从而构成制冷剂为二流程的壳管式结构。U 形管式结构可以消除由于管材热胀冷缩而引起的内应力，且可以抽出来消除管外的污垢。再者，制冷剂在蒸发器中始终沿着同一管道流动，而不相互混合，因而传热效果较好。

2.4　节流装置的选择

节流装置是制冷系统中四大部件之一，在系统中负责把制冷剂从冷凝压力降至蒸发压力，并按需求控制制冷剂的流量。一个系统中节流装置的好坏会直接影响整个系统的运行性能，所以选择合适的节流装置，对热泵系统的运行寿命、制冷效果、运行成本具有重要的意义。当节流能力不足时会造成蒸发器供液不足，产生过大过热度，对系统性能会造成不利的影响；当节流能力过大时，会引起系统振荡，间歇性地使蒸发器供液过量，导致压缩机的吸气压力出现较大波动，甚至有液态制冷剂进入压缩机，引起液击（湿冲程）现象。在热泵系统中，由于运行工况经常变化较大，因此除少数小型热泵采用毛细管节流以外，一般采用热力膨胀阀、电子膨胀阀或孔板进行节流。

第 3 节　蒸汽压缩式热泵的热力学分析与设计

3.1　蒸汽压缩式热泵热力学分析

选取单级蒸汽压缩式热泵进行热力计算分析，目的主要是根据实际热泵循环的工作条件（通常称为工况），计算实际循环的性能指标、制热量、压缩机的容量和功率及蒸发器、冷凝器等热交换器的热负荷，为热泵系统的选择计算提供数据。在进行热力计算之前，需先确定热泵工质和循环形式。

3.1.1　热泵循环的热力计算

实际循环比较复杂，很难进行热力分析和计算，通常都是根据蒸发温度 t_e 和冷凝温度 t_c。与传热介质之间有一定温差的理论循环，并考虑压缩机的输气系数和绝热效率，来进行实际循环的热力分析和计算。

实际情况下，压缩机的实际输气量 V_s小于理论输气量 V_h，两者之比值称为压缩机的输气系数，用 λ 表示。

$$\lambda=\frac{V_s}{V_h} \tag{4-1}$$

由于压缩机的压缩过程实际上不是等熵过程，因此，输入压缩机曲轴的功率 P_e比理论所需要的功率 P_t大。P_e与 P_t之比值称为轴效率，用 η_e表示。

$$\eta_e=\frac{P_t}{P_e} \tag{4-2}$$

影响绝热效率的主要因素有压缩过程的不可逆损失（即非等熵压缩造成的损失）和摩擦损失。

$$\eta_e=\eta_i\eta_m \tag{4-3}$$

式中　η_i——考虑不可逆损失的指示效率；

η_m——考虑摩擦的机械效率。

在对单级蒸汽压缩式热泵进行分析和计算时，还常用到以下物理量：

单位质量吸热量：每千克工质在蒸发器中从低温热源吸取的热量称为单位质量吸热量，用 q_e表示，单位为 kJ/kg。

$$q_e=h_1-h_6 \tag{4-4}$$

式中　h_1——工质进入压缩机时的焓值，kJ/kg；

h_6——工质出节流阀时的焓值，kJ/kg。

单位理论压缩功：压缩机输送每千克工质所消耗的理论功，用 w_0 表示，单位是 kJ/kg。

$$w_0=h_2-h_1 \tag{4-5}$$

式中　h_2——工质出压缩机时的焓值，kJ/kg。

单位实际压缩功：压缩机输送每千克工质所消耗的实际功，用 w_e表示，单位是 kJ/kg。

$$w_e=\frac{w_0}{\eta_i\eta_m}=\frac{h_2-h_1}{\eta_e} \tag{4-6}$$

对于封闭式压缩机所消耗的单位功通常用电动机输入的单位功 w_{ei}来表示。

$$\boldsymbol{\varpi}_{el}=\frac{\boldsymbol{\varpi}_e}{\eta_{mo}}=\frac{h_2-h_1}{\eta_{el}} \tag{4-7}$$

式中　η_{mo}——电动机的效率；

η_{el}——压缩机的总效率。

单位理论制热量：压缩机输送每千克工质蒸汽在冷凝器中放出的理论热量，用 q_{ho}表示，单位是 kJ/kg。

$$q_{ho}=h_2-h_5 \tag{4-8}$$

式中　h_5——工质在冷凝器中形成过冷液体时的焓值，kJ/kg。

单位实际制热量：压缩机输送每千克工质蒸汽在冷凝器中放出的实际热量，用 q_h表示，单位是 kJ/kg。它可根据热力学第一定律，用循环能量平衡关系求得。

$$q_h=q_e-w_e \tag{4-9}$$

对于封闭式压缩机，则为

$$q_h=q_e-w_{el} \tag{4-10}$$

工质循环流量：在分析热泵的工作状况时，有时需要算出工质在系统中的循环流量 G。

$$G=\frac{V_h\lambda}{V_1} \tag{4-11}$$

式中　V_h——压缩机的理论输气量，m^3/s；

V_1——压缩机的总效率，m^3/kg。

热泵制热量：每一台热泵的制热量 Q_h 可由工质循环流量和单位实际制热量相乘求得。

$$Q_h=q_hG \tag{4-12}$$

压缩机的实际功率

$$P_e=\varpi_eG \tag{4-13}$$

对于封闭式压缩机，则为

$$P_{el}=\varpi_{el}G \tag{4-14}$$

热泵实际制热系数：为了考核和比较热泵循环的先进性，还需要知道实际的制热系数。

$$COP_h=\frac{q_h}{\varpi_e} \tag{4-15}$$

对于封闭式压缩机，则为

$$COP_h=\frac{q_h}{\varpi_{el}} \tag{4-16}$$

3.1.2　热泵工作参数的确定

热力计算时，首先应确定工作参数，即确定热泵循环的工作温度及工作压力，其中主要的是蒸发温度 t_e（蒸发压力 p_e）和冷凝温度 t_c（冷凝压力 p_c）。

蒸发温度 t_e 是指工质在蒸发器中沸腾吸热时温度，它主要取决于低温热源的温度和蒸发器的结构形式。对于以空气为介质的蒸发器，其传热温差为 8～12℃。

$$t_e=t_{z1}-(8\sim 12) \tag{4-17}$$

式中　t_{z1}——蒸发器进口空气的干球温度,℃。

对于以液体（如水或盐水）为介质的蒸发器，其传热温差为 4～6℃。

$$t_e=t_{z2}-(4\sim 6) \tag{4-18}$$

式中　t_{z2}——蒸发器中液体的进口温度,℃。

冷凝温度 t_c 是指工质在冷凝器中凝结放热时的温度，它也取决于所采用的供热介质（水或空气）和冷凝器的结构形式。

对于用空气作为供热介质的冷凝器，冷凝温度为

$$t_c=t_a-(5\sim 10) \tag{4-19}$$

式中　t_a——进冷凝器的空气干球温度,℃。

如用水作为供热介质时，其传热温差为 4～6℃。

$$t_c=\frac{t_{s1}+t_{s2}}{2}+(4\sim 6) \tag{4-20}$$

式中　t_{s1}——冷凝器供热水的进口温度,℃；

t_{s2}——冷凝器供热水的出口温度,℃。

对于卧式冷凝器，取冷凝器供热水的进、出口水温差 4～8℃。一般情况下，当供热水进水温度偏高时，温差取下限；进水温度较低时，温差取上限。

吸气温度 t_1 是指工质蒸汽进入压缩机前的温度应根据低压蒸汽离开蒸发器时的状态及

吸气管道中的传热情况来确定。

$$t_1 = t_e + (5 \sim 8) \tag{4-21}$$

对于氟利昂压缩机吸气温度 t_1 通常定为 15℃。

过冷温度 t_g 是指液体过冷后的温度取决于供热介质的温度和过冷器的传热温差。通常取过冷温度较同压力下的冷凝温度低 3～5℃。

$$t_g = t_c - (3 \sim 5) \tag{4-22}$$

分析表明，热泵的工作参数主要是蒸发温度 t_e 和冷凝温度 t_c，而蒸发温度、冷凝温度又主要取决于低温热源的温度、供热介质的温度及相应的传热温差。一般说来，蒸发器的传热差应选得比冷凝器的传热温差小些。

3.2 蒸汽压缩式热泵基本设计

3.2.1 基本设计步骤

蒸汽压缩式热泵一般设计步骤如下：

（1）了解用户应用热泵制冷的目的及温度、制热量等要求。

（2）调研并确定适宜的低温热源，是采用单一低温热源还是多个低温热源。

（3）调研并确定适宜的驱动能源及其容量、稳定性、相关价格政策。

（4）优选适宜的驱动装置，如电动机、发动机、燃气轮机、蒸汽轮机等。

（5）分析并确定热泵结构，是采用单级结构、多级结构或复叠结构。

（6）分析并确定热泵与低温热源、热用户之间的热量输送方式，是直接通过热泵工质输送，还是通过载热介质输送，如是后者则优选适宜的载热介质。

（7）介质并确定是否采用蓄能单元，如采用，优选适宜的蓄能材料及蓄能单元结构。

（8）进行热泵部件选型，热泵结构及部件布置设计。

（9）进行循环参数的确定，包括热力循环及物性参数确定、热泵循环热力计算、部件规格参数计算等。

（10）确定设备布置、系统控制图及安装要求，管路及部件保温要求，投资分析，运行费用分析、多方案优化分析等。

（11）运行调试及成功后进行技术文件汇总，包括设计计算说明，主要工况参数正常范围，备件、附件、耗材说明，操作维护说明等。

3.2.2 关键设计要点

1. 制热量相关的考虑

当制热量较小时，可考虑往复、旋转、涡旋式机组；当制热量中等时，可考虑往复式、旋转式机组；当制热量较大时，可考虑离心式机组。

当用户需要的制热量波动较大时，需在机组中考虑容量调节措施，如压缩机变转速方案、多压缩机交替运行方案等。

当用户对热量供给的可靠性要求较高时，需考虑适量的备用机组，用于设备检修或故障时用户的供热保证。

2. 所需热能温度相关的考虑

当用户所需热能温度与可提供的低温热源温度之差不超过 50℃时，可考虑采用单级压缩；如超过 50℃时，可考虑两级压缩或复叠循环，其中两级压缩的运行管理较复叠循环相对简单些。

3. 低温热源相关的考虑

选取低温热源时，主要考虑温度高低及稳定性、热容量、施工成本等；当单一低温热源无法满足要求时，可考虑采用多个低温热源。

4. 驱动能源相关的考虑

当电能供应充足且容量允许、电价合理时，可优先考虑电驱动，压缩机可采用封闭式，但需考核电压稳定性、单相或三相等因素；因容量或电价等因素无法使用电能驱动时，可考虑燃气或燃油，用发动机驱动开启式压缩机运行。

5. 蓄能单元的考虑

当机组采用电能驱动，且有峰谷电价政策时；或低温热源一天中供应容量或温度波动很大时，可考虑采用蓄能单元。

6. 热泵工质的考虑

当载热介质在流经蒸发器或冷凝器时温度变化均不大（如小于 10℃）时，可考虑采用纯工质或近共沸混合工质（混合工质的泡、露点之差不大）；当载热介质在流经蒸发器或冷凝器时温度变化均较大时（如大于 10℃），可考虑采用非共沸混合工质（也可采用纯工质或近共沸混合工质，但需多机组并联）；当载热介质流经蒸发器时温度不高，但在流经冷凝器时温度提升幅度较大时，热泵工质可考虑采用 CO_2，并按超临界循环运行。

7. 部件选型考虑

载热介质为液体且机组制热量较小时，可考虑套管式换热器；载热介质为液体且机组制热量较大时，可考虑板式、螺旋板式换热器（载热介质较清洁）或壳管式换热器。

载热介质为气体且无结霜工况时，可以考虑翅片间距较紧密、翅片片型较复杂的高效翅片管式换热器；载热介质为气体且有结霜工况时，翅片片距宜略宽，翅片表面宜平整，且需合理进行除霜、融化水排放设计，除霜期间需保证用户供热的稳定等。

当机组制热量较小且运行工况变化范围较稳定时，节流部件可考虑毛细管；当运行工况变化范围不大时，节流部件可考虑采用热力膨胀阀；当运行工况变化范围很大，或机组制热量需进行大幅度调节，或机组需制冷、制热、除霜等多种模式运行时，节流部件可考虑采用电子膨胀阀；对满液式蒸发器，节流部件可考虑浮球阀等。

第 5 章

吸收式热泵技术

第 1 节　吸收式热泵简述

根据制热目的来说，吸收式热泵分为第一类吸收式热泵和第二类吸收式热泵两种类型。第一类吸收式热泵也称增热型热泵，即利用高温驱动热源（如蒸汽、烟气或高温热水）把低温热能提高到中温可用热能，从而提高了热能的利用效率。第一类吸收式热泵的性能系数 *COP* 大于 1，一般为 1.5～2.5。第二类吸收式热泵也称升温型热泵，是利用大量的中温热能产生部分高温有用热能，从而提高了热能的利用品位。第二类吸收式热泵的性能系数 *COP* 总是小于 1，一般为 0.4～0.5。本书主要介绍第一类吸收式热泵，也简称为吸收式热泵。

1.1　吸收式热泵原理

如图 5-1 所示，吸收式热泵是由发生器、冷凝器、制冷剂节流阀、蒸发器、吸收器、溶液节流阀、溶液热交换器和溶液泵等部件组成。整个系统包括两个回路：一个是制冷剂与吸收剂共同组成的混合溶液回路，另一个是制冷剂回路。

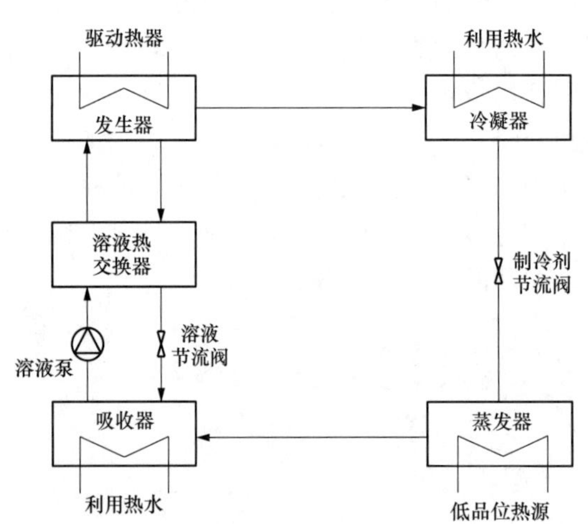

图 5-1　第一类吸收式热泵原理简图

混合溶液回路由发生器、吸收器、溶液节流阀、溶液热交换器和溶液泵组成。在吸收器中，含吸收剂较多的浓溶液吸收来自蒸发器的低压制冷剂气体，形成富含制冷剂的稀溶液，用溶液泵将该稀溶液送到发生器，用高温驱动热源加热发生器，由于制冷剂的沸点比吸收剂的沸点低，所以发生器中的制冷剂受热蒸发为气体释放出来，进入冷凝器。制冷剂析出后形成的浓溶液经冷却、节流后成为具有吸收能力的吸收液，进入吸收器，吸收来自蒸发器的低压制冷剂蒸汽，吸收过程中会释放热量。为了保证吸收的顺利进行，需要冷却吸收液。

制冷剂回路由冷凝器、制冷剂节流阀、蒸发器组成。发生器受热后，制冷剂会从溶液中蒸发出来，形成高压的制冷剂气体，该气体在冷凝器中冷凝，放出热量，然后形成高压制冷剂液体，经节流后到蒸发器中蒸发吸热。

吸收式热泵可以采用的工质对主要有两种，一种是以水为吸收剂，以氨为制冷剂；另一种是以溴化锂为吸收剂，以水为制冷剂。由于氨和水较难分离，需要精馏设备，所以氨水吸收式热泵的设备较为复杂，主要用作为工业生产提供 0℃以下的低温冷却系统。用于回收低温余热的吸收式热泵基本都采用溴化锂和水作为工质，也称为溴化锂吸收式热泵。

1.1.1　第一回路循环

第一回路循环也为混合溶液回路循环。在吸收式热泵中，混合溶液的循环是至关重要的。因为正是通过混合溶液吸收制冷剂后再受热将其释放出来，才使得制冷剂蒸汽压力提高，从而取代压缩机。吸收式热泵的溶液循环原理如图 5-2 所示。

在吸收器中吸收了低温低压水蒸气的溴化锂溶液的浓度变小，被溶液泵送到发生器中，被高温驱动热源加热，使溶液中的水沸腾并产生水蒸气，通过溶液泵的升压和热源的加热，提高水蒸气的压力。混合溶液沸腾释放出水蒸气后，浓度和温度都有所升高，又具有了吸收水蒸气的能力。因发生器中的压力比吸收器中的压力要高得多，故在送往吸收器时必须通过节流阀降压。在吸收器中，溴化锂溶液被喷淋在内通冷却水的传热管管簇上，因溶液在吸收水蒸气时要放出大量的吸收热，故需大量的冷却水进行冷却，实验和理论都表明，溶液的浓度越高、温度越低，吸收水蒸气的能力就越强，所以，在实际中，要努力提高其浓度、降低其温度，但要注意避免因浓度过高、温度过低而结晶。

一方面稀溶液温度较低，送往发生器后需消耗能量对其加热，另一方面，浓溶液的温度较高，在吸收器中需冷却才能有较强的吸收水蒸气的能力。所以，如能使浓溶液和稀溶液进行热交换，无疑可提高机组的性能系数。因此，在实际的溴化锂吸收式热泵中，一般都设有溶液热交换器（见图 5-3）。在溶液热交换器中，稀溶液在管内流动，而浓溶液在管外（壳程）流动，从而达到热交换的目的。

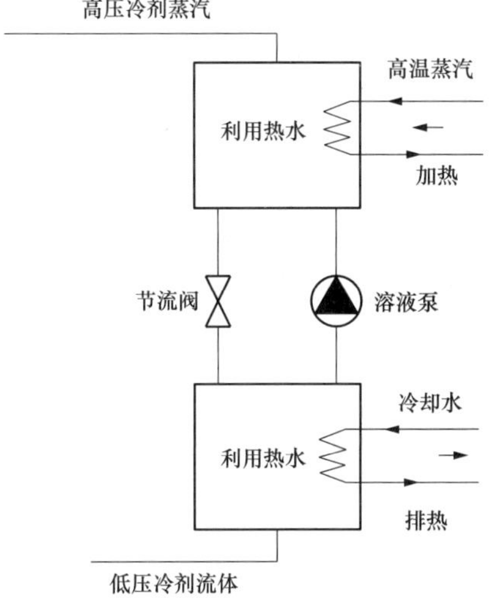

图 5-2　吸收式热泵的溶液循环示意图

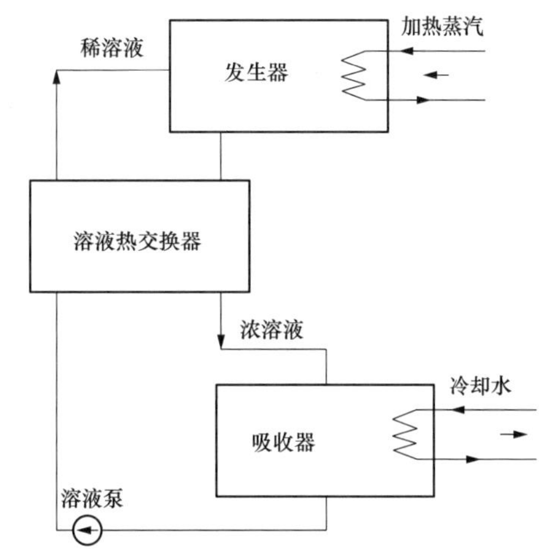

图 5-3　有溶液热交换器的吸收式热泵的溶液循环示意图

1.1.2　第二回路循环

第二回路循环也为制冷剂回路循环。溴化锂吸收式热泵中的制冷剂是水，水在制冷循环中状态不断改变，并利用其在蒸发时吸热而制冷，利用其在冷凝时放热而制热。如图 5-4 所示。

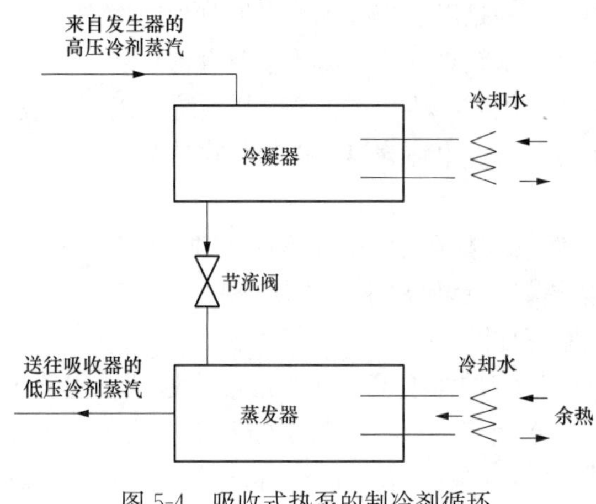

图 5-4 吸收式热泵的制冷剂循环

首先，从发生器中产生的高压冷剂蒸汽在冷凝器中被冷凝成冷剂水。因其压力较高，故通过一个节流阀送入蒸发器，在蒸发器中吸收管内余热水的热量而蒸发，蒸发后的冷剂蒸汽压力较低，通过挡板送入吸收器被溴化锂混合溶液吸收，而后又在发生器产生出压力较高的冷剂蒸汽，从而完成循环。

在吸收式热泵中，蒸发器中的压力非常低，以至于水在较低温度下即可蒸发，蒸发时吸收余热水的热量，从而达到回收余热的目的。

1.2 热力性能系数

吸收式热泵中有四个与外界进行热交换的换热器，分别是发生器、吸收器、蒸发器、冷凝器，发生器吸收热量，热量来源于外界输入的高品位驱动热源（如高温蒸汽、热水或烟气），用于加热混合溶液使制冷剂蒸发出来。蒸发器吸收热量，热量来源于余热水，用于将制冷剂由液态蒸发为气态。蒸发器中的压力称为蒸发压力，蒸发压力由节流阀控制和调节，压力很低，一般都低于大气压，所以在蒸发器中制冷剂虽然温度很低但也能吸热蒸发。吸收器则放出热量，热量是由制冷剂气体被溶液吸收产生的，制冷剂被吸收后由气态变为液体，释放出汽化潜热，同时吸收过程本身也要放出热量。冷凝器也放出热量，这部分热量是由制冷剂冷凝而产生的。冷凝器中的压力称为冷凝压力，冷凝压力的大小与发生压力基本一致，也比较高，但冷凝器中的温度低于发生器，所以制冷剂在冷凝器中由气态冷凝为液态，放出热量。在吸收式热泵中，吸收器和冷凝器所放出来的热量都由需要被加热的介质（通常是用于供热的热水）带走，用于供热等需求。由于温度越低，吸收器的吸收效果越好，而冷凝器冷凝温度可以随冷凝压力的提高而升高，所以通常让用于供热的热水先进入吸收器换热，再进入冷凝器换热，以充分利用两部分热量用于供热。

发生器吸收的热量 Q_f 是给热泵输入的高品位热能，蒸发器吸收的热量 Q_e 是低品位的余热能，即热泵回收的能量；而吸收器和冷凝器释放出来的热量 Q_a 和 Q_n 是中间品位的热能，两者之和就是热泵输出的能量 Q_h。吸收式热泵输出的热量 Q_h 与输入的热量 Q_f 的比值，则为吸收式热泵的性能系数 COP，即

$$COP=\frac{Q_h}{Q_f}=\frac{Q_a+Q_n}{Q_f} \tag{5-1}$$

如图 5-5 所示，第一类吸收式热泵系统通过发生器、蒸发器、溶液泵、吸收器及冷凝器与外界进行能量交换。

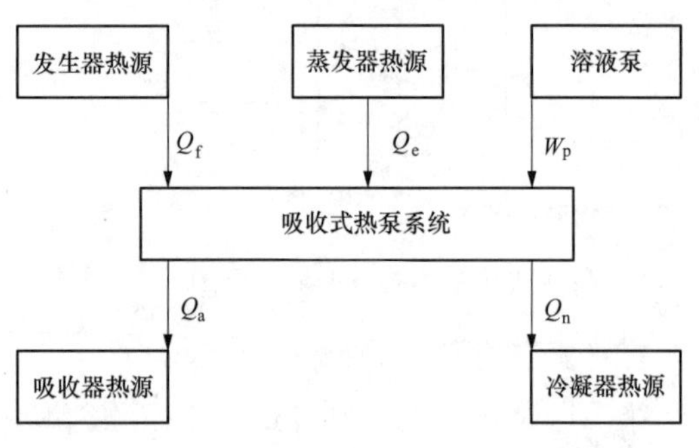

图 5-5 吸收式热泵系统与外界的能量交换

根据热力学第一定律得

$$Q_f+Q_e+W_p=Q_a+Q_n \tag{5-2}$$

式中　W_p——溶液泵的耗功量。

式（5-2）中左边为进入热泵系统的能量，右边为离开热泵系统的能量。进入热泵系统的能量中，Q_e是通过蒸发器吸收的低温热源的热量，不是用户的有效消耗。溶液泵的耗功量W_P相对于从发生器加入的热量Q_f来说相对较小，通常忽略不计。

假设图5-5所示的吸收式热泵循环是可逆的，发生器中热媒温度等于T_f、蒸发器中低温热源的温度等于T_e、吸收器中的吸收温度T_a及冷凝器中冷凝温度T_n相等，且都为常量T_0，则根据热力学第二定律可知，系统引起外界总熵的变化应等于零，即

$$\Delta S=\Delta S_f+\Delta S_e+\Delta S_a+\Delta S_n=0 \tag{5-3}$$

或

$$\Delta S=\frac{Q_f}{T_f}+\frac{Q_e}{T_e}-\frac{Q_a}{T_a}-\frac{Q_n}{T_n}=0 \tag{5-4}$$

由式（5-2）和式（5-4）可得

$$Q_f\cdot\frac{T_f-T_e}{T_f}=(Q_a+Q_n)\frac{T_0-T_e}{T_0} \tag{5-5}$$

代入式（5-3）得

$$COP=\frac{Q_a+Q_n}{Q_f}=\frac{T_f-T_e}{T_f}\frac{T_0}{T_0-T_e}=\eta_c COP_c \tag{5-6}$$

式（5-6）表明，吸收式热泵的最大性能系数COP等于工作在T_f和T_e之间的卡诺循环热效率η_c与工作在温度T_0和T_e之间的逆卡诺循环的制冷系数COP_c的乘积，它随热源温度T_f的升高、被加热介质温度T_0的降低以及低温热源的温度T_e的升高而增大。

由此可见，可逆吸收式热泵循环是卡诺循环与逆卡诺循环构成的联合循环。所以，吸收式热泵和压缩式热泵一样，在对外界能量交换的关系上是等效的。只要外界的温度条件相同，两者的理想最大热力系数是相同的。因此，压缩式热泵的热力系数应乘以驱动压缩机的动力装置的热效率后，才能与吸收式热泵的热力系数进行比较。

第2节　吸收式热泵的工质对及特性

2.1　吸收式热泵的工质对

2.1.1　工质对的种类及要求

目前，吸收式热泵中常用的工质对通常是二组分溶液，习惯上称低沸点组分为制冷剂，高沸点组分为吸收剂。

1. 工质对的种类

吸收式热泵的工质对随制冷剂的不同可分为四类：

（1）以水作为制冷剂。除了目前广泛应用的溴化锂水溶液外，对水-氯化锂、水-碘化锂也进行了研究。因为它们对设备的腐蚀性较小，而且水-碘化锂便于利用更低位的热源。水是很容易获得的天然物质，它无毒、不燃烧、不爆炸，对环境也没有破坏作用，汽化热大，是一种相当理想的循环工质。但受其物理性质的限制，只适用于蒸发温度较高的热泵系统。溴化锂水溶液的表面张力较大，使传热、传质困难；溴化锂较易结晶，会造成机组运转故障；溴化锂水溶液对一般金属有强烈的腐蚀作用。为克服这些缺点，国内外研究人员开展了

大量研究工作。

（2）以醇作为制冷剂。可作为制冷剂的醇类溶液有甲醇、TFE 和 HFIP 等。甲醇与溴化锂配对后，可提高循环的性能。以 TFE 和 HFIP 为制冷剂的溴化锂溶液，可用于节能效果较好的热泵循环中。但它们的黏度较大，易燃，对热不稳定。而且 TFE 的汽化热很小。为克服些缺点，通过加水以降低黏度的尝试，以及使用碘化锂（LiI）吸收剂的方案都在开发中。

（3）以氨作为制冷剂。氨水溶液中以氨或甲胺为制冷剂。氨在压缩式制冷机中用作制冷剂由来已久，虽在一段相当长的时间里受氟利昂制冷剂的影响，应用领域减少，但随着对环境保护的日益重视，作为天然物质的氨又受到进一步的关注。氨有爆炸性和毒性，冷凝压力较高。此外，氨与水的沸点相差较小，需通过精馏将氨-水混合气体中的水蒸气分离。目前，探索用别的物质替代水做吸收剂的研究工作正在进行。

（4）以氟利昂作为制冷剂。氟利昂类有机溶液中以氟利昂为制冷剂，有较宽广的温度适应范围。其中，R22 因在汽化热、工作压力、热稳定性、化学稳定性等方面有好的性能而受到公认。此外，R123a 也受到重视。R22 和 R123a 的吸收剂为二甲醚四甘醇（DMETEG）。由于 R22 和 R123a 均含有氯原子，故从长期角度看，它们均为过渡性物质。

表 5-1 中列出了一部分用于吸收式热泵的工质对。

表 5-1　　吸收式热泵的工质对

名称	制冷剂	吸收剂
氨水溶液	氨	水
溴化锂溶液	水	溴化锂
溴化锂甲醇溶液	甲醇	溴化锂
硫氰酸钠-氨溶液	氨	硫氰酸钠
氯化钙-氨溶液	氨	氯化钙
氟利昂溶液	R22	二甲醚四甘醇
TEE-NMP 溶液	三氟乙醇	甲基吡咯烷酮

2. 对工质对的要求

吸收式热泵对工质对的基本要求为：

（1）压力相同的条件下，吸收剂的沸点要比制冷剂高，而且相差越大越好。

（2）吸收剂要具有强烈的吸收制冷剂的能力，即具有吸收比它温度低的制冷剂蒸汽的能力。

（3）吸收剂和制冷剂的溶解度高，避免出现结晶的危险。

（4）在发生器和吸收器中，吸收剂对制冷剂溶解度的差距大，以减少溶液的循环量，降低溶液泵的能耗。

（5）对金属材料腐蚀性小，化学性质不活泼，稳定性好。

（6）无毒、无臭、不爆炸、不燃烧，安全可靠。

（7）价格低，容易获得。

（8）环境友好。

另外，除了以上基本要求外，对制冷剂还有如蒸发热大、工作压力适中等要求，对吸收剂还有如黏性小、导热率大等要求。

当然，要选择一种工质对，都满足上述有关制冷剂和吸收剂的要求是比较困难的。但有些基本的条件，例如溶液中两种组分沸点相差大则是很必要的，不然就不可能用做吸收式热泵的工质对。

2.1.2　水-溴化锂工质对物理特性

到目前为止，提出的吸收式热泵的工质对种类很多，但是实际上使用的还只限于氨水溶液与溴化锂水溶液两种。其中，溴化锂水溶液是能源应用工程中采用的吸收式热泵机组的工质对，下面主要介绍溴化锂水溶液的性质。

（1）一般性质。溴化锂溶液是无色透明液体，无毒，入口有碱苦味，溅在皮肤上微痒，使用过程中不要直接与皮肤接触，尤其要特别防止溅入眼内，更不要品尝。

溴化锂水溶液的水蒸气分压力非常小，即吸湿性非常好。浓度越高，水蒸气分压力越小，吸收水蒸气的能力就越强。

溴化锂水溶液对金属有腐蚀性，需在设计时特殊考虑。纯溴化锂水溶液大体是中性，吸收式热泵中使用的溶液考虑到腐蚀因素已调整为碱性，并在处理为碱性的基础上再添加特殊的腐蚀抑制剂（缓蚀剂）。常用的缓蚀剂有铬酸锂和钼酸锂。添加铬酸锂缓蚀剂后呈微黄色，添加钼酸锂缓蚀剂后仍是无色透明的液体。

用作溴化锂吸收式机组工质对的溴化锂水溶液，应符合《制冷机用溴化锂溶液》（HG/T 2822—2012）对溴化锂溶液所规定的技术要求。

（2）溶解度。溴化锂极易溶于水，常温下，饱和水溶液中溴化锂（LiBr）的质量分数可达60%以上。

溶解度的大小除与溶质和溶剂的特性有关外，还与温度有关。溴化锂饱和水溶液在温度降低时，由于溴化锂在水中溶解度的减小，溶液中多余的溴化锂就会与水结合成含有1、2、3或5个水分子的溴化锂的水合物晶体（简称水盐）析出，形成结晶现象。

对已含有溴化锂水合物晶体的溶液加热升温，在某一温度下，溶液中的晶体会全部溶解消失，这一温度即为该质量分数下溴化锂溶液的结晶温度。

溴化锂溶液的结晶温度与质量分数关系很大，质量分数略有变化时，结晶温度相差很大。当质量分数在65%以上时，这种情况尤为突出。作为热泵机组的工质，溴化锂溶液应始终处于液体状态，无论是运行或停机期间，都必须防止溶液结晶，这一点在机组设计和运行管理上都应当十分重视。

（3）密度。单位体积溴化锂溶液具有的质量就是溴化锂溶液的浓度。溴化锂溶液的密度与温度、溴化锂质量分数有关。

溴化锂溶液的密度比水大，当温度一定时，随着溴化锂的质量分数增大，其密度增大；如溴化锂的质量分数一定，则随着温度的升高，其密度减小。

（4）比定压热容。溴化锂溶液的比定压热容就是在压力不变的条件下，单位质量溶液温度升高（或降低）1℃时所吸收（或放出）的热量。

溴化锂溶液的比定压热容随温度的升高而增大，随溴化锂的质量分数的增大而减小，且比水小得多。比热容小则说明在温度变化时需要的热量少，有利于提高机组热效率。

（5）饱和蒸汽压。由于溴化锂水溶液中溴化锂的沸点远高于水的沸点，因此溴化锂水溶液沸腾时只有水被汽化，溶液蒸汽压也就是水蒸气分压力。

溴化锂溶液的水蒸气压随着溴化锂的质量分数的增大而降低，并远低于同温度下水的饱和蒸汽压。例如，在25℃时，溴化锂的质量分数为50%的溴化锂溶液的水蒸气压仅为0.8kPa（绝对压力），而水在同样温度下的饱和蒸汽压则为3.2kPa。这表明溴化锂溶液的吸湿性很强，因为只要水蒸气的压力大于0.8kPa，如0.93kPa（饱和温度为6℃）时，它就会被溴化锂溶液所吸收。这就是说，溴化锂溶液具有吸收比其温度低得多的水蒸气的能力。因此，对于水蒸气来说，溴化锂溶液是一种良好的吸收剂。

（6）表面张力。溴化锂水溶液的表面张力与温度和溴化锂的质量分数有关。溴化锂的质量分数不变时，随温度的升高而降低；温度不变时，随溴化锂的质量分数的增大而增大。在溴化锂吸收式机组中，吸收器与发生器往往采用喷淋式结构，喷淋在管簇上的溴化锂溶液的表面张力越小，则喷淋液滴越细，溶液在管簇上很快地展开成薄膜状，可大大提高传质和传热效果。

（7）黏度。黏度是表征流体黏性大小的物理参数，有动力黏度和运动黏度之分。在一定温度下，随着溴化锂的质量分数的增大，溴化锂溶液的动力黏度急剧增大；在溴化锂的质量分数一定时，随着温度升高，黏度下降。黏度的大小对溶液在吸收式机组中的流动状态和传热有较大影响，在设计中应予以充分考虑。

（8）导热率。导热率是进行传热计算时要用到的重要物理参数之一。溴化锂溶液的热导率在温度不变时，随溴化锂的质量分数的增大而减小；在溴化锂质量分数不变时，随温度的升高而增大。

2.2 吸收式热泵与压缩式热泵的区别

吸收式热泵与压缩式热泵相比，在耗功、功率工质对等方面有存在较大的不同，具体如下：

（1）收式热泵以热能为动力，蒸汽、热水、烟气以及较高温度的工业余热都可以作为吸收式热泵的驱动热源，因此运行费用低。而压缩式热泵则一般以高品位的电能作为驱动能源，因此运行费用较高。

（2）整个吸收式热泵装置除功率很小的屏蔽泵外，没有其他运动部件，振动小、噪声低、故障少。而压缩式热泵则需要压缩机这样的高速运动部件，像螺杆式压缩机和离心式压缩机都会产生很强的振动和噪声，并且容易发生故障。

（3）吸收式热泵在真空状态下运行，以溴化锂溶液为工质，无毒、无臭、无爆炸危险，安全可靠。而压缩式热泵目前仍然主要采用氟利昂 R22 作为工质，对臭氧层有一定的破坏作用，并且能产生温室效应，新型环保工质 R134a 虽然对臭氧层已经没有影响，但是其温室效应仍然存在。

（4）吸收式热泵的制热量（输出功率）可以做得很大，单台热泵可以根据需要做成几十甚至上百兆瓦，所以适于回收大量集中产生的工业余热。而压缩式热泵目前单台制热量最大只能做到 10MW 左右。

（5）吸收式热泵效率较低，单效的吸收式热泵的 *COP* 一般只有 1.7 左右，也就是说，要回收 0.7 份的余热，需要消耗 1.0 份的较高品位的热能。而压缩式热泵的 *COP* 可以达到 4～6。

（6）因为吸收式热泵用水作制冷剂，蒸发温度不能太低，所以要求余热的温度也不能太低。

2.3 溴化锂吸收式热泵机组

应用于热电厂余热回收的溴化锂吸收式热泵，普遍是单效溴化锂吸收式热泵。因此，本文主要介绍单效溴化锂吸收式热泵，也简称为溴化锂吸收式热泵。

溴化锂吸收式热泵机组是由各种换热器，并辅以屏蔽泵、真空阀门、管道、抽气装置、控制装置等组合而成。按照各换热器的布置方式分为单筒型、双筒型或三筒型结构。

单效溴化锂吸收式热泵机组由下列九个主要部分构成：

（1）蒸发器。借助制冷剂水的蒸发来从低温热源吸收热量。

（2）吸收器。吸收制冷剂水蒸气，保持蒸发压力恒定，同时放出吸收热。

（3）发生器。使稀溶液沸腾产生制冷剂水蒸气，稀溶液同时被浓缩。

（4）冷凝器。使制冷剂水蒸气冷凝，放出凝结热。

（5）溶液换热器。在稀溶液和浓溶液间进行热交换，提高机组热效率。

（6）液泵和制冷剂泵。输送溴化锂溶液和制冷剂水。

（7）抽气装置。抽除影响吸收与冷凝效果的不凝性气体。

（8）控制装置。有热量控制装置、液位控制装置等。

（9）安全装置。确保安全运转所用的装置。

上述（1）～（4）部分是溴化锂吸收式热泵的四个主要换热设备，它们的组合方式决定了机组的结构。

1. 单筒型结构

单筒型就是将发生器、冷凝器、蒸发器、吸收器置于一个筒体内。整个筒体一分为二，形成两个压力区，即发生—冷凝压力区和蒸发—吸收压力区，压力区之间通过管道及节流装置相连。这种类型的机组具有结构紧凑、密封性好、机组高度低等优点，但制作较复杂，热应力及热损失比较大。

2. 双筒型结构

双筒型是将压力大致相同的发生器和冷凝器置于一个筒体内，而将蒸发器和吸收器置于另一个筒体内，两个筒体上下叠置。采用双筒结构可以避免热损失，减小热应力，缩小安装面积，结构简单，制作方便，特别适合大热量机组的分割搬运。不过高度有所增加，连接管道多，可能的泄漏点较单筒多。

图5-6中，发生器和冷凝器压力较高，布置在一个简体内，称为高压筒；吸收器与蒸发

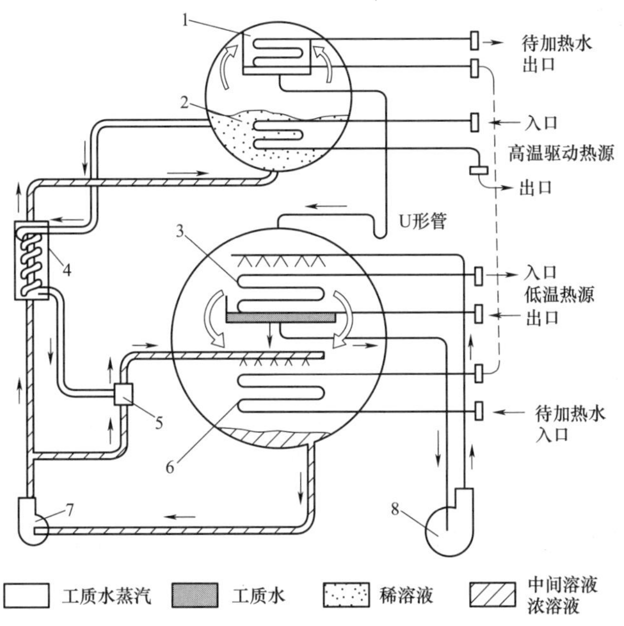

图5-6　双筒型溴化锂吸收式热泵机组示意图

1—冷凝器；2—发生器；3—蒸发器；4—换热器；5—引射器；6—吸收器；7—溶液泵；8—制冷剂泵

器压力较低，布置在另一筒体内，称为低压筒。高压筒与低压筒之间通过 U 形管连接，以维持两筒间的压差。

工质水吸收低温热源的热量，蒸发为工质蒸汽。在蒸发器内产生的工质蒸汽被从再生器输出来的浓溶液吸收，又成为稀溶液流入吸收器下部，如此循环工作，达到连续制热的目的。

2.4 吸收式热泵的关键影响因素

2.4.1 传热传质强化方法

吸收式热泵基本上是一些热交换器的组合体，它的工作过程实质上是由传热和传质过程组成的，因此强化传热和传质过程将使机组的性能有所改善。一般来讲，提高吸收式热泵强化传热和传质过程主要有以下几个手段：

1. 采用新型强化换热管

改进换热管传热效果的方式有：改变管壁结构、对管壁进行表面处理（提高液膜覆盖率）、改变管束材料。

由于强化管可以在增大换热面积的同时将管壁处层流变为湍流，因而能够提高传热传质系数。但是强化管存在管壁薄厚不均、易被腐蚀、沟槽处易结垢等问题，因此对机组清洁度要求比较高。

目前，强化管的管型主要有：①表面多孔管，即表面经过加工呈多孔层结构；②锯齿形翅片管，该管是通过滚花和翅片成型两道工序加工而成，实验研究表明在吸收器中采用锯齿形翅片管的传热系数为光管的 1.4 倍，吸收性能比光管高 30%以上；③DAC 双侧强化管，该类型管外布满螺旋翅片，管内布有螺旋槽，传热系数为光管的 1.5～2 倍；④花瓣形管，该类型管与槽形管相类似，其截面的形状像朵花，且内表面往往是有螺纹槽，实验研究表明条幅管的吸收及换热性能比光管高 30%～40%。

强化管的新材料主要有碳化硅材料和新型镍合金等，用以代替目前常用的铜、钢等管材。碳化硅材料的传热性能与石墨相同，但强度远高于其他材质，且耐腐蚀。镍合金管表面经强化后传热系数比紫铜光管高 25%～44%，而且耐腐蚀性优于光管。

在选择表面强化管时，最重要的是考虑强化管表面的抗结垢能力和耐用性，应避免片面追求更高的传热和传质系数，虽然有些强化管传热强化效果明显，但是表面形状过于复杂，且容易结垢，所以难以推广应用。因此，在实践应用中采用花瓣形等表面结构不复杂的强化管较为合适。

2. 添加新型表面活性剂

采用加入表面活性剂的办法来强化传热传质的研究已经有 50 多年的历史，有效的表面活化剂有癸醇、辛醇、正辛醇等，其中广泛用于商业的主要是辛醇和正辛醇。

吸收器中的传热和传质同时进行，溶液被管内流动的冷却水冷却，使得液膜表面温度对应的饱和压力低于周围的水蒸气的压力，实际的吸收器主要借助液膜进行传热传质，但在传热管的轴线方向上流量分布不均匀，传热管的表面易出现局部干区，导致吸收量下降。

表面活性剂的强化是通过气液界面和固液界面 2 个界面发挥作用的，而国内外的研究只是将目光放在了气液界面而忽视了固液界面。活性剂的加入可以降低液膜表面的表面张力，导致马拉格尼对流的产生，因而提高了传热和传质系数。同时，表面活性剂的加入可以改进液膜在管表面的浸润性，可以减少干区死区，也可以提高传热传质的效果。由于液相添加的方式要更加方便，因而实际应用时应以此方式为主。

早在20世纪80年代，乌克兰科学院工程热物理研究所对辛醇、伯醇和仲醇对溴化锂溶液黏度、水蒸气分压力和表面张力的影响进行研究，发现表面活性剂浓度达到其在溴化锂溶液中的溶解度时，可以使表面张力最多降低一半左右。

对不同醇类表面活性剂进行实验研究表明，在质量分数为50%的溴化锂溶液中分组添加n-辛醇、2-辛醇、3-辛醇和2-乙基己醇后，溶液吸收效果均有所提高，但是提高的效果与表面活性剂种类及数量有关。对2-甲基戊醇（2MP）强化吸收过程进行实验研究结果表明，当添加剂浓度在500～700μg/mL时，可以强化吸收达20%；当将2MP加入到蒸发器时，强化吸收可达32%左右。

3. 其他强化方式

（1）减小冷剂蒸汽的流动阻力。减少冷剂蒸汽的流动阻力可增强吸收推动力，强化传热和传质过程。通常采用的措施是改进挡液板结构形式，增大流通截面，布置蒸发器和吸收器管簇时要留有气道，减少管簇部的流动阻力；吸收器采用热、质交换分开进行的结构形式等。

（2）提高换热器管内工作介质的流速。对于冷却水和冷媒水，流速一般取1.5～3.0m/s，加热蒸汽的流速为15～30m/s，溶液的流速一般高于0.3m/s。

（3）传热管表面进行脱脂和防腐蚀处理。

（4）进喷嘴结构，改善喷淋溶液的雾化情况。

（5）提高冷却水和冷媒水的水质，减少污垢热阻。

（6）合理地调节喷淋密度。在溴化锂吸收式热泵中，因蒸发器冷剂水的蒸发压力很低，为克服静液柱高度对蒸发过程的影响，通常将蒸发器做成喷淋的形式。合理地调节喷淋密度，可以得到最佳的经济效果。如果喷淋密度过小，有可能使部分蒸发器管簇外表面没有淋湿，影响制冷效果，但如果喷淋密度过大，管子表面的液膜增厚，冷剂水的蒸发受影响，阻力损失增大，吸收推动力减少，影响吸收效果，同时液膜形成热阻，影响外层冷剂水与管内冷媒水的热交换，同样也影响制冷效果。吸收器中的喷淋密度也应做适当调节。尽管喷淋将增加传热和传质的阻力，影响吸收效果。另外，随喷淋量的增大，溶液泵和蒸发器泵的功率消耗也增大，这是值得注意的问题。

2.4.2　性能改善因素

溴化锂吸收式热泵在实际运行中，机组的性能还会受到不凝气体、溶液循环量以及溶液腐蚀等因素的影响，具体改进措施如下：

1. 及时抽除不凝性气体

不凝性气体是指在热泵的工作温度、压力范围内不会冷凝，也不会被溴化锂溶液所吸收的气体，不凝性气体的存在增加了溶液表面的分压力，使冷剂蒸汽通过液膜被吸收时的阻力增加，传质系数变小，吸收效果降低。另外，倘若不凝性气体停滞在传热管表面，会形成热阻力，影响传热效果。它们均会导致余热回收量的下降。

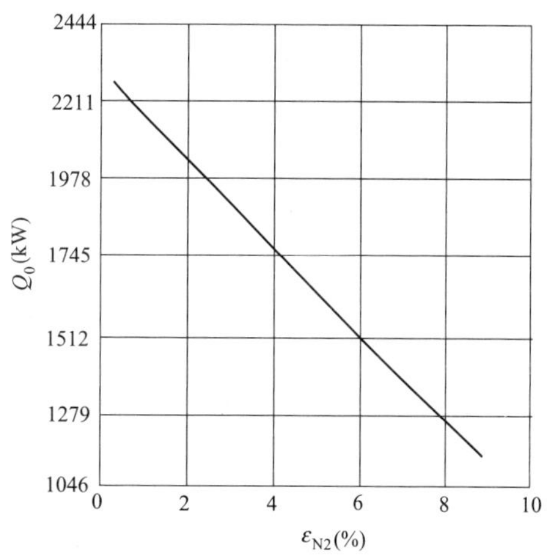

图5-7　不凝性气体对溴化锂吸收式热泵机组制热量的影响

如图5-7所示为溴化锂吸收式热泵机组的不凝性气体影响分析。若在机组中加入30gN_2（ε_{N2}＝

0.08)，就会使机组的余热回收量由原来的 2267.4kW 降为 1162.8kW，几乎下降 50%。

由于溴化锂吸收式热泵是处于真空中运行的，蒸发器和吸收器中的绝对压力极低，故外界空气很容易漏入，即使少量的不凝性气体也会明显地降低机组的性能。如果不凝性气体积聚到一定的数量，就能破坏机组的正常工作状况。因而及时抽除机组内的不凝性气体是提高溴化锂吸收式热泵性能的根本措施。

为了及时抽除漏入系统的空气，以及系统内因腐蚀产生的不凝性气体（如氢等），机组中备有一套抽气装置。利用抽气系统，不凝性气体分别由冷凝器上部和吸收器溶液上部抽出。由于抽出的不凝性气体中仍含有一定数量的冷剂水蒸气，若将它直接排走，不仅会降低真空泵的抽气能力，而且会使机组内冷剂水量减少。同时，冷剂水和真空泵油接触后会使真空泵油乳化，使油的黏度降低、恶化甚至丧失抽气能力。因此，应将抽出的冷剂水蒸气回收。为此，在抽气装置中设有水气分离器，让抽出的不凝性气体进入的冷剂水蒸气，吸收了水蒸气的稀溶液由分离器底部返回吸收器，吸收过程中的冷剂水蒸气，吸收了水蒸气的稀溶液由分离器底部返回吸收器，吸收过程中放出的热量由在管内流动的冷剂水带走，未被吸收的不凝性气体从分离器顶部排出，经阻油室进入真空泵，压力升高后排至大气。阻油室内设有阻油板，防止真空泵停止运行时大气压力将真空泵油压入热泵机组。

2. 调节溶液的循环量

稀溶液循环量与系统制冷量的变化关系如图 5-8 所示。当溶液的循环倍率 n 保持不变时，由于单位制热量变化不大，因此机组的余热回收量几乎与溶液的循环量成正比。

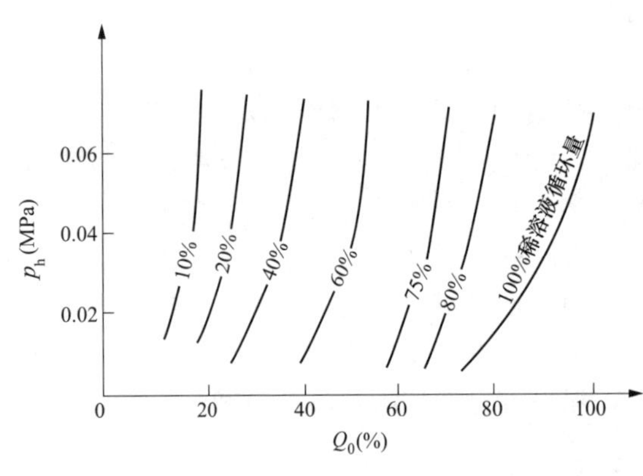

图 5-8　稀溶液循环量的变化对制热量的影响

机组运行时，如果进入发生器的稀溶液量调节不当，可导致机组性能下降。发生器热负荷一定时，如果循环量过大，一方面使溶液的浓度差减小，产生的冷剂蒸汽量减少，另一方面，进入吸收器的浓溶液量增大，吸收液温度升高，影响吸收效果。两者均使机组的余热回收量下降，热力系数降低，如果循环量过小，机组处于部分负荷下运行，热回收能力得不到充分发挥，而且由于循环量过小，溶液的浓度差增大，浓溶液浓度过高，有结晶的危险。因此，机组运行时，应适当地调节溶液的循环量，以获得最佳的余热回收效果。

溶液循环量的调节可通过三通阀来完成。它将部分稀溶液旁通到由发生器返回封溶液热交换器的浓溶液管路中，直接流回吸收器，达到调节稀溶液循环量的目的。

3. 采取防腐措施

由于溴化锂溶液对一般金属有强烈的腐蚀作用，特别是有空气存在的情况下腐蚀更为严重，因腐蚀而产生的不凝性气体又进一步降低了机组的热回收能力，因此除了严格防止空气的漏入并加设抽气装置外，还必须采取适当的防腐措施。

最初人们采用昂贵的耐腐蚀材料，如不锈钢等，结果使装置的成本过高，推广受到限制。后来大量的试验研究和运行实践表明，在溴化锂溶液中加入一定量的铬酸锂作为缓蚀剂，同时加入适量的氢氧化锂，使溶液呈弱碱性（pH＝9.5－10.5），可以有效地延缓溴化锂溶液对金属的腐蚀作用。这是因为铬酸锂能在金属表面形成一层保护膜，使之不能与氧直接接触，达到了防腐蚀的目的。除铬酸锂外，还有其他的缓蚀剂，如 Sb_2O_3、CrO_4 等。

2.4.3　结晶分析及控制

在溴化锂吸收式热泵运行时，可能会出现溴化锂晶体从溴化锂水溶液中析出的现象，影响热泵的正常运行，导致热泵效率严重降低。

1. 结晶影响因素

溴化锂溶液的结晶与溶液的浓度、温度和压力有关。在标准大气压下，其结晶曲线如图 5-9 所示，当溶液状态处于结晶曲线下方区域时就会有溴化锂晶体析出。若析出的晶体数量达到一定的程度时就会结块，严重时会影响热泵机组的正常运行，为此必须停机花费几个小时甚至更长的时间对溴化锂热泵的结晶部位进行熔晶。

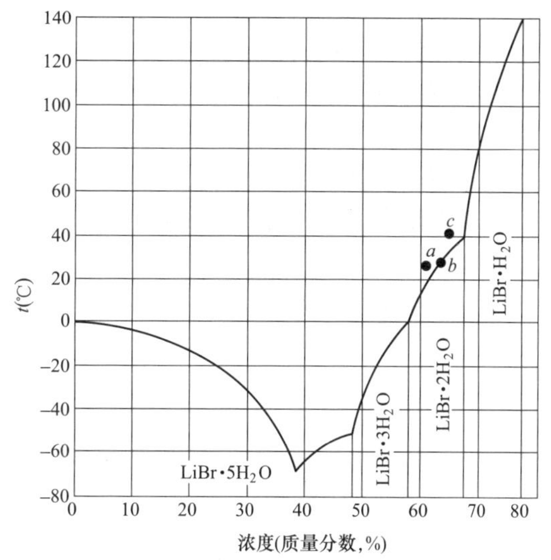

图 5-9　溴化锂溶液的结晶曲线

溶液的浓度过高或温度过低是结晶的根本原因。在系统的运行中，造成溶液浓度过高或温度过低的原因很多，例如：

（1）冷却水温度过低，导致吸收器中浓溶液的温度过低。

（2）送往高压发生器的溶液循环量过小，引起浓溶液的浓度不断提高。

（3）驱动热源的温度偏高，使高压发生器内溶液的水分蒸发量偏大，导致流向热交换器的溶液浓度升高，如果经过热交换器降温至结晶温度以下溶液就会结晶。例如，热源输入温度由 280℃升至 320℃时，相同的系统压力下系统运行温度有所增加，在系统运行温度 50～65℃这一区域系统在接近结晶线处运行，极易发生结晶。

（4）停机时稀释循环时间太短，各部位溶液混合不均匀，或者机组周围环境温度过低，也可能导致停机后的溶液结晶。例如，在其他影响因素不变的情况下，环境温度由 25℃升至 35℃时，相同的系统压力下系统运行温度增加较大，在系统运行温度 55～70℃这一区域系统在接近结晶线处运行，部分已经发生结晶。

（5）机组的真空度不好，热泵中有不凝气体存在，不凝气体的存在增加了溶液表面的分压力，使冷凝蒸汽通过液膜被吸收时的阻力增加，传质系数变小，使吸收器吸收冷剂水蒸气的能力降低，从而引起发生器出口溶液浓度过高。

2. 结晶控制策略

由于操作等外部原因导致溴化锂水溶液温度过低、浓度过高是结晶的根本原因，为了控制结晶的发生，就要在热泵机组满足设计余热回收量和保证机组高效运行的前提下，有针对性地在某些部位适当提高温度、降低浓度使热泵机组的运行远离结晶线，例如考虑对起冷却作用的供热热水，余热水的温度和流量进行控制，以及对高温驱动热源输入热量进行控制（包含热源的温度、流量。）

（1）冷却水的控制。溴化锂吸收式热泵的吸收器和冷凝器都需要被冷却，如果冷却冷凝器的水温过高，冷却效果就会降低，造成冷凝器中送往蒸发器的冷剂水的流量变小，导致蒸发器吸收余热的能力减小，机组的性能下降。同样如果冷却吸收器的水温过高，在吸收过程中产生的热量就无法被带走，也影响热泵的运行效率。

单从余热回收量来说，用于冷却的供热热水温度越低越好，但是用于冷却的水温过低也是不可取的。冷凝器中的冷却水温度过低可能导致制冷剂蒸汽的大量增加，蒸发后的溴化锂溶液浓度增加，溶液发生结晶的可能性也就大大提高。吸收器中冷却水的温度过低时，吸收器中的溴化锂稀溶液温度会降低，在经过溶液热交换器与发生器出来的溴化锂浓溶液热交换时吸收过多的热量，造成浓溶液的温度过低，也会增加溶液结晶的可能性。

（2）热源输入量的控制。对于蒸汽驱动型的溴化锂吸收式热泵，作为驱动热源的蒸汽压力高于设计的工作压力时，发生器内的溴化锂溶液温度就会过高，浓溶液的浓度也随之提高，机组在高浓度下运行易发生结晶。对于热水型的机组，加热热水的温度过高或加热热水的流量过大，即输入的热量过多，也会导致同样的结果。

（3）控制的优化配合。为了确保热泵机组运行效果同时又不出现溶液结晶，在热泵运行中冷却水水温和流量的控制与驱动热源的温度和流量的控制密切相关，对两者之间的配合必须加以优化。例如在驱动热源温度过高，溴化锂浓溶液的浓度较高时，若换热器中的换热过于剧烈，为了避免溶液结晶的发生，应降低冷水的温度，提高冷却水的流速。热源输入量和冷却水换热量的配合，可以在合理的范围内进行变动调优，以确保热泵在稳定、节能、高效状态下运行。

第 3 节　吸收式热泵热力学分析与设计

3.1　吸收式热泵热力学模拟分析

3.1.1　热力数学模型

在数学模型建立的过程中，由于参数较多和系统的不稳定性，造成模拟过程过于复杂，为了简化计算，通常采用参数简化的方法。在计算之前，明确要研究系统的工况，为得到关心的参数结果而假定一些参数不变。用这种方式对系统进行简化。下面以吸收式热泵内部工质循环状态为研究对象，研究不同参数会对 *COP* 引起何种变化的模拟过程中，对系统进行简化处理，并假定下列条件成立：系统处于热平衡及稳定流动状态；离开蒸发器，冷凝器、吸收器和发生器的工质均为饱和态；阻力损失、热损失、压力损失及泵功均可忽略。

模型的简化假定只是一种研究手段，假设模拟系统是在理想情况下运行的，在实际运行中的情况是不能达到理想状态的。但由于系统比较复杂，变化过程较多，在研究时只好采取此种手段。

忽略溶液泵消耗的机械能，针对不同设备，分别建立数学模型：

1. 吸收器数学模型

在吸收器中，溴化锂浓溶液吸收冷剂水蒸气变成稀溶液，同时放出热量加热热网水。根据能量守恒定律，得

$$q_{m,s}h_{s1}+q_{m,nl}h_{nl}=q_{m,xl}h_{xl}+Q_a \tag{5-7}$$

其中

$$Q_a=q_{m,r}c_p(t_{r2}-t_{r1}) \tag{5-8}$$

式中　$q_{m,s}$——参与循环的工质冷剂（水或水蒸气）的质量流量，kg/s；

$q_{m,nl}$——溴化锂浓溶液的质量流量，kg/s；

$q_{m,xl}$——溴化锂稀溶液的质量流量，kg/s；

h_{s1}——蒸发器出口的冷剂水蒸气焓值，kJ/kg；

h_{n1}——发生器出口的溴化锂浓溶液焓值，kJ/kg；

h_{x1}——吸收器出口的溴化锂稀溶液焓值，kJ/kg；

Q_a——吸收器中发生的换热量，kJ/s；

$q_{m,r}$——热网水的质量流量，kg/s；

c_p——热网水的等压比热容，kJ/(kg·℃)；

t_{r2}——流出吸收器的热网水温度,℃；

t_{r1}——流进吸收器的热网水温度,℃。

根据质量守恒，得

$$q_{m,s}+q_{m,nl}=q_{m,xl} \tag{5-9}$$

根据溴化锂质量守恒，得

$$q_{m,nl}\zeta_1=q_{m,xl}\zeta_2 \tag{5-10}$$

式中　ζ_1——进入吸收器中溴化锂浓溶液的质量浓度；

ζ_2——流出吸收器的溴化锂稀溶液的质量浓度。

吸收器端差，是指吸收器出口的溴化锂稀溶液温度与流出吸收器的热网水温度之差，即

$$\Delta t_a=t_{xl}-t_{r2} \tag{5-11}$$

式中　t_{xl}——吸收器出口的溴化锂稀溶液的温度,℃。

2. 发生器数学模型

在发生器中，利用汽轮机抽取的高温蒸汽对来自吸收器的溴化锂稀溶液进行加热浓缩。根据能量守恒定律，得

$$q_{m,s}h_{s2}+q_{m,nl}h_{n2}=q_{m,xl}h_{x2}+Q_f \tag{5-12}$$

其中

$$Q_f=q_{m,z}(h_{z2}-h_{z1}) \tag{5-13}$$

式中　h_{s2}——发生器产生的冷剂过热蒸汽焓值，kJ/kg；

Q_f——发生器中发生的换热量，kJ/s；

$q_{m,z}$——进入发生器的蒸汽流量，kg/s；

h_{z2}——蒸汽焓值，kJ/kg；

h_{z1}——疏水焓值，kJ/kg。

3. 冷凝器数学模型

在冷凝器中，经吸收器初次加热的热网水再次与来自发生器的冷剂过热蒸汽进行热交换，达到热用户所需温度。根据能量守恒定律，得

$$q_{m,s}(h_{s2}-h_{s3})=q_{m,r}c_p(t_{r3}-t_{r2}) \tag{5-14}$$

式中　h_{s3}——冷凝器压力下的冷剂饱和水焓值，kJ/kg；

t_{r3}——流出冷凝器的热网水温度,℃。

冷凝器端差，是指冷凝器压力下冷剂饱和水温度与热网水出口温度之差，即

$$\Delta t_c=t_{s3}-t_{r3} \tag{5-15}$$

式中　t_{s3}——冷凝器压力下的冷剂饱和水温度,℃。

4. 蒸发器数学模型

在蒸发器中，来自冷凝器的冷剂水吸收低温余热水的热量，产生冷剂蒸汽。根据能量守恒定律，得

$$q_{m,s}(h_{s1}-h_{s3})=q_{m,y}c_{p1}(t_{y2}-t_{y1}) \tag{5-16}$$

式中 $q_{m,y}$——进入蒸发器的循环水质量流量，kg/s；

c_{p1}——循环水的定压比热容，kJ/(kg·℃)；

t_{y2}——流出蒸发器的循环水温度,℃；

t_{y1}——流进蒸发器的循环水温度,℃。

5. 热交换器数学模型

在热交换器中，流出发生器的浓溶液和流出吸收器的稀溶液进行热交换。根据能量守恒定律，得

$$q_{m,n1}(h_{n2}-h_{n1})=q_{m,x1}(h_{x2}-h_{x1}) \tag{5-17}$$

由此，吸收式热泵的性能系数 COP，也为

$$COP=\frac{Q_f+Q_e}{Q_f}=1+\frac{Q_e}{Q_f}=1+\frac{q_{m,y}c_{p1}(t_{y2}-t_{y1})}{q_{m,z}(h_{z2}-h_{z1})} \tag{5-18}$$

而实际的吸收式热泵是很复杂的，系统存在着热阻损失、热漏损失及工质内部耗散等不可逆源，这些都会使得热泵不可逆性增加，用参数 I 表示工质内部循环的不可逆程度

$$I=\frac{(Q_a/T_{a1}+Q_n/T_{n1})}{(Q_f/T_{f1}+Q_e/T_{e1})}\geqslant 1 \tag{5-19}$$

式中 T_{a1}——吸收器中工质的工作温度，K；

T_{n1}——冷凝器中工质的工作温度，K；

T_{f1}——发生器中工质的工作温度，K；

T_{e1}——蒸发器中工质的工作温度，K。

由此可见，当参数 I 等于1时，工质内部循环为理想的可逆循环。而现有热泵系统在吸收器和发生器之间加装热交换器，用于工质溴化锂浓溶液与稀溶液之间的换热，则是为了降低工质内部循环的不可逆程度。

由稀溶液浓度和浓溶液浓度，可得放气范围及平均浓度。

6. 放气范围

$$\Delta\zeta=\zeta_2-\zeta_1 \tag{5-20}$$

7. 平均浓度

$$\zeta_v=\frac{\zeta_2+\zeta_1}{2} \tag{5-21}$$

3.1.2 物性参数模型

在进行热力计算前，还要确定溴化锂工质对热物性。

(1) 饱和蒸汽压力

$$\lg(1.33\times10^{-13}p_t)=31.46559-8.2\lg T_p-\frac{3142.305}{T_p}+0.0024804T_p \tag{5-22}$$

式中 T_p——压力为 p_t时，水的饱和温度，K；

p_t——温度为 T_p时，水的饱和蒸汽压力，kPa。

（2）溶液的露点温度

$$t = t_p \sum_{0}^{3} A_n x^n + \sum_{0}^{3} B_n x^n \tag{5-23}$$

式中　t——压力为 p_t时，溶液的饱和温度，℃；

t_p——压力为 p_t时，水的饱和温度，或称露点，℃；

x——100kg 溴化锂水溶液中含有溴化锂的千克数；

A_n、B_n——回归系数，参见表 5-2。

表 5-2　　饱和温度方程的回归系数

n	A_n	B_n
0	0.770033	140.877
1	1.45455×10^{-2}	−8.55749
2	-2.63906×10^{-4}	0.16709
3	2.27609×10^{-6}	-8.82641×10^{-4}

式（5-23）的适用范围为 $45\%<x<65\%$，在利用方程式（5-23）时，需要根据式（5-22）先利用已知蒸汽压力 p_t换算为露点温度 t_p。

（3）溶液的焓值

$$h_0 = \sum_{0}^{4} A_n x^n + t_1 \sum_{0}^{4} B_n x^n + t_1^2 \sum_{0}^{4} C_n x^n \tag{5-24}$$

式中　h_0——溴化锂溶液的焓值，kJ/kg；

t_1——溴化锂溶液的温度，℃；

A_n、B_n、C_n——回归系数，参见表 5-3。

表 5-3　　溴化锂水溶液焓值计算方程的回归系数

n	A_n	B_n	C_n
0	−121.189	0.671458	1.23744×10^{-3}
1	16.7809	1.01548×10^{-2}	-7.74557×10^{-5}
2	−0.517766	5.41941×10^{-4}	1.94305×10^{-6}
3	6.34755×10^{-3}	6.82514×10^{-6}	6.52880×10^{-11}
4	-2.60914×10^{-4}	-2.80048×10^{-8}	6.52880×10^{-11}

（4）饱和水或水蒸气的焓值

$$h = h_{12} + 4.184 \times [c_p(t_{20} - t_{10})] \tag{5-25}$$

$$h_{12} = h_{10} + r \tag{5-26}$$

$$h_{10} = 4.184 \times (t_{10} + 100) \tag{5-27}$$

$$r = 4.184 \times (597.34 - 0.555t_{10} - 0.2389 \times 10^y) \tag{5-28}$$

$$y = 5.1463 - \frac{1540}{t_{10} + 273.16} \tag{5-29}$$

式中　t_{10}——压力为 p_t时，饱和水蒸气的温度，℃；

t_{20}——过热水蒸气的温度（等于压力 p_t时溶液的平衡温度），℃；

h——温度为 t_{20} 时，过热水蒸气的焓，kJ/kg；

h_{10}——温度为 t_{10} 时，饱和水的焓，kJ/kg；

h_{12}——温度为 t_{12} 时，饱和水的焓，kJ/kg；

r——温度为 t_{10} 时，饱和水的汽化潜热，kJ/kg；

c_p——过热水蒸气 t_{10} 到 t_{20} 的平均比定压热容。

溴化锂水溶液气态为纯水蒸气。基于溶液在平衡态时气液同温的特性和溴化锂水溶液沸点高于纯水沸点的原因，该水蒸气存在极大的过热度。溴化锂水溶液表面上的气态焓值采用过热水蒸气焓值公式来计算。

3.1.3 主要参数对热泵性能的影响分析

已知驱动热源温度、低温热源水温度和外供热水温度，根据经验公式确定蒸发温度、冷凝温度、吸收器溶液最低温度和发生器溶液最高温度，以及溶液热交换器浓溶液出口温度。

然后由溴化锂水溶液的性质及经验公式，利用 Matlab 编制计算程序，进行吸收式热泵的热力模拟计算。主要参数的影响分析如下：

1. 驱动热源温度

汽轮机低压级抽汽的各种参数变化较大，在研究中选取 144～164℃的抽汽温度作为参数变化范围。在此过程中，设除抽汽温度以外的各参数保持不变，在过程中设热泵低温循环水出口温度为 30℃，一次网供热水的进/出口温度为 50℃/75℃。从图 5-10 可以看出，随着驱动热源温度不断增高，系统 *COP* 迅速增加，在 *COP* 达到某一定值时，上升趋势不再明显，并温度变化的幅度不大，曲线十分平缓。经分析可知，驱动热源温度上升时，对应的饱和温度增加，当冷凝压力处于一定的条件下，放气范围 $\Delta\zeta$ 受热泵机组发生器内溴化锂浓溶液浓度的影响，浓溶液浓度增加会引起放气范围 $\Delta\zeta$ 的增大，并且使高温水蒸气的产生量增加。虽然驱动热源的温度影响着机组的性能系数，使机组性能系数随驱动热源温度的增加而增大，但是当驱动热源达到 170℃时，机组的 *COP* 曲线十分平缓，变化不明显，所以过高的驱动热源对机组来说也是不利的。在实际应用中，如果驱动热源温度过高，还会应用减温减压器使其降低温度。驱动热源温度对 *COP* 的影响如图 5-10 所示。

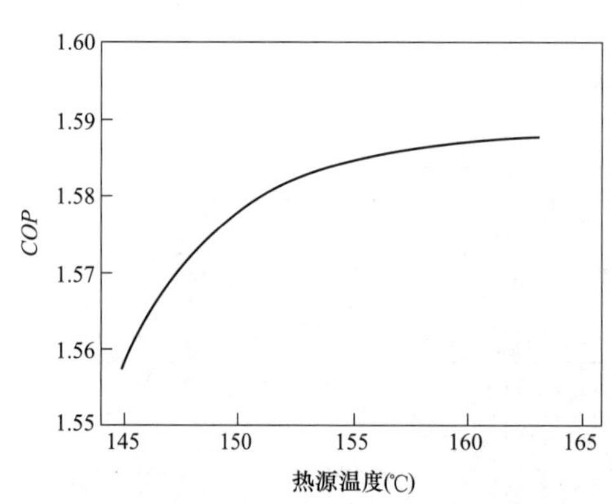

图 5-10 驱动热源温度对 *COP* 的影响

2. 低温热源水出口温度

电厂低温循环水的温度变化不仅要考虑到对汽轮机背压的影响，也要考虑到热泵效率的影响。热泵系统的蒸发压力取决于蒸发器的出口温度，在研究中选取低温循环水出口温度在 26～36℃范围内变化，设除低温循环水出口温度以外的各参数保持不变，并设驱动热源温度为 144℃，一次网供热水的进/出口温度为 50℃/75℃。低温热源水出口温度对 *COP* 的影响如图 5-11 所示。

从图 5-11 中可以看出，系统性能系数 *COP* 随低温循环水出口温度的升高而不断增大，变化趋势十分明显，以线性关系几乎成直线上升。在过程中低温循环水出口温度升高时，相应的蒸发压力会增大，放气范围 $\Delta\zeta$ 随吸收器内浓溶液吸收水蒸气能力增强而增大，最终使 *COP* 升高。

3. 外供热水进口温度

外供热水进/出口温度变化对热泵性能也会产生影响，选取外供热水进口温度参数在 45～55℃范围内变化，出口温度为 75℃。研究过程中，设低温循环水出口温度为 30℃、驱动热源温度为 144℃。外供热水进口温度对 *COP* 的影响如图 5-12 所示。从图 5-12 中可以看出，热力系数 *COP* 随外供热水进口温度升高而快速下降，并且下降趋势十分明显，几乎呈直线。外供热水进口温度的升高引起吸收器稀溶液出口温度也随之升高，在蒸发压力一定的条件下，高温水蒸气的产生量随放气范围 $\Delta\zeta$ 减小而减少，最终引起 *COP* 下降。

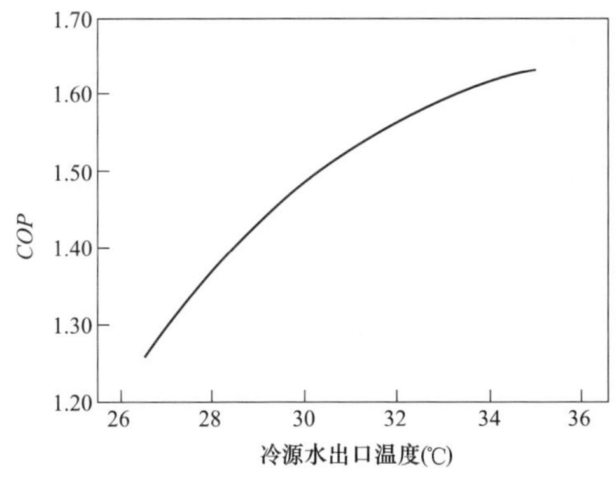

图 5-11　低温热源水出口温度对 *COP* 的影响

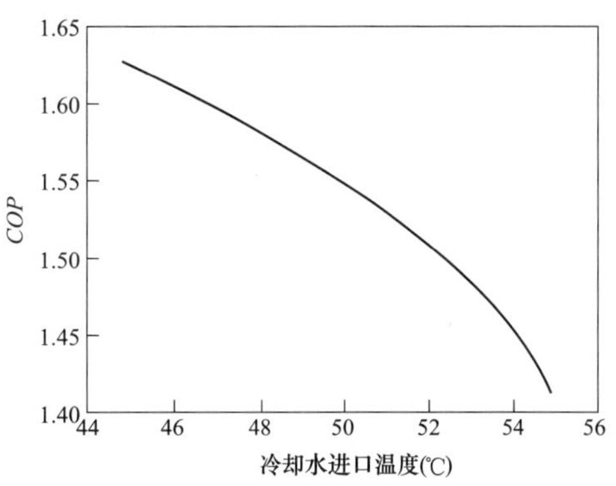

图 5-12　外供热水进口温度对 *COP* 的影响

4. 外供热水出口温度

在研究外供热水出口温度对机组性能系数产生的影响时，选取外供热水出口温度参数在 70～80℃范围内变化，进口温度为 50℃。其余假设条件与研究外供热水进口温度时相同，结果如图 5-13 所示。

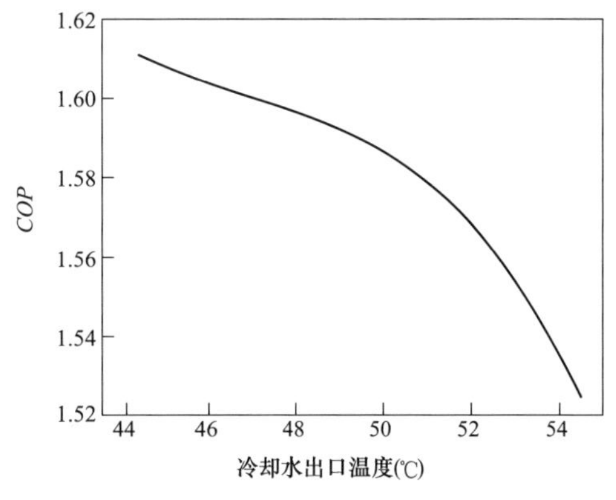

图 5-13　外供热水出口温度对 *COP* 的影响

从图 5-13 中可以看出，热力系数 *COP* 与外供热水出口温度的关系和与外供热水进口温度的关系相似，外供热水出水温度导致热力系数 *COP* 快速下降。研究发现，冷凝压力受外供热水出口温度的影响，随出口温度的升高而增加，而在驱动蒸汽压力一定的情况下，溴化锂浓溶液质量分数下降造成 $\Delta\zeta$ 减小，最终使 *COP* 下降。

3.2　吸收式热泵基本设计

3.2.1　基本设计步骤

在进行吸收式热泵设计时，不同类型的热泵机组，其应用目的、机组功能、使用条件等都存在着差异性，一般按如下步骤设计：

（1）了解用户应用热泵制冷的目的及温度、制热量等要求；

（2）根据制热的目的，确定选用的吸收式热泵类型，如选用第一类吸收式热泵或第二类吸收式热泵；

（3）调研并确定适宜的驱动能源及其容量、稳定性、相关价格政策；

（4）根据驱动热源的类型，确定选用单效吸收式热泵或双效吸收式热泵；

（5）调研并确定适宜的低温热源，如采用单一低温热源或多个低温热源；

（6）根据低温热源的温度高低，确定选用以溴化锂—水为工质对的吸收式热泵（一般低温热源温度高于10℃）或以氨—水为工质对的吸收式热泵（一般低温热源温度低于10℃）；

（7）分析并确定是否采用蓄能单元，以及若采用时确定蓄能材料与蓄能单元结构；

（8）进行吸收式热泵的部件选型、热泵结构及部件布置设计；

（9）进行循环参数的确定，包括热力循环及物性参数确定、热泵循环热力计算、部件规格参数计算等；

（10）确定设备布置、系统控制图及安装要求，管路及部件保温要求，投资分析，运行费用分析，多方案优化分析等；

（11）运行调试及成功后进行技术文件汇总，包括设计计算说明，主要工况参数正常范围，备件、附件、耗材说明，操作维护说明等。

3.2.2 关键设计要点

以溴化锂吸收式热泵为例，吸收式热泵的关键设计要点如下：

1. 热力循环及物性参数确定

（1）在已知供给热用户的载热介质出口温度的基础上，加上适当的温度差（工质冷凝温度与热水出口温度的差值，一般取2～5℃），即得冷凝温度，与冷凝温度对应的水的饱和压力即为冷凝压力。

（2）在低温热源介质出口温度的基础上，减去适当的温度差（低温热源水出口温度与蒸发温度的差值，一般取2～4℃），即得蒸发温度，与蒸发温度对应的水的饱和压力即为蒸发压力。

（3）供给热用户的载热介质可并联通过吸收器和冷凝器被加热，也可串联依次通过吸收器和冷凝器。

当载热介质并联通过吸收器和冷凝器时，载热介质出口温度加上2～5℃，即得稀溶液在吸收器出口温度。

当载热介质串联通过吸收器和冷凝器时，可初步选定适当的吸收器和冷凝器的热负荷比值（通常1.0～1.3），并根据已知的载热介质进出热泵温度，计算出载热介质出吸收器的温度，在此温度上，加上适当的传热温差（一般3～5℃），即得吸收器出口溶液温度（应适当考虑吸收器出口处实际循环中溶液浓度与理论浓度的偏差对传热温差值的影响）。

吸收器中溴化锂溶液压力可取比蒸发器中工质蒸发压力低10～70Pa（近似计算或低温热源介质温度较高，蒸发压力较高时，可初步取吸收器中溴化锂溶液压力约等于工质在蒸发器中的蒸发压力）。

利用已知吸收器出口稀溶液的压力和温度，查溴化锂溶液物理特性表，可得该点的溶夜质量分数和焓值。

（4）由查表得的吸收器出口稀溶液的质量分数，加上适当的放气范围（浓溶液与稀溶液浓度之差，一般取为0.03～0.06），则可得浓溶液质量分数。

（5）由上述得的浓溶液质量分数和冷凝压力，查溴化锂溶液物理特性图或表，可得发生器出口的浓溶液焓值和温度。

（6）由上述得的浓溶液质量分数和蒸发压力，查溴化锂溶液物理特性图或表，得蒸发器处溶液的温度和焓，并检查该点是否远离结晶线；一般情况离结晶线 5～6℃以上。若无这一裕量，则要进行浓溶液和稀溶液的混合。

（7）考虑到循环的实际特性与上述描述有一定差异，通常需对发生器出口温度与吸收器出口温度进行修正，并校核加在吸收器被加热水出口温度上的传热温差值应不小于 Δt（Δt 为已知吸收器出口稀溶液的温度与修正后吸收器出口温度的差值），在修正后的发生器出口温度上加上适当的传热温差（10～40℃），即得驱动热源的温度。

（8）溶液换热器中浓溶液的出口温度可由已知的稀溶液出吸收器温度加上 15～25℃取得，并校核是否比结晶温度高出 10℃以上。

2. 自动熔晶

当高浓度的溴化锂溶液温度至其结晶点以下时（如溶液换热器的浓溶液出口端），会结晶堵塞管路，为此需设置自动熔晶管。

自动熔晶管设在低压发生器的液囊中。当溶液热交换器中发生结晶时，低压发生器内的浓溶液不能流回吸收器，使液位上升。当液位上升至自动熔晶管开口处，浓溶液经自动熔晶管直接流回吸收器，吸收器内的稀溶液混合后使温度上升。高温溶液由溶液泵打入低温热交换器管内，加热管外结晶的浓溶液使结晶熔解。

第4节 吸收式热泵在热电厂中的集成应用

4.1 吸收式热泵在电厂的应用

单从吸收式热泵技术来看，该技术早已经研制成功，但直到 20 世纪 70 年代发生石油危机之后才真正推广和发展。目前世界上能源利用率最高的国家是日本，其为 57%，其次是美国，其能源利用率为 51%。早在 20 世纪 80 年代，日本、美国及欧洲国家都进行了供热性能和高供热温度的吸收式热泵的研发工作，并成功应用于工业生产之中。而且，针对国外吸收式热泵应用，主要在纺织、酿造、食品加工、木材、冶金等化工行业应用。在国外，并未出现吸收式热泵系统在大型热电厂的实际工程应用。

国内热泵技术研究始于 20 世纪 60 年代，当时中国正处于计划经济时期，民众的节能意识不强，从而导致热泵技术发展比较缓慢。随着国家改革开放的实施，经济得到了快速发展，紧接产生了能源危机与环境污染等问题。为此国家发展改革委于 2008 年将热泵技术作为第一批国家重点节能技术在各行业推广，此时热泵技术得到了快速发展。针对第一类吸收式热泵应用与电厂的实例，如 2008 年 10 月，赤峰富龙热电厂余热利用项目投运，完成了国内首例吸收式热泵应用于热电厂余热回收项目。随后，山西国阳新能股份有限公司、北京京能热电股份有限公司和国电大同第二热电厂相继完成了循环水余热利用的工程建设。但是早期电厂应用吸收式热泵只是进行热泵与热电机组的简单叠加，由于不同系统的最佳性能工况点不同，叠加后反而有可能降低各单一系统的性能。

对于湿冷机组，热电厂利用吸收式热泵，主要是将吸收式热泵与凝汽器的循环水系统进行连接，用于回收低温循环水余热。以下主要针对不同的连接方式进行介绍。

4.1.1 开式循环连接方式

当热电厂热泵系统与循环水系统采用开式循环的连接方式时，一部分循环水去冷却塔参与正常的电厂循环，另一部分循环水则进入热泵机组进行低温余热的回收利用，流经热泵的循环水回水与冷却塔的回水在循环水池进行汇合，再返回冷凝器进行排汽冷却，由此完成一个循环。由于冬季天气寒冷，此时引出的一路循环水去冷却塔，则是为了做好冷却塔的防冻工作，此种运行方式的系统图如图5-14所示。

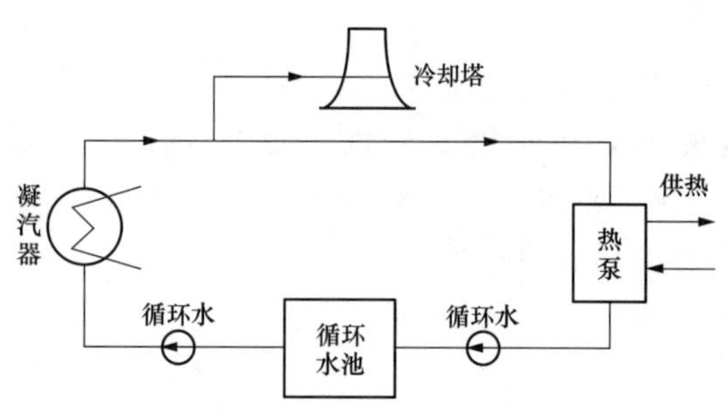

图 5-14 电厂循环水热泵开式供热系统

热电厂利用开式循环运行方式时，对循环水的水质要求较高，但系统简单，操作方便，适宜推广。

4.1.2 闭式循环连接方式

当热电厂热泵系统与循环水系统采用闭式循环的连接方式时，则需新建一个冷凝器设备或原有机组冷凝器利用双侧运行方式，一侧流经上塔循环水，另一侧则流经热泵系统循环水，其运行方式系统图如图5-15所示。

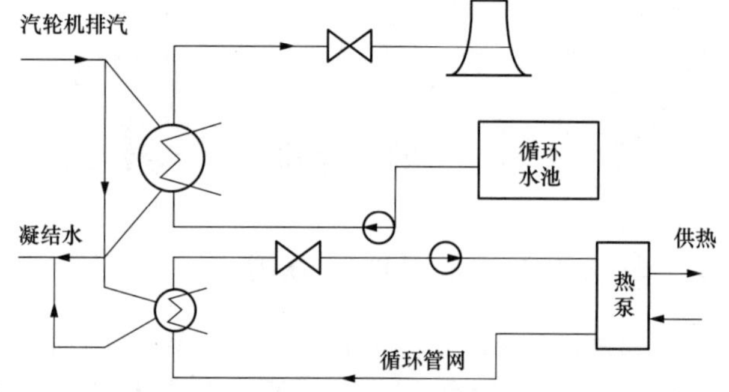

图 5-15 电厂循环水热泵闭式供热系统

利用闭式循环运行方式时，则采用定循环水流量、定循环水供水温度、变回水温度的调节方式。当气温升高、热负荷减小时，循环水热网回水温度升高，使供水温度相应升高，热网加热器（凝汽器）中的冷凝温度与冷凝压力升高，此时进入热网加热器的乏汽量将减小，需要增加送入冷却塔的循环水流量，带走多进入原凝汽器的乏汽的热量，直至将循环管网的供水温度降低至设定值；反之，则亦然。

此种运行方式与开式循环运行方式相比，水质较好，但增加了初投资，且系统复杂，不易操作，一般不宜采用。

4.1.3 热泵取代凝汽器连接方式

循环冷却水的废热归根到底还是来自汽轮机乏汽的热量，若直接用这些乏汽进入热泵机组进行换热，则由于取消了循环冷却水这一媒介质，而减少了这一部分的传热损失，此时系统的热交换效率会更高，这就是用热泵机组取代凝汽器的运行方式，如图5-16所示。

这种运行方式提高了余热利用效率，节煤省水，经济环保性更强，但是此种运行方式对机组和系统的影响较大，不易控制，目前还未有工程应用。

4.1.4 空冷机组的热泵连接方式

空冷机组是指利用空气作为冷源的火电机组，与湿冷机组不同的是，其凝结系统是利用空气通过空冷凝汽器直接冷却汽轮机排汽。利用吸收式热泵回收空冷机组的冷端余热时，不能直接利用空气冷源作为吸收式热泵的低温热源。此时有两种方法：①利用吸收式热泵替代冷凝器，以汽轮机排汽作为吸收式热泵的低温冷源，如图5-16所示；②新增一套水冷凝汽器系统，利用冷却水作为冷却介质，与吸收式热泵之间形成一套闭式循环水系统，如图5-17所示。

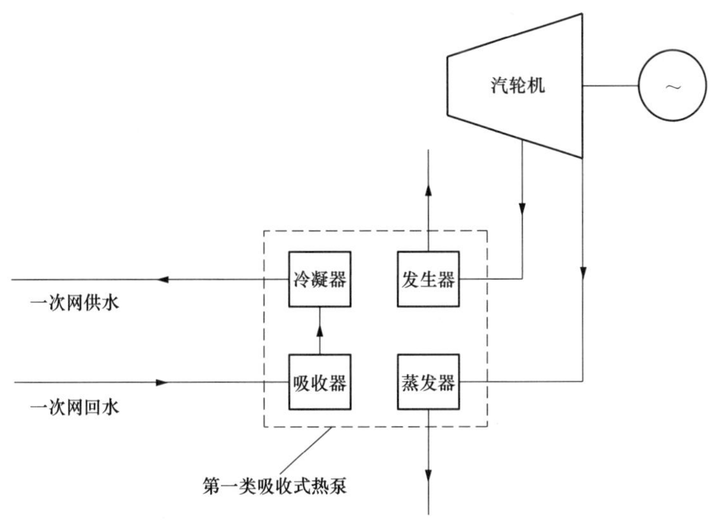

图5-16　热泵取代凝汽器供热系统图

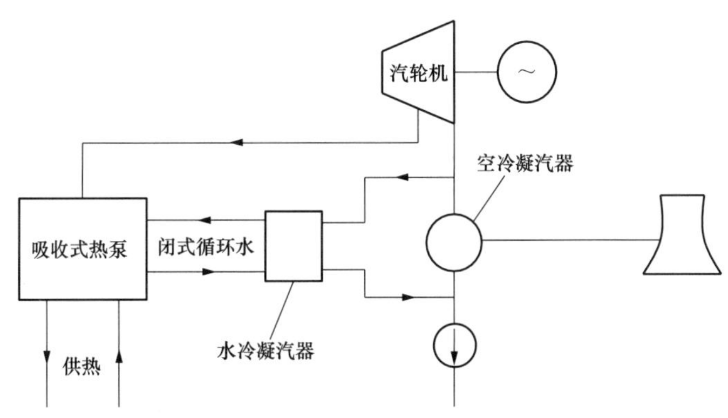

图5-17　热泵取代凝汽器供热系统图

4.2　电厂应用吸式热泵供热的系统集成及优化

4.2.1　正逆耦合循环的物理能梯级利用机制

循环水出口温度不仅与汽轮机排汽压力存在一一对应关系，而且与热泵效率也直接相关，因此，选定循环水出口温度进行优化分析。为了快速找到系统的最佳设计，提出了一种简化算法，并结合性能试验验证优化算法的准确性。

在对供热机组的统计分析过程中，发现目前热电联供机组仍然有较大的节能潜力，常规抽凝机组的供热工艺流程图如图5-18所示。这主要表现在：①对于抽汽供热机组，由于最小进汽量的限制，部分进入汽轮机的蒸汽必须从排汽口排出，但由于排汽温度较低，所以被作为废热排放掉了；②在设计供热机组时，部分机组的抽汽参数达到200℃以上，然而热网的供回水温度较低仅为60℃/90℃，大温差换热就造成了大的㶲损失。

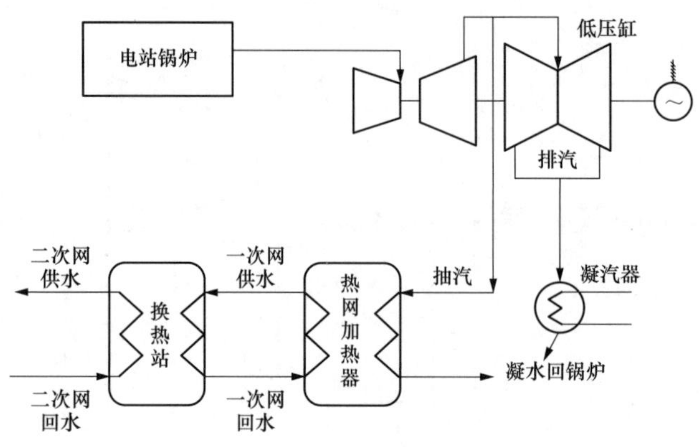

图5-18 常规供热工艺流程图

正逆耦合循环的系统图如图5-19所示，利用热泵技术，以汽轮机的抽汽作为驱动力，回收汽轮机排汽的热量。吸收式热泵有三种工质：①低温热源，热泵从中提取热量，如用于冷凝汽轮机排汽的循环水；②驱动热源，用来驱动热泵正常工作，如汽轮机的抽汽；③被加热的工质，如热网水。

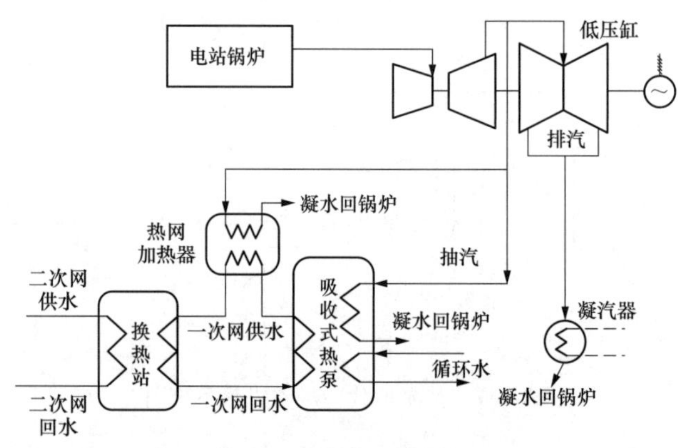

图5-19 吸收式热泵供热新系统流程图

常规抽凝机组的原理如图5-20所示，输入汽轮机高温蒸汽的热能一部分被转化为更高品位的电能，一部分被用于供热，其余的以冷源损失的方式被汽轮机排出。抽汽的温度一般要远高于供热所需要的温度，供热温度和抽汽温度的差值较大一般为几十甚至上百摄氏度，大的传热温差造成了大的㶲损失。在正逆耦合循环中，利用抽汽与热网水之间的换热过程存在的㶲作为驱动力，以热泵为杠杆将汽轮机30℃左右的排汽低品位热量提升至80℃左右，用来加热热网回水。从整个系统来看，实现了热网水的两级加热，减小了换热温差，提高了系统的㶲效率，其原理图如图5-21所示。

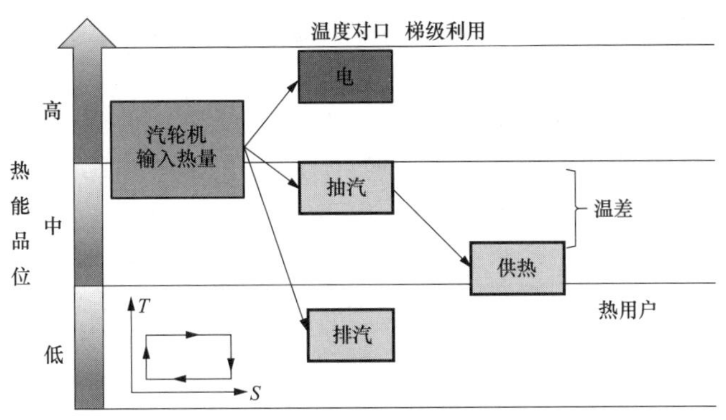

图5-20 传统系统原理图

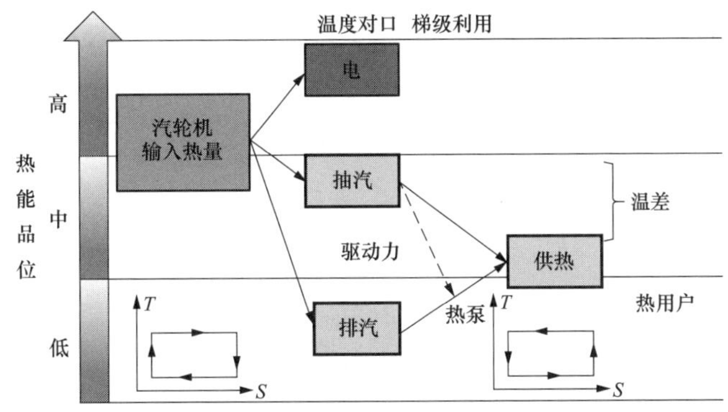

图5-21 吸收式热泵供热新系统原理图

4.2.2 吸收式热泵设计的系统优化

1. 系统设计优化模型

循环水出口温度不仅与汽轮机排汽压力存在一一对应关系，而且与热泵效率也直接相关，因此，选定循环水出口温度进行优化分析。为了快速找到系统的最佳设计，提出了一种简化算法，并结合性能试验验证优化算法的准确性。

在额定抽汽工况下，单位质量的驱动蒸汽，若在汽轮机低压缸做功出力设为 P_1，若作为热泵的驱动蒸汽放热量设为 Q_1；单位质量低压缸排汽在循环水入口温度为 t_2 时，在凝汽器的放热量设为 $Q_2(t_2)$，对应的蒸汽在汽轮机的出力设为 $P_2(t_2)$；则，当 t_2 等于额定工况下的温度 t_0 时，$Q_2(t_2)=Q_2$，$P_2(t_2)=P_2$。

当热泵的驱动蒸汽压力、热网水进口和出口的温度为定值时，热泵效率主要为循环水出口温度 t_2 的函数，即

$$COP=f(t_2) \tag{5-30}$$

为了使吸收式热泵能够正常工作，一般选择的循环水温度 $t_2>t_0$。当循环水温度提高后，汽轮机的排汽压力就会随之升高，从而造成了汽轮机的出力减少。汽轮机的出力由蒸汽参数（流量、温度、压力）、汽轮机的效率和汽轮机的排汽压力决定。假定蒸汽参数和汽轮机的效率均不变，则单位质量汽轮机排汽造成的出力减少量为

$$\Delta P_2=P_2-P_2(t_2) \tag{5-31}$$

另外，回收 t_2 温度下单位质量的排汽热量，需消耗部分抽汽来驱动热泵，此时减少的汽轮机出力为

$$\Delta P_1 = Q_2(t_2)/(COP-1)/Q_1 \times P_1 \tag{5-32}$$

因此，忽略循环水泵耗功，相对于额定抽汽工况，当循环水出口温度为 t_2 时，为了回收单位质量的排汽余热而减少的总做功出力为

$$\Delta P = P_2 - P_2(t_2) + Q_2(t_2)/(COP-1)/Q_1 \times P_1 \tag{5-33}$$

为了使本系统的效率最高，应使回收单位质量汽轮机排汽余热造成减少的汽轮机出力最小，即 $\min\Delta P$。

其中

$$\frac{\mathrm{d}\Delta P}{\mathrm{d}t_2} = \mathrm{d}\left[P_2 - P_2(t_2) + \frac{Q_2(t_2)}{COP(t_2)-1} \times \frac{P_1}{Q_1}\right] /$$

$$\mathrm{d}t_2 = \frac{P_1}{Q_1} \times \frac{\mathrm{d}\{Q_2(t_2)/[COP(t_2)-1]\}}{\mathrm{d}t_2} - \frac{\mathrm{d}P_2(t_2)}{\mathrm{d}t_2} \tag{5-34}$$

已知 $P_2(t_2)$ 随着 t_2 的增加逐渐减小，故

$$\frac{\mathrm{d}P_2(t_2)}{\mathrm{d}t_2} < 0 \tag{5-35}$$

若热泵的设计效率 COP 不随循环水温度 t_2 变化，则根据汽轮机的特性可知

$$\frac{P_1}{Q_1} \times \frac{\mathrm{d}\{Q_2(t_2)/[COP(t_2)-1]\}}{\mathrm{d}t_2} > 0 \tag{5-36}$$

因此，$\frac{\mathrm{d}\Delta P}{\mathrm{d}t_2}$ 恒大于零。也即 ΔP 随着 t_2 的增加而增加，故为了使系统效率最高，应该在满足热泵要求的情况下，尽量选取较小的 t_2，但是这会造成设计的热泵设备成本很大。

对于实际热泵，其 COP 随着 t_2 的增加而增大。

当 $\frac{P_1}{Q_1} \times \frac{\mathrm{d}\{Q_2(t_2)/[COP(t_2)-1]\}}{\mathrm{d}t_2} < 0$ 时，即存在 $\frac{\mathrm{d}\Delta P}{\mathrm{d}t_2} = 0$ 或 $\frac{\mathrm{d}\Delta P}{\mathrm{d}t_2} < 0$。

若小于零时，则为了使得系统效率最高，应该在满足汽轮机排汽压力要求的情况下，尽量选取较大的 t_2；若等于零时，则系统效率存在极值。

2. 实例分析

以东北区域某热电联供电厂的 300MW 亚临界机组为例，建立了数学模型。根据优化结果，将汽轮机的排汽压力提高至 8kPa，此时热泵的 COP 为 1.74，热泵出口的水温为 84℃。为了使热网的出水温度达到 90℃，经过优化后，汽轮机的抽汽量为 403t/h，其中约 281t/h 的抽汽作为热泵驱动热源。300MW 亚临界机组在纯凝设计工况、额定抽汽工况及采用吸收式热泵的系统性能见表 5-4。

表 5-4　300MW 亚临界机组不同方案的性能比较

名称	纯凝工况	抽凝工况	新系统
输入能量（MW）	724.2	754.0	754.0
锅炉损失（MW）	72.4	75.4	75.4
汽轮机排汽损失（MW）	345.6	190.4	0.0
辅机能耗及其他（MW）	21.1	22.8	34.5
供电功率（MW）	285.0	237.4	214.0
供热量（MW）	—	228.0	430.1

续表

名称	纯凝工况	抽凝工况	新系统
能量利用率（%）	39.4	61.7	85.4
系统㶲效率（%）	37.9	34.5	35.2
供热㶲效率（%）	—	46.8	62.0

从表5-4中可以看出，该机组在纯凝设计工况下，供电效率约39.4%，㶲效率约37.9%。其中，能量利用率为系统输出的能量占输入能量的百分比，系统㶲效率为系统输出㶲占输入㶲的百分比。在额定抽汽量340t/h的情况下，机组的能量利用率提高至61.7%，这主要是由于汽轮机的排汽损失减少了约155.2MW；但㶲损失减少至34.5%，这主要是由于汽轮机抽汽的品位较高为248℃、0.4MPa的中温蒸汽，而加热的热水仅从60℃加热到90℃，大温差造成了较大的㶲损失，致使系统的㶲效率下降了3.4个百分点。

而采用热泵技术后，由于回收了汽轮机的全部排汽热量，使得系统的能量利用率提高至85.4%。同时由于汽轮机的排汽品位较低，利用热泵技术，以汽轮机抽汽作为驱动力，提高了其品位，减少了换热温差，供热过程的㶲效率由原来的46.8%提高至62.0%，系统的㶲效率提高至35.2%，提高了0.7个百分点。其中供热系统的㶲效率为输出热量㶲占输入热量㶲的百分比。

此外，从表5-4中可以看出系统的供电功率减少了约23.4MW，其原因包括：新系统将排汽压力提高至8kPa造成系统发电功率下降10.5MW，抽汽量增加使得系统发电功率减少12.3MW，另外由于新增设备后的热泵功耗、热网泵功耗等使得厂用电新增约0.6MW。

根据以上设计原则，该利用热泵回收循环水余热用于供热的项目于2013年建成投产，于2013年12月26日开展性能试验，性能试验的数据见表5-5所示。试验表明，理论分析数据与性能试验情况基本吻合，误差不超过5%。因此，证明了该简化算法具有较高的准确性，可作为新建项目的设计计算依据。

表5-5　　性能试验主要结果分析

名称	性能工况1	性能工况2	性能工况3
汽轮机排汽压（kPa）	7.2	8.1	8.9
管道效率（%）	99	99	99
锅炉效率（%）	92	92	92
汽轮机吸热量（MW）	712.5	711.5	717.8
汽轮机排汽损失（MW）	0	0	0
供电功率（MW）	225.4	229.0	226.8
供热量（MW）	425.3	430.5	432.2
能量利用率（%）	83.2	84.4	83.6
系统㶲效率（%）	34.8	35.1	34.9
供热㶲效率（%）	61.5	61.8	61.6

4.2.3　吸收式热泵运行的背压优化

1. 试验机组基本情况

型号：C300/230-16.7/0.35/537/537；

型式：亚临界、中间再热、采暖抽汽式汽轮机；

额定、最大功率：300、341MW；

主蒸汽压力、温度：16.7MPa、537℃；

再热蒸汽压力、温度：3.04MPa、537℃；

额定、最大蒸汽流量：872600kg/h、1025000kg/h；

额定采暖抽汽压力、流量：0.35MPa、430000kg/h；

采暖抽汽压力范围：0.245～0.688MPa；

额定排汽压力：4.9kPa；

机组额定工况热耗：7689kJ/kWh。

2. 吸收式热泵设计参数

型号：XRI2.2-36/27-4070（50/78）；

驱动蒸汽参数：0.22MPa、36940kg/h；

低温热水参数：36/27℃（进出口温度）、1585t/h；

热水参数：50/78℃（进出口温度）、1250t/h；

制热量：40.7MW。

3. 性能参数计算方法

进行试验热耗率计算时，公式如下

$$HR_p=\frac{F_{zs}(H_{zs}-H_{zw})+F_{cz}(H_{cz}-H_{cm})-Q_h}{P_r} \tag{5-37}$$

式中 HR_p——试验热耗率，kJ/kWh；

F_{zs}——主蒸汽流量，kg/h；

H_{zs}——主蒸汽焓值，kJ/kg；

H_{zw}——主给水焓值，kJ/kg；

F_{cz}——再热蒸汽流量，kg/h；

H_{cz}——热再热蒸汽焓值，kJ/kg；

H_{cm}——冷再热蒸汽焓值，kJ/kg；

Q_h——机组总供热量，kJ/h；

P_r——发电机终端输出功率，kW。

进行发电机功率计算时，公式如下

$$P_r=K_wK_{pt}K_{ct}(W_1+W_2) \tag{5-38}$$

式中 K_w——仪表常数；

K_{pt}——电压互感器的变比；

K_{ct}——电流互感器的变比；

K_1、K_2——功率变送器实测值。

吸收式热泵系统的热经济衡量标准之一为性能系数 COP，公式如下

$$COP=\frac{Q_f+Q_e}{Q_f}=1+\frac{Q_e}{Q_f} \tag{5-39}$$

式中 Q_f——驱动蒸汽耗热量，kJ/h；

Q_e——循环水余热回收量，kJ/h。

利用一次能耗率进行系统效益分析，一次能耗率 PER 是指一次能源消耗量与输出量的

比值，公式如下

$$PER = \frac{Q_{tp}}{Q_h + P_e} \tag{5-40}$$

式中　Q_{tp}——热电系统消耗的一次能源总量，kJ/h；

P_e——热电系统供出的总电量，kW。

一次能耗率表示为一定能量输出时系统所消耗的一次能源量，其值越小，代表该系统消耗的一次能源量就越少。

4. 背压因素影响的试验结果分析

进行试验时，依据研究对象需改变某一变量而保持其他变量基本恒定，从而分析该变量的影响。试验背压取值范围 6.5～12.0kPa，共得到了 12 种工况的试验数据，见表 5-6。性能参数的计算结果见表 5-7。

表 5-6　　不同运行工况下的试验数据

项目	工况 1	工况 2	工况 3	工况 4	工况 5	工况 6	工况 7	工况 8	工况 9	工况 10	工况 11	工况 12
主汽温度（℃）	539.63	540.38	541.95	540.88	540.94	534.40	536.25	538.58	537.53	539.72	538.23	537.08
主汽压力（MPa）	17.04	16.28	16.78	16.53	16.28	16.59	16.53	15.83	16.52	16.63	16.64	15.67
冷再温度（℃）	318.94	324.45	322.08	321.47	321.69	316.97	327.54	331.64	325.10	331.44	332.07	335.89
冷再压力（MPa）	3.30	3.35	3.23	3.23	3.23	3.28	3.71	3.60	3.47	3.75	3.82	3.77
热再温度（℃）	536.78	540.59	543.54	547.35	542.37	539.73	533.54	533.78	535.24	541.50	541.33	532.23
热再压力（MPa）	2.99	3.02	2.90	2.90	2.90	2.98	3.33	3.26	3.14	3.39	3.45	3.41
冷再流量（t/h）	722.93	736.53	711.00	707.58	704.91	722.01	832.90	811.64	786.39	819.91	824.23	820.04
给水流量（t/h）	833.69	851.73	820.30	815.17	812.40	832.53	967.29	942.57	911.37	952.54	958.54	955.31
给水压力（MPa）	18.60	17.95	18.19	17.94	17.94	18.14	18.49	17.73	18.22	18.54	18.57	17.81
给水温度（℃）	265.08	266.51	264.65	263.99	263.99	264.69	271.51	271.03	268.43	272.65	273.71	273.69
热网抽气压力（MPa）	0.39	0.39	0.37	0.38	0.38	0.38	0.38	0.39	0.39	0.39	0.41	0.40
热网抽气温度（℃）	251.07	252.81	254.87	259.32	255.41	252.61	233.83	244.33	244.91	242.14	243.99	237.32
热网疏水温度（℃）	72.74	73.62	68.60	68.60	68.16	70.35	66.14	69.93	70.79	70.61	66.94	70.77
热网抽汽流量（t/h）	82.52	92.57	89.07	63.57	60.25	64.85	36.35	146.05	142.39	134.84	105.13	136.30
总抽汽流量（t/h）	307.33	302.31	292.10	273.52	273.56	275.11	246.05	374.13	360.80	361.98	314.65	362.09
热泵疏水压力（MPa）	0.91	0.95	0.92	0.90	0.90	0.91	1.04	1.00	0.99	1.07	1.07	1.04
热泵疏水温度（℃）	51.25	50.61	49.64	50.34	50.39	50.22	50.63	52.08	51.14	52.03	51.91	52.08
热泵疏水流量（t/h）	244.51	228.24	221.42	229.55	232.61	228.81	225.38	246.98	236.76	245.82	226.39	243.29
机组功率（MW）	212.25	221.20	220.81	219.56	219.99	219.96	267.61	244.49	238.12	263.59	273.63	257.06
机组背压（kPa）	11.85	9.06	7.51	7.04	6.51	8.35	10.13	10.21	9.00	10.18	11.02	10.82
循环水入口温度（℃）	33.68	26.60	26.37	23.42	22.24	26.49	28.60	30.78	28.84	30.26	29.68	31.72
循环水出口温度（℃）	43.59	36.68	36.32	33.49	32.36	36.55	38.72	40.88	39.06	40.43	39.65	41.84
进热泵循环水流量（t/h）	7770.01	7379.77	6814.66	7326.44	6835.29	7315.90	6835.28	8354.03	6838.77	5482.95	5449.23	8358.61
出热泵热网水温度（℃）	78.84	75.56	74.59	74.47	74.16	75.55	75.82	78.67	76.84	77.77	77.31	78.78
进热泵热网水温度（℃）	46.08	46.32	46.12	46.12	46.12	46.12	46.42	46.62	46.62	46.87	46.72	46.62
进热泵热网水流量（t/h）	7625.75	7519.20	7564.85	7541.34	7550.70	7549.31	7479.11	7484.92	7465.64	7468.19	7487.96	7474.17

表 5-7　　不同运行工况下的性能计算

工况	余热回收量（MW）	机组总供热量（MW）	热泵系统 COP	热耗率（kJ/kWh）	一次能耗率
工况 1	89.55	321.24	1.525	5079.57	1.164
工况 2	86.51	314.56	1.542	5197.15	1.183
工况 3	78.86	300.35	1.509	5123.30	1.179
工况 4	85.80	293.98	1.534	5239.75	1.195
工况 5	80.45	288.16	1.495	5263.36	1.200
工况 6	85.59	293.88	1.535	5342.16	1.207
工况 7	80.45	264.72	1.511	5923.00	1.324
工况 8	98.13	378.31	1.570	4569.95	1.106
工况 9	81.28	351.52	1.492	4821.33	1.137
工况 10	64.85	335.33	1.379	4939.46	1.164
工况 11	63.18	299.27	1.400	5253.28	1.219
工况 12	98.38	367.91	1.580	4524.05	1.106

保持热网水进热泵温度基本不变、循环水进热泵流量和循环水进出热泵温差基本不变，可得两组试验对比数据，另外，两组试验数据的进出热泵循环水温差也基本相同，见表 5-8。

表 5-8　　背压对热泵性能的影响分析

第一组				
工况	工况 4	工况 6	工况 2	工况 1
背压（kPa）	7.04	8.35	9.06	11.85
余热回收量（MW）	85.80	85.59	86.51	89.55
热泵系统 *COP*	1.534	1.535	1.542	1.525
第二组				
工况	工况 5	工况 3	工况 9	工况 7
背压	6.51	7.51	9.00	10.13
余热回收量（MW）	80.45	78.86	81.28	80.45
热泵系统 *COP*	1.495	1.509	1.492	1.511

由表 5-8 可知，在第二组数据中，工况 9 时，热泵 *COP* 反而出现了降低，具体分析可知，主要是由于此时循环水进热泵温度偏低及热网水出热泵温度偏高，从而引起热泵性能降低。在第一组数据中，随着背压的升高，热泵 *COP* 先增加后降低，这则是因为循环水进热泵温度与热网水出热泵温度都随着背压升高而逐渐增加；随着两者温度的增加，先是循环水进热泵温度起主要影响作用，随后由热网水出热泵温度起主要影响。特别是工况 1 时，在热网水进热泵流量基本不变时，增大余热回收量，将引起热网水出热泵温度显著升高，所以此时热泵 *COP* 出现降低。由此说明，热泵运行时存在最佳的机组背压，其最佳背压受机组低压缸排汽量和外界热负荷的影响较大，因为此两者参数都会引起循环水进热泵温度和热网水出热泵温度的变化。

另外，第一组数据与第二组数据相比，热泵 *COP* 明显较大一些，具体分析可知主要原因是第一组循环水流量大于第二组，相同余热回收量下，可以减小换热温差，同时增大换热系数。

由表 5-9 可知，在第三组数据中，当机组背压基本相同时，工况 7 时的一次能耗率和热耗率最大，主要则是因为该工况下的机组总供热量最小。在第四组数据中，工况 10 与工况 11 相比较，工况 11 的机组背压高、抽汽供热量小、余热回收量小，所以其一次能耗率与热耗率较大；工况 10 与工况 12 相比较，虽然工况 12 的机组背压偏高，但其余热回收量较大，所以工况 12 的一次能耗率与热耗率较低；此三种工况相比并结合背压对热泵的影响可知，相对于其他变工况来说，当机组的排汽量较小时，机组背压对机组整体能耗影响较小，可以通过提高机组背压来增加余热回收量。

表 5-9　　不同运行工况下的性能计算

第三组			
工况	工况 7	工况 8	工况 10
背压	10.13	10.21	10.18
余热回收量（MW）	80.45	98.13	64.85
机组总供热量（MW）	264.72	378.31	335.33
热耗率（kJ/kWh）	5923.00	4569.95	4939.46
一次能耗率	1.324	1.106	1.164
第四组			
工况	工况 10	工况 11	工况 12
背压	10.18	11.02	10.82
余热回收量（MW）	64.85	63.18	98.38
机组总供热量（MW）	335.33	299.27	367.91
热耗率（kJ/kWh）	4939.46	5253.28	4524.05
一次能耗率	1.164	1.219	1.106

通过以上试验数据的分析，可以发现：①热泵运行时存在最佳的机组背压，其最佳背压受机组低压缸排汽量和外界热负荷的影响较大。②一般情况下，增大余热回收量一定程度上可以增加热泵系统的性能。③当机组的排汽量较小时，机组背压对机组整体的能耗影响较小，可通过提高机组背压来增加余热回收量。

5. 背压对整体系统性能的影响

结合背压对整体系统关键性能参数的影响，进行分析，结果如下。

机组背压对吸收式热泵的 *COP* 和制热量的影响，基本成线性关系，且随着背压的升高，*COP* 和制热量的值也逐渐升高，如图 5-22 所示。其中，机组背压每增加 5kPa，吸收式热泵的制热能力增加 20%以上。

低压缸发电量随着背压的变化曲线如图 5-23 所示，在相同背压下，机组排汽量越大，机组的发电量越高；在相同的排汽量下，机组背压越高，机组的发电量越高。这是因为排汽量一定时，机组背压升高，可利用的余热量增加，利用余热替代高参数抽汽的能力增加，减少了高参数抽汽，降低了高参数抽汽的做功能力损失。另外，低压缸的排汽量越小，机组背压的增加对机组出力的影响越小。

由图 5-24 可以得出两点结论：①不同工况下存在着不同的最佳背压，使得机组的煤耗最小；②机组对外的供热量越大，机组的最佳背压越高。

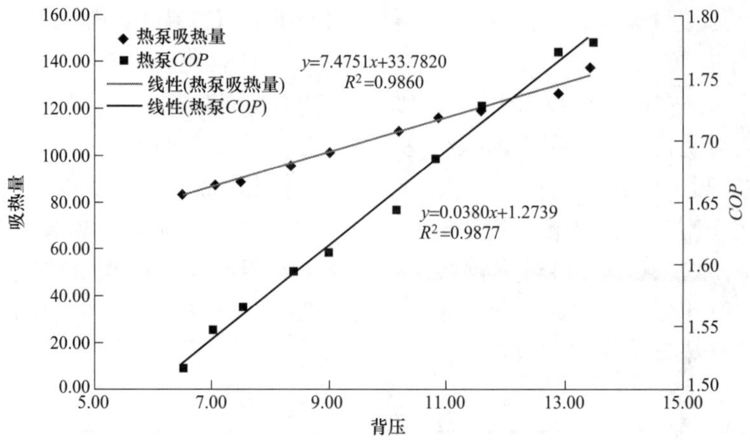

图 5-22 热泵性能随背压的变化曲线

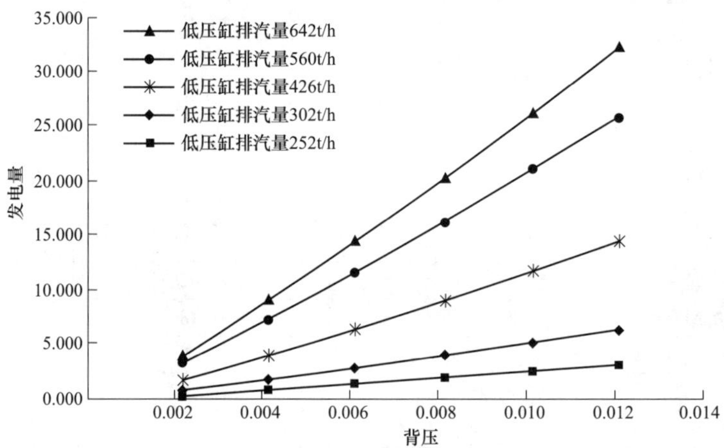

图 5-23 低压缸发电量随背压的变化曲线

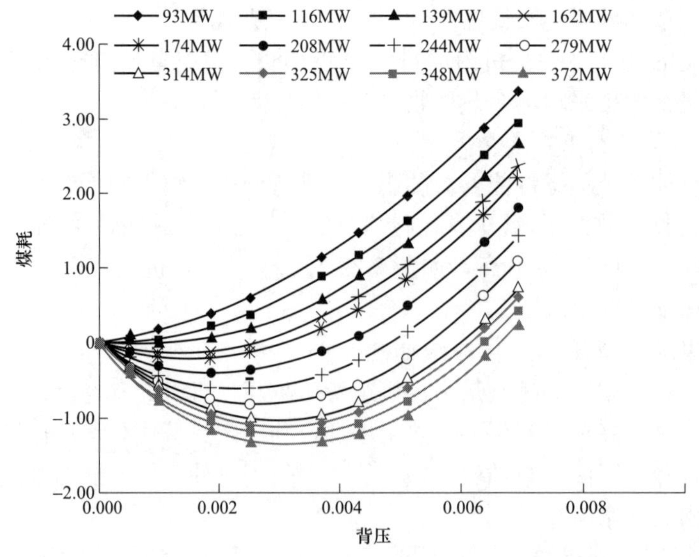

图 5-24 机组整体煤耗随机组背压的变化关系曲线

第 6 章

新型凝抽背供热技术

第 1 节　新型凝抽背供热技术背景

具体分析可知，纯凝式汽轮机组大约有 40%的冷端余热通过冷却塔散热而排放至环境中，即使对于抽汽式汽轮机组来说，在最大抽汽工况下，为保证机组安全运行，仍有约 20%的冷端余热被排放。这部分余热由于品位低而无法直接利用，以至于被排放浪费，造成了很大的冷端热损失。而背压式汽轮机组，通过提高机组背压来增加循环水的温度，并将循环水输送至外界热用户来满足采暖需求。背压式机组由于不存在冷端损失，因此理论上可以理解为能源利用效率接近于 100%。因此，国家为促进国内能源利用效率的整体提升，大力倡导在推行集中供热时优先采用背压式汽轮机组。但是，背压式汽轮机组的运行方式为“以热定电”，对外供热负荷受机组出力的限制。当外界无热负荷需求时，机组只能停运，以及当前为促进新能源电力的消纳，对火电灵活性运行的要求越来越高，特别是国家出台了相关政策要求火电机组积极参与电力调峰之中。这些因素严重限制了背压式汽轮机组的应用场合。例如在一般情况下，热力市场是需要逐渐培育才能实现热负荷需求的不断增长。在发展初期时，外界热负荷需求较小，不足以支撑背压式汽轮机组的运行，此时投资建设背压式汽轮机组，必然造成投资浪费；而当热力市场发展完备时，虽然热负荷需求达到建立背压式汽轮机组的要求，但是此时热负荷需求都已经存在自己的热源供给满足，若再推行背压式汽轮机组，必然需要关闭之前的热源，这也造成了热源侧重复性投资，产生投资浪费。

为了解决上述问题，人们提出了凝抽背（NCB）供热技术，具体是指机组在供热工况时可以实现纯凝（N）、抽汽（C）与背压（B）三种工况间的在线切换。当前，可以实现汽轮机组在纯凝、抽汽与背压三种工况之间在线切换的 NCB 技术有 3S 离合器技术、NCB 新型专用供热机组，以及本书编写团队自主开发的新型凝抽背供热技术。下面主要针对前两种技术展开介绍，第三种技术将在第 2 节进行详细的描述。

1.1　3S 离合器的运行方式

3S 离合器是一种通过棘轮棘爪定位、齿轮传递功率的离合器，主要有三大部分组成：输入法兰、输出法兰和滑移组件。输入法兰与汽轮机低压转子相连，输出法兰与高中压转子相连，滑移组件是离合器内部的滑动部分，它能够轴向双向滑移，从而实现了离合器的啮合或脱开，通过离合器的啮合或脱开来实现低压汽轮机工作的投入或脱离。

如图 6-1 所示，3S 离合器设置在汽轮机高中压转子和低压转子之间，发电机前置与汽轮机高中压转子连接。当3S离合器啮合时，汽轮机高中压转子和低压转子一起带动发电机，机组可以运行在纯凝或抽凝工况；当切断低压缸进汽时，3S离合器脱开，低压转子停止运行，仅高中压转子带动发电机，机组中压排汽全部用于抽汽，机组运行于背压工况。

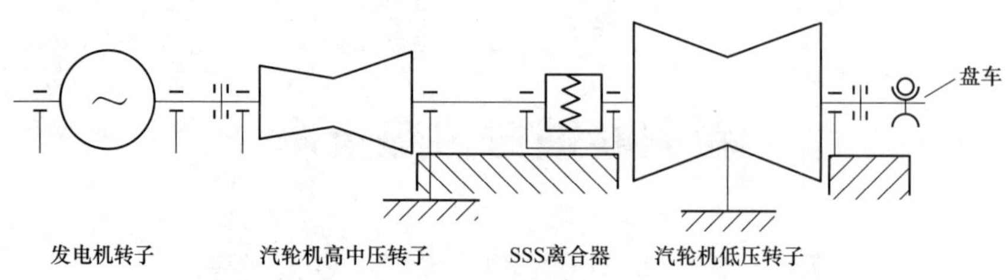

图 6-1　带 3S 离合器的机组示意图

目前，带有3S离合器的汽轮机组已经在我国多台燃气-蒸汽联合循环机组中得到应用。但是由于发电机必须设置在高压缸一侧，导致该技术无法适用于现有机组的改造要求。这是因为电厂中的发电机一般布置于汽轮机的低压侧。

1.2　NCB新型专用供热机组

NCB新型专用供热机组是由徐大懋等专家提出，技术特点是在抽凝式供热机组的基础上，采用2根轴分别带动2台发电机，即高中压缸转子和低压缸转子分别单独连接一台发电机组，如图6-2所示。该新型机组同时具有背压式和抽汽式机组的优点，又克服了两者的缺点。

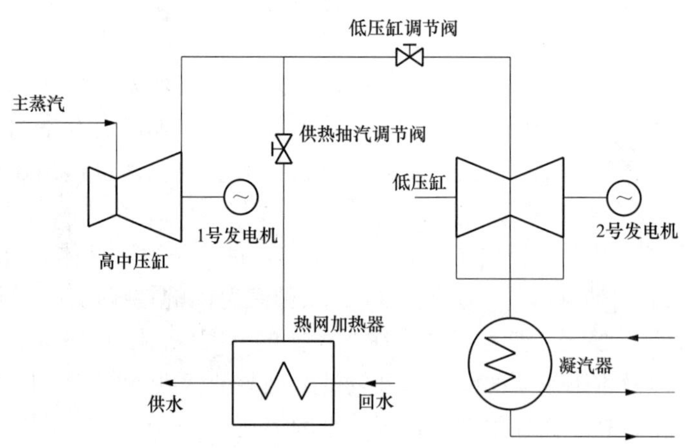

图 6-2　NCB 新型专用供热机组流程图

在非供热期，供热抽汽控制阀全关、低压缸调节阀全开，汽轮机呈纯凝工况运行，具有纯凝式汽轮机发电效率高的优点。在正常供热期，上述两阀都处于调控状态，汽轮机呈抽汽工况运行，具有抽凝式汽轮机的优点，即不仅对外抽汽供热，而且还可以保持高的发电效率。在高峰供热期，供热抽汽调节阀全开、低压缸调节阀全关，汽轮机呈背压工况运行，具有背压供热汽轮机的优点，可实现中压排汽全部对外供热，消除冷端余热损失；此时低压缸部分处于低速盘车状态，可随时投运。整个机组的特点是供热期与非供热期都具有很高的效率。

NCB新型专用供热机组可以最大限度地利用品位适中的高中压缸排汽，大大减少了冷源余热损失。这是一个大容量机组低真空运行的新思路，但机组改造范围较大，存在技术风险，目前该技术还处于理论研究阶段。

通过以上分析可得出，以上两种凝抽背供热技术虽然均可以实现汽轮机在抽汽、纯凝、背压三工况之间的在线切换。但是该两种技术的系统流程与传统汽轮机组相比，都发生了相对的变化，只适用于新建电厂；而对于已建成投产的电厂来说，无法进行推广应用。

近年来由于我国电力发展局势发生变化，尤其可再生能源爆发式的增长，火电机组和新能源如水电、风电矛盾突出，部分地区出现了严重的弃风问题。传统热电联产机组由于认知理念的缘由，低压缸必须保证足够的进汽量维持正常运行，也就是通常所说的必须保证低压缸最小进汽流量，受制于热电比，为了保证供热，机组必须有较高的电负荷，热电无法解耦，机组无法深度调峰。

当前，我国火电机组面临的巨大挑战就是如何对已建成投产的大量汽轮机组进行改造，解决此类机组的冷端余热损失大、供热能力不足以及电力调峰能力不足的问题，这也是当前亟需解决的难题。

第2节　新型凝抽背供热技术介绍

2.1　国外成功应用案例

案例一：丹麦Vattenfall公司纯凝407MW热电联产机组，通过中低压缸连通管阀门的关闭作用，实现切除低压缸进汽的背压供热运行方式，同时为防止低压缸在高真空状态下“空转”运行产生鼓风热引起超温现象，低压缸引入7t/h左右的冷却蒸汽，并搭配后缸喷水装置，使得低压缸排汽温度维持在合理范围内，图6-3为此机组深度调峰系统图。

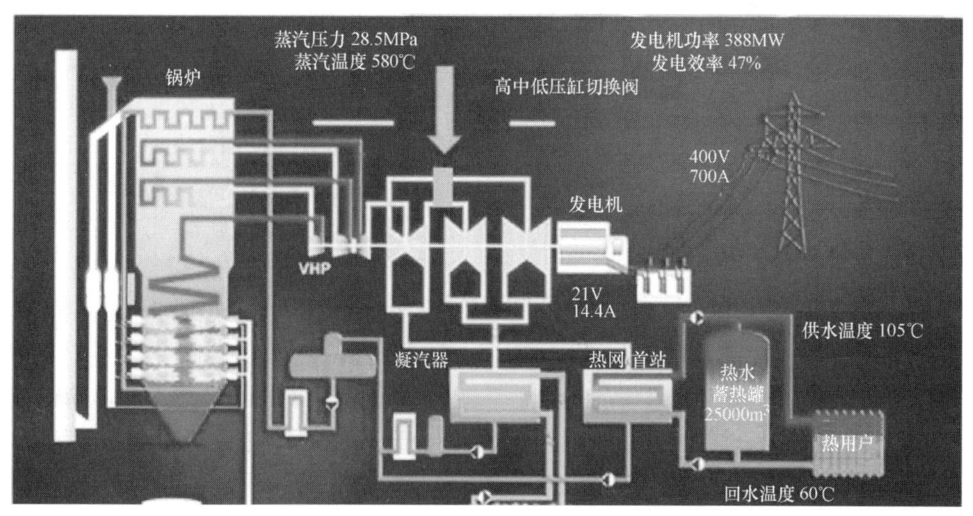

图6-3　407MW机组深度调峰系统图

案例二：ABB公司的双缸双排汽200MW热电联产机组，此机组也具有切除低压缸进汽的背压工况供热能力。通过中低压缸连通管阀门的关闭作用，实现切除低压缸进汽的背压供热运行方式，同时为防止低压缸在高真空状态下“空转”运行产生鼓风热引起超温现象，低压缸引入约4t/h的冷却蒸汽，并搭配后缸喷水装置，使得低压缸排汽温度维持在合理范围内。

综合分析，国外汽轮机可实现切除低压缸进汽的背压供热运行方式，而国内汽轮机的低压缸则需要保证最小进汽流量以实现机组的安全运行，存在此差别的主要原因在于国外汽轮机设计与国内存在着明显的差异。国外汽轮机的低压缸进汽压力基本在0.1MPa以下，国内热电机组的低压缸进汽压力则为0.2～0.5MPa，特别是由纯凝机组改为供热机组，其低压缸进汽压力则在0.7MPa以上，机组设计参数的差异化使得国内汽轮机运行无法直接照搬国外汽轮机切除低压缸进汽的背压供热工况运行。

2.2 技术发展历程

2016年8月，在国家能源局的带领下，电力规划设计总院组织国内包括华电电力科学研究院在内的首批火电灵活性试点单位赴丹麦、德国等国家调研学习。在调研过程中，发现欧洲许多电厂的效率均超过90%，华电电力科学研究院供热团队负责人即本书作者结合之前的理论分析，并基于能量平衡原理，推断出这种工况下，汽轮机低压缸基本不进汽。

针对这种情况，本书作者带领研究团队对国外技术进行了深入的调研和考察，发现国外的运行方式，与前期的理论分析结果完全吻合。同时，根据国内与国外汽轮机设计理念、参数的差异，原创性地开发出适应国内汽轮机的新型凝抽背供热技术，这是一种可以在线实现汽轮机在纯凝（N）、抽汽（C）与背压（B）三种工况间灵活切换的供热技术。华电电力科学研究院供热团队围绕该技术形成了发明专利20余项，是华电电力科学研究院针对我国供热机组研发的拥有自主知识产权的新技术。

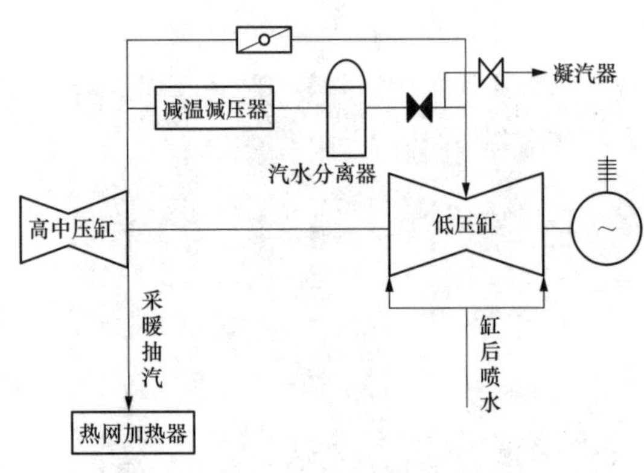

图6-4　新型汽轮机抽凝背技术系统示意图

新型凝抽背供热技术的特点是既可以在新机组上应用，也可以运用于现役机组的供热改造，与光轴转子、低真空供热等技术方案相比，具有投资少、改造范围小等优势。如图6-4所示为该技术的系统示意图。当外界热负荷需求急剧增长时，可以通过关断中低压缸联通管上的液压蝶阀来切除低压缸进汽，实现汽轮机中压缸的排汽全部对外供热，迅速提升机组的供热能力。此时汽轮机低压缸不再进汽做功，从而实现机组出力迅速降低，来快速响应电力调峰的灵活性运行。该技术核心是维持凝汽器在一个较高的真空度，同时保留低压缸一小股冷却汽流来维持低压缸的“空转”运行。

基于真空下汽轮机转子以一定速度转动不会产生热量的理论分析和国外汽轮机保持低压缸不进汽做功运行的长期经验，可以从理论上推出，汽轮机保持低压缸不进汽做功的运行方式是可以实现的。但是鉴于机组内部无法保持绝对真空的事实，当汽轮机低压缸不再进汽时，低压转子在实际运行中必然会产生一定的鼓风热。为克服这一技术难题，研究团队开发出一种低压缸冷却蒸汽系统，从而保证了新型凝抽背供热技术在实际工程中的长期稳定性运行。

该项技术突破了国内对汽轮机组的传统认知，实现了汽轮机在纯凝、抽汽、背压工况下的实时切换，特别是在背压工况下，保持了低压缸不进汽做功的长期稳定性运行，在满足锅炉稳燃的提前下，高中压缸可以根据供热和发电的综合需求进行电热匹配，在保证机组对外供热能力的同时，实现了机组深度调峰的灵活性运行，增加了电网对太阳能、风电等新能源电力的消纳能力，提升了电力能源的清洁度。

2.3　低压缸冷却技术

汽轮机实施新型凝抽背供热改造后，在背压工况运行时，高中压缸做功发电，低压缸不再进汽做功，中压排汽全部输出对外供热。此时低压转子仍与发电机连接处于高速运转中，而低压缸无法保证绝对的真空状态，转子叶片高速旋转势必会产生鼓风现象，低压缸温度升高，会对周围金属部件产生鼓风超温的危害，同时整个低压部分膨胀以及标高也会发生变化，给机组运行带来安全影响，因此需要对低压部分进行冷却。

低压缸最有效的冷却措施是从供热抽汽管道上，抽出一小股冷却汽流，通入低压缸内带走鼓风热量，如图 6-5 所示。其中，技术方案 1 是最简单的冷却方式，即直接加装一个小旁路，将中压缸排汽引入低压缸，利用调节阀和流量计控制进入低压缸的蒸汽流量；该技术方案的优势是设备少、操作简单，缺点则是进入低压缸的冷却蒸汽温度和压力不可调节，当冷却蒸汽温度较高时，无法起到冷却效果，甚至会产生加热低压缸的反作用，这将严重影响机组的运行安全性。另外，技术方案 2 和技术方案 3 均实现对进入低压缸的冷却蒸汽进行减温，达到了冷却蒸汽温度可调节的目的，但也存在一定的弊端。其中，技术方案 2 是利用板式换热器来实现减温的目的，但是板式换热器由于其自身工作性能的问题，减温后的蒸汽温度控制难度较大，若换热不均匀或蒸汽温度降低过大，有可能在内壁出现冷凝形成水滴，降低蒸汽的品质，带有水滴的蒸汽进入汽轮机低压缸，必然对机组的安全运行造成严重隐患。另外，若要达到良好的减温效果，所需板式换热器的换热面积过大，导致换热器体积庞大。技术方案 3 是通过喷水减温器利用减温水直接对蒸汽进行减温，但是这种方式也受到喷水减温器的性能限制；当喷水减温器性能较差时，在减温时存在着减温水不能完全汽化的风险，使得蒸汽中夹带着水滴，降低蒸汽的品质，此时蒸汽直接进入汽轮机，同样严重影响汽轮机组的安全运行，特别是对低压缸前几级叶片造成水蚀的风险。技术方案 4 则是在减温减压器后增加一套汽水分离装置，从而保证了在对冷却蒸汽实施减温减压的同时，提升冷却蒸汽的品质，消除了冷却蒸汽中夹带水滴的风险，从而保证了汽轮机组的安全运行。因此，技术方案 4 也是最佳的蒸汽冷却方式。

当汽轮机组频繁在抽汽工况与背压工况间切换运行时，若冷却蒸汽温度变化过快，很容易对汽轮机低压缸造成热冲击，形成热疲劳，影响机组的安全运行。为解决这个技术问题，需要冷却蒸汽系统具有根据低压缸温度变化控制冷却蒸汽温度缓慢变化的能力，从而保证低压缸在不同工况间切换时，不会产生过大的温度应力，造成热疲劳，进而影响机组的安全运行。

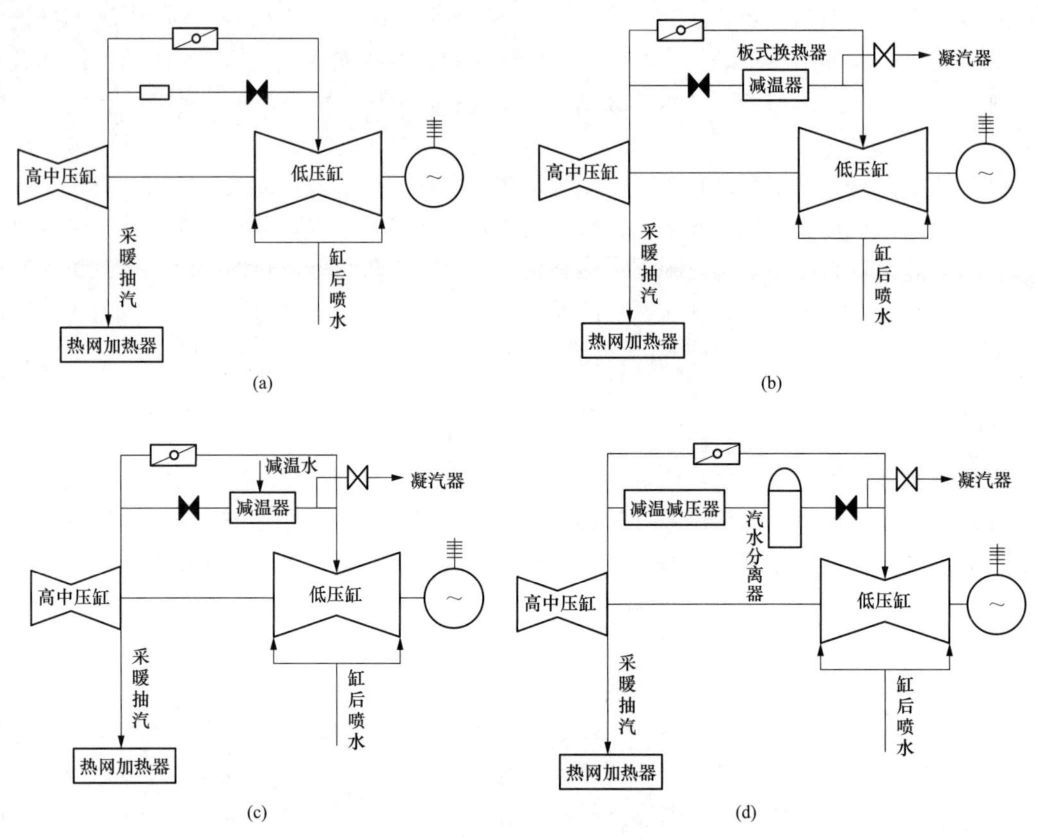

图 6-5　低压缸冷却技术示意图

(a) 冷却技术方案 1；(b) 冷却技术方案 2；(c) 冷却技术方案 3；(d) 冷却技术方案 4

另外，经计算与实验表明，冷却蒸汽经低压缸内的鼓风热加热后排出，排汽温度较高，存在超出安全温度范围的风险，此时仍需要在后缸布置喷水减温装置，通过喷水减温将排汽温度降至安全范围。但是冷却蒸汽的流量很小，此时的排汽易于出现回流，后缸喷水的长期投运，会对动叶造成水蚀，形成锯齿状损伤，影响机组的安全运行。此时则需要后缸喷水装置的喷水流量处于可以调节的状态，当在背压工况下排汽参数降低时，通过调节降低后缸喷水流量。当前汽轮机组的后缸喷水装置均是按照汽轮机启动时鼓风损失最大的工况进行设计，而且喷水流量不可调节。此时后缸喷水装置的喷水流量远大于低压缸不进汽做功时所需的流量。当后缸喷水流量过大时，易于造成水雾的凝结，形成水滴；当后缸喷水流量过低时，低流量喷水易造成水压不足，影响后缸喷水减温装置的雾化效果，也容易形成水滴。当后缸喷水夹带水滴时，易于被回流排汽带入低压缸末级及次末级，造成水蚀现象，危害叶片的安全。

为解决上述技术问题，需新设计一套后缸喷水系统，或者对现有后缸喷水系统进行改造，以满足低流量喷水的运行工况，提升喷水雾化效果。例如专利：一种汽轮机低压缸后缸喷水系统及调节方法（201711203739.2），对后缸喷水装置的喷嘴进行分组改造，以保证在低流量喷水的运行工况下喷嘴的雾化效果，提升低压缸不进汽做功运行时机组的安全性。

2.4　背压工况运行的安全性分析

新型凝抽背供热技术最大的特点是打破了对汽轮机原有认知理念的限制，实现了低压缸不再进汽做功，仅保持高中压缸背压工况下运行。而传统抽凝式汽轮机组在抽汽供热工况时，存在最大抽汽量的限制，这是因为传统设计的低压缸存在最小进汽量的限制，当低压缸进汽低于最小进汽量时，低压缸的运行工况严重偏离设计工况，造成鼓风损失，产生的鼓风热也严重影响着机组的安全。

当低压缸不再进汽做功后，低压缸仍保持着高真空状态下的“空转”运行，而理论上低压缸无法保持绝对的真空状态，此时可以理解为低压缸处于极小容积流量工况下运行，可以称为深度变工况。在深度变工况下，大功率汽轮机的最后几级叶片，特别是末级叶片，会出现叶片动应力升高、转子与叶片被加热、叶片水蚀、级的有效功率为负值等现象，严重影响着机组的安全性与经济性。

当机组负荷降低至一定值时，叶片根部将出现负反动度，同时还会出现动叶前后的逆压梯度，此时动叶后的静压力将大于动叶前的静压力，在这种汽流条件下将使得叶形表面的附面层增厚乃至脱离，为在根部形成一个较大涡流区创造了外部条件。当汽流在动叶片根部和静叶栅出口顶部出现汽流脱离，形成倒涡流区时，由于末级排汽湿度大，汽流中夹带的水滴随蒸汽一起倒流冲击叶栅，就形成了水蚀现象。水蚀使得根部截面积减小，大大削弱了叶片强度，对机组的安全运行将造成严重威胁。

1. 叶片水蚀分析

机组低压缸不再进汽做功的背压工况运行期间，极小流量的冷却蒸汽将会沿着叶高发生流动分离，末级叶片根部出现倒流涡区，甚至会扩大至整个低压缸内部。此时后缸喷水装置在运行时若喷水雾化效果较差，则会形成水滴，随着回流气流冲蚀叶片。根据第 13 章具体工程应用分析，冷却蒸汽在低压缸内是处于被鼓风热加热的状态，加热后的冷却蒸汽为过热蒸汽，其夹带水滴的能力有限。因此，虽然低压缸不再进汽做功运行时存在着水蚀的风险，但与机组低负荷运行工况相比，由于冷却蒸汽在低压缸内被加热至过热蒸汽，其叶片水蚀现象要优于机组低负荷运行工况。此时，可以通过改善冷却蒸汽系统的蒸汽温控及后缸喷水雾化的效果来提升蒸汽品质，降低叶片水蚀的风险。

2. 叶片颤振分析

在小容积流量工况下，动叶根部区域由于汽流脱离所造成的涡流和叶根处的汽流偏转而激发叶片的自激振动，即使在设计工况下调开叶片的固有频率，仍有可能由于自激振动而落入共振区，使叶片的动应力突增。由此，引起汽轮机叶片在小容积流量工况下动应力突增的因素是流体自激振动中的失速颤振。失速汽流对叶片所作的正功小于机械阻尼所消耗的功时，叶片从汽流吸收的能量不断被机械阻尼所消耗，叶片振动的振幅逐渐衰减，振动趋于消失。反之，叶片从汽流吸收的能量不断增加，叶片振动的振幅逐步加大，于是发生颤振。

在低压缸不再进汽做功的背压工况运行期间，低压转子在高真空条件下“空转”运行，而约 10t/h 的冷却蒸汽流量已经不在动应力临界区域内，此时失速汽流对叶片的激振力比较微弱，其对叶片所做的正功完全能够被机械阻尼所消耗，一般不会引起叶片颤振。

3. 鼓风损失分析

在鼓风工况下，机组消耗的机械功将转变为热能加热蒸汽，再进一步由蒸汽加热转子与静子。由于末级通流面积最大，在相对容积流量逐渐减小的过程中，末级最先达到鼓风工况。在低压缸不再进汽做功的背压工况运行期间，除了利用冷却蒸汽系统对低压缸内部进行冷却之外，还需要在末级后缸设置喷水减温装置。试验表明，后缸喷水减温装置投运时，若凝汽器真空较高，则末级动叶后汽温沿整个叶高都将降到排汽压力下的饱和温度。

2.5　背压工况下辅机系统运行优化

1. 抽汽加热系统

汽轮机实施凝抽背供热改造后，兼具纯凝、抽凝及背压三种运行工况，当机组背压供热期间，低压缸仅进入少量冷却汽流维持其缸内一个稳定的温度场，此时凝结水量很小，补水将对凝结水量产生较大的影响，因此运行中应关注补水等因素对凝结水量的影响，从而减少抽汽对冷却蒸汽流量的影响，保证足量的冷却汽流流到末几级长叶片处。

2. 凝汽器

凝汽器是将汽轮机排汽冷凝成水的一种换热器，又称复水器。凝汽器主要用于汽轮机动力装置中，分为水冷凝汽器和空冷凝汽器两种。凝汽器除将汽轮机的排汽冷凝成凝结水供锅炉重新使用外，还能在汽轮机排汽处建立真空和维持真空。

在正常工作中，凝汽器能接受下述排汽、疏水的回水，并良好除氧：①来自汽轮机旁路系统的蒸汽；②来自汽轮机的排汽，加热器疏水，汽轮机疏水，补给水及其他送入凝汽器的杂项回水及给水泵汽轮机排汽。

在低压缸不再进汽做功的背压工况运行期间，凝汽器依然需要维持较高真空，只是此时汽轮机的排汽量大幅减小，因此凝汽器的热负荷及所需的冷却循环水量也大幅减小，可以考虑循环水泵变频调节或与邻机上单侧冷却塔的方式维持凝汽器的运行状况。

3. 凝结水系统

汽轮机在背压工况运行期间，凝汽器的凝结水量大幅减少，可以开启凝结水泵出口再循环门来满足凝结水泵和汽封冷却器的正常工作；也可以考虑增加换热设备将热网疏水经减温后回到凝汽器热井，维持凝结水泵和汽封冷却器的正常工作。此外在进行新型抽凝背供热设计时，还需特别关注外界热负荷需求、抽汽管道的输送能力、加热器的供热能力等因素的影响，从供热系统的角度去分析各个设备、管道在改造前后运行工况的变化，保证改造后各个系统均能在设计规范允许的情况下运行。

第3节　小容积流量工况与叶片颤振

3.1　小容积流量工况特征

3.1.1　大扇度级的流动特性

级的容积流量可用相对值表示，$\overline{Gv_1}=\dfrac{G_1v_{11}}{Gv_1}$，$\overline{Gv_2}=\dfrac{G_1v_{21}}{Gv_2}$。$G$ 与 G_1 分别表示设计工况

下与变工况下的流量；v_1、v_2 与 v_{11}、v_{21} 分别表示设计工况下与变工况下喷嘴，动叶出口比容。将汽轮机最后几级特别是末级的高径比 $\frac{1}{\theta}=\frac{l_b}{d_b}$ 较大的级，称为大扇度级。在容积流量减小的过程中，大扇度级内的流动工况首先发生改变且变化恶劣。因此，对大扇度级内的流动特性进行分析则十分重要。

图 6-6 所示为 $\theta=2.6$、$\alpha_1=20°$、$\Omega_m=0.46$ 的单级透平的大扇度级流线实验变化图。在额定工况时，流线是按设计工况分布；随着级的容积流量逐渐降低，流线分布逐渐偏离设计工况。当 $\overline{Gv_2}=0.65$ 时，动叶后根部出现了沿圆周方向运动的涡流，动叶根部流线开始向上倾斜；$\overline{Gv_2}=0.50$ 时，动叶后根部涡流区与脱流高度增大；$\overline{Gv_2}=0.37$ 时，不但动叶后涡流和叶根脱流高度更大，而且喷嘴与动叶的外缘间隙也出现涡流，其中：喷嘴中流线向下弯曲，动叶中流线向上弯曲更大；$\overline{Gv_2}=0.04$ 时，动叶后涡流几乎占据整个叶高，只有外缘有流量，动叶内流线呈对角线，动叶、静叶间间隙涡流扩大到大部分叶高，只有隔板体附近有蒸汽流过。图 6-7 是 $\theta=2.86$ 的汽轮机末级流线的实际测量分布图。$\overline{Gv_2}=0.41$ 时，叶根子午流线倾斜度较大；$\overline{Gv_2}=0.24$ 时叶根脱流超过 1/3 叶高，叶间外缘涡流沿轴向深入喷嘴。

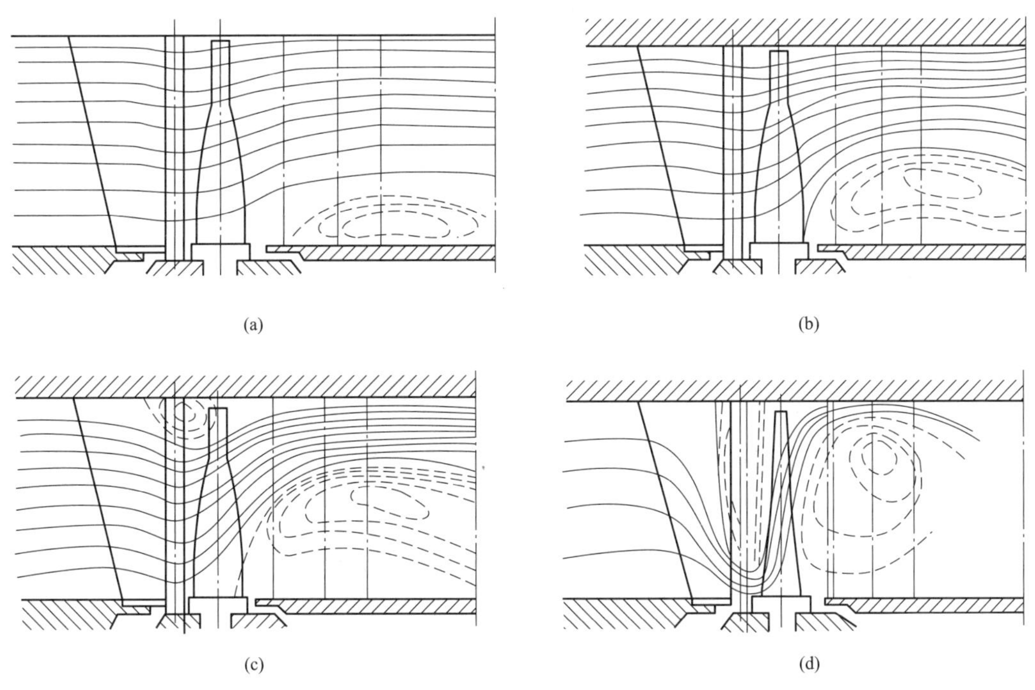

图 6-6　$\theta=2.6$、$\alpha_1=20°$、$\Omega_m=0.46$ 的大扇度级流线实验变化图

(a) $\overline{Gv_2}=0.65$；(b) $\overline{Gv_2}=0.50$；(c) $\overline{Gv_2}=0.37$；(d) $\overline{Gv_2}=0.04$

由图 6-6 和图 6-7 的实验和测量分布图，可以得出，在 $\overline{Gv_2}$ 下降过程中，都是动叶后根部先出现涡流，进而这一涡流与叶根脱流高度增大，然后叶间外缘出现涡流，再后两个涡流都增大。

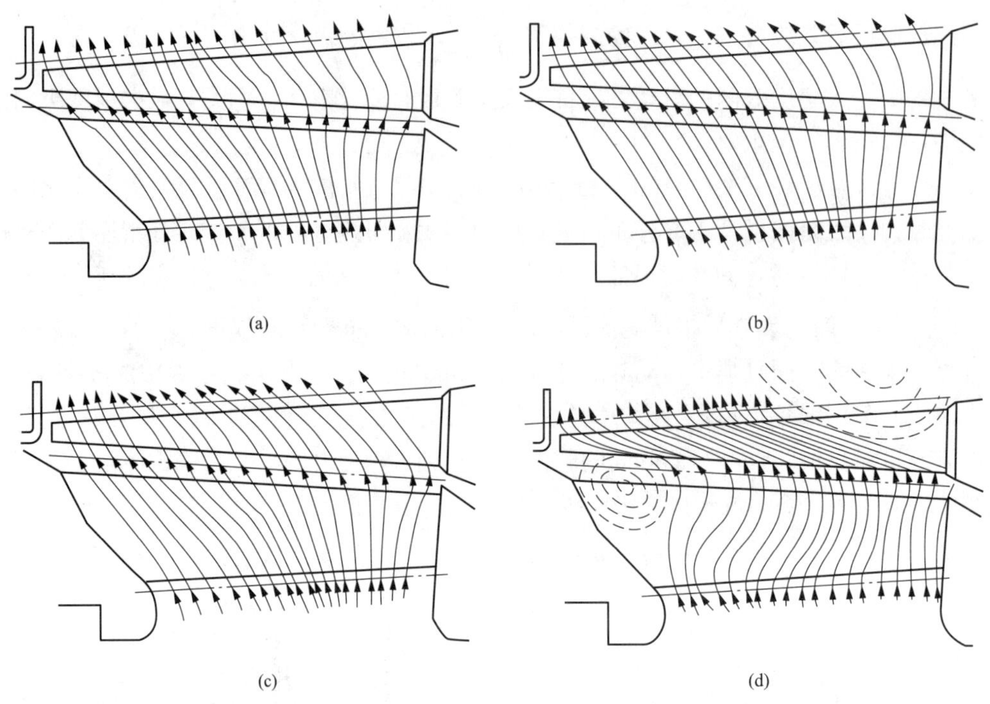

图 6-7 $\theta=2.86$ 的汽轮机末级流线实际测量分布图

(a) $\overline{Gv_2}=0.72$；(b) $\overline{Gv_2}=0.57$；(c) $\overline{Gv_2}=0.41$；(d) $\overline{Gv_2}=0.24$

图 6-8 是全苏热工研究所在 $\theta=2.8$ 的真实汽轮机末级上测得的 $\Delta\overline{G}=\dfrac{C_{2z}}{v_2}$ 沿叶高的分配图，图中 $\overline{l_b}$ 是动叶相对高度，C_{2z} 是动叶出口轴向分速，$\Delta\overline{G}$ 表示垂直于汽轮机轴的动叶单位出口面积上的质量流量。图中画出了不同 $\overline{Gv_2}$ 下 $\Delta\overline{G}$ 沿叶高的分配，虚线以下表示各 $\overline{Gv_2}$ 下动叶根部脱流区高度 $\Delta\overline{l_{sep}}$。由此可见，随着 $\overline{Gv_2}$ 减小，流量沿叶高不断

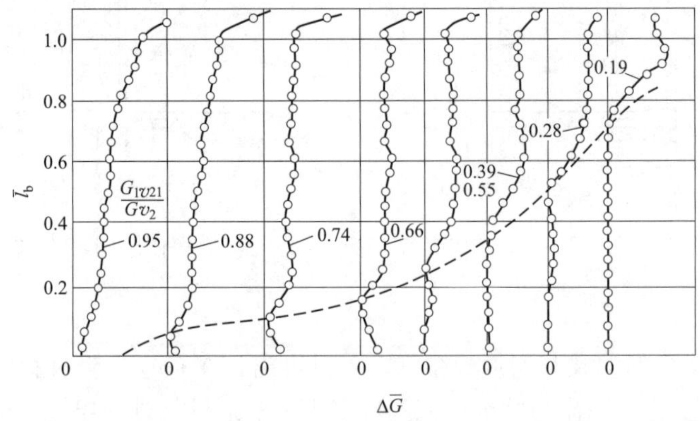

图 6-8 $\theta=2.8$ 汽轮机末级各种容积流量下 $\Delta\overline{G}$ 沿叶高的分布图

重新分配。

图 6-9 是西安热工研究院与平顶山姚孟电厂所作的 665mm 末级叶片脱流区相对叶高 $\Delta\overline{l_{sep}}$ 与 $\overline{Gv_2}$ 的关系曲线。试验和计算表明，$\overline{Gv_2}$ 小于 0.422 时，脱流区明显扩大。针对 20MW 负荷，$\overline{Gv_2}=0.363$ 时，脱流区相对叶高 $\Delta\overline{l_{sep}}$ 已达 0.474，该点是脱流区急剧增大的转折点，当负荷或容积流量进一步减小时，脱流区急剧增大。

另外，脱流区高度还与真空有很大的关系。表 6-1 中，真空度越低，脱流区高度越大。

表 6-1　脱流区高度与背压间的关系

负荷（MW）	15		20	
背压（kPa）	7.1	19.6	7.1	16.8
脱流区高度（mm）	365	500	315	465

图 6-10 是 $\theta=2.5$、$\overline{Gv_2}=0.14$ 的真实汽轮机末级实测流线图，说明容积流量进一步减小时，脱流会发展到前面的级。可见脱流沿叶高和轴向的深度，都将随 $\overline{Gv_2}$ 减小而加剧。

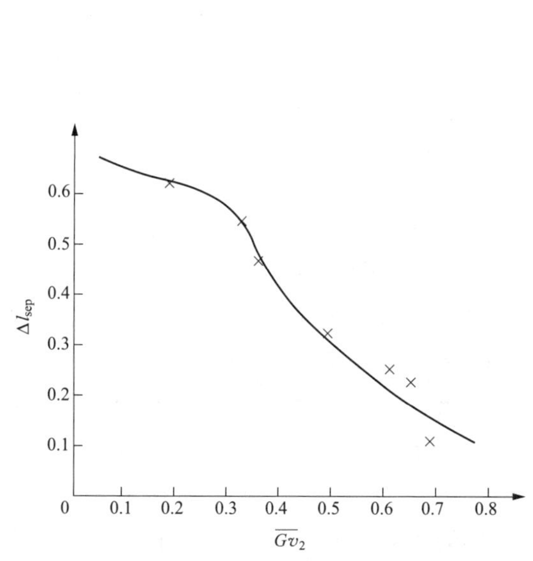

图 6-9　国产 665mm 叶片末级脱流区高度 Δl_{sep} 与 $\overline{Gv_2}$ 的关系

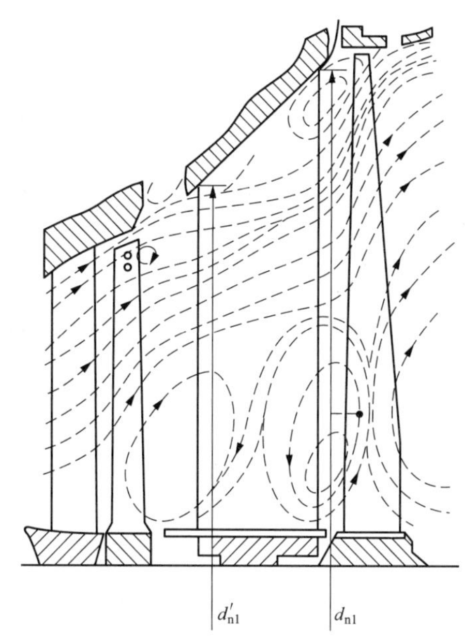

图 6-10　真实汽轮机末级实测流线图

在 $\overline{Gv_2}$ 下降过程中，把动叶根部开始出现脱流及其后容积流量更小的工况称为级的小容积流量工况。

图 6-11 是 $\theta=2.86$ 的真实汽轮机最末一级出口绝对速度方向角 α_2 随 $\overline{Gv_2}$ 下降而变化的情况。图中 $\Delta\overline{l_b}$ 表示动叶相对高度。由图 6-11 可见，$\overline{Gv_2}$ 越小，α_2 越大。当 $\overline{Gv_2}=0.24$ 时，α_2 增大到 160°左右，叶片顶部和下部的 α_2 比设计值增大 100°左右。增大原因由图 6-12 动叶

出口速度三角形可见。由于$\overline{Gv_2}$减小，w_{21}很小，而u不变，因而c_{21}的方向角α_{21}增大。

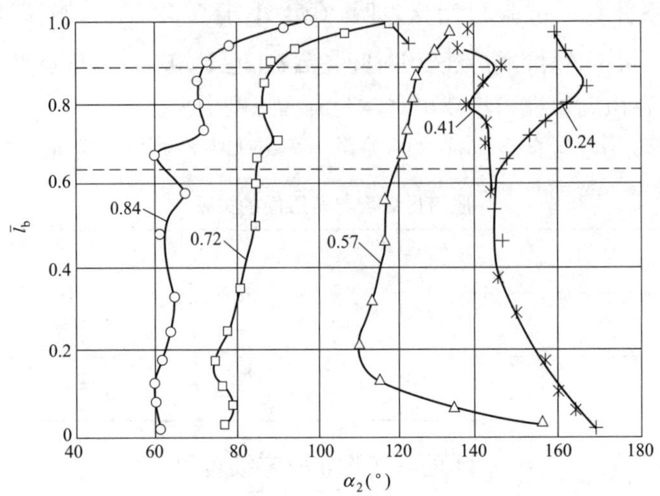

图 6-11　不同$\overline{Gv_2}$值下α_2沿叶高的变化示意图

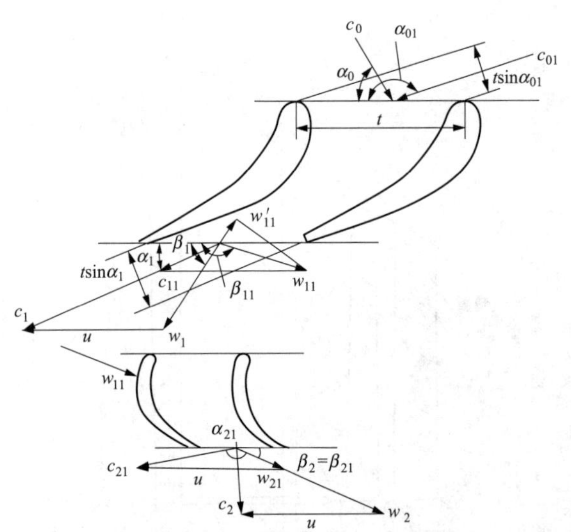

图 6-12　$\overline{Gv_2}$急剧下降后的气流速度图

1. 涡流产生的原因

由流体力学可知，发生脱流的必要条件是$dp/dz>0$（z是轴向）的轴向扩压流动与流体黏性的作用，这就表明涡流必将发生在扩压区和叶栅上下端部的边界层增厚处。叶栅上下端部有二次流，容易形成较厚的边界层。

在喷嘴外缘有很大扩张角的末级（见图 6-10）中，若喷嘴顶部设计进口角$\alpha_0\approx60°$（α_0即上一级动叶排汽角α_2），则当$\overline{Gv_2}=0.25$时，喷嘴进口角$\alpha_{01}\approx160°$（见图 6-12），冲角$\theta_1=\alpha_0-\alpha_{01}\approx-100°$。在这样大的负冲角下，喷嘴顶部的有效进汽宽度$t\sin\alpha_{01}$小于出汽宽度$t\sin\alpha_1$，如图 6-12 所示。又由于喷嘴外缘进口直径$d'_{nl}$小于出口直径$d_{nl}$（见图 6-10），该处的$\dfrac{d_{nl}\sin\alpha_1}{d'_{nl}\sin\alpha_{01}}\approx1.8$，所以在喷嘴外缘形成扩压流动，出现涡流。

动叶根部的$\overline{Gv_2}$减小较多时，$c_{11}<c_1$，u不变，由图 6-12 可见β_{11}增大较多，冲角$\theta=\beta_1-\beta_{11}$是大负冲角，动叶叶型凹面部分的脱流区域增大，根部通道收缩性减小，故根部反动度减小。当$\overline{Gv_2}$降到某一数值时，根部出现负反动度，于是出现脱流。可见，为减轻小容积流量下动叶根部脱流，根部设计反动度宜较大。

在某些近似假定下，当速比 $x_0=\frac{u}{c_0}$ 增大而达到某一值时，静动叶间间隙外缘与动叶根部均存在扩压区。在叶间间隙外缘，静压力沿轴向增大，在动叶根部，静压力沿轴向也增大，故这两处必然要产生脱流。计算研究表明，x_0 增大越多，外缘与根部的静压力变化越大，这两处涡流越严重。

3.1.2　级的鼓风工况

1. 鼓风工况的形成

级的容积流量急剧下降后，级的有效比焓降 Δh_1 和气流速度 c_1 也急剧减小，u 不变，故 $\theta=\beta_1-\beta_{11}$ 负得很多，使 w_{11} 在 w_1 方向的投影，即气流进入动叶的有效分速 w'_{11} 变得很小，甚至成为负值，如图 6-12 所示，也就是说 w_{11} 可能变成离开动叶入口方向的分速度。这时为使汽流流入动叶，必须有一定的反动度，先消耗一部分能量使汽流加速，以抵消 w'_{11}，然后再用一部分能量产生 w_{21}，使汽流流过动叶。由于容积流量很小，所需能量不大。由图 6-12 可见，虽 w_{21} 不大，但因 u 不变，故 c_{21} 很大，有时 c_{21} 接近于圆周速度 u，使 c_{21}^2 比 c_{11}^2 大得多。可见 c_{21} 的能量显然不可能由 c_{11} 转换而来，动叶中的比焓降只是克服 w'_{11} 和产生 w_{21}，使汽流刚好能流过动叶，也不可能给汽流以 $c_{21}^2/2$ 这么大的动能。因此，$c_{21}^2/2$ 的动能只能来自主轴或叶轮。如果汽轮机的某级非但不对外做功，而且还要消耗轴上机械功，那么级的这种工况称为鼓风工况，也称耗能工况或压气机工况。

2. 鼓风工况的加热作用

鼓风工况消耗的机械功将转变为热能，加热蒸汽，再由蒸汽加热转子与静子。由于末级通流面积最大，故在 $\overline{Gv_2}$ 减小过程中，末级最先达到鼓风工况，最先被加热。$\overline{Gv_2}$ 进一步减小时，倒二级的通流面积也将大于容积流量 $\overline{Gv_2}$，随即倒二级也会达到鼓风工况，也被加热。如此逐级向前推进。例如，一台末级 $d_b/l_b=2.4$ 的单缸凝式汽轮机在空载工况下，低压缸进汽温度为 110～130℃，但由于鼓风工况加热，排汽温度高达 200～250℃。

为了降低末级和排汽缸的温度，可以在末级后装设喷水减温装置。试验表明，喷水减温装置投运时，若凝汽器真空较高，则末级动叶后汽温沿整个叶高都将降到排汽压力下的饱和温度，如 50～60℃，比较安全。由于小容积流量工况下，末级动叶根部以负反动度工作，所以喷水减温装置喷出的水滴，将通过根部涡流，被吸入动叶，随着涡流运动，冷却动叶。对于单元再热机组，在汽轮机负荷很小时，再热器来的多余蒸汽将通过减温减压器送入凝汽器。减温减压器中喷出的部分水滴，也将经过凝汽器倒流入末级动叶根部，冷却末级。若停用喷水减温装置且切除减温减压器通入凝汽器的排汽，则几分钟后末级动叶后汽温就升到 200℃左右，这时有的机组末级叶间间隙外缘温度可达 250℃左右。因此，不能停用喷水冷却装置。

若排汽压力升高，如 K-300-240 型汽轮机的排汽压力升高至大于 17kPa 时，虽有夹带水滴的逆流进入动叶根部，但仍要引起动叶外缘汽温升高到 100℃左右，末级动叶 $l_b/2$ 以下的汽温仍接近于排汽压力下的饱和温度。因此要限制排汽压力的升高。如制造厂规定 K-300-240 型机的允许排汽压力最高上限为 30kPa。

3.1.3　末级的水蚀现象

汽轮机末级长叶片的水蚀损伤无论发生在进汽侧还是在出汽侧，都是受蒸汽凝结过程中携带的小水滴对叶片的水冲刷连同水滴中所含化学杂质对叶片的腐蚀作用的结果。下面分别针对进汽侧与出汽侧的水蚀现象进行介绍。

1. 进汽侧的水蚀

（1）水蚀形成原因。由于末级叶片在湿蒸汽区工作，排汽湿度可高达12%～14%。当蒸汽在叶栅中膨胀越过饱和线后到 Wilson 线时，才出现 0.01～1μm 直径的微小水滴，然后逐渐凝聚长大。水滴中的大部分随蒸汽流一起流过叶栅，只有一小部分（不到10%）附着在静叶表面上形成水膜，被蒸汽推向静叶出口边。当水膜发展到一定厚度时，被蒸汽撕碎成为大水滴。由于水滴的惯性大，水滴的绝对速度 C_w 远小于汽流的绝对速度 C_1，水滴会以很大的相对速度 W_w 撞击动叶进汽边背弧侧，这就是造成叶片水蚀的主要原因。水蚀形成机理如图 6-13 所示。

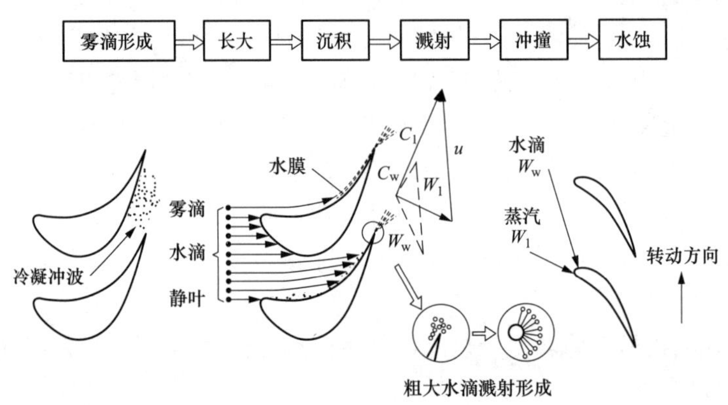

图 6-13　叶片进气侧水蚀形成机理图

（2）进汽侧水蚀的分析。末级叶片处于湿蒸汽区内，一般来讲：材料的水蚀是机械和化学复合作用的结果，通常以机械作用为主，但蒸汽品质、运行条件也是导致水蚀问题发生的重要因素。据国外资料表明：实际运行严格控制钠、氯等离子的含量，结果水蚀问题就少得多。尽管水蚀的机理比较复杂，但从大量现象来看：材料的水蚀在最初发生时速率较快，到一定的程度，水蚀发展的就比较缓慢了。这是由于叶片进汽边受到水蚀后，形成锯齿形状，由于这些锯齿形状的存在，上面也就可积存相应的水分，运行时湿蒸汽中的水滴继续冲击进汽边时，受到水分的弹性阻力，因此就延缓了水蚀的进展。

在某些情况下，在短期内发生的过分水蚀，则与运行上蒸汽湿度过大或疏水不畅有关。发生在叶片进汽侧大范围的水蚀则是由于运行上机组真空过高。叶片进汽侧的水蚀损伤同样会降低叶片的使用寿命以及末级的效率。只要运行中维持机组的真空不要太高，即机组背压不低于设计的极限背压就可以减小水蚀。

2. 出汽侧的水蚀

（1）水蚀形成原因。叶片出汽侧水蚀是由于机组在远低于设计时所考虑的运行工况长期运行，受到从排汽缸有时甚至从凝汽器喉部向前回流的湿蒸汽中的水滴的冲刷及其所含化学杂质的腐蚀共同作用下形成的。回流蒸汽的运动范围越大，出汽侧受水蚀的范围越大，在根部出汽侧受水蚀亦愈加严重。从原理上，形成回流的条件是末级在上述运行工况下存在大的负反动度，即机组在这些工况下，其排汽容积流量 $\overline{Gv_2}$ 减少到不能充满整个汽道，从而在叶片根部形成级后的湿蒸汽向前流动（回流）。$\overline{Gv_2}$ 越小，回流越扩大。

此外，叶片出汽侧受水蚀的程度还与低压缸喷水减温装置的设计、喷水量大小、末级疏水的结构和汽水化学品质等因素有关。

（2）水蚀危害性。据国外资料介绍水蚀使叶片材质疏松，造成大的应力集中，严重的水蚀损伤将造成叶片断裂；大的回流对次末级叶片将形成不均匀的激振力，可能导致次末级叶片断裂损伤，而叶片断裂往往诱发机组受到更大的损伤。同时，叶片表面的水蚀破坏了原来精心设计的型线，粗糙度增大，从而增加了叶型损失，降低末级效率，因为末级的出力占整个机组出力的份额很大，所以会明显降低机组的热经济性。

3.2　叶片颤振分析

随着电站汽轮机单机功率不断增大，末级叶片长度也不断增长，叶顶薄而微弯的形状引起叶片抗振性能减弱。由于末级叶片长度增加，末级叶顶的圆周速度处于跨音速或超音速区域，加之大功率机组参与调峰，使叶片常在小容积流量大负冲角下运行。运行经验，理论分析与试验研究表明，这些特点往往是导致叶片发生颤振以致损坏的原因。

3.2.1　叶片颤振的特征

颤振是自激振动的一种类型。自激振动是不需要周期性外力，只依靠自激振动系统内各部分的相互耦合作用而维持的稳态周期运动。

图 6-14 是流体与结构（即叶片等）间的相对速度和攻角随结构运动速度变化的示意图。如图 6-14（b）所示，矩形棱柱体 A 表示振动体结构，以其底面作为特征面，k 和 c 表示结构振动时的弹性和阻尼；结构的一个特征面与汽流方向的夹角称为攻角，以 α 表示。如图 6-14（a）所示，横坐标量为时间 τ，纵坐标量是结构横向运动速度 $\dot{y}$。横向运动是指上下运动。u 表示远方来流的速度，设远方来流是定常的，则 u_r 表示结构以速度 $\dot{y}$ 运动时气流对结构的相对流动速度。气流作用于结构上的阻力 F_D 的方向必然与 u_r 的方向相同，垂直于 F_D 的 F_L 表示升力。根据攻角的定义，α_1 与 α_2 就是两个特定时间的攻角。

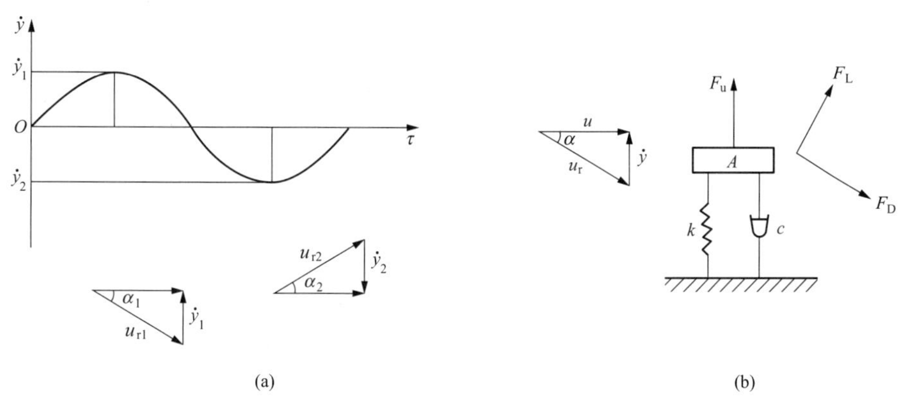

图 6-14　流体与结构间的相对速度与攻角的变化

（a）结构横向速度 $\dot{y}$ 的变化；（b）结构受力示意图

当结构作横向振动时，由于 $\dot{y}$ 是周期性变化的，因而攻角 α 必然是周期性交化的。F_y

是气流作用在结构上的横向力，是攻角 α 的函数，也是周期性变化的；F_y 可能加强结构的振动，也可能减弱结构的振动。若结构振动导致 F_y 的变化是负反馈，即 F_y 使结构的振动减弱，则振动趋于稳定；若结构振动导致 F_y 的变化是正反馈，即 F_y 使结构的振动加强，则振动增强，导致自激振动。

形成颤振的非定常横向力可看成是由颤振本身引起的。因在远方来流是定常流的前提下，若叶片颤振停止，则攻角 α 不再变化，横向力 F_y 变为常量，那么作用在叶片上引起振动的非定常作用力也就随之消失，由此可看出颤振是自激振动。相反，在 F_y 的变化是正反馈的条件下，处于远方来流为定常流的流场中的叶片，一有微弱的初始振动就会失去稳定性。叶片不断地从气流中吸取能量，其振幅不断增大，即引起颤振发作。因此，颤振又是流体诱发的结构自激振动的一种类型。

如果气流与结构横截面分离，气动力就是流动角度的一个非线性函数，这种结构称为非流线型结构。非流线型结构流体诱发的振动，通常称为失速颤振。"失速"是气流与结构分离之意。汽轮机叶片在小容积流量工况下运行时，汽流与叶片脱离，能够诱发失速颤振。

3.2.2 从能量角度分析叶片颤振

实际振动都是有阻尼振动。叶片振动时有气动阻尼和机械阻尼，气动阻尼远大于机械阻尼，因此常常忽略机械阻尼的影响。对于有阻尼振动，即使维持原有振幅不变，也要消耗能量。若要使振动加强，则更要消耗能量。因此可以从能量的角度来判断叶片颤振是否发生。若在一个振荡周期内，叶片由汽流所得到的能量大于振动阻尼所消耗掉的能量，则振动加强，振幅加大，出现颤振；若在一个振荡周期内，叶片由汽流中所得到的能量小于振动阻尼所消耗的能量，则振动衰减，逐渐消失；若两种能量相等，则振幅维持不变。因此，叶片颤振的本质在于非定常流场向振荡着的叶片传输能量。

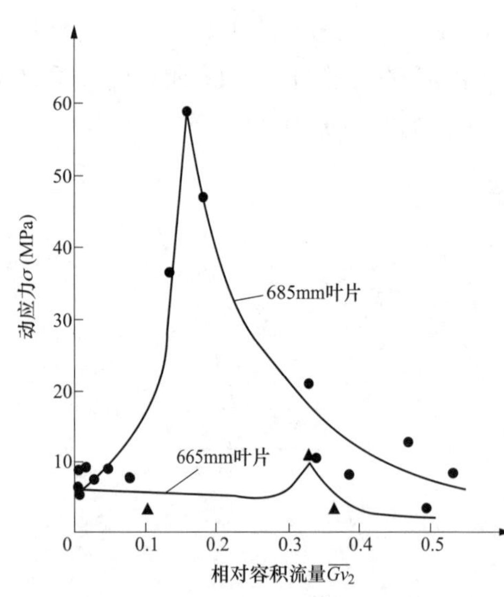

图 6-15　末级叶片动应力随容积流量变化的实测值

3.2.3 末级叶片的动应力实测

对低压缸末级叶片的实测表明，在相对容积流量 $\overline{Gv_2}$ 减小过程中，$\overline{Gv_2}$ 减小到相当小时，叶片振动应力开始大大增加，然后达到某一最大值，容积流量再继续减小时，振动应力反而减小。振动应力与 $\overline{Gv_2}$ 之间呈非单调变化关系。

图 6-15 是某电厂末级叶片动应力随容积流量变化的实测值。从图中看出，对 685mm 叶片来说，当 $\overline{Gv_2}=0.13\sim0.3$ 时，振动应力大增，且这一现象在负荷上升与下降过程中重复出现；当 $\overline{Gv_2}=0.16$ 时，动应力达到最大值，为 59.3MPa。而对 665mm 叶片来说，当 $\overline{Gv_2}<0.4$ 时，振动应力大增，且在 $\overline{Gv_2}=0.33$ 时出现一个应力峰值。同时还可以看出，刚性很大的 665mm 整圈连接叶片组的动应力仅是自由叶片 685mm 的 1/5。

第4节　低压缸零件的强度校核

电站汽轮机在运行中主要受到静应力和动应力的影响，为了保证汽轮机零件在各种可能遇到的运行工况下都能可靠地工作，需要对汽轮机零件进行强度校核，包括静强度校核和动强度校核两方面。

汽轮机除了受高速旋转的离心力和蒸汽作用力外，还会受到周期性激振力的作用，从而产生振动。当汽轮机在稳定工况下运行时，离心应力和蒸汽弯曲应力不随时间变化。稳定工况下不随时间变化的应力，统称为静应力，属于静强度范畴；周期性激振力引起的振动应力称为动应力，其大小和方向都随时间而变化，属于动强度范畴。

在抽汽工况切换至背压工况运行时，属于变负荷的工况运行，沿零件径向和轴向还会有较大的温度梯度，从而产生很大的热应力。转子在运行中由于承受交变应力的作用，对其材料的寿命有损耗，当损耗积累到一定程度时，就会导致零件损坏。

本节主要针对转子主要零件进行强度校核，以及分析其热应力和热疲劳问题。

4.1　汽轮机叶片的静强度分析

4.1.1　叶片的应力计算

针对叶片的静强度计算，重点介绍叶片的离心应力和蒸汽弯曲应力计算。叶片分为等截面和变截面叶片两类，两者结构和受力不同，因而其离心应力和弯曲应力的计算方法具有明显不同。

1. 叶片的离心应力计算

汽轮机叶片在高速旋转时产生很大的离心力，由离心力引起的应力称为叶片的离心应力。由于离心力沿叶高是变化的，离心应力沿叶高各个截面上也是不相等的，离心应力的大小要视叶型截面的变化规律而定。

（1）等截面叶片的离心应力计算。等截面叶片如图6-16所示，其叶型截面面积沿叶高不变。由于叶型根部截面承受整个叶型部分的离心力，所以根部截面的离心力F_c最大，计算公式为

$$F_c=\rho A l R_m \omega^2 \tag{6-1}$$

式中　ρ——叶片材料密度；

A——叶型截面积；

l——叶型高度；

R_m——级的平均半径；

ω——叶轮的旋转角速度。

等截面叶片根部截面的离心应力最大，用$\sigma_{c,max}$表示，计算公式为

$$\sigma_{c,max}=F_c/A=\rho l R_m \omega^2 \tag{6-2}$$

由上述计算可知，等截面叶片的离心应力具有以下特点：①与其截面面积的大小无关；②当等截面叶片的材料和级的尺寸一定时，降低叶片离心应力的方法只有采用变截面叶片；③采用低密度、高强度的叶片材料可以提高末级叶片的高度，增大极限功率。

（2）变截面叶片的离心应力计算。采用变截面是为了降低叶型截面上的离心应力，变截

面叶片的最大离心应力一般比等截面叶片的要小约50%；采用扭叶片是为了满足气动特性要求，提高级的流动效率。

变截面扭叶片的叶型截面积沿叶高是变化的，无法用简单函数式表达。工程中常把叶片分成若干段，用数值积分法近似求解。一般将叶片沿叶高等分成5～10段，设每段长度为Δx，共有n段，$(n+1)$个截面。另i表示截面号，j表示分段号，如图6-17所示。若求i截面的离心应力，则首先求出作用在i截面上第j段的离心力ΔF_{cj}，计算公式如下

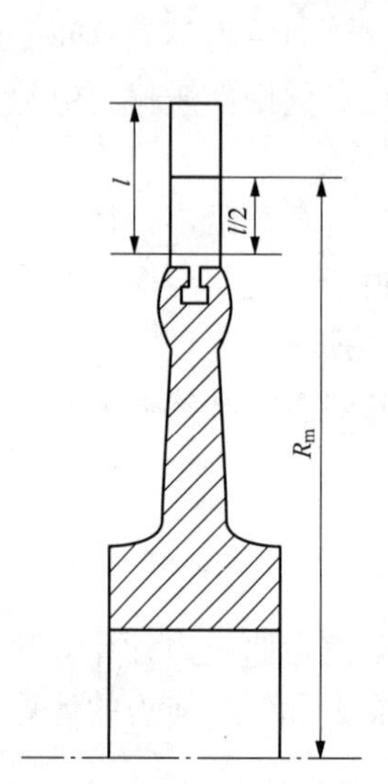

图6-16　等截面叶片离心应力计算图

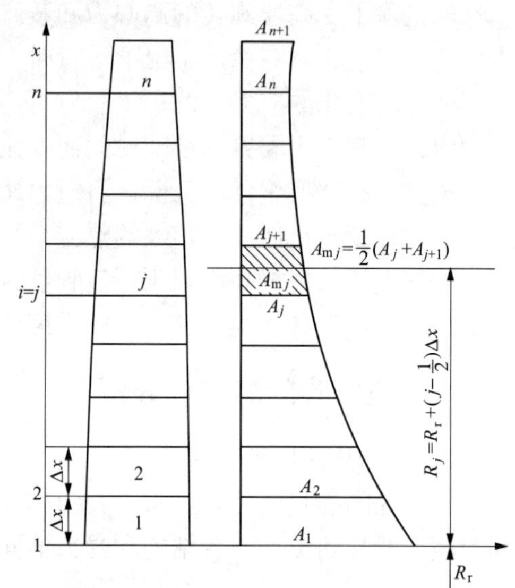

图6-17　变截面叶片离心应力计算图

$$\Delta F_{cj}=\rho R_j\omega^2 A_{mj}\Delta x \tag{6-3}$$

式中　A_{mj}——第j段平均面积；

R_j——第j段平均半径；

Δx——每段高度。

其中

$$R_j=R_r+(j-\frac{1}{2})\Delta x \qquad A_{mj}=\frac{1}{2}(A_j+A_{j+1}) \tag{6-4}$$

由此，第i截面上的离心力F_{ci}为该截面以上各段离心力之和，计算如下

$$F_{ci}=\sum_j^n \Delta F_{cj}=\rho\omega^2\sum_j^n \frac{1}{2}\left[R_r+\left(j-\frac{1}{2}\right)\Delta x\right][(A_j+A_{j+1})]\Delta x \tag{6-5}$$

该截面上的离心应力则为

$$\sigma_{ci}=\frac{F_{ci}}{A_i} \tag{6-6}$$

上述计算方法忽略了变截面的扭曲长叶片在离心力作用下引起一定压应力的影响。该方法计算时，叶片分段数越多，计算结果越精确。变截面扭叶片的离心力和截面面积都随叶高变化，虽然叶型根部截面上的离心力最大，但最大离心应力不一定在该截面上，而是取决于截面积沿叶高的变化规律。

2. 蒸汽弯曲应力计算

(1) 等截面叶片弯曲应力计算。图 6-18 是等截面叶片的示意图。蒸汽对叶片的作用力可沿轮周向和轴向进行分解，如图 6-19 所示。对于等截面叶片，蒸汽参数按一元流动计算，此时可以忽略蒸汽对叶片作用力沿叶高的变化，按级的平均直径处的汽流参数进行计算，并认为蒸汽作用力集中在平均直径处。设通过级的流量为 G，则作用力分解的周向作用力 F_{ul} 和轴向作用力 F_{zl} 分别为

$$F_{\mathrm{ul}}=\frac{G}{z_{\mathrm{b}}e}(c_1\cos\alpha_1+c_2\cos\alpha_2)=\frac{G\Delta h_{\mathrm{t}}\eta_{\mathrm{u}}}{uz_{\mathrm{b}}e}=\frac{1000P_{\mathrm{u}}}{uz_{\mathrm{b}}e} \tag{6-7}$$

$$F_{\mathrm{zl}}=\frac{G}{z_{\mathrm{b}}e}(c_1\sin\alpha_1-c_2\sin\alpha_2)+(p_1-p_2)t_{\mathrm{b}}l \tag{6-8}$$

式中 Δh_{t}——级的理想比焓降，J/kg；

z_{b}——全级的动叶片数目；

t_{b}——节距；

P_{u}——级的轮周功率，kW。

另外，单位叶高上蒸汽的轮周向和轴向作用力都是均匀分布载荷，即

$$q_{\mathrm{u}}=\frac{F_{\mathrm{ul}}}{l}\qquad q_{\mathrm{z}}=\frac{F_{\mathrm{zl}}}{l} \tag{6-9}$$

由此，单位叶高上蒸汽作用力为

$$q=\frac{\sqrt{F_{\mathrm{ul}}^2+F_{\mathrm{zl}}^2}}{l}=\frac{F}{l} \tag{6-10}$$

蒸汽作用在距根部 x 处（见图 6-18）截面上的弯矩为

$$M(x)=\frac{q\,(l-x)^2}{2} \tag{6-11}$$

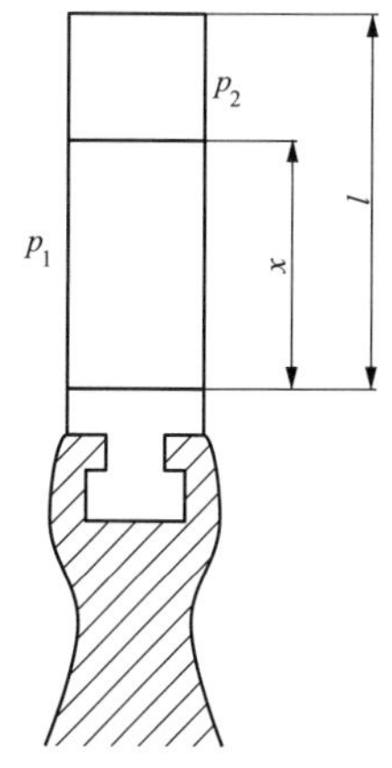

图 6-18 等截面叶片示意图

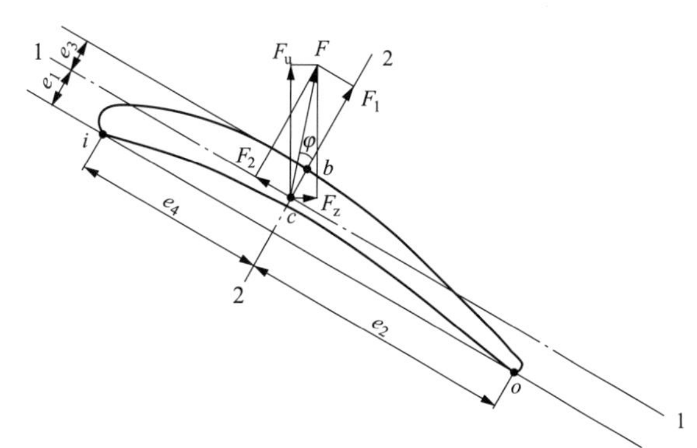

图 6-19 等截面叶片叶型受力分解

弯矩 $M(x)$ 沿叶高的变化如图 6-20 所述。根部截面 $x=0$，此处弯矩 M_0 最大，计算式为：$M_0=ql^2/2=Fl/2$。

等截面直叶片的型线如图 6-19 所述。该截面的最小和最大主惯性轴分别为 1-1 轴和 2-2 轴，可近似认为 1-1 轴与叶弦平行。蒸汽作用力 F 与 2-2 轴的夹角为 φ，则 F 可沿最小和最

大主惯性轴进行分解为

$$F_1 = F\cos\varphi \qquad F_2 = F\sin\varphi \tag{6-12}$$

则根部截面上以1-1轴和2-2轴为中性轴的弯矩分别为

$$M_1 = \frac{F_1}{2l} = \frac{1}{2}Fl\cos\varphi \qquad M_2 = \frac{F_2}{2l} = \frac{1}{2}Fl\sin\varphi \tag{6-13}$$

设叶型根部截面最小和最大的主惯性矩为 I_{min}、I_{max}，则弯矩 M_1 和 M_2 在根部截面点 i、o 和点 b 上的最大弯曲应力分别为

$$\sigma_o = \sigma_{o1} + \sigma_{o2} = \frac{M_1 e_1}{I_{min}} + \frac{M_2 e_2}{I_{max}} = \frac{M_1}{W_{min1}} + \frac{M_2}{W_{max1}} \tag{6-14}$$

$$\sigma_i = \sigma_{i1} + \sigma_{i2} = \frac{M_1 e_1}{I_{min}} - \frac{M_2 e_4}{I_{max}} = \frac{M_1}{W_{min1}} - \frac{M_2}{W_{max2}} \tag{6-15}$$

$$\sigma_b = -\frac{M_1 e_3}{I_{min}} = -\frac{M_1}{W_{min2}} \tag{6-16}$$

式中　W_{min1} 和 W_{min2}——点 i、o 和点 b 对轴1-1的抗弯截面模量；

W_{max1} 和 W_{max2}——点 o 和点 i 对轴2-2的抗弯截面模量。

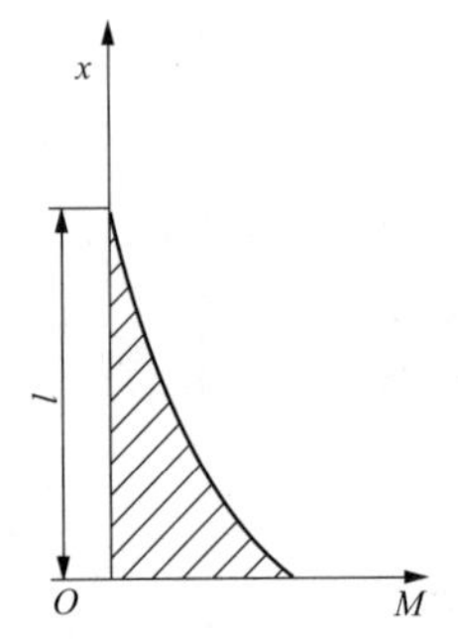

图6-20　等截面叶片弯矩沿叶高的变化

由此可知，叶片出口处点 o 的蒸汽弯曲应力最大。所以从强度角度来看，叶片出口边不能太薄，一般不薄于1～1.5mm。

对于等截面叶片，作用力 F 与2-2轴的夹角 φ 很小，可以近似取为零，此时 $F \approx F_1$，$F_2 \approx 0$；$M_1 \approx Fl/2$，$M_2 \approx 0$。这种计算得出的弯曲应力是偏大的，即计算结果偏于安全。

(2) 扭叶片弯曲应力计算。对于扭叶片来说，蒸汽参数和截面面积沿叶高都是变化的，单位叶高的蒸汽作用力和各截面的主惯性矩或抗弯截面模量沿叶高也是变化的，弯曲应力最大值不一定在叶型根部截面上。因此，校核时先计算出蒸汽弯曲应力沿叶高的变化规律，然后对最大弯曲应力的截面进行强度校核。

在工程中，计算其弯曲应力常采用近似方法，如图6-17所示。首先利用流线曲率法求出气动参数 p_1、c_1、α_1、p_2、c_2、α_2 等沿叶高的变化规律，求出叶片上任一小段的 ΔG，则 j 段上蒸汽轮周向和轴向作用力分别为

$$\Delta F_{uj} = \frac{\Delta G_j}{z_b e}(c_1\cos\alpha_1 + c_2\cos\alpha_2)_j \tag{6-17}$$

$$\Delta F_{zj} = \frac{\Delta G_j}{z_b e}(c_1\sin\alpha_1 - c_2\sin\alpha_2)_j + (p_1 - p_2)_j t_{bj}\Delta x \tag{6-18}$$

式中　t_{bj}——第 j 段的节距。

每个截面上的轮周向、轴向作用力弯矩及合成弯矩为

$$M_{ui} = \sum_{i=j}^{n}(j - i + 0.5)\Delta x \Delta F_{uj} \tag{6-19}$$

$$M_{zi} = \sum_{i=j}^{n}(j - i + 0.5)\Delta x \Delta F_{zj} \tag{6-20}$$

$$M_i = \sqrt{M_{ui}^2 + M_{zi}^2} \tag{6-21}$$

将各截面合成弯矩 M_i 分别投影至计算截面的最小和最大主惯性轴上，根据该截面的相

关参数计算出相应的弯曲应力，计算方法与等截面叶片计算弯曲应力的方法相同。

3. 成组叶片应力计算

用围带或拉筋把若干叶片连接成一组称为叶片组。成组叶片由于围带或拉筋的作用，从而对叶片离心应力及弯曲应力产生影响。

当某级叶片用围带或拉筋连接成叶片组时，计算叶型的离心力时应把一个节距的围带和拉筋的离心力叠加到叶片上。叶型 x 处截面上的离心应力为

$$\sigma_{cx}=\frac{F_{cx}+F_{cs}+\sum F_{cw}}{A_x} \tag{6-22}$$

式中　F_{cx}——x 截面以上叶型部分的离心力；

F_{cs}、F_{cw}——一个节距围带和拉筋的离心力，多条拉筋时，求之和；

A_x——x 截面处叶型的面积。

围带或拉筋除会产生自身弯曲应力外，还会由于其变形引起的弯矩对叶片弯曲应力产生影响。

把相邻两叶片间的拉筋或围带当作两端固定和受均布载荷的梁，拉筋与围带两头固定端处的弯曲应力相等，计算公式为

$$\sigma_A=\frac{M_A}{W_w}\qquad\qquad \sigma_B=\frac{M_A}{W_s} \tag{6-23}$$

式中　M_A——拉筋或围带的附加弯矩；

W_w、W_s——拉筋与围带的抗弯截面模量。

当叶片在蒸汽力作用下发生弯曲时，围带或拉筋也随着产生弯曲变形，以组织叶片的弯曲。此时，围带或拉筋给叶片一个阻止弯曲的力矩，其方向与蒸汽的弯矩方向相反，成为反弯矩，它使得叶型截面内的合成弯矩减小，相应地减小弯曲应力。

4.1.2　叶片的静强度安全性辨别

静强度安全辨别是根据零件受力分析，计算出危险截面的静应力或相当应力，再与材料的许用应力相比较，从而辨别出静强度是否安全。

1. 叶片及其附件材料

（1）叶片材料。叶片材料主要根据工作温度和应力水平选择，表 6-2 为常用叶片材料在常温和高温下的机械性能。常温下的机械性能指屈服极限 $\sigma_{0.2}$、强度极限 σ_b、延伸率 δ_5、断面收缩率 ψ 与室温冲击韧性 α_k；物理性能指材料密度 ρ、线膨胀系数 β 与弹性模量 E；高温强度指蠕变极限 σ_c、持久强度极限 σ_1 与高温屈服极限 $\sigma_{0.2}^t$ 。蠕变极限是指钢材产生 1×10^{-5}%/h 的第二蠕变阶段的蠕变速度的应力值，也就是在一定温度下工作 10^5h 后总共产生 1%的塑性变形所对应的应力值，以 $\sigma_{1\times10^{-5}}^t$ 表示。持久强度极限是指钢材在某一温度下工作 10^5h 刚好发生断裂（或破坏）时对应的应力值，以 $\sigma_{10^5}^t$ 表示。

（2）围带材料。围带材料与叶片用材料基本相同，首先应采用 1Cr13，对围带应力较大的级才采用 2Cr13，工作温度在 450～500℃时采用 Cr11MoV，级的工作温度高于 500℃时采用 Cr12WMoV。

（3）拉筋材料。级的工作温度低于 450℃时，都采用 1Cr13。当拉筋应力超过其许用应力值时，改用 2Cr13。当工作温度高于 450℃时采用 Cr11MoV。

表 6-2　　叶片材料的机械性能

材料牌号		1Cr13	2Cr13	20CrMoA	Cr11MoV	Cr12WMoV
最高使用温度（℃）		475	450	500	550	580
常温机械性能	$\sigma_{0.2}$（MPa）	410	520	686	490	662
	σ_b（MPa）	610	720	883	686	735
	δ_5（%）	22	21	12	16	15
	ψ（%）	60	55	50	55	45
	α_k（J/cm^2）	88	78	98	59	59
物理性能	ρ（kg/cm^3）	7.75	7.75	7.85	7.75	7.85
	$\beta\times10^6$［mm/(mm·℃)］	10.1	10.1		11.4	9.7
	$E\times10^{-4}$（MPa）	22	22		21.6	21.2
高温强度	σ_c（MPa）	$\sigma^{450℃}_{1\times10^{-5}}=103$	$\sigma^{450℃}_{1\times10^{-5}}=127$	$\sigma^{420℃}_{1\times10^{-5}}=284$	$\sigma^{550℃}_{1\times10^{-5}}=88$	$\sigma^{550℃}_{1\times10^{-5}}=69$
	σ_1（MPa）	$\sigma^{470℃}_{10^5}=216$	$\sigma^{470℃}_{10^5}=186$	$\sigma^{420℃}_{10^5}=373$	$\sigma^{550℃}_{10^5}=157$	$\sigma^{550℃}_{10^5}=157$
	$\sigma^t_{0.2}$（MPa）	$\sigma^{400℃}_{0.2}=370$	$\sigma^{400℃}_{0.2}=400$	$\sigma^{500℃}_{0.2}=460$	$\sigma^{500℃}_{0.2}=392$	$\sigma^{500℃}_{0.2}=412$

（4）硬质合金片。工作在湿蒸汽区的级，尤其是末级长叶片，为了防止水滴对叶片的侵蚀，常在叶片顶部进口背面镶嵌硬质合金，它是一种钴基合金，其硬度用洛氏硬度 HR 衡量，应大于 HRC42。

2. 叶片及其附件的许用应力

（1）许用应力。叶片及其附件的许用应力是静强度安全辨别的依据，它是根据材料的机械性能和安全系数确定的。若叶片及其附件的工作温度不同，则静强度校核的标准也不同。一般以材料蠕变温度为分界线，如马氏体钢的分界温度为 450℃，奥氏体钢的为 480～520℃。若材料工作温度低于分界温度，其许用应力按工作温度下的屈服极限 $\sigma^t_{0.2}$ 除以安全系数 $n_{0.2}$ 确定，即

$$[\sigma]=\frac{\sigma^t_{0.2}}{n_{0.2}} \tag{6-24}$$

若工作温度高于分界温度，除了材料屈服极限外，还需考虑蠕变极限 σ^t_c 和持久强度极限 σ^t_1，并除以相应的屈服极限安全系数 $n_{0.2}$、蠕变极限安全系数 n_c 和持久强度极限安全系数 n_1，分别得到

$$[\sigma]_{0.2}=\frac{\sigma^t_{0.2}}{n_{0.2}} \qquad [\sigma]_c=\frac{\sigma^t_c}{n_c} \qquad [\sigma]_1=\frac{\sigma^t_1}{n_1} \tag{6-25}$$

取上述三者中最小值作为静强度判别依据。为保证叶片及其附件的安全，应满足以下静强度条件

$$\sigma\leqslant[\sigma] \tag{6-26}$$

（2）安全系数。安全系数的选取与许多因素有关，如应力计算式的精确程度、材料机械

性能的测量精确度、材料的不均匀性、零件加工工艺和装配工艺，以及零件工作条件与重要性等。因此，安全系数难以用公式进行精确计算。表 6-3 列出了根据长期设计和运行经验积累所得的安全系数推荐值。

表 6-3　　　　叶片及其附件的安全系数

<table>
<tr><th colspan="3" rowspan="2">名称与部位</th><th rowspan="2">应力形式</th><th>分界温度以下</th><th colspan="3">分界温度以上</th></tr>
<tr><th>$n_{0.2}$</th><th>$n_{0.2}$</th><th>n_c</th><th>n_1</th></tr>
<tr><td rowspan="10">叶片</td><td colspan="2" rowspan="3">叶型</td><td>拉弯合成</td><td>≥1.6</td><td>1.6</td><td>1～1.25</td><td>1.65</td></tr>
<tr><td>拉（拉筋孔）</td><td>≥2.5</td><td></td><td></td><td></td></tr>
<tr><td>拉（整体围带附近）</td><td>≥6</td><td></td><td></td><td></td></tr>
<tr><td rowspan="6">叶根</td><td rowspan="2">叉型</td><td>拉</td><td>3.0</td><td></td><td></td><td></td></tr>
<tr><td>拉弯合成</td><td>1.3</td><td>1.6</td><td>1～1.25</td><td>1.65</td></tr>
<tr><td rowspan="4">其他</td><td>拉</td><td>2.5</td><td rowspan="2">1.6</td><td rowspan="2">1～1.25</td><td rowspan="2">1.65</td></tr>
<tr><td>弯</td><td>2.5</td></tr>
<tr><td>剪切</td><td>3.0</td><td>3.0</td><td>1.7</td><td>2.5</td></tr>
<tr><td>挤压</td><td>1.0</td><td>1.0</td><td>1.0</td><td>1.0</td></tr>
<tr><td colspan="2">铆钉头</td><td>拉</td><td>7.0</td><td></td><td></td><td></td></tr>
<tr><td colspan="3">围带与拉筋</td><td>弯</td><td>1.6</td><td>1.6</td><td>1.0～1.25</td><td>1.65</td></tr>
<tr><td colspan="3" rowspan="2">叶根铆钉</td><td>剪切</td><td>2.7</td><td>3.0</td><td>1.7</td><td>2.5</td></tr>
<tr><td>挤压</td><td>1.0</td><td>1.0</td><td>1.0</td><td>1.0</td></tr>
</table>

4.2　汽轮机叶片的动强度分析

汽轮机叶片除了承受静应力外，还受到因气流不均匀产生的激振力作用。汽轮机组进行新型凝抽背供热改造后，在抽汽工况切换至背压工况运行时，机组处于变工况运行，特别是在背压工况时的缸内冷却汽流不均匀分布，将会引起激振力。对于旋转的叶片来说，激振力对叶片的作用是周期性的，导致叶片振动，所以叶片是在振动状态下工作的。当叶片的自振频率等于脉冲激振力频率或为其整数倍时，叶片发生共振，振幅增大，并产生很大的交变动应力。为了保证叶片安全工作，需进行激振力和叶片振动特性分析，属于叶片动强度范畴。

4.2.1　激振力的产生及其频率计算

叶片的激振力是由级中汽流流场不均匀所致的。造成流场不均的原因很多，可归纳为两类：一类是叶栅尾迹扰动，即汽流扰流叶栅时，由于附面层的存在，叶栅表面汽流速度近于零，附面层以外汽流流速为主流区速度，当汽流流出叶栅时在出口边形成尾迹，所以在动静叶栅间隙中汽流的速度和压力沿圆周向分布是不均匀的。另一类是结构扰动，如部分进汽、抽汽口、进排汽管以及叶栅节距有偏差等原因引起汽流流场不均匀，都将对叶片产生周期性的激振力，因而使叶片发生振动。

当叶片自振频率与激振力频率相等时，无论激振力是脉冲形式还是简谐形式，都会使叶片发生共振。当自振频率为激振力频率的整数倍时，只有脉冲形式激振力才会引起叶片共振。在汽轮机中，叶片的激振力都是以脉冲形式出现的。图 6-21 所示为叶片自振频率为脉冲激振力频率 3 倍时的振幅变化情况。叶片受第一次脉冲力作用后，其振幅变大，然后叶片

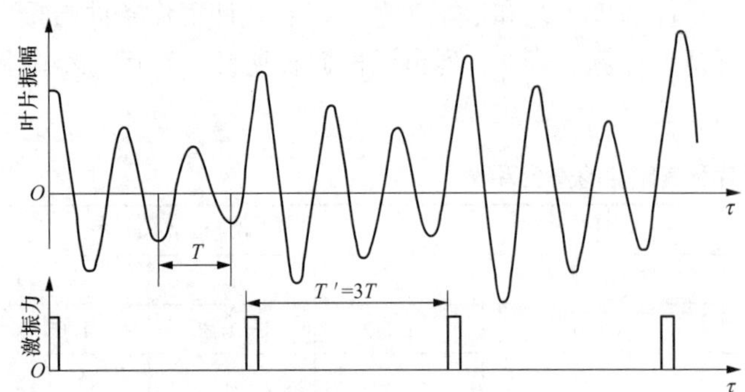

图 6-21　叶片自振频率为脉冲激振力频率 3 倍时的共振现象

以自振频率做有阻尼的衰减自由振动，振幅逐渐减小，经三次振动后，又遇与第一次相位相同的脉冲力作用，叶片振幅再次增大。如果振幅的衰减值小于脉冲力作用时振幅的增大值，则叶片振幅逐渐增大，动应力随之增加。

以频率高低来分，激振力可分为低频激振力和高频激振力两大类。

1. 低频激振力频率的计算

(1) 对称激振力。若引起汽流扰动的因素在圆周向是对称分布的，则低频激振力的频率为

$$f_{ex}=kn \tag{6-27}$$

式中　k——一个圆周内的激振力次数；

n——动叶的转速。

(2) 非对称激振力。若引起汽流扰动的因素在圆周向是非对称的，此时如喷嘴配汽有两个不通汽弧段彼此相隔 $\pi/2$ 角度，动叶以转速 n 旋转，则每秒钟转过 $2\pi n$ 弧度，动叶由第一个激振力至第二个激振力所需时间（即周期）为

$$T=\frac{\pi/2}{2\pi n}=\frac{1}{4n} \tag{6-28}$$

而低频激振力频率为

$$f_{ex}=\frac{1}{T}=4n \tag{6-29}$$

若该两激振力为彼此相隔 $\frac{3\pi}{2}$ 角度，这时低频激振力频率应是 $f'_{ex}=\frac{3}{4}n$ 。

2. 高频激振力频率的计算

高频激振力是由喷嘴尾迹引起的，它使喷嘴出口流速沿圆周向分布不均。由于尾迹区作用力比主流区小，所以动叶每经过一个喷嘴片受到一次扰动。

(1) 全周进汽的级。该级喷嘴沿圆周向是均匀分布的，高频激振力频率为

$$f_{ex}=z_n n \tag{6-30}$$

式中　z_n——级的喷嘴数，一般 z_n 取值为 40～90，因而引起的激振力频率较高，故称为高频激振力。

(2) 部分进汽的级。调节级未开调节汽门的喷嘴也包括在不进汽弧段内，设部分进汽度为 e，进汽弧段内共有 z'_n 个喷嘴，级的平均直径为 d_m，则平均直径上的节距为

$$t_m=\frac{e\pi d_m}{z'_n} \tag{6-31}$$

则动叶每经过一个节距所需的时间（即周期）为

$$T=\frac{t_m}{\pi d_m n}=\frac{e}{z'_n n} \tag{6-32}$$

即部分进汽级喷嘴尾迹引起的高频激振力频率为

$$f_{ex}=\frac{1}{T}=\frac{z'_n}{e}n=z_n n \tag{6-33}$$

式中　z_n——当量喷嘴数。

4.2.2　叶片自振的产生及其频率测定

叶片在激振力作用下发生强迫振动时，其振动类型分为两大类：一类是弯曲振动，包括切向和轴向弯曲振动；另一类是扭转振动。

1. 叶片的振型

(1) 弯曲振动。弯曲振动主要分为切向振动和轴向振动。由于一般叶片的最大主惯性轴方向与轮周切向的夹角较小，故叶片在激振力作用下最容易绕最小主惯性轴（即振幅沿最大主惯性轴方向）振动，这种振动称为切向振动。随着共振频率由低到高，叶片振动的振型曲线上不动的节点数也随之增加。叶片顶部参加振动称为 A 型振动，此类型振动的节点两侧叶片的振动相反。叶片顶部不参加振动称为 B 型振动。

叶片绕最大主惯性轴（即振幅沿最小主惯性轴方向）的振动称为轴向振动。由于轴向惯性矩大，振动频率高，一般不易出现有节点的轴向振动，但轴向振动易与叶轮振动联系在一起，可能不利于安全运行。

(2) 扭转振动。叶片扭转振动是指叶片在激振力作用下，其截面绕径向线（又称节线）所做的往复扭转运动，这种振动常在长叶级中出现。在扭转振动中，可能出现一条或多条节线，节线两侧叶片的扭振方向相反，节线越多，扭振频率越高。

2. 叶片频率的测定

叶片的自振频率除可以利用理论方法计算外，还可以用实验方法测定，测定方法可分为静频率和动频率测定两类。

(1) 静频率测定。叶片静频率的测定是指在汽轮机转子静止状态下测定叶片的自振频率值，常用自振法和共振法两种测定方法。

自振法是一种简便、准确、迅速地测定叶片自振频率的方法，其测频的原理如图 6-22 所示。用橡皮小锤轻击叶片，使被测叶片发生自由振动，用拾振器将叶片振动的机械量转换为与叶片振动频率相等的电信号，送至示波器 y 轴，或将电信号放大后输入 y 轴，同时将音频信号发生器输出的信号输至示波器 x 轴，两个输入信号在示波器内合成。x 轴与 y 轴输入电信号的相位差和频率比不同时，在荧光屏上显示不同的图形。当 x 轴频率与 y 轴频率之比为整数倍时，在荧光屏上显示李沙茹图，由音频信号发生器的频率值及李沙茹图可得知频率比。实测时应调节音频信号发生器的频率，使荧光屏上出现稳定的椭圆或圆，这时音频信号发生器的频率就是被测叶片的自振频率。自振法常用来测量中长叶片的频率；对短叶片因频率高，振幅小且消失快，难以用自振法测定。

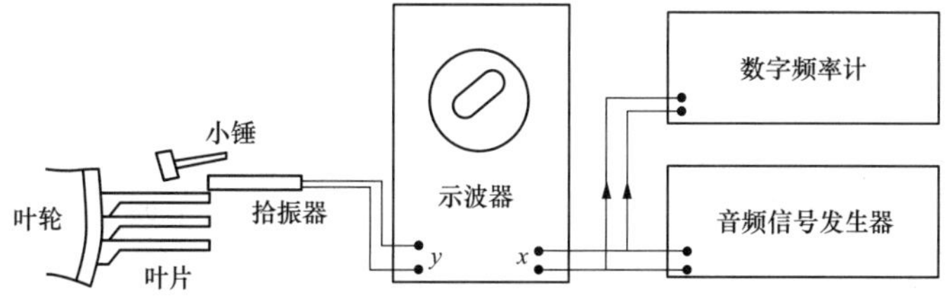

图 6-22　自振法测定叶片自振频率的原理图

共振法利用共振原理测得叶片各阶振动的静频率值，其测量原理如图 6-23 所示。由音频信号发生器产生的频率信号分别送至示波器、数字频率计及功率放大器，音频信号经功率放大后送至激振器，在激振器内音频信号转换为拉杆的机械振动。因拉杆与被测叶片固定在一起，所以被测叶片随之发生强迫振动。当音频信号发生器输出的电信号频率与叶片某阶自振频率相等时，叶片发生共振，被测叶片振幅达最大值。拾振器将叶片振动的机械量信号转换为电信号，送至示波器 y 轴，根据李沙茹图及数字频率计读数，便可确定叶片的自振频率值。连续调节音频信号发生器输出的频率信号，依次使被测叶片共振，就可确定叶片各阶的自振频率值。

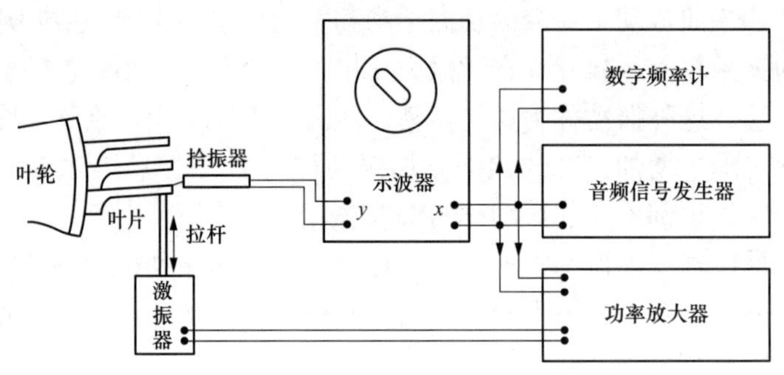

图 6-23　共振法测定叶片自振频率的原理图

（2）动频率测定。用理论方法计算动频率时，由于动频率系数有误差，计算结果不够精确，故对叶片常常还需通过测试，确定其工作状态下的动频率。普遍采用无线电遥测方法测定动频率，其测量系统框图如图 6-24 所示，系统由发送和接收两部分组成。发送部分通过贴在叶片上的应变片或晶体片感受叶片振动信号，此信号经过音频放大后输至射频压控振荡器进行频率调制，并以调频波向空间发射。接收部分利用装在发射机附近的汽缸内部的天线接收信号，此信号经高频电缆引出汽缸，至调频接收机被放大和解调还原为应变片频率信号，然后输入光线录波器和磁带录波仪。对测试数据进行分析，以确定叶片的动频率。

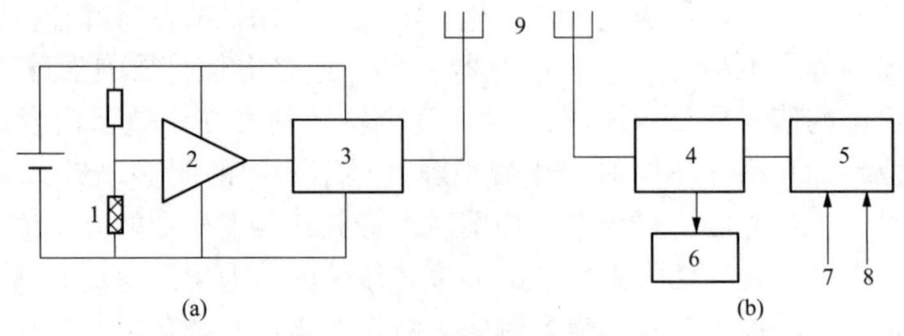

图 6-24　动频率测量系统框图

1—应变片；2—音频扩大器；3—射频压控振荡器；4—调频接收机；5—录波器；6—示波器；7—转速信号；8—标准频率信号；9—天线

4.2.3　叶片动强度的安全准则

对有些叶片允许其某个主振型频率与某类激振力频率合拍而处于共振状态下长期运行，不会导致叶片疲劳破坏，这个叶片对这一主振型，称为不调频叶片。对有些叶片要求其某个主振型频率避开某类激振力频率才能安全运行，这个叶片对这一主振型，称为调频叶片。

1. 不调频叶片的安全准则

对不调频叶片的安全评价，主要应判明在叶片共振时的动应力是否在许用耐振强度值以内，它对振动频率没有限制，允许共振下运行。

以安全倍率为纵坐标、以振动倍率为横坐标，绘制不同状态的安全倍率分布，可以发现在安全点和事故点之间，有一条明显的分界线，该曲线上的值是叶片安全和危险的界限值，定义为安全倍率界限值，又称为安全倍率，并用 $[A_b]$ 表示。由此，不调频叶片的安全准则可写为

$$A_b = \frac{(\sigma_a^*)}{(\sigma_{s,b})} = \frac{k_1 k_2 k_d \sigma_a^*}{k_3 k_4 k_5 k_\mu \sigma_{s,b}} \geqslant [A_b] \tag{6-34}$$

式中　σ_a^* ——耐振强度；

$\sigma_{s,b}$ ——叶片振动方向的蒸汽弯曲应力；

k_1 ——介质腐蚀修正系数；

k_2 ——叶片表面质量修正系数；

k_3 ——应力集中修正系数；

k_4 ——通道修正系数；

k_5 ——流场不均匀修正系数；

k_d ——尺寸修正系数；

k_μ ——叶片成组影响系数。

2. 调频叶片的安全准则

由于调频叶片不允许在某一主振型共振下长期运行，因此要求叶片该主振型的动频率与激振力频率避开安全范围，这样，从理论力学的有阻尼受迫振动幅频特性曲线可知，叶片振动的振幅迅速减小，即意味着叶片的动应力大为减小，所以可取较小的许用安全倍率值。也就是说，要想保证调频叶片长期安全运行，不仅要满足频率避开的要求，而且还要求安全倍率大于某一许用值，即 $A_b \geqslant [A_b]$。当然，这一 $[A_b]$ 值比相同条件下的不调频叶片的 $[A_b]$ 值小许多。另外，对于不同振型和转速的工作叶片，其频率避开值和许用安全倍率值是不相同的。

4.3　汽轮机热应力分析

为适应当前我国电力调峰要求，汽轮发电机组需参加调峰运行，致使这些机组变工况运行频繁，汽轮机主要零件内的温度分布规律随着工况变化而变化，从而引起交变热应力，导致零部件低周疲劳损耗，缩短汽轮机的使用寿命。

1. 热应力的产生分析

当汽轮机处于变工况运行，特别是启停过程，主要零件由于温度变化而产生的膨胀或收缩变形称为热变形。如果汽轮机的零部件不能按温度变化规律进行自由胀缩，即热变形受到约束，则在零部件内引起应力，这种由温度引起的应力称为热应力。

若受热零件内各点的温度由 t_0 均匀加热至 t，其热变形不受约束，可自由膨胀，则零件虽然产生热膨胀，但零件内不会引起热应力。零件长度的绝对热膨胀量则为

$$\Delta l = \beta l_0 (t - t_0) = \beta l_0 \Delta t \tag{6-35}$$

式中　β ——材料线膨胀系数；

l_0——零件原始长度；

Δt——零件温升，$\Delta t = t - t_0$。

如果该零件两端受到刚性约束，即零件加热时两端不允许膨胀，此时零件内必然引起压缩热应力。设零件内的热应力仍在弹性范围以内，根据胡克定律便可求出零件内的热应力值。受压缩时应变量为

$$\varepsilon = \frac{\Delta l}{l_0} = \beta \Delta t \tag{6-36}$$

则热应力值为

$$\sigma = -E\varepsilon = -E\beta\Delta t \tag{6-37}$$

式中 E——材料弹性模数，负号表示压缩热应力（因加热时 $\Delta t > 0$）。

若零件受到冷却（$\Delta t < 0$），则零件内引起拉伸热应力。

如果零部件加热或冷却时温度不均匀，此时尽管零件不受刚性约束，但其内部各纤维（设想金属材料由若干纤维组成）也不能按温度分布规律进行自由伸缩。由于零件变形的连续性，故相邻纤维之间必然会受到约束，从而产生热应力。由此可见，当汽轮机启停或变负荷运行时，汽缸、法兰和转子等部件都存在着温度差。由于纤维之间的约束，这些零部件内将产生热应力，热应力的大小和方向与零件内的温度场情况和运行方式有关。

2. 汽缸或法兰的热应力计算

沿汽缸壁厚和法兰宽度方向存在温差，其内部一定会产生热应力。为理论计算方便，设汽缸和法兰为无限大平板，温度只沿汽缸壁厚和法兰宽度方向有变化。此时汽缸和法兰的热应力计算式为

$$\sigma = \frac{\beta E}{1-\gamma}(t_m - t) \tag{6-38}$$

式中 β——材料线膨胀系数；

E——材料弹性模量；

γ——材料泊松系数，一般取 0.3；

t_m——沿汽缸壁厚和法兰宽度方向的平均温度；

t——温度变化规律的函数式或计算点温度。

3. 法兰螺栓的热应力计算

拧紧螺栓对法兰的热膨胀起约束作用，使法兰实际变形值比自由膨胀小，而法兰热膨胀对螺栓的作用，使其实际变形值比自由膨胀大，两者相互影响。此时螺栓的热应力计算式为

$$\sigma = \frac{kh\beta_f\Delta t_f - l_b\beta_b\Delta t_b}{A_b\left(\frac{kh}{E_fA_f} + \frac{l_b}{E_bA_b}\right)} \tag{6-39}$$

式中 h——上法兰或下法兰高度；

k——系数，螺栓旋入下缸法兰时 $k=1$，螺栓贯穿上下法兰时 $k=2$；

β_f、β_b——法兰和螺栓的线膨胀系数；

l_b——螺栓长度；

Δt_f、Δt_b——法兰和螺栓的温升；

E_f、E_b——法兰和螺栓材料的弹性模量；

A_f——两个螺栓距离内法兰的有效面积；

A_b——螺栓截面面积。

4. 转子的热应力计算

汽轮机在启停和变负荷工况运行时，转子调节级段或中压缸第一级处会产生很大的径向温度梯度，从而引起较大的热应力。则转子的热应力计算式为

$$\sigma_x = \frac{\beta E}{1-\nu}(t_m - t_e) \tag{6-40}$$

式中　t_m——计算截面体积平均温度；

t_e——对应半径处的温度。

第 7 章

低真空供热技术

第1节 概　　述

1.1 基本原理

所谓汽轮机低真空供热，其原理就是降低凝汽器真空度，提高汽轮机乏汽压力，从而提高乏汽温度，此时循环水温度也随之升高，然后将高温循环水直接输送给热用户进行供热。汽轮机改成低真空运行时，凝汽器则相当于热网系统的热网加热器，其系统原理图如图 7-1 所示。

对于纯凝工况，汽轮机乏汽余热被冷却循环水吸收，经冷却塔冷却而将这部分余热排放到环境中，从而产生冷端热损失。根据热力学第二定律可知，为达到一定的真空度，这部分热量损失是不可避免的。若将汽轮机改造成低真空供热运行，汽轮机的乏汽余热可以用来加热热网水进行供热，避免了冷端热损失，从而大大提高了电厂综合能源利用效率。

可绘制纯凝工况和低真空工况的 T-S 图如图 7-2 所示，由图可知，纯凝工况时，面积 1-2-3-4-5-1 为汽轮机内蒸汽做功的焓，而面积 2-6-8-3-2 则为乏汽的焓；改造成为低真空供热工况时，面积 1-m-k-n-4-5-1 为汽轮机内蒸汽做功的焓，而面积 m-k-n-7-6-m 则为用于供热的热量。由此明显看出，低真空供热工况的整体经济效益要比纯凝工况的高。

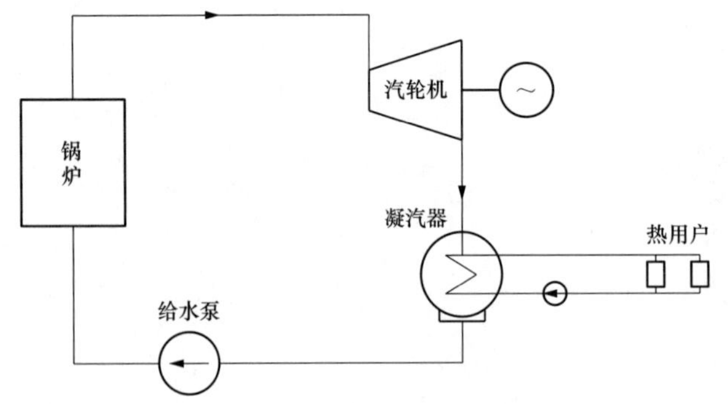

图 7-1　汽轮机低真空供热系统原理图

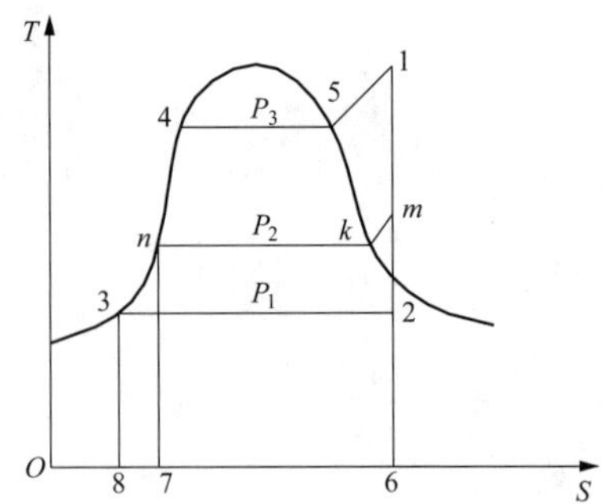

图 7-2　纯凝工况与低真空工况的 T-S 图

目前，现有机组基本都是按照纯凝工况设计，将其改造为低真空供热工况时，需在机组安全、可靠性方面进行严格的论证分析。李勇等人对汽轮机低真空供热时的轴向推力变化特性进行了分析，结果表明，只要背压在 0.05MPa 以下，就不会出现末级反动度与汽轮机轴向推力高于设计值的现象。而针对背压升高，末级严重恶化的现象，提出了采用双转子运行方式，在夏季、冬季更换使用。针对低真空供热改造时，凝汽器的运行方式可分为凝汽器单侧运行和凝汽器双侧运行两种。

1.2　凝汽器运行方式

1.2.1　凝汽器单侧运行方式

当汽轮机改成低真空运行时，凝汽器的汽侧连接汽轮机排汽，水侧连接热网系统。当凝汽器选择单侧运行方式时，凝汽器 A 侧流经热网水，凝汽器 B 侧则继续原来的循环流经循环冷却水上塔，如图 7-3 所示。此种运行时的凝汽器也被称为双背压凝汽器，而双背压凝汽器与单背压凝汽器相比，较节能，主要是由于双背压凝汽器更能充分利用冷却面积，凝汽器传热性能得到提高，而且凝汽器双背压运行时的平均背压与单背压运行相比较低，相对增加了凝汽器内功率，减小了传热温差和不可逆传热损失。

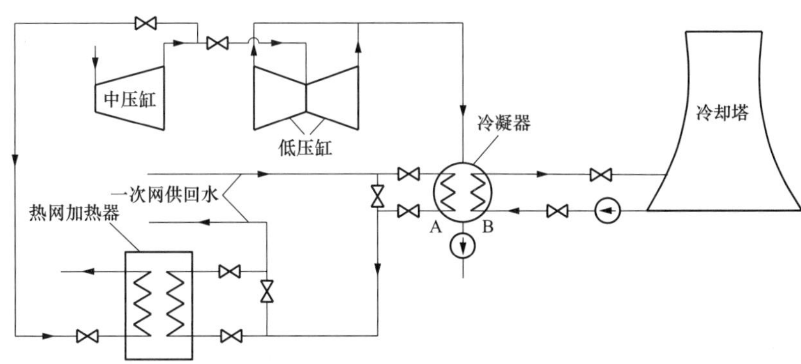

图 7-3　低真空供热单侧运行方式

1.2.2　凝汽器双侧运行方式

当凝汽器选择双侧运行方式时，凝汽器两侧都流经热网水，只是热网水分一支路上塔，如图 7-4 所示。此种运行时的凝汽器也被称为单背压凝汽器，此时凝汽器两侧的背压相同，在此种情况下，由于双侧都可以同时达到高背压工作状态，此时的低真空供热与单侧运行方式相比则可以提供更多的供热量。因此，利用凝汽器双侧运行时，需要更多的热负荷与之相匹配。

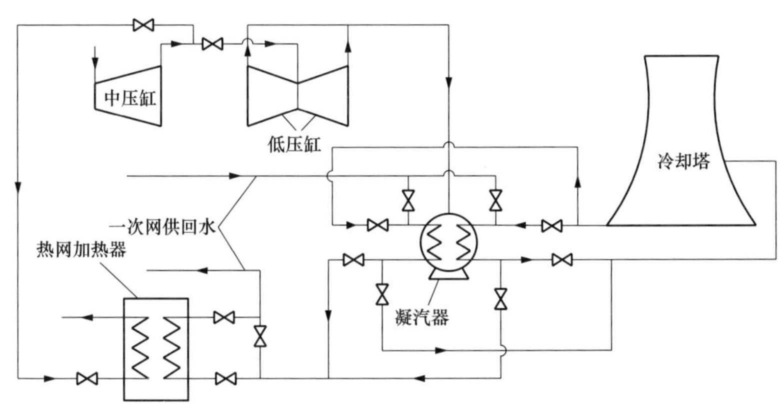

图 7-4　低真空供热双侧运行方式

1.3 机组安全性影响概述

汽轮机低真空运行时，一方面减少了冷源损失，另一方面由于提高背压运行，改变了汽轮机热力工况，使汽轮机长期在变工况下运行，对汽轮机的功率、效率、推力等都产生影响。随着真空的降低、功率下降、轴向推力增大、排汽温度升高等，汽轮机辅机运行工况也都发生变化。

（1）低真空运行对轴向推力的影响。当汽轮机的初参数不变，背压升高后，机组的末几级焓降变小，级的反动度要增加，机组轴向推力要相应增大。但是，从目前机组运行情况看，轴向推力的增加，仍然在机组推力轴承安全运行的范围内，仍能保证安全运行。

（2）低真空运行对汽缸膨胀的影响。低真空运行时，由于背压提高，排汽温度升高，汽缸膨胀量增大，从而改变了通流部分的动静间隙。静子以后缸中心为零点向前膨胀，转子以推力轴承为零点向后伸长，但是由于温度变化不大，动静间隙的变化不至于产生摩擦和振动。就现机组低真空运行情况来看，对汽缸膨胀影响不大。

（3）低真空运行对凝汽器的影响。机组低真空运行后，由于排汽温度的升高和循环水压力的变化，必将对凝汽器的安全运行产生一定的影响。因此，对机组进行改造时，我们采取了以下措施：

1）为解决排汽过热问题，在凝汽器排汽口加装三组除盐水自动喷水降温装置，以降低排汽温度。

2）为防止循环水在凝汽器内沉积结垢影响传热效果，降低出力，在循环水系统加装加药装置，通过计量泵加入补充水管道中进入循环水供热系统，使采暖循环水的 pH 值控制在 8～9 的范围内，可达到非常良好的防垢效果。

3）为保证在循环水供热时安全运行，使凝汽器内保持稳定的冷却水压，加装管网补水泵。使用工业水作为补充水，采用变频补水装置，可节约电力消耗，同时补水压力恒定减少对热网冲击，确保整个系统安全经济运行。

4）为防止冷凝器超压，热网循环水泵安装在凝汽器出口管路侧，使凝汽器不承受较高的压力，凝汽器所承受的是 0.2MPa 左右的采暖回水压力。它和机组按额定工况运行时，凝汽器所承受的循环水泵出口压力基本相同。并在热网回水母管上，装设安全阀，当回水压力超过 0.25MPa 时，安全阀排放，同时取自回水母管上的压力信号，自动启动原循环水系统，热网循环水系统自动关闭。

第 2 节 低真空运行时机组的性能分析法

2.1 机组的变工况计算

2.1.1 弗留格尔公式的推导

早在 20 年代，斯托多拉根据运行经验和试验结果，得出了汽轮机的流量与初、终参数的关系式。

斯托多拉的试验是在试验室内一台 8 级反动式汽轮机上进行的，机组的转速为 4000r/min。根据试验结果看出：当初压维持不变时，在背压非常低的情况下（高真空），于背压开始上升时，汽轮机的流量保持不变；只有在背压升高到一定数值后，流量才开始减少，流量与背压的关系呈一椭圆曲线；当背压升高到接近于初压时，流量减小得很快：当背压升高到等于初压这一极限时，流量就减小到等于零。虽然事实上流量不能等于零。这时汽轮机将视为一台压气机，由外界拖动。对于较低的初压，背压与流量的关系仍是一个与前述相似的椭圆曲线，椭圆的轴长随着初压的变低而变小。

因此，对于一定的汽轮机，在给定的初压和固定的转速下，流量与背压的关系可用椭圆规律来表示。适当选择坐标的比例尺，椭圆可表示为圆。

弗留格尔在 1931 年首先从数学上证明了斯托多拉根据实验得来的椭圆方程式，从此以后，流量与级组前后参数的关系式，便称为弗留格尔公式。具体证明过程如下：

根据喷嘴与动叶出口处的流量方程

$$G=\frac{F_1 c_1}{v_1} \qquad G=\frac{F_2 \omega_2}{v_2} \tag{7-1}$$

将式（7-1）两边平方移项得

$$c_1^2=\frac{G^2}{F_1^2}v_1^2 \qquad \omega_2^2=\frac{G^2}{F_2^2}v_2^2$$

根据能量方程，求出喷嘴及叶片出口速度和级反动度 ρ 及理想焓降 Δh_t 的关系

$$c_1^2=2\varphi^2\left[(1-\rho)\Delta h_t+\frac{1}{2}c_0^2\right] \qquad \omega_2^2=2\psi^2\left[\rho\Delta h_t+\frac{1}{2}\omega_1^2\right]$$

代入前流量方程，整理后得

$$(1-\rho)\Delta h_t+\frac{1}{2}c_0^2=\frac{1}{2}\times\frac{1}{\varphi^2}\times\frac{G^2}{F_1^2}v_1^2 \qquad \rho\Delta h_t+\frac{1}{2}\omega_1^2=\frac{1}{2}\times\frac{1}{\psi^2}\times\frac{G^2}{F_2^2}v_2^2$$

令 $\frac{c_0^2}{2}=\delta_0\Delta h_t$ 与 $\frac{\omega_1^2}{2}=\delta_1\Delta h_t$ 代入上式后两式相加得

$$\Delta h_t(1+\delta_0+\delta_1)=\frac{1}{2}G^2\left[\frac{1}{\varphi^2}\times\frac{v_1^2}{F_1^2}+\frac{1}{\psi^2}\times\frac{v_2^2}{F_2^2}\right]$$

$$\frac{\Delta h_t}{v_2^2}=\frac{1}{2}\times\frac{1}{1+\delta_0+\delta_1}\left[\frac{1}{\varphi^2 F_1^2}\left(\frac{v_1}{v_2}\right)^2+\frac{1}{\psi^2 F_2^2}\right]G^2=\Delta\Phi G^2 \tag{7-2}$$

式中

$$\Delta\Phi=\frac{1}{2}\times\frac{1}{1+\delta_0+\delta_1}\left[\frac{1}{\varphi^2 F_1^2}\left(\frac{v_1}{v_2}\right)^2+\frac{1}{\psi^2 F_2^2}\right] \tag{7-3}$$

当级为无限多时，各级的理想焓降很小，则可写成 dh_t，又因焓降很小，喷嘴及叶片出口处的比容近似相等，等于汽态线上 dh_t 处的比容 v，则

$$v_1\approx v_2\approx v$$

同时，将 $\Delta\Phi$ 改写成 $d\Phi$，则

$$dh_t=v^2G^2d\Phi \qquad G^2d\Phi=\frac{1}{v^2}dh_t \tag{7-4}$$

对每一级的实际焓降为

$$h_0-h_2=\eta\Delta h_t=dh$$

当级数很多，每一级得焓降很小，可将级的焓降视为微量时，则

$$dh=\eta\Delta h_t=\eta c_p dT$$

根据热力学第一定律

$$\mathrm{d}q = \mathrm{d}h - v\mathrm{d}p$$

$$\mathrm{d}q = (1-\eta)\mathrm{d}h_{\mathrm{t}}$$

$$(1-\eta)\mathrm{d}h_{\mathrm{t}} = \mathrm{d}h - v\mathrm{d}p = \eta\mathrm{d}h_{\mathrm{t}} - v\mathrm{d}p$$

$$\mathrm{d}h_{\mathrm{t}} = -v\mathrm{d}p = \frac{-c_{\mathrm{p}}\mathrm{d}T}{\eta}$$

其中

$$v = \frac{RT}{p} \qquad R = c_{\mathrm{p}} - c_{\mathrm{v}} = c_{\mathrm{v}}(\kappa - 1)$$

则

$$\frac{c_{\mathrm{p}}\mathrm{d}T}{\eta} = \frac{RT}{p}\mathrm{d}p = c_{\mathrm{v}}(\kappa-1)T\frac{\mathrm{d}p}{p}$$

$$\frac{\mathrm{d}T}{T} = \eta\frac{c_{\mathrm{v}}}{c_{\mathrm{p}}}(\kappa-1)\frac{\mathrm{d}p}{p} = \eta\frac{\kappa-1}{\kappa}\times\frac{\mathrm{d}p}{p}$$

两边积分

$$\ln\frac{T}{T_0} = \eta\frac{\kappa-1}{\kappa}\ln\frac{p}{p_0} \qquad \frac{T}{T_0} = \left(\frac{p}{p_0}\right)^{\eta\frac{\kappa-1}{\kappa}} \tag{7-5}$$

由于

$$\frac{T}{T_0} = \frac{pv}{p_0v_0} \qquad \frac{pv}{p_0v_0} = \left(\frac{p}{p_0}\right)^{\eta\frac{\kappa-1}{\kappa}}$$

则

$$v = v_0\frac{p_0}{p}\left(\frac{p}{p_0}\right)^{\eta\frac{\kappa-1}{\kappa}} = v_0\left(\frac{p_0}{p}\right)^{1-\eta\frac{\kappa-1}{\kappa}} \tag{7-6}$$

将此式代入式（7-4）得

$$G^2\mathrm{d}\Phi = \frac{1}{v^2}\mathrm{d}h_{\mathrm{t}} = \frac{-v\mathrm{d}p}{v^2} = -\frac{1}{v_0}\left(\frac{p}{p_0}\right)^{1-\eta\frac{\kappa-1}{\kappa}}\mathrm{d}p \tag{7-7}$$

为简化取

$$n-1 = 1-\eta\frac{\kappa-1}{\kappa} \qquad n = 2-\eta\frac{\kappa-1}{\kappa} \tag{7-8}$$

则

$$G^2\mathrm{d}\Phi = -\frac{1}{v_0}\left(\frac{p}{p_0}\right)^{n-1}\mathrm{d}p = \frac{-1}{v_0\,p_0^{n-1}}\,p^{n-1}\mathrm{d}p$$

两边积分后，并让 $\Phi_0 = \int d\Phi$，则得

$$G^2\,\Phi_0 = \frac{1}{n}\times\frac{-1}{v_0\,p_0^{n-1}}(p_2^n - p_0^n) = \frac{1}{n}\times\frac{p_0}{v_0}\left[1-\left(\frac{p_2}{p_0}\right)^n\right]$$

对于变工况，各级流通面积等不变，在不同流量下同样可得

$$G_1{}^2\,\Phi_0 = \frac{1}{n}\times\frac{p_{01}}{v_{01}}\left[1-\left(\frac{p_{21}}{p_{01}}\right)^n\right]$$

两式相除并开方得

$$\frac{G_1}{G}=\sqrt{\frac{p_{01}}{p_0}\times\frac{v_0}{v_{01}}\times\frac{1-\left(\frac{p_{21}}{p_{01}}\right)^n}{1-\left(\frac{p_2}{p_0}\right)^n}}$$

根据式（7-8），由于 $\eta(\kappa-1)/\kappa$ 值较小，可近似地让 $n=2$，则

$$\frac{G_1}{G}=\sqrt{\frac{p_{01}}{p_0}\times\frac{v_0}{v_{01}}\times\frac{1-\left(\frac{p_{21}}{p_{01}}\right)^n}{1-\left(\frac{p_2}{p_0}\right)^n}}=\sqrt{\frac{p_0v_0}{p_{01}v_{01}}\times\frac{p_{01}^2-p_{21}^2}{p_0^2-p_2^2}}=\sqrt{\frac{p_{01}^2-p_{21}^2}{p_0^2-p_2^2}}\sqrt{\frac{T_0}{T_{01}}} \tag{7-9}$$

当忽略初温 T_0 改变的影响时，则

$$\frac{G_1}{G}=\sqrt{\frac{p_{01}^2-p_{21}^2}{p_0^2-p_2^2}}$$

当忽略初温 T_0 改变的影响时，则

$$\frac{G_1}{G}=\frac{p_{01}}{p_0}$$

弗留格尔在证明流量与压力的关系式时忽略了以下一些问题：

（1）因令 $n-1=1-\eta(k-1)/k$ ，当 $n=2$ 时，在 $\eta=0$ 或 $k=1$ 时方成立；对于蒸汽，k 不等于1，只有级效率等于零时方才成立。

（2）只能应用于级数相当多的机组，亦即不会发生超临界现象。

（3）在不同流量时，级的效率将会改变，至少有一些级会改变，φ 及 ψ 不同，因此不同流量时 Φ 值不同，并不能约去；或者说弗留格尔公式只能用于工况变化不大时才正确。

另外，$\frac{v_1}{v_2}$是压力比的函数，在负荷变动时，其比值亦非常数，只是在工况变化不大时，才可近似认为

$$\frac{v_{11}}{v_{21}}\approx\frac{v_1}{v_2}$$

（4）因各级的效率不等，各级的 n 不应相同，故 n 不是常数，不好简单积分。

（5）没有考虑工况变动时的反动度的改变。

2.1.2　弗留格尔公式的应用条件

从各运行数据证实，以及根据弗留格尔公式的证明过程知道，使用该公式应该注意下面两个主要条件。

1. 通流部分的流量不变

该条件是通流部分中没有蒸汽被抽出或被加入。若有蒸汽被抽出或者被加入时，只要抽出或加入的蒸汽量比例于原流量，在忽略初温的影响下，仍可用此式。

当在两个级组之间没有抽汽时，两级组的弗留格尔公式可以写成

$$G_1=k_1\sqrt{P_1^2-P_2^2}\qquad G_2=k_2\sqrt{P_2^2-P_3^2}$$

$$G_1^2/k_1^2=P_1^2-P_2^2\qquad G_2^2/k_2^2=P_2^2-P_3^2$$

两式相加，并且 $G_1=G_2=G$ 时，得

$$\frac{G^2}{k_1^2}+\frac{G^2}{k_2^2}=G^2\left(\frac{1}{k_1^2}+\frac{1}{k_2^2}\right)=P_1^2-P_3^2$$

$$G=\sqrt{\frac{k_1^2k_2^2}{k_1^2+k_2^2}}\sqrt{P_1^2-P_3^2}=k\sqrt{P_1^2-P_3^2}$$

$$\frac{G_1}{G_{11}}=\sqrt{\frac{P_1^2-P_3^2}{P_{11}^2-P_{31}^2}}$$

此即为两个连续级组合并为一个级组，仅是比例常数 k 不同。在不求绝对值，而只求比例关系时是无关的。

当两级组间有一抽汽口，抽汽量比例于原流量 $G_c=AG_1$ 时，

$$G_1=k_1\sqrt{P_1^2-P_2^2}\qquad G_2=G_1-G_c=G_1(1-A)=k_2\sqrt{P_2^2-P_3^2}$$

$$G_1^2/k_1^2=P_1^2-P_2^2\qquad G_1^2(1-A)^2/k_2^2=P_2^2-P_3^2$$

两式相加得

$$\frac{G_1^2}{k_1^2}+\frac{G_1^2(1-A)^2}{k_2^2}=P_1^2-P_3^2$$

$$G_1=\sqrt{\frac{k_1^2k_2^2}{k_1^2(1-A)^2+k_2^2}}\sqrt{P_1^2-P_3^2}=k'\sqrt{P_1^2-P_3^2}$$

所差别的是比例系数不同，但可以写成比例形式

$$\frac{G_1}{G_{11}}=\sqrt{\frac{P_1^2-P_3^2}{P_{11}^2-P_{31}^2}}$$

因此，对于一台机组，大部分回热加热抽汽量近似地认为比例于主蒸汽流量，因而对具有回热抽汽的机组，亦可近似地应用弗留格尔公式，对抽汽供热则不能用，必须分成两个级组分别计算。

应当注意的是，不能将有抽汽时的 P_1、P_2、P_3 代入一个式子中去用，因两者的比例系数 k' 及 k 不同，相比时不能约去，得不到弗留格尔公式。

2. 通流面积不同

在证明弗留格尔公式时，是规定通流面积不变，否则 Φ 不是常数，不能使用。在实际应用时，若面积均匀改变，且改变的百分比为已知时，亦可应用弗留格尔公式，不过应当做适当的修正。例如，当通流面积因结垢而均匀地变小时（若不均匀时，同一级内有的喷嘴面积变小，有的不变，则不好计算），例如变小 $a\%$，则在流量不变的条件下，剩余的流通面积中，单位面积的流量将增大 A 倍，A 值为

$$A=\frac{\dfrac{G}{F(1-a)}}{\dfrac{G}{F}}=\frac{1}{1-a}$$

在这种情况下，可以看作原通流面积不变，而是流量由 G 增大到 $G/(1-a)$，按新的增大流量的条件求压力，即

$$\frac{G}{\dfrac{G_1}{1-a}}=\sqrt{\frac{P_1^2-P_2^2}{P_{11}^2-P_{21}^2}}\qquad \frac{G}{G_1}=\frac{1}{1-a}\sqrt{\frac{P_1^2-P_2^2}{P_{11}^2-P_{21}^2}}$$

在上式中，G、P_1 及 P_2 是通流部分面积改变前的流量与压力，而 G_1 及相应的 P_{11} 及 P_{21} 是通流面积变小 $a\%$后的流量与压力。

对一个部分进汽的级，增加了喷嘴或者一个级堵去了部分喷嘴，均可按面积改变的百分数，近似地求出面积改变后此级前后的压力与流量的关系。

对于调节级，若增开一组喷嘴，或者关闭一组喷嘴，只要喷翼前的蒸汽参数相同，亦可近似地用此法计算压力与流量的关系。

当面积改变后，已用修正法求出当时的流量与压力的关系，若通流面积不再发生改变，则又可按新条件下流量与压力的关系，求出其他流量条件下的压力，无需再行修正。

2.1.3　低真空供热机组的变工况计算

1. 计算模型

汽轮机组进行低真空供热时，机组的特性满足通流部分的流量不变（即机组回热抽汽量近似认为比例于主蒸汽流量）。因此，机组在不同工况下运行时，机组的变工况特性满足弗留格尔公式

$$\frac{G_A}{G_B}=\sqrt{\frac{P_{1A}^2-P_{2A}^2}{P_{1B}^2-P_{2B}^2}}\sqrt{\frac{T_{1B}}{T_{1A}}} \tag{7-10}$$

式中　G_A、G_B——级组蒸汽流量；

下标A和B——汽轮机的不同运行工况；

下标1和2——级组前后的蒸汽参数。

机组压比为

$$\pi=\frac{P_1}{P_2} \tag{7-11}$$

根据理想气体状态方程

$$PV=RT \tag{7-12}$$

由此，结合式（7-10）得出

$$G_A\sqrt{\frac{V_{1A}}{P_{1A}(1-\pi^2)}}=G_B\sqrt{\frac{V_{1B}}{P_{1B}(1-\pi^2)}} \tag{7-13}$$

式中　V_A、V_B——机组入口蒸汽比容。

级组内功率 P_g 可表示为

$$P_g=G(h_1-h_{2,gs})\eta_{gs} \tag{7-14}$$

式中　h_1——级组入口蒸汽焓；

$h_{2,gs}$——级组出口蒸汽等熵焓；

η_{gs}——级组内效率。

2. 变工况特性

根据汽轮机的工作原理，机组的背压高低影响发电功率，背压升高，汽轮机理想焓降减少，发电功率降低。采用高背压供热时，当供热量发生变化时，背压和供热抽汽量都会变化，从而影响机组的发电功率。

对某供热机组进行变工况计算，得到高背压供热机组功率与运行背压和抽汽量间的关系，如图7-5所示。可以看

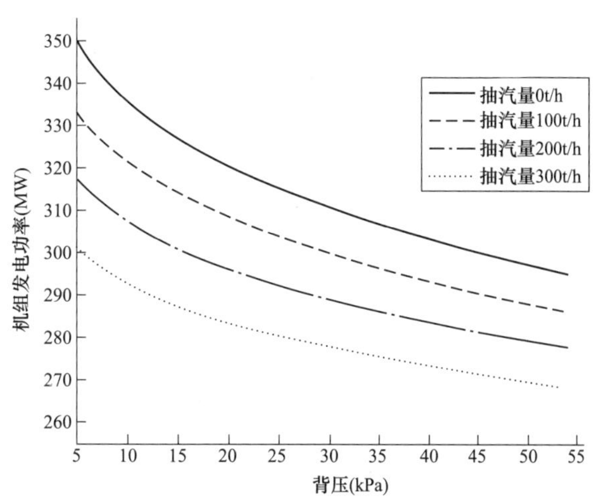

图7-5　不同背压下机组功率变化示意图

出在同一背压下，抽汽供热负荷增加，机组发电功率减小；背压升高，发电功率亦减小即机组的做功能力降低。

2.2 机组低真空运行的轴向推力计算

为了保证汽轮机在低真空工况下安全可靠的工作，防止推力轴承过负荷损坏，必须对汽轮机轴向推力的安全性进行校核。

2.2.1 汽轮机轴向推力及其组成

在轴流式汽轮机中，通常是高压蒸汽由一端进入，低压蒸汽由另一端流出，从整体看，蒸汽对汽轮机转子施加了一个由高压端指向低压端的轴向力，使汽轮机转子有向低压端移动的趋势，这个力就称为转子的轴向推力。作用在单个级上的轴向推力是由作用在动叶上的轴向推力、作用在叶轮上的轴向推力、作用在转子凸扇上的轴向推力以及作用在轴封凸肩上的轴向推力组成。作用在转子轴封凸肩上的轴向推力因为很小，所以在总的轴向推力中可以不计。

轴向推力大致有以下三部分组成：作用在动叶上的轴向推力 F_z^1、作用在叶轮面上的轴向推力 F_z^2、作用在轴的凸肩上的轴向推力 F_z^3。

2.2.2 汽轮机轴向推力计算方法

（1）作用在动叶上的轴向推力 F_z^1

$$F_z^1 = G(c_1 \sin\alpha_1 - c_2 \sin\alpha_2) + \pi d_b l_b (p_1 - p_2) \tag{7-15}$$

式中 G——通过级的蒸汽流量，kg/s；

c_1——喷嘴出口气流的绝对速度，m/s；

α_1——喷嘴出汽角；

c_2——动叶出口气流的绝对速度，m/s；

α_2——动叶出汽角；

d_b——动叶平均直径，m；

l_b——动叶高度，m；

p_1——喷嘴后的压力，P_a；

p_2——动叶后的压力，P_a。

当级内焓降或反动度不大时，压力反动度 $\Omega_p = \dfrac{p_1 - p_2}{p_0 - p_2}$ 与焓降反动度 Ω_m 相差不大，于是

$$p_1 - p_2 = \Omega_m (p_0 - p_2) \tag{7-16}$$

式中 Ω_m——平均反动度，%；

p_0——级前压力，P_a。

则式（7-15）可写成

$$F_z^1 = G(c_1 \sin\alpha_1 - c_2 \sin\alpha_2) + \pi d_b l_b \Omega_m (p_0 - p_2) \tag{7-17}$$

对于冲动级，可以不考虑由于汽流的轴向分速度变化而引起的轴向力，则

$$F_z^1 = \pi d_b l_b \Omega_m (p_0 - p_2) \tag{7-18}$$

（2）作用在叶轮面上的轴向推力 F_z^2

$$F_z^2 = \frac{\pi}{4}[(d_b - l_b)^2 - d_1^2]p_d - \frac{\pi}{4}[(d_b - l_b)^2 - d_2^2]p_2 \tag{7-19}$$

式中　p_d——叶轮前的压力，P_a；

d_1、d_2——叶轮两侧轮毂直径，m。

当叶轮两侧轮毂直径相等，即 $d_1 = d_2 = d$ 时，则

$$F_z^2 = \frac{\pi}{4}[(d_b - l_b)^2 - d^2](p_d - p_2) \tag{7-20}$$

计算汽轮机轴向推力时，除了叶轮前的压力 p_d外，其余各项参数都可由热力计算和结构设计确定，即皆为已知数。叶轮前的压力 p_d与动叶根部轴向间隙的漏汽或吸汽有关，若叶片根部压力 p_r大于叶轮前的压力 p_d，则产生漏汽，否则就会吸汽。关于叶轮前压力 p_d的计算方法分如下三种情况：

1）叶根漏汽时：当叶根发生漏汽时，通过叶轮平衡孔的蒸汽流量 G_4 大于隔板轴封漏汽量 G_p，于是

$$G_4 = G_5 + G_p \tag{7-21}$$

则

$$\mu_4 A_4 \sqrt{2\Delta h_b}\,\rho_4 = \mu_5 A_5 \sqrt{2(\Delta h_b - \Delta h_d)}\,\rho_5 + \mu_p A_p' \sqrt{2(\Delta h_t - \Delta h_d)}\,\rho_p \tag{7-22}$$

$$A_p' = \frac{A_p}{\sqrt{z_p}} \tag{7-23}$$

式中　Δh_t——级的理想焓降，J/kg；

Δh_b——动叶根部的理想焓降，J/kg；

Δh_d——叶轮上的理想焓降，J/kg；

A_p、A_4、A_5——隔板轴封间隙、平衡孔及叶根轴向间隙的流通面积，m^2；

ρ_p、ρ_4、ρ_5——各相应间隙处的蒸汽密度，kg/m^3；

μ_p、μ_4、μ_5——各相应间隙处的流量系数，取 $\mu_p = 1$，$\mu_4 = 0.3$，$\mu_5 = 0.4$。

若令叶轮反动度 Ω_d 和叶根反动度 Ω_r 为

$$\Omega_d = \frac{\Delta h_d}{\Delta h_t} \approx \frac{p_d - p_2}{p_0 - p_2} = \frac{\Delta p_d}{\Delta p_t} \tag{7-24}$$

则

$$\Delta p_d = \Omega_d \Delta p_t \tag{7-25}$$

$$\Omega_r = \frac{\Delta h_b}{\Delta h_t} \approx \frac{p_{1r} - p_2}{p_0 - p_2} = \frac{\Delta p_b}{\Delta p_t} \tag{7-26}$$

$$\Delta p_b = \Omega_r \Delta p_t \tag{7-27}$$

若近似地认为 $\rho_p = \rho_4 = \rho_5$，则式可简化为

$$\mu_4 A_4 \sqrt{\Omega_d} = \mu_5 A_5 \sqrt{\Omega_r - \Omega_d} + \mu_p A_p' \sqrt{1 - \Omega_d} \tag{7-28}$$

若 $\Omega_d < 0.1$，则 $\sqrt{1 - \Omega_d} \approx 1$，再将式（7-28）用比值 $q = \dfrac{\Omega_d}{\Omega_r}$ 表示，得

$$\frac{\mu_4 A_4}{\mu_p A'_p}\sqrt{q\Omega_r}=\frac{\mu_5 A_5}{\mu_p A'_p}\sqrt{(1-q)\Omega_r}+1 \tag{7-29}$$

若令

$$\alpha=\frac{\mu_4 A_4}{\mu_p A'_p}\sqrt{\Omega_r} \qquad \beta=\frac{\mu_5 A_5}{\mu_p A'_p}\sqrt{\Omega_r} \tag{7-30}$$

则得

$$\alpha\sqrt{q}=1+\beta\sqrt{1-q} \tag{7-31}$$

解之得

$$q=\left(\frac{\alpha+\beta\sqrt{\alpha^2+\beta^2-1}}{\alpha^2+\beta^2}\right)^2 \tag{7-32}$$

因为叶根反动度 Ω_r 为已知，所以可根据式（7-30）求 α 、β 之值，由式（7-32）解得 q 后，即可求叶轮反动度 $\Omega_d=q\Omega_r$ ，因而可求得叶轮前的压力 p_d，其值为

$$p_d=\Omega_d(p_0-p_2)+p_2 \tag{7-33}$$

由于式（7-32）是根据 $\alpha>1$ 的情况推导出来的，只适用于 $\alpha>1$ 或叶根漏气的情况。

2）叶根吸汽时：当叶根产生吸汽现象时，$G_4=G_p-G_5$。用与上述同样的方法可以证明

$$\mu_4 A_4\sqrt{\Omega_d}=\mu_p A'_p\sqrt{1-\Omega_d}-\mu_5 A_5\sqrt{\Omega_d-\Omega_r} \tag{7-34}$$

或

$$\alpha\sqrt{q}=1-\beta\sqrt{q-1} \tag{7-35}$$

解之得

$$q=\left(\frac{-\alpha-\beta\sqrt{\beta^2-\alpha^2+1}}{\beta^2-\alpha^2}\right)^2 \tag{7-36}$$

由于式（7-36）是根据 $\alpha<1$ 的情况推导出来的，只适用于 $\alpha<1$ 或叶根吸汽的情况。

3）$\Omega_d>0.1$ 时：在凝汽式汽轮机的最后几级中往往出现叶轮反动度大于 0.1 的情况，由以上的证明都是在 $\Omega_d<0.1$ 或 $\sqrt{1-\Omega_d}\approx 1$ 的条件下求得的，因此不能再使用这些公式，必须应用式（7-28）、式（7-34）直接求解 p_d。

（3）作用在轴的凸肩上的轴向推力 F_z^3

$$F_z^3=\frac{\pi}{4}(d_1^2-d_2^2)p_x \tag{7-37}$$

式中 d_1、d_2——对应计算面上的外径和内径，m；

p_x——对应计算面上的静压力，P_a。

这里 F_z^3 在末级比较小，因此在计算过程中忽略不算。

汽轮机末级总轴向推力 $\sum F_z$ 为

$$\sum F_z=F_z^1+F_z^2 \tag{7-38}$$

2.3 机组低真空供热的热力学分析

2.3.1 热力学分析模型

低真空供热系统的唯一换热设备就是凝汽器，进行低真空供热改造后，根据能量平衡，可建立以下关系式

$$q_{m,r}c_p(t'_{r2}-t'_{r1})=q_{m,f}(h_{f2}-h_{f1}) \tag{7-39}$$

式中　$q_{m,r}$——进入凝汽器的热网承流量，kg/s；

c_p——热网承比热容，kJ/(kg・℃)；

t'_{r1}——流进凝汽器的热网水温度,℃；

t'_{r2}——流出凝汽器的热网水温度,℃；

$q_{m,f}$——进入凝汽器的乏汽流量，kg/s；

h_{f2}——乏汽的蒸汽焓值，kJ/kg；

h_{f1}——乏汽的疏水焓值，kJ/kg。

对于低真空供热系统来说，热能发生子系统是指利用低真空方式进行供热。其㶲效率 η_{ex} 计算公式为

$$\eta_{ex}=\frac{Q_h^z(1-T_0/T_h^z)}{E_{ECR}} \tag{7-40}$$

式中　Q_h^z——低真空供热供热量，kJ/h；

T_h^z——低真空供热供出热能的热力学平均温度，K。

对于低真空供热系统，引起当量电耗增加的因素主要为：低真空工况运行时引起机组背压升高。

纯凝工况时，凝汽器的余热则由冷却塔排放，其内㶲损 E_{cn} 为

$$E_{cn}=E_{nf2}-E_{nf1} \tag{7-41}$$

式中　E_{nf2}——进入凝汽器的乏汽热量㶲，kJ/h；

E_{nf1}——流出凝汽器的乏汽疏水热量㶲，kJ/h。

当机组进行低真空供热时，凝汽器的余热被用于供热，则其内㶲损为

$$E_{cn}=E_{nf2}-E_{nf1}-Q_h^z(1-T_0/T_h^z) \tag{7-42}$$

当利用低真空供热技术回收余热后，相对同一供热量的传统供热方式，抽汽量减少，机组功率增加；同时由于受到背压升高的影响，则机组增加的净功率计算公式为

$$\Delta P=\Delta P_c-\Delta P_b \tag{7-43}$$

热电厂利用低真空供热技术进行余热回收，此时，热电厂的总热效率、总㶲效率、节煤量的计算方法与吸收式热泵供热时的相同。

2.3.2　主要参数影响分析

低真空供热系统相对于热泵供热系统来说，系统简单、设备单一，低真空供热系统的性能主要受热网供水温度、背压、凝汽器端差等参数的影响。变工况计算结果如下。

1. 对外供热量（热网供水温度）

当热网水流量、热网回水温度、凝汽器端差不变时，增加对外供热量，将会引起背压和热网供水温度的增加，计算结果如图 7-6 所示。

从图 7-6 中可以看出，随着对外供热量的增加，热电厂的总㶲效率、总热效率都逐渐增加，这是因为对外供热量增加，引起背压升高，导致机组发电功率降低，低压缸效率降低；但是余热回收量的增加起主要影响作用。而汽轮机㶲损则随着对外供热量的增加而逐渐减少，这则是因为对外供热量增加，引起机组背压升高，相对减少了蒸汽在低压缸中做功的路由，减少了㶲损。

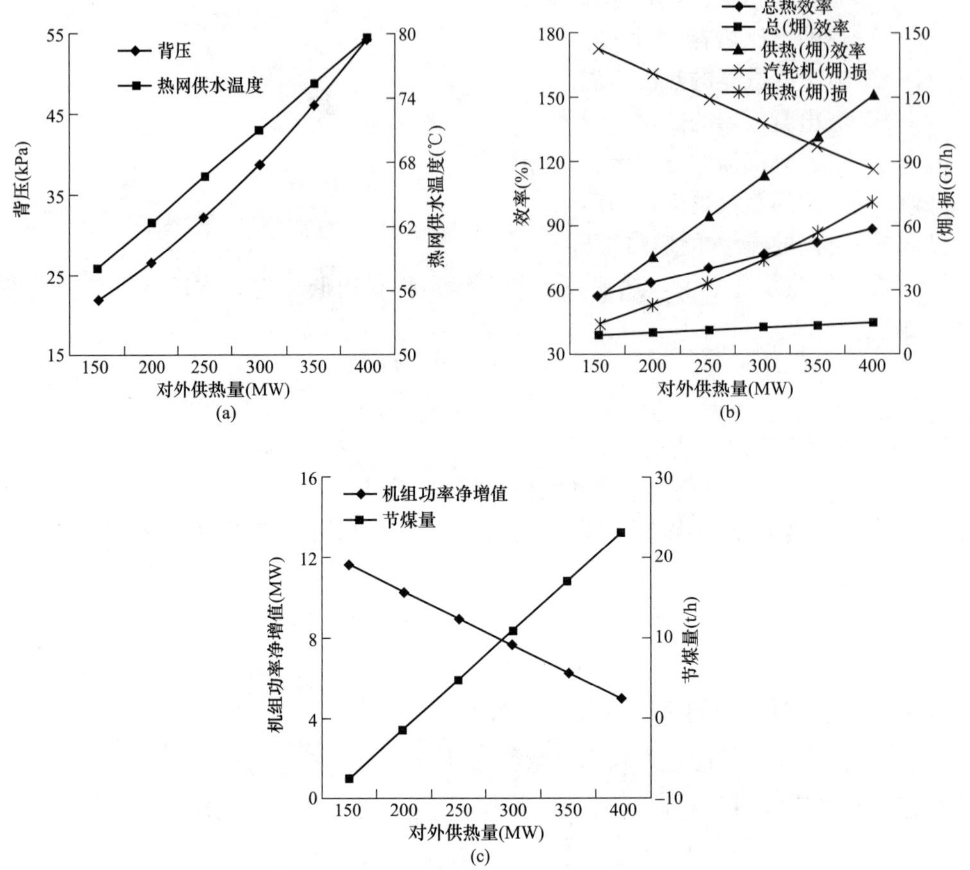

图 7-6　不同对外供热量对低真空供热系统的性能影响

（a）背压与热网供水温度；（b）效率与㶲损；（c）功率与节煤

对于低真空供热系统来说，随着对外供热量的增加，其㶲损逐渐增加，一是因为背压升高，引起消耗的㶲品位在增加；二是因为供热量的增加，消耗的㶲数量在增加。而随着对外供热量的增加，供热系统的㶲效率也逐渐增加，从此则可以看出，供热系统的供热单位㶲消耗量在逐渐减少。

特别是随着对外供热量的增加，机组的节煤量也逐渐增加，而且增加速度较快，由此可以看出，低真空供热系统比较适合于外界热负荷较大的情况。

2. 凝汽器端差

选定热网水流量、热网回水温度、对外供热量不变时，以凝汽器端差为变量进行变工况分析。

当保持背压一定时，端差的逐渐增加将引起热网供水温度的逐步增加，计算分析结果如图 7-7 所示。

当保持热网供水温度一定时，端差的逐渐增加将引起背压的逐步增加，计算分析结果如图 7-8 所示。

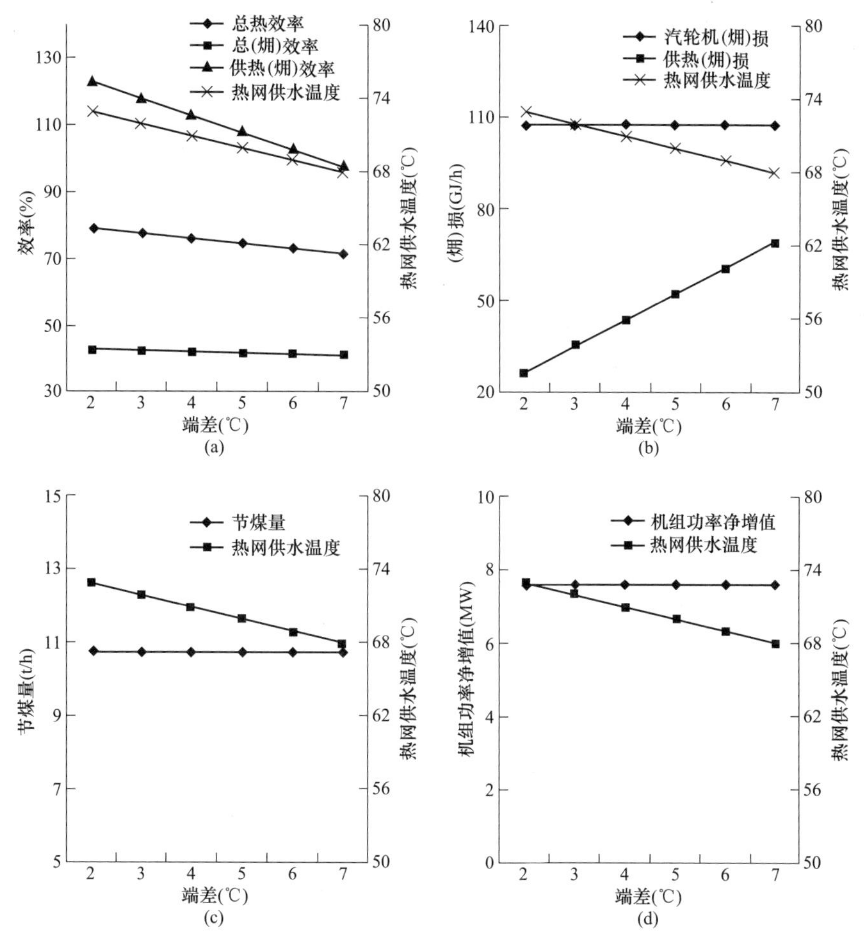

图 7-7　背压一定时不同端差对低真空供热系统的性能影响

（a）效率分析；（b）㶲损分析；（c）节煤分析；（d）功率分析

随着凝汽器端差的逐渐增加，热电厂的总㶲效率、总热效率均逐渐减少。当端差由 2℃增加至 7℃时，保持背压一定时，总㶲效率减少了 1.49%，总热效率减少了 7.56%；保持热网供水温度一定时，总㶲效率减少了 0.19%，总热效率减少了 0.20%，由此可以看出，当供热量一定时，端差变化时，热网供水温度对热电厂整体热力性能的影响要大于背压的影响。

另外，当保持背压一定时，凝汽器端差的增加对汽轮机组的㶲损几乎没有影响；而当保持热网供水温度一定时，汽轮机组的㶲损随着凝汽器端差的增加而逐渐减少。因此，端差变化时，汽轮机组的热力性能主要受背压的影响。

对于低真空供热系统来说，随着凝汽器端差的逐渐增加，供热㶲效率逐渐减少，供热㶲损逐渐增加。而当端差由 2℃ 增加至 7℃ 时，保持背压一定时，供热㶲效率减少了 25.45%，供热㶲损增加了 42.61GJ/h；保持热网供水温度一定时，供热㶲效率减少了 3.73%，供热㶲损增加了 12.13GJ/h，由此可以看出，当供热量一定时，端差变化时，热网供水温度对供热系统热力性能的影响要大于背压的影响。

从节能效益来看，当保持背压一定时，节煤量不受热网供水温度变化的影响；当保持热网供水温度一定时，端差增加时，节煤量随着背压的变化而逐渐减少。

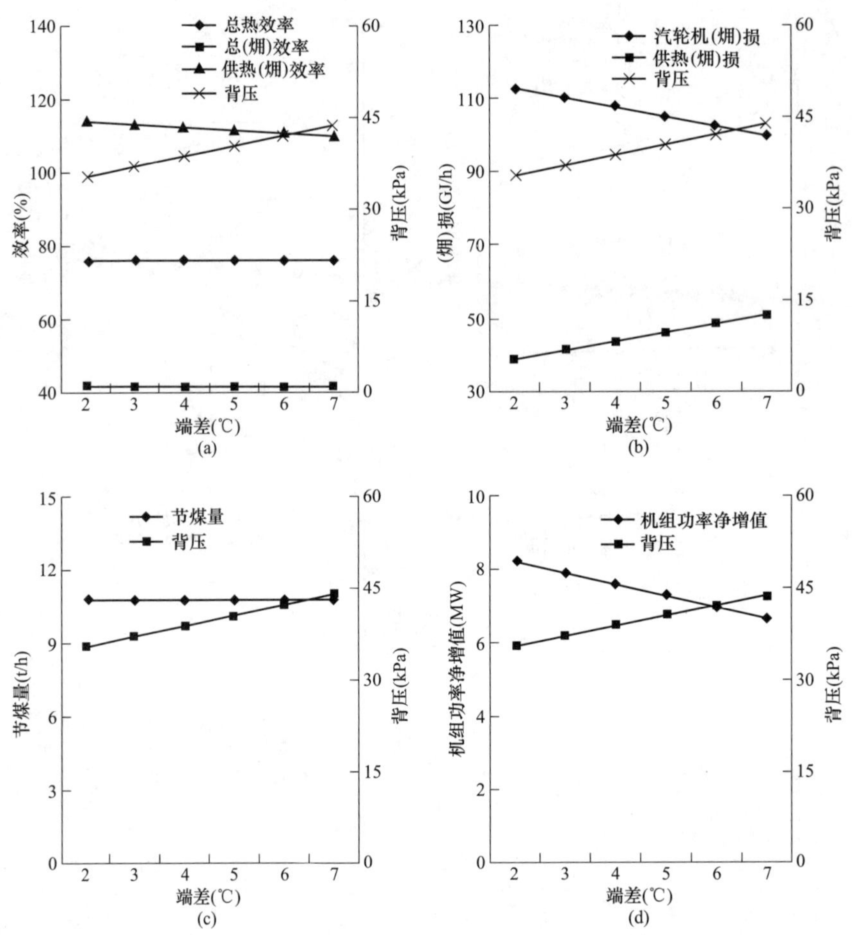

图 7-8　热网供水温度一定时不同端差对低真空供热系统的性能影响

（a）效率分析；（b）㶲损分析；（c）节煤分析；（d）功率分析

第 3 节　不同低真空供热技术分析

3.1　直接低真空供热技术

现有热电联产中，绝大多数为 300MW 及以上大中型机组，以抽汽供热方式对外供热。要将抽汽供热机组改造为低真空供热机组，需区别不同机组的凝结方式。

3.1.1　湿冷机组

对于湿冷机组，其运行背压一般较低（为 5kPa 左右），背压提高过多，则影响汽轮机运行安全，背压提高过少，则达不到供热需求，故湿冷机组直接低真空改造时有两种方式。

1. 低压转子去掉末级叶片方式

在供热期间，低压转子拆除末一级或两级叶片，提高凝汽器背压，实现高背压供热和冷源损失为“零”，节能效果显著。但每年需要 2 次停机更换叶片以及进行动平衡试验，检修工期较长，检修费用相对较高。

2. 低压转子一次性改造方式

通过更换静叶栅、动叶栅、叶顶汽封、末级叶片以及调整低压通流的级数实现对机组的改造，使机组运转下的背压高于纯凝汽工况的普通背压。此方式经济性好，供热期间的冷端损失基本消失，供热期与非供热期切换时，也不需要停机。但由于只改造了低压转子及隔板等通流部件，且是一次的，在非供热期，经济损失就会增大，尤其影响夏天时的出力。

此种方案在原转子上改造，则改造后非供热期运行时低压缸效率低，热耗升高，部分供热期节能收益会被非供热期升高的热耗抵消。湿冷抽汽供热机组改造前后系统示意图如图 7-9 所示。

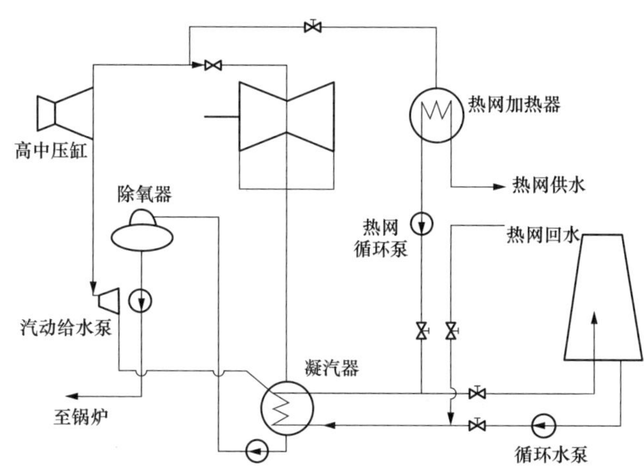

图 7-9　低真空循环水供热系统图

改造过程中，最大的变化即为汽轮机主体。对低压缸转子级数、通流面积、隔板等均需要重新设计或调整，由于更换低压缸转子，所带来的轴系稳定性与标高也需要顾及。除此之外，还需要考虑供热管线、回热、辅助、控制系统等的变化。供热季时，机组的供热凝汽器接入热网，对热网回水进行加热，供热凝汽器实现换热器功能；对于非供热季，机组的供热凝汽器的热网侧阀门关闭，供热凝汽器实现普通凝汽器功能。

3.1.2　空冷机组

1. 直接空冷机组

空冷机组可分为直接空冷机组和间接空冷机组。直接空冷机组为汽轮机低压缸排汽直接引入空冷岛翅片管束，在管束中与空气换热冷凝成水。直接空冷机组的总热效率较低，其中通过空冷岛排放到大气的能量约占总能量的 50％以上，大量余热未被利用。

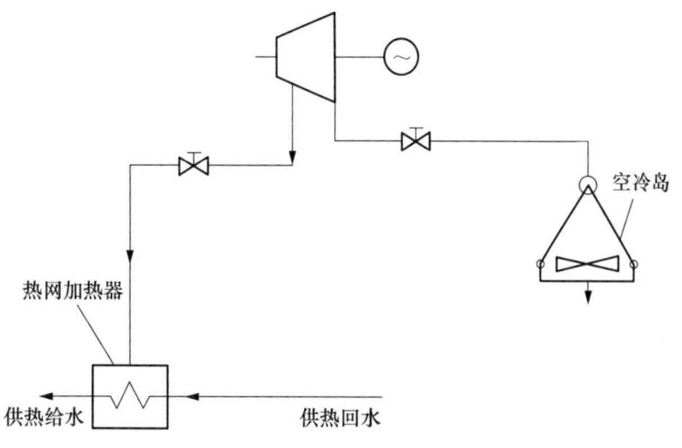

图 7-10　空冷抽汽供热系统图

对于直接空冷机组，其低压缸汽轮机末级排汽最终进入空冷岛，若将热网水系统引入机组凝结系统进行加热，需加入换热凝汽器设备，回收汽轮机排汽余热

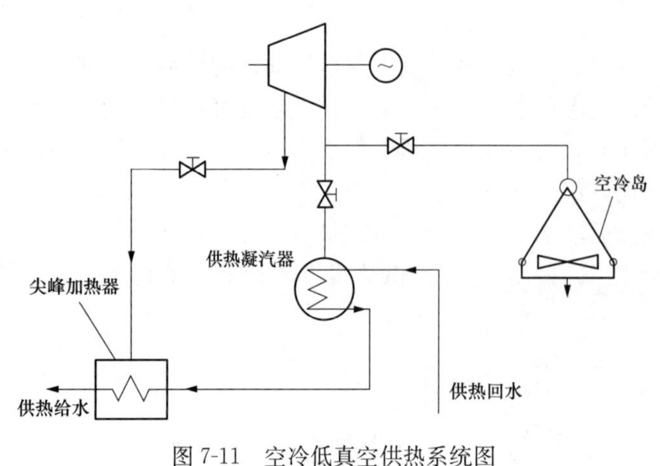

图 7-11　空冷低真空供热系统图

对热网循环水进行初级加热。改造前后对比如图 7-10 与图 7-11 所示。

由空冷抽汽机组改造为低真空供热机组，除了增加供热凝汽器外，在汽轮机主体并没有改造，热网循环水泵、厂内供热管线、阀门等为适应供热管线，需进行部分改造。对热力站而言，热网供、回水温度也可能需要有所调整。供热季时，调整汽轮机排汽供热管线上的阀门和空冷岛管线上的阀门，使部分乏汽进入供热凝汽器，将余热传递给热网水，剩余乏汽继续进入空冷岛进行空气冷却凝结。进入供热管线的流量由供热需求量控制。非供热季时，供热管线上的阀门即关闭，汽轮机乏汽全部进入空冷岛。

2. 间接空冷机组

间接空冷机组类似于纯凝机组，保留有凝汽器，乏汽在凝汽器中冷凝，冷却介质为循环水，通过空冷塔换热，其中循环水为闭式循环。可以采用间接空冷机组双温区凝汽器供热技术进行供热，它不改变汽轮机本体、间冷塔现状，在采暖期提高汽轮机的背压，利用热网循环水回水通过主机凝汽器回收汽轮机排汽的余热进行一级加热和通过热网加热器利用机组采暖抽汽进行二次加热，满足热网供水要求，实现机组采暖供热能力的提高。在非供热期，切换到间冷塔进行纯凝工况运行。

冬季供热期，凝汽器半侧的主机循环水在线切换热网循环水，逐步减少另一侧主机循环水量，汽轮机排汽背压和排汽温度逐渐提高，对热网回水进行一次加热，供热中期增加热网供热需求时，热网回水再经过热网首站的加热器邻机或本机抽汽进行二次加热，加热到热网需要的温度，对外供热。凝汽器另一侧冷却系统（循环水）中，利用原间冷塔的循环水系统和管道，通入凝汽器另一个通道，在原循环水系统中增设变频水泵，通过水泵转速变化来满足冷却水流量的变化需求。安全监控系统根据背压限制计算给定需求指令，需求指令进入 DCS 系统调节变频循环水泵转速，使冷却水通过凝汽器的另一侧半边，调节和控制机组安全背压和负荷。同时为凝结水冷却系统提供备用冷却水源。

3.2　双转子双背压供热技术

湿冷机组低真空供热改造另一种方案是将湿冷机组维持夏季背压 5kPa 不变：冬季供热时，更换转子。使供热背压达到 54kPa，供热期结束后再次更换回夏季转子。由于其供热季与非供热季所采用的是不同的两根低压缸转子，该方式为双转子双背压方式。“双背压双转子互换”供热改造技术由常规的低真空供热方式发展而来，并且比较好的克服了低真空供热在安全性方面的诸多缺陷，是一种比较适合于大型机组的循环水余热回收技术。但同时，采用这种方式，需要有很大的、较稳定的供热面积，否则就无法消化掉进入凝汽器乏汽的巨大余热量。

在冬季供热期使用新转子，非供热期使用旧转子，必须保证新、旧转子具备完全互换性，以满足轴系对转子的连接要求一致，常规汽轮机联轴器安装时，转子在现场需要同时铰孔，然后配准螺销，如果更换转子，一般需要重新铰孔。

实施低真空供热改造后，每年需要更换2次转子，在如此频繁更换转子的情况下，可通过以下2种技术手段保证更换转子后不再进行重新铰孔。

（1）采用液压膨胀联轴器螺栓，在此措施下主要依靠联轴器销孔的定位和镗孔保证精度，锥套与联轴器销孔的间隙要求在0.03mm以内，既提高加工精度，又降低安装要求。

（2）在高中压转子后对轮及发电机转子波纹管前的对轮销孔内增加套圈，对不同的低压转子更换不同的套圈，这样可以只需进行2次铰孔工作。

3.3　低压光轴转子供热技术

低压光轴转子供热改造为在冬季采暖期，仅保留高、中压缸做功，低压缸内双分流的全部通流拆除，设计一根新的光轴转子，只起到在高、中压汽轮机和发电机之间的连接和传递扭矩的作用。

在冬季供热运行时，更换原中低压联通管，增加供热抽汽管道进行供热。同时为了保证机组安全，机组抽汽采用非调整抽汽，抽汽压力与原机组同等工况持平。为保证原低压转子与新设计低压光轴转子的互换性，中-低联轴器和低-发联轴器均采用液压螺栓结构。机组在供热运行期间，在低压缸隔板或隔板套槽内安装新设计的保护部套，以防止低压隔板槽档在供热运行时变形、锈蚀。如图7-12和图7-13分别为改造前后的低压转子示意图。

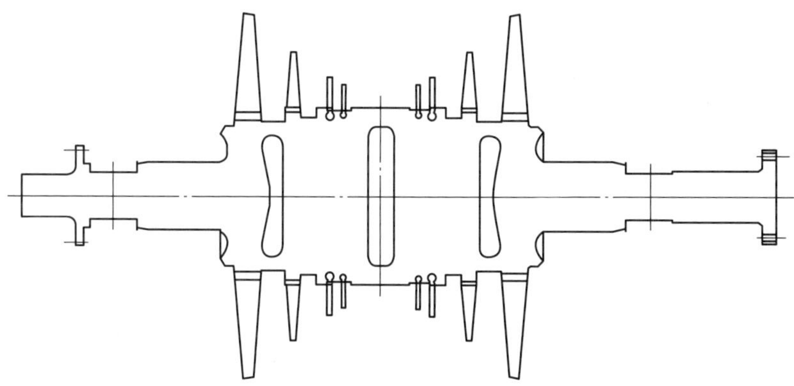

图7-12　改造前的低压转子示意图

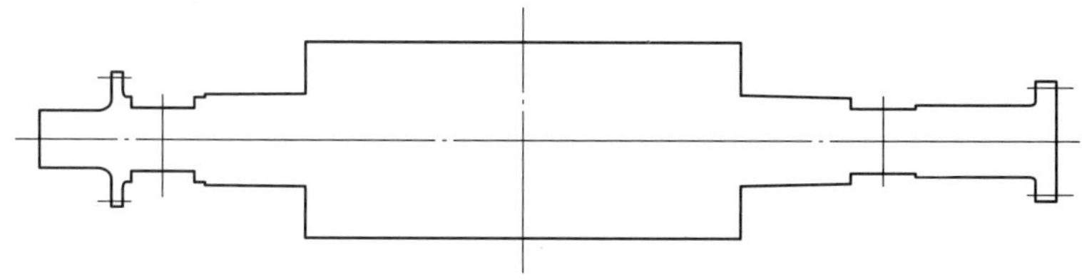

图7-13　改造后的光轴转子示意图

在夏季非采暖期，低压汽轮机改为原转子，切换为凝汽机组。改造后机组供热期和非供热期运行方式不一样，每年在季节交换时机组需停机，进行低压缸揭缸，更换低压转子、低压隔板、隔板套和联通管等设备部件。

采用低压光轴改造供热技术能够尽可能减少对原机组辅助系统的改造，充分利用汽轮机排汽供热，减少冷源损失，增大供热量，运行安全可靠，降低了机组供电煤耗，实现机组节能减排、节约用水的目的。对于东北等区域近年来存在电网低谷时段热电矛盾十分突出、弃风弃光现象严重，同时还有一定的调峰辅助政策地区，具有较为广泛的现实意义。

国内近年来有不少汽轮机光轴供热改造的案例，如烟台发电有限公司于 2014 年 3 月将 4 号汽轮机组改造为背压供热机组，采用低压缸光轴抽汽方案。改造后，全部排汽进入热网供热，利用了全部冷端损失，供热量增大 122t/h 左右。改造后运行平稳，各项指标达到设计要求。河南濮阳第二发电厂改造 200MW 机组，采用低压缸光轴方案，机组改为背压机后，全部排汽进入热网供热，利用了全部冷端损失，成功运行。此外，华电富发电厂、华电牡二电厂也有多台机组实施了低压光轴供热改造，大大增加了机组供热能力，实现了机组深度调峰。

第 8 章

电站中低温烟气余热利用技术

第1节　概　　述

1.1　电站中低温烟气余热利用现状及趋势

1.1.1　中低温烟气余热利用现状

在火电厂锅炉的各项热损失中，锅炉排烟损失是其中最大的一项，一般占到热量的5%～10%，占锅炉总热损失80%甚至更高。通常情况下，尾气排烟温度每升高10℃，锅炉的热损失就会相应增加约1%，而导致发电煤耗将增加2g/kWh左右。

烟气余热的有效利用是燃煤电站锅炉节能的主要途径，利用锅炉尾部烟气余热加热凝结水，通过余热换热器输入热系统的热量能够排挤部分汽轮机的回热抽汽，在汽轮机进汽量不变的情况下，排挤抽汽返回汽轮机继续膨胀做功，排挤的抽汽级别越高，抽汽做的功就越多。而采用低级别的抽汽预热冷空气，置换出高温烟气加热凝结水，可以排挤高级别的抽汽继续做功。因此，在燃料输入量不变的情况下，可以使汽轮机输出功率增加，提高机组的热效率与经济性。

现阶段，电站锅炉烟气余热利用集成方案主要分为三种：首先是基于低温省煤器技术的常规余热利用集成方案，该方案在空气预热器之后增设低温省煤器，降低了排烟温度的同时也提高了机组的热功转换效率。如今，这种余热利用集成方案已在长春第二热电厂、上海外高桥三电厂、威海电厂、龙口电厂等电厂中得到了成功的应用，同时，来自山东大学和华北电力大学的多位学者针对其做了深入的研究，然而，随着煤炭能源日益紧缺，常规余热利用集成方案已难以满足节能需求，因此，部分学者针对常规方案进行了改进，提出了烟气分级加热空气、中间加热高温凝结水的串联型余热利用集成方案。该方案在一定程度上优化了空气加热流程，提高了所回收烟气余热的温度，节能效果有所提高，近几年，德国科隆 Niederaussem 1000MW 级褐煤发电机组应用了旁路烟道技术，将空气加热流程进一步优化，大幅回收了烟气余热。华北电力大学在此基础上完善发展，提出了更为先进的、适用于我国电厂的并联型余热利用集成方案，大幅提高了机组效率与电厂经济收益。

1.1.2　中低温烟气余热利用方式

烟气余热回收方式一般可遵循三种思路：①利用余热锅炉产生蒸汽，驱动动力设备做功或驱动发电机进行发电，以实现烟气余热的利用；②通过换热器吸收烟气余热用以加热燃烧用空气，提高进入锅炉的空气温度，从而提高炉膛燃烧温度，以提高燃烧效率，同时降低排烟温度；③在烟道上增加换热装置，通用吸收烟气余热用以加热锅炉给水、凝结水、除盐水、热网水等水系统的工质，减少除氧器、低压加热器等的加热蒸汽消耗量，从而取得节能效益。

对于热电厂来说，根据排烟余热是否进入电厂热力系统，可分为热力系统外部利用、内部利用两种方式。一般来讲，排烟余热在热力系统外部利用不会改变电厂的全厂效率，而在热力系统内部利用则会使全厂效率提高。

1. 余热发电

对于废气余热的动力回收，一般是采用余热锅炉产生蒸汽，驱动汽轮机发电，广泛应用于矿冶烧结、水泥窖等温度较高的烟气余热回收中。

由于电站锅炉排烟余热属于低温余热，发电系统中所用的蒸发器及冷凝器间的温差小，因而需要换热器具有庞大的换热面积和体积，以满足换热要求，这使得低温余热发电系统的一次投入成本巨大，工程造价较高，并且需要利用低沸点工质，来达到发电的目的。对低沸点工质的主要要求包括转换和传热性能好、工作压力适中、来源丰富、对金属腐蚀性小、化学稳定性好等。现阶段，对余热发电的大部分研究集中于有机朗肯循环工质及参数的优化选择，以减小不可逆的熵损失，获得最大的循环效率。如 J. P. Roy 等人针对印度 NTPC 电厂 4×210MW 机组锅炉 140℃的排烟余热的动力回收，研究了多种有机工质的朗肯循环，表明工质 R123 在流量为 341.16kg/s、最小端差为 5℃时效率最高，发电量为 19.9MW，热效率为 25.3%，㶲效率为 64.4%。

2. 供热和制冷

电厂多联产系统制冷或采暖的热源一般有两种：一是汽轮机的低压抽汽，二是保持较高的汽轮机背压，利用其冷源损失热量。对于凝汽机组，这两种热源方式都会造成发电量的下降。用电站锅炉排烟余热替代上述两种热源，则不会对发电量产生任何影响。采暖季锅炉排烟余热可以通过热交换器产生热水，用于生活区供热和供应生活用热水；夏季可以通过吸收式制冷方式用低品位热能驱动制冷空调装置。还可以将余热直接通过烟气直燃溴化锂吸收式空调机回收利用，冬季转换成热水用于采暖，夏季转换成冷水用于制冷，可以使排烟的余热得到充分的利用，极大地提高了能源的综合利用程度。

排烟余热分布式能源系统初始投资相对较大，运行与维护成本较高，使用区域的冷、热负荷的匹配性与稳定性也不易保证，这些因素使其发展面临着一定的挑战与困难。

3. 入炉煤干燥

入炉煤是指进入锅炉原煤仓准备煤粉制备或直接燃烧的原煤。入炉水分过高，会增加磨煤机出力，着火困难、着火点相对后移，并且使烟气容积增大，排烟热损失增加，因此，降低入炉煤的过高水分对锅炉的经济、安全运行非常必要。电站锅炉排烟余热是零成本能源，利用其进行入炉煤干燥，既利用了发电厂的排烟余热资源，又提高了机组锅炉的可靠性与经济性，可实现电厂余热的综合利用与节能。但其需要的干燥设备体积较庞大，现场空间条件往往很难满足，且设备尾部易发生低温腐蚀，需考虑防腐。

4. 加热汽轮机凝结水

利用安装在锅炉尾部的低温省煤器回收排烟余热，加热汽轮机凝结水，可代替部分低压加热器，排挤相应的回热抽汽。排挤的蒸汽返回汽轮机继续做功，会提高机组的热经济性，降低热耗率与发电煤耗率。

通过利用等效焓降理论对低温省煤器系统的热经济性进行深入的分析，对不同形式的低温省煤器系统给出了相应的计算公式，并总结不同连接方式的优缺点，从而提出了烟气余热的梯度开发、多级利用等高效集成方式。

5. 预热燃烧用空气

利用前置式空气预热器，用排烟余热加热空气预热器进口冷空气，实际上相当于增加了空气预热器的换热面积，使热风温度提高，锅炉的排烟温度降低，而且还提高了原空气预热器入口风温，使其避开或改善低温腐蚀状况，有利保护原空气预热器安全。按传热时介质状态的不同，前置式空气预热器可分为发生相变的热管式空气预热器与无相变的液相介质空气预热器。

对于排烟温度高且低温空气预热器冷端存在低温腐蚀的锅炉，均可采用前置式空气预热器。使用前置式空气预热器，会使锅炉原空气预热器受热面的换热分布重新分配，并使多处的烟气温度都有所改变。因此，不能将其当作独立的换热器来设计，而要将其作为锅炉尾部烟道的换热器之一来整体考虑。

1.1.3　中低温烟气余热利用发展趋势

1. 梯级高效利用

传统的烟气余热利用方式中最常用的方式是在空气预热器之后的尾部烟道中布置低温省煤器、利用烟气余热加热回热系统的冷凝水，以减少回热系统的抽汽量；节省的抽汽进入后续汽轮机内继续膨胀做功，汽轮机中总的输出功率增加，从而提高了整个机组的经济性。

未来烟气余热利用的发展方向之一则是结合“温度对口、梯级利用”原理，从能的“质与量”相结合的思路进行整体系统的不同用能单元之间的高效集成，实现烟气余热的梯级高效利用。

2. 深度余热利用

当前，电厂的排烟温度一般都在120℃以上，甚至更高，而对燃气电厂来说，烟气酸露点在90℃以下，这期间还有约30℃的余热资源可以回收利用。而针对居民采暖系统来说，初末期的热水所需温度一般在50℃左右，以及凝汽器出口的凝结水温度也只有35℃左右。针对电厂来说，低温换热情况普遍存在，未来的烟气余热利用研究方向是如何将烟气余热回收集成于这些低温换热过程之中，实现烟气温度降低至90℃以下，甚至更低，实现烟气余热的深度利用。而烟气余热深度利用所面临的最大困难就是低温烟气带来的腐蚀问题。

3. 采用耐腐蚀材料

为在低温烟气环境下运行的烟气换热装置选用耐腐蚀性能好的材料。国内锅炉排烟温度较高的工程采用本方法效果明显，但针对排烟温度较低的机组，存在低温硫酸露点腐蚀的可能性很大，因此选择合适的、性价比高的材料尤为重要。在以往的工程案例中，许多耐腐蚀材料已有一定应用，但烟气环境十分复杂，受热面除了要被低温腐蚀外，还需经受烟气中飞灰的磨损作用，耐腐蚀效果均不明显。玻璃管虽然防腐性能好但是易碎，不是理想材料。使用耐腐蚀的低合金钢Corten钢管可提高使用寿命，但仍有腐蚀和堵灰现象，运行时间一长也得更换。近年来，国内有些电厂燃用含硫量很高的煤，在空气预热器低温段用搪瓷管代替普通碳钢管，取得了良好效果，是较理想抗腐蚀材料，但搪瓷管难以加工，因此只能做成光管的形式，难以翅片化，且采用搪瓷管会导致导热系数急剧下降，不符合工程实际。我国用含Cu的钢中加入Sb研制的ND钢，其耐酸腐蚀效果优良，可减缓腐蚀速度，延长设备使用寿命，与其他耐蚀钢相比具有一定优势。但ND钢的造价一方面较高，另一方面其耐腐蚀性能也相对有限。目前的工程经验表明，ND钢在100℃以上或低硫煤烟气中的耐腐蚀性能能够满足要求；在 100℃以下或高硫煤烟气中的耐腐蚀性能无法满足要求。

目前，采用氟塑料新材料做换热器，可以有效地防止低温腐蚀和积灰问题。同时，合理地设计氟塑料管壳式换热器的管径大小和管径间距，可以有效地提高氟塑料换热器的换热效率，以弥补氟塑料换热系数低的问题，有利于氟塑料换热器的市场推广。

1.2 余热回收用热交换器

余热回收用热交换器为一种工作在低温烟气环境下的换热装置，其工作环境温度较低，因此其对结构性能等方面要求更为严格和苛刻。换热器有多种形式，目前我国各电厂中使用范围最广的，可用于余热回收用热交换器的形式主要包括管壳式换热器、热管式换热器、回转式换热器和水媒式换热器等。

1. 管壳式换热器

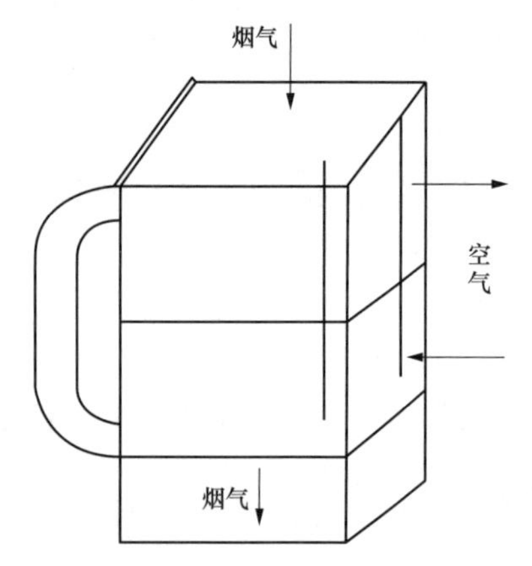

图 8-1 管壳式换热器结构图

管壳式换热器广泛应用于化工、石油、电力、钢铁以及海水淡化等行业。其结构主要包括用于固定管子的前端管箱、后端结构以及壳体三个部分，管子固定在两端管板上。一般情况下，为防止堵灰和磨损问题，烟气从管子内部流动，称为管程；空气在管外错流，称为壳程。管程可通过设置分程隔板，将换热器的管程分为多个流程，壳程通过设置纵向隔板或者折流板来提高空气流速，增强扰动，强化换热。图 8-1 所示为最简单的 1 管程、2 壳程的换热器结构图。

主要特点：管壳式换热器研究起步较早，技术掌握熟练，制造简便，成本低，清洗方便，运行可靠，适应性较强，但其阻力大，磨损和积灰问题严重。

现在最新的管壳式换热器，采用氟塑料新材料，可以有效地防止低温腐蚀和积灰问题。同时合理的设计氟塑料管壳式换热器的管径大小和管径间距，可以有效地提高氟塑料换热器的换热效率，以弥补氟塑料换热系数低的问题，有利于氟塑料换热器的市场推广。

2. 热管式换热器

热管式换热器是一种新型的热交换器，其传热效率比较高，广泛用于航天、电子化学工程、石油化工以及电力行业。热管式换热器主要由传热元件热管、支撑热管的箱体以及分割流道的隔板三部分组成。隔板将整个管箱分成两部分，一侧为热管的蒸发段，流经热气体；另一侧为热管的冷凝段，流经冷气体。热管管内处于负压状态，工作时，蒸发管段内的介质因受热而迅速蒸发，通过热管两侧的微小压力差流向冷凝段，冷凝段蒸汽受冷却凝结成液体，由于毛细力的作用，液体沿热管内部的多孔材料又流回蒸发吸热段，如此往复循环，完成吸热和放热过程。通常换热器的热管外部焊接翅片以增强换热。隔板两侧的热管可以根据冷热流体的温度、清洁度、流量等单独设定长度以及翅化比。

热管式预热器如图 8-2 所示，主要特点是，热管式换热器内部为蒸发换热，产生的蒸汽依靠压差自然流到低温侧，因此换热器的工质循环不需要附加动力，但要求蒸发段和冷凝段有一定的高度差；热管泄漏比例达到一定程度时会导致整个换热器失效。

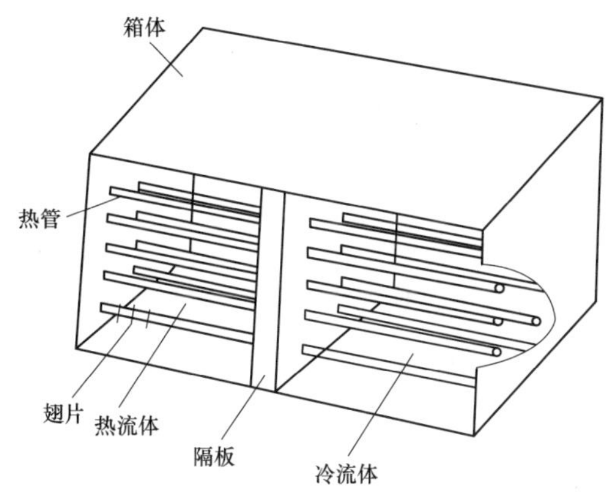

图 8-2　热管式预热器结构图

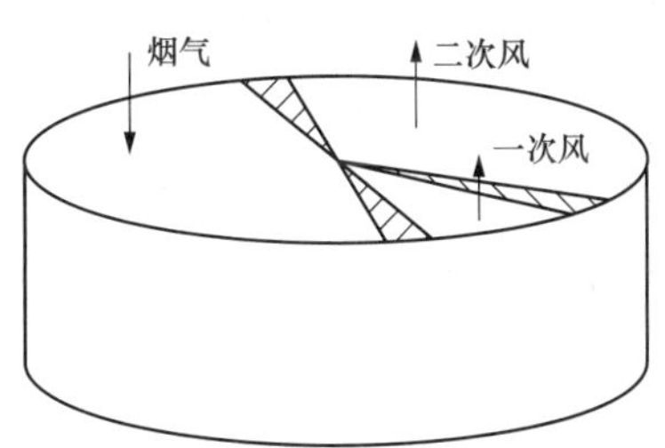

图 8-3　回转式换热器结构图

3. 回转式换热器

回转式换热器以三分仓回转式换热器为主，主要结构包括转子和风罩两部分，转子顶部和底部的风罩把转子分为几部分，每部分分别流动不同的气体。图 8-3 所示为其结构简图。

回转式换热器属于再生式热交换器，转子内部蓄热体由具有特殊波纹的蓄热元件组成。转子转动时，冷空气和烟气在转子内部的流体以逆流方式流动，交替通过同一受热面，即转子转到烟气侧时，烟气放热降温，将热量传递给蓄热元件。当被加热的转子部分转到空气侧时，蓄热元件将储存的热量释放给空气，空气被加热后离开换热器。转子每旋转一周，蓄热元件吸热和放热一次，回转式换热器通过蓄热面的吸热和放热来最终实现冷热流体的热交换过程。国际上，回转式换热器被广泛应用于烟气脱硫系统中。国内大型电厂空气预热器以及脱硫系统目前也主要采用这种回转式换热器。其主要特点是，回转式换热器所需运行维护费用较少，适合长期运行，使用广泛；且布置结构紧凑，占地较少；但设备初投资较高，泄漏问题严重。

4. 水媒式换热器

水媒式换热器分为两部分，分别为高温侧和低温侧。水媒式换热器以水为媒介，在高温侧吸收热气体的热量升温后，流至低温侧放热，水通过循环水泵在相对封闭的管道内强制循环流动。媒质水在管内流动，烟气以及空气在管外流动，管外的换热系数明显低于管内的换热系数，为增强换热，传热管子一般选择高频焊接翅片管，一方面可减少换热器体积，另一方面还可降低气体的流动阻力。其结构简图如图 8-4 所示。水媒式换热器在国内外已有一些应用。国内珞璜电厂的烟气脱硫系统采用了水媒式换热器，用于排烟温度降低和净烟气的升温过程。

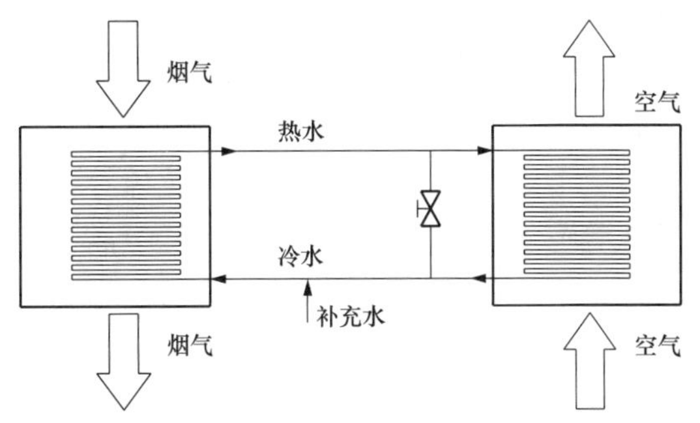

图 8-4　水媒式换热器结构图

主要特点是，水媒式换热器所需运行费用较少，运行过程中不存在泄漏问题；但设备初投资较高，介质需要外加动力进行强制循环。

第2节　烟气低温腐蚀及酸露点分析

2.1　低温受热面腐蚀及机理

2.1.1　低温受热面腐蚀概述

在燃煤电厂烟气流动的末端，如在静电除尘器，引风机，增压风机处。如果其表面温度低于排烟酸露点温度，烟气中的硫化物，硝化物，氯化物结合水蒸气液化会对金属造成很强的腐蚀，这种现象称作低温腐蚀。

省煤器和空气预热器分别是利用锅炉尾部烟气的热量来加热水和空气的热交换装置。省煤器和空气预热器通常布置在锅炉对流烟道的尾部，进入这些受热面的烟气温度较低。因此，常把这两个受热面称为低温受热面。

当烟气中酸性蒸汽遇到温度较低的低温受热面时，由于温度过低而使得烟气温度低于酸露点，就会造成酸性蒸汽凝结成酸液，从而在受热面发生低温腐蚀的情况。另外有文献记载，在锅炉尾部受热面不仅会发生低温腐蚀，同时还伴有严重的积灰现象。

当电站锅炉尾部烟气温度提升20℃，锅炉热效率就会降低约1%，排烟温度过低将会产生低温腐蚀的情况，因此锅炉的经济烟温应该高于酸露点。此外，烟气中的灰会粘结在受热面管壁上，酸液与金属壁面发生化学反应的同时也与碱性灰反应，从而导致了粘污堵灰现象。堵灰会降低换热器的传热效果，同时350℃以下的积灰可以进一步吸附SO_3，这将加速腐蚀的发生，严重的会导致换热器管道的腐蚀泄漏，影响换热器运行的经济性和安全性。

2.1.2　低温受热面腐蚀机理分析

中低温烟气进入低温受热面后，其中的水蒸气由于烟温降低或接触温度较低的受热面而发生凝结，烟气中水蒸气开始凝结的温度为水露点。纯净水蒸气的露点决定于它在烟气中的分压力，水蒸气的露点通常低于45～54℃。一般排烟在100℃以上，所以不易发生水蒸气在低温受热面的结露现象。然而低温腐蚀的产生则是受烟气的酸露点温度影响。

因为燃煤电厂在燃煤燃烧后的烟气中，不仅含有水蒸气，还会含有酸性气体，如燃煤含硫成分会形成诸如二氧化硫、三氧化硫等硫氧化物，高温燃烧时还会形成诸如二氧化氮、三氧化氮等氮氧化物，煤成分中的一些氯离子也会游离在烟气中。当烟气流入末端设备，温度降低时，硫氧化物、氮氧化物和含氯离子会与水蒸气结合形成酸性化合物。这类物质腐蚀性很强，当烟气温度低于酸露点温度时，这些酸性物质就会发生凝结，对烟道尾部设备造成很强的酸腐蚀。烟气酸露点主要与烟气中三氧化硫和水蒸气的含量有关，而二氧化硫含量则对酸露点影响很少。据文献报道，二氧化硫浓度在相当大的范围内，露点的波动范围不到1℃，可以忽略二氧化硫的影响，所以影响烟气中酸露点的温度因素主要为三氧化硫浓度及水的含量。据研究结果，烟气中只要含0.005%左右的三氧化硫，烟气的酸露点温度即可高达150℃以上，但当硫酸蒸汽含量达0.01%以上时，烟气酸露点的变化趋于平缓。

当前，改善低温腐蚀的方法主要有：①提高管壁温度，使壁温高于烟气露点；②在烟气中加入添加剂，中和酸性化合物；③排烟相关设备采用防腐工艺。

2.2　烟气酸露点定义及影响因素

2.2.1　烟气酸露点的定义

火力发电厂燃用的煤中含有一定量的硫分，煤在炉膛中充分燃烧之后，大部分硫分生成 SO_2。由于过量空气中的氧和杂质的催化作用，少量的 SO_2 进一步氧化成 SO_3，当烟气温度下降到较低水平时，烟气中的水蒸气和 SO_3 结合生成的硫酸会发生凝结，此时的温度便称为酸露点。硫酸凝结在锅炉的尾部受热面，造成受热面腐蚀，即为低温腐蚀，低温腐蚀严重影响设备的安全稳定运行，是工程上需要考虑的重要因素。

不同温度下，凝结下来的硫酸液溶度不一样，而不同浓度的硫酸对受热面腐蚀程度不一样，不易界定。因此，工程上将烟气的酸露点温度定义为：烟气中的硫酸蒸汽在受热面壁面上不断凝结，直到引起不能允许的低温腐蚀时的壁面温度。以不能允许的低温腐蚀确定硫酸浓度，以壁面温度确定测温的对象，明确概念。

关于酸露点低温腐蚀，结合国内外研究进展，主要有以下结论：

（1）低温腐蚀速率主要取决于腐蚀性元素的氧化率；

（2）腐蚀速率取决于酸冷凝沉积率，而不是酸和金属的反应速率；

（3）最大露点腐蚀速率并不是发生在露点温度，而是发生在露点温度之下 10～30℃和水露点温度以下。

结合图 8-5 分析，当低温省煤器受热面壁温降到酸露点时，SO_2/SO_3 开始凝结，形成了硫酸及亚硫酸，引起受热面管壁的腐蚀，此时由于酸浓度很高，处于 85%～95%，凝结酸量不多，因此腐蚀速度较低；随壁温降低，凝结酸量增加，腐蚀速度增加，逐渐达到最大值；随壁温进一步降低，酸浓度变低，达到 60%～70%，此时腐蚀速度下降，逐渐达到腐蚀最轻点；当金属壁温继续下降，由于酸液浓度接近 20%～40%，同时凝结量更多，因此腐蚀速度又上升。由此可看出，在低温腐蚀的情况下，金属有两个严重腐蚀区，两个安全区。

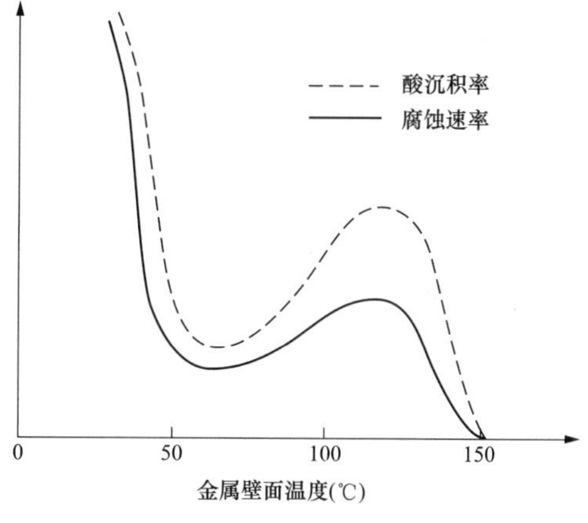

图 8-5　腐蚀速度随壁温的变化趋势

2.2.2　烟气酸露点的影响因素

1. 燃料硫含量

烟气中的硫酸蒸汽来源于燃料中含硫成分的氧化，因而燃料的硫分越高，对应的硫酸蒸汽浓度越高，其酸露点也越高，燃料的含硫量是影响烟气酸露点温度的最主要因素。

图 8-6 显示，空气中存在不同浓度的 SO_2，对空气水露点温度基本不产生影响，SO_2 基本不会和空气中的水蒸气结合，烟气中 SO_2 浓度较高，但是并不会对金属受热面产生腐蚀。SO_3 则极容易和水蒸气结合形成硫酸蒸汽，图 8-7 显示，当烟气温度下降到 100℃附近时，$x=1$，即烟气中的 SO_3 全部溶解于水蒸气形成硫酸蒸汽，此时的 SO_3 分压等同于硫酸蒸汽的分压。当烟气温度降低到一定程度，即可在受热面凝结形成硫酸，而 SO_2 极少和水蒸气结合形成亚硫酸蒸汽，因而亚硫酸蒸汽的分压几乎为零，其本身不会对烟气的酸露点造成影响。但是在相同的环境下，SO_2 和 SO_3 之间存在化学平衡，烟气中 SO_2 的浓度升高，会使

更多的 SO_2 进一步氧化成 SO_3，使硫酸蒸汽分压升高，促使烟气酸露点增加。因而燃用硫分越高的煤种，其烟气的酸露点越高，越容易发生低温腐蚀。

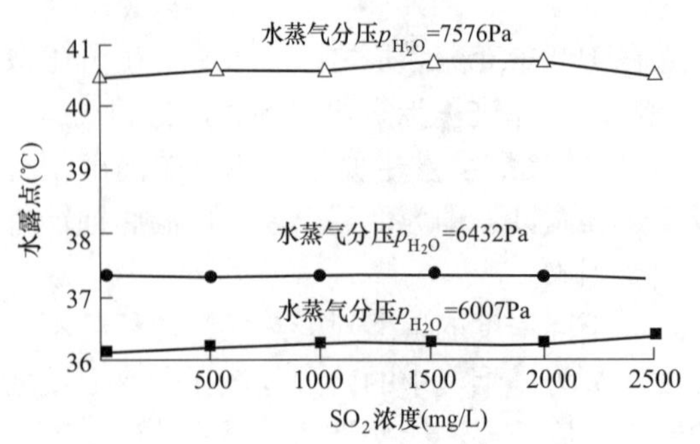

图 8-6 不同水蒸气分压下水露点与 SO_2 浓度的关系

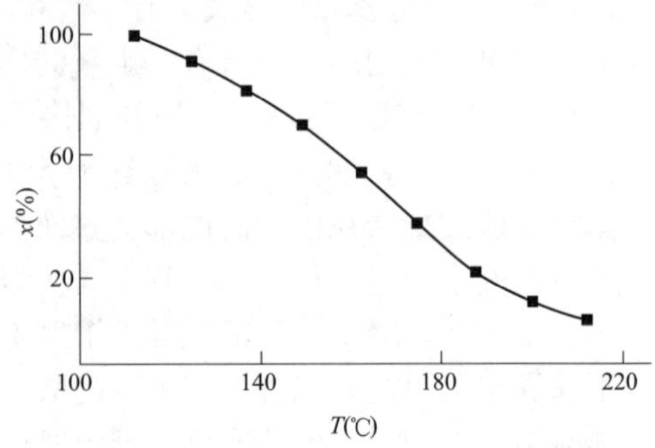

图 8-7 SO_3 和水蒸气结合份额与温度的关系

2. 燃烧方式

即使燃料的含硫量一致，不同的燃烧方式由于燃烧条件不一样会对 SO_3 的转化率造成影响，进而改变烟气的酸露点温度，图 8-8 为西安热工研究院有限公司在不同形式电站锅炉上测试的结果。

3. 受热面壁温

低温腐蚀的速率不仅和酸液的浓度有关，还和受热面的温度有关。如图 8-9 所示，在锅炉尾部换热器中，受热面的温度逐渐降低，根据硫酸腐蚀的规律，当硫酸蒸汽遇到低于酸露点的受热面时将会凝结成酸液，硫酸蒸汽刚开始凝结时的浓度很高，凝结的数量也不大，因此腐蚀的速率有限。当硫酸蒸汽凝结一段时间后，随着壁温的降低，酸液的数量开始增加，腐蚀的速率开始升高，大约低于酸露点 20～45℃时，腐蚀的速率达到峰值 D 点，过了 D 点腐蚀曲线开始下降，直至腐蚀最低值 B 点，之后随着壁温的下降，酸液的数量进一步增加，腐蚀曲线又开始上升，当温度低于水露点温度后，烟气中的水蒸气凝结，烟气中的 SO_2 同水蒸气结合生成 H_2SO_3 溶液，加快了低温腐蚀的进程。金属壁面的低温腐蚀有两个低温腐蚀区域，酸露点以下 20～45℃以及水露点以下两个区域，在这两个严重腐蚀区域之间存在一个较轻的腐蚀区域。

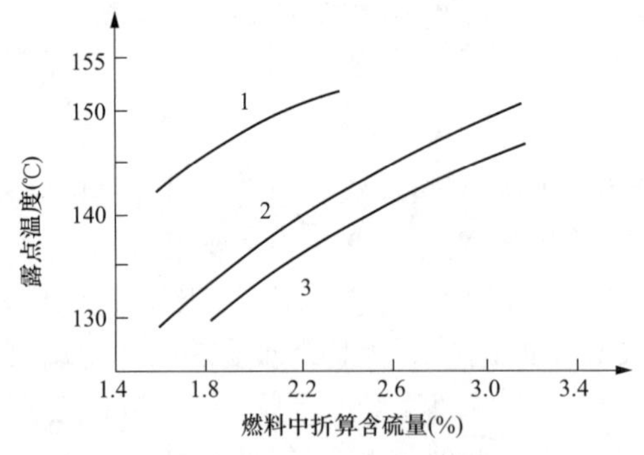

图 8-8 相同燃料下烟气酸露点温度受不同燃烧方式的影响关系

1—链条炉；2—煤粉炉；3—液态排渣炉

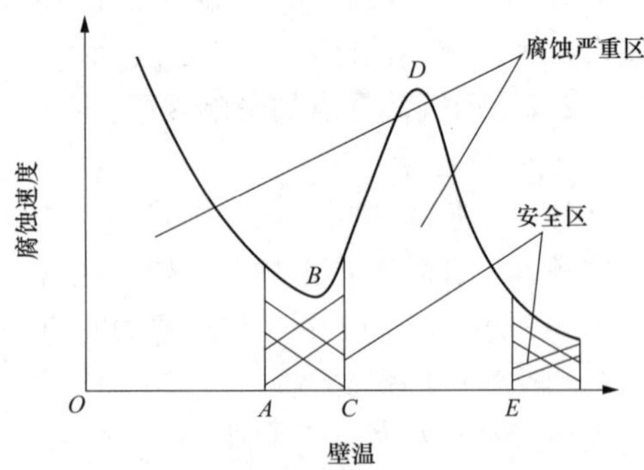

图 8-9 低温腐蚀速度随壁面温度变化图

4. 过量空气系数

为了确保燃料充分燃烧，送入锅炉炉膛的空气量一般多于燃料燃烧所需的空气量，过量空气使氧量有一定的富余。富余的氧量避免燃料的不完全燃烧，同时也影响 SO_2 和 SO_3 之间的化学平衡。烟气中的 O_2 含量越高，SO_2 换化为 SO_3 的份额越大，如图 8-10 所示。在保证燃料完全燃烧的前提下，应该采用尽量小的过量空气系数，做好各受热面的防漏风处理，减小锅炉各部分设备的漏风率。

5. 水蒸气含量

烟气中水蒸气分压力会影响 SO_3 和水蒸气结合的反应平衡，水蒸气分压力越大，SO_3 更容易生成硫酸，并且烟气的水露点越高，进而影响酸露点。水蒸气对烟气酸露点的影响如图 8-11 所示。

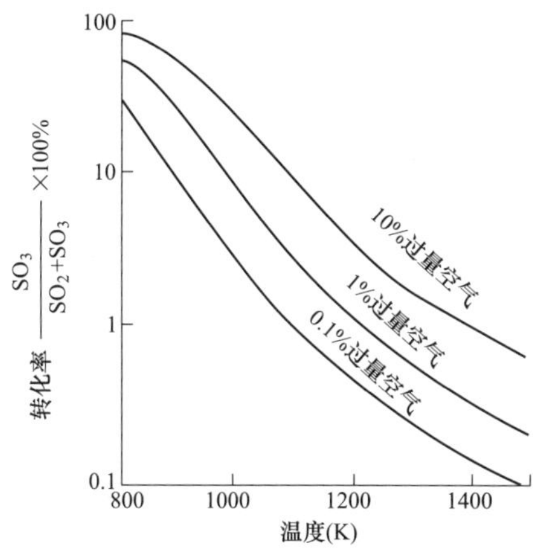

图 8-10　SO_3 转化率与烟气温度及空气过量系数的关系

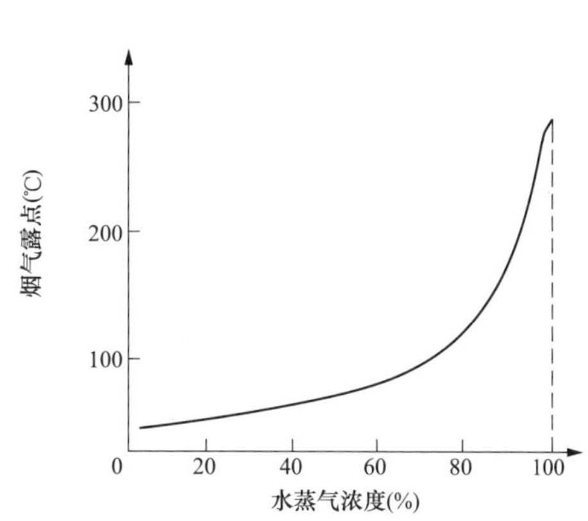

图 8-11　水蒸气浓度对酸露点的影响

6. 飞灰及其他因素的影响

锅炉受热面管壁表面和烟道表面的铁锈 Fe_2O_3 以及烟气飞灰中的 V_2O_5 等都是 SO_2 氧化成 SO_3 的良好催化剂，会极大地促进 SO_3 的生成，提升烟气的酸露点。但是烟气中未燃尽的碳颗粒、钙镁等氧化物以及 Fe_3O_4 等碱性物质则会中和烟气中的 SO_3，使烟气的酸露点降低，这种现象称为自脱硫现象。因此煤炭灰分的组成成分也会影响烟气酸露点温度的大小。飞灰的吸附作用使得酸性氧化物附着在飞灰表面，而附着在飞灰表面的酸性氧化物很容易被静电除尘器吸收，一般情况下，灰硫比大于 100 时，95％以上的酸性氧化物会随飞灰被除掉，从而使设备的酸腐蚀现象将大大降低，因此从另一个角度解决了设备的低温腐蚀。

烟气中硫酸蒸汽的凝结是一个复杂的理化过程，除了上述的影响因素以外，烟气的水蒸气含量、烟气的压力、炉膛内配风不均、温度场分布不均、炉膛停留时间长短以及烟道漏风和流场分布不均，都会对烟气的酸露点温度造成影响。

2.3　烟气酸露点的计算方法

2.3.1　苏联热力计算标准方法

苏联 73 年锅炉机组热力计算标准方法使用机组的设计运行数据，如煤质参数、过量空气系数等参数直接进行计算，计算数据相对容易获取，并且省略中间环节，方便在工程应用中推广，其形式见式（8-1）。

$$t_{adp}=\frac{\beta\sqrt[3]{S_{zs}}}{1.05^{\alpha_{fh}A_{ar,zs}}}+t_{dp} \tag{8-1}$$

$$S_{zs}=S_{ar}\times\frac{4182}{Q_{net,ar}} \tag{8-2}$$

$$A_{ar,zs}=A_{ar}\times\frac{4182}{Q_{net,ar}} \tag{8-3}$$

$$t_{dp}=-44.143+0.3123\ln P_{H_2O}+1.0257(\ln P_{H_2O})^2 \tag{8-4}$$

式中　β——与炉膛出口过量空气系数有关的常数；

α_{fh}——飞灰占总灰分的份额，对于煤粉炉，一般取 0.8～0.9；

S_{zs}——燃料的折算硫分，%；

$A_{ar,zs}$——燃料的折算灰分，%；

t_{dp}——烟气的水蒸气露点，℃，可以根据烟气中水蒸气的分压力由饱和湿空气表查取，也可以使用公式直接计算；

S_{ar}——燃料收到基硫分，%；

A_{ar}——燃料收到基灰分，%；

$Q_{net,ar}$——燃料收到基低位发热量，kJ/kg；

P_{H_2O}——水蒸气分压力，Pa。

通过式（8-1）～式（8-4）可知，使用该方法计算烟气的酸露点温度，只需要获取煤质信息和少量的机组设计数据，这些数据在机组的设计阶段或运行试验阶段都比较容易获得，使得酸露点的计算大大简化。

式（8-1）引进了折算灰分，考虑了灰分自脱硫作用对酸露点温度的影响；引入了水蒸气分压，考虑了烟气中水蒸气浓度对酸露点温度影响；引入了与过量空气系数有关的因数，考虑了过量空气对烟气酸露点蒸汽的影响，虽然不能体现 SO_2 和 SO_3 之间转化率对酸露点温度的影响，但是其已经足以适用于较多工况。

2.3.2　穆勒曲线计算方法

穆勒曲线表征了低浓度硫酸蒸汽的酸露点，对于已知 SO_3 浓度的情况，可以通过穆勒曲线查出对应的酸露点温度。穆勒曲线仅从 SO_3 浓度的角度出发，没有考虑水蒸气等其他气体成分的影响，并且实际工程中 SO_3 的浓度不容易取得，因此具有较大的局限性。

$$t_{adp}=116.5515+16.06329\lg V_{SO_3}+1.05377(\lg V_{SO_3})^2 \tag{8-5}$$

式中　V_{SO_3}——烟气中 SO_3 气体的体积百万分率。

2.3.3　Halsetead 曲线计算方法

Halsetead 曲线以含有 11%水蒸气的烟气为基准，得出了烟气酸露点的曲线。同时其规定当烟气中水蒸气的含量超过 13%时，烟气酸露点在原来的基础上加 3℃；当烟气中的水汽含量低于 9%时，烟气酸露点在原来的基础上减去 3℃，由此可以估算烟气的酸露点温度。

$$t_{adp}=113.0219+15.0777\lg V_{H_2SO_4}+2.0975(\lg V_{H_2SO_4})^2 \tag{8-6}$$

式中　$V_{H_2SO_4}$——烟气中 H_2SO_4 气体的体积百万分率。

2.3.4　酸露点其他估算方法

（1）A. G. Okkes 估算公式。荷兰学者 A. G. Okkes 根据实验数据，结合穆勒曲线，同

时考虑了水蒸气浓度对酸露点的影响，整理得到如下公式

$$t_{adp}=10.8809+27.6\lg p_{H_2O}+10.83\lg p_{SO_3}+1.06(\lg p_{SO_3}+2.9943)^{2.19} \tag{8-7}$$

式中　p_{H_2O}——烟气中水蒸气的分压力，Pa；

p_{SO_3}——烟气中 SO_3 气体的分压力，Pa。

其还有另一种变换形式

$$t_{adp}=203.25+27.6\lg p_{H_2O}+10.83\lg p_{SO_3}+1.06(\lg p_{SO_3}+8)^{2.19} \tag{8-8}$$

（2）Verhoff&Branchero 估算公式。Verhoff&Branchero 于 1974 年提出了如下公式

$$\frac{1000}{t_{adp}+273.15}=1.7842+0.0269\lg p_{H_2O}-0.1029\lg p_{SO_3}+0.0329\lg p_{H_2O}\lg p_{SO_3} \tag{8-9}$$

其还有另一种变换形式

$$\frac{1000}{t_{adp}+273.15}=2.9882-0.1376\lg p_{H_2O}-0.2674\lg p_{SO_3}+0.0329\lg p_{H_2O}\lg p_{SO_3} \tag{8-10}$$

（3）日本电力研究所估算公式

$$t_{adp}=20\lg V_{SO_3}+a-80 \tag{8-11}$$

式中　a——烟气中水分的影响系数，当水蒸气体积分数为 5%、10%、15%时，取值分别为 184、194、201。

（4）Haase&Borgmann 估算公式

$$t_{adp}=255+27.6\lg p_{SO_3}+18.7\lg p_{H_2O} \tag{8-12}$$

式中　p_{SO_3}——烟气中 SO_3 气体的分压力，MPa；

p_{H_2O}——烟气中水蒸气的分压力，MPa。

（5）含实验常数的估算公式

$$t_{adp}=t_{dp}+B(P_{H_2SO_4})^n \tag{8-13}$$

式中　B、n——实验常数。

关于 B 和 n 的值，不同的实验者得出了不同的结论，见表 8-1。

表 8-1　　试验常数 *B* 和 *n* 的值

$p_{H_2O}+p_{SO_3}$ /(MPa)		0.02	0.04	0.06	0.08	0.12	0.16	0.2	0.28	0.36
版本 A	B	200.2	202.4	204.2	206.3	210.2	214.2	218.3	226.4	234.0
	n	0.1224	0.0907	0.0732	0.0659	0.0622	0.0636	0.0661	0.0720	0.0780
版本 B	B	289.9	289.3	288.7	288.7	286.9	285.6	284.4	281.9	—
	n	0.0987	0.1014	0.1038	0.1063	0.1107	0.1145	0.1178	0.1229	—

第 3 节　中低温烟气余热利用关键技术

3.1　中低温烟气余热利用常规技术

3.1.1　低温省煤器

1. 省煤器的概念和构造

省煤器是利用锅炉尾部烟气的热量来加热给水的一种热交换装置。通过加装省煤器，可以进一步降低排烟温度，提高锅炉热效率而省煤；同时加装省煤器，完成水的预热，相当于替代部分蒸发受热面，减少锅炉的初投资。还有给水经过预热再送入汽包会减少汽包所承受

的热应力，对汽包运行有很大好处。在现代锅炉中，省煤器已成为不可缺少的一部分。

省煤器按使用材料可分为铸铁省煤器和钢管省煤器。铸铁省煤器强度低，不能承受高压，但耐磨耐腐蚀性较好，通常用在小容量锅炉上。目前大中容量锅炉广泛采用钢管省煤器，其优点是强度高，能承受冲击，工作可靠；同时传热性能好，质量轻，体积小，价格低廉；缺点是耐磨、耐腐蚀性较差。

省煤器按工质的出口状态分为非沸腾式省煤器和沸腾式省煤器。现代电站锅炉中，非沸腾式省煤器和沸腾式省煤器在结构上是相同的，因此，非沸腾式省煤器和沸腾式省煤器只是表示热力工作特征。实际中采用哪一种是由蒸汽参数和燃料特性等因素决定的。对于中压锅炉，由于水的汽化潜热较大，预热热量较少，为减少蒸发受热面的吸热量，防止炉内温度过低，影响燃烧稳定性，通常采用沸腾式省煤器，即由省煤器承担一部分炉水蒸发的任务。随着压力的提高，水的汽化潜热减少，加热水的热量相应增大，故需把水的部分加热过程转移到炉内水冷壁管中进行，以防止炉膛出口烟气温度过高，引起炉内及炉膛出口的受热面结渣，因此高压以上锅炉的省煤器一般采用非沸腾式。

钢管式省煤器由一系列并列的蛇形管所组成。蛇形管用外径为 25～42mm 的无缝钢管弯制而成，通常错列布置。材料一般用 20 碳钢。管子的相对纵向节距一般限制在 $S/d=1.5\sim2.0$（S 为管子的节距，d 为管子的直径）的范围内。为了防止管子的弯曲半径过小，使外侧管壁减薄，导致省煤器弯管泄漏，横向节距 S_1 受到受热面堵灰的限制。但一般情况下，S_1 主要受到管子支持条件的限制。相对横向节距，S_1/d 可以取 2.0～3.0。

省煤器通常布置在对流烟道中，一般将管圈放置成水平以利于排水而且总是保持水由下而上流动，以便于排除其中的空气，避免引起局部的氧腐蚀。烟气从上而下，有助于吹灰，又相对于水是逆向流动，增大传热温差。

省煤器按照蛇形管放置的方向不同，可分为纵向布置和横向布置两种，纵向布置是指蛇形管放置方向与锅炉的前后墙垂直，横向布置是指蛇形管放置方向与锅炉后墙平行。

2. 低温省煤器的布置方式

单级低温省煤器是相对于两级省煤器来说的，一般是在烟道尾部只设置单一省煤器。布置方式可以是如下几种：①布置于空气预热器出口与除尘器入口之间；②布置于除尘器出口与引风机入口之间；③布置于引风机出口与脱硫塔入口之间。如图 8-12 所示为第一种连接方式示意图

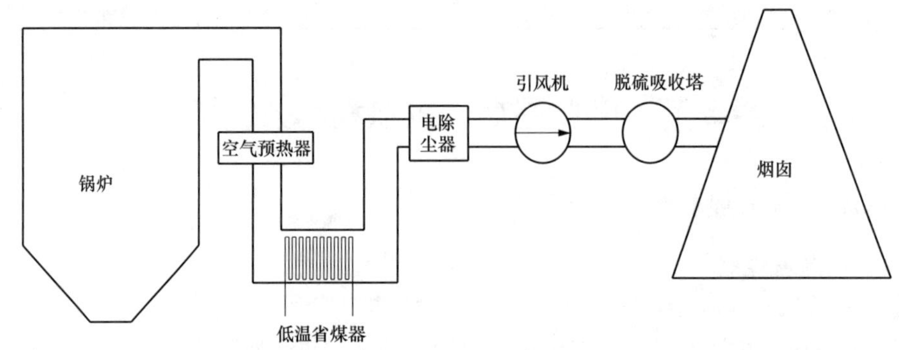

图 8-12　布置于空气预热器出口与电除尘器入口间的省煤器示意图

设置两级低温省煤器的连接方式如图 8-13 所示，第一级布置在空气预热器出口与除尘器入口之间的烟道上，第二级布置在两台引风机出口烟道汇合之后、脱硫吸收塔入口之前。第一级低温省煤器布置在高含尘段，会面临较严重的磨损、堵灰等问题。严格控制第一级低温省煤器出口的烟气温度，保证烟气温度高于露点温度约 10℃，以满足除尘器入口至引风机入口段由于漏风等因素造成烟气温度降低，产生低温腐蚀。本方案第一级低温省煤器适当降低烟气温度，烟气的体积流量也相应减少，有两个好处：一是可以减少除尘器的除尘面积，减少除尘器的占地面积和用材；二是引风机的轴功率减少，厂用电减少。

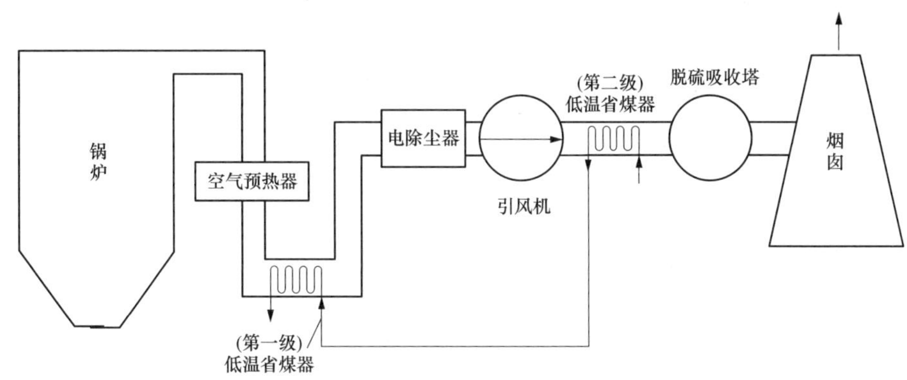

图 8-13　布置于空气预热器出口与电除尘器入口间的省煤器示意图

3.1.2　空气预热器

1. 原理及作用

空气预热器是利用锅炉尾部烟气的热量加热燃料燃烧所需空气，以提高锅炉热效率的热交换器，工作原理是：受热面的一侧通入烟气，另一侧通入空气，进行热交换，使空气得到加热，提高空气温度，同时使烟气温度下降，提高烟气的余热利用程度。

空气预热器是火力发电厂锅炉的重要设备，它是通过从烟气等介质中传递热量来提高空气温度的传热表面。空气预热器转子传热元件用来吸收烟气热量，使排出的烟气温度降低，并减少排烟热损失，提高锅炉效率；同时提高了燃烧空气的温度，有利于燃料的着火、燃烧和燃尽，增强了炉膛内燃烧的稳定性；空气预热器还能提高进入炉膛的空气温度，强化炉膛内部辐射换热，以相对便宜的空气预热器传热元件，来代替一部分价格较贵的蒸发管受热面，从而使锅炉制造成本降低，锅炉的效率随着炉内燃烧空气温度的升高而增加。因此，空气预热器已成为目前锅炉上的一个非常重要的、不可或缺的设备。怎么提高空气预热器运行可靠性，一直是我们当前研究的热点问题，提高空气预热器安装和调试阶段的质量控制，能够提高设备的可靠性，使设备的非计划性停机次数降低。因此通过对空气预热器安装质量进行控制，能够有效地降低空气预热器的故障、隐患，使机组能够安全、稳定、经济的运行。

2. 分类

空气预热器有三大类，分别是管式空气预热器、板式空气预热器和回转式空气预热器。

(1) 管式空气预热器：管式空气预热器的薄壁钢管是主要传热部件。管式空气预热器的形状多是立方体，垂直交错排列的钢管两端焊接在上下支撑管板上。管式空气预热器的中间管板装在管箱，锅炉燃烧排出的烟气顺着管道上下通过空气预热器，空气则横向通过空气预热器，完成热量传递。管式空气预热器以其投资成本低、导热系数高等优点，易于制造和加工，已成为工业废热回收能源的重要设备。而它的缺点也很明显，设备体积大、管道内容易积灰、清晰不便以及烟气进口端磨损大等。

（2）板式空气预热器：板式空气预热器的薄钢板是主要传热设备，每个长方形的盒子里面焊接了很多层薄钢板，然后将很多盒子组合成一组，一般一台空气预热器由2～4个盒子组成。工作时，锅炉排出烟气从盒子外流过，而空气则从盒子内侧流过，通过钢板完成热量传递。板式空气预热器结构不紧凑，制造成本高，需要花费大量的钢材。而盒子由钢板焊接形成的，焊接量大且间隙很多，容易造成泄漏。因此，板式空气预热器现在很少使用。

（3）回转式空气预热器：回转式空气预热器的转子部件是主要传热设备，转子通过旋转在烟气侧和空气侧之间传递热量。回转式空气预热器的优点是结构紧凑、体积小、质量小，传热元件磨损的裕量大、寿命长。因此，对于大型发电机组，大多使用回转式空气预热器。但它的缺点是内部的结构非常复杂，耗电量大且漏风量高。

3.2 中低温烟气余热利用新技术

1. 分离式热管换热器

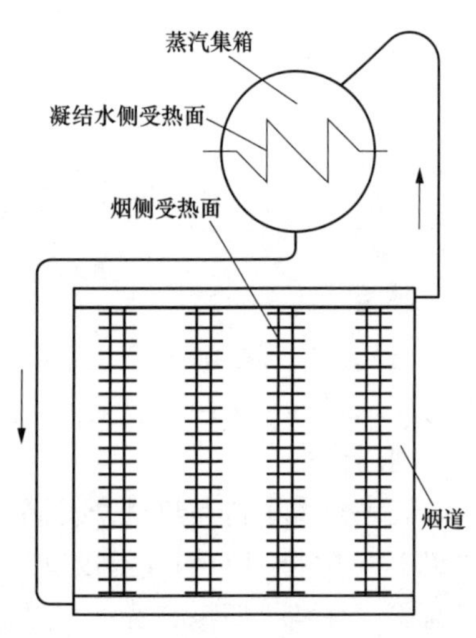

图8-14　分离式热管换热器工作原理

由大量单根热管组成的换热器称为整体式热管换热器，与其不同，分离式热管换热器设置了蒸汽集箱，把每根热管产生的蒸汽汇集在一起，使所有热管受热面的壁温相等，如图8-14所示。被加热的凝结水进入蒸汽集箱，与蒸汽换热，用下降管引导被冷凝的水回到换热器的下部，从而完成循环。

用分离式热管换热器回收锅炉烟气余热加热凝结水，热管内部为相变换热，烟气热量首先经过烟气侧受热面传递给热管工质水（蒸汽），再经过凝结水侧受热面将热量传出，所以要经过2级受热面。凝结水侧受热面在烟道外，不存在低温腐蚀问题，可采用较低的进口水温来增大传热温差，同时汽水换热的传热系数较大，所以凝结水侧换热面积较小，烟气侧受热面为换热器的主要部分。

2. 多级烟气换热与热泵的组合

如图8-15所示，为多级烟气水换热器与热水型溴化锂热泵的组合，可以看出初始进口烟气温度为170℃，而最终出口的烟气温度可以降低至40℃，在此换热过程中，高温烟气被用于热泵的驱动热源，中温烟气用于加热用户回水，低温烟气被用于作为热泵的低温热源。从整体来看，烟气出口温度低于热媒进口温度条件下，实现了低温余热向高温热媒的“传热”。因此，在低温烟气余热回收过程中引入热泵，可以实现低温烟气余热回收热量传递过程中的“量”与“质”的分配控制，在一定程度上突破传统换热过程的思维限制：换热器进出口温度的限制，提高低温烟气余热回收过程中烟气的温降深度。

本技术路线实际上是低温烟气余热的梯级利用方式，利用低温烟气余热高温段的驱动力，提高吸收式热泵对烟气低温段的余热回收，实现烟气余热高低温之间温度段热媒的输出。核心技术问题是如何选择适宜于低温烟气余热深度回收烟气性质改变工况条件下，高效回收低温烟气余热的换热装置与过程，有效地减少高低能级间大温差传热过程的不可逆损失。而该技术路线面临的最大难题是如何克服烟气温度低于酸露点时所带来的腐蚀问题。

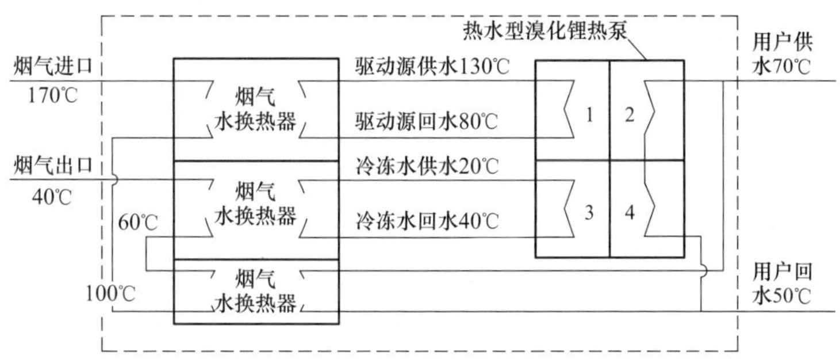

图 8-15　多级烟气水换热器与热水型溴化锂热泵的组合示意图

3. 低温有机朗肯循环

利用有机工质代替蒸汽的朗肯循环称为有机朗肯循环，如图 8-16 所示，循环的基本硬件设备包括膨胀机、冷凝器、泵和蒸发器。冷凝后的低沸点有机工质经过泵升压后进入蒸发器，在蒸发器中被加热到饱和蒸汽态进入膨胀机做功，做功后的有机工质在冷凝器中冷凝后再进入泵，完成一个封闭的有机朗肯循环。

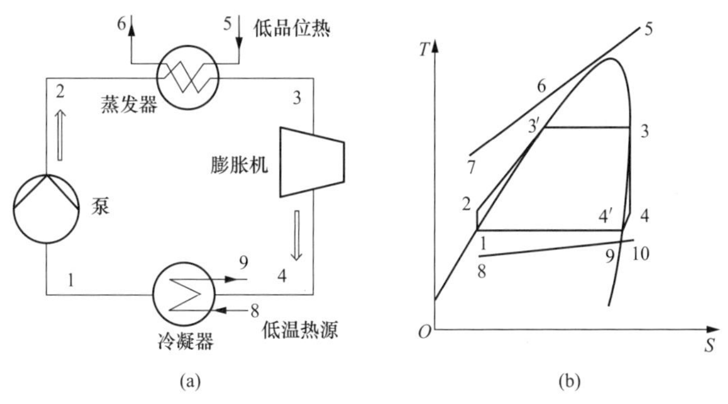

图 8-16　基本有机朗肯循环系统及 T-S 图

虽然有机朗肯循环与普通朗肯循环的过程相同，但是与水蒸气朗肯循环相比，其技术具有的最大优势是有机朗肯循环可以利用低沸点的有机工质作为循环工质，可用于回收品位较低的低温余热，用于转化为高品位能（电能）。

第 4 节　中低温烟气余热利用热力学分析与优化设计

4.1　烟气余热利用的热力学分析

4.1.1　热力学分析方法

热力系统的计算目的在于从燃料的化学能到输出电能的能量转换过程中确定热力系统各个部分参数，尤其是蒸汽或水的流量参数，同时也必须确定机组的功率、热效率、热耗率、汽耗率和煤耗率等热经济指标。由于热力系统的结构复杂，运行状态经常处在变工况状态，要实现热力系统的烟气余热有效利用，就必须对热力系统进行深入的理论研究分析。通过各种余热资源的利用方式比较来看，将热力系统中锅炉侧的烟气余热回收与汽轮机侧回热系统相结合来降低锅炉的排烟温度是目前最有效的节能降耗的方法。基于能量和质量的守恒原理，热力系统节能分析常用的方法包括：热平衡法、等效焓降法等。

1. 常规热平衡法

常规热平衡法是最基本的热力系统分析方法，分别写出热力系统中各子系统列能量平衡方程式，再联立方程求解。该方法属于串联算法，计算精确度最高。系统热平衡法是将烟气余热利用系统在原有机组的汽水系统基础上，通过引入原汽水系统热平衡造成结构的改变，对整个汽水系统的热平衡再进行重新计算，从而得出余热利用新系统的节能效果，无需选定工况，适用范围更广。热力学第一定律是常规热平衡计算法的核心，具有原理明了、计算结果可靠的优点。不足的是，该方法的计算过程较为繁琐，在系统改造中，即使变动仅限于系统的一小部分，也要对整个系统进行重新计算，工作量巨大且繁琐复杂。

2. 等效焓降法

等效焓降理论是基于热力学的热功转换原理，考虑到设备质量、热力系统结构和参数的特点，用以研究热功转换效率以及能量的利用程度。等效焓降法是根据已定的蒸汽参数和回热系统参数，将燃料的供应量、机组新蒸汽的流量均设为固定值，运用简化的局部运算代替整个热力系统的复杂计算。通过一定的公式计算，热力系统的设备微小变化等造成的影响并不会引起各级抽汽的全部变化，只是对某几级产生局部变动影响。系统被排挤的抽汽一部分仍做功于汽轮机出口，剩下的一部分做功到后面抽汽口再被抽出用于加热给水。其间会使汽轮机蒸汽做功增加发电功率，汽轮机效率也会相应得到提高。

锅炉烟气换热前后焓值的变化量即为锅炉余热利用的放热量，根据锅炉燃料参数数据，再通过热力学的相关知识，可从计算出烟气组成成分、烟气量的数值进而可以计算得出烟气焓值的变化，从而可以利用烟气放热量得到加热凝结水的热量。

4.1.2 热力学分析模型

1. 基于热平衡法的换热计算分析

在进行烟气余热利用的换热量计算时，其主要计算途径包括三种，一是计算工质（空气、热水等）吸热侧的换热量；二是计算烟气放热侧的换热量；三是根据换热设备的特性参数来计算换热量。

（1）烟气侧放热量计算。实际烟气焓值主要跟烟气成分、过量空气系数等有关，计算公式为

$$h_y = h_y^0 + (\alpha - 1) h_k^0 + h_{fh} \tag{8-14}$$

式中 h_y——实际烟气焓值，kJ/kg；

h_y^0——理论烟气焓值，kJ/kg；

α——过量空气系数；

h_k^0——理论空气焓值，kJ/kg；

h_{fh}——烟气中飞灰焓值，kJ/kg。

$$h_k^0 = V^0 (c\vartheta)_a \tag{8-15}$$

式中 V^0——理论空气量，m^3/kg；

$(c\vartheta)_a$ ——$1m^3$空气在 ϑ ℃时的焓值，kJ/m^3。

$$h_y^0 = V_{CO_2}(c_p\vartheta)_{CO_2} + V_{N_2}(c_p\vartheta)_{N_2} + V_{H_2O}(c_p\vartheta)_{H_2O} \tag{8-16}$$

式中　V_{CO_2}、V_{N_2}、V_{H_2O} ——烟气中成分 CO_2、N_2、H_2O 的体积，m^3/kg；

$(c_p\vartheta)_{CO_2}$、$(c_p\vartheta)_{N_2}$、$(c_p\vartheta)_{H_2O}$ ——温度为 ϑ ℃时，烟气中成分 CO_2、N_2、H_2O 的焓值，kJ/m^3。

由于经过除尘后的烟气中飞灰含量可以忽略不计，因此一般针对中低温余热利用的情况时，烟气中飞灰焓值可以忽略不计。

此时，烟气侧的放热量 r 可以由下式计算

$$r = B_j(h_y^{in} - h_y^{out}) \tag{8-17}$$

式中　B_j ——燃煤量，kg/s；

h_y^{in} ——换热设备入口的烟气焓值，kJ/kg；

h_y^{out} ——换热设备出口的烟气焓值，kJ/kg。

（2）基于设备特征的换热量计算

$$Q = KA\delta t_m \tag{8-18}$$

式中　Q ——烟气余热换热器的换热量，W；

K ——换热器总传热系数，$W/(m^2 \cdot ℃)$；

A ——换热器换热面积，m^2；

δt_m ——换热器传热对数平均传热温差，℃。

2. 基于等效焓降的换热计算分析

根据等效焓降的概念，等效焓降是 1kg 抽汽从某级抽汽口返回汽轮机的真实做功能力，它标志着汽轮机各抽汽口蒸汽的能级品位。在再热机组中，再热热段到凝汽器直接的等效焓降为

$$H_j = h_j - h_c - \sum_{r=1}^{j-1} \frac{A_r}{q_r} H_r \tag{8-19}$$

式中　h_j ——第 j 级低压加热器的抽汽焓值，kJ/kg。

h_c ——汽轮机的排汽焓值，$W/(m^2 \cdot ℃)$。

q_r ——1kg 抽汽在 r 级回热加热器中的放热量，kJ/kg。

A_r ——疏水焓差 ε_r 或凝结水焓差 τ_r，kJ/kg，视加热器类型而定。如果 j 为汇集式加热器，则 A_r 均以 τ_r 代之；如果 j 为疏水放流式加热器，则从 j 以下直到（包括）汇集式加热器用 ε_r 代替 A_r，而在汇集式加热器以下，无论是汇集式加热器或者疏水放流式加热器，则一律用 τ_r 代替 A_r。

在再热机组中，再热冷段到新蒸汽之间的任何排挤抽汽，都将流经再热器吸热，其等效焓降为

$$H_j = h_j + \Delta h_{ch} - h_c - \sum_{r=1}^{j-1} \frac{A_r}{q_r} H_r \tag{8-20}$$

式中　Δh_{ch} ——再热器进出口蒸汽的焓差，kJ/kg。

由等效焓降与加入热量之比，可得相应的抽汽效率

$$\eta_j = \frac{H_j}{q_j} \tag{8-21}$$

在再热机组中，新蒸汽的等效焓降为

$$H = h_0 + \Delta h_{ch} - h_c - \sum_{r=1}^{j-1} \tau_r \eta_r \tag{8-22}$$

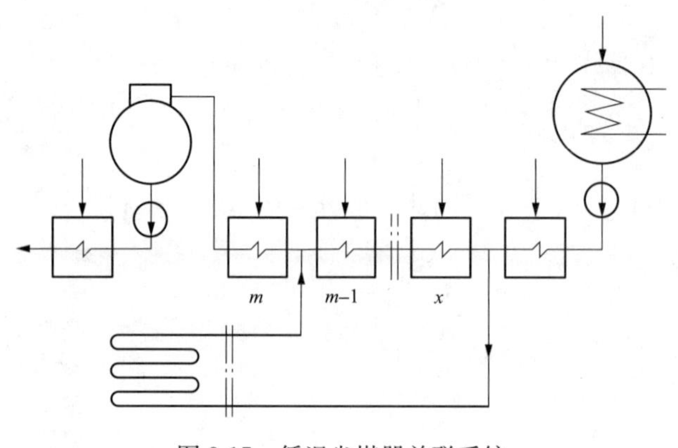

图 8-17　低温省煤器并联系统

当低温省煤器与回热系统并联时，如图 8-17 所示。从 x-1 级加热器出口引热水出回热系统，经过低温省煤器加热后回到 m 级加热器入口，分别排挤 $x \sim m$ 级加热器的抽汽。

不计散热损失时，相对于 1kg 新蒸汽，低温省煤器吸热量的等效焓降增量为

$$\Delta H = \Delta q_g \eta_{jp} \tag{8-23}$$

$$\eta_{jp} = \frac{\sum_{r=x}^{m-1} \tau_r \eta_r + (\bar{h}_{we} - \bar{h}_{m-1}) \eta_m}{\sum_{r=x}^{m-1} \tau_r + (\bar{h}_{we} - \bar{h}_{m-1})} \tag{8-24}$$

式中　Δq_g——相对于 1kg 新蒸汽，利用烟气单位热负荷，kJ/kg；

η_{jp}——低温省煤器热量利用的平均抽汽效率；

$\bar{h}_{we}$——低温省煤器的出口水焓值，kJ/kg。

低温省煤器在水主管路上回水点的选择，应遵循能级匹配原则，回到与其温度相等或相近的水管路节点。低温省煤器回收一定的排烟热量时，低温省煤器排挤的抽汽能级越高，平均抽汽效率越高，收益越大。

保持新蒸汽流量（主蒸汽流量）不变，低温省煤器（烟气余热利用系统）排挤的回热抽汽位于再热热段以后，电站效率相对提高为

$$\delta\eta_c = \frac{\Delta H}{\Delta H + H} \tag{8-25}$$

若低温省煤器排挤的回热抽汽位于再热冷段及以上，电站效率相对提高为

$$\delta\eta_c = \frac{\Delta H - \Delta q \eta_e}{\Delta \mathrm{H} + H} = \frac{\Delta H^s}{\Delta H^s + H} \tag{8-26}$$

式中　Δq——1kg 新蒸汽循环吸热量的变化，kJ/kg；

η_e——机组循环效率；

ΔH^s——等效焓降当量增量，kJ/kg。

再热冷段及以上机侧烟气回热循环系统回收利用热量的实际做功效率为

$$\eta_{jp} = \frac{\Delta H^s}{\Delta q_g} \tag{8-27}$$

因为热耗率降低值为 $\Delta HR = HR\delta\eta_c$，所以发电标准煤耗率降低为

$$\Delta b = \frac{1000 HR \delta\eta_c}{Q_{net} \eta_b \eta_n} \tag{8-28}$$

式中　HR——机组热耗率，kJ/kWh；

Q_{net}——标准低位发热量，kJ/kg；

η_b——锅炉热效率；

η_n——管道热效率。

3. 换热的流动特性分析

在锅炉尾部烟道增设烟气余热回收装置，如低温省煤器、空气预热器等，由于余热回收设备内部换热原件的存在，必将使烟气流通面积减少，从而使烟气的流通阻力上升，最终表现为引风机功耗上升，电流随之增大；另一方面针对吸热介质侧，如低温省煤器利用凝结水作为换热介质，凝结水需从汽轮机侧的凝结水管路引至低温省煤器，在吸热后再次返回凝结水系统，这就带来了部分凝结水由于流经管路的增多，流动阻力升高。这部分凝结水在新增设管路中的压损以及在低温省煤器换热原件中的压损，表现为凝结水泵系统的功耗上升。

对于省煤器或低温省煤器而言，烟气的阻力计算如下

$$\Delta p_{ab} = E_u \rho W_y^2 z \tag{8-29}$$

式中　Δp_{ab}——烟气阻力，Pa/m；

E_u——管阻特性（欧拉数）；

ρ——烟气密度，kJ/m³；

W_y——烟气的平均流速，m/s；

z——沿烟气流动方向上的管排数。

E_u 可按如下公式计算

$$E_u = a_0 R_e^b \left(\frac{p_f}{d_0}\right)^c \left(\frac{S_1}{d_0}\right)^d \tag{8-30}$$

式中　R_e——雷诺数；

$\frac{p_f}{d_0}$——翅片单位间距的烟气压降，Pa；

$\frac{S_1}{d_0}$——高频翅片管的相对间距；

a_0、b、c、d——由相关设计参数图表获得的经验数据。

对于空气预热器而言，换热温差减小会增加空气预热器面积，面积的增加也会导致空气预热器烟气阻力增加，烟气的阻力计算如下

$$\Delta p_{cd} = \lambda \frac{l}{d} \times \frac{\rho v^2}{2} \tag{8-31}$$

式中　λ——沿程阻力系数；

l——空气预热器高度，m；

d——当量直径，m；

ρ——烟气密度，kg/m³；

v——烟气流速，m/s。

而对于凝结水侧而言，流动阻力主要由两部分构成，即局部阻力与摩擦阻力。

管道的局部阻力计算公式为

$$\delta h_j = \xi_0 \times \frac{v^2}{2g} \tag{8-32}$$

式中　δh_j——管道局部阻力，m；

ξ_0——管道局部阻力系数，取 0.2；

v——凝结水流速，m/s。

管道的摩擦阻力计算公式为

$$\delta h_y = \lambda \times \frac{l}{D} \times \frac{v^2}{2g} \tag{8-33}$$

式中 δh_y——管道摩擦阻力，m；

λ——沿程摩擦阻力系数；

l——管道长度，m；

D——管道直径，m；

v——凝结水流速，m/s。

4. 机组出力分析

在输入原煤不变的情况下，增设烟气余热利用系统后，机组出功增加

$$\Delta W_{LTE} = \delta \eta_c W \tag{8-34}$$

式中 W——机组出力。

在烟气余热利用系统中，烟气阻力增加会增加风机电耗，增加的电耗为

$$\Delta W_f = \frac{D_f \cdot \Delta p_r}{1000 \eta_f} \tag{8-35}$$

式中 Δp_r——烟气流动增加的阻力，kPa；

η_f——引风机效率，%；

D_f——烟气体积流量，m^3/s。

因此，机组的净出功增加为

$$\Delta W_{net} = \Delta W_{LTE} - \Delta W_f \tag{8-36}$$

式中 ΔW_{LTE}——烟气余热回收增加的机组出功；

ΔW_f——引风机增加的电耗。

4.2 烟气余热利用系统的优化设计

常规电站锅炉余热利用系统虽然能够提高机组效率，降低煤耗，但其自身也受到许多限制：一方面，常规余热利用系统中烟气来源为空气预热器出口，烟气温度低、品位差，受烟气温度和凝结水温度差换热约束严重，进而导致节能效果不佳。以常规余热利用系统为例，电站中低温省煤器可利用烟气温度一般仅为 130℃左右，只能用于节省 7 段或 8 段抽汽；另一方面，在电站锅炉空气预热器的空气入口处，处于环境温度下的空气（通常 25℃甚至更低）和烟气（通常 120～130℃甚至更高）温差可达 100℃以上，由此带来空气预热器传热㶲损失较大，烟气-空气换热系统有待完善。

综合考虑以上因素，以燃煤发电机组锅炉尾部烟气常规余热利用系统分析成果为基础，结合我国燃煤电站主要煤种特性，并考虑低温烟气的低温腐蚀问题，提出两种新的适用于燃煤电站锅炉烟气余热利用的集成系统——广义烟气串联系统和广义烟气并联系统。此两种集成系统将锅炉烟气余热热量用来加热回热系统高压给水，将较高能级品位的排烟用来排挤较高压力的回热抽汽，使机组在主蒸汽量不变的情况下，做功能力进一步增强，机组效率极大

提高。

1. 广义烟气串联系统

图 8-18 中所示的余热利用集成系统为广义烟气串联系统，在该余热利用系统中把空气预热器分级布置，在两级空气预热器之间，布置有烟水换热器（低温省煤器），从而使得烟水换热器（低温省煤器）处于较高烟气温度区域，可根据机组不同负荷，串联或并联在较高温度的回热加热器上，排挤较高能级品位的回热抽汽；此外由于烟气空气的分级布置，使得烟气空气传热温差减小，空气预热器的传热㶲损失减小，烟气预热利用效率较常规余热利用系统有所提高。

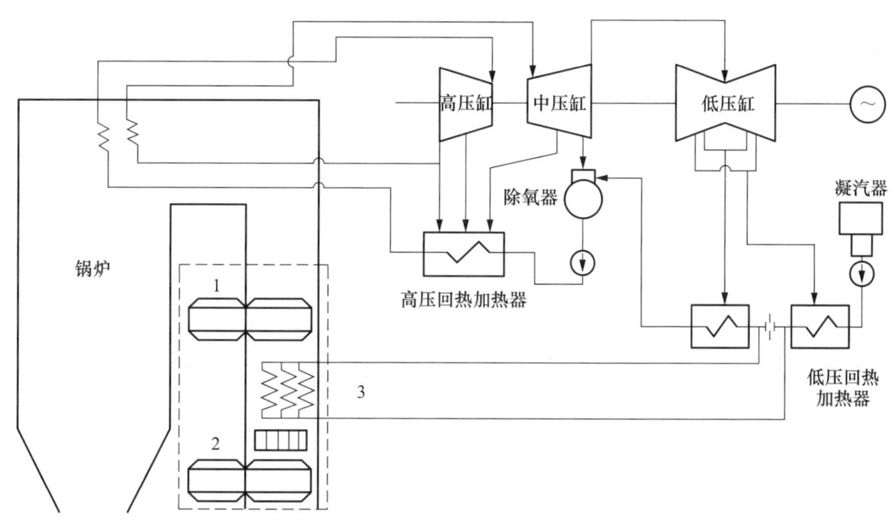

图 8-18　广义烟气串联系统示意图

1—高温空气预热器；2—低温空气预热器；3—低温省煤器

2. 广义烟气并联系统

图 8-19 中所示的余热利用集成系统为广义烟气并联系统，该余热利用系统在省煤器出口之后设置与空气预热器并联的旁路烟道，从省煤器出口流出的高温烟气一部分进入空气预热器，另一部分进入旁路烟道，加热高温换热器中的高压给水以及低温换热器中的凝结水。同时，在并联烟道之后布置冷风预热器，回收烟气中能级较低的余热，弥补空气吸热量的不足，同时降低排烟温度。旁路烟道的设计大大提升了回收的烟气余热的品位，可以替代更高级抽汽，获得更好的节煤效果。

3. 空气-烟气余热联合回收系统

图 8-20 为空气-烟气余热联合回收系统示意图，即把空冷岛出口处热空气直接通入空气预热器，而在空气预热器的烟道中加装低温省煤器，用来回收烟气热量，加热低压凝结水，节省低压回热抽汽。

空冷机组空气-烟气余热联合回收系统分为热空气热量回收单元和烟气热量回收单元（见图 8-20）。在热空气热量回收单元中，空冷岛出口部分空气进入空气预热器，参与空气预热器中烟气-空气对流换热，出口热风进入炉膛参与煤粉燃烧。在烟气热量回收单元中，通

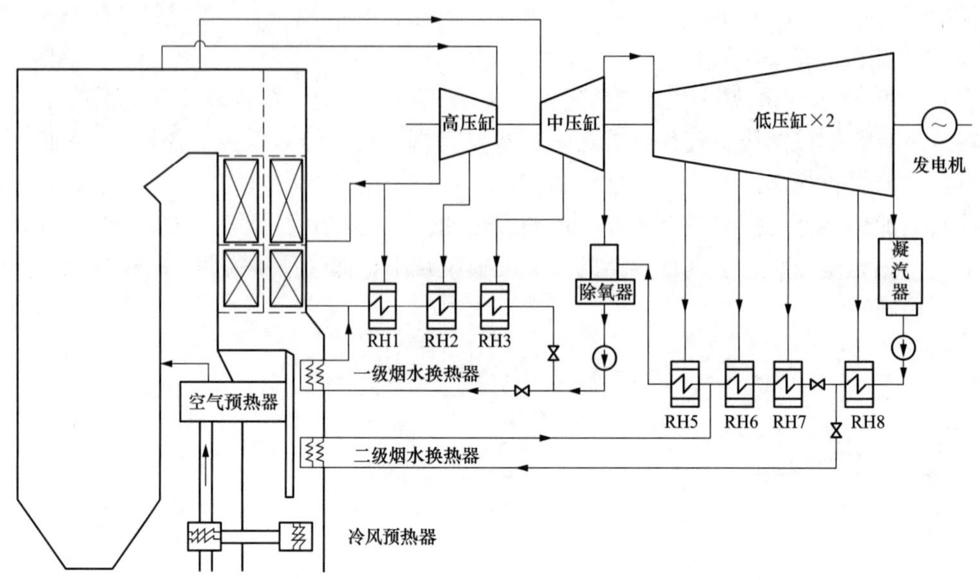

图 8-19　广义烟气并联系统示意图

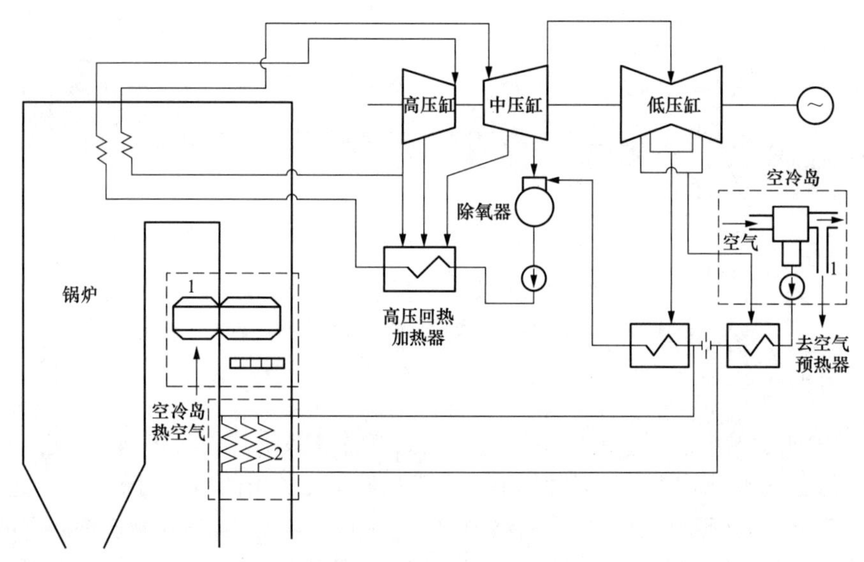

图 8-20　空气-烟气余热联合回收系统示意图

1—热空气热量回收单元；2—烟气余热回收单元

过在锅炉尾部受热面加装低温省煤器，来降低排烟温度，回收烟气热量。

空冷机组中，空冷汽轮机的额定背压一般在 13～18kPa 之间，凝结温度为 50～60℃，出口热空气温度可达 40～50℃，出口热空气可利用的热量相当可观。若直接排放进入大气，会造成相当大热量损失，不利于机组经济运行。而实际上，锅炉烟风系统提供的锅炉燃烧用风仅为空冷机组冷却用风的 2%～3%，只需要抽取极少部分热空气作为锅炉燃烧用风，不会对空冷岛的正常运行产生影响。空冷岛出口的热空气经专门的送风管道送至空气预热器入口，经空气预热器加热后进入炉膛参与燃烧。

在锅炉尾部烟道内，空气预热器排烟进入烟气余热回收单元。低温省煤器吸收烟气放热，加热部分低压凝结水，节省汽轮机回热抽汽，节省的抽汽在汽轮机中继续做功，在主蒸汽流量不变的情况下，获得额外的发电功率，从而提高机组发电效率。可以看出，烟气热量回收利用单元是一种“有约束”的系统，低温省煤器的烟气侧和工质侧的换热温差在实际工程中，受到传热空间和面积的限制，一般保持在 20℃以上，而考虑我国锅炉煤种、尾部烟道材料等因素，一般可以设定低温省煤器出口排烟温度为 90～110℃。

第 9 章

其他高效节能技术

第 1 节　大温差热泵技术

1.1　技术原理

基于吸收式换热的大温差供热技术是指在二级换热站处以吸收式换热机组代替传统的板式换热器，从而使一次管网回水温度降低至 30℃以下，拉大供、回水温差，故称为大温差热泵供热技术。大温差吸收式热泵系统中主要设备为吸收式热泵机组（见图 9-1）。吸收式热泵余热回收技术以其高效节能和不影响机组背压为特点，在电厂利用余热进行供热中得到广泛应用。吸收式热泵常以溴化锂溶液作为工质，对环境没有污染，不破坏大气臭氧层，回收低品位的余热，达到节能、减排、降耗的目的。

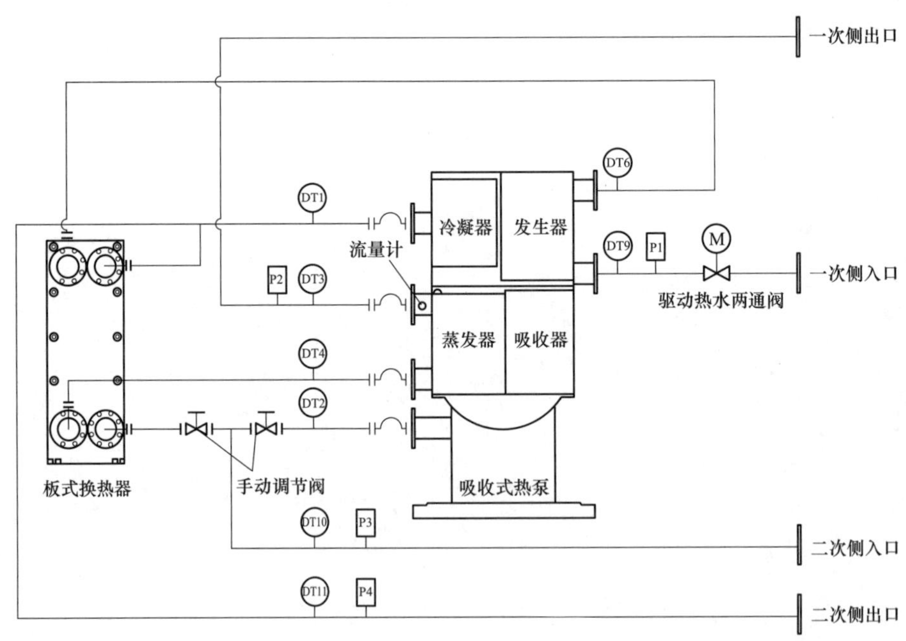

图 9-1　大温差吸收式机组示意图

大温差热泵机组主要由发生器、蒸发器、吸收器和冷凝器四大部分组成。二次热网循环水分两路，一路并联进入高、低温段吸收器和冷凝器，另一路串联进入低、高温蒸发器和板式换热器，升温后，与冷凝器合并为一路出机组提供给用户的用热系统。溶液泵将吸收器中的稀溶液抽出，经热交换器升温后进入发生器，在发生器中被一次热网循环水继续加热，浓缩成浓溶液，同时产生高温冷剂蒸汽。浓溶液经热交换器传热管间，加热管内流向发生器的稀溶液后，温度降低后回到吸收器。发生器中产生的高温冷剂蒸汽流入冷凝器内，加热流经冷凝器传热管内的二次热网循环水，放出热量后冷凝成冷剂水，经 U 形管节流进入蒸发器。因蒸发器中压力较低，进入蒸发器的冷剂水一部分闪蒸成冷剂蒸汽，另一部分冷剂水则因热量被闪蒸的那一部分带走而降温成饱和温度的冷剂水，流入蒸发器底部液囊。进入蒸发器冷剂水液囊的冷剂水被冷剂泵抽出喷淋在蒸发器传热管表面，吸收流经传热管内部分二次热网循环水的热量而沸腾蒸发，成为冷剂蒸汽，浓溶液吸收蒸发器中的冷剂蒸汽，浓度变稀，流入底部溶液液囊，由溶液泵送入发生器。部分二次热网循环水进入板式换热器与从发生器流出的一次热网循环水换热升温后，与从冷凝器出来的二次热网循环水混合后进入用户的用热系统。这个过程不断循环进行，即可不断地制取所需温度的热水。

大温差吸收式热泵机组主要由吸收式换热机组和常规板式换热器组成。吸收式换热机组以一次网供水的热量作为驱动力，产生热泵效应，进而能够吸收低温热源的热量。

一次网供水依次放热给吸收式换热机组的高温热源、常规换热和吸收式换热机组的低温热源，温度降低至 30℃后返回热电厂。二次网回水经过吸收式换热机组或板式换热器被加热升温后，向用户供热。下面以一次网供回水温度为 95℃/36℃，二次网供回水温度为 62℃/48℃进行说明。

一次网 95℃热水首先进入发生器，进行一次换热后温度降至 75℃，再进入板式换热器，温度降至 50℃，再回到蒸发器，温度降至 36℃。二次网分两路进行换热，一路进大温差吸收式机组换热，另一路进板式换热器，回水温度由 48℃升至 62℃。

溴化锂溶液在蒸发器中经一次网换热器回水加热，吸收热量变为蒸汽，再进入吸收器被浓溶液吸收，二次网回水吸收溴化锂溶液中的中的热量，浓溶液变成稀溶液，再进入发生器，被一次网热水加热浓缩成浓溶液，之后再进入冷凝器将二次网回水加热，经热交换后变为溴化锂稀溶液。如此反复，实现循环。

1.2　技术特点

大温差换热技术是将溴化锂吸收式热泵技术与常规换热器供热技术相结合，在保证二次管网供热效果不变的前提下，使一次管网回水温度最低可降低至 30℃，扩大供回水温差，实现大温差供热的技术。其主要技术特点及优势如下：

（1）采用大温差吸收式热泵机组可使一次网供回水温度由原来的 110℃/70℃变为 110℃/30℃，温差由原来的 40℃增加至 80℃，意味着管网的热量输送能力增大约 1 倍。与常规的板式换热器相比，新建管道直径减小，因此可以节约管网建设投资。

（2）采用大温差吸收式热泵机组而增加的热量可以为新建项目提供热源或补充到其他更需要的系统中，提高热网可调性。

（3）连接一次网和二次网的传统板式换热器传热温差大、不可逆损失严重。而吸收式换热机组有效利用了一、二次热网间的可用势能，驱动吸收式换热机组，使能量得到充足利用。

（4）由于一次网回水温度降低到 30℃，增大了与电厂换热器间的温差，有利于回收凝汽器余热，提高能源利用效率。

1.3 技术性能分析

1.3.1 大温差热泵的作用

（1）在现有运行工况下，通过大温差热泵机组在一次侧热量不变情况下拉大一次侧供回水温差实现热量守恒，从而使一次流量降低，用于管网末端用户流量不足，增加一次管网的可调节性，改善了一次管网水力失调状况，节约了能源。

（2）在现有热网不变工况下，通过大温差热泵机组的应用，大大降低一次管网流量，进而提高供热管网输配能力，用于新热负荷开发。

（3）在热负荷一定情况下，通过大温差热泵机组应用，比传统设计降低了管径，从而大大降低一次管网建设费用。

1.3.2 大温差热泵节能分析

大温差热泵最大的特点是在保持蒸发器制冷量不变的基础上，增大供回水温差，减少水系统的循环水量，相应地减少了水泵的扬程和耗电量，达到节能的效果。但是大温差热泵运行会导致蒸发压力降低，机组耗功增大，热泵系统的节能状况需要具体分析。本文是在已有热泵机组供热时，对热泵的水源侧进行大温差小流量运行，测试冷水机组和水泵的能耗，从而分析在哪种温差情况热泵系统的节能效果最好。

以常规热泵单位供热能耗为基准，大温差运行热泵系统单位供热能耗关系如图 9-2 所示，其中 X 轴上面表示相对能耗增加量，X 轴下面表示相对能耗减少量，即节能量。从图 9-2 分析可以得到，在以常规热泵为基准时，随着循环水温差的增大，热泵机组的单位供热能耗增量不断增大，且其增大速率基本不变；由水泵能耗曲线可知，给水泵的相对能耗减少量也随着温差的增大而不断地增大，当温差在 5～7℃时，单位供热水泵的节能速率不断增大；而温差在 7～10℃之间变化时，虽然给水泵的节能量也是不断增大，但是其变化率却是减小的。从系统节能曲线可知，热泵系统大温差运行时，系统节能效果先增大，随后逐渐减小。从图 9-2 中可以很明确的分析得出，虽然大温差热泵具有一定的节能作用，但是其节能效果随着循环水温差的增大先增大后减小。在温差为 7℃时，热泵系统的节能效果最好。

图 9-3 反映了热泵机组和热泵系统性能系数的变化曲线。热泵性能系数 *COP* 随着冷冻水温差的增大而不断减小；但是热泵系统性能系数 *COP* 随着冷冻水温差的增大，先增大后降低。在循环水温差为 7℃时，热泵系统性能系数最大。结合图 9-2 和图 9-3 可知，虽然随着冷冻水温差增大给水泵的节能效果不断增大，但是整个系统的节能量却是先增大后缓慢减小，热泵系统性能系数 *COP* 也是先增大后减小。从上面的分析可知，冷冻水温差增大，制冷剂的蒸发压力不断降低，冷凝器各参数不变，压缩机的出口压比增大，压缩机耗功增大速率比给水泵能耗降低速率快，导致热泵系统的 *COP* 在冷冻水温差不断增大时，先增大后逐渐减小。所以冷冻水大温差运行热泵并不是温差越大越好，冷冻水温差在 7～9℃时，热泵运行最为节能。对大温差热泵的设计研究有一定指导价值。

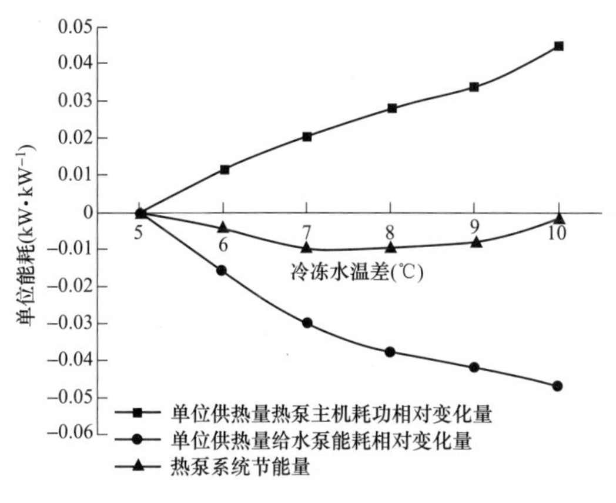

图 9-2　单位供热量热泵系统能耗变化关系

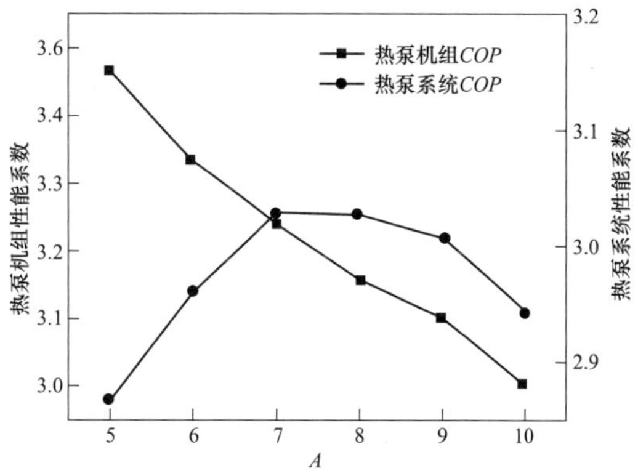

图 9-3　热泵及其系统性能系数曲线

第 2 节　打孔抽汽供热技术

2.1　技术原理

打孔抽汽供热技术就是在凝汽式汽轮机的调节级或某个压力级后引出一根抽汽管道，接至抽汽管网。由于一般打孔抽汽为不可调整抽汽，在电负荷变化时抽汽压力也随着变化，可将打孔抽汽改为可调整抽汽，则可提高打孔抽汽供热机组的适用性，提高运行的稳定性。

一般工艺流程图如图 9-4 所示，在凝汽式汽轮机的调节级或某个压力级后引出一根抽汽管道，通过逆止阀、快关阀及调节阀接至工业抽汽热网，并可配置一个调压器，按热网压力信号去控制汽轮机进汽调节阀的开度，即可实现调整抽汽口压力或抽汽量的目的。

打孔抽汽改造后，通流级反动度及部分轮毂上承受的压力发生变化，从而引起机组轴向推力发生变化，抽汽后轴向推力有明显的下降趋势，总轴向推力有负向增大的趋势，改造前须进行推力轴承改造及轴向推力核算，确保改造后可以满足各纯凝工况和抽汽工况下汽轮机本体的安全运行。

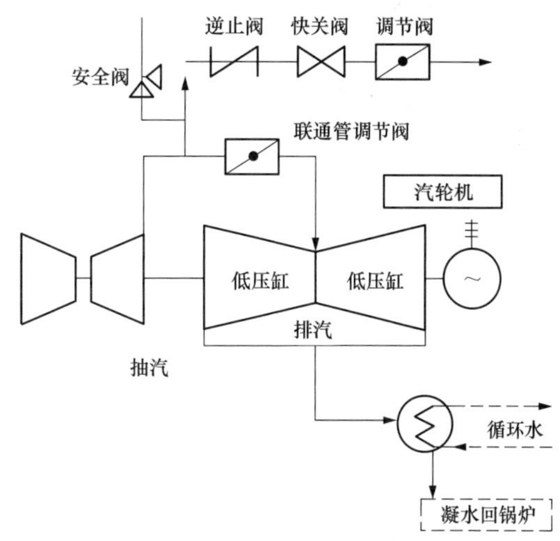

图 9-4　汽轮机打孔工业抽汽改造示意图

2.2　不同抽汽方式的比较

2.2.1　再热冷锻蒸汽管道打孔抽汽

此方案是从再热冷锻蒸汽管道上打孔抽汽，当机组运行在较高负荷时，汽轮机中压进汽阀可不参与调节，可实现供热抽汽流量最大抽出 5%的主蒸汽流量。当机组运行在较低负荷时，汽轮机中压进汽阀需要控制阀门开度，以便保持汽轮机中压进汽压力以及再热系统压力，来满足供热对抽汽压力的要求。

此方案所供的供热抽汽压力受汽轮机高压缸排汽压力的限制，但从再热冷锻蒸汽管道上打孔抽汽的方案由于不涉及到汽轮机本体结构的变动，因此，一般用于纯凝机组改造为供热机组时的场合。

从再热冷锻蒸汽管道上打孔抽汽方案的抽汽量也是有限制的。供热蒸汽从再热冷锻蒸汽管道抽出，导致进入锅炉再热器的蒸汽流量减少，在不改变锅炉再热器结构时，再热蒸汽流量减少到一定程度就会导致锅炉的再热器温度超温，影响锅炉安全运行。另一方面，再热冷锻蒸汽管道上的打孔抽汽，分流再热蒸汽，从而汽轮机中压进汽减少，将会导致作用在中压转子及各级动叶的推力减小，当推力减小到无法平衡高压转子及其各级动叶上的推力时，汽轮机推力轴承所承受的推力可能为负，汽轮机转子可能出现轴向窜动，影响机组安全运行。故采用此抽汽方式时，需要校核抽汽工况下汽轮机轴系推力的影响。基于以上原因，再热冷锻蒸汽管道打孔抽汽，抽汽量是有限值的，需要主机制造厂进行核算后确定。

2.2.2 再热热锻蒸汽管道打孔抽汽

此方案是从再热热锻蒸汽管道上打孔抽汽，当汽轮机运行在额定负荷时，中压主汽阀不必参与调节，当汽轮机处于低负荷运行时，中压主汽阀开度关小，保持阀前压力，使供热抽汽压力仍满足热用户要求。

从再热热锻蒸汽管道上打孔抽汽的方案与再热冷锻蒸汽管道上打孔抽汽一样，由于不涉及汽轮机本体结构的变动，因此，一般可用于纯凝机组改造为供热机组时的场合。

同样，再热热锻蒸汽管道上打孔抽汽方案的抽汽量也是有限制的。虽然此方案并不影响通过锅炉再热器的蒸汽流量，但是由于抽汽的分流导致了进入汽轮机中压缸蒸汽流量的减少，也需要校核供热抽汽对汽轮机轴系推力的影响。

2.2.3 汽轮机本体抽汽管道打孔抽汽

在汽轮机本体抽汽管道上打孔抽汽不需对汽轮机做内部结构的修改，只用选取一级运行参数高于供热参数的回热抽汽管道，作为供热抽汽的开口抽汽管道，并考虑缸体上回热抽汽口的通流能力是否能满足本级回热抽汽及供热抽汽的总流量要求。

采用回热抽汽用于工业供热，为了保证供热的稳定性，计入管道压降后，一般抽汽压力要比要求压力高约0.3～0.5MPa，必须经过减压后才能供出，使得这种抽汽供热方案对热能的利用效率不高。

一般来说，为了保证机组安全运行，在汽轮机回热抽汽管道上进行抽汽时，最大抽汽流量具有限制，当抽汽流量大于10%当地流量时，不能再选用汽轮机回热抽汽管道打孔抽汽方案。对于高压缸排汽，其抽汽量受到锅炉再热器最小蒸汽流量的限制。除此之外，还需考虑低负荷对抽汽参数的影响。由于回热抽汽口的位置是固定的，当汽轮机在低于额定负荷运行时，抽汽口处的蒸汽参数会相应降低，当汽轮机运行负荷低于额定负荷一定程度时，抽汽口处的蒸汽参数将不能满足热用户的要求，此时必须考虑备用汽源保证工业供热的可靠性。

2.2.4 中低压缸连通管加装蝶阀

此方案抽汽汽源为汽轮机中压缸的排汽，抽汽调整采用中低压缸连通管蝶阀开度来实现。由于受中低压缸分缸压力的限制，此方案的抽汽压力范围一般为0.3～1.0MPa，适合对供热压力要求较低的情况。中低压缸联通管抽汽方式的最大抽汽量，只需满足进入低压缸的蒸汽流量不低于低压缸最小冷却蒸汽流量即可，故通常中低压缸联通管的最大抽汽量能达到汽轮机主蒸汽流量的50%左右，抽汽能力较大。如果在中低压缸之间安装自同步离合器，中压缸排汽则可以全部用于供热。此方案在采暖供热机组中应用很多，从中低压联通管抽汽后，进入热网加热器，加热热网循环水。

2.2.5　汽缸本体加装座缸阀

座缸阀的结构型式为在中压缸外缸上部横向布置3个（或4个）独立的调节腔室，每个腔室配一台独立的油动机，油动机安装在阀盖上部的法兰面上，3个（或4个）座缸阀均可以独立控制。在座缸阀工作时，蒸汽由座缸阀前的一级排出后进入阀前腔室，供热抽汽口位于阀前腔室下部，阀前腔室与阀体连通，座缸阀阀碟前压力与抽汽口处压力相同，汽轮机在额定负荷运行时，座缸阀全开，在阀前，一部分蒸汽经抽汽口抽出，另一部分蒸汽经座缸阀进入下一级继续做功。汽轮机在低负荷运行时，3个（或4个）座缸阀依次将开度关小，使阀前腔室内的压力保持在额定抽汽压力下，此时将能保证抽汽参数满足热用户要求。座缸阀所对应的抽汽压力一般介于1.0～4.0MPa。加装座缸阀需在中压缸缸体上部进行开孔，而且孔径较大，故对汽轮机缸体的刚性有很大削弱，需要主机制造厂家详细核算，且需对中压缸的缸体结构做局部补强。因对主机原有设计影响较大，一般主机制造厂家不推荐采用此种抽汽方案，故目前供热改造项目中较少运用。

第3节　蓄热调峰技术

3.1　技术原理

蓄热技术的实质是把多余的、暂时不需要的热量利用特定的蓄热材料储存在特定的蓄热装置中，需要时将热量释放出来再利用的一项节能技术。该技术能有效缓解外界热负荷高时机组的供热能力不足，减少机组供热负荷波动，降低电网调峰压力，增加供热和电网调峰的裕度，最大程度地发挥热电联产集中供热方式的优势。因此，在集中供热系统中采用蓄热技术是平衡热电厂的电、热生产，满足外界热负荷的需求，降低一次能源消耗量，实现热电解耦的重要手段。

为了满足北方冬季供热的需求，在供热期热电联产机组要按照“以热定电”的方式来运行。对于抽汽式机组来说，机组电出力与热出力的关系如图9-5所示，抽汽式热电联产机组的运行区域在*ABCDE*包围的区域中，横坐标为机组的热出力，垂直向上作直线可得某点热出力对应的电出力范围。由于“以热定电”方式限制了热电联产机组的最小热出力，相应地，机组的电出力调节范围也受到了限制。如图所示，在“以热定电”方式下，抽凝式机组在冬季供热期间，其最小热出力限制在h_{force}点；对应地，其电出力调节范围也被限制在P_FF至$P_{G''}G$之间，其运行区域也被限制在*BCGF*所

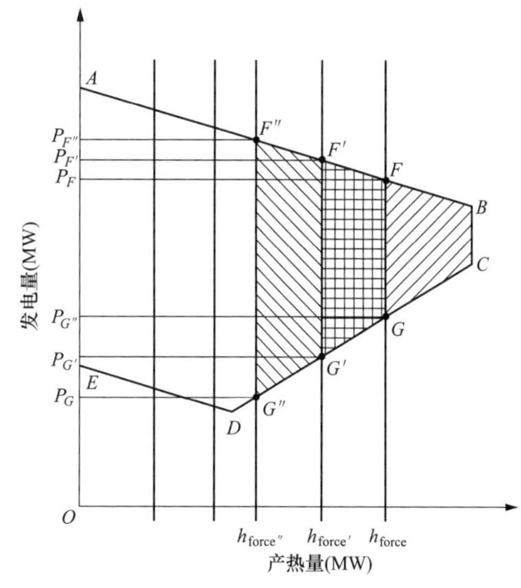

图9-5　抽气式机组的热电关系

包围的区间。因为电力出力调节范围的减小，热电机组在供热期间参与调峰能力也受到了限制，降低了电网对风电等新能源电力的消纳能力。

当热电联产系统中引入一个最大出力为 h_{sto} 的热水蓄热罐作为外部附加热源。由于引入了外部附加热源，当用户的热负荷需求保持不变时，通过调节汽轮机抽汽量，对热电机组的热需求从 h_{force} 降低至 $h_{force'}$，而热电联产机组的电出力调节范围可从 $P_F F$ 至 $P_G''G$ 区间增大到 $P_{F'}F'$ 至 $P_{G'}G'$ 区间，相应地，热电机组的运行区域也扩大到 $BCG'F'$。在此基础上，若继续向热电联产系统中引入电锅炉、热泵等可充当热源的设备，当用户的热负荷保持不变时，对热电机组的热需求可以进一步下降到 $h_{force''}$，而热电机组的电出力调节范围也可进一步扩展到 $P_{F''}F''$ 至 $P_G G''$，相应地，其运行区间也扩大至 $BCG''F''$。

3.2 技术分类

按照物理化学的性质分类，主要的蓄热技术可分为显热蓄热、潜热蓄热和化学反应蓄热。

1. 显热蓄热

显热蓄热是最简单和最成熟的，应用也最广泛的一种蓄热方式。它主要是利用物质的温度升高来存储热能，可用于供热和发电。蓄热介质在存储和释放热能时，自身只是发生温度的变化，而不发生其他任何变化。目前运用最多的介质为水，如采用蓄热水箱进行蓄热，通过水介质的温度升高和降低，来实现热能的存储和释放，从而达到热能的合理分配。

显热蓄热技术中最常用的技术方式为热水蓄热罐，其是利用不同温度下水的分层特性来实现热能的存储和释放，即温度高时，热水密度小，在浮力作用下处于热水蓄热器上部区域；温度低的冷水由于密度大处于蓄热器的下部区域，从而实现了冷、热水的自然分层。

蓄热罐工作时，应保证流入罐体水量和流出罐体水量相等，从而使罐内液面稳定，保证蓄热罐保持最大工作能力。蓄热罐可通过直接连接或间接连接 2 种方式与热网相连。一般来说，当有多个热水蓄热罐接入热网时，只需要一个蓄热罐与热网直接连接为热网定压，其他蓄热罐应与热网通过换热器进行间接连接。

2. 潜热蓄热

潜热蓄热是利用物质在凝固或熔化、凝结或气化、凝华或升华以及其他形式的相变过程中，都要吸收或放出相变潜热的原理来进行蓄热，可分为低温潜热蓄热和高温潜热蓄热两部分。这种蓄热方式一般都存在过冷和相分离两种类型，且导热性能都比较差。常被利用的相变过程有固-液、固-固相变两种类型，而固-气和液-气相变虽然可以存储较多热能，但因其体积庞大，设备复杂，一般不用于储热。

3. 化学反应蓄热

化学反应蓄热是指利用可逆化学反应的反应热来存储热能的，例如，正反应吸热，热被存储起来，逆反应放热，则热被释放出来。与传统的潜热蓄热方式相比较，化学反应蓄热的能量存储密度有数量级的提升，其化学反应过程没有材料物理相变存在的问题，该体系通过催化剂或产物分离方法极易用于长期能量储存。然而，目前化学蓄热系统在国内尚未实现市场化，制约其商业化的关键问题之一是安全系数低。同时，化学蓄热材料在反应器中的传质传热效率需要进一步提高。因此，寻求安全且高效的化学蓄热技术是推动我国化学储能商业化的核心问题。

化学反应蓄热的核心技术之一就是化学蓄热材料，主要可以分为金属氢氧化物、金属氢化物、金属碳酸盐、结晶水合物、金属盐氨合物等。

4. 梯级相变蓄热

梯级相变蓄热是潜热蓄热中的一种，是按照“温度对口，梯级利用”的原则，在放热流体的流动方向上布置熔点依次降低的不同相变蓄热材料。在相变蓄热材料的充热过程中，放热流体的温度沿流动方向在减少，而相变蓄热材料的熔点温度也在阶梯降低。

与单级相变蓄热相比，梯级相变蓄热使放热流体与相变蓄热材料之间的传热温差尽可能保持不变，因此能保持较恒定的热流使相变蓄热材料吸热熔化，整体上提高了材料的吸热速率，而在相变蓄热材料的放热过程，吸热流体逆流进入梯级相变蓄热装置，吸热流体持续吸热而使其温度在不断升高，而相变蓄热材料的熔点温度也阶梯升高，这使相变蓄热材料与吸热流体之间的传热温差也尽可能保持不变，因此也能保持恒定的热流使材料放热凝固，整体上也提高了材料的放热速率。梯级相变蓄热技术可以提高装置的换热系数，是目前研究的热点之一。

3.3　蓄热调峰在电厂的应用

蓄热系统一般设置在供热系统的热源侧（热电厂内），用于解决热能生产与供给在时间和空间上的矛盾，实现热负荷的削峰填谷，提高供热系统整体运行的经济性。在热电厂中设置蓄热系统一般满足两个条件：①热负荷波动比较大且比较频繁，热负荷波动既包括热用户侧的用热负荷波动，也包括热源侧自身不可调节的供热负荷波动。②热源自身的调节能力差，不能根据用户的用热需求做出及时地调整。

而针对热电厂作为基本热源、燃油锅炉或燃气锅炉作为调峰热源的多热源联合供热系统，不同热源的调节性能不同，使用的燃料也存在较大差异，因而导致生产成本差别较大。通过合理设置蓄热系统，提高成本较低的热源供热时间，缩短成本较高的热源供热时间，从而实现多热源联合供热时全网的最经济运行。例如，当热电厂采用汽轮机发电和抽汽供热时，一般将发电作为主要任务，供热是发电的副产品，供热量因此就无法随着用户热负荷的变化做出及时调整。在该情况下，蓄热系统错峰蓄热，可以合理安排热、电生产。以下主要针对配置蓄热系统后抽汽机组的电热特性及运行机制进行分析。

热电机组发电功率 P 和对外供热功率 h 之间的关联耦合关系一般称为“电热特性”，可很好地体现热电机组的运行特性，因此是分析热电机组灵活运行能力的一种有效方式。图 9-6 给出了抽汽式机组的电热特性。

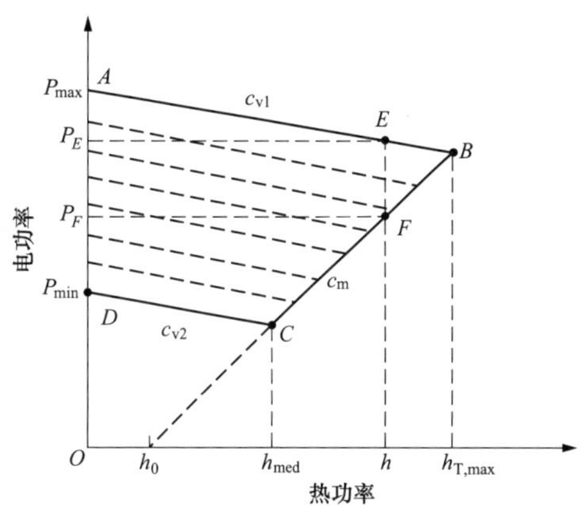

图 9-6　抽汽式供热机组电热特性图

图 9-6 中：c_{v1} 为最大电出力下对应的 c_v 值，c_{v2} 为最小电出力对应的 c_v 值，其中 c_v 为进汽量不变时多抽取单位供热热量下发电功率的减小量；$c_m = \Delta P/\Delta h$ 为背压运行时的电功率和热功率的弹性系数（即背压曲线的斜率，可近似认为常数）；h_0 为常数；$h_{T,max}$ 为抽汽式机组的最大供热功率；h_{med} 为机组发电功率最小时的汽

轮机供热功率；P_{max}和P_{min}分别为抽汽式机组在纯凝工况下的最大、最小发电功率。

抽汽式供热机组是从汽轮机中间（供热机组通常在中压缸到低压缸之间）抽取了一部分蒸汽作为热源对外供热。因此，进入汽轮机的新汽可分为两股，一股在汽轮机前半部分做功后，从汽轮机中间抽出用于供热，可称为供热汽流；另一股则流过汽轮机后半部分继续做功，最后排入凝汽器冷却，可称为凝汽汽流。由于该类机组会有凝汽汽流最终进入凝汽器直接凝结为水（即没有用于供热），因此效率低于背压式机组。

对该类机组而言，对于某个给定进汽量，当抽汽量从零逐渐增大时，由于供热汽流不经过汽轮机后半部分发电，因此随着抽汽量的增大（逐步增大供热功率），汽轮机输出的电功率会逐步降低，如图 9-6 中斜虚线所示。同时，对于某个给定进汽量，存在一个最大抽汽工况（也称最小凝汽工况），此时，大部分蒸汽被抽出供热，只有少部分蒸汽进行汽轮机低压段以满足冷却的需要（约为低压段设计流量的 5%～10%），因此，该工况接近于背压工况，图 9-6 中 BC 段即为最小凝汽工况线。

由图 9-6 所示的运行区间可以看出，在给定的热负荷下，发电功率具有一定的可调性，如在供热功率 h 下，发电功率可以在 $P_E \sim P_F$ 之间调节，但供热功率越大，电功率可调的范围越小。这是因为，在给定的抽汽量下，该类机组可以通过调整凝汽发电蒸汽量来调整整个汽轮机输出的电功率，但抽汽量越大，可用于调节的凝汽发电蒸汽比例就越少，因此调节范围就越小。上述抽汽式机组的电热特性可描述为：

$$\max\{P_{min} - C_{v2}h, c_m(h - h_0)\} \leqslant P \leqslant P_{max} - C_{v1}h \text{ ; } 0 \leqslant h \leqslant h_{T,max} \tag{9-1}$$

当抽汽式机组配置蓄热装置后，其电热特性将会发生变化。假设蓄热装置的设计最大蓄、放热功率分别为h_{cmax}和h_{fmax}，对于某个发电功率，通过蓄热装置放热，其整体（汽轮机和蓄热罐）最大供热功率 h 会在原来的基础上提高h_{fmax}，这相当于图 9-6 中的 AB 段和 BC 段整体向右偏移了h_{fmax}，如图 9-7 所示。图中：$h_J = h_{med} + h_{fmax}$，$h_K = h_{med} - h_{cmax}$，$h_{H1} = h - h_{fmax}$。另外，当汽轮机发电功率在 $P_{min} \sim P_C$之间时存在最小供热功率（图 9-6 中 CD 段），则在配置蓄热装置后，其最小供热功率会向左平移h_{cmax}。故而，配置蓄热装置后抽汽式机组的整体运行区间如图 9-7 中 $AGIJKLA$ 所围区间。

可以看出，对于某个供热水平 h，配置储热前，机组发电功率只可在 $P_F \sim P_E$之间调节；而配置储热后，可允许汽轮机的发电功率在 $P_M \sim P_H$之间调节，而由此导致的汽轮机供热不足或供热剩余部分，则由蓄热罐进行补偿供热或蓄热以维持总供热功率的稳定，从而提高了机组的调峰能力。

此外，从理论上讲，若蓄热罐的放热能力足够大，且其在周期内开机时段可蓄的热量大于机组在最小停机时间内的供热需求，该类机组亦可实现启停调峰，此时其运行区间由 ON 段表示。

图 9-7 所示的机组电热特性数学描述如下，开机运行时

$$\begin{cases} \max\{P_{min} - C_{v2}h, P_{min} - C_{v2}h_{med}, C_m(h - h_{fmax} - h_0)\} \leqslant \\ P \leqslant \min\{P_{max} - C_{v1}(h - h_{fmax}), P_{max}\} \\ 0 \leqslant h \leqslant h_{T,max} + h_{fmax} \end{cases} \tag{9-2}$$

停机运行时，运行在 ON 段上

$$P = 0, \quad 0 \leqslant h \leqslant h_{fmax} \tag{9-3}$$

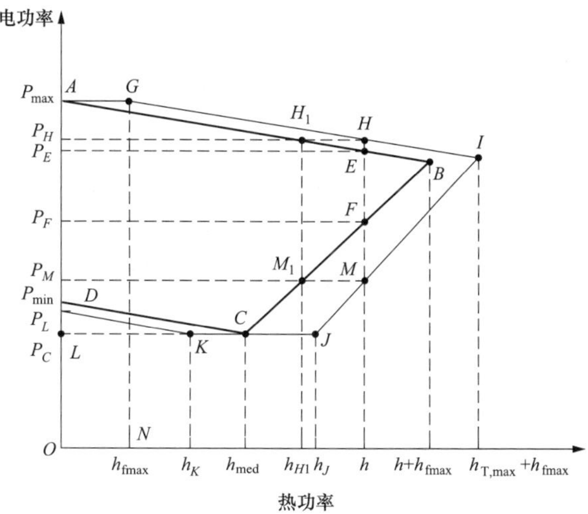

图 9-7　配置储热后抽汽式机组电热特性

由图 9-7 可以看出，对于热负荷 h，通过储热补偿供热，既可以在负荷低谷时段把汽轮机最小发电功率从 P_F 降到 P_M 进行低负荷调峰，也可以在尖峰时段把最大发电功率从 P_E 提高到 P_H 进行高负荷调峰。

第 4 节　热电解耦关键技术

4.1　技术发展背景

我国风电装机容量增长强劲，截止到 2015 年，新增风电装机容量为 3297 万 kW，新增核准容量达 4300 万 kW，并网装机总容量达到 1.29 亿 kW。我国风电装机容量占总装机容量的 8.6%，但是风电机组发电量仅占总发电量的 3.3%。随着风电装机容量的不断扩大，风电弃风问题越来越严重，见表 9-1。

表 9-1　　2011～2015 年全国风电弃风电量统计表

年份	2011	2012	2013	2014	2015
弃风电量（亿 kWh）	123	200	150	125	339

2015 年全国及三北地区风电弃风情况见表 9-2。

表 9-2　　2015 年全国及三北地区风电弃风统计表

2015 年	弃风电量（kWh）	弃风率（%）	弃风损失（亿元）
三北	336	23.3	约 168
全国	339	15	约 170

从表 9-2 可看出，全国范围内存在严重的弃风问题，尤其是三北地区，尤为严重，其弃风量以及弃风损失占全国比例高达 99%左右。造成国内这一严重现象的主要原因是：

（1）风电特性：风电具有很强的间歇性以及随机波动性。

（2）热电约束：热电厂“以热定电”的运行模式，导致在冬季供热时，为了满足供热的需求，机组出力被迫上升，使得发电量大于电负荷需求，或者热电机组大量占用电网上网容量。

（3）机组调峰能力不足：热电机组受锅炉最小稳燃负荷的限制，以及国内纯凝机组以及热电机组的调峰能力不足，造成“电热矛盾”。供热期夜间负荷低谷，供热需求高，热电联产机组出力较高，剩余电力空间减少，而此时往往是风资源较好时段，由此造成“弃风”。

以东北地区为例，冬季供热时：供热机组占火电运行总容量的70%；主力调峰的大型纯凝火电机组及水电机组占比仅28%；供热机组为保证供热，不能深度调峰，调峰能力大幅下降。热电机组的调峰能力仅为10%～20%。

（4）新能源消纳空间有限：电网项目核准滞后于新能源项目，新能源富集地区都存在跨省跨区通道能力不足问题。

4.2 关键技术概述

热电解耦，顾名思义是指通过一定技术手段，减少机组对外供热量与机组出力之间的相互限制，实现机组电、热负荷的相互转移，大幅度提高机组热电比，改变热电机组“以热定电”的运行模式。

针对热电解耦的关键技术，除了前几章节提到的新型凝抽背供热技术、光轴转子供热技术、蓄热调峰技术之外，还包括配置电蓄热锅炉、主蒸汽减温减压供热、机组旁路供热与高参数蒸汽多级抽汽减温减压供热等。

1. 配置电蓄热锅炉

该技术是指在电源侧设置电锅炉、电热泵等，在低负荷抽汽供热不足时，通过电热或电蓄热的方式将电能转换为热能，补充供热所需，从而实现热电解耦。该技术的优点是能最大程度地实现热电解耦，对原机组的改造少；不足之处在于改造投资大，且机组热经济性较差。电锅炉在国外有着广泛地应用，主要用于电网中富余“垃圾电”的消化，而在我国东北地区，受电力辅助调峰市场奖励机制的影响，也有少量电厂采取合同能源管理的模式开展电锅炉供热改造，实现热电解耦。

在发电机组计量出口内增加电加热装置，装置出口安装必要的阀门、管道连接至热网系统。在热电联产机组运行时，根据电网、热网的需求，通过调节电锅炉用电量（转化为热量）实现热电解耦，达到满足电热需求的目的。机组采取加装电锅炉后，电锅炉功率可以根据热网负荷需求实时连续调整，调整响应速率快，运行较为灵活，电负荷甚至可降至“0”，机组深度调峰幅度较大。

热电厂配置电蓄热锅炉后，可利用夜间用电低谷期的富裕电能，以水为热媒加热后供给热用户，多余的热能储存在蓄热水箱中，在负荷高峰时段关闭电锅炉，由蓄热水箱中储存的热量和机组抽汽共同供热。此时，一方面减小了供热机组对外供热负荷，机组最小发电出力随供热负荷的减小而降低，运行灵活性提高；另一方面增加了负荷低谷时段的电厂用电负荷，进一步增大了供热机组发电出力调节范围，起到了双重调峰作用。

2. 主蒸汽减温减压供热

一般情况下，热电厂在机组检修或出现故障时，供热蒸汽量不足，会首先调度其他抽凝机组加大抽汽量满足供热，如果还不能满足供热需要，考虑开启减温减压器。减温减压器是安装在主蒸汽母管和供热母管之间的装置，通过节流降压、喷水降温，将来自锅炉的高温高压蒸汽减温减压到供热参数来供热。

汽轮机内最小安全容积流量是供热机组最小发电出力的主要限制因素。对于抽汽机组而言，在汽轮机最小出力工况下，最小安全容积流量一定，当热负荷增大，抽汽口前的做功蒸汽流量需增加，相应地机组最小发电出力增加。利用主蒸汽减温减压供热，此时汽轮机侧做功的蒸汽流量则不再受供热蒸汽流量的影响，而只是受最小冷却流量的限制，可以达到热电解耦的目的。

3. 机组旁路供热

汽轮机旁路分为高压旁路和低压旁路，其主要作用是在机组启停过程中，通过旁路系统建立汽水循环通道，为机组提供适宜参数的蒸汽。机组旁路供热方案即通过对机组旁路系统进行供热改造，使机组正常运行时，主再热蒸汽能够通过旁路系统对外供热，实现机组热电解耦，降低机组的发电负荷。

受锅炉再热器冷却的限制，单独的高压旁路供热能力有限；受汽轮机轴向推力的限制，单独的低压旁路供热能力也有限，二者均无法单独实现热电解耦，达到深度调峰的目的。采用高、低压旁路联合供热改造方案则可以有效实现热电解耦，但运行时需考虑机组轴向推力、高压缸末级叶片强度限制等问题。

高、低压旁路联合供热方案是当前热电解耦采用的常见方案之一，主要利用部分主蒸汽经高压旁路减温减压至高压缸排汽，经过再热器加热后，再经低压旁路减温减压后，最后从低压旁路抽出作为供热抽汽的汽源。该方案主要通过匹配高、低压旁路蒸汽流量的方式避免高、中压缸轴向推力不平衡等风险，能够满足机组灵活性改造的要求，技术上可行，且投资较小。

该技术方案能最大程度地实现热电解耦，达到“停机不停炉”的效果，同时改造投资也较小。然而，在方案设计中应注意各旁路蒸汽流量的匹配，保持汽轮机转子的推力平衡，确保高压缸末级叶片的运行安全性，防止受热面超温，同时还需确保旁路供热时的运行安全性。

4. 蒸汽多级抽汽耦合集成供热

主要是结合“温度对口，梯级利用”的用能原则，对热电机组包含主蒸汽、再热蒸汽、工业抽汽、采暖抽汽等不同抽汽方式进行耦合集成，在满足采暖与电力调峰的同时，优先选择低品位能来供热，实现热电解耦，从而解决机组受以热定电的限制。

直接利用高参数蒸汽减温减压来供热，从能量梯级利用的角度来说，供热过程中不可逆损失过大，这是不科学的供热方式。而当有电力调峰需求时，由于电力调峰是为了提升电网对新能源电力的消纳能力，而新能源如风能、太阳能等均是清洁、可再生能源，且无能源成本。在不考虑设备投资成本的情况下，新能源电力的经济性是最高的。这时为了促进电网对新能源电力的消纳，则是可以一定程度上牺牲高品位蒸汽能的做功能力损失，来提升电网对新能源电力的消纳能力。

然而若为了提升机组的电力调峰能力，一味地采取高参数蒸汽直接供热，而不再发电，这种观念是忽略了能量梯级利用的基本原则，是一种比较极端的方式。最科学的方式就是在考虑电网调峰需求的同时，以能量梯级利用为原则，合理地设置热电机组的电力调峰深度，实现既能满足电网对电力调峰的要求，又能尽可能的减少高品位蒸汽能的做功能力损失，从而达到从能量梯级利用和经济性双重角度来合理发挥热电机组的电力调峰作用。

第5节　热电系统集成技术

5.1　小汽轮机梯级供热技术

目前抽汽式供热汽轮机组采用的供热方式并不完美，采用高品质的蒸汽去供应热能，由于供热蒸汽的参数和用户的实际需求往往并不匹配，出现高品质能低效利用的现象，在某种意义上也是一种能量浪费行为。

现代燃煤电厂机械化程度高，需要使用各种机械设备完成燃料供给、给水、给气、排放灰渣废水、向外输送热水等诸多操作，一般情况下这些原动机都需要电力进行驱动，电动机拖动的优点是操作方便、灵活、占地小，同时电源供应稳定可靠，但会造成厂用电较高的情况。

小汽轮机也叫背压式小汽轮机，简称背压机，一般指功率25MW以下的汽轮机，是工业汽轮机的一种，由于功率比较小、多用于小型的地区发电厂、工业企业自备电厂、热电联产电厂、风机和泵的驱动机等。小汽轮机的特点是结构简单、蒸汽初参数低、内效率低。当用于发电机驱动时，一般转速为3000r/min；当用于风机和泵的驱动时，二者的转速一般相同，均为直接驱动。小汽轮机的控制系统比较简单，多采用液压机械式调节系统。

5.1.1　采暖供热梯级利用技术

传统抽汽式供热所抽取的中低压蒸汽品质较高，可以用来驱动小汽轮机做功，做功后的蒸汽仍然可以进行供热，如图9-8所示。另外，热网循环水泵作为一大耗电设备，极大地增加了厂用电量，可以利用小汽轮机驱动来代替。由此，在热网首站可以将两种流程进行集成，先利用中低压蒸汽驱动背压机来带动热网循环水泵做功，再利用小汽轮机的排汽对外进行供热，从而实现能量的梯级利用。

现有热网循环水泵的驱动方式主要由电动机带动或小汽轮机带动。在这两种驱动方式中，电动机驱动热网循环水泵需要消耗大量的电功，增加用电成本，引起供电煤耗上升；采用小汽轮机驱动热网循环水泵，则是利用中低压蒸汽的做功能力驱动循环水泵。相比电动机驱动方式，小汽轮机驱动不仅节约了用电成本，还使得机组供电煤耗有所下降。

供热系统流程如图9-9所示，在该系统中，包括了热电联产系统主要供热设备：主汽轮机、热网加热器、热网预热器、小汽轮机、热网循环水泵等，运行方式描述如下：小汽轮机驱动热网循环水泵，热网水在进入首站加热前通过调节分为两路：一路作为冷却水进入热网预热器，用于冷却小汽轮机的排汽，以维持小汽轮机的正常排汽背压；另一路与出预热器的热网水在混水器中混合后进入热网加热器，由热网加热器加热到供热温度的要求后向换热站供出，加热热源为汽轮机的供热抽汽，整个供热过程不断循环。

采用小汽轮机驱动热网循环水泵，与采用电动机驱动方式相比具有较多优点，具体如下：

（1）降低厂用电率，减少大量高品位电能的消耗，实现能量梯级利用，提高全厂综合热效率和经济效益。

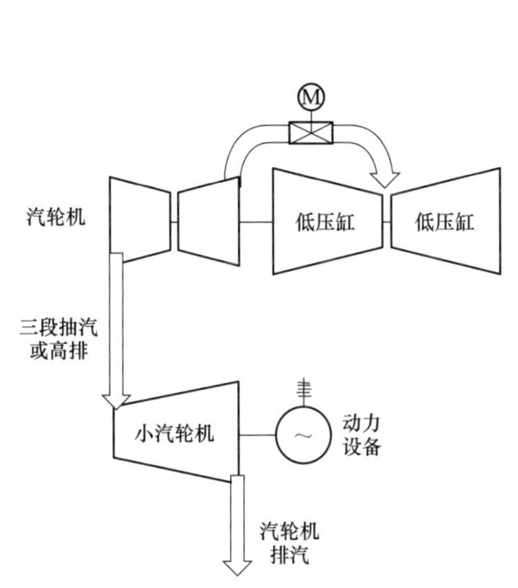

图 9-8　背压式小汽轮机供热原理图

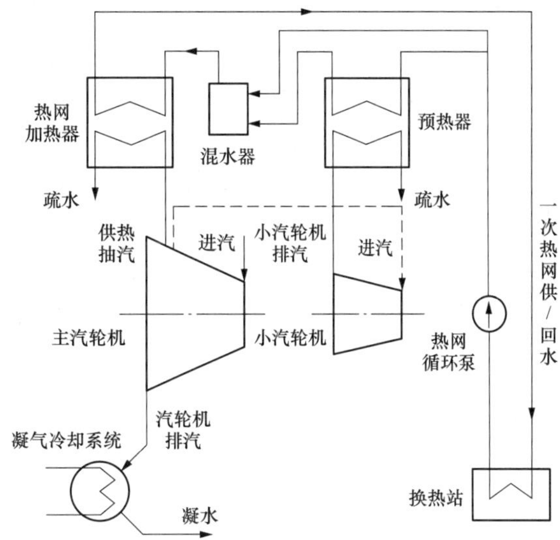

图 9-9　含小汽轮机的供热系统流程

（2）调节范围广，小汽轮机可根据热网水流量或压力变化实现变速调节（范围1250～3000r/min），变速调节使得水泵运行效率提高，增加了可靠性。

（3）提高系统运行的安全性，采用小汽轮机驱动循环水泵可防止因机组突然跳机或电网突然停电而造成的系统故障。

（4）消除大型电动机启动对电网的冲击，大型电动机在启动时电流大，在投入和切除运行过程中，厂用电负荷变化大，对电网冲击较大。采用小汽轮机代替电动机能改善对电网的影响。

另外，采用小汽轮机驱动热网循环水泵，也存在以下缺点：

（1）热力系统相比电动机驱动方式要复杂，蒸汽参数的波动一定程度上要影响小汽轮机的稳定运行。

（2）小汽轮机的运行方式要受对外供热负荷变化等因素的影响。

在整个系统中，小汽轮机的合理选型也十分重要，其对供热系统的经济性和安全性运行有着重大影响。由于各个热电厂热负荷情况不同，汽轮机热力系统更是千差万别。因此，在确定小汽轮机参数时应根据实际情况，不应千篇一律，主要遵循以下原则：

（1）小汽轮机进汽以大型（主）汽轮机的抽（排）汽为宜。高参数蒸汽在主汽轮机已经做了一部分功，再在小汽轮机中膨胀做功，实现能量的梯级利用。同时小汽轮机功率小，汽轮机内部级数少，单级焓降大，若直接使用高参数蒸汽，在设计和制造上都存在难度。

（2）在进（排）汽参数确定后，小汽轮机的进（排）汽量是由循环水泵的负荷决定的，当循环水泵负荷变化时，小汽轮机的进（排）汽量也会做相应的变化，小汽轮机的排汽应可以全部、及时被利用，满足适应热网负荷变化的需要。

（3）须配置一定数量的电动循环水泵。当汽动循环水泵存在检修和事故时，为满足系统正常运行的需要，需适当配置一定数量的电动循环水泵作为备用泵。

在实际应用中确定小汽轮机参数时，要结合热电厂机组和供热负荷的实际情况，区分主次，灵活使用以上主要选型原则。

5.1.2 工业供热梯级利用技术

针对热电厂的高压蒸汽和低压蒸汽与工业用户所需蒸汽参数不匹配的情况，还可以利用背压机来进行供热蒸汽参数的匹配。首先利用高压蒸汽在背压机中继续做功后，得到与用户所需蒸汽参数匹配的背压机排汽，利用排汽为工业用户进行供热。其原理与采暖用背压机一致，只是各自的热用户不同，另外在工业供热利用背压机时，背压机可以用来发电，或驱动厂内各种用电设备。

电厂内通常有引风机、循环水泵等大型动力设备，占用电厂大量的厂用电率，若能通过合适的设计，例如通过小汽轮机集成于工业供热系统中，利用小汽轮机驱动这些动力设备，则能有效改善电厂的用电指标，同时避免蒸汽余压的浪费，节约能源浪费，从而提高电厂的盈利能力。

因此，利用小汽轮机排汽作为工业抽汽的汽源，是一种较理想的经济手段。

5.2 工业供热抽汽集成优化技术

5.2.1 工业集中供热发展现状

当前我国城市产业结构以及用地结构不断发生调整变化，针对化工、制药、纺织等工业企业集中建设产业园区已经成为城市发展的必然趋势，工业园区作为工业发展的重要载体，在推动工业化进程、促进区域经济繁荣方面发挥着日益重要的作用。工业园区内的生产与生活用热需求也日益增长，建设小型锅炉或小型热电厂将面对效率低、环保性差、运行时产生噪声，特别是小型锅炉，供汽参数及其不稳定，会严重影响工业企业的正常生产。同时还会占用工业园区内大量土地资源，不利于工业园区的合理规划和发展。而且，小型锅炉与小型热电厂将逐渐成为国家“节能减排”规划中规定的淘汰落后产能。对工业园区附近大型发电厂的纯凝式机组进行工业抽汽供热改造，建设集中式供热系统已成为现代工业园区及工业用户用热的主要方式。集中式供热不仅可以实现能量的梯级利用，提高热电厂的整体热效率，还可以降低工业用户使用蒸汽的成本，提高供热的可靠性；而且，完全符合国家节能减排战略规划。

针对已建设热电联产机组来说，由于受机组负荷变化的影响，机组本身工业抽汽口的压力与实际需求的压力不匹配，特别是后期改造的机组，为满足用户需求，通常采用以下两种办法：①采用高排抽汽，但抽汽压力远高于需求压力，多采用减温减压，此时当抽汽量较大时，减温减压方式造成的余压、余热损失十分严重；②采用汽轮机通流节流方式，以满足抽汽压力要求，此时汽轮机通流节流虽然可以提高抽汽压力，但是影响了汽轮机中、低压缸的整体性能，特别是工业抽汽量较小时，很容易产生严重的节流损失。具体如图 9-10 所示。

通过对现有工业供热的电厂进行调研，例如某一 300MW 供热机组，最大工业供热量为 260t/h，压力 0.9MPa，温度 300℃，主要通过调节阀来满足供热所需压力，其产生的节流损失如下：①机组变负荷工况运行时，当负荷低时，中排抽汽压力小于供热所需，因此需通过调节阀门进行憋压来提高压力，这时就会产生较大的节流损失，机组负荷越低，节流损失越大，当机组负荷为 30%时，计算得机组年增加耗煤量达 2.6 万 t；②当锅炉负荷一定时，随着抽汽量增大，为满足所需的蒸汽压力度，调节阀开度继续减少，此时产生的节流损失逐渐增大，当工业抽汽量为 260t/h 时，计算得机组年增加耗煤量达 2.5 万 t。若采取措施来减

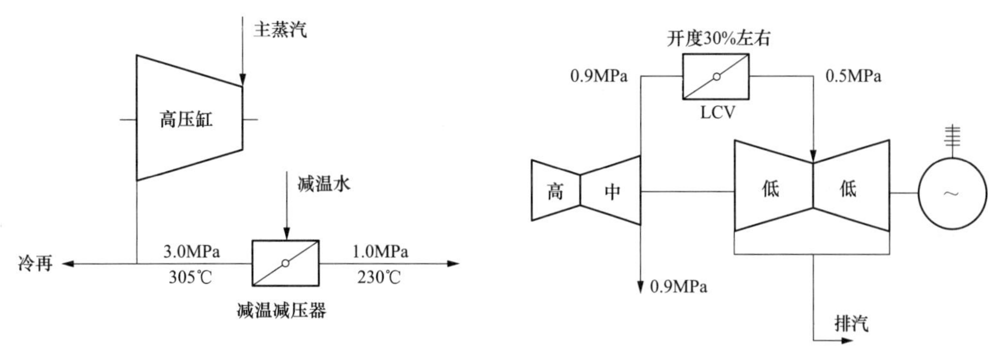

图 9-10　热电厂传统工业集中供热两种节流方式示意图

少这部分热损失，则可以取得非常大的节能效益。因此，如何采取有效技术来降低机组工业供热的节流损失，提高热电厂的盈利能力，提升机组响应负荷变化的灵活性，是大势所趋。

5.2.2　工业供热抽汽集成优化分析

当前，工业供热机组不能以热定电，受电力调度影响，使得电负荷偏离供热设计工况，电热负荷之间不匹配。依据汽轮机工艺，抽汽压力与电负荷基本成正比，使得抽汽压力很难在全工况下与用户需求都很好的匹配。

针对国内火电机组电负荷低、负荷波动大等现象，结合热电机组的热力特性，将满足工业供热需求的抽汽端口进行有效集成，在原有抽汽端口的基础上，新增再热冷锻蒸汽、再热热锻蒸汽、主蒸汽等抽汽口作为工业抽汽来源，提升抽汽调节的灵活性，系统流程图如图 9-11 所示。

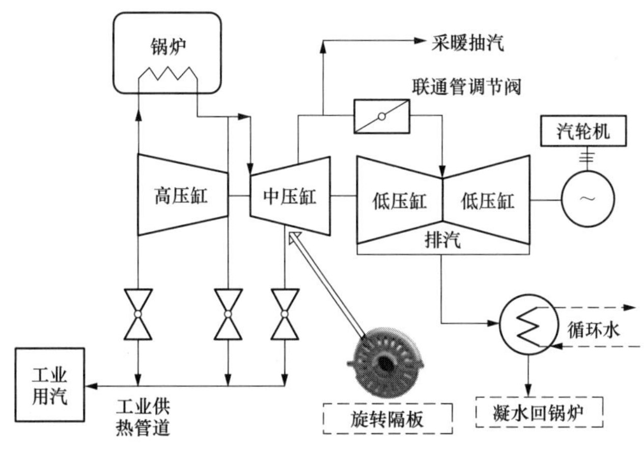

图 9-11　工业供热抽汽全工况集成系统图

分析供热机组在供热工况的性能与效益，简便的方法就是对比分析其与纯凝工况时的相对变化，从而直接反应出供热机组在供热工况的经济效益。利用直接经济效益进行机组的供热评价，可以将发电与供热的各类经济性指标，如发电热耗率、供热煤耗率等进行有机结合，以得到运行机组直接经济效益的客观信息。因此，可以利用直接经济效益评价方法对该技术工程应用的效果进行评价，以便直观地反应出该技术所能给电厂带来的经济价值。具体方法如下：

供热机组在供热工况下运行时，其直接经济效益计算公式为

$$Y_{O}=Y_{E}+Y_{H}-C_{F} \tag{9-4}$$

式中 Y_{O}——单位时间供热机组的运行经济效益；

Y_{E}——单位时间供热机组对外供电收入；

Y_{H}——单位时间机组对外供热收入；

Y_{F}——单位时间供热机组燃料成本。

对于热电厂供热机组，计算供热机组的运行经济效益，无论采用理论计算或试验方法，只需知道锅炉燃料消耗量、发电功率、及对外供热量 3 个主要参数的相互关系。

机组在纯凝工况运行时，其经济效益计算公式为

$$Y_{ON}=Y_{EN}-C_{FN} \tag{9-5}$$

机组在对外供热工况运行时，其经济效益计算公式为

$$Y_{OR}=Y_{ER}+Y_{HR}-C_{FR} \tag{9-6}$$

假定两种工况下的发电负荷相同，则供热机组的相对运行经济效益计算公式为

$$\Delta Y_{O}=(Y_{ER}-Y_{EN})+Y_{H}-(C_{FR}-C_{FN}) \tag{9-7}$$

可知，两种工况下机组对外供电负荷的主要差异是供热工况所消耗的供热厂用电负荷。当忽略供热厂用电时，式（9-7）可简化为

$$\Delta Y_{O}=Y_{H}-(C_{FR}-C_{FN}) \tag{9-8}$$

由于假定两种工况的发电负荷相同，且忽略了供热厂用电量。可知，燃料成本（$C_{FR}-C_{FN}$）主要是由因供热抽汽而减少的发电，及因供热而产生的节流损失等因素引起增加的燃料成本。计算公式为：

$$(C_{FR}-C_{FN})=\frac{(P_{N1}+P_{N2}+P_{NX})\cdot H_{N}\times 3.6}{29308\eta_{1}\eta_{2}}\cdot R_{coal} \tag{9-9}$$

式中 P_{N1}——因供热抽汽而减少的发电负荷；

P_{N2}——因供热而产生的节流损失功率；

P_{NX}——因供热而产生的其他损失功率；

H_{N}——纯凝工况下的发电热耗率；

η_{1}——锅炉效率；

η_{2}——管道效率；

R_{coal}——标准煤单价。

因此，在机组输入总热量相同的情况下，以纯凝工况为基准的供热机组在供热工况时的相对运行直接经济效益计算公式为

$$\Delta Y_{O}=Y_{H}-\frac{(P_{N1}+P_{N2}+P_{NX})\cdot H_{N}\times 3.6}{29308\eta_{1}\eta_{2}}\cdot R_{coal} \tag{9-10}$$

5.2.3 实际工程应用效益分析

本工程涉及改造的供热机组为 330MW 中间再热抽凝式机组，早期该供热机组设计工况都选择是 100%负荷运行工况，而实际运行中，机组通常只能保证在 40%～80%负荷的运行范围内。由此，本工程改造方案是在原有中排抽汽的基础上，新增高排抽汽，并进行两种抽汽流程的耦合分析。

1. 中排抽汽供热经济性分析

从图 9-12 可知，机组低负荷运行时，为满足工业供汽参数，需旋转隔板进行憋压，即

使抽汽量为0t/h时，旋转隔板已造成较大的节流损失，且负荷越低，损失越大，供热收益越低。而100%THA工况时，四段抽汽压力1.1MPa，已满足供热蒸汽参数，不再有憋压产生的节流损失，相同抽汽量下，此时的供热收益最大。

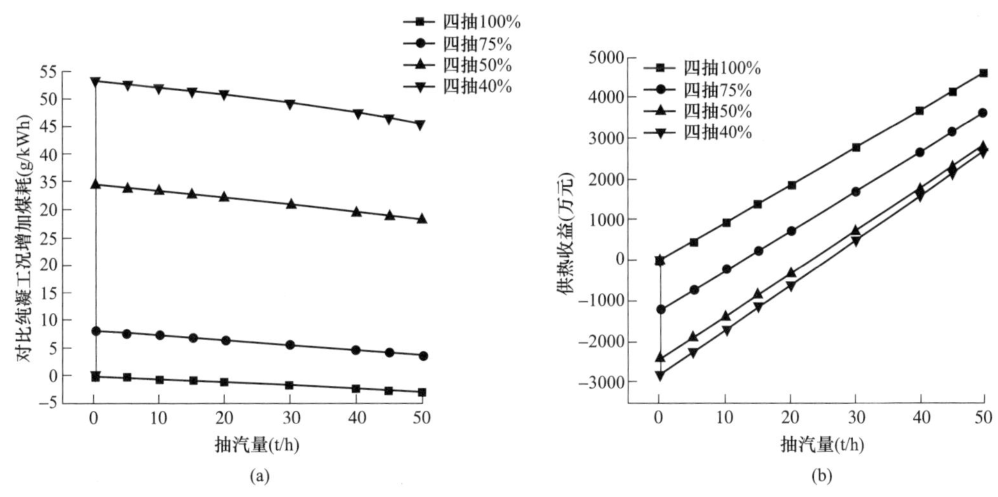

图9-12 供热机组中排抽汽供热的经济性分析

(a) 煤耗分析；(b) 年效益分析

另外，负荷一定时，随着抽汽量的增加，由于抽汽供热而带来的节煤与经济性，可以抵消旋转隔板造成的损失，因此机组在低负荷运行时，必须保证具有较大的供热负荷，从而才能保证机组供热工况运行时具有较高的经济性。从图中还可以看出，在机组负荷越低之间，节流损失的增加速度越快。因此，机组低负荷运行时，为了使供热具有较好的经济性，需保证机组在较高负荷以上运行，或改变运行方式。如图在抽汽为30t/h时，负荷由50%提高至75%时，供热经济性由708万元/年增加至1692万元/年。

2. 高排抽汽供热经济性分析

从图9-13可看出，利用高排抽汽对外供热时，不论机组负荷怎么变化，机组运行都不会产生节流损失。机组负荷一定时，随着抽汽量的增加，机组节约煤耗与供热收益都呈增加趋势，且负荷越低，增加趋势越快。这主要是由于高排抽汽参数随着机组负荷的降低而降低，高排抽汽与工业抽汽之间的参数越接近，单位抽汽量节流损失越小；因而，随着机组负荷的降低，机组供热工况运行时的以纯凝工况为基准的相对经济收益增加趋势还是逐渐加快的。

因此，对于高排抽汽供热方式，机组应选择低负荷运行方式。如图所示，在抽汽量为30t/h时，负荷为40%THA时，供热经济性为2563万元；当负荷再逐渐增加时，经济效益要逐渐减小，如增至50%THA时，对应减小74万元/年；如增至75%THA时，对应减小197万元/年。

3. 耦合供热经济性分析

在100%THA工况时，机组在设计供热工况下运行，中排抽汽供热不存在节流损失，

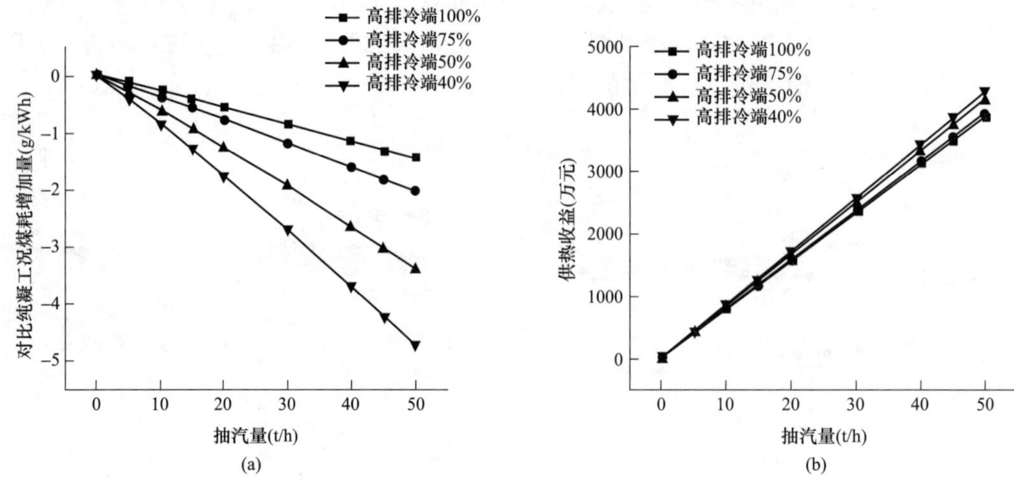

图 9-13　供热机组高排抽汽供热的经济性分析

（a）煤耗分析；（b）年效益分析

在对外供热时，中排抽汽供热的经济效益一直高于高排抽汽。

在 100%THA 工况时，如图 9-14（a）所示，在抽汽量小于 66t/h 时，由于存在节流损失，导致中排抽汽供热的经济效益低于高排抽汽。随着抽汽量的增加，中排抽汽供热的经济效益增加趋势大于高排抽汽；增至 66t/h 时，两者经济效益等价；随后继续增加抽汽量时，中排抽汽供热的经济效益要高于高排抽汽。

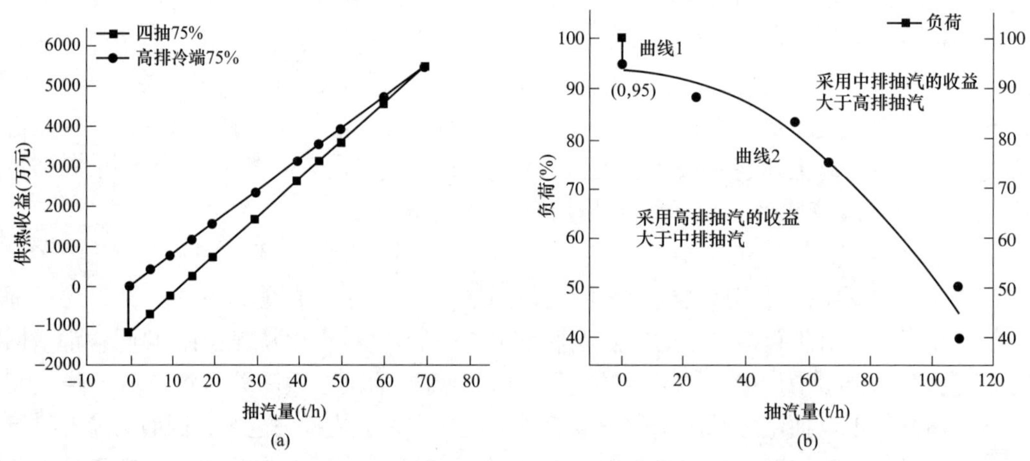

图 9-14　供热机组不同抽汽端口对外供热的经济性对比分析

（a）75%THA 工况时的年效益分析；（b）全工况供热的抽汽临界点分析

因此，通过具体分析，结果如图 9-14（b）所示，可发现，不同机组负荷的情况下，存在一个临界抽汽量点：在此抽汽量以下，采用高排抽汽的经济效益大于中排抽汽；在此抽汽量以上，采用高排抽汽的经济效益小于中排抽汽。并且，机组负荷越高，临界抽汽量越小。

5.3　热网疏水系统集成优化技术

传统的热电联产是直接利用汽轮机的采暖抽汽（压力 0.2MPa 以上，温度 200℃ 以上）来加热热网水（温度约 40℃），将热网水加热至 60℃ 以上，然后通过供热管网对外供热。而采暖抽汽在热网加热器加热热网水后，变成约 95℃ 的热网疏水，然后直接输送至主机除氧器，对热网疏水进行回收利用，如图 9-15 所示。

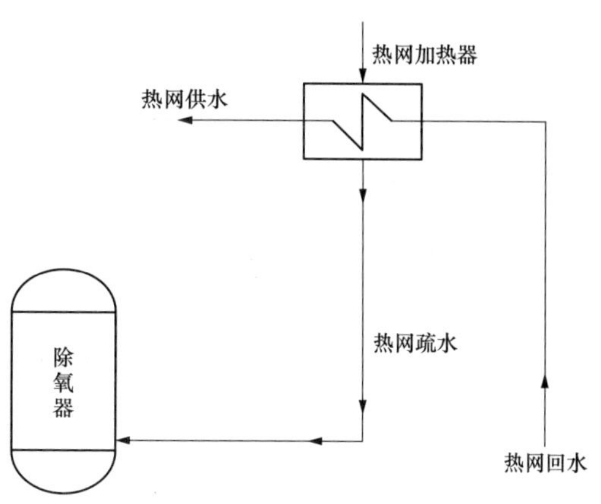

图 9-15　热网疏水与回热系统传统连接示意图

传统的热能利用过程最多关注的是热能的数量问题，而未考虑热能的品位问题。而随着能源紧缺问题逐渐突出，热能的合理利用越来越受到重视，其相关的核心科学问题就是热能的梯级利用。因为热能在利用过程中不仅有数量的问题，还有热能品位的问题。热能的品位实际指的是热能的做功能力大小，根据品位合理利用的原则，高品位的热能多用于做功，低品位的热能多用于供热；尽量缩小换热温差，减少换热过程中的做功能力损失。由此发现，针对传统热电联产，系统设计主要存在的问题：除氧器的给水温度一般为 150℃，而热网疏水仅有 95℃，除氧器的抽汽量增加，一方面增加了高品位蒸汽的消耗，另一方面换热温差过大，做功能力损失大。

热能梯级利用原理则是从能的“质”与“量”相结合的角度进行系统集成，其本质是实现不同品位的能量之间的耦合和转换利用。以“温度对口、梯级利用”为指导，进行热网疏水系统的集成优化分析，如图 9-16 所示，可通过新增热网疏水换热器将热网疏水进行进一步降温至约 60℃，并将疏水回收的接口改至更低级的回热加热器（对应温度约 60℃），利用更低级的回热抽汽来加热热网疏水，从而减少高品位的除氧抽汽消耗，减少抽汽的做功能力

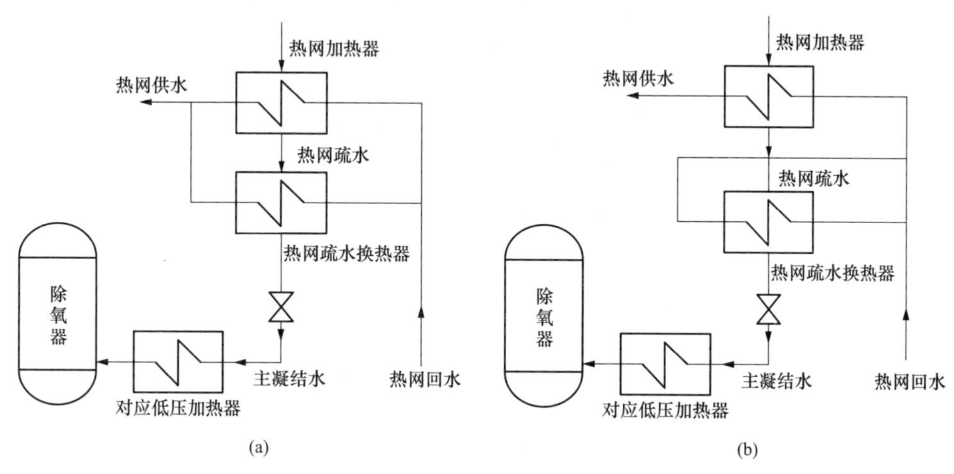

图 9-16　热网疏水与回热系统梯级耦合示意图

（a）并联连接；（b）串联连接

损失；同时，回热加热器温度与热网疏水温度一致（均约 60℃），缩小了换热温差过大，也减少了换热过程中的做功能力损失。

另外，针对热网疏水换热器与原热网加热器的连接，可以分为并联连接和串联连接，分别如图 9-16（a）和（b）所示。其中，热网疏水换热器与原热网加热器的并联连接，并未考虑热能的梯级利用；热网疏水换热器与原热网加热器的串联连接，则是基于“温度对口、梯级利用”进行的设计。从热能的梯级利用角度分析，串联连接要优于并联连接，因为利用采暖抽汽（温度 200℃以上）直接加热热网水（温度约 40℃），换热温差过大，可以先利用热网疏水换热器将热网回水进行初步加热，提高进入热网加热器的热网水温度，从而缩小热网加热器的换热温差，减少热网加热器中换热过程的做功能力损失。

第 10 章

火电厂中低温余热利用工程设计准则

第 1 节　火电厂吸收式热泵改造工程设计导则

本标准给出了火力发电厂采用吸收式热泵回收汽轮机乏汽余热工程的主要设计内容、设计原则、设备选型及系统布置等方面的规定。

本标准适用于汽轮发电机组容量为 50MW 及以上的在役、新建或扩建机组利用吸收式热泵回收汽轮机乏汽余热的项目。

1.1　热负荷的确定

1.1.1　资料的收集

余热利用工程设计热负荷的确定应收集且不限于以下资料：

（1）当地供热的相关政策；

（2）城市供热现状；

（3）从城市规划部门、住房建设部门取得的城市供热规划以及相关审查批复意见；

（4）供热机组资料，包括机组的供热能力、供热抽汽参数、供热量、一次热网供热参数、供热机组日报表（DCS 数据）等；

（5）电厂供热区域的供热期、供热指标、供热面积、备用热源、供热方式等；

（6）电厂近三年供热期的日平均回水温度；

（7）二次网供热相关参数；

（8）电厂的供热经营现状（包括热价以及对电厂的供热接口考核指标）；

（9）当地的气象资料。

1.1.2　计算基本规定

（1）热电厂近期规划的供热负荷。余热利用的热负荷应采用经核实的建筑物设计热负荷，如没有建筑物设计热负荷资料，供热建筑的热负荷应经过计算确定。

（2）供热平均热负荷。供热建筑物主要房间的室内计算温度宜采用 16～20℃。

（3）供热期天数。设计计算用供热期天数应按累年日平均温度稳定时低于或等于供热室外临界温度的总日数确定。

对于一般民用建筑和工业建筑，供热室外临界温度宜采用 5℃。

1.1.3　建筑供热热负荷

建筑供热热负荷按照 CJJ 34—2010《城镇供热管网设计规范》规定选取，供热热负荷指标参见表 10-1。

表 10-1　　供热热负荷指标推荐值　　W/m²

建筑物类型	住宅	居住区综合	学校办公	医院托幼	旅馆	商店	食堂餐厅	影剧院展览馆	大礼堂体育馆
未采取节能措施	58～64	60～67	60～80	65～80	60～70	65～80	115～140	95～115	115～165
采取节能措施	40～45	4～55	50～70	55～70	50～60	55～70	100～130	80～105	100～150

1.1.4　热负荷现状与规划

对收集的热负荷资料进行整理，制成相应表格，便于统一管理，采集表参见表 10-2～表 10-4。

表 10-2　　热电厂目前供热情况

序号	供热期	设计供热负荷（MW）	最小供热负荷（MW）	平均供热负荷（MW）	供热面积（m²）	备注
1						
2						
⋮						
合计						

表 10-3　　供热负荷调查表

名称		序号	小区或单位及建筑物名称	建筑面积（m²）	使用性质	供热指标（W/m²）	热负荷（MW）	备注
供热现状	1							
	2							
	⋮							
	合计							
近期规划	1							
	2							
	⋮							
	合计							

表 10-4　　现有锅炉情况调查表

序号	锅炉型号	出力（t/h）	台数	安装时间	供热面积（m²）	供热指标（W/m²）	热负荷（MW）	备注
1								
2								
⋮								
合计								

注　只针对城市部分区域由小锅炉供热，近期将小锅炉供热区域规划到热电厂供热的情况。

1.1.5　设计热负荷与年耗热量计算

1. 供热面积可按下式计算

$$A = A_1 + A_2 + A_3 \tag{10-1}$$

式中　A——供热面积，m^2；

A_1——住宅建筑面积，m^2；

A_2——公用建筑面积，m^2；

A_3——其他建筑面积，m^2。

2. 供热建筑的设计热负荷，可按下列方法计算

$$Q_h = \sum_{i=1}^{n} q_i \times A_i \times 10^{-3} \tag{10-2}$$

式中　Q_h——供热设计热负荷，kW；

q_i——不同建筑物类型对应的热负荷指标，可按表 10-1 取用，W/m^2；

A_i——不同建筑物类型对应的建筑面积，m^2。

3. 供热建筑的热负荷汇总

应对供热建筑的热负荷进行汇总，汇总表参见表 10-5。

表 10-5　　供热负荷汇总表

序号	小区或单位及建筑物名称	使用性质	建筑面积（m^2）	容积率	供热面积（m^2）	供热指标（W/m^2）	热负荷（kW）
1							
2							
⋮							
合计							

4. 年耗热量计算

供热平均热负荷应按下列方法计算

$$Q_{hp} = Q_h \times \frac{t_n - t_p}{t_n - t_{wj}} \tag{10-3}$$

式中　Q_{hp}——供热平均热负荷，kW；

Q_h——供热设计热负荷，kW；

t_n——室内设计温度，℃；

t_p——供热期室外平均温度，℃；

t_{wj}——供热期室外计算温度，℃，见表 10-6。

表 10-6　　全国主要城市气象资料

省份	地名	供热期室外计算温度（℃）	日平均温度≤5℃的天数	日平均温度≤5℃期间内平均温度（℃）	极端最低温度（℃）
北京市	北京市	−7.6	123	−0.7	−18.3
上海市	上海市	−0.3	42	4.1	−10.1
天津市	天津市	−7	121	−0.6	−17.8

续表

省份	地名	供热期室外计算温度（℃）	日平均温度≤5℃的天数	日平均温度≤5℃期间内平均温度（℃）	极端最低温度（℃）
重庆市	重庆市	4.1	0	—	−1.8
黑龙江	齐齐哈尔	−23.8	181	−9.5	−36.4
	哈尔滨	−24.2	176	−9.4	−37.7
吉林省	长春	−21.1	169	−7.6	−33.0
	四平	−19.7	163	−6.6	−32.3
辽宁省	沈阳	−16.9	152	−5.1	−29.4
	大连	−9.8	132	−0.7	−18.8
河北省	承德	−13.3	145	−4.1	−24.2
	唐山	−9.2	−130	−1.6	−22.7
	石家庄	−6.2	111	0.1	−19.3
山西省	朔州	−20.8	182	−6.9	−40.4
	临汾	−6.6	114	−0.2	−23.1
	原平	−12.3	145	−3.2	−25.8
山东省	济南	−5.3	99	1.4	−14.9
	青岛	−5	108	1.3	−14.3
江苏省	徐州	−3.6	97	2.0	−15.8
	南京	−1.8	77	3.2	−13.1
安徽省	蚌埠	−2.6	83	2.9	−13.0
	合肥	−1.7	64	3.4	−13.5
内蒙古自治区	乌兰察布	−18.9	181	−6.4	−32.4
	锡林浩特	−25.2	189	−9.7	−38.0
陕西省	西安	−3.4	100	1.5	−12.8
	延安	−10.3	133	−1.9	−23
湖北省	武汉	−0.3	50	3.9	−18.1
	宜昌	0.9	28	4.7	−9.8
湖南省	常德	0.6	30	4.5	−13.2
	长沙	0.3	48	4.3	−11.3
广西壮族自治区	桂林	3	0	—	−3.6
	南宁	7.6	0	—	−1.9
云南省	昆明	3.6	0	—	−7.8
	玉溪	5.5	0	—	−5.5
浙江省	杭州	0	40	4.2	−8.6
	温州	3.4	0	—	−3.9
江西省	景德镇	1.0	25	4.8	−9.6
	南昌	0.7	26	4.7	−9.7

续表

省份	地名	供热期室外计算温度（℃）	日平均温度≤5℃的天数	日平均温度≤5℃期间内平均温度（℃）	极端最低温度（℃）
福建省	福州	6.3	0	—	−1.7
	三明	1.3	0	—	−10.6
河南省	郑州	−3.8	97	1.7	−17.9
	驻马店	−2.9	87	2.5	−18.1
广东省	广州	8.0	0	—	0
四川省	成都	2.7	0	—	−5.9
贵州省	贵阳	−0.3	27	4.6	−7.3
	遵义	0.3	35	4.4	−7.1
西藏自治区	拉萨	−5.2	132	0.61	−16.5

供热建筑的全年耗热量应按下列方法计算

$$Q_{ha}=0.0864Q_{hp}\times n \tag{10-4}$$

式中　Q_{ha}——供热全年耗热量，GJ；

Q_{hp}——供热平均热负荷，kW；

n——供热期天数。

1.1.6　负荷曲线与热泵容量

1. 供热需热量可按下式计算

$$Q_{ht}=Q_h\times\frac{(t_n-t_{wi})\times10^{-6}}{(t_n-t_{wj})\times3600} \tag{10-5}$$

式中　Q_{ht}——供热需热量，GJ/h；

Q_h——供热设计热负荷，kW；

t_n——室内设计温度,℃；

t_{wi}——供热期室外任意时刻温度,℃。

2. 供热期历年平均温度延续小时数

供热期历年平均温度延续小时数可由当地气象部门提供。

3. 年供热热负荷

根据式（10-5）计算任意时刻温度下热负荷，进行统计汇总生成表 10-7，并制成年供热热负荷延续曲线，如图 10-1 所示。

表 10-7　　不同室外温度的热负荷、延续时间及供热量

室外温度（℃）	热负荷（MW）	低于 5℃天数（d）		低于 5℃小时数（h）		热量（GJ）	
		累计	延续	累计	延续	累计热量	热量
t_{wj}							
…							
−2							

续表

室外温度（℃）	热负荷（MW）	低于5℃天数（d）		低于5℃小时数（h）		热量（GJ）	
		累计	延续	累计	延续	累计热量	热量
−1							
0							
1							
2							
3							
4							
5							

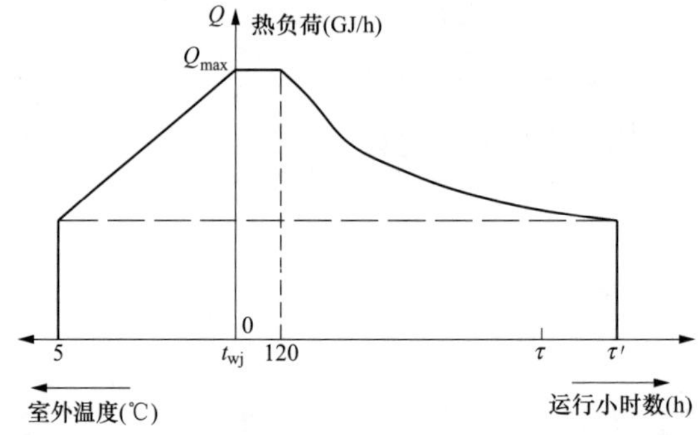

图 10-1　年供热热负荷延续曲线

4. 热泵设计供热量

热泵设计供热量宜取供热机组基础负荷，热泵设计供热量如图 10-2 阴影部分所示。

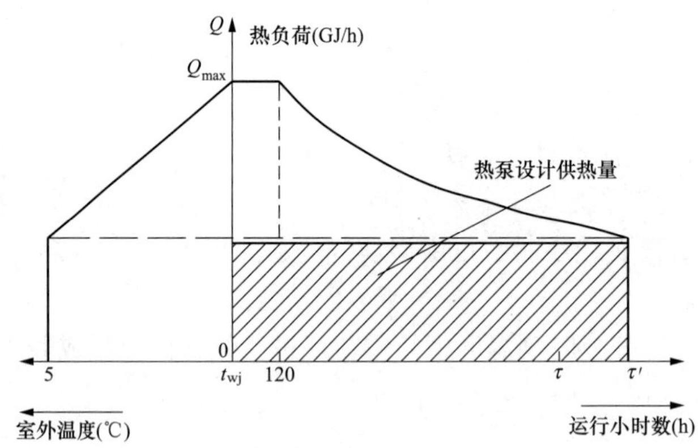

图 10-2　供热季热泵供热曲线图

1.2　系统设计

1.2.1　热泵驱动热源

1. 蒸汽来源

热泵驱动蒸汽来源及注意事项：

(1) 热泵驱动热源宜采用汽轮机低压蒸汽。

(2) 若汽轮机组为供热机组，直接利用汽轮机低压抽汽；若现有机组为非供热机组，需进行汽轮机打孔抽汽改造，将其抽汽作为驱动汽源和热网加热器热源。

(3) 热泵系统在设计时适当预留一定的设计裕量（增加 10%），避免设计与实际热回收情况失衡。

2. 蒸汽管道布置

热泵驱动蒸汽管道布置：

(1) 汽轮机抽汽应分别引入热泵及热网加热器。

(2) 蒸汽管道布置应根据电厂现有设备及设施条件进行布置并符合相应技术规范的要求。

(3) 蒸汽管道应根据运行和检修的需要设置关断阀与调节阀。

3. 驱动蒸汽参数

热泵驱动蒸汽参数应满足以下条件：

(1) 热泵进口处的驱动蒸汽压力宜为 0.3～0.8MPa (a)。

(2) 驱动蒸汽过热度应满足热泵运行要求。

(3) 热泵驱动蒸汽压力和温度若超过允许值，应考虑设置蒸汽减温减压装置，具体方案应通过详细的技术经济性比较后确定。

(4) 驱动蒸汽减温装置的减温水宜采用冷凝水、蒸汽疏水或除盐水。

(5) 驱动蒸汽放热量按下式计算

$$Q = m \times (h_g - h_1) \tag{10-6}$$

式中　Q——蒸汽凝结放热量，kW；

m——蒸汽流量，kg/s；

h_g——蒸汽焓值，kJ/kg；

h_1——疏水焓值，kJ/kg。

(6) 确定热泵的驱动蒸汽压力应同时考虑热泵出水温度、热泵设备造价以及对机组发电量的影响。

1.2.2　热网水系统

1. 热网水管道布置

热网水系统热网水管道布置应符合：

(1) 热泵可与热网加热器串联运行，也可独立运行。

(2) 应核对现有热网循环水泵参数是否满足热网水系统的运行需要。

(3) 为减少新增管网的沿程阻力损失，应尽量减少管网长度及弯头数量。

(4) 热泵热网水进口管道宜根据水质情况考虑是否增设滤水器。

2. 热网水流量计算

热网水流量可按下式计算

$$G = 3.6 \times \frac{Q}{c_p \times (t_1 - t_2)} \tag{10-7}$$

式中　G——热网水设计流量，t/h；

Q——设计热负荷，kW；

c_p——水的比热容，kJ/(kg·℃)；

t_1——热网水供水温度,℃;

t_2——热网水回水温度,℃。

3. 设计热网水流量遵循原则

设计热网水流量应遵循以下原则:

(1) 热网水流量应与一次网的最大输送能力相匹配。

(2) 热网水流量应与余热回收量及驱动蒸汽参数相匹配。

(3) 热网水流量应与热网首站热网循环水泵的流量相匹配，当设计回收余热所需的热网水流量大于首站热网循环水泵的最大流量时，应考虑对首站热网循环水泵进行改造。

(4) 热网水流量应综合考虑外界需求热负荷，若新增供热面积不能容纳热泵设计供热负荷时，热泵宜分期安装。

4. 热网回水压力

校核热网回水的实际压力是否能够满足新的运行工况要求，若不能，应考虑在热泵前的热网水管路上设置升压泵。

5. 热网回水温度

热网回水温度的选取应按热网的新接入供热面积和历史运行数据综合分析并考虑以下因素:

(1) 热网设计回水温度应根据热网运行前三年的回水温度以及热泵系统回收的热量随回水温度的变化曲线计算得出。

(2) 结合新增供热面积的供热标准和供热指标，确定回水主管网的混合水温。

(3) 根据供热公司对供热管网的运行要求，厂内热网系统应能够进行流量和温度的调控从而保证设计回水温度。

(4) 如果热网回水温度过高，不利于厂内的余热回收，可进行大温差供热技术改造。

(5) 热泵供水温度应满足如下要求：满足回收热量的前提下，热泵供水温度宜取低值；热泵供水温度应与驱动蒸汽参数及低温热源水温度相匹配。

1.2.3 低温余热系统

1. 空冷机组乏汽余热利用系统

(1) 机组背压设计。余热利用工程的机组设计背压宜按照冬季供热工况中的实际运行背压考虑。

(2) 防冻措施。空冷岛应考虑如下防冻措施：①查缺补漏；②完善伴热系统；③合理控制空冷风机的运行数量；④完善空冷岛的监测手段；⑤设置空冷岛防冻监测专职人员。

(3) 乏汽管道改造方式。乏汽管道取汽口到热泵机组的管道距离在100m以内，可采用乏汽直进热泵的方式。

(4) 乏汽管道推力及膨胀节。由于乏汽管道直径大，设计时应计算管道推力，安装膨胀节。

2. 水冷机组循环水余热利用系统

对水冷机组循环水余热利用系统改造时应符合:

(1) 对于闭式循环水系统，需考虑冷却塔的防冻措施。

(2) 核对循环水系统原有循环水泵参数是否满足热泵系统的运行需要。

(3) 应根据实际驱动热源参数优化循环水入口温度，使得全厂效率最高。

（4）余热循环水热泵出水温度宜低于 25℃。

（5）凝汽器循环水出水温度不宜高于 40℃。

1.2.4　热泵疏水及乏汽凝结水系统

（1）热泵驱动蒸汽的疏水温度宜可调，范围为 80℃≤疏水温度≤饱和温度。

（2）热泵驱动蒸汽的疏水宜先汇集至疏水箱（罐），再由疏水泵输送至回水系统。

（3）当余热热源为汽轮机乏汽时，乏汽凝结水应输送至电厂原有凝结水系统。

1.2.5　热网补水系统

1. 补水量及水源

热网的补水量应按照 GB 50660《大中型火力发电厂设计规范》的规定执行。事故工况下可使用备用补水水源，并配置相应的记录式流量计以控制补水量。正常运行时，热网补水可采用锅炉连续排污水或经过处理的化学软化水；热网发生故障时补水可采用工业供水。大型热网的补水应经过除氧后再经补水泵输入热网系统。

2. 一级热网循环水设计补水压力

一级热网循环水设计补水压力应符合：

（1）从软化水车间至低压除氧器补水管道设计压力取最高工作压力。

（2）从低压除氧器至补水泵进口管道设计压力取低压除氧器额定压力与最高水位时水柱静压之和。

（3）从补水泵至热网循环水回水管道设计压力取补水泵性能曲线最高点对应的压力与进水侧压力之和。

3. 循环水、热网水水质处理

（1）以热电厂为热源的热水热力网，补给水水质应符合表 10-8 的规定。

表 10-8　　补给水水质

名称	单位	水质标准
浊度	FTU	≤5.0
硬度	mmol/L	≤0.60
溶解氧	mg/L	≤0.10
油	mg/L	≤2.0
pH	25℃	7.0～11.0

（2）供热循环水中的氯离子含量不宜高于 25mg/L。

1.2.6　系统设计中应关注的主要问题

（1）热泵出口温度的合理设计。

（2）三大系统（循环水、热网水、驱动蒸汽）的备用设计。

（3）对于大温差热泵系统，应增加二次热网站温度、流量调节手段，避免一次网供水温度过高而影响二次网供水温度。

（4）合理选择热网回水温度，确定热网回水温度时应注意：①热网回水温度低可降低设备投资，取得较好的余热回收效果；②热网回水温度高将增加设备投资，并可能造成余热回收量达不到设计值。

（5）在条件允许情况下，可考虑对二次网换热器进行改造以降低热网回水温度。

1.3 设备选型与布置

1.3.1 热泵的选型原则

1. 机组类型的确定

（1）湿冷机组将循环冷却水作为低温热源，空冷机组将乏汽作为低温热源。

（2）选择湿冷机组的热泵时，应将电厂循环水和热网水水质、水质处理措施等条件作为设计热泵时的边界条件。

（3）选择空冷机组的热泵时，在余热侧无水质条件限制。

2. 热泵容量的确定

（1）在供热系统中，应按照机组承担的基本供热负荷确定热泵容量。

（2）若用户新增供热面积，应根据汽轮机热平衡图确定可回收的余热量，再根据实际情况确定其中可利用的余热量，进而确定热泵容量。

（3）热泵主机设备的数量应根据热泵厂房条件及单台热泵最大容量而确定。

（4）热泵容量应根据蒸汽参数、热网水参数、循环水参数综合确定。

3. 驱动蒸汽压力

热泵驱动蒸汽的压力应以汽轮发电机组抽汽压力为依据，同时应综合考虑实际运行压力的影响以及管路压力损失。

4. 驱动蒸汽流量

热泵驱动蒸汽流量应依据汽轮机抽汽工况下的热力特性和机组供热季日常运行实际供热抽汽流量，同时考虑热泵的负荷，在热泵和热网加热器之间合理分配蒸汽流量。

5. 热网回水温度和流量

热泵热网回水温度和回水流量确定原则：

（1）热泵供热系统的热网回水温度应根据前三个供热季运行数据确定。

（2）热泵热网水流量根据外界热负荷决定，同时应考虑热网管道管径和流速的限制。

（3）热泵热网水出口温度根据热泵容量、热网水流量和进口温度确定。

（4）热泵的热网进水温度一般在 50～60℃，出水温度一般在 70～80℃。

6. 余热水进口温度及流量

热泵余热水进出口温度及余热水流量确定原则：

（1）余热水流量由热泵回收的余热量及凝汽器循环水泵的流量决定。

（2）热泵余热水进出口温度应综合考虑机组的安全性、经济性及热泵性能的要求。

（3）对于空冷机组，热泵机组回收乏汽的流量由热泵回收的余热量决定，同时应考虑空冷器最冷期最小防冻流量的要求。

7. 余热水侧工作压力和水阻

余热水侧工作压力和水阻确定原则及注意事项：

（1）热泵余热水侧工作压力应考虑余热循环水出凝汽器的压头及热泵与凝汽器高差等因素，同时应留有适当裕量。

（2）若新增余热水循环水泵，热泵余热水侧工作压力应考虑凝汽器高差并留有适当裕量。

（3）热泵余热水系统的阻力计算应综合考虑余热水的流速、温差以及余热水系统允许压力降的影响。

8. 回收乏汽压力

回收乏汽的压力应综合考虑汽轮机供热抽汽热平衡图的排汽压力、机组供热季实际运行背压及汽轮机允许的最高排汽压力。

9. 水质条件

热泵换热管管材应根据余热循环水和热网循环水的 pH 值、悬浮物含量、各种溶解离子含量等确定。

1.3.2　其他工艺设备选型

1. 疏水箱的容积

疏水箱的容量宜为全部抽汽对应的疏水流量的 5～10min 时的容积。疏水量较大时，应设两个疏水箱。

2. 疏水泵

(1) 热泵改造应增加不少于两台疏水泵，其中 1 台备用。每台疏水泵的流量应满足 30min 内将一个疏水箱的存水全部抽出的要求。

(2) 疏水泵的设计总流量应为机组设计最大抽汽量的 110%。

(3) 疏水泵宜选用变频泵。

3. 补水泵

(1) 补水泵一般选用两台，其中一台备用，两泵互为联锁。

(2) 在采用补水泵定压的热网水系统中，补水定压点一般设在网路循环水泵入口侧，这时补水泵的扬程可由下式确定

$$H = 102 \times (P_{v} - P_{mw}) + \Delta H + 1.2 \times (H_{su} + H_{de}) + H_{sa} - h \tag{10-8}$$

式中　P_{v}——高温热水汽化压力，MPa；

P_{mv}——补给水箱的压力，MPa，对开式补给水箱 P_{mv} 等于 0，对除氧水箱，P_{mv} 等于除氧器工作压力；

ΔH——热网系统中最高点与补水点的高差，m；

H_{su}——补水泵吸水管路中的阻力损失（水头表示），m；

H_{de}——补水泵压水管路中的阻力损失（水头表示），m；

H_{sa}——安全压力裕量，m，一般取 3～5m；

h——补给水箱最低水位高出系统补水点的高度，m。

4. 热网循环水泵的选择

热网循环水泵的选择指标主要包括流量和扬程：

(1) 热网循环水泵流量的计算

$$G = 3.6 \times \frac{kQ}{c \times \Delta t} \tag{10-9}$$

式中　k——流量裕量，一般取 1.1；

Q——热网水供热系统总热负荷，kW；

c——热网水的平均比热容，kJ/(kg·℃)；

Δt——热网水供回水计算温差，℃。

(2) 热网循环水泵扬程的计算

$$H = 1.2(H_{1} + H_{2} + H_{3}) \tag{10-10}$$

式中 H_1——热网加热器内部阻力损失（以水头计），m，由定型加热器资料中查到，无资料时可按下列数值概（估）算：汽-水加热器 $H_1=2\sim12$m，水-水加热器 $H_1=3\sim5$m；

H_2——热网水供回水干管中的压力损失（以水头计，含阀门附件）由管路水力计算确定，m，无详细布置方案时可按干管的沿程经济比压降 3～8Pa/m 进行概（估）算；

H_3——最不利用户内部系统的阻力损失（以水头计），m。

（3）余热水循环水泵的选择可参照热网循环水泵的选择进行。

1.3.3 热泵房选址原则

（1）热泵房宜靠近热源（驱动蒸汽、空冷乏汽、循环水管道），并根据实际情况综合考虑。

（2）方便施工、运行维护。

（3）与厂区原有的建（构）筑物和管道的布置相协调。

（4）合理利用地形、地质条件，避免高填深挖。

1.3.4 热泵房内部布局

（1）当热泵数量为偶数时宜对称布置，并应方便抽汽管道、乏汽管道、循环水管道及热网水回水管道等的接入。

（2）各热泵之间、热泵与泵房柱之间、泵房各层之间应留有通行、检修通道。

1.3.5 管道布置原则

（1）热泵的管道设计应满足 DL/T 5054《火力发电厂汽水管道设计规范》对技术性文件内容的要求。

（2）较大管径的管道不宜沿泵房梁、柱外侧架空敷设，以免加大土建结构荷载及影响管道安全。

（3）余热循环水管道宜埋地敷设。

（4）汽、水管道的高位应设置放气点，低位应设置疏水点。放气、疏水应引到安全地点排放。

（5）管道支吊架的设置和选型应根据管道系统的总体布置综合分析确定。

（6）确定支吊架间距时，应满足管道强度、刚度、防止振动和疏放水的要求。

（7）支吊架应支承在可靠的构筑物上，应便于施工，且不影响邻近设备检修及其他管道的安装和扩建。

（8）支吊架零部件应有足够的强度和刚度，结构简单，并应采用典型结构和元件。

1.3.6 保温与防腐

1. 参考标准

热泵系统的管道保温和防腐应满足 DL/T 5072《火力发电厂保温油漆设计规程》和 DL/T 5394《电力工程地下金属构筑物防腐技术导则》中的要求。

2. 基本规定

（1）具有下列情况之一的设备、管道及其附件应按不同要求予以保温：①外表面温度高于 50℃且需要减少散热损失者；②要求防冻、防凝露或延迟介质凝结者；③工艺生产中不必保温、其外表面温度超过 60℃，而又无法采取其他措施防止烫伤人的部位。

（2）下列管道宜根据当地气象条件和布置环境设置防冻保温：①工业水管道、冷却水管道、疏放水管道、补给水管道、消防水管道、汽水取样管道等；②安全阀管座、控制阀旁路管、一次表管。

（3）环境温度不高于 27℃时，设备和管道保温结构外表面温度不应超过 50℃；环境温度高于 27℃时，保温结构外表面温度可比环境温度高 25℃。对于防烫伤保温，保温结构外表面温度不应超过 60℃。

（4）不保温的和介质温度低于 120℃保温的设备、管道及其附件以及支吊架、平台扶梯应进行油漆。管道外表面（对不保温的）或保温结构外表面（对保温的）应涂刷介质名称和介质流向箭头，设备外表面只涂刷设备名称。

3. 保温

保温层、保护层、防潮层材料的选择、保温工艺等要求参考 DL/T 5072《火力发电厂保温油漆设计规程》对技术性文件内容的要求。

4. 防腐

埋地管道的防腐应符合：

（1）埋地管道可采用环氧煤沥青涂料、互穿网络防腐涂料或其他防腐涂料防腐。埋地管道的土壤腐蚀性等级和防腐等级应参见表 10-9。互穿网络防腐层结构参见表 10-11 的规定。

表 10-9　　土壤腐蚀性等级和防腐等级

土壤腐蚀性等级	土壤腐蚀性质					防腐等级
	电阻率（Ω·m）	含盐量质量比（%）	含水量质量比（%）	电流密度（mA/cm^2）	pH 值	
强	＜50	＞0.75	＞12	＞0.3	＜3.5	特强级
中	50～100	0.75～0.05	5～12	0.3～0.025	3.5～4.5	加强级
弱	＞100	＜0.05	＜5	＜0.025	4.5～5.5	普通级

注　1. 其中任何一项超过表列指标者，防腐蚀等级应提高一级。
　　2. 环氧煤沥青防腐层结构应符合表 10-10 的规定。

表 10-10　　环氧煤沥青防腐层结构

防腐等级	防腐层结构	涂层总厚度（mm）
普通防腐	沥青底漆-沥青 3 层夹玻璃布 2 层	0.6
加强防腐	沥青底漆-沥青 4 层夹玻璃布 3 层	0.8
特强防腐	沥青底漆-沥青 5 层夹玻璃布 4 层	1.0

表 10-11　　互穿网络防腐层结构

防腐等级	防腐层结构	涂层总厚度（mm）
普通防腐	底漆-面漆-面漆	0.2
加强防腐	底漆-面漆-玻璃布-面漆-面漆	0.4
特强防腐	底漆-面漆-玻璃布-面漆-玻璃布-面漆-面漆	0.6

（2）与水工构筑物、铁路、公路相交的埋地管道，或在杂散电流作用地区的埋地管道应

设特强等级防腐结构。防腐蚀涂料体系与阴极保护措施相结合，可获得更长的使用寿命。

（3）埋地钢管外壁，可采用性能优良、施工方便的其他防腐蚀涂料，如采用2度高固体分改性环氧涂料，总的干膜厚度达到500μm。

1.4 热工自动化

1.4.1 一般规定

（1）热泵系统热工自动化设计应符合相关国家标准和行业标准的规定，并应满足本实施标准的要求。

（2）热泵系统热工自动化的范围包括热工检测、热工报警、热工保护、自动调节等。

（3）热泵系统热工自动化控制对象包括热泵本体、电动阀门、减温减压器、疏水泵、热网循环水泵、余热水循环水泵、潜水泵等。

1.4.2 自动化水平

（1）热泵相应工艺系统（设备）的控制应与热控水平相适应。

（2）宜根据性质相近的辅助工艺系统或相邻的辅助生产车间的划分及地理位置，合并控制系统及控制点，热泵控制可按无人值班设计。

（3）应能在就地人员的巡回检查和少量操作的配合下，在控制室内实现热泵系统启停、运行工况监视和调整以及事故处理。

（4）控制系统宜进辅控网或主控制网，并根据原有控制系统采用PLC（可编程逻辑控制器）或DCS（分布式控制系统）控制。

（5）随热泵本体成套供应的检测仪表、执行设备及控制系统，应满足热泵系统运行、热工自动化系统的功能及接口技术的要求。

1.4.3 控制方式

（1）宜采用集中控制方式，在机组或辅助车间监视和控制，不单独设置热泵控制室。

（2）电子设备间宜采用就地布置方式，按无人值守设计，也可设置一台工程师站。

（3）热泵闭路电视监视点宜直接接入全厂闭路电视监视系统。

（4）热泵火灾报警和消防点宜接入全厂火灾报警和消防控制系统。

（5）电子设备间与电气设备间可合并为一个房间，并设置明显界限。

1.4.4 系统设计

（1）热泵以及其他设备的控制按同一个系统配置。

（2）热泵系统设计应考虑热泵系统主机之间的关系。

（3）热泵以及电气控制纳入机组DCS或辅助车间控制系统，不单独设置DCS或PLC。

（4）当采用的可编程电子逻辑系统独立于控制系统之外时，与机组控制系统宜有通信接口，将信息输入机组控制系统。

（5）触发热泵停机的信号宜为硬接线。

（6）热工检测应包括下列内容：①热泵系统的运行参数，包括蒸汽、疏水、热网水、余热水、乏汽的温度、压力、流量；②热泵本体的运行状态（包括启停状态），热泵内部介质温度、压力、流量；③电动、气动和液动阀的启闭状态和调节阀门的开度；④仪表和控制用电源、气源、水源及其他必要条件的供给状态和运行参数；⑤必要的环境参数；⑥主要电气系统和设备的参数和状态的监测。

（7）对于大功率电动机，应监测电动机前后轴承温度。

（8）测量油、水、蒸汽等的一次仪表不应引入控制室。

（9）不应使用含有对人体有害物质的仪器和仪表设备，严禁使用含汞仪表。

（10）热工报警由数据采集系统中的报警功能组成。热工报警应包括下列内容：①工艺系统参数偏离正常运行范围；②保护动作及设备故障；③监控系统故障；④电源、气源故障；⑤主要电气设备故障。

（11）顺序控制在自动运行期间发生任何故障或被运行人员中断时，应使正在进行的程序中断，确保工艺系统处于安全状态，顺序控制系统应有防止误操作的措施。

1.4.5　设备选择

（1）中央处理单元（CPU）应设置足够容量的存储器，并考虑 40%的备用量。

（2）输入输出模件应满足 I/O 总量的 10%做备用，同时留有扩充 15%的插槽余地。

（3）控制系统 I/O 机柜防护等级应满足 IP56，同时应满足现场实际环境要求。

（4）在满足安全、经济运行的前提下，检测仪表宜精简，避免重复设置。

（5）易燃易爆危险场地应选用防爆型的仪表设备，所选仪表设备应符合 GB 50058《爆炸危险环境电力装置设计规范》对技术性文件内容的规定。

（6）测量腐蚀性介质或黏性介质时应选用有防腐性能的仪表、隔离仪表或采用适当的隔离措施。

（7）仪表的选择应满足程控联锁要求，其动作应安全、可靠。

1.5　电气设备及系统

1.5.1　供电系统

（1）原有高压厂用变压器裕量满足热泵供电系统高压负荷，且原有高压厂用开关设备的短路动热稳定值及电动机启动的电压水平均满足要求时，热泵高压电源应从厂用工作母线引接，否则应新增高压变压器；热泵低压负荷在原有厂用变压器容量允许情况下宜就地设置低压段，否则应单独设置低压变压器。电压等级应与发电厂辅助厂房工程一致。

（2）热泵高压工作电源由高压厂用工作母线引接时，备用电源应由原有高压厂用其他工作母线引接。当热泵高压负荷由新增高压变压器供电时，其备用电源宜由发电厂启动/备用变压器低压侧引接。

（3）低压母线宜采用单母线分段，也可采用单母线双进线。

（4）热泵厂用电系统中性点接地方式应与原电厂一致。

1.5.2　交流不停电电源（UPS）

（1）交流不停电负荷宜由原有机组 UPS 系统供电，当热泵房离主厂房较远时，也可单独设置 UPS。

（2）UPS 宜采用静态逆变装置，其他要求应符合 DL/T 5136《火力发电厂、变电站二次接线设计技术规程》中对技术性文件内容的有关规定。

1.5.3　二次线

（1）热泵电气系统宜在控制室控制，并纳入热泵控制系统（PLC 或 DCS）。

（2）热泵电气系统控制水平应与工艺专业协调一致。

1.6 建筑、结构与供热通风

1.6.1 建筑

1. 基本规定

厂房建筑应符合以下基本规定：

（1）厂房及其他建（构）筑物应符合 DL/T 5094《火力发电厂建筑设计规程》对技术性文件内容的规定。

（2）厂房的跨度宜采用 15M 和 30M 数列，其他建筑物的进深或跨度采用 3M 和 6M 数列，M 为基本模数符号，1M=100mm。

（3）厂房柱距宜采用 10M 数列，在同一厂房中不宜采用两种柱距。

（4）厂房的封闭式山墙柱距宜采用 30M 数列。

2. 尺寸

厂房的各层标高、工作平台标高、檐口底标高及门、窗、洞口尺寸宜为 3M 数列。檐口底标高及门、窗、洞口尺寸应和墙板的高度尺寸相协调。

3. 横向定位

厂房柱、墙与横向定位轴线的定位，宜符合下列规定：

（1）柱的中心线宜与横向定位轴线相重合。

（2）横向伸缩缝、防震缝处柱宜采用加设插入距的双柱形式，插入距宜为 1200、1500mm。

（3）山墙为非承重墙时，墙内缘的横向定位轴线与柱中心线的距离宜为 600mm。

（4）山墙为砌体承重时，墙内缘与横向定位轴线间的距离，分别为砌块的倍数或墙厚的 1/2。

4. 纵向定位

厂房柱、墙与纵向定位轴线的定位，宜符合下列规定：

（1）边柱的外缘与墙内缘宜与纵向定位轴线相重合。

（2）带有承重壁柱的外墙，宜采用墙内缘与纵向定位轴线相重合，或与纵向定位轴线间距半块或砌块的倍数。

（3）山墙为砌体承重时，墙内缘与横向定位轴线间的距离，按砌体的块材类别分别为半块的倍数或墙厚的 1/2。

（4）框架结构纵向温度伸缩缝的最大间距：钢筋混凝土现浇结构不宜超过 75mm；钢结构厂房的纵向温度伸缩缝的最大间距不宜大于 150mm。

5. 建筑防火

热泵房及其他附属厂房建筑应符合防火的要求且满足 GB 50229《火力发电厂与变电站设计防火标准》、GB 50016《建筑设计防火规范》、DL/T 5029《火力发电厂建筑装修设计标准》和 GB 50222《建筑内部装修设计防火规范》对技术性文件内容的规定。

6. 建筑构造

热泵房及其他附属厂房建筑构造注意事项：

（1）为防止大面积的楼面、地面开裂，水泥砂浆、水磨石或现浇混凝土楼面应分格处理，也可加设钢筋网或采用块料面层。

（2）地面及入口坡道垫层的厚度，应根据荷载情况、土层容许承载力、使用要求及垫层材料等因素确定。

（3）有腐蚀介质作用的楼地面应做防腐面层和隔离层。

7. 建筑布置与抗震

热泵房及其他附属厂房建筑的布置及抗震应符合：

（1）建筑平面、立面布置、多层砌体房屋的构造柱及圈梁的设置等要求应符合 GB 50011《建筑抗震设计规范》对技术性文件内容的规定。

（2）建筑物的立面和平面布置宜规则、对称，其宽度不应大于该方向总长度的 30%，屋面里面局部收进的尺寸不大于该方向总尺寸的 25%。

（3）建筑物的砌体填充墙应根据墙的自由长度和高度情况设置构造柱和圈梁。

（4）防震缝宽度应符合 GB 50011 对技术性文件内容的有关规定。沉降缝和温度伸缩缝应符合防震缝的要求。

（5）内墙应根据不同的地震烈度要求采取构造加强措施。

8. 泵房建筑设计

热泵房及其他附属建筑设计应符合以下要求：

（1）热泵房立面应与原建筑风格和色彩协调一致。

（2）屋面排水应根据气象条件和具体情况采用内落水或有组织外排水的形式，屋面天沟及雨水管在满足排水量的基础上应根据积灰情况留有适当的裕度。

（3）热泵房屋面采用金属层面板时，应根据隔热保温要求选用单层或双层金属压型板材，屋面坡度应满足防排水要求。

（4）热泵房围护结构可选用空心砖填充墙、加气混凝土砌块、预制钢筋混凝土板或金属墙板。

（5）热泵房可根据需要设置钢窗、彩板钢窗、塑钢窗或铝合金窗。热泵房的开窗面积应能充分满足采光、通风需要，窗的布置和构造形式应考虑窗的开闭和维护的便利。

（6）在严寒地区应采用双层窗。在风沙较大的地区，其侧窗应满足密闭的要求，穿越外墙的各类管道的孔洞四周缝隙应填充密实，防止雨水、冷空气及风沙渗入。

1.6.2　结构

1. 设计依据和参数

热泵房的结构设计参数和依据应符合 GB 50009《建筑结构荷载规范》、GB 50011《建筑抗震设计规范》和 DL 5022《火力发电厂土建结构设计技术规程》对技术性文件内容的规定。

2. 热泵房结构设计

热泵房的结构设计主要包括屋面、楼（地）面活荷载及风、雪荷载等：

（1）活荷载。发电厂建筑的屋面、楼（地）在生产使用、检修、施工安装时，由设备、管道、材料堆放、运输工具等重物所引起的荷载，以及所有设备、管道支吊架等作用于土建结构上荷载，均应由工艺专业提供。

热泵房屋面、楼（地）面均布活荷载标准值及组合值、频遇值和准永久值系数参见表10-12。

表 10-12　　热泵房屋面、楼（地）面均布活荷载相关值

序号	名称	标准值（kN/m²）	组合值系数	频遇值系数	准永久值系数
1	热泵车间楼（地）面	4	0.8	0.7	0.7
2	配电间楼（地）面	6	0.9	0.8	0.8
3	楼梯	3.5	0.7	0.5	0.5

（2）风、雪荷载。一般情况下风、雪荷载应符合 GB 50009 对技术性文件内容的规定。

（3）热泵房的基本规定：

1）结构形式应根据实际因素（材料供应、自然条件、施工条件、维护便利和建设进度等）通过必要的综合技术经济比较后确定。

2）结构布置应尽量简单、整齐合理、受力明确，并应考虑工艺布置和扩建条件，结构单元划分宜与机组单元划分一致。

3）热泵房框排架可采用钢筋混凝土结构、钢结构或钢-混凝土组合结构。厂房框排架结构布置，应结合工艺设备管道布置，根据功能分区、环境条件、荷载分布、材料供应和制作、施工条件等因素，择优选用结构体系和合理布置结构构件（抗侧力构件），使厂房结构刚度均匀分布和结构受力合理。钢结构设计同时应符合防火、防腐蚀的要求。

4）屋面结构可选用有檩或无檩屋盖体系。屋面可采用钢屋架，实腹钢梁屋架型式可选用梯形屋架、平行弦屋架或下承式屋架等。

5）热泵房外墙结构应与承重结构体系相适应。承重结构体系为钢筋混凝土框架结构时，外墙围护结构可采用砌体结构，必要时也可采用金属压型钢板、复合金属压型钢板等轻型墙板。承重结构体系为钢结构时，宜采用金属压型钢板、复合金属压型钢板墙体。

1.6.3　地基与基础

1. 基本规定

（1）地基基础设计，应根据工程地质勘察资料，结合火力发电厂各类建（构）筑物的使用要求，充分吸取地区的建设经验，综合考虑结构类型、材料情况及施工条件等因素，通过技术经济比较后，确定安全、经济、合理的地基基础型式。

（2）地基基础设计等级按乙级进行。

（3）热泵房地基的变形允许值，容许沉降差应按 GB 50007《建筑地基基础设计规范》和 DL 5022《火力发电厂土建结构设计技术规范》对技术性文件内容的规定。

（4）地基基础设计应根据相应设计阶段的工程地质勘察资料进行。对于复杂的地质条件（如杂填土、暗浜、岩溶及特殊地基土等），必要时应进行补充勘察。

（5）地基基础埋深要考虑冻土层的厚度。

2. 地基基础计算

（1）地基基础计算应根据建筑物地基基础设计等级，按 GB 50007 和 DL 5022 进行设计。设计等级为甲、乙级的建筑物，均应按地基变形控制设计。

（2）地下建（构）筑物遇地下水时，应进行抗浮验算。

（3）当厂址所在地区有地方标准时，应参照地方标准的规定进行地基承载力计算。

（4）建造在斜坡上的建筑物和软土地基上的大面积堆载场地，除满足地基承载力和地基变形要求外，尚应验算地基稳定性。

（5）地基的最终沉降量应按 GB 50007 和 DL 5022 或地区规范的有关规定计算，并应考虑相邻基础的影响，沉降计算经验系数宜根据地区沉降观测资料及类似工程经验确定，或按地区规范采用。

（6）对于软弱地基、山区地基、湿陷性黄土地基等特殊情况时，应按照现行相关的规范规定采取相应的地基处理措施。

（7）建（构）筑物基础的型式，应根据地基变形量、地基承载力或单桩承载力以及设备基础布置情况，并结合上部结构特点和使用要求合理布置，可依次分别采用柱下独立基础、桩基础、条形基础或筏板基础。

3. 管道支架

（1）管道支架根据其作用可分为固定管架和活动管架；按其结构体系可分为独立式管架（包括刚性管架、柔性管架、半铰接管架）和纵梁式管架等；按其材料可分为钢筋混凝土结构、全钢结构及钢筋混凝土支柱—钢梁（或钢桁架）组合式管架。宜选用全钢结构，支架间距宜不小于 9.0m。

（2）管道支架布置应配合总平面道路、建筑物入口及厂区地下设施布置的需要确定，其结构选型宜按下述原则确定：①纵梁式管架的纵梁可采用钢筋混凝土梁或桁架相连，并按管道支承跨距的要求设置一定数量的横梁；②独立式管架的相邻管道支架之间无纵向联系构件的管道支架，适用于管道刚度较大、根数不多、管道本身能自行跨越的管道支架；③有振动的管道支架宜采用纵梁式管架，活动管架宜采用刚性管架、两端应设置带钢柱间支撑的固定管架。

4. 沟道

（1）地下沟道的设计应遵循“防排兼施”的原则。应合理安排好各类废水的排放，使之畅通排入电厂排水系统。

（2）地下沟道和积水坑等结构按防水等级不低于三级进行设计，当采用防水混凝土时，混凝土的抗渗等级不得小于 P6。

（3）室内沟盖板可采用钢丝网水泥板或钢筋混凝土盖板。在检修场内和室内通行汽车处的沟盖板，应采用钢筋混凝土盖板；室外的沟道宜采用钢筋混凝土盖板；所有的钢筋混凝土盖板均应采用上、下双面配筋设计，并宜用钢板包边；支承盖板的沟道顶部宜包角钢。

（4）沟壁土压力可按库仑公式计算。

1.6.4　热泵房供热通风

（1）热泵房的供热温度按照 GB 50019《工业建筑供暖通风与空气调节设计规范》对技术性文件内容的规定，室内温度不低于 15℃。

（2）热泵房室内宜采取自然通风。

（3）热泵房内的控制室、电气设备间根据工艺对室内温度、湿度要求，可设置空气调节装置或降温措施。

1.7 环境保护、劳动安全、职业卫生及消防

1.7.1 环境保护

1. 一般规定

热泵工程环境保护工作应符合以下规定：

（1）热泵工程的环境保护管理工作应由主体工程统一负责。

（2）环境保护设计及水土保持设计应符合主体工程环境保护评价报告、水土保持方案及其批复文件的要求，同时符合现行国家法律法规的规定，也可按需要单独编制上述文件报政府有关部门审批。

（3）热泵工程的环境保护设计及水土保持设计应符合批复文件的要求。

（4）热泵本体进行溴化锂溶液灌输时，应注意溴化锂对环境造成的影响。

2. 噪声防治

热泵工程噪声防治工作应符合以下规定：

（1）热泵房设计应注意对噪声的防治。

（2）余热利用工程产生的噪声对周围环境的影响应符合 GB 12348《工业企业厂界环境噪声排放标准》和 GB 3096《声环境质量标准》对技术性文件内容的有关规定，施工期间的噪声控制应符合 GB 12523《建筑施工场界环境噪声排放标准》对技术性文件内容的有关规定。

（3）余热利用工程的噪声应首先从声源上控制，应要求设备供应商提供符合国家噪声标准要求的产品。

（4）余热利用工程的噪声控制宜采取优化厂房围护结构设计的措施。

1.7.2 消防、劳动安全与职业卫生

1. 消防

热泵工程消防工作应符合以下规定：

（1）热泵工程的消防设计应符合 GB 50229《火力发电厂与变电站设计防火标准》对技术性文件内容的有关规定；

（2）热泵房应根据电厂主体工程的实际情况设置消防设施或移动式灭火器。

2. 劳动安全与职业卫生

劳动保护与职业卫生的设计应符合 DL 5053《火力发电厂职业安全设计规程》对技术性文件内容的有关规定。

1.8 建设预算与财务评价

1.8.1 建设预算

（1）余热利用工程应根据不同设计阶段编制（初）可行性研究投资估算、初步设计概（估）算、施工图预算及电力建设工程量清单报价，（初）可研阶段还进行项目财务评价。

（2）余热利用工程应对项目设计多方案进行比较、选择，对推荐方案进行总费用估算及财务评价，审定的投资估算应作为工程计划投资的限额。

（3）为合理并有效控制工程造价，应确保技术方案及主要技术标准和参数的连贯性，对于可研阶段无法明确的技术标准和参数，应具体分析后提出可行且有利于投资控制的计划投

资方案。

(4) 建设预算应依据现行的《电力工程建设预算编制及计算标准》进行编制，定额选用及取费标准应协调一致，工程量应以确定的设计方案来计取。

(5) 项目在编制预算前，应由项目负责单位和设计单位共同商定，明确预算费用构成、价格取定依据、计取定额的方法及指标调整办法等内容，形成预算编制原则后执行。

(6) 建设预算的编制说明书、表格及项目划分可参照基本建设预算的有关规定，应与设计阶段投资费用编制深度统一，总费用应由建筑工程费、安装工程费、设备购置费、其他费用及特殊项目费用组成并根据实际情况确定。

(7) 针对余热利用工程的局限性、复杂性的特点，应根据实际工程量取用一定比例或相关部分的定额，定额中缺项的部分，可参照类似工程或工程结算资料计算。

(8) 设备价格应采用市场价或中标合同价格。建筑材料价格应按项目所在地区现行的预算价格执行，安装工程装置性材料应按项目所在地区电力工程建设装置性材料综合预算价格执行，并按招标价或市场价计算材料价差。

(9) 余热利用工程仅计列以下实际可能发生的费用作为其他费用支出：建设场地征用及清理费、监理费、技术服务费（含科研专项资金)、调试费、工程质量监督检测费、工程性能试验及竣工验收费、基本预备费等。

(10) 热泵项目投资概（估）算应以表格形式列出，内容可参考表 10-13～表 10-18，表中具体内容的分类可根据实际工程情况进行调整。

表 10-13　　热泵项目总概（估）算表　　万元

序号	工程或费用名称	设备购置费	安装工程费	建筑工程费	其他费用	合计	占投资额（%）
一	设备及安装工程						
1	热力系统						
2	电气系统						
3	热工控制系统						
4	编年价差						
二	建筑工程						
1	热力系统						
2	附属生产工程						
3	编年价差						
三	其他项目						
1	建设场地征用及清理费						
2	监理费						
3	项目建设技术服务费						
4	调试及性能试验费						
5	基本预备费						
四	一至三部分投资合计						
五	静态投资						
六	建设期利息						
七	动态总投资						

表 10-14　　安装工程专业汇总表　　万元

序号	工程项目名称	设备购置费	安装工程费				合计
			装置性材料费	安装费	其中：人工费	小计	
	整个工程						
一	主辅生产工程						
(一)	热力系统						
1	热力系统						
⋮	⋮						
(二)	电气系统						
1	配电装置						
2	电缆及接地						
⋮	⋮						
(三)	热工控制系统						
1	主厂房内控制系统及仪表						
2	管缆及辅助设施						
⋮	⋮						
合计							

表 10-15　　建筑工程专业汇总表　　万元

序号	工程项目名称	建筑费		合计
		金额	其中：人工费	
一	热力系统			
1	主厂房本体及设备基础			
⋮	⋮			
二	附属生产工程			
1	厂区性建筑			
1.1	阀门井			
1.2	厂区管道支架			
1.3	简易厂房			
⋮	⋮			
合计				

表 10-16　　安装工程概（估）算表

序号	编制依据	项目名称	单位	数量	单量	总量	单价（元）				合价（元）			
							设备	装置性材料	安装	其中：工资	设备	装置性材料	安装	其中：工资
1														
2														
3														
⋮														

表 10-17　　建筑工程概（估）算表

序号	编制依据	项目名称	单位	数量	设备单价（元）	建筑费单价（元）		设备合价/元	建筑费合价（元）	
						金额	其中：工资		金额	其中：工资
1										
2										
3										
⋮										

表 10-18　　其他费用计算表

序号	工程或费用名称	编制依据及计算说明	单价（万元）	合价（万元）
一	建设场地征用及清理费			
1	建设场地征用费			
2	余物清理费			
二	监理费			
三	项目建设技术服务费			
1	项目前期工作费			
2	设备成套技术服务费			
3	勘察设计费			
4	设计文件评审费			
4.1	可研设计文件评审费			
5	工程质量监督检测费			
四	调试及性能试验费			
1	调试费			
2	工程性能试验及竣工验收费			
五	基本预备费			

1.8.2　财务评价

（1）财务评价应以国家发展改革委和建设部联合发布的《建设项目经济评价方法与参数》以及现行的有关财务、税收政策等为依据。

（2）余热利用工程应按“有无对比法”进行增量现金流量分析，计算增量资产效益及费用，提出项目盈利能力、清偿能力等主要财务评价指标。

（3）余热利用工程应对回收余热增加电厂供热面积、回收余热不增加电厂供热面积而减少抽汽、回收余热部分用于增加电厂供热面积部分用于减少抽汽等三种情况进行经济性对比分析。

（4）盈利能力分析应计算项目投资内部收益率、项目投资回收期、项目投资净现值、资本金内部收益率、资本金回收期、资本金净现值、资本金净利润率、总投资收益率等财务指标，财务指标汇总表参见表 10-19。

表 10-19　　财务指标汇总表

项目名称		单位	经济指标
项目投资	内部收益率	%	
	净现值	万元	
	投资回收期	年	
资本金	内部收益率	%	
	净现值	万元	
	投资回收期	年	
资本金净利润率		%	
总投资收益率		%	

（5）财务评价敏感性分析应计算静态投资、年供热量、供热价格等因素变化对评价指标的影响，可按表 10-20 进行分析，盈亏平衡分析应通过测算生产能力利用率或供热量的盈亏平衡点来综合评价项目抗风险能力。

表 10-20　　敏感性分析表

序号	不确定因素	变化率	内部收益率	动态投资回收期
1	基本方案			
2	静态投资			
3	年供热量			
4	供热价格			
5	其他参数			

（6）热泵项目经济评价参数如下：

1）评价期：包括建设期和运营期。建设期为设计施工总工期（含初期运行期），运营期按 20 年考虑。

2）资本金：应根据国家法定的资本金制度计列，热泵项目原则上不得低于工程总投资的 20%。

3）利率：应执行项目法人与银行签订的还款协议中约定的利率和还款还本方式，签订协议前可按中国人民银行发布的贷款利率。还无约定的可采用等额还本付息或等额利息照付方式。还款期一般取 15 年，还款宽限期为工程建设期。

4）回收余热收入：新增供热面积未达到设计值时，项目年收入应为实际新增供热面积的售热收益与剩余回收热量折算的节煤收益之和。新增供热面积达到设计值时，项目年收入应为项目回收余热量售热收益。

5）煤价：应采用项目所在地标准煤价。

6）热价：采取趸售供热方式时，热价应按趸售热价计算；采取直供方式时，热价宜取热电厂提供的与其下属热力公司的内部结算价格。

7）资产折旧及摊销有关参数：固定资产折旧年限应取 18 年，残值率 0%。无形资产摊销年限应取 10 年。其他资产摊销年限 5～10 年。

8）因背压变化及新增厂用电产生的成本，应按当地标杆上网电价乘以影响发电量来计算。

9）余热不计入成本。

10）修理维护费：应取固定资产投资的 1%～2%。

11）工资及福利费：应按项目所在地区集团公司上年度工资及福利费平均水平计取。

12）保险费：应按固定资产的 2.5‰计算。

13）其他费用：其他费用＝（折旧费＋厂用电费＋修理费＋工资及福利费）×5%。

（7）编制财务评价报表的目的与报表组成：

1）目的：计算财务指标，分析项目的盈利能力、偿债能力和财务生存能力，判断项目的财务可接受性，明确项目对项目法人及投资方的价值贡献，为项目决策提供依据。

2）组成：由现金流量表、利润与利润分配表、财务计划现金流量表和资产负债表组成。可参考表 10-21～表 10-24，表中具体内容的分类可根据实际工程情况进行调整。

表 10-21　　项目投资现金流量表　　万元

序号	项　目	合计	计算期					
			1	2	3	4	…	n
1	现金流入							
1.1	产品销售收入							
1.2	补贴收入							
1.3	回收固定资产余值							
1.4	回收流动资金							
2	现金流出							
2.1	建设投资							
2.2	流动资金							
2.3	经营成本							
2.4	城建税及教育附加							
3	所得税前净现金流量（1－2）							
4	所得税前累计净现金流量							
5	调整所得税							

续表

序号	项　目	合计	计算期					
6	所得税后净现金流量（3－5）							
7	所得税后累计净现金流量							

计算指标：
项目投资财务内部收益率（%）（所得税前）
项目投资财务内部收益率（%）（所得税后）
项目投资财务净现值（所得税前）（i_c＝%）
项目投资财务净现值（所得税后）（i_c＝%）
项目投资回收期（年）（所得税前）
项目投资回收期（年）（所得税后）

注　1. 调整所得税为以息税前利润为基数计算的所得税，区别于“利润与利润分配表”和“项目资本金现金流量表”中的所得税。
2. 对外商投资项目，现金流出中应增加职工奖励及福利基金科目。

表 10-22　**项目资本金现金流量表**　万元

序号	项　目	合计	计算期					
1	现金流入		1	2	3	4	…	n
1.1	产品销售收入							
1.2	补贴收入							
1.3	回收固定资产余值							
1.4	回收流动资金							
2	现金流出							
2.1	建设投资资本金							
2.2	自有流动资金							
2.3	经营成本							
2.4	长期借款本金偿还							
2.5	流动资金借款本金偿还							
2.6	长期借款利息支付							
2.7	流动资金借款利息支付							
2.8	短期借款利息							
2.9	城建税及教育附加							
3	净现金流量（1－2）							

计算指标：资本金财务内部收益率（%）

注　对外商投资项目，现金流出中应增加职工奖励及福利基金科目。

表 10-23　　**利润与利润分配表**　　万元

序号	项　目	合计	计算期					
1	产品销售收入		1	2	3	4	…	n
1.1	售电收入							
1.1.1	售电量							
1.1.2	售电价格（不含税）							
1.1.3	售电价格（含税）							
1.2	供热收入							
1.2.1	供热量							
1.2.2	供热价格（不含税）							
1.2.3	供热价格（含税）							
2	销售税金及附加							
2.1	售电销售税金及附加							
2.1.1	销售税金							
2.1.2	城建税及教育附加							
2.2	供热销售税金及附加							
2.2.1	销售税金							
2.2.2	城建税及教育附加							
3	总成本费用							
4	补贴收入							
5	利润总额（1－2.2－3＋4）							
6	弥补以前年度亏损							
7	应纳税所得额（5－6）							
8	所得税							
9	净利润（5－8）							
9.1	法定盈余公积金							
9.2	任意盈余公积金							
9.3	各投资方利润分配							
	其中：投资方 1							
	投资方 2							
9.4	未分配利润							
10	息税前利润（利润总额＋财务费用）							
11	息税折旧摊销前利润（利润总额＋财务费用＋折旧＋摊销）							

注　1. 对于外商投资项目应有第 9 项减去储备基金、职工奖励与福利基金和企业发展基金后，得出各投资方利润分配。
2. 本表的售电收入、供热收入均为不含增值税收入。

表 10-24　　资产负债表　　万元

序号	项　目	合计	计算期					
1	资产		1	2	3	4	…	n
1.1	流动资产总额							
1.1.1	应收账款							
1.1.2	存货							
1.1.3	现金							
1.1.4	累计盈余资金							
1.2	在建工程							
1.3	固定资金净值							
1.4	无形资产及其他资产净值							
2	负债及所有者权益							
2.1	流动负债总额							
2.1.1	应付账款							
2.1.2	流动资金借款							
2.1.3	其他短期借款							
2.2	建设投资借款							
	负债合计							
2.3	所有者权益							
2.3.1	资本金							
2.3.2	资本公积金							
2.3.3	累计盈余公积金							
2.3.4	累计未分配利润							
计算指标	资产负债率（%）							
	流动比率							
	速动比率							

1.8.3　节能减排政策分析

余热利用工程应积极争取国家及地方节能减排政策的支持，对预期的政策性优惠（税收、补贴等）进行定性分析。

第 2 节　采用吸收式热泵技术的热电联产机组技术指标计算方法

本章节规定了采用吸收式热泵技术回收余热进行供热的热电联产机组主要技术指标计算方法，适用于采用吸收式热泵技术的热电联产项目的立项、设计、验收和运行、检修的性能评价，以及日常技术指标的统计计算、分析。其他余热利用热电联产形式的技术指标计算可参照本章节相关内容。

2.1　术语定义

2.1.1　热电系统

汽轮机余热回收：将汽轮机排汽或汽轮机组循环冷却水等携带的热能进行回收利用。

余热回收热泵：回收低温热源余热用于提供较高温度热量的热泵。该热泵的低温热源温度适用于余热回收，供热水流量及温度适用于热电联产供热。

热泵组：多台热泵成组工作的装置组合。热泵组作为一个整体对外表现出的功能与单个热泵相同，本标准中技术指标同时适用于热泵和热泵组，使用“热泵（组）”表示。

驱动热源：用于驱动热泵（组）的高温热源。

余热热源：热泵（组）回收用于供热的低温热源。按余热热源的不同可将热泵（组）分为蒸汽余热型热泵和热水余热型热泵。

2.1.2　吸收式热泵（组）

驱动蒸汽压力：驱动蒸汽在进入热泵（组）进口处的压力（MPa）。应取热泵（组）入口蒸汽流量调节阀后压力。

驱动蒸汽温度：驱动蒸汽在进入热泵（组）进口处的温度（℃）。应取热泵（组）入口蒸汽流量调节阀后温度。

驱动蒸汽疏水温度：驱动蒸汽放热冷凝后的疏水在流出热泵（组）出口处的温度（℃）。

驱动蒸汽流量：进入热泵（组）的驱动蒸汽的流量（t/h），宜通过测量驱动蒸汽疏水流量获得。该流量应包含加入抽汽的减温水，当驱动蒸汽为湿蒸汽时，应同时包含气相与液相的流量。

余热蒸汽压力：余热蒸汽在进入蒸汽余热型热泵（组）进口处的压力（MPa）。

余热蒸汽凝结水温度：余热蒸汽放热后的凝结水在流出蒸汽余热型热泵（组）出口处的温度（℃）。

余热蒸汽流量：余热蒸汽进入蒸汽余热型热泵（组）的流量（t/h）。可通过测量余热蒸汽疏水流量或通过热泵（组）热平衡计算获得。

余热水进口温度：余热水在进入热水余热型热泵（组）进口处的温度（℃）。

余热水出口温度：余热水在流出热水余热型热泵（组）出口处的温度（℃）。

余热水流量：余热水进入热水余热型热泵（组）的流量（t/h）。

热网水进口温度：热网水在进入热泵（组）进口处的温度（℃）。

热网水出口温度：热网水在流出热泵（组）出口处的温度（℃）。

热网水流量：热网水进入热泵（组）的流量（t/h）。

最低驱动蒸汽压力：热泵（组）达到给定制热流量对应的最低驱动蒸汽压力（MPa），应由热泵厂家提供的驱动蒸汽压力与制热流量变工况曲线获得。

最高驱动蒸汽压力：影响热泵（组）安全运行的最高允许驱动蒸汽压力（MPa），应由热泵厂家提供。

最高驱动蒸汽温度：影响热泵（组）安全运行的最高允许驱动蒸汽温度（℃），应由热泵厂家提供。

最低余热蒸汽压力：热泵（组）达到给定制热流量对应的最低余热蒸汽压力（kPa），应由热泵厂家提供的余热蒸汽压力与制热流量变工况曲线获得。

最高余热蒸汽压力：影响汽轮机安全运行的最高允许余热蒸汽压力（kPa），应由汽轮机制造厂提供。

最低余热水温度：热泵（组）达到给定制热流量对应的最低余热水进口温度（℃），应由热泵厂家提供的余热水进口温度与制热流量变工况曲线获得。

最高余热水温度：影响汽轮机安全运行的最高允许余热水温度（℃），即为汽轮机允许的最高循环冷却水温度，应由汽轮机制造厂提供的最高排汽压力结合凝汽器性能计算。

最低余热水流量：影响热泵（组）安全运行的最低允许余热水流量（t/h），应由热泵厂家提供。

2.2 特定技术指标计算法

1. 余热供热流量

余热热源在热泵（组）中的放热热流量。对于蒸汽余热回收按式（10-11）计算，对于热水余热回收按式（10-12）计算。

$$\Phi_{yr}=\frac{q_{yr}(h_{yr}-h_{ym})}{1000} \tag{10-11}$$

式中 Φ_{yr}——热泵（组）的余热供热流量，GJ/h；

q_{yr}——送入热泵（组）的余热蒸汽流量，t/h；

h_{yr}——进入热泵（组）的余热蒸汽比焓，kJ/kg；

h_{ym}——余热蒸汽凝结水比焓，kJ/kg。

$$\Phi_{yr}=\frac{q_{ys}(h_{ysj}-h_{ysc})}{1000} \tag{10-12}$$

式中 q_{ys}——进入热泵（组）的余热水流量，t/h；

h_{ysj}——热泵（组）的余热水进口比焓，kJ/kg；

h_{ysc}——热泵（组）的余热水出口比焓，kJ/kg。

2. 驱动热源供热流量

驱动热源在热泵（组）中放热的热流量，按式（10-13）计算。

$$\Phi_{qd}=\frac{q_{qd}(h_{qd}-h_{qdn})}{1000} \tag{10-13}$$

式中 Φ_{qd}——热泵（组）的驱动热源供热流量，GJ/h；

q_{qd}——热泵（组）的驱动蒸汽流量，t/h；

h_{qd}——热泵（组）的驱动蒸汽比焓，kJ/kg；

h_{qdn}——驱动蒸汽疏水比焓，kJ/kg。

3. 供热热流量

热泵（组）向外供出的热流量，按式（10-14）计算。

$$\Phi_{rb}=\frac{q_{rw}(h_{wbc}-h_{wbj})}{1000} \tag{10-14}$$

式中 Φ_{rb}——热泵（组）的供热热流量，GJ/h；

q_{rw}——热网水流量，t/h；

h_{wbc}——热泵（组）的热网水出口比焓，kJ/kg；

h_{wbj}——热泵（组）的热网水进口比焓，kJ/kg。

4. 热泵（组）热平衡方程式

热泵（组）供热热流量、余热热流量、驱动热流量、消耗电功率及散热热流量满足式（10-15）的热平衡方程。热平衡方程可用于检查各参数计算准确性。

$$\Phi_{rb}=\Phi_{qd}+\Phi_{yr}+3.6P_{rb}-\Phi_{sr} \tag{10-15}$$

工程中 P_{rb} 和 Φ_{sr}，一般可忽略，热平衡方程可简化为式（10-16）。

$$\Phi_{rb}=\Phi_{qd}+\Phi_{yr} \tag{10-16}$$

式中　P_{rb}——热泵（组）消耗的电功率，MW；

Φ_{sr}——热泵（组）的散热热流量，GJ/h。

5. 电耗率

热泵（组）单位供热热流量所消耗的电功率，仅包含热泵（组）本身消耗的电功率，按式（10-17）计算。

$$L_{D\_rb}=\frac{P_{rb}\times 1000}{\Phi_{rb}} \tag{10-17}$$

式中　L_{D_rb}——电耗率，kWh/GJ。

6. 散热损失率

进入热泵（组）总热流量中通过散热损失的份额，按式（10-18）计算。

$$\xi_{sr}=\frac{\Phi_{sr}}{\Phi_{qd}+\Phi_{yr}+3.6P_{rb}}\times 100\% \tag{10-18}$$

式中　ξ_{sr}——散热损失率。

7. 性能系数

反应热泵（组）能量转换性能的热力学指标，为热泵（组）的供热热流量和输入热泵（组）的高品质热量的比值，高品质热量包括驱动热源供热热流量及输入电功率折算的热量，按式（10-19）计算。

$$COP=\frac{\Phi_{rb}}{\Phi_{qd}+3.6P_{rb}} \tag{10-19}$$

式中　COP——性能系数。

理想可逆循环热泵性能系数 COP_{kn} 取决于热泵组工作温度，按式（10-20）计算。

$$COP_{kn}=\frac{T_{wb\_a}\times(T_{qd\_a}-T_{yr\_a})}{T_{qd\_a}\times(T_{wb\_a}-T_{yr\_a})} \tag{10-20}$$

式中　COP_{kn}——可逆循环热泵的性能系数；

T_{wb_a}——热网水在热泵（组）中吸热过程的平均热力学温度，K；

T_{qd_a}——驱动蒸汽在热泵（组）中放热过程的平均热力学温度，K；

T_{yr_a}——余热蒸汽或余热水在热泵（组）中放热过程的平均热力学温度，K。

8. 热泵（组）内效率

反应热泵（组）能量品质利用程度的热力学指标。当驱动热流量和工作温度相同时，热泵（组）的供热热流量和可逆循环热泵供热热流量的比值，按式（10-21）计算。其中工作温度包括驱动热源温度，余热热源温度与热网水温度。

$$\eta_{rb}=\frac{\Phi_{rb}}{\Phi_{rb,kn}}\times 100\%=\frac{COP}{COP_{kn}}\times 100\% \tag{10-21}$$

式中　η_{rb}——热泵（组）内效率；

$\Phi_{rb,kn}$——当驱动流量相同时，相同工作温度下的理想可逆循环热泵的供热热流量，GJ/h，按式（10-22）计算。

$$\Phi_{rb,kn}=COP_{kn}\times(\Phi_{qd}+3.6P_{rb}) \tag{10-22}$$

热泵（组）内效率、性能系数及相关温度之间关系满足式（10-23）。

$$COP=\eta_{rb}COP_{kn}=\eta_{rb}\times\frac{1-\dfrac{T_{yr\_a}}{T_{qd\_a}}}{1-\dfrac{T_{yr\_a}}{T_{wb\_a}}} \tag{10-23}$$

可见热泵性能系数取决于热泵（组）的内效率、余热工质平均热力学温度与驱动蒸汽平均热力学温度的比值、余热工质平均热力学温度与热网水平均热力学温度的比值。

9. 驱动蒸汽进汽压损率

驱动蒸汽从汽轮机抽汽口到热泵（组）驱动蒸汽进口处的压力损失率，包含了热泵进口蒸汽流量调节阀的节流损失，按式（10-24）计算。

$$\xi_{qd}=\frac{p_{gc}-p_{qd}}{p_{gc}}\times100\% \tag{10-24}$$

式中　ξ_{qd}——驱动蒸汽进汽压损率；

p_{gc}——用作驱动蒸汽的汽轮机供热抽汽在抽气口处的压力，MPa；

p_{qd}——驱动蒸汽在热泵（组）进口处的压力，MPa。

10. 驱动蒸汽疏水过冷度

驱动蒸汽压力下的饱和温度与驱动蒸汽疏水温度的差值，按式（10-25）计算。

$$t_{G\_qdn}=t_{BH\_qd}-t_{qdn} \tag{10-25}$$

式中　t_{G_qdn}——驱动蒸汽疏水过冷度，℃；

t_{BH_qd}——驱动蒸汽压力下的饱和温度，℃；

t_{qdn}——驱动蒸汽疏水温度，℃。

11. 余热水压损

余热水流经热泵（组）后的压力降低值，按式（10-26）计算。

$$\Delta p_{ys}=p_{ysj}-p_{ysc} \tag{10-26}$$

式中　Δp_{ys}——热泵（组）的余热水压损，kPa；

p_{ysj}——热泵（组）的余热水进口压力，kPa；

p_{ysc}——热泵（组）的余热水出口压力，kPa。

12. 余热水温降

余热水流经热泵（组）后的温度降低值，按式（10-27）计算。

$$\Delta t_{ys}=t_{ysj}-t_{ysc} \tag{10-27}$$

式中　Δt_{ys}——热泵（组）的余热水温降，℃；

t_{ysj}——热泵（组）的余热水进口温度，℃；

t_{ysc}——热泵（组）的余热水出口温度，℃。

13. 余热蒸汽凝结水过冷度

余热蒸汽压力下的饱和温度与余热蒸汽凝结水温度的差值，按式（10-28）计算。

$$t_{G\_ym} = t_{BH\_yr} - t_{yrn} \tag{10-28}$$

式中　t_{G_ym}——余热蒸汽凝结水过冷度,℃；

t_{BH_yr}——余热蒸汽压力下的饱和温度,℃；

t_{yrn}——余热蒸汽凝结水温度,℃。

14. 热网水压损

热网水流经热泵（组）后的压力降低量，按式（10-29）计算。

$$\Delta p_{wb} = p_{wbj} - p_{wbc} \tag{10-29}$$

式中　Δp_{wb}——热泵（组）的热网水压损，kPa；

p_{wbj}——热泵（组）的热网水进口压力，kPa；

p_{wbc}——热泵（组）的热网水出口压力，kPa。

15. 热网水温升

热网水流经热泵（组）后的温度升高值，按式（10-30）计算。

$$\Delta t_{wb} = t_{wbj} - t_{wbc} \tag{10-30}$$

式中　Δt_{wb}——热泵（组）的热网水温升,℃；

t_{wbc}——热泵（组）的热网水出口温度,℃；

t_{wbj}——热泵（组）的热网水进口温度,℃。

16. 冷凝器端差

热泵冷凝器中冷剂蒸汽压力下的饱和温度和热泵的热网水出口温度（即为热网水冷凝器出口温度）的差值，按式（10-31）计算。

$$t_{D\_ln} = t_{BH\_ln} - t_{wbc} \tag{10-31}$$

式中　t_{D_ln}——冷凝器端差,℃；

t_{BH_ln}——冷凝器中冷剂蒸汽压力下的饱和温度,℃。

17. 蒸发器端差

对于蒸汽余热回收，蒸发器端差为余热蒸汽压力下的饱和温度与蒸发器中冷剂蒸发温度的差值，按式（10-32）计算。

$$t_{D\_zf} = t_{BH\_yr} - t_{BH\_zf} \tag{10-32}$$

式中　t_{D_zf}——蒸发器端差,℃；

t_{BH_zf}——蒸发器中冷剂蒸汽压力下的饱和温度,℃。

对于热水余热回收，蒸发器端差为热泵的余热水出口温度（即为余热水蒸发器出口温度）与蒸发器中冷剂蒸发温度的差值，按式（10-33）计算。

$$t_{D\_zf} = t_{ysc} - t_{BH\_zf} \tag{10-33}$$

18. 运行小时数

统计期内热泵（组）处于运行状态的时间（h），以小时为单位，用 τ_{yx} 表示。

19. 利用小时数

统计期内热泵（组）的总供热热量和设计额定供热热流量的比值，以小时为单位，按式（10-34）计算。

$$\tau_{ly} = \frac{Q_{rb}}{\Phi_{rbN}} \tag{10-34}$$

式中　τ_{ly}——热泵（组）的利用小时数，h；

Q_{rb}——统计期内热泵（组）的累计供热量，GJ；

Φ_{rbN}——热泵（组）设计额定供热热流量，GJ/h。

20. 出力系数

统计期内热泵（组）平均供热热流量占设计额定供热热流量的百分比，按式（10-35）计算。

$$X_{rb} = \frac{\Phi_{rb\_a}}{\Phi Q_{rbN}} \times 100\% = \frac{\tau_{ly}}{\tau_{yx}} \times 100\% \tag{10-35}$$

$$\Phi_{rb\_a} = \frac{Q_{rb}}{\tau_{yx}} \tag{10-36}$$

式中　X_{rb}——热泵（组）的出力系数；

Φ_{rb_a}——热泵（组）的平均供热热流量，GJ/h。

21. 堵管率

热泵某换热器封堵的换热管根数占总换热管根数的百分比，按式（10-37）计算。

$$L_{dg} = \frac{N_{dg}}{N} \times 100\% \tag{10-37}$$

式中　L_{dg}——堵管率；

N_{dg}——堵塞的换热管根数；

N——总换热管根数。

2.3　供热机组综合指标计算法

1. 汽轮机组热耗量

汽轮机组从外部高温热源吸收的热流量，一般特指主蒸汽、再热蒸汽在锅炉中吸收的热流量，按式（10-38）计算。

$$\Phi_h = [q_{zz} \times (h_{zz} - h_{gs}) - q_{gjw} \times (h_{gjw} - h_{gs}) + q_{zr} \times (h_{zr} - h_{zl}) - q_{zjw} \times (h_{zjw} - h_{zl})] \times \frac{1}{1000} \tag{10-38}$$

式中　Φ_h——汽轮机组热耗量，GJ/h；

q_{zz}——主蒸汽流量，t/h；

h_{zz}——主蒸汽比焓，kJ/kg；

h_{gs}——给水比焓，kJ/kg；

q_{gjw}——过热减温水流量，t/h；

h_{gjw}——过热减温水比焓，kJ/kg；

q_{zr}——再热蒸汽流量，t/h；

h_{zr}——再热蒸汽比焓，kJ/kg；

h_{zl}——再热冷端蒸汽比焓，kJ/kg；

q_{zjw}——再热减温水流量，t/h；

h_{zjw}——再热减温水比焓，kJ/kg。

2. 供热热耗量

汽轮机组用于供热而消耗的热流量，包括从汽轮机组输送到供热设备的所有热流量，按式（10-39）计算。

$$\Phi_{hgr}=\Phi_{hjr}+\Phi_{hrb}+\Phi_{hgq} \tag{10-39}$$

$$\Phi_{hrb}=\Phi_{qd}+\Phi_{yr} \tag{10-40}$$

式中　Φ_{hgr}——供热热耗量，GJ/h；

Φ_{hjr}——热网加热器供热消耗的热流量，GJ/h；

Φ_{hrb}——热泵（组）供热消耗的热流量，包括驱动热源和余热热源提供的热流量，GJ/h；

Φ_{hgq}——直接供汽消耗的热流量，GJ/h。

3. 发电热耗量

汽轮机组热耗量中扣除供热热耗量后，用于发电的热耗量，按式（10-41）计算。

$$\Phi_{hfb}=\Phi_{h}-\Phi_{hgr} \tag{10-41}$$

式中　Φ_{hfb}——发电热耗量，GJ/h。

4. 发电热耗率

热电联产汽轮机组发出单位电功率所消耗的热流量，按式（10-42）计算。

$$R_{fd}=\frac{1000\,\Phi_{hfb}}{P_{fd}} \tag{10-42}$$

式中　R_{fd}——发电热耗率，kJ/kWh；

P_{fd}——机组发出的电功率，MW。

5. 余热供热份额

热泵（组）回收的余热热流量占机组总供热热流量的百分比，按式（10-43）计算。

$$L_{R\_yr}=\frac{\Phi_{yr}-\Phi_{yrz}}{\Phi_{gr}}\times100\% \tag{10-43}$$

式中　L_{R_yr}——余热供热份额。

Φ_{yrz}——由于热泵运行需要，提高机组背压，使机组排汽热流量增加的部分，GJ/h。准确地计算可通过汽轮机组完整的热平衡计算得到，在实际应用中可按式（10-44）～式（10-47），根据机组性能试验时的数据近似计算。

Φ_{gr}——机组总供热热流量，GJ/h。

$$\Phi_{yrz}=\frac{q_{dp}\times(h_{dp}-h_{dp,wt})}{1000} \tag{10-44}$$

$$q_{dp}\approx q_{dp,T}\times\frac{q_{dj}}{q_{dj,T}}=q_{dp,T}\times\sqrt{\frac{p_{dj}\,\nu_{dj,T}}{p_{dj,T}\,\nu_{dj}}} \tag{10-45}$$

$$h_{dp}\approx h_{dj}-\eta_{dy,T}\times(h_{dj}-h_{Sdp}) \tag{10-46}$$

$$h_{dp,wt}\approx h_{dj}-\eta_{dy,T}\times(h_{dj}-h_{Sdp,wt}) \tag{10-47}$$

式中　p_{dj}——汽轮机低压缸进汽压力，MPa。

ν_{dj}——汽轮机低压缸进汽比容，m^3/kg。

h_{dj}——汽轮机低压缸进汽比焓，kJ/kg。

h_{dp}——汽轮机低压缸排汽比焓，kJ/kg。通过汽轮机组性能试验可相对准确地确定排汽比焓（方法参见 GB/T 8117.1《汽轮机热力性能验收试验规程　第 1 部分：方法 A——大型凝汽式汽轮机高准确度试验》和 GB/T 8117.2《汽轮机热力性能验收试验规程　第 2 部分：方法 B——各种类型和容量的汽轮机宽准确度试验》）。非试验条件下可根据以往试验测量的低压缸效率按式（10-46）近似计算。

$h_{dp,wt}$——排汽压力未提高时的汽轮机低压缸排汽比焓，kJ/kg。

h_{Sdp}——汽轮机低压缸等熵排汽比焓，kJ/kg。

$h_{Sdp,wt}$——排汽压力未提高时的汽轮机低压缸等熵排汽比焓，kJ/kg。

q_{dj}——汽轮机低压缸进汽流量，t/h。

q_{dp}——汽轮机低压缸排汽流量，t/h。

$\eta_{dy,T}$——汽轮机低压缸效率试验值。

$p_{dj,T}$——汽轮机低压缸进汽压力试验值，MPa。

$\nu_{dj,T}$——汽轮机低压缸进汽比容试验值，m^3/kg。

$q_{dj,T}$——汽轮机低压缸进汽流量试验值，t/h。

$q_{dp,T}$——汽轮机低压缸排汽流量试验值，t/h。

式中的各试验值是指机组以往性能试验时得到的相关参数，根据试验数据可近似计算机组当前工况下的参数。

6. 余热利用率

热泵（组）回收的余热热流量占汽轮机组排汽余热总热流量的百分比，按式（10-48）计算。

$$\alpha_{yr}=\frac{\Phi_{yr}-\Phi_{yrz}}{\Phi_{jyr}-\Phi_{yrz}}\times 100\% \tag{10-48}$$

式中　α_{yr}——余热利用率；

Φ_{jyr}——汽轮机组排汽余热总热流量，GJ/h。

2.4　供热机组热经济指标计算法

1. 当量耗电功率

机组因供热而减少的电功率输出，为相同汽轮机组热耗量的情况下，机组纯凝工况发电功率和热电联产工况发电功率的差值，可等效地认为是输入供热装置的当量电功率。当量耗电功率按式（10-49）计算，在实际应用中可按式（10-50）近似计算。

$$P_{rd}=P_{fd,CN}(\Phi_h)-P_{fd}(\Phi_h,\Phi_{gr}) \tag{10-49}$$

$$P_{rd}\approx P_{rdj}+P_{rdt}+P_{rdc} \tag{10-50}$$

式中　P_{rd}——当量耗电功率，MW；

$P_{fd,CN}(\Phi_h)$——热耗量为 Φ_h 时，纯凝工况汽轮机组发出的电功率，MW；

$P_{fd}(\Phi_h,\Phi_{gr})$——热耗量为 Φ_h，供热量为 Φ_{gr} 时，热电联产工况发出的电功率，MW；

P_{rdj}——因低压缸进汽节流而减少的电功率输出，MW；

P_{rdt}——因排汽压力提高而减少的电功率输出，MW；

P_{rdc}——因供热抽汽而减少的电功率输出，MW。

公式中 $P_{fd,CN}(\Phi_h)$ 与 $P_{fd}(\Phi_h,\Phi_{gr})$ 的准确数值可通过汽轮机组的变工况计算得到，也可通过试验测量或运行统计得到。试验测量或运行统计时，应对电功率进行必要地修正，所需修正项目和修正方法参照 GB/T 8117.1 和 GB/T 8117.2。

通过供热当量耗电功率，可建立相同汽轮机组热耗量时，热电联产工况下的发电热耗率与纯凝工况下的发电热耗率的关系，见式（10-51）。影响热电联产机组发电热耗率的主要因素为因供热而减少的电功率与热电联产机组发电功率之比，以及供热热流量与热电联产机组发电功率之比。

$$R_{fd}=R_{fd,CN}+\frac{P_{rd}}{P_{fd}}\times R_{fd,CN}-\frac{1000\,\Phi_{gr}}{P_{fd}} \tag{10-51}$$

式中　$R_{fd,CN}$——纯凝工况下的发电热耗率，kJ/kWh。

（1）低压缸进汽节流减少电功率。由于低压缸进汽节流而减少的电功率。在实际应用中可按式（10-52）近似计算。

$$P_{rdj}=\frac{q_{dj}(\Delta h_{dy,wj}-\Delta h_{dy})}{3600}\times\eta_{jx}\,\eta_{fd} \tag{10-52}$$

$$q_{dj}\approx q_{dj,T}\times\sqrt{\frac{P_{dj}\,\nu_{dj,T}}{P_{dj,T}\,\nu_{dj}}} \tag{10-53}$$

式中　Δh_{dy}——低压缸比焓降，kJ/kg；

$\Delta h_{dy,wj}$——无进汽节流时的低压缸比焓降，kJ/kg；

η_{jx}——机械效率；

η_{fd}——发电机效率。

说明：准确计算低压缸进汽流量 q_{dj} 需要进行整个机组的热平衡计算，方法参见 GB/T 8117.1 和 GB/T 8117.2。实际应用中也可利用试验结果按式（10-53）近似计算。

（2）排汽压力提高减少电功率。由于热泵运行需要，造成机组排汽压力提高而减少的电功率。在实际应用中可按式（10-54）近似计算。

$$P_{rdt}=\frac{q_{dp}\times(\Delta h_{dy,wjt}-\Delta h_{dy,wj})}{3600}\times\eta_{jx}\,\eta_{fd} \tag{10-54}$$

式中　$\Delta h_{dy,wjt}$——低压缸进汽无节流，且未提高排汽压力时的低压缸比焓降，kJ/kg。

（3）供热抽汽减少电功率。由于供热抽汽未完全做功而减少的电功率，其中供热抽汽包括热网加热器抽汽、热泵驱动蒸汽等除汽轮机排汽外的其他各种形式的由机组输入供热系统的抽汽。在实际应用中可按式（10-55）近似计算。

$$P_{rdc}=\frac{q_{gc}\times(h_{gc}-h_{dp,wjt})}{3600}\times\eta_{jx}\,\eta_{fd} \tag{10-55}$$

式中　q_{gc}——供热抽汽流量，t/h；

h_{gc}——供热抽汽比焓，kJ/kg；

$h_{dp,wjt}$——低压缸进汽无节流，且未提高排汽压力时的低压缸排汽比焓，kJ/kg。

2. 当量耗电性能系数

热泵（组）在某工况下制热时相对于供热当量耗电功率的能量转换性能的热力学指标，综合反映能量数量和能量品质的转换性能。*ECOP* 即为 *COP* 中的输入能量替换为供热当量耗电功率，其值越高表明同样供热热流量下机组减少的电功率越小，按式（10-56）

计算。

$$ECOP=\frac{\Phi_{gr}}{3.6P_{rd}} \tag{10-56}$$

式中 $ECOP$——当量耗电性能系数。

可逆循环热泵当量耗电性能系数 $ECOP_{kn}$ 取决于热泵（组）工作参数，按式（10-57）计算。

$$ECOP_{kn}=\frac{T_{wb\_a}(T_{qd\_a}-T_{yr\_a})}{(T_{qd\_a}-T_0)(T_{wb\_a}-T_{yr\_a})} \tag{10-57}$$

式中 $ECOP_{kn}$——可逆循环热泵的当量耗电性能系数；

T_0——有效能基准热力学温度，可取汽轮机排汽压力未提高时的饱和温度，K。

3. 发电全热耗率

热电联产汽轮机组发出单位电功率所消耗的热流量与供热过程相对基准供热过程增加的当量耗电功率之和。反映热电联产机组供热时能量数量与能量品质的转换性能，用于综合评价机组的热经济性，按式（10-58）计算。

$$\vartheta_{fd}=\frac{1000\Phi_{hfb}+3600\times(P_{rd}-P_{rd,r})}{P_{fd}} \tag{10-58}$$

式中 ϑ_{fd}——发电全热耗率，kJ/kWh；

$P_{rd,r}$——基准供热过程当量耗电功率，MW。

基准供热过程是一个人为选定的供热过程，在供热热流量与热网水供、回水参数相同的情况下，基准供热过程的当量耗电功率最低。本标准取假设供热蒸汽在热网水平均温度下放热的供热过程作为基准供热过程，首先通过系统热平衡计算得到供热蒸汽的流量和比焓，即可按式（10-59）计算基准供热过程当量耗电功率。

$$P_{rd,r}=\frac{q_{gc,r}\times(h_{gc,r}-h_{dp,wjt})}{3600}\times\eta_{jx}\eta_{fd} \tag{10-59}$$

式中 $q_{gc,r}$——基准供热过程供热抽汽流量，t/h；

$h_{gc,r}$——基准供热过程供热抽汽比焓，kJ/kg。

发电全热耗率与发电热耗率满足式（10-60），根据公式可以分析发电全热耗率的影响因素。

$$\vartheta_{fd}=q_{fd}+\frac{3600\times(P_{rd}-P_{rd,r})}{P_{fd}} \tag{10-60}$$

4. 供热热耗损失

热电联产机组发电全热耗率对于发电全热耗率的升高量，反应供热过程能量品质损失程度，按式（10-61）计算。

$$\Delta\vartheta_{gr}=\vartheta_{fd}-R_{fd} \tag{10-61}$$

式中 $\Delta\vartheta_{gr}$——供热热耗损失，kJ/kWh。

5. 节能量

热电联产机组在改造后的发电量和供热量下，与改造前的机组在同一发电量和供热量时相比，减少的标准煤耗量，按式（10-62）计算。

$$\Delta B=\frac{P_{fd2}\times(R_{fd1}-R_{fd2})}{29307\eta_{gl}\eta_{gd}}\times\tau_{yx} \tag{10-62}$$

式中　ΔB——节能量（标准煤），t；

η_{gl}——锅炉效率；

η_{gd}——管道效率；

P_{fd2}——改造后电功率，MW；

R_{fd1}——改造前发电热耗率，kJ/kWh；

R_{fd2}——改造后发电热耗率，kJ/kWh。

根据 GB/T 2589《综合能耗计算通则》，计算综合能耗时节能量折算为标准煤当量，标准煤的低位发热量等于 29307kJ/kg。

第 11 章

典型乏汽余热利用技术改造工程实例

第 1 节　包头东华热电有限公司循环水余热利用项目

1.1　项目概况

包头东华热电有限公司（简称东华热电厂）一期 2×300MW 供热机组现有供热面积已经超出其设计的最大安全供热能力，截至 2011 年年底，已接入面积达到 920 万 m^2 最大供热面积，且未来还将持续新增供热面积。东华热电厂集中供热初期规划中，将原包头第三热电厂 2×1.2MW 供热机组作为备用热源以确保东河区的集中供热安全，但该厂机组于 2007 年被关停，东河区集中供热管网备用热源丧失，东华热电厂一期机组成为东河区唯一的集中供热热源。由于缺乏备用热源，集中供热工作存在很大安全隐患，若东华热电厂的机组设备稍有闪失，即可能造成大面积停暖事故，严重威胁东河区居民冬季正常的采暖用热，届时，势必对居民生产生活造成恶劣影响。

同时，包头东河区供热小锅炉尚有 270 多台，涉及供热面积近 400 万 m^2，严重制约东河区的节能减排推进和人居环境的改善，尽快取缔现有小锅炉，继续减少空气污染，改善人居环境，保障居民的身体健康，势在必行。

1.1.1　机组概况

（1）汽轮机机组。

机组型号：C300/230-16.7/0.35/537/537。

型式：亚临界、一次中间再热、双缸双排汽、采暖抽汽式汽轮机。

主要技术规范及参数：

额定功率，MW：300；

最大功率，MW：341；

回热系统：3 高 4 低 1 除氧器，除氧器采用滑压运行；

额定/最大新蒸汽流量，t/h：872.6/1025；

采暖抽汽压力范围，MPa：0.245～0.688。

额定供热工况：

抽汽压力，MPa：0.35；

抽汽温度，℃：248；

抽汽流量，t/h：430；

发电机功率，MW：230。

最大供热工况：
抽汽压力，MPa：0.35；
抽汽温度，℃：248；
抽汽流量，t/h：625；
发电机功率，MW：243.5。
（2）凝汽器。凝汽器选用单背压、单壳体、对分双流程、表面式凝汽器。
设备主要规范如下：
冷却面积，m^2：18400；
冷却水流量，t/h：36515；
水阻，kPa：66；
换热管材质：TP316L 不锈钢；
冷却水质：中水。
（3）循环水泵。
型号：SEZ1400-1200/950；
型式：立式单级单吸转子可抽出式斜流泵；
流量，m^3/h：19440；
扬程，kPa(mH_2O) 228.4（22.84)；
效率,%：85%；
必需汽蚀余量，m：8.2；
转速，r/min：495；
轴功率，kW：1400；
输送介质：淡水；
最小淹深，m：3.5；
转向：从上往下看叶轮逆时针旋转。

1.1.2　热网概况

（1）热网加热器。
产品编号：R200607067；
换热面积，m^2：1250；
折流板间距，mm：600；
耐压水压，MPa：3.75（管程)，1.2（壳程)；
设计压力，MPa：2.5（管程)，0.8（壳程)；
最高工作压力，MPa：2.1（管程)，0.35（壳程)；
设计温度,℃：150（管程)，350（壳程)；
介质：水（管程)，过热蒸汽（壳程)。
（2）热网循环水泵。
型式：离心式清水泵；
型号：400SS160A；
流量，m^3/h：1735 ；

扬程，m：135；

必需汽蚀余量，m：7.4；

转速，r/min：1480；

效率，%：95；

进水温度，℃：32.54；

进水压力，MPa：约 0.35。

配用电动机：

型号：YKK5003-4；

功率，kW：1000；

电压，kV：6；

电流，A：116.4；

转速，r/min：1490；

绝缘等级：F。

(3) 一次网主要参数。

管径：DN1100；

最大允许热网水流量，t/h：10000；

设计供回水温度，℃：130/70；

补水水源：电厂反渗透水并经除氧；

补水流量，t/h：80。

1.2 设计参数选择

1.2.1 蒸汽参数

电厂目前采用汽轮机中低压缸连通管直接抽汽方式供热，额定供热工况抽汽参数为：

抽汽压力，MPa：0.35；

抽汽温度，℃：248；

抽气流量，t/h：430；

发电机功率，MW：230。

最大供热工况抽汽参数为：

供热压力，MPa：0.35；

抽汽温度，℃：248；

抽气流量，t/h：625；

发电机功率，MW：243.5。

根据电厂实际供热运行数据，机组抽汽参数可达到设计水平，同时考虑到当前电厂实际供热面积，经计算校核，选择额定供热工况作为方案设计基础。

1.2.2 热网水参数

电厂一次网当前供热实际参数为：

热网水流量，t/h：8500；

供回水温度，℃：108/75。

由于电厂近期供热面积的增加，热网水流量考虑采用一次管网（管径为 DN1100）最大热网水流量（10000t/h）设计。

通过对热网所有热力站实际数据统计发现，除包三站一次管网回水温度高外，其余热力站回水温度平均在 50℃。目前包三站正在进行搬迁改造，预计改造后回水温度可下降至 50℃。最终热网回水温度选择为 50℃，供水温度根据实际供热负荷调节。

1.2.3　余热热源参数

机组原设计背压为 4.9kPa，供热工况下，电厂实际循环水温度低于 25℃，无法满足热泵对循环水温度的要求。通过系统仿真并计算比较不同背压下，热泵回收余热系统的效率，最终选择机组背压为 7kPa，循环水流量为 13000t/h（单台低速泵出力）。

1.3　技术方案分析

1.3.1　技术方案一：回收余热增加供热面积

1. 方案系统图

本 300MW 机组循环水余热回收利用项目的设计目的是利用第一类吸收式溴化锂热泵技术将乏汽中低品位的热量提取出来，对热网循环水进行加热。此项目由于提取低品位的热量，减少了排放热损失，提高了整机的热效率。

由于第一类吸收式溴化锂热泵技术需要以蒸汽作为热泵的驱动汽源，其蒸汽需要从本机组抽取，另外能够从乏汽中提取热量与乏汽在凝汽器出口的温度有着直接的关系，因此为满足将乏汽中的热量提取出来同时还要满足机组对外供热的条件时，其抽汽量与低压缸排汽量之间存在着相匹配的关系。

经过对东华热电厂近期热负荷及目前机组所连接热网的分析，初步选取其额定抽汽工况和实际供热运行参数作为热泵选型的基础，在主蒸汽进汽量为额定时，回收乏汽的部分余热，在其它工况可以通过调整主蒸汽的进汽量或乏汽进热泵机组等措施满足机组和热泵安全、平稳的运行，保证供热的需求。

改造后的系统流程图如图 11-1 所示。

本方案考虑只改造一台机组，在满足机组最大安全抽汽量条件（本方案中汽轮机的最大抽汽量为额定抽汽工况 430t/h）和热网管道的最大输热能力（现有热网管道的热网水最大允许流量为 10000t/h）条件下计算采用热泵供热方式的最大收益。其具体方式为根据电厂现有机组的实际情况，选择从中低压缸连通管（即现有采暖抽汽管道，蒸汽品质为 0.35MPa/248℃）抽取蒸汽用于热泵和热网加热器。其中用于热泵驱动汽源的驱动蒸汽量为 267t/h，可完全回收 1 号机组的循环水余热 134MW，在供热初末期，可依靠热泵将热网水从 50℃加热至 78℃用于供热；在供热高寒期通过引入 1 号机组剩余供热蒸汽和 2 号机组供热抽汽进入热网加热器将 10000t/h 的热网水从 78℃加热至所需的热网水供热温度（最高可加热至 113℃）。通过计算，本方案最终可满足 1335 万 m^2的供热面积需求。

2. 运行经济性分析

依据本方案的设计，理论上可以实现余热的全部回收。在满足热泵热水出口温度的要求以及考虑到冬季循环水泵流量（按 13000t/h）的条件下，凝汽器进出口循环水温度设计为 36℃/27℃，凝汽器背压为 7kPa。该热泵供热系统主要运行经济性数据见表 11-1。

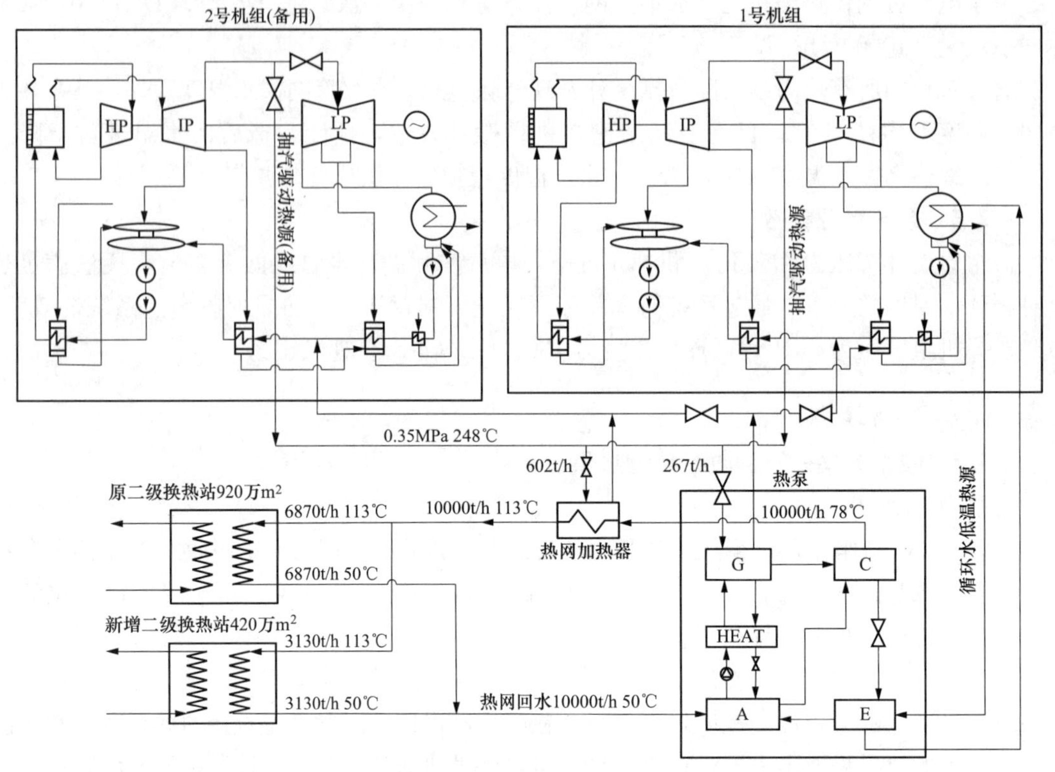

图 11-1 方案系统流程图

表 11-1 主要运行数据

参数	数据	参数	数据
电厂总尖峰供热面积（万 m^2）	1335	循环水进出热泵温度（℃）	36/27
1 号机组尖峰负荷（MW）	440	进热泵热网水流量（t/h）	10000
1 号机组抽汽量（t/h）	433	循环水量（t/h）	13000
2 号机组抽汽量（t/h）	435	驱动蒸汽压力（MPa）	0.32
驱动蒸汽量（t/h）	267	驱动蒸汽凝水出热泵温度（℃）	≤90
热泵总供热量（MW）	325.6	热网供水水温（℃）	113
热泵回收循环水余热（MW）	134	机组背压（kPa）	7
热泵台数	8	背压影响机组出力（MW）	3.1
热泵单机功率（MW）	40.7	机组煤耗下降量（g/kWh）	71.2
热泵供热系统总耗功（kW）	780		

3. 煤耗分析

如表 11-1，此方案运行方式下，最终热泵可回收循环水余热 134.1MW，在尖峰供热时期两台机组可实现供热 1335 万 m^2（热网管道最大流量按 10000t/h，热网水供回水温度按 113/50℃）。

计算表明，依据本方案设计，在对热泵系统进行改造后1号机组在设计工况下的热耗为3688kJ/kWh，较原机组额定供热工况（热耗为5572kJ/kWh）下降1884kJ/kWh，对应的煤耗下降量为75g/kWh。

机组改造后背压由原来的4.9kPa升到7kPa，额定供热工况条件下，将影响机组煤耗上升3g/kWh；热泵系统耗电量为900kW，其对机组的煤耗影响为0.8g/kWh。

综上所述，额定供热工况下，一期系统改造可降低1号机组煤耗71.2g/kWh。

4. 减排分析

设计工况下项目回收余热折合标准煤7.9×10^4t，考虑到背压对机组的出力影响和热泵系统的新增电耗，影响节煤量0.65×10^4t标准煤，每年电厂可节约7.25×10^4t标准煤，并可减少相应的大气污染物（18.6万t CO_2、1197t NO_x、1132t SO_2、1451t粉尘）排放，具有良好的节能减排效益。

该方案充分利用了汽轮机抽汽使热泵余热回收量最大化，从而增加单台机组的供热能力。按照该种方式运行，一台机组带电厂供热基本负荷，另一台机组根据室外温度变化，作为供热调峰机组使用，充分发挥1号机组热泵改造后的节能潜力，提高了机组的效率。在现有管网的输热能力下，能实现最大供热面积为1335万m^2，可以满足电厂近期的供热扩展需求。

5. 运行控制分析

由于该方案采用典型热泵方案回收单台机组的循环水余热，只对厂内进行改造，不涉及热网侧换热站和启动锅炉系统的改造，所以其改造范围较小，系统相对简单。在实际操作中，系统运行的安全性最高，维护量最少，最容易实现在设计工况下运行。但是由于原有热网管道输热能力的限制，该方案只能实现1335万m^2的供热面积，只能满足电厂的近期（3～4年）供热需求。

1.3.2 技术方案二：回收余热增加发电量（供热面积不变）

1. 方案系统图

本方案考虑在电厂供热面积不增加的情况下，通过回收余热，一减少供热抽汽，从而提高机组的发电功率。经分析，在保持原有供热面积920万m^2的条件下，原直接抽汽供热方式的抽汽量为745t/h，余热利用改造后抽汽量降为528t/h，由此可增加机组发电负荷33.4MW。改造后的系统流程图见图11-2。

方案改造具体方式为根据电厂现有机组的实际情况，选择从中低压缸连通管（即现有采暖抽汽管道，蒸汽品质为0.35MPa/248℃）抽取蒸汽用于热泵和热网加热器。其中用于热泵驱动汽源的驱动蒸汽量为267t/h，可完全回收1号机组的循环水余热134MW，在供热初末期，可依靠热泵将热网水从50℃加热至78℃用于供热；在供热高寒期通过引入1号机组剩余供热蒸汽和2号机组供热抽汽的进入热网加热器将8000t/h的热网水从78℃加热至所需的热网水供热温度（最高可加热至98℃），另外2000t/h热网水通过旁路汇合加热器出口的热网水，最终供热温度为94℃。从而满足920万m^2的供热面积需求。

2. 运行经济性分析

依据本方案的设计，理论上可以实现余热的全部回收。在满足热泵热水出口温度的要求以及考虑到冬季循环水泵流量（按13000t/h）的条件下，凝汽器进出口循环水温设计为36℃/27℃，凝汽器背压为7kPa。该热泵供热系统主要运行经济性数据见表11-2。

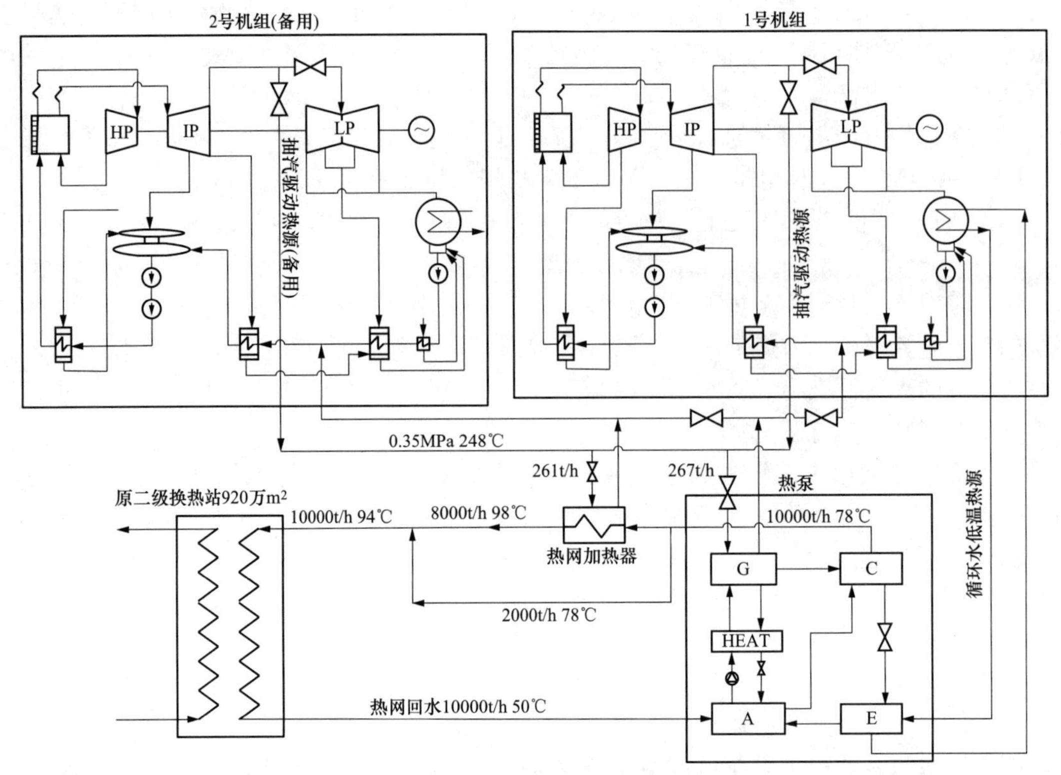

图 11-2 方案系统流程图

表 11-2 主要运行数据

参数	数据	参数	数据
电厂总尖峰供热面积（万 m^2）	920	循环水进出热泵温度（℃）	36/27
1 号机组尖峰负荷（MW）	440	进热泵热网水流量（t/h）	10000
1 号机组抽汽量（t/h）	430	循环水量（t/h）	13000
2 号机组抽汽量（t/h）	100	驱动蒸汽压力（MPa）	0.32
驱动蒸汽量（t/h）	267	驱动蒸汽凝水出热泵温度（℃）	≤90
热泵总供热量（MW）	325.6	热网供水水温（℃）	113
热泵回收循环水余热（MW）	134	机组背压（kPa）	7
热泵台数	8	背压影响机组出力（MW）	3.1
热泵单机功率（MW）	40.7	机组煤耗下降量（g/kWh）	24.4
热泵供热系统总耗功（kW）	780		

3. 煤耗分析

如表 11-2，此方案运行方式下，最终热泵可回收循环水余热 134.1MW，在尖峰供热时期两台机组可实现供热 920 万 m^2（热网管道最大流量按 10000t/h，热网水供回水温度按 113/50℃）。

计算表明，依据本方案设计，在对热泵系统进行改造后 1 号机组在设计工况下的热耗为 4868kJ/kWh，较原机组额定供热工况（热耗为 5572kJ/kWh）下降 704kJ/kWh，对应的煤耗下降量为 28.2g/kWh。

机组改造后背压有原来的 4.9kPa 升到 7kPa，额定供热工况条件下，将影响机组煤耗上升 3g/kWh；热泵系统耗电量为 900kW，其对机组的煤耗影响为 0.8g/kWh。

综上所述，额定供热工况下，一期系统改造可降低 1 号机组煤耗 24.4g/kWh。

4. 减排分析

设计工况下项目回收余热折合标准煤 7.9×10^4t，考虑到背压对机组的出力影响和热泵系统的新增电耗，影响节煤量 0.65×10^4t 标准煤，每年电厂可节约 7.25×10^4t 标准煤，并可减少相应的大气污染物（18.6 万 t CO_2、1197t NO_x、1132t SO_2、1451t 粉尘）排放，具有良好的节能减排效益。

该方案充分利用了汽轮机抽汽使热泵余热回收量最大化，从而增加单台机组的发电能力。按照该种方式运行，仍然是一台机组带电厂供热基本负荷，另一台机组根据室外温度变化，作为供热调峰机组使用，充分发挥 1 号机组热泵改造后的节能潜力，提高了机组的效率。在现有供热面积不变的情况下，最终可增加机组发电负荷 33.4MW，提升电厂的综合发电效益。

1.4 技术方案确定及设备选型

根据项目的改造需要，主要是利用吸收式热泵回收余热来增加对外供热能力。由此，本项目选择技术方案一进行改造。本方案确定的吸收式热泵主要性能性能参数见表 11-3。

表 11-3 蒸汽型吸收式热泵性能参数

型 号		XRI2.2-36/27-4070（50/78）	
制热量		kW	40700
		4.184×10^4kJ/h	3500
热水	进出口温度	℃	50→78
	流量	t/h	1250
	阻力损失	mH_2O	10
	接管直径（DN）	mm	450
余热水	进出口温度	℃	36→27
	流量	t/h	1585
	阻力损失	mH_2O	9
	接管直径（DN）	mm	450
蒸汽	压力（表压）	MPa	0.22
	耗量	kg/h	36940
	凝水温度	℃	≤90
	凝水背压（表压）	MPa	0.05
	汽管直径（DN）	mm	2×350
	凝水管直径（DN）	mm	2×125
电气	电源	3-380V-50Hz	
	电流	A	155
	功率容量	kW	50

续表

型　号		XRI2.2-36/27-4070（50/78）	
外形	长度	mm	10000
	宽度		8500
	高度		6170（含运输架）
运行质量		t	212
运输质量			172

注　1. 技术参数表中各外部条件——蒸汽、热水、余热水均为名义工况值，实际运行时可适当调整。

2. 蒸汽压力 0.22MPa（表压）指进机组压力，不含阀门的压力损失。热水出口温度允许最高 95℃。

3. 制热量调节范围为 20～100%，余热水流量适应范围为 60%～120%。

4. 热水、余热水侧污垢系数 0.086m²K/kW（0.00001h·m²·℃/kJ）。

5. 热水、余热水水室设计承压 0.8MPa（表压）。

6. 机组运输架为上浮式，运输架高度增加 280mm。

7. 机组所有对外接口法兰标准按 HG/T 20592—2009《钢制管法兰（PN 系列）》。

1.5　供热安全性及扩展性分析

城市不断地发展，供热面积也在逐步增大，东华热电厂作为东河区最大的供热热源，其承担的供热负荷也会逐年递增。根据电厂供热负荷逐步增加的特点，采用分阶段实施：

在目前情况下，第一阶段采用典型热泵方案（即本方案），回收电厂一台机组的余热。第一阶段改造实施完成，实际供热面积达到 1335 万 m^2 后，即使发生单台机组故障停机时，电厂仍能满足 900 万 m^2 的供热面积，满足安全裕度 70%的要求。

若供热能力受到管网的限制，供热面积达到 1100 万 m^2 以上，没有新增热源的情况下，可在第二阶段升级为大温差供热方案，在网侧进行二级换热站的改造，新增热水型热泵机组，降低一次网回水温度，提高一次管网的输送温差，从而增加一次网的输热能力。当电厂供热负荷进一步增加时，厂内由原来只回收单台机组余热改为对两台机组都进行余热回收，二级换热站的改造面积也进一步增加，使得热网回水温度降到 30℃以下，最终实现 1480 万 m^2 的供热能力。

当供热面积持续增加，电厂的供热能力达到极限，可考虑新增热源的方式来满足供热需求。可采用新建热水炉作为备用热源，保留外网的热水炉用于调峰，以满足供热安全需要。在抢占供热市场之后，可考虑与周边电厂联供的方式，从周边电厂集中买热，以趸售的方式扩大热源，增加经营。

1.6　工程建设方案确定

1.6.1　热泵房布置

本项目增加的建设项目有热泵房、蒸汽管架、热网水管道和循环水管道。主要是热泵房位置的确定。根据现场条件及电厂意见，热泵房位置选择了制氢站东侧二期规划场地，即方案二，具体位置如图 11-3 所示。

方案一位于一期主厂房东面的二期规划用地，该场地地下设施很少，地面平整，适合厂房建设，同时蒸汽管线在三个备选方案中最短，但热网水管线和循环水管线较备选位置 2 更

图 11-3　热泵厂房厂址

长，故而管道投资较备选位置 2 更多。同时二期规划中，该场地用于主厂房的建设该场地如用于建设热泵厂房，将对二期整体规划造成影响，故不考虑该备选方案。

方案二位于一期制氢站东面的二期规划建设用地，该场地地下设施很少，地面平整，周边空旷，很适宜厂房的建设。同时该场地在二期规划中为处于凉水塔附近，不影响二期主厂房的建设，并且也为今后二期扩建项目实施的循环水余热回收提供可能。由于热泵厂房位置在制氢站东面，循环水管道沿汽机房 A 列道路南侧接入热泵房，距离热泵房与冷却塔池距离相对较短，投资最省，施工也最便利。故推荐使用采用方案二。

方案三位于凉水塔南边的空地，该场地离汽轮机主厂房最远，热网水和蒸汽管道的管线最长，投资最大，同时蒸汽管路的沿程阻力损失最大，不利于热泵机组的运行。同时由于管道布置需贯穿整个凉水塔区域，管线位置地下设施最复杂，不利于施工。方案三的整体情况也不如方案二，故不考虑采用方案三。

1.6.2　主要工艺系统

1. 管道布置

热泵房：布置在一期制氢站东侧，热泵房和制氢站外围墙之间距离 10m，热泵房尺寸 60m×35m，南北向布置，将柱位错开布置，以利于施工。室内零米标高和制氢站相同。

蒸汽、疏水管道：从汽机房南侧抽汽母管引出，至扩建端后向南接至热泵房。采用直埋敷设的方式引入热泵厂房。

热水管道：从汽机厂房西侧回水母管引出，沿汽机厂房 A 列道路南侧由西向东直埋敷设接入热泵厂房。

热泵热源水管道：循环水供水管从汽机房A列道路南侧沿路边由西向东接至热泵房；排水管从热泵房南边引入2号冷却塔前池。

2. 蒸汽和疏水系统

由于驱动热泵工作的是驱动汽源从饱和蒸汽变成饱和水时释放的汽化潜热，而且要求进入热泵的蒸汽过热度不能太高，所以在蒸汽管道上设置一个减温器，其减温水来源就是热泵出口由驱动汽源凝结成的疏水。其他疏水回到与抽汽机组相对应的除氧器。疏水系统设置了3台50%的疏水泵，为了使疏水系统稳定，设置了一个约25m^3的疏水罐。在启动初期由除盐水对疏水罐注水，以满足热泵启动初期减温器的减温水来源问题。

3. 热网循环水系统

本项目热网水流程采用将电厂热网回水引入到热泵站房作为热泵的热媒，进入热泵吸收从循环水中提取的低品位热量后，返回原一次网回水系统，进入热网循环水泵。在热泵出口温度不能满足热网需要的情况下，从热泵出口的热网循环水管道还要进入原系统的热网加热器进行二次加热，达到热网要求的温度后进入供水母管。

4. 循环水余热利用系统

余热利用系统的循环水引接自现有循环水出口管道（1号机组循环水为主，2号机组循环水备用），循环水经热泵热交换后，回到原系统循环水池（在供热初末期，考虑部分循环水上凉水塔）。其供水流程为：

凝汽器出水→循环水出水管（现机组）→热泵供水管→热泵→热泵排水管→冷却塔池→循环水供水管→凝汽器。

当1号机组停机时，可将2号机组的循环水引入热泵机组进行余热回收，多余的循环水沿1号、2号机的联通管上2号机的凉水塔进行散热。

5. 系统水质分析与要求

余热利用系统中最主要的设备为热泵，这是一个换热设备，系统中水质情况的好坏将会对热泵性能产生重要影响。轻则影响热泵换热效率，严重则更可能使系统无法正常运行，所以在设备招标前应对水质进行严格的化验分析，并将水质报告作为设备招标的条件，以避免因水质问题给系统造成不良影响。

热网水系统为电厂原一次网系统改造，整个一次网系统中的供热介质为电厂反渗透处理后的水，原则上可以满足热泵对水质的要求，但是由于电厂未对该部分水质进行监测，所以考虑对一次网水进行水质全分析，以确定热网水的实际水质情况。

余热利用系统由循环水系统、热网水系统、和蒸汽疏水系统。其中蒸汽疏水系统由汽轮机抽汽引入，水质为电厂除盐水，可以满足系统的水质要求。循环水系统为电厂原循环水系统改造，其水质电厂有定期的监测，经与设备厂家讨论，该水质情况可满足设备运行的需要，对设备和系统的运行不会造成影响。

1.7 项目的财务评价

本项目的工程建设工期为6个月。工程动态投资12996.59万元，其中静态投资12632.56万元，建设期贷款利息364.03万元。生产经营期选取20年。

如表11-4所示，经过计算分析，项目投资的内部收益率为29.82%，投资回收期为3.69年；项目资本金的内部收益率为110.56%，投资回收期为1.31年。资本金净利润率为

104.07%，总投资收益率为 29.14%。项目盈利能力很强。

表 11-4　　财务评价指标表

项目名称		单位	经济指标
售热量		万 GJ	206.63
项目投资	内部收益率	%	29.82
	净现值	万元（I_e=8%）	18990.17
	投资回收期	年	3.69
资本金	内部收益率	%	110.56
	净现值	万元（I_e=8%）	20152.08
	投资回收期	年	1.31
资本金净利润率		%	104.07
总投资收益率		%	29.14

以售热价、静态投资两个要素作为项目财务评价的敏感性分析因素，以增减 5%和 10%为变化步距，分析结果如表 11-5 所示。

表 11-5　　敏感性分析表

不确定因素	变化率（%）	项目投资内部收益率（%）	资本金净利润率（%）
基本方案	0	30.11	105.38
静态投资	10	27.24	91.99
	5	28.61	98.37
	−5	31.76	113.12
	−10	33.58	121.73
售热价	10	33.27	120.28
	5	31.70	112.83
	−5	28.51	97.92
	−10	26.90	90.47

从表 11-5 敏感性分析可以看出，静态投资、售热价分别调整正负 10%和 5%时，项目投资内部收益率在 26.90%～33.58%之间，资本金净利润率在 90.47%～121.73%之间。本项目抗风险能力很强。

1.8　项目的创新性

本项目完成吸收式热泵改造后，现场如图 11-4 和图 11-5 所示。

本项目的主要创新点如下：

（1）首次提出存在最佳低温循环水热泵入口温度（即最佳低压缸排汽压力），建立了汽轮机组和吸收式热泵余热回收系统联合仿真模型，进行了系统集成优化研究，为实际工程项目提供技术指导。

（2）首次实现吸收式热泵技术在国内 300MW 等级闭式循环水冷机组上的成功工程应

用，研究成果处于国内外领先水平。实现了在不新增燃煤量，不影响机组发电负荷的情况下，电厂供热能力提高30%以上、综合能源利用效率提高近20%的目标。

图 11-4　吸收式热泵房外景

图 11-5　吸收式热泵房内景

(3) 首次制定针对火电厂低温余热回收系统的运行优化控制策略，优化了余热回收系统的接入方式，提高了系统运行可靠性，保证机组及余热回收系统的安全运行。

第 2 节　华电（北京）热电有限公司循环水余热利用项目

2.1　项目概况

华电（北京）热电有限公司（简称北京二热）现有2×254MW燃气-蒸汽联合循环供热机组，以及3×419GJ/h尖峰加热锅炉（热水炉）。冬季采暖期两台燃气-蒸汽联合循环机组带基本热负荷，以热定电；三台燃气热水尖峰炉带尖峰热负荷。电厂担负着中南海、人民大会堂、毛主席纪念堂、国家部分部委、北京市委、市政府等重要单位和市区70多万户居民的采暖供热。全厂总供热能力约为2260GJ/h，总供热面积达到1200万m^2，年发电量约19亿kWh，是北京市重要的热源电厂之一。

2.1.1　机组概况

(1) 装机容量。

燃气-蒸汽联合循环供热机组的组成：西门子公司生产的SGT5-2000E(V94.2)型燃机、武汉锅炉厂生产的Q1976/543.8-242(52.9)-8(0.69)/521(213)型余热锅炉、上海电气生产的LZC8.10-7.78/0.65/0.15蒸汽轮机，以及配有上海电气生产的燃机发电机QF-180-2和汽轮发电机QF-100-2。整个联合循环电厂的厂内设计分为燃气机岛、余热锅炉岛、尖峰加热锅炉岛、全厂BOP四个部分。机组由上海电气总承包，机组性能由西门子公司保证。

SGT5-2000E(V94.2)型燃气轮机是上海电气-西门子公司生产的单轴、单缸、轴向排气、简单循环重型燃气轮机。基本负荷（ISO工况）为166MW，压气机为16级，压比11.7，透平为4级。

余热锅炉为双压（高压蒸汽作为主蒸汽，低压蒸汽（低压补汽）作为汽轮机低压缸进汽）、无补燃、卧式、紧身封闭、自然循环燃机余热锅炉。为降低排烟温度，在低温省煤器后布置有独立的烟气热网换热系统。热网回水经热网循环水泵出口由烟气热网换热器进口集箱进入，依次流经烟气热网换热器1和烟气热网换热器2后由烟气热网换热器出口集箱引出，进入热网供水系统。

汽轮机型式为次高压、单缸、双压、无再热、无回热、抽汽凝汽式。额定功率：纯凝工况为 81.550MW，冬季供热工况功率（性能保证）为 57.354MW。汽轮机转子为无中心孔整锻转子，装有 15 级压力级叶片。在 12 级后有调节抽汽（采暖抽汽），供热抽汽管路上设有 DN1200 的抽汽逆止阀、抽汽快关调节阀各一个，执行机构均为液动。为了防止供热抽汽超压，抽汽管路上还设有 2 个 DN400 的自启式安全阀，在抽汽超压时安全阀自动开启泄压。

燃机发电机为上海汽轮发电机有限公司制造的空气冷却同步发电机，采用 6kV 厂用母线供励磁变的静态励磁系统。汽轮发电机为上海汽轮发电机有限公司制造的空气冷却同步发电机，正常运行时，发电机出口电压为 10.5kV，发电机出口不设断路器和隔离开关，直接与主变压器相连接，以单元制形式接入 220kV 系统。

(2) 余热锅炉参数。

个数：2 台；

型号：Q1976/543.8-242(52.9)-8(0.69)/521(213)。

高压部分：

最大连续蒸发量，t/h：243.6；

额定蒸汽出口压力，MPa：8.019；

额定蒸汽出口温度,℃：523.2。

低压部分：

最大连续蒸发量，t/h：53.1；

额定蒸汽出口压力，MPa：0.691；

额定蒸汽出口温度,℃：216.4；

凝结水温度,℃：50；

低温省煤器入口温度,℃：75。

(3) 抽凝式汽轮机参数。

个数：2 台；

型号：LZC80-7.80/0.65/0.15 型联合循环双压抽汽凝汽式汽轮机；

型式：次高压、单缸、双压、无再热、无回热、抽汽凝汽式；

额定功率（纯凝工况），MW：81.550；

供热工况功率，MW：57.354；

转速，r/min：3000（面对机头顺时针方向）。

蒸汽参数：

主汽蒸汽参数：	抽汽工况	纯凝工况
压力，MPa：	7.677	7.62
温度,℃：	519	523.9
流量，t/h：	242.2	239.4

补汽蒸汽参数：	抽汽工况	纯凝工况
压力，MPa：	0.55	0.55
温度,℃：	210	204
流量，t/h：	52.9	38.4

排汽压力，kPa：－97.6　　　－95.5

采暖抽汽参数：

压力，MPa：0.05；

温度，℃：111.4；

流量，t/h：227.47（最大250）。

（4）燃气轮发电机参数。

个数：1台；

型号：QF-180-2；

额定功率，MW：180/172.66；

功率因数：0.85；

额定电压，kV：18；

额定转速，r/min：3000；

额定频率，Hz：50；

冷却方式：空气冷却。

（5）蒸汽轮发电机参数。

个数：1台；

型号：QF-100-2；

额定功率，MW：100/117.6；

功率因数：0.85；

额定电压，kV：10.5；

额定转速，r/min：3000；

额定频率，Hz：50；

冷却方式：空气冷却。

（6）热网循环水泵参数。

个数：4台；

流量，t/h：3300；

扬程，mH_2O：175；

电动机功率，kW：～2255；

电动机电压，V：6000。

2.1.2　供热现状

北京二热位于北京市西城区，毗邻西环主路，担负着长安街、前门大街沿线的中央和北京市重要部门及70万多居民的冬季采暖任务，总供热面积达1200多万平方米，是北京市重要热源电厂之一。

由于北京二热机组供热能力不足，通过汽轮机抽汽输送至供热首站，能把55℃循环水回水最高加热至80.7℃左右。如将9257t/h热网水加热至115℃，加热蒸汽缺口约为590t/h左右；而另一方面，汽轮机的排汽损失较大，对于本厂机组在额定抽汽工况下，两台汽轮机的排汽损失约为80MW，余热回收潜力较大。电厂设计的额定对外供热量628MW，热网水参数为：

热网水流量（近/远期），t/h：9000/6750；

供水温度（近/远期），℃：130/150；

回水温度，℃：70；

供水压力，MPa. a：1. 3；

回水压力，MPa. a：0. 3。

热电厂要保证夏季的供电需求，而又要满足冬季的供热需求，因此不能通过抽凝机改背压机满足供热需求。为解决这一矛盾，在冬季较冷天气时，热电厂必须采用燃烧天然气的热水锅炉加热热网回水才能满足对外供热需求，以解燃眉之急。天然气价格为 2. 3 元/m^3，热值为 35MJ/m^3 计算，采用天然气供热的燃料成本为 66 元/GJ，考虑到设备损耗折旧等，天然气供热的价格将更加昂贵，而电厂的供热价格为 79 元/GJ。这极大降低了能源的利用价值，不符合当前国家倡导的能源政策。

2. 2　技术方案分析

由于第一类吸收式溴化锂热泵在工作过程中需要以高品位的蒸汽作为驱动汽源，本项目中驱动蒸汽从余热锅炉的低压补汽直接引出。经过对当前供热方案进行分析，设计供热改造方案。电厂供热改造前的供热方案为：由汽轮机直接抽汽（392t/h，0. 104MPa，101. 7℃）对热网水进行一次加热，热网水由 55℃加热到 81. 8℃，再经过尖峰加热锅炉对一次加热后的热网水进行二次加热并且加热到 115℃向热用户供出，热网回水温度 55℃、流量为 9250t/h。在此过程中汽轮机的排汽热全部通过凝汽器进入冷却塔。改造前的系统流程简图如图 11-6 所示。

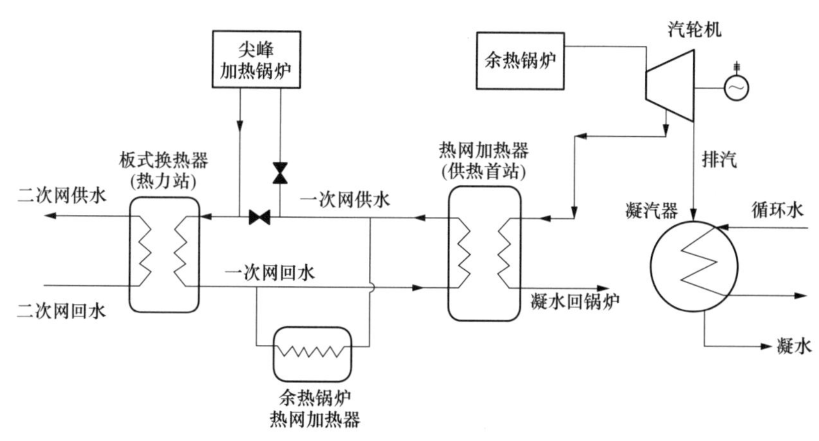

图 11-6　原供热方案系统流程图

2. 2. 1　技术方案一分析

该方案主要考虑完全回收一台汽轮机的乏汽余热。由于单台余热锅炉的低压补汽流量太小，作为驱动热源时只能回收一台机组的部分乏汽余热。为了达到完全回收一台机组乏汽余热的目的，需要从另外一台余热锅炉引来部分低压补汽作为补充，两股蒸汽形成母管进入热泵机组，而循环水则来自一台机组。

驱动蒸汽为余热锅炉的低压补汽，参数为（83. 64t/h，0. 58MPa，210℃），凝汽器循环水流量为 8500t/h，进出口水温为 31. 5℃/36℃。热网循环水进出热泵的温度为 55℃/

81.54℃，流量为3300t/h。经过热泵加热后，与剩余的4750t/h、55℃的热网水混合，混合后的热网水温度为65.9℃，再分别进入两台机组的热网加热器，通过汽轮机抽汽（372.7t/h，0.11MPa，102.9℃）加热并且加热到87.5℃，再在尖峰加热锅炉的作用下加热到115℃并且向热用户供出，热网回水温度55℃、流量为9250t/h。在该方案中热泵吸收热量42.64MW，热泵供热量101.85MW，热泵COP为1.72。热泵选用4台，单台热泵容量为25.46MW。技术方案一的工艺流程简图如图11-7所示。

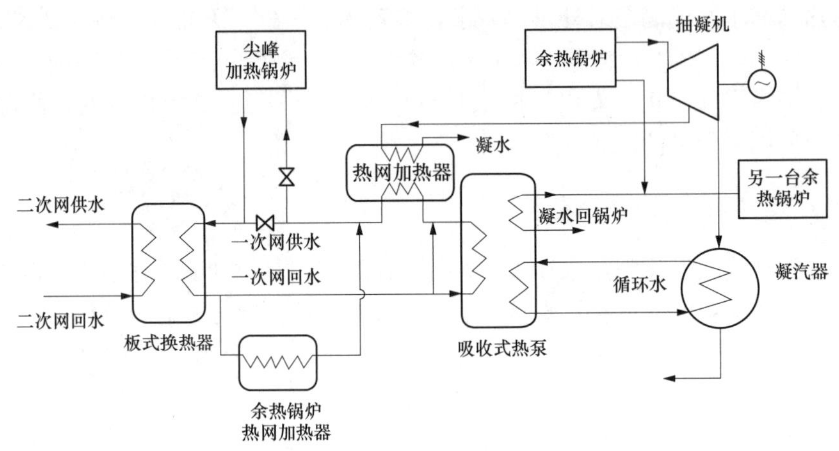

图11-7　技术方案一的系统流程图

凝汽器出口温度，即热泵热源的温度对汽轮发电机组以及热泵的经济性有着决定性的作用，因此正确选取此温度可以使机组的发电与供热在最佳的效率点上运行，此时机组的经济性最好。以循环水在凝汽器出口不同温度时的热平衡为依据，详细分析、比较汽轮机和热泵的经济指标，找到最佳的效益点，以此点温度作为热泵的额定运行点。技术方案一的吸收式热泵主机技术参数如表11-6所示。

表11-6　技术方案一热泵主机技术参数

项　　目	单位	参　　数
热泵总供热量	MW	101.8
热网水进出口温度	℃	55/81.5
循环水进出热泵温度	℃	31.5/36
循环水流量	t/h	8500
额定回收循环水余热	MW	42.64
驱动蒸汽来源及参数	MPa/℃	1、2号机的低压补气（0.58MPa/210℃）
蒸汽凝水出热泵温度	℃	<80
热泵台数		4
热泵所需功率	kW	135
热泵单机功率	MW	25.46

2.2.2　技术方案二分析

该方案主要考虑将两台余热锅炉的低压补汽全部用完，以尽可能多回收两台机组的乏汽余热。在该方案中，驱动蒸汽是单元制的，两台余热锅炉的低压补汽分别驱动两台热泵，由于此时所能回收的余热量大于单台机组的乏汽余热，故需对两台机组的循环水都进行部分回收，由于运行时两台机组的工况基本一致，故进入热泵的两台机组循环水和热网水是采用母管制的。

改造后的供热方案为：采用第一类溴化锂吸收式热泵回收凝汽器循环水余热，选取的驱动汽源来自余热锅炉，单套机组的驱动蒸汽参数为（52t/h，0.58MPa，210℃），单台凝汽器循环水流量为 8500t/h，根据回收的余热量，所有的低压补汽用完，可以回收循环水余热量的 62%，故而两台机组进入热泵的凝汽器循环水总流量为 10400t/h，进出口水温为 31.5℃/36℃，而热网水进出热泵的温度 55℃/75.11℃，流量为 5400t/h。热网水在热网循环水泵后分成三路，一路进入余热锅炉热网加热器，一路进入热泵系统，另一路直接与经过热泵系统加热的热网水混合后进入热网加热器。热网加热器的出水与余热锅炉热网加热器出水混合后进入尖峰加热锅炉进一步加热，并向热用户供出。

在该方案中热泵吸收热量 52.87MW，热泵供热 126.3MW，热泵的 COP 为 1.72，热泵选用 4 台，单台热泵的容量为 31.59MW。技术方案二的工艺流程简图如图 11-8 所示。技术方案二的吸收式热泵主机技术参数如表 11-7 所示。

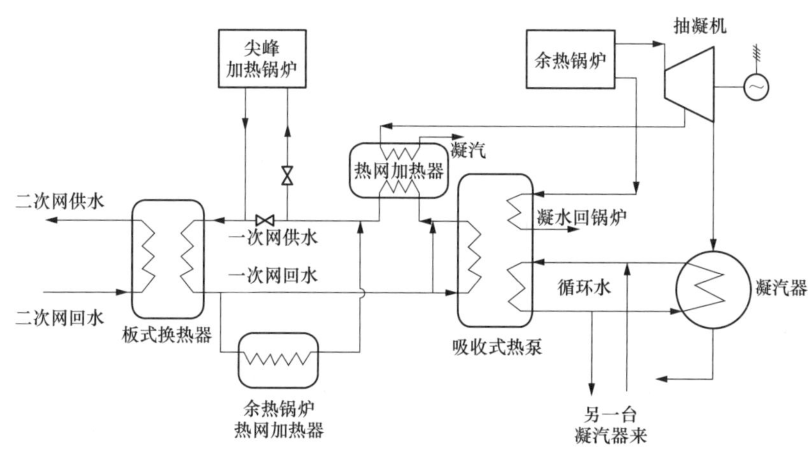

图 11-8　技术方案二的系统流程图

表 11-7　　**技术方案二热泵主机技术参数**

项　　目	单　位	参　　数
热泵总供热量	MW	126.3
热网水进出口温度	℃	55/75.16
热网水进出热泵流量	t/h	5400
循环水进出热泵温度	℃	31.5/36
循环水流量	t/h	10500
额定回收循环水余热	MW	52.87
驱动蒸汽来源及参数	MPa/℃	1、2 号机的低压补汽（0.58MPa/210℃）
蒸汽凝水出热泵温度	℃	<80
热泵台数		4
热泵所需功率	kW	135
热泵单机功率	MW	31.59

2.2.3 技术方案的确定

从回收余热量方面看，两个方案中，方案二回收的余热量为52.87MW，方案一回收的余热量为42.64MW，方案二较方案一回收的余热量要多10.23MW，经济效益较好。

从运行控制方面看，方案一中热泵机组的驱动蒸汽采用母管制，为了保证驱动蒸汽的参数稳定，并符合设计的要求，需确保两套联合循环机组的运行方式一致。并且由于两台余热锅炉的低压补汽没有用完，有一台余热锅炉的部分低压补汽需要进入汽轮机，造成整个蒸汽系统的控制方式比较复杂。但该方案完全回收了一台机组的乏汽冷凝热，可以使该机组的循环水形成闭式循环，不用上塔，而另一台机组的循环水则按原有的方式运行，不需要作出改变。同时，由于只回收一台机组的冷凝热，为得到最佳的凝汽器出水温度点，在该方案中只需要提高一台机组的背压，而另一台机组的背压则不需要作出改变。方案二中，两台余热锅炉的低压补汽全部进入热泵机组，并且以单元制的形式进入热泵机组，避免了两股蒸汽混合时对两台机组需要工况一致的要求。但由于两台机组的乏汽余热都只能部分回收，需要同时提高两台机组的背压才能得到循环水最优的工作温度，而方案一只需要提高一台机组的背压，由此方案二因背压升高而造成机组的出力降低也比方案一的较大。同时，两台机组的循环水也只能部分进热泵机组，故两台机组的循环水都存在部分上塔的问题。

从两种方案整体的经济性和系统的适应性方面看，方案二较方案一更优，确定采用方案二作为循环水余热利用项目的改造方案。

2.3 技术指标及工况分析

表11-8对比分析了吸收式热泵供热改造前和改造后的机组工况数据，其中热泵在整个采暖期2880h满负荷运行。从数据中可以看到改造前和改造后的汽轮机供热系统供热量获得了较大的提高。

表11-8　　吸收式热泵供热改造前后的机组工况数据

序号	项　　目	单位	改造前	改造后
1	循环水进水温度	℃	9.93	31.5
2	循环水出水温度	℃	14.61	36
3	单台机组乏汽流量	t/h	69	69
4	两台机组进入凝汽器的蒸汽量	t/h	138	138
5	无热泵时冬季工况单台机组循环水量	m^3/h	8500	—
6	循环水进出热泵的流量	t/h	—	10400
7	采暖抽汽量	t/h	410.2	306.2
8	机组背压	MPa	0.00340	0.0070
9	低压缸进汽量	t/h	516	412
10	热泵驱动汽源压力	MPa	—	0.58
11	热泵驱动汽源耗热	MW	—	73.42
12	热网水回水温度	℃	55	55

续表

序号	项　　目	单位	改造前	改造后
13	热网水热泵出口温度	℃	—	75.11
14	热网水进出热泵流量	t/h	—	5400
15	热网水总量	t/h	9250	9250
16	热网水进尖峰加热锅炉前温度	℃	81.1	88.61
17	热泵吸收热量	MW	—	52.87
18	热泵驱动汽源流量	t/h	—	104
19	热泵供热量	MW	—	126.29
20	热网加热器蒸汽用量	t/h	392	303
21	热网加热器供热量	MW	261.3	187.8
22	热泵台数		—	4
23	热泵单机供热功率	MW	—	31.59
24	热泵 *COP* 值		—	1.72
25	机组发电功率	kW	114700	114700
26	汽轮机（热泵）供热系统总供热量	MW	261.3	314.1

根据热平衡计算，新增热泵机组后，电厂热网系统的供水温度随着热网水流量变化的曲线如图 11-9 所示。

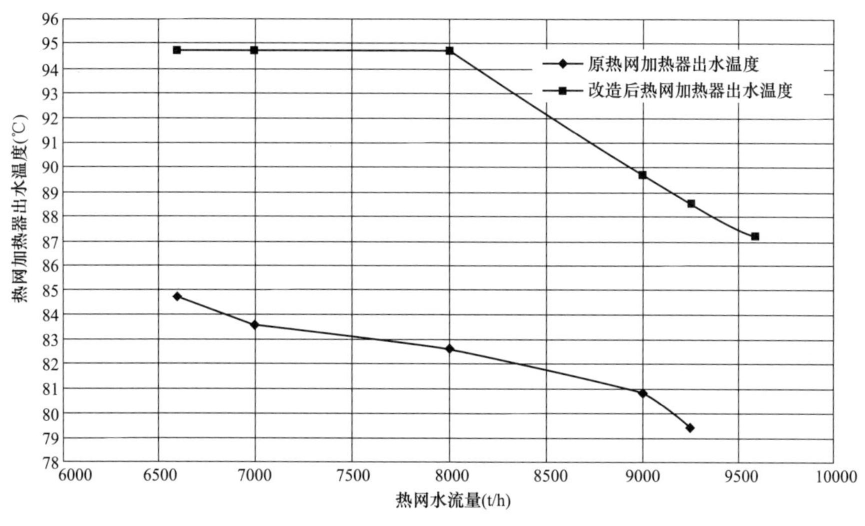

图 11-9　热网水温度随热网水流量的变化关系曲线

对比改造前后热网加热器的出水温度，可知增加热泵系统后，热网加热器的出水温度有了很大的提高，有利于节省尖峰加热锅炉的天然气耗量，降低供热成本；同时，在供热的初末寒期，热网水流量较少的情况下，热网加热器的出水温度可以满足直接供热需求，而不需要开启尖峰加热锅炉。

2.4 热泵选择及系统设计

2.4.1 吸收式热泵的选择

国内目前生产吸收式热泵的厂家较多，较为成熟的厂家有双良节能系统股份有限公司、清华节能规划设计研究所、烟台荏原空调设备有限公司等，以上几个厂家在国内电厂和其他企业均有生产业绩。

（1）双良节能系统股份有限公司：该公司提供了吸收式热泵方案，曾为阳泉电厂、大同第二热电厂提供吸收式热泵技术，有专门生产热泵的车间。

（2）清华节能规划设计研究所：自行开发的基于吸收式热泵机组并有多项技术申请专利，目前已经在大同第一热电厂和北京京能石景山热电厂各装有 2 台。从大同第一热电厂运行三个月情况看，热效率高，节能效果显著。

（3）烟台荏原空调设备有限公司：该厂是生产空调设备专用厂家，采用日本技术，是国内生产大型空调设备的厂家，生产管理较为严谨，产品质量有保证，已提供京能石景山热电厂 8 台吸收式热泵，已投入运行，从运行看使用效果较好。

2.4.2 热力系统设计

1. 蒸汽系统

北京二热原有设备 1 号机组、2 号机组总进汽量 446.8t/h，中间由余热锅炉低压蒸汽 52t/h（2 号机 52t/h）进入汽轮机补汽。汽轮机采暖抽汽参数为 0.104MPa、101.7℃、流量 393t/h。抽汽进入热网加热器，汽轮机排汽量 138t/h。利用循环水余热后由于采暖抽汽压力低、不能作为热泵驱动汽源，经研究后采用余热锅炉原进入汽轮机的补汽汽源作为热泵驱动汽源，这样 1 号机组、2 号机组总进汽量 446.8t/h 不变，采暖抽汽参数不变，流量 306t/h，汽轮机排汽量 138t/h。驱动汽源压力 0.58MPa、温度 210℃、流量 104t/h。两台机组的补汽分别从余热锅炉采用 DN350 管道引出，经厂区热网管架引入热泵房，管道进入泵房后需增加减温装置、将原 210℃的过热蒸汽降温至 160℃再经调整阀分别进入四台吸收式热泵。

2. 热网水系统

DN1200 热网回水管道进入热网循环水泵前在厂区热网管架上增加一个可调蝶阀，总流量 9250m^3/h，热网回水从该可调蝶阀前引出，热网回水流量 5400m^3/h 进入 4 台吸收式热泵，回水温度由 55℃加热至 75.16℃，加热后的热网回水返回新增设可调蝶阀后，与未经热泵加热的热网回水 2650m^3/h 合并后进入厂内热网首站，混合后热网回水温度 68.52℃，经热网循环水泵、热网加热器加热后温度由 68.52℃提升至 88.58℃，再与 1200m^3/h 的经过余热锅炉烟气热网换热器加热到 89℃的热网水混合，经尖峰加热锅炉加热至 115℃供给厂外热用户。

3. 疏水系统

4 台热泵机组疏水汇集后经一条 DN200 的疏水母管进入疏水箱，经 3 台疏水泵（两用一备、一台为调速）升压后再通过调节阀经厂区热网管架后引至主厂房低压除氧器进入老厂凝结水循环系统。

2.5 项目的财务评价

本项目的工程建设工期为 6 个月。工程动态投资 6113.58 万元，其中静态投资 5901.1

万元，建设期贷款利息 212.4 万元。生产经营期选取 20 年。

本改造工程年新增供热 52.87MW，在供相同面积的前提下，一个采暖期可节约尖峰加热锅炉的天然气耗量为 1236.91 万 m^3（标况下），节约天然气费用为 2820.16 万元。年新增总成本费用 1054.43 万元，其中：年发电新增天然气量损失 462.58 万元，年增值税 422.4 万元，年实现利润 1441.29 万元，年所得税 283.90 万元，年税后利润 1157.39 万元，总投资收益率 18.93%，资本金净利润率 94.66%，投资回收期 5.28 年。通过上述指标可以看出，本改造工程在技术上是可行的，在经济上也是合理的。

2.6　项目的创新性

本项目完成吸收式热泵改造后，现场如图 11-10 和图 11-11 所示。

图 11-10　吸收式热泵房外景

图 11-11　吸收式热泵房内景

本项目是吸收式热泵技术在燃气-蒸汽联合循环电厂中的首次工程应用，项目主要的创新点如下：

（1）采用溴化锂吸收式热泵回收 2×254MW 燃气-蒸汽联合循环电厂中的低温循环水余热，并实现了吸收式热泵技术在国内联合循环电厂中的首次集成应用，为热泵技术的推广提供了新途径。之前吸收式热泵技术只在燃煤电厂有实际工程应用，在燃气-蒸汽联合循环电厂中也停留在理论研究阶段，未有针对联合循环电厂的热泵回收余热实际项目。

（2）突破了以往从汽轮机采暖抽汽作为热泵驱动热源的思维限制，本项目根据电厂实际运行情况，采用联合循环中余热锅炉低压补汽为热泵驱动热源，回收一台机组循环水余热。这是在吸收式热泵回收冷凝水余热项目中的首次尝试，为今后项目提供了新思路。

（3）余热锅炉低压补汽全部或部分进入吸收式热泵作为其驱动热源，切除了汽轮机低压补汽，降低了汽轮机上下缸温差，改善了汽轮机运行状况。

（4）优化了低压蒸汽系统的运行模式，实现了余热锅炉低压补汽灵活分配。

（5）对新增热泵系统的控制策略进行优化，实现了不停机情况下余热回收控制系统的在线下装和逻辑修改。

第 12 章 其他典型余热梯级利用技术改造工程实例

第 1 节 华电（北京）热电有限公司中低温烟气余热再利用项目

1.1 项目概况

华电（北京）热电有限公司（简称北京二热）现有 2×254MW 燃气-蒸汽联合循环供热机组，采用西门子公司生产的 SGT5-2000E(V94.2）型燃机组，武汉锅炉厂生产的 Q1976/543.8-242(52.9)-8(0.69)/521(213）型余热锅炉，上海电气集团股份有限公司（上海电气）生产的 LZC8.10-7.78/0.65/0.15 蒸汽轮机，配上海电气生产的燃机发电机 QF-180-2 和汽轮发电机 QF-100-2。为了保证高寒期供热需求，还设置有 3×419GJ/h 尖峰加热锅炉（简称尖峰热水炉）。

目前，联合循环电厂的总供热能力约为 2260GJ/h，总供热面积达到 1200 万 m^2，年发电约 19 亿 kWh，是北京的重要热源之一。而实际运行中的两台余热锅炉的排烟温度均过高，夏季排烟温度高达 145℃，冬季投运热网换热器时烟气温度也达到了 120℃，这造成了能源的大量浪费，也增加了热电厂的燃料成本。而经计算的酸露点温度不高于 80℃，两者温差高达 65℃，由此可见，可以回收利用的余热量很大，存在的节能潜力很大。

由于烟气温度过高，超过了 145℃，如果直接将这部分余热回收用于供热，这温差过大，产生的不可逆损失过大，可以考虑先将余热回收用于加热锅炉给水，然后再用于居民供热。

1.1.1 余热锅炉参数

余热锅炉为双压（高压作为主蒸汽，低压作为汽轮机低压缸补汽）、无补燃、卧式、紧身封闭、自然循环燃机余热锅炉。为降低排烟温度，在低温省煤器后布置有独立的烟气热网换热系统。热网回水经热网循环水泵出口由烟气热网换热器进口集箱进入，依次流经烟气热网换热器 1 和烟气热网换热器 2 后由烟气热网换热器出口集箱引出，进入热网供水系统。余热锅炉还设有脱硝装置。

余热锅炉采用塔式布置，全悬吊管箱结构，余热锅炉主要设计参数及蒸汽参数如表 12-1 和表 12-2 所示。

表 12-1 余热锅炉设计参数（冬季供热工况条件下 100%负荷）

参 数 名 称	单位	数值
锅炉热效率	%	78
环境温度	℃	0.42

续表

参数名称	单位	数值
湿度	%	43
燃机燃料		天然气
燃机背压	kPa	≤3.6
燃机排气流量	t/h	1976.33
锅炉进口烟气温度	℃	543.8
锅炉进口烟气压力	kPa	3.6
锅炉出口烟气温度（未投入烟气热网换热器）	℃	128.2
锅炉出口烟气温度（投入烟气热网换热器）	℃	92.2

表 12-2　　　　余热锅炉设计蒸汽参数（冬季供热工况条件下 100%负荷）

参数名称	单位	数　值
高压部分		
最大连续蒸发量	t/h	243.6
额定蒸汽出口压力	MPa	8.019
额定蒸汽出口温度	℃	523.2
低压部分		
最大连续蒸发量	t/h	53.1
额定蒸汽出口压力	MPa	0.691
额定蒸汽出口温度	℃	216.4
凝结水温度	℃	50
凝结水流量		
凝结水泵出口压力	MPa	2.67
低温省煤器入口温度	℃	75
低温省煤器再循环量	t/h	98.5
烟气热网换热器		
进口水温度	℃	70
出口水温度	℃	99.6
烟气热网换热器水流量	kg/s(t/h)	166.667
烟气热网换热器进口压力	MPa	正常 1.8，最大 2.35
烟气热网换热器出口压力	MPa	正常 1.59，最大 2.14

根据两台余热锅炉一年多的实际运行情况，该锅炉运行以来一直存在排烟温度较高的现象。从 2012 年全年来看，1 号余热锅炉全年运行时间 5260h，2 号余热锅炉全年运行时间 5044h，平均利用小时数 3997.8，与燃机的设计有效利用小时数（4000h）一致，说明余热锅炉处于正常使用状态，详细数据见表 12-3。

表 12-3　　余热锅炉 2012 年运行情况

名称	有效利用小时数（h）	运行小时数（h）
1 号机组	4046.99	5620.67
2 号机组	3728.61	5043.97
平均值	3887.8	5332.32

为了更好地分析余热锅炉排烟温度，表 12-4 列出了 2012 年 2 台机组的余热锅炉实际排烟温度情况。从运行参数来看，该机组排烟温度夏季一般在 145℃左右，冬季投入热网换热器后排烟温度在 120℃左右。其他 9F 燃机电厂余热锅炉的排烟温度一般在 90℃左右，考虑到该余热锅炉为双压无再热锅炉，在热网换热器不投运时，其排烟温度应为 110℃左右；而在冬季热网投运时，完全可以将排烟温度降到 90℃左右，余热回收潜力巨大。若对余热锅炉及热水炉进行节能改造，经济效益非常可观，同时对节能减排工作也起到推进作用。本方案拟在余热锅炉尾部着手节能降温，表 12-5 列出了最后两级（低温省煤器和热网省煤器）换热器的规格和型号。

表 12-4　　2012 年余热锅炉的实际排烟温度情况

时间	机组状态	1 号机组排烟温度（℃）	2 号机组排烟温度（℃）
2012-01-17	供热	123.8	122.8
2012-02-28	供热	117.6	117.5
2012-03-17	供热	122	123
2012-04-01	不供热	N-A	130
2012-06-21	不供热	151.6	152.4
2012-07-15	不供热	153.2	151.2
2012-08-15	不供热	139.2	140.2
2012-10-16	不供热	146.0	N-A
2012-11-15	不供热	143.5	146.5
2012-11-30	供热	131.2	129.2
2012-12-15	供热	129.5	123.2

表 12-5　　原低温省煤器和热网省煤器规格

名称	排数及布置形式	开齿鳍片管的管径	材料	翅片形式
低温省煤器 2 级 1	横向 90 排，纵向 3 排错列	ϕ31.8×2.6	管子材料 SA210-A-1 螺旋鳍片材料为碳钢	锯齿形
低温省煤器 2 级 2	横向 90 排，纵向 3 排错列	ϕ31.8×2.6	管子材料 SA210-A-1 螺旋鳍片材料为碳钢	锯齿形
低温省煤器 1 级	横向 90 排，纵向 3 排错列	ϕ31.8×2.6	管子材料 SA210-A-1 螺旋鳍片材料为碳钢	锯齿形
烟气热网省煤器 2 级	横向 84 排，纵向 3 排错列	ϕ38×2.6	管子材料 ND 钢 螺旋鳍片材料为 ND 钢	锯齿形
烟气热网省煤器 1 级	横向 84 排，纵向 3 排错列	ϕ38×2.6	管子材料 ND 钢 螺旋鳍片材料为 ND 钢	锯齿形

1.1.2　尖峰热水炉参数

北京二热热水炉是由无锡华光锅炉股份有限公司生产的天然气热水锅炉，单台锅炉功率为 116.3MW，本锅炉为强制循环、膜式壁。三个燃烧器布置在前墙呈“品”型布置。对流受热面由光管和螺旋鳍片管组成。锅炉整体采用自支撑结构，室内单层布置，正压运行。表 12-6 为热水炉主要技术参数。

表 12-6　　热水炉主要技术参数

序号	参数名称	单位	数值或类型
1	锅炉型号	QXS116.3-1.5/130/96.6-Q	
2	额定热功率	MW	116.3
3	额定出水/回水温度	℃	130 / 96.6
4	额定出水压力	MPa	1.5
5	排烟温度	℃	≤160
6	锅炉设计效率	%	93.2
7	燃烧方式	室燃	
8	设计循环水量	t/h	2965
9	设计压力	MPa	2.5

热水炉在供热达不到要求时作为尖峰炉使用，也存在排烟温度过高的问题，实际运行时排烟温度在 120℃左右，若采取措施可以降到 90℃左右，具有一定的节能潜力。

由于热水炉作为尖峰炉使用，实际使用情况见表 12-7，由表中可知 11 月份基本不开热水炉，而 2 月份供热末期热水炉使用量也比较低，整个采暖季热水炉实际利用小时为 4253h；从单台热水炉的使用情况来看，1 号热水炉只在 12 月和 1 月使用少量时间，主要时间在用 2 号和 3 号热水炉进行加热。

表 12-7　　2012～2013 年热水炉采暖季使用情况（利用小时情况）　　h

参数名称	1 月	2 月	12 月	11 月	累计
1 号热水炉	252.43	0	234.32	0	486.75
2 号热水炉	744	360.62	614.25	2.98	1721.85
3 号热水炉	744	668.38	632.3	0	2044.68
合计	1740.43	1029	1480.87	2.98	4253.28

1.1.3　天然气预热系统

天然气压缩机改造前，天然气经压缩后温度较高，需要对天然气冷却至工作温度，冷却水源采用厂内闭式冷却水；由于天然气气源侧压力提高，可不需要压缩机工作，因此电厂于 2012 年实施天然气压缩机改造，改造后压缩机停止工作，同时天然气进气温度冬季平均在 2℃左右，夏季在 7℃左右，为能节省燃料使燃烧更充分，需要热源对天然气进行加热，目前采暖季采用外部热网水，非采暖季采用闭式冷却水对天然气进行加热。表 12-8 为天然气前置模块的主要技术参数。

表 12-8　　天然气前置模块的主要技术参数

项　　目	单　位	数　值
前置模块入口天然气压力	MPa	2.35
前置模块入口天然气温度	℃	0～60
前置模块出口天然气压力	MPa	2.33
前置模块出口天然气温度	℃	0～60
燃气轮机最大连续运行工况耗气量（标况下）	m^3/h	52000
前置模块进出口允许压力损失	MPa	<0.2

1.2　技术方案分析

针对联合循环机组余热锅炉存在的问题，为了降低余热锅炉排烟温度，需建立余热锅炉热力模型，寻找节能潜力。首先考虑低温省煤器再循环水泵优化的可行性；其次考虑利用余热锅炉排烟余热加热天然气的可行性；再者从增加换热面积的角度考虑，主要从增加低温省煤器受热面、增加高压蒸发器和高压过热器受热面、以及增加低温省煤器和热网换热器受热面三个角度去分析，结合经济性得到最优的方案。

1.2.1　余热锅炉烟气酸露点分析

该联合循环机组所燃烧的天然气燃料中的各成分及含量见表 12-9。

表 12-9　　天然气燃料的成分及比例

所含成分名称	单　位	含　量
甲烷	%	92.7029
乙烷	%	3.9133
丙烷	%	0.7503
丁烷类 C_4H_{10}	%	0.2846
戊烷类 C_5H_{10}	%	0.1608
氮气	%	0.6446
二氧化碳	%	1.5435
硫化氢	mg/L	1.7374

依据完全燃烧进行燃烧后的烟气成分计算，根据锅炉在燃烧时天然气与空气的实际之比，计算结果见表 12-10。假设二氧化硫全部转化为三氧化硫，根据第 8 章酸露点计算方法进行估算，排烟酸露点温度为 73.6℃，低于 90℃。

表 12-10　　排烟成分理论计算

项　　目	单　　位	含　　量
二氧化碳体积量	%	3.51
水蒸气体积量	%	6.70
氮气体积量	%	75.35
氧气体积量	%	13.50
其他	%	0.90
二氧化硫体积量	%	0.038

1.2.2　理论计算分析及验证

根据目前余热锅炉的设计资料，以及热力性能数据建立电厂的热力系统分析模型，从而使我们在单个部件变化时，可以充分了解其他部件的定量变化，保证技改的安全性和改造后能够达到预期的目标。

为了满足北京二热现有设备的特性和保证模型分析的准确性，我们把优化模型在设计工况下的模拟结果，与余热锅炉大修后在相同初始条件下得出的性能试验结果进行对比，比较结果见表 12-11，从表中可知两者误差不超过 1.5%左右，这表明本模型具有较高的准确度。

表 12-11　　模型分析结果与性能试验结果比较

项目	单位	大修后热力试验	模拟结果	误差（%）
大气压力	kPa	995.7	995.7	0
大气温度	℃	27.3	27.3	0
相对湿度	%	58	—	—
燃气轮机负荷	MW	138.2	—	—
汽轮机负荷	MW	71.9	—	—
排烟流量	kg/s	520.9	520.9	0
余热锅炉入口平均温度	℃	550.5	550.5	0
炉膛入口烟气压力	kPa	2.98	2.98	0
低压给水流量	t/h	263.1	264.3	0.46
低压给水温度	℃	46.5	46.7	0.04
低压给水压力	MPa	1.48	1.48	0
低压汽包压力	MPa	0.58	0.581	0.17
高压蒸汽出口压力	MPa	6.85	6.85	0
低压蒸汽出口流量	t/h	39.6	39.4	0.51
低压蒸汽出口温度	℃	213.3	212.5	0.38
低压蒸汽出口压力	MPa	0.52	0.52	0
高压给水流量	t/h	226.6	224.9	0.75
高压给水调门后压力	MPa	7.65	7.758	1.41
高压蒸汽出口流量	t/h	220.1	220.5	0.18
高压蒸汽出口温度	℃	526.7	524.5	0.42
模块Ⅰ出口烟温	℃	368.5	373.8	1.43
锅炉出口平均烟温	℃	150.1	151.2	0.73

1.2.3　技术方案对比分析

1. 技术方案一：增加高压蒸发器与高压过热器的受热面积

通过增加高压蒸发器及高压过热器，当高压蒸发器的节点温差降为 15℃时，排烟温度降低约 2℃，主蒸汽流量增加 4.8t/h，效率提高 0.24 个百分点，热耗减少约 36kJ/kWh，折成标准煤约 1.2g/kWh，此时增加高压蒸发器面积约 8km^2，高压过热器面积 1.6km^2。当高压蒸发器的节点温差降为 10℃时，排烟温度降低约 2.5℃，主蒸汽流量增加 6.6t/h，效率提高约 0.3 个百分点，热耗减少 45kJ/kWh，折成标准煤约为 1.5g/kWh，此时需要增加高压蒸发器面积约 $13km^2$，高压过热器面积 $1.6km^2$。具体情况见表 12-12。从表 12-12 可以看出，当节点温差由 15℃下降到 10℃时，高压蒸发器的面积增加了约 60%，排烟温度和煤耗仅下降了 25%。由此看见，选取合适的节点温差直接影响着方案的经济性。因此，本部分需要和生产厂家沟通，计算增加受热面需要的费用，进行技术经济性分析，从而确定最佳的受热面积和施工方法。

表 12-12　　节点温差对余热锅炉的影响

参数名称	单　位	节点温差 15℃	节点温差 10℃
节点温差	℃	15	10
排烟温度下降	℃	2	2.5
煤耗降低	g/kWh	1.2	1.5
高蒸增加面积	km^2	8	13
高过增加面积	km^2	1.6	1.6
主蒸汽增加流量	t/h	4.8	6.6

拆掉一层 SCR 催化剂，再在其后加装受热面的改造方案的技术难点：

(1) 根据武汉锅炉厂说明书，过热器共 4×2 屏，第一级过热器集箱设计温度为 311℃，需校核第四屏耐热温度，第四屏的位置在第一级模块的中间。

(2) 催化剂支撑钢架柱边缘与锅炉主立柱 VI 之间的净空间只有 710mm，最多只能加装 3 个模块（按烟气前后方面)。

(3) 经查看相关图纸，催化剂模块在炉内还有支撑钢架，很难拆除。

(4) 经与华电工程公司环保部相关主设人员联系得知，该炉目前本来就只装了一层催化剂。

(5) 加装模块后还要考虑其前、后留有一定的空间用于布置烟气温度和压力的测点。

(6) 在催化剂区域后部、锅炉的左下和右下均有一检修人孔门，如果加装受热面后，这两个人孔门将完全被阻挡，不管是安装还是后期检修均难以进入。

(7) 在此处加装高压蒸发器、高压过热器受热面后，将导致后面的低压系统热力计算及受热面布置全部得重新调整，这个工作量和改造费用较大。

2. 技术方案二：增加低温省煤器和热网换热器受热面积

低温省煤器接近点温差较大（约 30℃），通过新增低温省煤器换热面积可以降低温差，但是在低温省煤器出口温度提高同时，受到余热锅炉节点温差和接近点温差的限制，使得采用双压无再热式余热锅炉的联合循环纯发电系统的排烟温度很难下降到 110℃以下。综合考虑余热锅炉的设计理念和电厂的运行特点（非供热期运行时间较少，而供热期运行时间较长)，在本方案中首先采用增加低温省煤器的方法来增加发电量，提高发电效率；然后采用增加热网换热器的方法来进一步降低排烟温度，回收仅采用余热锅炉无法回收的热量。

本方案在非供热工况与增加低温省煤器相同，夏季可降低排烟温度约 10℃，冬季约 5℃。在供热工况下再通过增加热网换热器受热面可以进一步降低排烟温度至 90℃，而且热网换热器对锅炉蒸汽系统基本无影响，通过新增热网换热器烟气侧下降约 15℃，热网水新增流量约 400t/h，回收余热量约 14.3MW。

另外，增加低温省煤器和热网换热器受热面将使烟气阻力增加约 0.6kPa，导致燃气轮机出力下降约 0.54MW，热耗增加约 9kJ/kWh。

以上可以看出，无论增加高压蒸发器和高压过热器面积与否，在低温端都应增加热网换热器，以减少冬季排烟热损失。

3. 技术方案三：增加低温省煤器受热面

分析中发现，由于低温省煤器的接近点温差过高，约为 30℃，使得锅炉排烟温度较高。关停或关小低压再循环水泵虽然能够使排烟温度有所降低，但是作用有限，为此可采取下述两种措施进一步降低排烟温度。这两种改造措施分别为：

(1) 措施一，将部分热网换热器作为低温省煤器使用（非供热工况下）。

如果将热网换热器的二分之一作为低温省煤器使用，经过受热面传热的优化计算，可使夏季的排烟温度下降约 7℃，从而使效率提高约 0.15 个百分点，热耗减少约 23kJ/kWh，折标准煤约为 1.0g/kWh。该改造对蒸汽参数的影响见表 12-13。改造方案为在热网换热器进、出口分配集箱中部，各加一只 DN273 的电动闸阀及手动截止阀，再在原来的低省入口凝结水管道上增加 2 只 DN273 电动三通阀进行切换即可，其余疏放水还要增加小阀门。

表 12-13　　增加两屏热网改造前后蒸汽参数的变化

名称	主蒸汽压力（MPa）	主蒸汽流量（t/h）	低压蒸汽压力（MPa）	低压蒸汽流量（t/h）
改造前	6.311	22.06	0.28	38.7
改造后	6.32	22.1	0.286	43
变化（%）	0.01	0.2	0.21	13.7

如果将热网换热器的 3/4 作为低温省煤器使用，经过受热面传热的初步分析，可使夏季的排烟温度下降约 10℃，从而使效率提高约 0.22 个百分点，热耗降低约 33kJ/kWh，折标准煤约为 1.1g/kWh。该改造对蒸汽参数的影响见表 12-14。

表 12-14　　增加三屏热网改造前后夏季工况蒸汽参数的变化

名　　称	主蒸汽压力（MPa）	主蒸汽流量（t/h）	低压蒸汽压力（MPa）	低压蒸汽流量（t/h）
改造前	6.311	220.6	0.28	38.7
改造后	6.322	221.4	0.289	45.0
变化率（%）	0.02	0.4	0.32	16.3

因热网换热器是分左右两路水系统，每个水系统共 2 个管。增加三屏热网的改动工作量较大。此方案首先是要增加相互之间切换用的管道、管件、阀门、支吊架，现场的布置会显得些许繁乱；其次是低温省煤器内的凝结水与热网内的热水化学品质不一样，相互切换后要增加化学清洗管道。

总之，本方案利用尾部热网换热器首先加热给水，从而减少低温省煤器接近点温度，改造量较小，因此具有较强的可实施性，主要受凝结水与热网水的化学品质不一样的影响。

(2) 措施二，在余热锅炉尾部加受热面作为低温省煤器用。

通过在余热锅炉尾部增加受热面（约 1 万 m^2）作为低温省煤器用，减少低温省煤器接近点温度，就可以使排烟温度从 148℃下降到 138℃，降低约 10℃，从而使效率提高约 0.23 个百分点，热耗降低约 34.5kJ/kWh，折成标准煤约为 1.2g/kWh。改造对蒸汽参数的影响见表 12-15。

表 12-15　　改造前后蒸汽参数的变化

名称	主蒸汽压力（MPa）	主蒸汽流量（t/h）	低压蒸汽压力（MPa）	低压蒸汽流量（t/h）
改造前	6.311	220.6	0.28	38.7
改造后	6.326	221.2	0.289	46.0
变化率（%）	0.02	0.3	0.32	18.9

另外，由于增加低温受热面也会增加余热锅炉烟气侧的阻力，根据烟气阻力计算表明，烟气侧阻力增加 0.4kPa，这将造成燃机轮机出力下降 0.36MW，使联合循环热耗增加约 6.7kJ/kWh，效率下降约 0.05 个百分点。综合分析本项措施可使联合循环效率提高约 0.17 个百分点，热耗降低约 27.8kJ/kWh，折成标准煤约为 1g/kWh。

在尾部烟道中直接增加低温省煤器受热面，可以直接在锅炉尾部水平烟道内加入一定量的受热面直接作为初级低温省煤器。此时只需将原来接入低温省煤器 1 的凝结水管（ϕ273）改接到新增的低省受热面入口分配集箱，再将其出口接回到原有低温省煤器 1 的入口分配集箱上即可。

新增低温省煤器受热面管屏分 4 个屏，布置在锅炉尾部出口烟道的水平直段内（此处在锅炉的最初设计时是用来布置 SCR 装置的，后来 SCR 装置被布置到了高压换热面之间，故此段空间便多了出来，且锅炉桩基工作已经完成，故此段空间一直未取消，其内截面尺寸为：20792mm×7948mm×1475mm，此时用来布置受热面空间合适。

大致布置方案：在锅炉尾部出口烟道的水平直段上左右各吊挂 2 个管屏，在护板外左右两侧各增加 1 根 H 型钢立柱，顶部增设 1 根水平 H 型刚性梁，再将 4 个管屏的水平支吊横梁一头架在新增的门型框架上并限位，另一头采用滑动挡板搁置在原有顶部横梁上。这种方式保留了原有的尾部水平烟道非金属膨胀节不废除、不移位重装，亦保证了锅炉在前后方向上的热膨胀吸收。

现场安装实施：在锅炉尾部出口烟道的水平直段上，将其顶护板、左侧或右侧单侧护板（具体哪一侧根据现场实际情况确定）、底部护板各切除一道长若 800mm 的缺口，将模块管屏从侧面吊装入内，然后再将切割下来的原侧面护板直接装回原位密封焊，顶部和底部则需要各增加一个密封罩并增设相应量的穿墙管非金属膨胀节。

考虑该电厂的 2 台余热锅炉是采用紧身封闭墙（降噪用）全部密封死的，长 20 多米的模块吊装时势必要拆除紧身封闭墙和钢架，这可能难以实施，故此可以考虑将 4 个模块各分成上下两个小模块，再将中间集箱采用吊耳、连通管连接起来即可。由于锅炉尾部烟气温度只有 100 多摄氏度，故新增的受热面部分不再采用内保温，还是直接利用现有的外保温结构。

4. 技术方案比选

增加低温省煤器受热面方案，利用热网换热器作为低温省煤器受到凝结水与热网水水质的影响，同时机组在冬季运行时热网换热器切换到原先模式运行，整体效益受到影响；直接增加低温省煤器换热面积能降低排烟温度，有比较明显的效果，实施性也较强，但改造工程量较大。

增加高压蒸发器及高压过热器受热面方案实施难度较大，暂不考虑。

增加低温省煤器和热网换热器受热面方案，在采暖季能大幅降低排烟温度至 90℃，非采暖季也能降低排烟温度约 10℃，但是烟气阻力增加对燃机有一定的影响。

综合分析，推荐技术方案二：增加低温省煤器和热网换热器受热面积。

5. 其他技术改造措施

技术措施一：低温省煤器再循环水泵的优化。

由于实际运行中低温省煤器的接近点温差过高（约为 30℃），故可以考虑停掉或关小低压再循环水泵，从而增加低温省煤器的换热温差，降低接近点温差和排烟温度。经初步分析，如果关掉低压再循环水泵，当低温省煤器入口温度为 51℃时，关掉低压再循环水泵，可以使排烟温度降低约 3℃，发电效率增加约 0.1 个百分点，热耗降低约 10kJ/kWh，折成标准煤约 0.34g/kWh。在不同低温省煤器入口温度的情况下，关停低压再循环水泵的收益情况见表 12-16。从表中可以看出：低温省煤器入口温度越高，关停低压再循环水泵的作用就越小。

表 12-16　　关停低压再循环水泵的收益与低温省煤器入口温度的关系

低温省煤器入口温度（℃）	排烟温度降低（℃）	发电效率增加（百分点）	热耗减少（kJ/kWh）	折合标准煤（g/kWh）
51	约 3	0.1	10	0.34
60	约 2	0.07	6.7	0.23
65	约 1	0.03	3.4	0.12

关停低压再循环水泵最大的问题是酸露点腐蚀问题，而燃气轮机排气的酸露点与天然气中的含硫量直接相关，图 12-1 为排烟的酸露点与天然气含硫量的关系。从图中可以看出，随着天然气中含硫量的增加，酸露点温度越来越高，当天然气中含硫量高于 5mg/m³时，酸露点已高于 60℃。根据性能试验数据，夏季工况下凝结水温度约为 50℃，而当天然气中含硫量高于 5mg/m³ 时，燃机轮机排气的露点温度将可能高于 60℃。为了保证低温省煤器不被低温腐蚀，需要根据天然气含硫量建立低温省煤器入口给水温度控制表，根据该控制表控制低温省煤器阀门开度，调整低温省煤器入口温度。

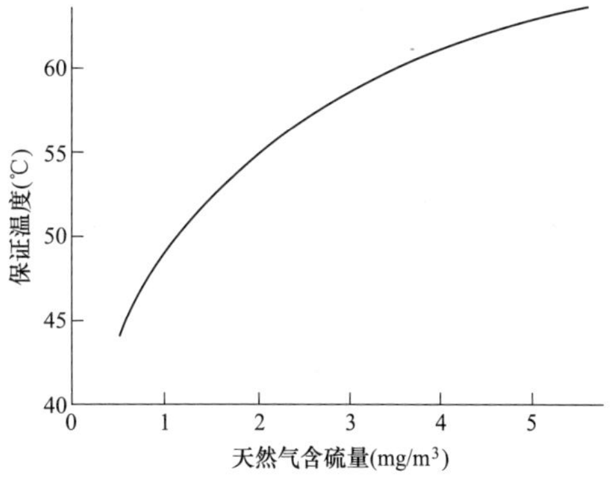

图 12-1　低温省煤器入口保证温度和天然气含硫量关系

综合分析，在非供热工况下，需要根据实测数据，和实际运行中低温省煤器进水温度的变化情况，采取适当关小低压再循环水泵的方式降低排烟温度。而在供热工况下，热网疏水与冷凝水混合后的温度在 60℃以上，而其他电厂的设计给水温度又多在 60℃，故可以考虑在冬季工况下关停低压再循环水泵。

技术措施二：天然气预热。

由于天然气气源温度较低，需要对其加热至工作温度，而余热锅炉回收的烟气余热作为一个天然的热源，若采用烟气余热将天然气从 2℃加热至 55℃，可回收两台机组约 2MW 的余热。

现有加热天然气的热源为外部热网水，实施过程中可与外部热网水热源互为备用。

1.3 余热锅炉改造设计

1.3.1 设计参数的选择

1. 控制目标值的选取

为了降低余热锅炉排烟温度，通过增加低温省煤器和热网换热器受热面积来实现，非采暖季排烟温度能一定程度的降低，而采暖季由于新增热网换热器的原因，排烟温度能降低较多，本方案中按采暖季排烟温度 90℃来设计。

增加低温省煤器是需要考虑低温省煤器出口的接近点温差，即低压汽包温度与低温省煤器出口温度之差，一般设计接近点温差在 4～20℃，如果低温省煤器出口水温过高，则有可能给水进低压汽包时发生闪蒸现象，影响机组安全运行。因此本方案中以采暖季工况为设计工况，控制接近点温差为 10℃，而非采暖季及其他非设计工况通过运行调节控制接近点温差在 4～20℃来分析。

2. 排烟温度的选取

由表 12-4 可知，由于热网换热器的存在，排烟温度需考虑采暖季与非采暖季两个数值。在采暖季，由于负荷变化使排烟温度在 119.8～129℃之间浮动，在非采暖季，由于负荷变化使排烟温度在 130～152℃之间浮动，离原先的设计值（表 12-1）差距很大。本方案中，采取高寒期采暖季工况为设计工况，改造前采暖季排烟温度选取 122℃，作为机组现有工况。

3. 其他参数选取

本方案主要依据 2013 年 1 月份机组的运行数据，机组负荷 221.9MW，其中燃气轮机负荷 164MW，汽轮机负荷 57.9MW，热网水流量为 9900t/h，回水温度 53.5℃，2 号和 3 号尖峰热水炉投入运行，选取低温省煤器进出口水侧参数为 1.4MPa/1.0MPa、56.4℃/145℃，凝结水流量 276.8t/h，低压汽包参数为 0.63MPa/166.7℃。

天然气预热方案中天然气气源温度为 2℃，根据实际运行数据，设计工况选取 55℃，天然气冬季和夏季消耗量参考 2013 年 1 月份～2012 年 7 月份的运行数据。

4. 串联与并联方式的选择

由于受凝结水流量的限制，新增低温省煤器与原有低温省煤器之间采用串联方式连接。

新增热网换热器与原有热网换热器的连接方式根据运行来调整，表 12-17 模拟分析了串联与并联两种方式的效果。由表中可知，若采用并联方式，控制排烟温度 90℃情况下，新增热网换热器流量为 400t/h，水温从 53.5℃升至 84℃；若采用串联方式，新增热网换热器面积不变情况下，由于新增热网换热器阻力的增加，为了保证原来的进出口压力，热网水流量由原来的 700t/h 降低至 450t/h，水温从 55℃升至 111℃，排烟温度为 94℃，较并联方式高 5℃，同时原来热网换热器换热量降低约 7.2MW。

比较两种方式优缺点如下：

(1) 串联方式可使得热网水出口品质（温度）提高，但是水流量有较大的下降，同时也导致原有热网换热器的换热效果降低，排烟温度下降较并联方式略差。

(2) 并联方式对原热网换热器没有影响，出口水温的品质较低，但是能回收余热量较串联多，而且根据实际情况，如果排烟温度允许更低，则可通过增加流量回收更多的余热量。

本方案中热网换热器采用并联方式设计，同时增加阀门可切换至串联方式，该方案运行时根据需要选择串联方式和并联方式（例如水量少的时候采用串联，水量多的时候采用并联），运行方式较为灵活。

表 12-17　　热网换热器串联与并联方式的比较分析

参数名称		单位	并联方式	串联方式
新增换热器	进口水温	℃	55	55
	出口水温	℃	73	75
	水侧流量	t/h	400	450
	换热量	MW	8.37	10.467
原换热器	进口水温	℃	55	75
	出口水温	℃	87	111
	水侧流量	t/h	700	450
	换热量	MW	26.05	18.84
换热器进口母管水压		MPa	1.2	1.2
换热器出口母管水压		MPa	0.9	0.9
总热网水流量		t/h	1100	450
排烟温度		℃	89	94

1.3.2　变工况设计分析

本方案采用 2013 年 1 月的运行数据进行设计分析，为了更好对余热锅炉改造有一个全面的认识，需要对多种工况进行校核以确定设计选型的合理性。

具体模拟数据见表 12-18，采暖季以热网水流量为工况选择点，选取了 9900、7480、2621t/h 三个工况；非采暖季以凝结水流量为工况选择点，选取了 257、199t/h 两个工况。

由表 12-18 中可以知道，新增换热器后，采暖季排烟温度基本在 90℃以下，范围不超过 3℃，采暖季初末期由于热网疏水减少，使得低温省煤器入口温度较高寒期低，从而导致新增低温省煤器换热效果略好，而在采暖季初期效果更好；在非采暖季，排烟温度能降低 5～8℃，热网换热器暂不起作用。根据以上分析可知按现有设计新增的换热器符合降低排烟温度的要求。

表 12-18　　余热锅炉改造变工况分析

参数名称	单位	采暖季工况			非采暖季工况	
		工况一 2013-02-28	工况二 2013-01-16	工况三 2012-11-20	工况四 2012-07-15	工况五 2012-08-10
边界参数						
热网水流量	t/h	7480	9900	2621	—	—
凝结水总流量	t/h	277.2	276.83	271.86	256.6	199
凝结水流量	t/h	123.2	70.43	143.96	256.6	199
凝结水温度	℃	49	32.91	29	49.2	47.5
凝结水压力	MPa	1.39	1.4	1.4529	1.45	1.47
热网疏水流量	t/h	154	206.4	127.9	—	—

续表

参数名称	单位	采暖季工况			非采暖季工况	
		工况一 2013-02-28	工况二 2013-01-16	工况三 2012-11-20	工况四 2012-07-15	工况五 2012-08-10
热网疏水温度	℃	62.24	65.1	72.6	—	—
低温省煤器入口温度	℃	56.4	56.9	49.5	49.2	47.5
低压汽包压力	MPa	0.58	0.63	0.61	0.56	0.43
高压汽包压力	MPa	7.51	7.5	7.49	7.27	5.8
高压主蒸汽流量	t/h	230.9	230.63	229.56	220.6	172.9
高压主蒸汽压力	MPa	6.86	6.85	6.84	6.62	5.15
高压主蒸汽温度	℃	520	517.2	519.6	523	522.7
低压主蒸汽流量	t/h	46.3	46.2	42.3	36	26.1
低压主蒸汽压力	MPa	0.52	0.57	0.55	0.5	0.37
低压主蒸汽温度	℃	207.6	210	211.7	211	202.3
烟气流量	kg/s	525.6	538.3	519.2	484.6	482
烟气温度	℃	538	532.8	535.8	553.7	551.5
余热锅炉排烟温度	℃	117.5	122.7	147.5	146.6	138.3
模拟参数						
余热锅炉排烟温度	℃	86.4	89.5	87.1	134.1	134.6
新增低温省煤器参数						
烟气侧入口温度	℃	119.5	122.35	119.3	159	157.4
烟气侧出口温度	℃	106.7	109.7	106.5	139	134.8
烟气侧阻力损失	kPa	0.1058	0.111065	0.10315	0.10192	0.099105
水侧入口温度	℃	56.4	56.9	49.5	49.2	47.5
水侧出口温度	℃	80.3	83.24	71.2	94.7	91.44
水侧入口压力	MPa	1.39	1.4	1.4529	1.45	1.47
水侧阻力损失	kPa	18.95	18.992	18.64	20.428	21.171
接近点温差	℃	11	11	13	10	8
再循环泵流量	t/h	0	0	0	14.7	20.5
新增热网换热器参数						
烟气侧入口温度	℃	106.7	109.7	106.5	—	—
烟气侧出口温度	℃	86.4	89.5	87.1	—	—
烟气侧阻力损失	kPa	0.19777	0.20772	0.19313	—	—
水侧入口温度	℃	55	55	55	—	—
水侧出口温度	℃	77.9	79.5	77.8	—	—
水侧入口压力	MPa	1.2	1.2	1.2	—	—
水侧流量	t/h	400	400	400	—	—
水侧阻力损失	kPa	78.08	68.08	68.078	—	—

1.3.3　改造系统布置

系统布置时对新增的低温省煤器采取与原有系统串联方式，而对新增的热网换热器采取与原有系统通过阀门切换实现并联和串联可选择的方式布置，而天然气预热所需的热网水由新增循环水泵送至原天然气加热器加热天然气。图 12-2 为布置系统图。

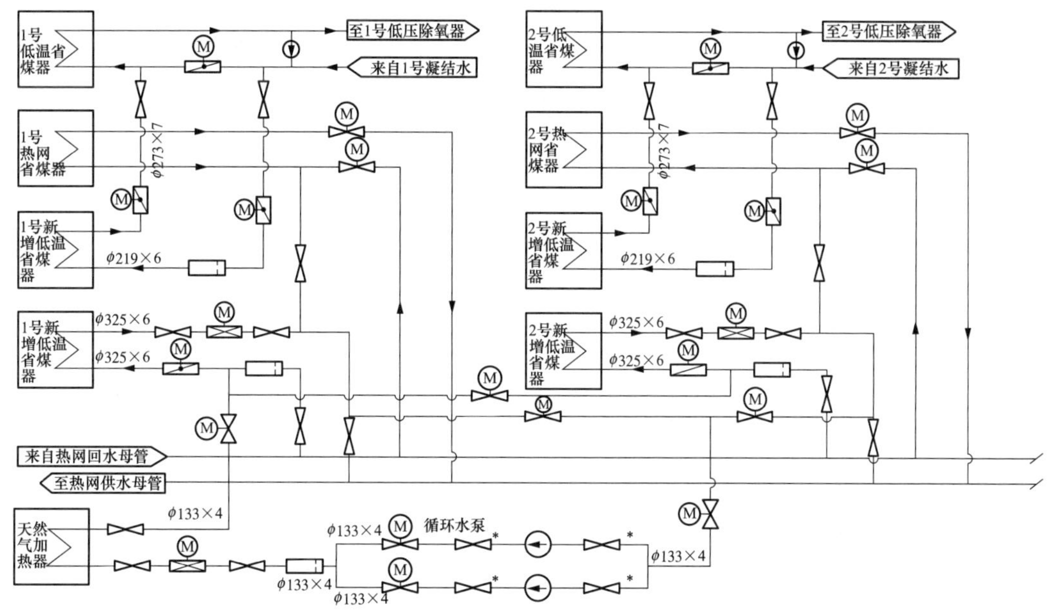

图 12-2　余热锅炉改造系统布置图

1.3.4　新增换热器选型

对余热锅炉新增低温省煤器和热网换热器后，根据确定的控制目标值进行模拟计算和分析，计算换热器需要的换热量、烟气侧和水侧参数，为换热器选型提供边界条件。表 12-19 为低温省煤器和热网换热器选型参数。

表 12-19　　低温省煤器和热网换热器选型参数

参数名称	单位	数值
低温省煤器（按冬季工况来设计）		
型式	螺旋鳍片管，翅片型式锯齿形	
材料	ND 钢	
尺寸	约 3284mm×218mm×21400mm	
换热面积	约 $4500m^2$	
额定换热量	MW	3.65
最大换热量	MW	4.0
凝结水流量	t/h	277
水侧设计压力	MPa	2.5
烟气流量	kg/s	525.6
烟气进口温度	℃	122.7

续表

参数名称	单位	数值
热网换热器（按冬季工况来设计）		
型式	螺旋鳍片管，翅片型式锯齿形	
材料	ND钢	
尺寸	约3284mm×654mm×21400mm	
换热面积	约9000m^2	
额定换热量	MW	14.36
最大换热量	MW	15.8
热网水流量	t/h	404
水侧设计压力	MPa	1.6
烟气流量	kg/s	525.6
烟气进口温度	℃	122.7
烟气出口温度	℃	90

1.4 热水炉改造技术方案

1.4.1 运行优化分析

1. 负荷分析

单台热水炉设计供热负荷为116.3MW，根据2012～2013年采暖期历史数据，三台热水炉整个采暖期总利用时间为4325h。尖峰负荷为289MW，此时热水炉三台全开。按照供热规划，该电厂在今后几个采暖期内新增供热面积不多，参照历史运行数据，假定热水炉尖峰负荷为300MW。

如表12-20所示，由于电厂已进行热泵回收循环水余热改造，可回收循环水余热52.87MW，该部分效果最终体现在减少热水炉的天然气消耗量上，同时若考虑余热锅炉改造后可回收2台机组排烟余热量36MW，该部分也体现在减少热水炉的天然气消耗量上；考虑两部分的改造工程，则实现节省热水炉供热负荷83MW，对应热水炉在高寒期的尖峰负荷则下降为200MW，在两台热水炉供热能力之内，因此，在未来几个供热期内，3台热水炉保持2台运行即可。

表12-20　　2012～2013年采暖季负荷分析

参数名称		数值
改造前	高寒期热水炉负荷（2012年12月10日）	289MW
	热水炉单台功率	116MW
	热水炉运行台数	3台
改造后	热泵吸收余热量	52.87MW
	余热锅炉改造后吸收余热量	36MW
	对应高寒期热水炉负荷	200MW
	热水炉拟运行台数	2台

2. 利用时间分析

方案分析中发现，热水炉实际使用的情况对方案影响比较大，从2012年至2013年3台热水炉使用情况看（见表 12-7），此时电厂热泵机组和余热锅炉改造未投入运行，三台炉总计利用小时为 4253h，1 号使用比较少，运行时间有 486h，2 号和 3 号热水炉是主力运行设备，运行时间达 1721h 和 2044h。

若热泵和余热锅炉新增换热器投入运行，热水炉投运的利用小时就会减少，具体情况见表 12-21。由表中可知，热泵和余热锅炉改造后，采暖季需要热水炉提供的热量大大减少，对应 3 台热水炉总利用小时由原来的 4253h 降至 2450h，从整个采暖季来说，改造后 2 台热水炉可以满足电厂供热需求。

表 12-21　　改造前后热水炉投运情况分析

参数名称	单位	数值
热水炉单台容量	MW	116.3
三台炉采暖季总利用小时	h	4253.3
采暖季需要的热量	万 GJ	178.07
热泵改造后节省容量	MW	52.87
余热锅炉改造后节省容量	MW	36
采暖季时间	h	2358.8
采暖季替代热水炉的热量	万 GJ	75.46
改造后需热水炉提供的热量	万 GJ	102.61
对应 3 台炉总利用小时	h	2450.83

综上所述，本方案拟按热水炉设计工况改造 3 台热水炉，设计按 2 台投入运行，一台备用。

1.4.2　余热回收利用分析

为降低热水炉排烟温度，可以通过新增热网加热器来实现，改造前排烟温度 118℃，改造后按 90℃来设计。

1. 系统布置

热水炉侧为了降低排烟温度需要采取在烟气尾部增加换热器的措施。在热水炉烟气尾部至烟囱的过渡段处采取措施，将新的热网换热器安装好，方案设计是冷却水源考虑从热水炉房北侧的热网水至热泵的母管处引出，热网水在新增热网换热器吸收排烟余热后进入热水炉热网水出口母管处，系统图见图 12-3。

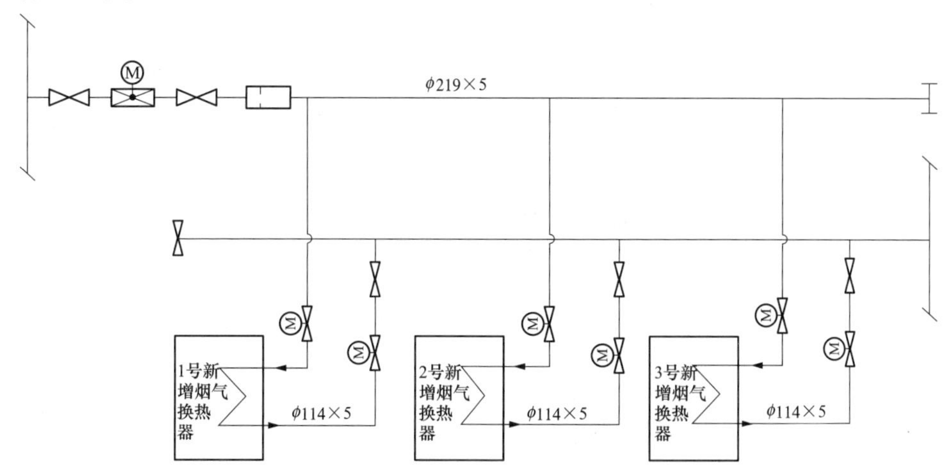

图 12-3　热水炉改造系统布置图

2. 设备选型

对热水炉改造后，根据确定的控制目标进行模拟计算和分析，需要的换热量、烟气侧和水侧参数，为换热器选型提供边界条件。表 12-22 为新增热网换热器选型参数。

表 12-22　　热水炉热网换热器选型参数

参数名称	单位	数值
型式	螺旋鳍片管	
材料	ND 钢	
额定换热量	MW	1.67
最大换热量	MW	1.84
热网水流量	t/h	72
水侧进口温度	℃	55
水侧设计压力	MPa	1.6
烟气流量	kg/s	53.52
烟气进口温度	℃	118
烟气出口温度	℃	90

1.5 技术经济性分析

1.5.1 余热锅炉改造经济性分析

对余热锅炉进行改造后，首先余热锅炉的排烟温度得到显著降低，低压再循环水泵关小或关停可减少厂用电量，同时对天然气进行预热，充分利用烟气余热，实现了能量的梯级利用。

1. 余热锅炉本体改造效果

在采暖季，排烟温度由原来的 122.7℃降至 90℃，其中低温省煤器由于受接近点温差和低温省煤器入口温度较高（主要受热网疏水的影响）的影响，低压再循环泵可关闭，新增低温省煤器烟气侧可下降约 6.6℃，回收余热量 3.65MW，而新增热网换热器烟气侧下降 26.1℃，热网水新增流量 404t/h，回收余热量 14.36MW；在非采暖季，热网停止工作，只有凝结水进入低温省煤器，考虑酸露点问题，低压循环水泵需要开始工作，由于低温省煤器入口温度（49.1℃）较冬季（56.9℃）低，新增低温省煤器的换热效果增加了，此时烟气可下降约 10℃，吸收余热量 5.08MW，同时考虑新增换热器使得烟气阻力增加 0.6kPa，影响燃机发电量 0.54MW，从节约天然气的角度来分析收益，全年可实现收益 2106 万元，具体分析见表 12-23。

表 12-23　　余热锅炉改造前后的效果与效益分析

名称		单位	数值
改造前参数			
原机组参数	非供热期排烟温度	℃	146.62
	供热期排烟温度	℃	122.7
	余热锅炉加热器流量	t/h	720
	余热锅炉加热器出口温度	℃	77.4

续表

名　称		单位	数值
改造后参数			
非供热季低温省煤器效果	低温省煤器烟气侧出口下降	℃	10
	低温省煤器多吸收热量	MW	5.08
	低温省煤器多发电量	MW	0.89
非供热季经济效益分析	非采暖季机组有效利用时间	h	1529
	天然气单价（标况下）	元/m^3	2.68
	天然气热值（标况下）	MJ/m^3	35
	低温省煤器折算天然气热量	MW	1.80
	低温省煤器节省天然气累计节约效益	万元	76.06
	机组台数	台	2
	2 台机组节约天然气收益	万元	152.1
供热季低温省煤器效果	烟气侧出口下降	℃	6.6
	多吸收热量	MW	3.65
	多发电量	MW	0.69
供热季余热锅炉加热器效果	水侧流量增加	t/h	404
	多吸收热量	MW	14.36
供热季总的效果	烟气侧总下降量	℃	32.7
	总多吸收量	MW	18
供热季经济效益分析	采暖季机组有效利用时间	h	2359
	折算天然气热量	MW	1.39
	低温省煤器节省天然气累计节约量（标况下）	万 m^3	33.77
	低温省煤器节省天然气累计节约效益	万元	90.5
	余热锅炉换热器节省天然气供热量	MW	15.44
	余热锅炉换热器节省天然气累计节约量（标况下）	万 m^3	374.53
	余热锅炉换热器节省天然气累计节约效益	万元	1003.7
	整个采暖季多收益	万元	1094.2
	机组台数	台	2
	2 台机组多收益	万元	2188.5
改造对机组的影响	烟气阻力增加量	kPa	0.6
	影响小时数	h	3888
	影响燃机出力量	MW	0.54
	折算天然气热量	MW	1.093560146
	折算天然气累计量（标况下）	万 m^3	43.73
	影响效益	万元	117.2
	2 台机组影响效益	万元	234.4
全年节约天然气量（标况下）		万 m^3	785.9
全年经济效益		万元	2106.2

2. 天然气预热改造效果

采用烟气余热将天然气从 2℃加热至 55℃，可回收两台机组约 2MW 的余热，使得约 86t/h 热网水从 80℃降至 60℃，全年能节省燃料费用 232 万元。

3. 低压再循环水泵改造效果

低压再循环水泵进行运行优化后，可节约天然气约 19 万 m^3（标况下），考虑节约电量等因素，该措施总收益将不少于为 80 万元，最终折合天然气节约量约 30 万 m^3（状况下）。

1.5.2 热水炉改造经济性分析

热水炉改造后，排烟温度显著降低，由原来的 118℃降至 90℃，热网水从 53.5℃升至 73.5℃，回收余热量 1.66MW，具体分析见表 12-24。

表 12-24 热水炉改造前后的效果与效益分析

参数名称	单位	数值
单台热水炉耗气量（标况下）	万 m^3/h	1.37
单台燃烧理论消耗空气量（标况下）	万 m^3/h	13.32
空气过量系数	—	1.1
单台燃烧未消耗空气量（标况下）	万 m^3/h	1.33
单台燃烧实际消耗空气量（标况下）	万 m^3/h	14.65
单台热水炉排烟体积流量（标况下）	万 m^3/h	16.03
单台热水炉排烟质量流量	kg/s	53.52
3 台炉采暖季有效利用小时	h	4253.3
热水炉排烟温度	℃	118
热水炉排烟焓值	kJ/kg	102.63
热水炉改造后排烟温度	℃	90
热水炉改造后排烟焓值	kJ/kg	71.54
单台热水炉排烟利用余热	MW	1.66
采暖季总可利用的余热量	万 GJ	2.55
可节约天然气累计量（标况下）	万 m^3	72.79
天然气单价（标况下）	元/m^3	2.68
节省天然气收益	万元	195.1
单台热网水进口温度	℃	53.5
单台热网水出口温度	℃	73.5
单台热网水流量	t/h	71.53
热网水总流量	t/h	214.61

1.5.3 节能减排效益分析

余热锅炉改造后在设计工况下，两台机组可回收烟气余热 36MW，考虑烟气阻力损失影响，整个供热期内项目实际可节约标准煤 0.93 万 t，并可减少相应的大气污染物（2.43 万 t CO_2、65t NO_x、222t SO_2、6634t 粉尘）排放，具有良好的节能减排效益。

天然气预热改造后，全年可节约标准煤 0.103 万 t，并可减少相应的大气污染物（0.27 万 t CO_2、7.2t NO_x、24.6t SO_2、734.7t 粉尘）排放，具有较好的节能减排效益。

低压再循环水泵运行优化后，全年可节约标准煤 0.036 万 t，并可减少相应的大气污染物（0.09 万 t CO_2、2.5t NO_x、8.5t SO_2、255t 粉尘）排放，具有一定的节能减排效益。

热水炉改造后，全年可节约标准煤 0.087 万 t，并可减少相应的大气污染物（0.227 万 t CO_2、6.08t NO_x、20.7t SO_2、619.2t 粉尘）排放，具有良好的节能减排效益。

综合分析，联合循环机组低温烟气余热再利用改造后，总共可节约标准煤 1.16 万 t，并可减少相应的大气污染物（3.02 万 t CO_2、81t NO_x、277t SO_2、8274t 粉尘）排放，具有显著的节能减排效益。

1.6　项目的财务评价

本项目的工程建设工期为 2 个月。工程动态投资 2508 万元，其中静态投资 2444 万元，建设期贷款利息 64 万元。生产经营期选取 20 年。

对本项目进行财务评价计算，结果见表 12-25。经过计算，项目投资的内部收益率为 105.02%，投资回收期为 1.95 年。项目资本金的内部收益率为 475.45%，投资回收期为 1.21 年。另外，投资收益比=总投资/年收益=2508/2613=0.96 年<1 年，因此项目盈利能力很强。

表 12-25　　　　财务评价指标表

名　　称	单　　位	数　　值
年节约天然气量（标况下）	$10^4/m^3$	975
天然气价格（含税，标况下）	元/m^3	2.68
保险费率	%	0.25
修理费率	%	1.5
残值率	%	0
折旧年限	年	15

以天然气价、静态投资两个要素作为项目财务评价的敏感性分析因素，以增减 5%和 10%为变化步距，分析结果见表 12-26 所示。从表中可以看出，静态投资、天然气价分别调整正负 10%和 5%时，项目投资内部收益率在 94.35%～116.88%之间，均大于基本收益率 10%，因此本项目抗风险能力较强。

表 12-26　　　　敏感性分析表

不确定因素	变化率（%）	项目投资内部收益率（%）
基本方案	0	105.02
静态投资	10	95.31
	5	99.93
	−5	110.64
	−10	116.88
天然气价	10	115.7
	5	110.36
	−5	99.68
	−10	94.35

1.7 项目的创新性

本项目已顺利完成投产运行，项目所取得的技术创新如下：

(1) 根据运行数据核算原有锅炉接近点温差，在兼顾机组夏季和冬季不同运行工况的情况下，采用增加低温省煤器面积的方式，缩小低温省煤器的接近点实际运行温差。新增的低温省煤器系统与原有系统可以进行隔离，当出现问题时，可以通过隔离而不影响原有系统运行。

(2) 充分考虑冬季排烟温度比较高的运行情况，在新增低温省煤器的基础上，继续增加受热面，采用热网水回收烟气余热，降低烟温，提高锅炉效率。新增热网换热器可以与原有系统串并联切换与隔离，增加了系统运行的灵活性。

(3) 在原有天然气预热系统基础上增加管路系统，实现夏季回收余热锅炉烟气余热来加热天然气。

(4) 优化低压再循环水泵运行方式，通过关小或关停再循环水泵来降低接近点温差，节约厂用电。

(5) 改进了炉内受热面设计安装工艺，在整屏换热器管排中间增加中间联箱，分成上下两个管排布置在炉内，缩短了安装时间和降低了安装难度。

第 2 节　华电青岛发电有限公司双转子双背压互换供热改造项目

2.1 项目概况

华电青岛发电有限公司（简称华电青岛电厂）现有 3 台 300 MW、1 台 320MW 热电联产机组，总装机容量 1220 MW。一期 1 号、2 号机组 1995～1996 年建成投产，2009 年 2 月和 2008 年 11 月改造为抽汽供热机组，改造后单台机组最大抽汽量是 300t/h，抽汽压力 0.79MPa，抽汽温度 324℃；二期 3、4 号供热机组分别于 2005～2006 年投产，单台机组最大抽汽量是 430t/h，抽汽压力 0.98MPa，抽汽温度 340℃。目前公司设计最大供热蒸汽量 1400t/h。2011～2012 年采暖季，电厂的最大瞬时供热量达到 1300t/h，已基本达到设计能力，从巩固热力市场的角度考虑，存在热源不足的问题。因此，为提高供热可靠性和拓展青岛电厂的供热面积，通过实施机组双转子双背压互换供热改造，可一定程度上缓解热源不足的压力。

2.1.1 热负荷分析

进行抽汽供热改造后，汽轮机的主要参数见表 12-27。

表 12-27　　汽轮机供热改造后设计参数（冬季供热工况条件下 100%负荷）

工　况	TRL	TMCR	VWO	额定	最大抽汽
功率（MW）	300	316.569	329.204	300.167	246.399
机组净热耗值（kJ/kWh）	8391.3	7944.7	7943.3	7952.8	6587.5
主蒸汽压力（MPa）	16.7	16.7	16.7	16.7	16.7
再热蒸汽压力（MPa）	3.49	3.517	3.676	3.361	3.481
主蒸汽温度（℃）	538	538	538	538	538

续表

工　况	TRL	TMCR	VWO	额定	最大抽汽
再热蒸汽温度（℃）	538	538	538	538	538
主蒸汽流量（kg/h）	976505	976505	1025005	915697	976505
再热蒸汽流量（kg/h）	792346	797194	833888	750827	795522
背压（kPa）	11.8	4.9	4.9	4.9	4.9
排汽流量（kg/h）	581878	578282	601996	548186	282601
补给水率（%）	3	0	0	0	0
高压加热器出口给水温度（℃）	278.8	279.2	282.3	275.1	278.9

2 号机组涉及的主要是热水采暖，采暖供热期从当年的 11 月 15 日起至次年的 4 月 5 日。电厂建有热网首站一座，配置 4 台管壳式加热器和 4 台全焊式板式换热器，热网首站的加热器基本采用 1、2 号机组抽汽加热，极端工况时，用 3、4 号机组的抽汽补充。目前，青岛电厂的 4 台机组在供热期全部满发，根据供热规范要求，供热需要有 30%的备用容量，而且 2013 年华电青岛电厂的热负荷要求进一步增加，根据青岛市供热办要求，华电青岛电厂的供热面积在 2013 年要增加 300 万平方米，因此进行增容供热改造势在必行。

根据业主提供的资料，采暖季电厂热水采暖管网的参数见表 12-28。

表 12-28　　采暖季电厂热网水参数

类型	进出口温度（℃）	流量（t/h）	备注
最低	55/85	4000	
最高	53/115	9200	

2.1.2　项目改造初步分析

华电青岛电厂 2 号机组循环水供热改造的技术方案为：双背压、双转子互换供热改造方案。

供热期汽轮机采用高背压的低压缸转子，提高汽轮机的排汽背压至 54kPa，形成高背压，热网回水作为凝汽器的循环水，在凝汽器中被高参数的凝汽器排汽加热后，回到热网，完成循环水供热的目的。非供热期换回汽轮机的原低压缸转子，凝汽器循环水切换到原循环水供水状态，汽轮机排汽参数恢复到原参数，形成低背压，即汽轮机恢复原纯凝工况运行。

1. 主汽轮机

主汽轮机主要是进行低压缸的通流改造，由于供热期和非供热期背压不同，需要对供热期和非供热期设计 2 套通流设备。具体方案如下：将原来的低压双层内缸更换为新设计的整体内缸结构，后两级隔板改造成现场可装配的结构形式，改造后，更换供热和非供热转子时无需对抽汽管道进行割除和焊接。

供热期时，低压内缸前五级供热用隔板安装在现场可装配的低压持环中，仅将低压持环更换，将低压末两级隔板拆下，换为带有隔板槽保护功能的导流板，同时换成新设计的高背压供热转子。非供热工况时，拆除导流板，安装低压末两级隔板及带有前五级纯凝用隔板的低压持环，新设计的低压内缸可以保证电厂采用原有低压转子运行。

2. 凝汽器

凝汽器的改造是本项目的关键点，为实现低压缸双背压、双转子互换循环水供热方案，供热期要求汽轮机在高背压状态下运行，即汽轮机运行背压在 54kPa，汽轮机排汽温度在 78.7℃左右。凝汽器循环水来自热网水，进入凝汽器的热网平均回水温度在 53℃左右，经过凝汽器后将热网回水温度由 53℃提升至 80℃，其中凝汽器供热期水侧运行压力达到 0.5～0.6MPa。不同工况下的凝汽器热力参数对照表见表 12-29。

表 12-29　　不同工况下的凝汽器热力参数对照表

设计参数	非供热期（纯凝工况）	供热期（高背压工况）
凝汽器背压	4.9kPa	54kPa
汽轮机排汽温度	32.6℃	83℃
循环水入口温度	20℃（夏季时 33℃）	53℃（热网平均回水温度）
循环水出口温度	28.8℃	80℃（热网水出口温度）
循环水温升	8.8℃	27℃
平均端差	4.2℃	3.3℃左右
凝汽器水侧压力	0.25MPa	1.0MPa
循环水流量	37000t/h	6500～12000t/h

由表 12-29 中数据可看出，供热期凝汽器的循环水运行参数远高于纯凝工况时的运行参数，目前按照纯凝工况设计的凝汽器在循环水供热状态下运行是极不安全的，需要对凝汽器进行改造，主要实施改造内容：一是需要更换管板和管束，以适应热网回水压力；二是水室改造，提高其耐压耐温性能；三是有效控制供热期循环水的最低流量，运行时循环水流量不低于 7400t/h，低于该流量时机组应采用降负荷运行方式，运行时循环水流量最大流量为 12000t/h，从而保证凝汽器运行的安全；四是充分考虑热网水锤对于凝汽器的影响，可提高凝汽器水侧的设计压力为 1.0MPa。

3. 给水泵汽轮机

由于给水泵汽轮机的排汽是进入凝汽器的，凝汽器背压升高，对给水泵汽轮机的功率和通流产生了负面影响。因此，若对给水泵汽轮机进行通流改造，更换喷嘴组、转子所有叶片及各级导叶持环等，使给水泵汽轮机可以满足各个季节的运行要求。改造后，给水泵汽轮机运行效率将会有所下降，但不需要另外增加小凝汽器和相关的凝结水泵，降低了项目初投资。

4. 轴封加热器

轴封加热器是用来冷却汽轮机轴封汽的，由于凝汽器背压升高，导致凝结水的温度升高，已经不能满足轴封加热器的冷却要求，本次改造需新增一台轴封加热器，冷却水使用闭式冷却水，经校核，原先的闭式冷却水流量在冬季供热期内是有富余的，不需要进行增容改造。

5. 化学精处理装置

本次改造后，凝结水温度上升到约 85℃，凝结水精处理将在高温下运行，阴树脂受影响最大，虽进行过高温静态实验，但实际运行的实例极少。经咨询国内相关生产商，认为阴树脂的降解不是非常严重，可使用一到两年。在目前情况下，采用价格相对便宜的国产树脂是可行的。但还需结合电厂项目进行动态实验。

2.2 汽轮机本体改造技术方案及措施

2.2.1 技术路线分析

低压缸双背压循环水供热改造的技术路线如下：

为尽可能满足一级热网与二级热网的换热要求，低真空循环水供热采用串联式两级加热系统，热网循环水首先经过凝汽器进行第一次加热，吸收低压缸排汽余热，然后再经过供热首站蒸汽加热器完成第二次加热，生成高温热水，送至一级热网通过二级换热站与二级热网循环水进行换热，高温热水冷却后再回到机组凝汽器，构成一个完整的循环水路，供热首站蒸汽来源为 2 号机组中低压联通管抽汽或 1 号机组的中低压联通管抽汽。

在采暖供热期间低真空循环水供热工况运行时，机组纯凝工况下所需要的冷水塔及循环水泵退出运行，将凝汽器的循环水系统切换至热网循环水泵建立起来的热网循环水系统，形成新的“热-水”交换系统。循环水系统切换完成后，进入凝汽器的水流量降至 7400～9200t/h，凝汽器背压由 5～7kPa 升至 54kPa，低压缸排汽温度由 30～45℃升至 83.3℃（背压对应的饱和温度）。经过凝汽器的第一次加热，热网循环水回水温度由 53℃提升至 80℃（凝汽器端差 3℃），然后经热网循环水泵升压后送入首站热网加热器，将热网供水温度进一步加热后供向一次热网。

系统简图如图 12-4 所示。

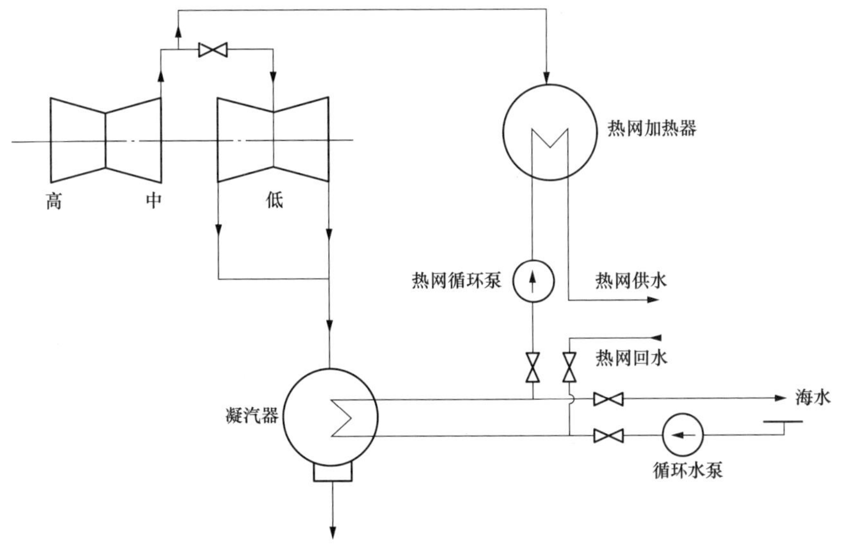

图 12-4 青岛电厂高背压供热改造系统示意图

机组在纯凝工况运行时，退出热网循环水泵及热网加热器停止运行，恢复原循环水泵及冷却塔投入运行，凝汽器背压恢复至 5～7kPa。

2.2.2 改造方案分析

本项目双背压供热改造将采用如下方案，即将原来的低压双层内缸更换为新设计的整体内缸结构，低压前 2×5 级隔板装配在全新设计低压静叶持环上，低压末两级隔板更换为上下半可拆卸的结构（隔板汽封采用低直径汽封）。供热工况时，仅将低压持环更换，将低压末两级隔板拆下，换为带有隔板槽保护功能的导流板，同时换成新设计的高背压供热转子。非供热工况时，拆除导流板，安装低压末两级隔板及带有前五级纯凝用隔板的低压持环，新设计的低压内缸配合电厂原有低压转子运行。

1. 改造范围

保留原低压外缸，保留原纯凝工况的2×7级供热转子、提供1根高背压工况下的2×5级供热转子（含动叶）、全新单层低压内缸（含隔热罩）、纯凝工况下低压静叶持环（发电机端、调阀端各1套）、高背压工况下低压静叶持环（发电机端、调阀端各1套）、纯凝工况下2×7级低压隔板、高背压工况下2×5级低压隔板、低压进汽导流环、低压排汽导流环（包括高背压运行时保护末两级隔板槽的导流锥板）、内外缸对中装置、通流部分汽封、汽封系统轴封冷却器及配套阀门，管道、低压缸喷水系统的调节阀、截止阀、节流阀、以及其他低压部分的相应改造部件等。

将原来的低压双层内缸更换为新设计的整体内缸结构，供热工况时，仅将低压持环更换，将低压末两级隔板拆下，换为带有隔板槽保护功能的导流板，同时换成新设计的高背压供热转子。非供热工况时，拆除导流板，安装低压末两级隔板及带有前五级纯凝用隔板的低压持环，新设计的低压内缸配合电厂原有低压转子运行。

2. 改造说明

对于改造方案在采暖期、非采暖期用的转子，两根转子的相同部分可以采用相同的加工程序、机床和刀具，保证转子的良好互换性。由于方案中保留原低压外缸和原低压转子，在纯凝工况和高背压工况之间，通流径向和轴向的位置调整在低压静叶持环以及低压转子之间，两套静叶持环和低压隔板可以根据两根转子的结构进行全新设计，持环与内缸配合的部分可以实现良好的互换性。该方案中低压内缸进行了全新设计，采用单层整体形式，内缸刚性比之前的双层缸有较大提升，且拆装方便（原机组为低压双层缸，拆装相对麻烦），可以减少双背压转子更换时的检修时间，同时低压内缸中分面加装弹性密封条，加强低压内缸的密封性能。对于低压进汽和排汽部分，对导流环的型线进行优化，尽可能地提高通流效率。第一次更换整体低压内缸时需要将低压部分的回热抽汽管道割除，安装完毕后，将来每次实施高背压转子及持环的更换时，低压内缸下半部无需再起吊，不用再割管子。低压末两级隔板更换为上下半可独立起吊的形式，便于高背压改造时现场起吊和拆装。末两级隔板汽封采用低直径汽封，减少纯凝工况运行时此处的环形漏汽量，对运行效率有利。

全新低压整体内缸改造在外高桥电厂、石横电厂（均为F156机组）、阳逻电厂等汽轮机通流改造项目中已经成功运用，成熟可靠。

上述方案中，对于汽轮机轴系和轴封系统的相应评估和改造的原则与设计基准基本相同。汽轮机轴系根据全新计算的轴系找中及抬高量变化进行安装。

对于轴封系统，冬季工况下，由于背压升高，凝结水泵出口温度由原来的32.55℃提高到84℃，对于汽封系统主要有两个方面的影响：一是汽封减温装置喷水量校核，经核算，原有配置能够满足夏季工况和冬季工况的要求，控制逻辑须相应调整；二是轴封冷却器面积校核，经核算，原有轴封冷却器面积无法满足冬季工况。由于端差太小，轴封冷却器面积加大后仍有60%以上的不凝结汽体需要排出，即使增加风机排汽量也无法有效改变排汽环境。

考虑本机组夏季工况和冬季工况的差别，建议轴封加热器选用一用一备形式。即夏季工况采用原有配置，冬季工况投运原有轴封冷却器的同时，启用备用冷却器。备用轴封加热器的冷却介质采用 35℃左右的工业除盐水，该方案在不考虑热量回收前提下，能够大大改观风机排汽环境，保证风机安全可靠运行。

低压缸喷水系统向双流低压缸两端喷水环的喷嘴提供凝结水。凝结水能使离开汽轮机末级叶片的蒸汽，在进入低压缸排汽室之前降低温度。通常，低压缸排汽室中的蒸汽是湿蒸汽，其温度是相应于出口压力下的饱和温度，然而，在小流量情况下，低压缸末几级长叶片做负功引起的鼓风加热，使得排汽温度迅速升高。

对于低压缸喷水系统改造方案，相比纯凝工况，高背压工况下的排汽背压使其控制温度点相应提高，根据热平衡图相关数据，低压缸喷水量的原有配置无法同时满足夏季工况和冬季工况的要求，在高背压工况时须重新设定其控制范围及控制逻辑，同时配置节流阀调节喷水量来满足两种工况的要求。

2.2.3　改造技术措施

1. 轴系方面

对于该机组改造后轴系是否能稳定运行，主要从以下几个方面进行分析：①改造后温度对轴系标高的影响，由于该机组低压缸是座缸式轴承座型式，排汽温度的影响将使得转子的标高发生一定变化，由此需进行标高及其变化区域对轴系稳定运行的影响分析；②改造前后轴系静态特性对比分析，根据改造后低压转子结构，建立轴系计算模型（高中压转子、发电机转子均为原计算模型），计算改造前后机组各轴承负荷、标高、转子挠度等，通过对比分析，明确低压结构变化对轴系安装数据的影响；③改造前后轴承油膜特性对比分析，由于改造后低压转子的重量有一定的降低，轴承的油膜特性也将随之发生一定的变化，应用机组轴承性能原始设计方式及计算方法，对改造前后低压轴承的油膜特性进行对比计算，进一步确认改造后原轴承参数对稳定性的影响；④改造前后轴系临界转速、稳定性及扭振性能对比分析，应用机组原始设计方式及计算方法，同样的高中压、发电机数学模型和改造前后的低压转子数学模型，对改造前后转子系统的临界转速及稳定性进行对比计算，进一步确保改造后轴系能安全稳定地运行。

通过对华电青岛电厂高背压供热机组轴系的计算，得出如下结论：①各阶临界转速均满足设计标准：临界转速避开工作转速的±10%，且避开量较大；②轴系中各转子的对数衰减率均大于 0.065，失稳转速均大于 4500r/min，满足公司设计标准。说明该机组具有良好的稳定性；③轴系的各阶扭振频率满足公司设计标准，且二相短路时轴系上各危险截面的扭转剪切应力均小于转子材料的许用扭转剪切应力。由此发现，华电青岛电厂 2 号机组高背压循环水供热改造方案轴系的各项静、动性能均满足设计标准，且性能优良。

2. 转子互换性

由于方案中保留原低压转子并提供一根高背压工况下的供热转子，两个转子的相同部分可以采用相同的加工程序、机床和刀具，转子联轴器孔采用上汽引进型 300MW 机组的联轴器标准钻模加工定位，保证与高中压转子及发电机转子的配合精度，保证转子的良好互换性。由于方案中保留原低压外缸和原低压转子，在纯凝工况和高背压工况之间，通流径向和轴向的位置调整在低压静叶持环以及低压转子之间，两套静叶持环和低压隔板可以根据两根转子的结构进行全新设计，实现良好的互换性。该方案中低压内缸进行了全新设计，采用单层整体形式，内缸刚性比较好，拆装方便（原机组为低压双层缸，拆装相对麻烦），可以减少双背压转子更换时的检修时间，同时低压内缸中分面加装弹性密封条，加强低压内缸的密封性能。对于低压进汽和排汽部分，对导流环的型线进行优化，尽可能地提高通流效率。新的低压内缸可以实现两根转子与两套低压静叶持环的准确配合，保证机组的稳定运行。

对于本改造方案来说，更换转子检修周期为电厂一次 C 修的周期（不揭高中压缸，根据轴系计算分析结果采取措施不揭高中压缸）。对于原低压转子和拆除的隔板进行表面的清洁并做一定的防锈处理，其存放以及防护按相关国家标准执行，同时建议转子进行定期盘动，防止静挠度带来的弯曲影响。

3. 静子部分结构方面

对于本改造方案，因为只保留低压外缸与原低压转子，对低压整个通流模块进行改造同时提供高背压供热转子及相应附件，不存在改造部件返厂。由于新提供的高背压供热转子与原低压转子的相同部分采用相同加工程序加工，互换性良好，联轴器孔采用上汽引进型 300MW 机组的联轴器标准钻模加工定位，保证与高中压转子及发电机转子的配合精度。2 套低压静叶持环与整体低压内缸的配合部分采用相同结构，与内缸之间实现良好的互换性，低压前 5 级隔板及动叶（左右旋）直接与全新设计的低压静叶持环配合，结构上相对独立，能够适应纯凝和高背压供热两种工况的运行。低压内缸采用单层缸设计，唯一需要考虑的是低压内缸与原低压外缸的配合，对于 F156 机组的低压通流改造，上汽已经执行多个项目，成熟可靠。由于采用了单层内缸，低压内缸起吊时只需要一次就可以拆掉上半，然后直接进行持环拆装和转子的更换，安装和检修较以前的双层低压内缸结构，效率方面大为提高。全新提供的低压末两级隔板可以分上下半单独起吊安装，有利于每次进行高背压供热转子换装，同时末两级隔板均采用低直径汽封，减少低压末两级的环形漏汽量。图 12-5 所示为机组低压缸低压部分示意图。

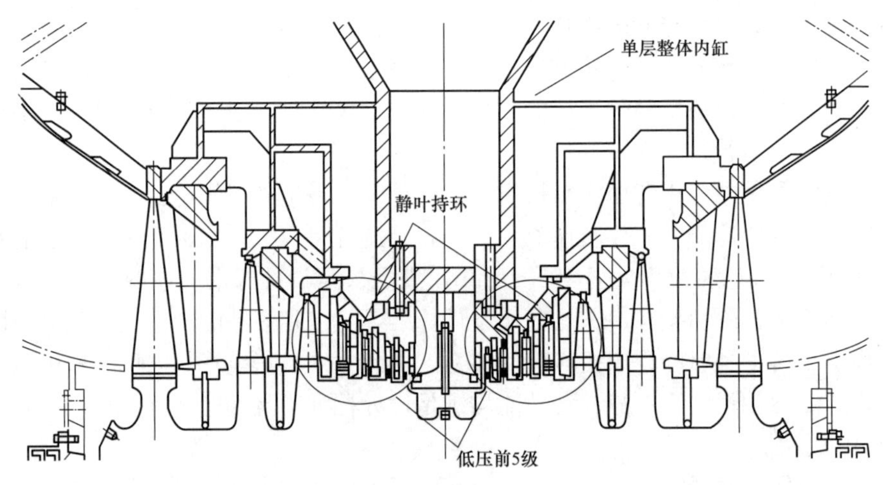

图 12-5　机组低压缸低压部分示意图

高背压供热工况运行时，由于汽轮机排汽温度的升高，低压缸下机座向上的膨胀量增大，在调整低压缸汽封（包括叶顶、隔板汽封）时，要充分考虑下部预留间隙，避免汽封摩擦。

低压缸安装高背压供热转子后，原末两级叶轮、隔板处出现较大空挡，且与原低压缸排汽导流环不衔接，此处易产生蒸汽涡流，影响低压缸效率以及排汽的流畅性，因此改造中在末两级压力级的位置设计加装排汽导流锥板，使汽流平滑过渡，从而达到保持低压缸较高效率的目的。排汽导流锥板分上下半，导流板需要与内缸固定，所以要在内缸上设置合适的固定方式，如螺栓连接等形式。图 12-6 所示为机组低压缸低压末两级隔板示意图。

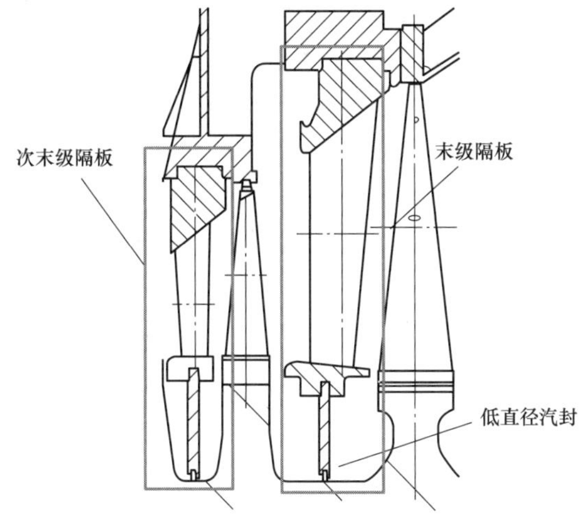

图 12-6　机组低压缸低压末两级隔板示意图

另外，本次改造中低压缸端部汽封环可以使用蜂窝汽封等新型汽封加强端部汽封的封汽效果，端部汽封体可以不改造。同时左右旋前 5 级的动叶围带汽封及隔板汽封可以借本次改造的机会进行更换。图 12-7 所示为排汽导流板与内缸固定示意图。

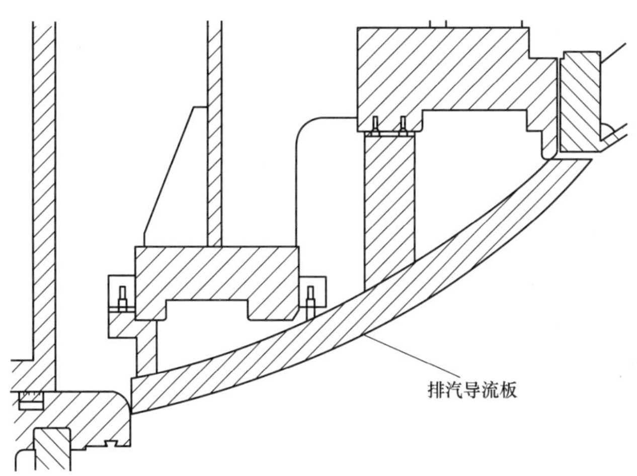

图 12-7　机组低压缸排汽导流板与内缸固定示意图

4. 轴封系统

汽封冷却器是一个热交换器，它的作用是从轴封系统来的汽、气混合物中回收凝结水，由装在汽封冷却器顶上的抽气口将未凝结蒸汽及空气排出，并维持汽封漏泄系统的压力略低于大气压力，防止从各汽封段逸出蒸汽以及抽取和凝结蒸汽。汽封冷却器一般用主凝结水作为冷却介质。

经核算，原有轴封冷却器面积无法满足冬季工况。由于端差太小，轴封冷却器面积加大后仍有 60%以上的未凝结汽体需要排出，即使增加风机排汽量也无法有效改变排汽环境。

考虑本机组夏季工况和冬季工况的差别，轴封冷却器选用一用一备形式，以适应高背压运行工况的要求。

即夏季工况采用原有配置，冬季工况使用原有冷却器旁路的同时，启用备用冷却器，冷却介质采用 35℃左右的工业除盐水。

5. 低压缸喷水系统

对于低压缸喷水系统改造方案，相比纯凝工况，高背压供热工况下的排汽背压使其控制温度点相应提高，根据热平衡图相关数据，低压缸喷水量的原有配置无法同时满足夏季工况和冬季工况的要求，在高背压供热工况时须重新设定其控制范围及控制逻辑，同时配置节流阀调节喷水量来满足两种工况的要求。

2.3 凝汽器改造技术方案

2.3.1 改造设计边界条件

供热期为 11 月 15 日至次年 4 月 5 日。

“低压缸双背压双转子互换”循环水供热改造后，供热工况设计背压 54kPa。

2011～2012 年度热网循环水流量平均为 6500t/h，最大为 9200t/h，最小流量为 4000t/h，平均回水温度 53℃，供水温度一般在 85～105℃，热网回水运行压力一般为 0.5～0.6MPa。

给水泵汽轮机排汽考虑在汽机房夹层靠 B 排处单独加装板式换热器作为凝汽器，汽机房零米层加装两台小凝结水泵，给水泵汽轮机凝结水泵出水管接到轴加入口（给水泵汽轮机背压及进汽流量按照原设计工况考虑）；不考虑给水泵汽轮机通流改造方案。

热网循环水回水通过凝汽器一级加热到 75℃，然后进入热网首站换热器进行二级加热至 110℃，此时需消耗本机的抽汽量（不足部分由其他机组提供）。

中、低压连通管抽汽口压力控制在 0.7MPa，经 LEV 节流后，到热网换热器压力为 0.3MPa。

2.3.2 改造技术方案

主要采用管束置换法对凝汽器的结构进行全面改造，改造方案如下：

（1）保留现凝汽器的喉部、喉部膨胀节、外壳。

（2）凝汽器基础不变动。

（3）凝汽器与其他相关设备的接口连接方式不变，凝汽器支撑方式不变。

（4）对现凝汽器外壳体的侧板、底部进行校核并加固。

（5）保持喉部和低压缸连接的喉部不变化，保留喉部内所有支撑件和设备。

（6）对凝汽器喉部及喉部内设备进行临时性或永久性加固。

（7）保留和恢复原有的凝汽器循环水反冲洗装置。

（8）水室更换圆弧形加强水室，内做耐热衬胶防腐处理，耐热温度达 120℃以上。

（9）更换循环水进、出口管道膨胀节。

（10）更换端管板。采用新的、加厚钛复合板管板。管板厚度初步确定为 $\delta5+\delta65$(Ti+Q345B)。

（11）拆除凝汽器原全部冷却管束，更换为全新的钛材冷却管束。

（12）更换全部的中间隔板及汽侧附件。

（13）考虑适当加长凝汽器壳体长度，加装双管束膨胀节。

（14）采用 HEI 及引进的德国巴克．杜尔凝汽器设计技术，进行凝汽器热力计算与排管设计，优化管束排布。提高凝汽器管束内的热负荷均匀性，保证最优蒸汽凝结效果。

（15）改造置于凝汽器内部的气-汽抽气系统，采用多点抽气方式，保证凝汽器高效。

通过以上技术措施对凝汽器进行加强设计和改造，得到一个加强型凝汽器，以充分保证供热期凝汽器设备的安全可靠。

2.3.3　新凝汽器设计参数

设计工况：

新凝汽器按照非供热期纯凝 THA 工况进行设计，设计循环水进口温度 20℃时，设计循环水流量为 37000t/h，设计凝汽器压力为 4.9kPa。

凝汽器校核工况：

校核工况 1：保证凝汽器技术性能满足非供热期纯凝 TRL 工况，循环水 33℃时，机组满负荷，同时凝汽器背压不超过 11.8kPa（本改造方案保证夏季时机组满发，且凝汽器背压仅为 10.8kPa）。

校核工况 2：保证凝汽器的相关技术性能满足“冬季高背压供热、平均供热流量工况”的参数要求。即循环水（热网回水）流量为 7400～9200t/h，入口温度 53℃，出口温度 80℃，凝汽器背压为 54kPa 的参数要求。

考虑凝汽器供热期高背压运行的要求：凝汽器水室设计压力为 1.0MPa，凝汽器壳（汽）侧设计压力为 0.12MPa。

2.3.4　新凝汽器技术参数

按照新凝汽器设计工况及校核工况要求，通过热力设计计算，选定改造后凝汽器的换热面积为 17300m^2，凝汽器换热管选用 TI 管。

经现场踏勘，并比对改造前凝汽器结构，按照 BD 凝汽器技术进行了新凝汽器排管设计。

新凝汽器的热力及结构设计表明：保留现凝汽器的喉部、外壳、基础，在此基础上对凝汽器改造完全是可行的。

改造后的新凝汽器能够满足机组纯凝工况高效满发，同时满足“冬季高背压供热、最大进汽量工况”热力过程要求。

按照新凝汽器设计参数进行设计，改造后凝汽器相关技术性能指标见表 12-30、表 12-31。

表 12-30　　改造后凝汽器的技术性能指标

编号	项　目	单位	参数	备注
1	凝汽器型号	DTP/N-17300-加强型，单壳体、双流程、表面式		
2	凝汽器的总有效面积	m^2	17300	暂定
3	抽空气区的有效面积	m^2	1160	
4	流程数/壳体数		2/1	
5	传热系数	J/(s·m^2·℃)	3201.90	
6	循环水流量	t/h	37000	供热期 8000t/h

续表

编号	项　目	单位	参数	备注
7	管束内循环水最高流速	m/s	2.28	
8	冷却管内设计流速	m/s	2.2	
9	设计循环水温	℃	20	供热期53℃
10	最高设计循环水温	℃	60	
11	清洁系数		0.85	
12	设计工况循环水温升	℃	8.8	供热期27℃左右
13	凝结水过冷度	℃	0.5	
14	凝汽器设计工况端差	℃	4.2	计算3.88
15	凝汽器出口凝结水保证氧含量	μg/L	25	
16	管子总水阻	kPa	60.8	
17	凝汽器设计背压	kPa	4.90	供热期54kPa
18	夏季工况TRL循环水温度33℃（夏季时）凝汽器背压	kPa	10.80	
19	VWO工况时，循环水温度20℃凝汽器背压	kPa	4.90	

表12-31　新凝汽器的设计材料表

编号	项　目	单位	参数	备注
1	管束顶部外围部分材料		Ti	
2	管束顶部外围部分数量	根	660	
3	管束顶部外围部分直径、壁厚	mm	ϕ26×0.7	
4	管束主凝汽器区材料		Ti	
5	管束主凝汽器区数量	根	16452	
6	管束主凝汽器直径、壁厚	mm	ϕ26×0.5	
7	管束空气抽出区材料		Ti	
8	管束空气抽出区数量	根	1248/660	总根数/0.7根数
9	管束空气抽出区直径、壁厚	mm	ϕ26×0.5/0.7	
10	冷却水管有效长度	mm	11540	壳体加长约700mm
11	冷却水管订货长度	mm	11700	
12	入/出口端紧固管束的方法		胀接+无填料氩弧焊	
13	管板数量		4	
14	管板材料		Ti+Q345-B	
15	管板尺寸	m	约3.8×5.0	
16	管板厚度	mm	(5+65)70	
17	中间隔板数量		14×2	
18	中间隔板尺寸	m	约3.8×5.0	
19	中间隔板厚度	mm	16	
20	中间隔板材料		Q235-B	

2.4 项目技术经济性指标分析

根据汽轮机厂提供的热平衡图，进行主要经济指标计算，见表 12-32、表 12-33。

表 12-32 最大流量（9200t/h）时主要经济指标计算值

序号	项目	单位	纯凝工况	原供热工况（300t/h 抽汽）	现供热工况（9200t/h 水量）
1	汽轮机热耗	kJ/kWh	7952.8	6587.5	3600
2	发电功率	MW	300.167	246.399	242.063

表 12-33 最小流量（7400t/h）时主要经济指标计算值

序号	项目	单位	纯凝工况	原供热工况（300t/h 抽汽）	现供热工况（7400t/h 水量）
1	汽轮机热耗	kJ/kWh	7952.8	6587.5	3600
2	发电功率	MW	300.167	246.399	209.261

由表 12-32、表 12-33 可知，按原先的抽汽供热方式，1 号和 2 号机组会减少发电量为 300.167－246.399＝53.768MW。

现在改造后，2 号机组的发电量会进一步下降，但 1 号机组由于抽汽量减少，发电量会比原先有所增加。

按最小流量 7400t/h，1 号机组抽汽 60t/h 计算如下：

2 号机组减少发电量：246.399－209.261＝37.138(MW)；

1 号机组增加发电量：53.768×(1－60/300) ＝43.014(MW)；

总增加发电量：43.0144－37.138＝5.876(MW)。

电厂供电煤耗约为 310g/kWh，因此，每小时相应增加耗煤量为 5876.4×310＝1.82t/h。

可见，改造后的上网电量是增加的，按照电价 0.49 元/kWh 计算，煤价 900 元/吨，供热期 141 天计算，每年增加收益为（5876.4×24×141×0.49）－（1.82×24×141×900）＝420.1（万元）。

2013 年，青岛电厂的供热面积要从 1700 万 m^2 增加到 2000 万 m^2，按照 45W/m^2 计算，新增 300 万 m^2 需要增加供热量为 3000000×45×3.6＝486(GJ)。

电厂供热煤耗约为 45g/GJ，因此，相应增加耗煤量为 486×45＝2.187(t)。

按热价 50 元/ GJ，煤价 900 元/t，供热期 141 天计算，每年增加收益为(486×24×141×50)－(2.187×24×141×900)＝7557.0(万元)。

按 2011～2012 年热网流量统计，最大流量 9200t/h，平均 6500t/h，供热负荷率约 0.7。因此，改造后每年增加收益为 420.1＋7557.0×0.7＝5710(万元)。

第 13 章

其他热电联产供热技术改造工程实例

第 1 节　沈阳金山能源金山热电分公司新型凝抽背供热改造项目

1.1　项目概况

苏家屯区是沈阳市十个市辖区之一，位于浑河南岸，距市中心 15km，总面积 782km^2，是国务院批准的沈阳南部副城，是沈阳这座区域性中心城市连接辽宁中部城市群的一个战略门户，也是沈阳开放的前沿。

沈阳金山能源股份有限公司金山热电分公司（以下简称苏家屯热电厂）位于沈阳苏家屯区，1986 年建厂，1988 年投产运营，原有 6MW 汽轮机 2 台，12MW 汽轮机 1 台，75t/h 中温中压煤粉锅炉 3 台，75t/h 循环流化床锅炉 1 台，可供苏家屯区采暖供热面积 340 万 m^2、工业蒸汽 50t/h。2007 年新建沈阳金山热电 2×200MW“以大代小”供热工程，机组采用哈汽生产的超高压一次中间再热双缸双排汽双抽凝汽供热式汽轮机。苏家屯热电厂是辽宁省率先实现超净排放的热电联产企业，承担沈阳市南部部分居民供热和企业生产用蒸汽，是辽宁省和沈阳市重点扶持企业。

2015 年 5 月 20 日，苏家屯区召开“蓝天行动”动员大会，根据《苏家屯区蓝天行动实施方案（2015-2017 年）》，将开展 20t/h 以下分散采暖燃煤锅炉拆除联网工程。2015 年制定完成拆除计划并向社会公示，当年拆除 1 座 20t/h 以下燃煤锅炉房，2017 年完成所有 20t/h 以下燃煤采暖锅炉房的拆除任务。随着苏家屯地区的经济发展和城市建设，热负荷增长较快，目前已分批由苏家屯热电厂进行接带。并且随着分散锅炉供热的逐渐取缔和当地城市建设的发展，苏家屯热电供热面积增长较快。

为了缓解电厂进一步拓展供热市场的热源不足问题，有效提高现有机组的供热能力和调峰能力，苏家屯热电厂计划实施 2 号机组新型凝抽背供热改造项目。

1.1.1　机组概况

1. 锅炉

锅炉为自然循环单汽包循环流化床锅炉，超高压，一次中间再热，紧身封闭，固态排渣，全钢构架，受热面采用全悬吊方式。

型式：超高压一次中间再热循环流化床锅炉；

额定蒸发量：745t/h；

过热蒸汽压力：13.7MPa；

过热蒸汽温度：540℃；

再热蒸汽流量：611t/h；

再热器蒸汽入口压力：2.55MPa；

再热器蒸汽入口温度：318℃；

再热器蒸汽出口压力：2.35MPa；

再热器蒸汽出口温度：540℃；

汽包工作压力：15.1MPa；

给水温度：249℃；

排烟温度：137℃；

锅炉效率：90.76%。

2. 汽轮机

型号：CC150/N220-12.75/0.981/0.245；

型式：超高压中间再热双缸双排汽抽汽凝汽供热式汽轮机；

额定功率（抽汽/冷凝）：150/220MW；

主蒸汽额定压力：12.75MPa(a)；

主蒸汽额定温度：535℃；

主蒸汽额定流量（抽汽/冷凝）：745/659.44t/h；

再热蒸汽进汽压力（抽汽/冷凝）：2.543/2.504MPa(a)；

再热蒸汽进汽温度：535℃；

再热蒸汽流量（抽汽/冷凝）：547.32/544.8t/h；

工业抽汽额定压力：0.981MPa(a)；

最大工业抽汽量：360t/h；

额定工业抽汽量：56t/h；

采暖抽汽额定压力：0.245MPa(a)；

最大采暖抽汽量：420t/h；

额定采暖抽汽量：290t/h；

冷却水温度（设计水温）：20℃；

最高冷却水温：33℃；

额定背压：0.0049MPa(a)；

维持额定出力的最高背压：0.0118MPa(a)；

额定转速：3000r/min；

最终给水温度（冷凝）：249℃；

回热系统：2 级高压加热器＋1 级高压除氧器＋4 级低压加热器；

机组外形尺寸（长×宽×高）为 16.67m×7.99m×6.9m，总质量约为 385t。

(1) 本体概述。主蒸汽从锅炉经 2 根主汽管分别到达汽轮机两侧的主汽阀和调节阀，并由 4 根主汽管及进汽插管进入设置在高压内缸的喷嘴室。

高压缸采用内外双层缸结构。高压部分为反向布置，由 1 级单列调节级和 6 级压力级组成。其中第 2～5 级隔板挂在高压内缸上，第 6、7 级隔板挂在 1 号隔板套上。主蒸汽经过布置在高中压外缸两侧的 2 个主汽阀和 2 个调节阀从位于高中压缸中部的上下各 2 个进汽口进入喷嘴室调节级，然后再流经高压缸各级。第 5 级后部分蒸汽由一段抽汽口抽汽至 2 号高压加热器。高压缸排汽从下部排出经再热冷段蒸汽管回到锅炉再热器，其中部分蒸汽由二段抽汽口抽汽至 1 号高压加热器。从锅炉再热器出来的再热蒸汽经由再热热段蒸汽管到达汽轮机两侧的再热主汽阀调节阀，然后经中压主汽管进入中压缸。

中压部分为隔板套结构，无内缸。中压部分由 8 级压力级组成，其中第Ⅻ级为转动隔板，第 8～11 级隔板挂在 2 号隔板套上，第 13 级隔板挂在第Ⅻ级转动隔板上，第 14～15 级隔板挂在 3 号隔板套上。中压缸第 11 级后部分蒸汽由三段抽汽口抽汽至除氧器，第 13 级后部分蒸汽由四段抽汽口抽汽至 4 号低压加热器。中压缸排汽从上部排出，经两根有柔性补偿能力的连通管流至低压缸，中压缸下半有 2 个采暖抽汽口和抽汽至 3 号低压加热器的五段抽汽口。

低压缸采用双分流双层缸结构，轴承座为落地式结构。低压部分由 2×5＝10 级压力级组成，蒸汽从低压缸中部分别流向两端排汽口进入下部凝汽器。由于采用双分流对称结构，低压转子几乎不受轴向力。低压部分所有隔板均挂在低压内缸上。在低压第 16/21 级和第 18/23 级后分别设有完全对称的抽汽口，抽汽至低压加热器，其中六段抽汽口（第 16/21 级后）抽汽至 2 号低压加热器，七段抽汽口（第 18/23 级后）抽汽至 1 号低压加热器。

高中压转子与低压转子均为无中心孔整锻结构。高中压转子与低压转子采用刚性联轴器连接，整个汽轮机转子为三支点支承，前、中、后轴承均为落地支承，有利于各轴承在负荷分配时的稳定性，同时也增加轴承刚度。推力轴承位于中轴承箱内。低压转子与发电机转子采用刚性联轴器连接。机组在设计时采用了较大的轴向间隙和较小的径向间隙，以满足变工况的适应性及减少漏汽损失，提高机组效率。

（2）汽轮机死点位置。高中压缸与低压缸都设有独立的死点。汽缸横向定位依靠中轴承箱和基架相配的纵向键，汽轮机高中压静子部分死点位于中轴承箱下部纵、横销的交叉点。前轴承箱、高中压外缸及中轴承箱以此死点作轴向膨胀或收缩。高中压外缸与汽轮机前、中轴承箱采用定中心梁结构连接。低压静子部分的死点位于低压外缸进汽中心线与汽轮机中心线交点处，以横向键定位，低压外缸中心靠其与中、后轴承箱间纵销来保证。转子的纵向膨胀以高中压缸中间的推力轴承为死点，高压转子向机头方向膨胀，中低压转子向发电机方向膨胀，死点的位置随汽缸、轴承座的纵向膨胀而移动，故为相对死点。

（3）滑销系统。滑销系统是静子部分的支托和定位系统。本机组前基架、中基架、后基架及后汽缸基架借助于地脚螺栓固定于基础上，在其上面分别装有前轴承箱、中轴承箱、后轴承箱及低压缸。前基架上沿中心轴线布置有纵销，前轴承箱可在其基架上沿轴线方向移动。高中压外缸猫爪支承在前轴承箱和中轴承箱上。中轴承箱除有纵销外还有横销，纵、横销的交叉点就是高中压静子部分的死点，前轴承箱、高中压外缸及中轴承箱以此死点作轴向膨胀或收缩。高中压外缸与汽轮机前、中轴承箱靠定中心梁结构连接。低压外缸中心靠其与中、后轴承箱间纵销来保证。低压静子部分死点位于低压外缸下部汽轮机中心线与低压进汽中心线的交点上。

3. 凝汽系统

（1）凝汽器。凝汽器技术规范见表 13-1。

表 13-1　　凝汽器技术规范

项目		单位	凝汽器
型号		—	N-14100-1
冷却面积		m^2	14100
冷却水	压力	MPa	0.35
	温度	℃	20
	流量	t/h	29475
低缸排汽	压力	kPa（a）	4.9
	流量	t/h	
冷却倍率		—	
流程		—	
水阻		kPa	
管数		根	17246

（2）凝结水泵。凝结水泵技术规范见表 13-2，凝结水泵电动机技术规范见表 13-3。

机组配置：凝结水泵 3 台，其中 2 台运行，1 台备用。

运行方式：凝结水泵能满足机组各种运行工况。当运行泵事故跳闸时，备用泵能自动投入运行。为了满足启动、停机以及试验条件下的特殊要求，能就地手动操作，并设有单元控制室控制接口。

表 13-2　　凝结水泵技术规范

项　　目	单　　位	凝结水泵
型号		QNLPD300-220
进水温度	℃	32.5
进水压力	kPa	～22
流量	m^3/h	298
扬程	m	224.4
效率	%	81
必需汽蚀余量	m	1.6
转速	r/min	1480
出水压力	MPa	2.222
设计压力	MPa	2.5
耐压试验压力	MPa	4.0
最小流量	t/h	65
最小流量扬程	m	268
关闭压头	m	268.5
轴功率	kW	224.7

表 13-3　　凝结水泵电动机技术规范

项　　目	单　　位	凝结水泵电动机
型号		YKKL355-4
额定功率	kW	250
额定电压	kV	6

续表

项　　目	单　　位	凝结水泵电动机
额定转速	r/min	1480
频率	Hz	50
效率	%	94.9
功率因数	cosφ	0.89
绝缘等级		F级，温升按B级考核
冷却方式		空冷

4. 循环水系统

循环水泵技术规范见表13-4，循环水泵电动机技术规范见表13-5。

表13-4　　循环水泵技术规范

项目	单位	循　环　水　泵		
泵型号		1400HLC-22		
泵型式		立式斜流泵		
运行工况		热季两台水泵并联运行	最高效率点	冷季单台泵运行
流量	m^3/s	4.0	4.2	4.76
扬程	m	23	21.5	17.5
转速	r/min	485		
水泵比转速		337.2	367.2	451.7
效率	%	84.5	87	86
轴功率	kW	1033.2	1008.3	959
最小汽蚀余量	m	8.5	8.7	10.5
最小淹深	m	2.2		
关闭水头	m	38		
最大反转转速	r/min	582		
轴的临界转速	r/min	700		

表13-5　　循环水泵电动机技术规范

项　　目	单　　位	额定工况点
电动机型号		YLKK1250-12/1180-1.6KV.IP44
额定功率	kW	1250
额定电压	V	6000
功率因数		0.8
频率	Hz	50
冷却方式		空-空冷
额定转速	r/min	485
防护等级		IP44
绝缘等级		F级绝缘（按B级温升考核）
电动机运行方式		连续运行
额定效率		93.1%
在额定电压下，最大启动电流倍数		6.0

电厂每台200MW级汽轮机发电机组凝汽器冷却水配置2台循环水泵，为循环式供水，

系统采用扩大单元制，冷却设施为自然通风冷却塔，即一机二泵一塔扩大单元供水系统。

循环水泵运行工况要求：夏季工况每台汽轮机组的 2 台水泵并联运行，冬季工况为 1 台水泵运行（1 年中两台水泵并联运行工况约为 7 个月，1 台水泵运行工况约为 5 月）。

5. 汽封（轴封）系统

轴封设计由均压箱向高、中、低压轴封供汽，汽源为高压除氧器和中压辅汽联箱；高压轴封漏汽排至高压除氧器、低压轴封漏汽排至 7 段抽汽；其余轴封漏汽由轴加风机至轴封加热器做功后排至大气中。

中压辅汽联箱汽源为机组本体三段抽汽，用户分别为轴封、高压除氧器、炉底加热、尿素溶解罐加热。

低压辅汽联箱汽源为中压辅汽联箱，用户分别为低压除氧器、生水加热器、高温水换热器、低温水换热器。

汽封（轴封）系统主要设备技术规范见表 13-6。

表 13-6　汽封（轴封）系统设备技术规范

名称	单位	数值	名称	单位	数值
1. 汽封蒸汽调节器			4. 轴封加热器		
压力调节范围	MPa	0.101～0.127	型式		卧式
2. 汽封排气风机			冷却表面积	m^2	70
型式		离心式	冷却水流量	kg/h	全流量
容量	m^3/h	1210	传热系数	kJ/(h·m²·℃)	836.8
排汽压力	kPa(g)	4.9	管阻	MPa	0.03
转速	r/min	2930	设计压力		
电动机			管侧	kPa	3000
型式		Y132S2-2	壳侧	kPa	300
容量	kW	7.5	设计温度		
电压	V	380	管侧	℃	90
转速	r/min	2930	壳侧	℃	300
3. 汽封蒸汽冷却器			5. 1 号低压加热器		
型式		卧式	型号		立式
冷却面积	m^2	70	冷却表面积	m^2	510
冷却水流量	kg/h	全流量	冷却水流量	kg/h	530200
传热系数	kJ/(h·m²·℃)	836.8	传热系数	kJ/(h·m²·℃)	11799.8
管阻	MPa	0.03	管阻	MPa	0.05
设计压力			设计温度		
管侧	kPa	3000	管侧	℃	150
壳侧	kPa	300	壳侧	℃	280
设计温度			6. 2 号低压加热器		
管侧	℃	90	型式		立式
壳侧	℃	300	冷却表面积	m^2	510

续表

名称	单位	数值	名称	单位	数值
6.2号低压加热器			7.3号低压加热器		
冷却水流量	kg/h	530200	传热系数	kJ/(h·m²·℃)	13068.3
传热系数	kJ/(h·m²·℃)	12633.6	管阻	MPa	0.5
管阻	MPa	0.5	壳体直径	mm	φ1330×15
设计压力			设计压力		
管侧	kPa	2500	管侧	kPa	2500
壳侧	kPa	600	壳侧	kPa	600
设计温度			8.4号低压加热器		
管侧	℃	120	型式		立式
壳侧	℃	220	冷却表面积	m²	460
设计温度			冷却水流量	kg/h	606510
管侧	℃	90	传热系数	kJ/(h·m²·℃)	13239.4
壳侧	℃	90	管阻	MPa	0.5
设计压力			设计压力		
管侧	kPa	2500	管侧	kPa	2500
壳侧	kPa	600	壳侧	kPa	600
7.3号低压加热器			设计温度		
型式		立式	管侧	℃	200
冷却表面积	m²	380	壳侧	℃	350
冷却水流量	kg/h	606510			

6. 中低压缸连通管 LCV 阀

中低压缸连通管 LCV 阀技术规范见表 13-7。

表 13-7　　中低压缸连通管 LCV 阀技术规范

项　目	单　位	中低压缸连通管 LCV 阀
型号		ADAMS-DSK（溢流调节阀）
公称直径	mm	DN1000
驱动方式		液压驱动
公称压力		PN10

1.1.2　热网系统

1. 热网首站

热网首站房内布置 4 台换热面积为 2500m² 的卧式汽水热交换器。其中 1 号汽轮机对应 2 台汽水热交换器，2 号汽轮机对应 2 台汽水热交换器。在汽机房 0m 层布置 6 台疏水泵，每个单元 3 台，两运 1 备。水泵额定流量：200m³/h，额定扬程：220m。疏水分别回 1 号机、2 号机 4 号低压加热器凝结水管。

高温水系统采用母管式布置方式。在汽机房 0m 层布置 5 台循环水泵，4 运 1 备。水泵额定流量：2000m^3/h，额定扬程：125m。

热网首站的设计最大供热能力为采暖抽汽最大工况，按照单机采暖抽汽量 420t/h 计算，单机供热能力为 284.8MW，首站供热能力为 569.5MW，按照综合采暖热负荷指标 50W/m^2计算，折合供热面积为 1140 万 m^2。按照热网循环水泵的输送能力进行校核计算，热网水流量可达到 8000t/h 以上，按照热网供回水 60℃温差计算（回水 60℃，供水 120℃），输送能力可以达到 560MW。

但考虑到机组采暖季中也接带工业供热负荷，2 台 200MW 机组不能按最大采暖抽汽工况运行。根据 2016～2017 采暖期运行数据，在高寒期内，当 1 号机组停运时，2 号机组在保证必须工业热负荷的情况下，单机最大采暖抽汽量约为 290t/h。因此目前热网首站的供热能力为 1、2 号机共可采暖抽汽量为 710t/h，换算成供热量约 484.8MW，按照 50W/m^2计算，折合供热面积 970 万 m^2。

2. 厂区热力管网

从主厂房引出 4 条热力管道，包括 2 条工业供汽管道，管径为 ϕ529×10，2 条 ϕ529×10 的蒸汽管道在出厂前合并成 ϕ630×10 管后外供热用户。另 2 条是高温水管道，1 条供水管道，1 条回水管道。采用架空敷设方式，管径为 1220mm。

3. 主要设备技术规范

主要设备技术规范见表 13-8～表 13-13。

表 13-8　热网加热器技术规范

项目	单位	参数	
范围		壳程	管程
规格和型号		HB2200-2.5/1.0-2500-QS/W	
工作介质		过热蒸汽	水
设计压力	MPa	1.0	2.5
设计温度	℃	300	150
耐压试验压力	MPa	1.52	3.12
最高工作压力	MPa	0.4	2.0
最高工作温度	℃	261	120
工作压力	MPa	0.196～0.294	2.0
安全阀动作压力	MPa	0.8	2.2
疏水出口流速	m/s	<1.0	
换热能力	GJ/h	880	
综合换热系数	kJ/(h·m^2·℃)	7069	
传热面积	m^2	2500	
最大蒸汽流量	t/h	252	
最大热水流量	t/h	2580	
最大出力	GJ/h	560	
正常运行蒸汽流量	t/h	190	
正常运行热水流量	t/h	2150	

表 13-9　　热网循环水泵技术规范

项目	单位	参数	项目	单位	参数
型号		OTS300-700A	保证效率	%	84
额定流量	m^3/h	2000	关闭扬程	m	158
入口正常温度	℃	～80	轴功率	kW	810.5
额定转数	r/min	1450	必需汽蚀余量	m	5.5
扬程	m	125			

表 13-10　　热网循环水泵电动机技术规范

项目	单位	参数	项目	单位	参数
电动机型号		YKK500-4-1000kW	防护等级		IP54
额定电压	V	6000	绝缘等级		F
额定功率	kW	1000	功率因数		0.87
额定转速	r/min	1450	环境温度	℃	40
频率	Hz	50	冷却方式		空-空冷

表 13-11　　热网循环水泵液力耦合器技术规范

项目	单位	参数	项目	单位	参数
型号		YOTGCD750/1500	重量	kg	1100
输入转速	r/min	1480	调速范围	%	20～98.5
额定输出转速	r/min	1458	额定滑差	%	<1.5
额定输出功率	kW	510～1480			

表 13-12　　热网疏水泵技术规范

项目	单位	参数	项目	单位	参数
型号		150NW28×8	出口压力	MPa	2.2
型式		卧式离心泵	扬程	m	224
设计压力	MPa	3.5	转速	r/min	1450
耐压试验压力	MPa	3.3	必需汽蚀余量	m	3
设计水温	℃	130	泵的效率	%	78
进口压力	MPa	0.245	轴功率（含抽头功率）	kW	156.4
入口流量	t/h	200			

表 13-13　　热网疏水泵电动机技术规范

项目	单位	参数	项目	单位	参数
型号		Y315L-4-185kW. 380V	冷却方式		空冷
功率	kW	185	防护等级		IP54
电压	V	380	绝缘等级		F
转速	r/min	1480	额定电压下最大启动电流倍数		6.5

1.2　热负荷分析

1.2.1　供热现状

1. 采暖热负荷

苏家屯热电厂现有装机容量为 2 台 200MW 等级双抽供热机组，单台最大采暖抽汽量 420t/h，于 2010 年 10 月 30 日双投，同年供热系统也投入运行。

公司供热管理模式属网源一体化企业，采取直供经营方式。2016 年换热站数量为 23 座，供热总户数 6 万余户，供热管网总长度 250km，供热半径 10 公里。2016～2017 年采暖季接入供热面积约 550 万 m^2。供热初期实际热网水供/回水温度为 61℃/42℃，高寒期实际热网水供/回水温度为 86℃/56℃。全厂全年供热量达到约 386 万 GJ，接入的供热面积下辖 23 个换热站。

2. 工业热负荷

工业用汽由厂内两台 200MW 汽轮机三级抽汽口抽出，经减温器减温后供出，三段抽汽设计参数为 0.981MPa、420℃。

工业蒸汽用户 17 家，工业蒸汽向周边华润集团雪花啤酒厂、沈阳铁路局动车段、客车厂等单位销售，最远供汽距离约 7km。根据电厂 2016 年 11 月～2017 年 2 月工业供汽量分析，在该段采暖季期间，对 2017 年全厂两台机组工业抽汽量进行统计分析，近期工业抽汽热负荷最大 150t/h，平均 100t/h，最小 56t/h。工业供汽的平均参数约为：0.8MPa、300℃。从图 13-1 中可以看出，工业供汽量有时波动相对较大，变化比较频繁。

1.2.2　供热规划

苏家屯热电厂是沈阳苏家屯区主要热源。根据沈阳城市供热规划，沈阳南部供热区域主要包括沈阳市城区南部的沈河区、和平区、浑南区的部分区域和苏家屯区。现有供热面积 5452 万 m^2，2020 年规划供热面积 8650 万 m^2。

近期规划为沈阳南部供热区域的西部在金山热电厂热网的基础上，形成与苏家屯南部热源厂联合供热热网。南部供热区域的东部，形成以浑南 1、2 号热源厂为主的多热源联合供热热网。南部供热区域的南部，形成会展中心背压机组与会展中心热源厂联合供热热网及国润和沙河热源厂联合供热热网。

远期规划为金廊 2 号和太原街天然气供能站热网为主体，形成与长白热源厂和滑翔 2 号热源厂联合供热热网。南部供热区域的中部，形成扩建后的金山热电厂、会展中心背压机组与会展中心热源厂、苏家屯南部热源厂、浑南 1 及 2 号热源厂联合供热热网。南部供热区域的南部，形成以规划建设的浑南热电厂为主体，以沙河为调峰热源的热电联产供热管网与国润热源厂形成联合供热热网。

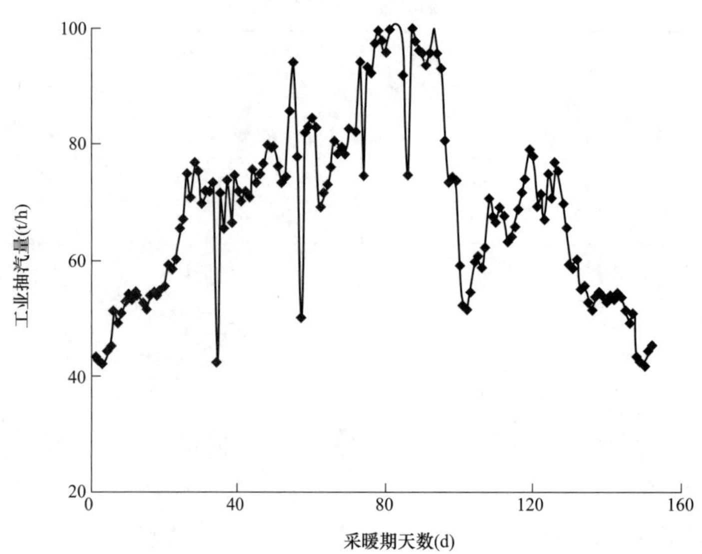

图 13-1　2016 年 11 月～2017 年 2 月工业供热汽量统计

远期来说，结合苏家屯区域整体规划，苏家屯热电厂在苏家屯区内有着较大发展空间，其中：根据“浑河新城沈水科技创新区”项目规划，该区域建设面积 1930 万 m^2，其中需要供热面积达到 1730 万 m^2；满融地区未来规划建设面积 1100 万 m^2，其中已签署供热协议 450 万 m^2，已有供热面积 110 万 m^2，未来尚有 650 万 m^2的发展空间。

1.2.3　供热能力分析

电厂现有 2 台 200MW 抽汽供热机组，可同时满足工业抽汽和采暖抽汽需求。机组工业抽汽采用三段抽汽，采暖抽汽采用五段抽汽。

在额定双抽汽工况下，根据机组热平衡图，机组工业抽汽量为 56t/h，采暖抽汽量为 290t/h，采暖抽汽参数为 0.245MPa、258.9℃，计算采暖供热量为 200MW。

在最大工业抽汽工况下，根据热平衡图，机组工业抽汽量为 370t/h，此时机组设计采暖抽汽量为 0。

在最小工业抽汽工况下，根据热平衡图，机组工业抽汽量为 0t/h，此时机组设计采暖抽汽量为 420t/h，采暖抽汽参数为 0.245MPa、237.6℃，计算采暖供热量为 284.8MW。

1.2.4　设计热负荷指标

现有建筑物热指标。根据沈阳市现有供热的建筑物统计汇总得出不同建筑物的热指标为：居民住宅 45W/m^2、公共建筑 66W/m^2，住宅与公建比例为 76.03：23.97，综合热指标 50W/m^2。

2017 年接入供热面积约 550 万 m^2，采暖热负荷为 275MW。

1.3　不同余热利用技术方案比选

目前，本项目可采用的余热回收利用技术包括：吸收式热泵技术、低真空供热技术、双转子双背压供热技术、光轴转子供热技术和新型凝抽背供热技术，这些技术均已在电厂成功应用实施，见表 13-14 分析各自技术的特点。

表 13-14　　　　　　　　不同余热回收利用技术对比分析

项目	吸收式热泵技术	双转子双背压供热技术	低真空供热技术	光轴转子供热技术	新型凝抽背供热技术
主要改造内容	循环水系统； 抽汽系统	汽轮机本体； 凝汽器； 循环水系统	汽轮机本体； 凝汽器； 循环水系统	汽轮机本体	中低压缸连通管
技术特点	利用抽汽作为驱动回收循环水余热，调节灵活、需新建厂房土建投资大	采暖季更换低压缸转子，每年需开缸两次	夏季工况发电效率低，适用于外界热负荷较大且稳定，对发电影响很大	采暖季更换低压缸转子，每年需要开缸两次，采暖季对发电量影响较大	调节灵活，改动范围小，目前处于推广阶段
目前运用情况	技术成熟，案例多	技术成熟，案例多	技术成熟，多用于小机组	技术较成熟，多用于小机组	目前国内新起技术，处于示范阶段，实施需主机厂家全力配合
投资	大	大	中	中	小
改造周期	6 个月	6 个月	4 个月	3～6 个月	1 个月

双转子双背压供热技术需要重新定制低压缸转子，制作加工周期长，一般需要提前一年排产，即使采用热处理消除转子残存应力，也至少需要 6 个月的周期，与本项目时间节点不符，且投资大，因此排除双转子双背压供热技术。低真空供热技术虽然改造难度小，技术成熟，但是需要外界长期且稳定的热负荷，与苏家屯热电厂现有供热情况不符合，因此排除低真空供热技术。

光轴转子供热技术和新型凝抽背供热技术的中压缸排汽均通过中低压连通管被抽走，仅有一小股的蒸汽流量进入低压缸作为冷却用，低压缸不再做功。因此，光轴转子供热技术和新型凝抽背供热技术对发电量的影响比较大，约为 16.1MW；而吸收式热泵通过驱动蒸汽回收循环水余热，对机组发电影响较小，约为 5.5MW。

本项目针对吸收式热泵技术、光轴转子供热技术和新型凝抽背供热技术三种技术方案的工程投资进行初步分析，见表 13-15。

表 13-15　　　　　　　　三种余热回收利用技术的投资初步分析

项目	吸收式热泵技术方案	光轴转子供热技术方案	新型凝抽背供热技术方案
费用明细	热泵 6 台 35MW （4800 万）	光轴更换两根 （2×4300 万）	抽汽阀门及汽轮机本体改造 （2×1000 万）
	厂房建设及其他设备安装 （1500 万）		
	附属设备及管道（1000 万）	附属设备及管道（800 万）	附属设备及管道（800 万）
总投资	7300.00（万元）	9400.00（万元）	2800.00（万元）

吸收式热泵技术方案可做到余热全回收，且对机组发电量影响较小，调节灵活，但是需要新建热泵厂房，土建施工量大，改造周期长。

光轴转子供热技术方案土建施工量小，但是需要加工定制光轴转子，工期长、费用高，即使是现场加工安装等，也需要约 2100 万元/套。且每年需要开缸两次，后续维护较麻烦，改造周期长。

新型凝抽背供热技术方案工程量小，对机组本体改动量小，只需要更换供热蝶阀（外加旁路保证最小冷却蒸汽流量即可），调节灵活，改造周期短，只需要一个月左右，但需要汽轮机厂家密切配合。

综上所述，新型凝抽背供热技术方案改造量小，工期短，投资回收期短，比较适合苏家屯热电厂实际情况，因此本方案优先推荐新型凝抽背供热技术方案。

1.4 改造技术方案分析

苏家屯热电厂的汽轮机组是来自哈尔滨汽轮机有限公司的超高压中间再热双缸双排汽抽汽凝汽供热式汽轮机，其为双抽汽式汽轮机，整个汽轮机分为高、中、低三个部分，但是高、中压缸采取合缸布置，整体分为两个缸。根据机组工况图 13-2 可得出，此机组低压缸的最小进汽量限制在 100t/h。

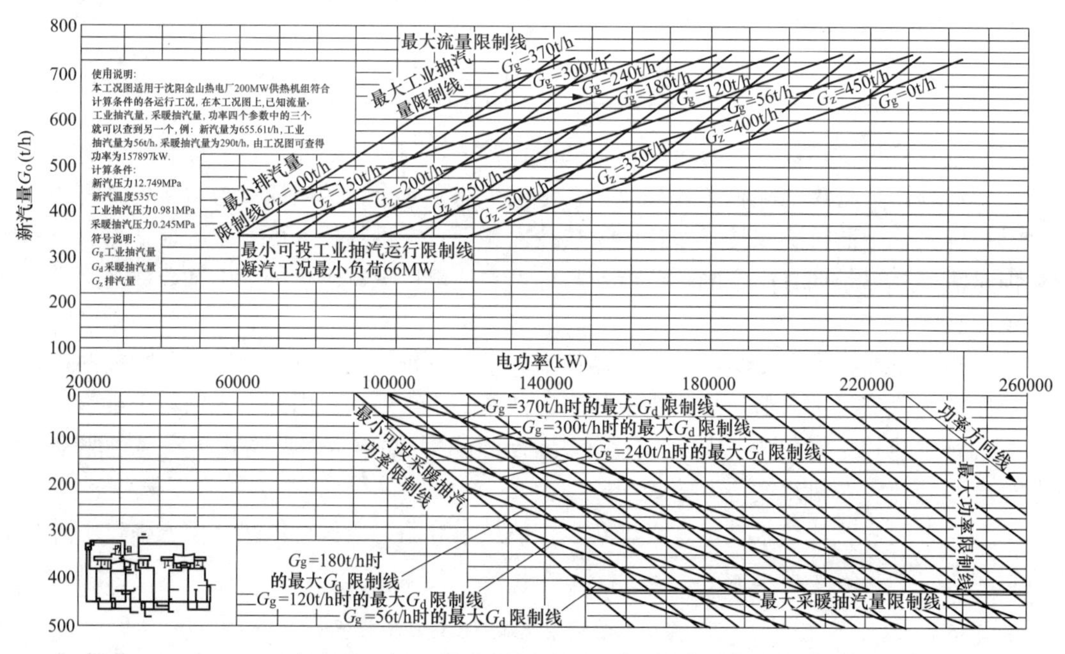

图 13-2 苏家屯热电厂 200MW 机组工况图

1.4.1 主机设备改造技术方案

由于有工业热负荷的需求，本项目在做方案设计时，以额定双抽工况作为设计工况，根据热平衡额定双抽（工业抽汽 56t/h，采暖抽汽 290t/h）工况，单机采暖抽汽量最大可达到 290t/h，还有 153t/h 的中压缸排汽进入低压缸做功。若将原本进入低压缸的中压缸排汽切断转而通入供热系统，则供热抽汽量可以再扩大约 140t/h，供热能力约 97MW。

1. 更换两处中低压缸连通管液压蝶阀

更换两个中低压缸连通管处液压蝶阀，要求尺寸大小完全一致，实现直接替换。此处改造的目的是为了连通管处可以实现阀门关到零位后达到全密封的功能。

从前述机组概况整体结构说明可以得知，低压缸进汽是来自于中压缸排汽，而且是由两个并联的连通管实现。现场布置图如图 13-3 所示。

(a)

(b)

图 13-3　中低压缸连通管阀门现场布置图
(a) 中低压缸连通管阀门；(b) 中低压缸连通管阀门控制器

对此连通管的功能及结构进行剖析后得知，蒸汽在中压缸膨胀做功后，分上下两组（各两个排汽口）排出，中压缸下端排汽输送给热网首站加热器，上端排汽流经中低压缸连通管进入低压缸继续膨胀做功，此连通管处安装有来自德国阿达姆斯公司的 DSK 型阀门，俗称溢流调节阀，作用是控制低压缸的进汽量以满足采暖抽汽需求，其最大的特点是当阀门关到最小零位以后依然保留一定开度，即具有保持阀门最小通流能力的特点。经与阿达姆斯厂家沟通，确认此型号阀门之所以能够保持一定开度是因为在生产过程中没有加入密封圈，并且是作为一种独立的型号进行生产，不能以更改内部结构的思路实现全密封的性能要求。其现有的最小通流量及调控精度根本无法满足此项目的要求，因此决定对两个中低压连通管阀门全部进行更换，更换后的新阀门可以实现关到零位后全密封的要求。

2. 增设冷却蒸汽系统

中低压缸连通管处阀门更换后实现了低压缸可不进汽的要求，但是汽缸漏气的问题无法避免，微量的漏气在缸内流动性能较差，为了缩短其在缸内的滞留时间防止鼓风超温的危险发生，需要适量的并且是少量的冷却蒸汽流量（约 0～15t/h）进入低压缸，同时保证缸内后缸喷水减温系统投入运行，降低缸温防止因超温膨胀发生胀差超限、不平衡振动以及密封性能降低等危险。

更换后的阀门精度无法满足此次改造的要求，因此需要采用其他方式为低压缸提供极小蒸汽流量。通过分析低压缸整体结构，其进汽只有连通管处可以实现，确定低压缸进汽将依然利用中低压缸连通管进入，只是需要在连通管上适当位置开孔（暂定为低压缸进汽口上方位置）。

冷却汽源温度不宜高，由前述分析可知，温度太高则起不到冷却的效果。汽轮机排汽温度一般不超过 80℃，从汽轮机各级参数看，目前较合适的汽源为低压缸各抽汽级参数，但由于低压缸切除后，低压各级抽汽为 0，因此较合适汽源仍为中压缸排汽。另一种方案为利用邻机的低压缸抽汽，较合适为第 7 级抽汽，此种方案工程管道较长，且会使两台机组汽水不平衡，由于蒸汽过热度不高，为避免在低压缸前几级带入湿蒸汽，推荐采用原机组中压缸排汽的方案。

极小进汽流量在低压缸内必然会出现鼓风现象，由于中压缸排汽设计参数较高（压力0.3MPa，温度260℃），旁路小流量进汽时蒸汽压力由于阀门节流较低，但蒸汽温度节流过程降幅有限，因此直接采用中压缸排汽冷却效果不好，为了有效降低鼓风超温幅度，需要预先对旁路蒸汽进行降温再通入低压缸中。

参考机组不同工况热平衡图，并结合此次改造后机组切除低压缸运行的预设运行参数，现对进入低压缸的极小蒸汽流量进行减温减压，减压是利用旁路管上安装电动阀自身节流实现。减温采取喷水减温的方式，减温减压后的蒸汽过热度在10～20℃。

降温方式有直接喷水降温和间接换热降温两种方式。采用直接喷水降温的减温方式温度下降反应快，但若喷入蒸汽的水滴雾化效果不好，水滴进入低压缸将会造成叶片水击，影响低压缸安全运行。

另一种方式为间接换热，间接换热采用蒸汽冷却器，利用凝结水与旁路蒸汽换热，控制旁路蒸汽出口温度。此种方式避免了减温水滴的风险，但也需控制出口蒸汽温度的过热度，防止蒸汽过冷，形成湿蒸汽进入低压缸，并且间接换热蒸汽出口温度变化反应较慢。

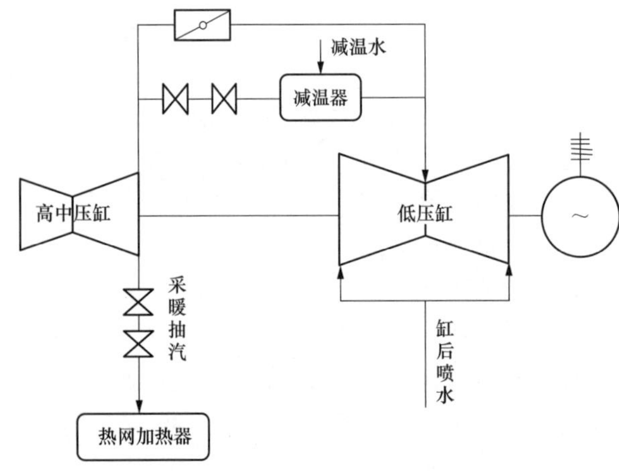

图 13-4　汽轮机切除低压缸进汽的供热改造示意图

综合比较，采用直接喷水减温的方式对旁路蒸汽进行冷却。

针对两个中低压缸连通管各增设一个旁路。以一个旁路系统来进行简要说明：在中低压缸连通管抽汽蝶阀阀前开一个抽汽口，用DN300的管子将其引出，先在引出的DN300管路上串联加装两个电动蝶阀，之后再接通减温器，减温器之后再利用DN300的管道将其引至连通管后方低压缸进汽口上方位置。汽轮机切除低压缸供热改造系统如图13-4所示。

3. 运行方式概述

改造后的机组在抽凝或者纯凝工况运行时，与常规抽凝机组没有任何区别。

当机组开启切除低压缸进汽的运行方式时，蒸汽进入高中压缸膨胀做功发电，中压缸排汽全部输送给供热系统，低压转子在高真空条件下“空转”运行。理论上如果低压缸内能够实现完全真空，则低压缸内就不会有鼓风产热，但是完全真空状态目前无法实现，缸体漏气无法避免，因此只能使其保持在一个较为理想的高真空状态（背压不大于15kPa），极少的漏气在低压缸内流动性能较差同时被高速旋转的叶片搅动并鼓风产热，如若不将此时的热量带走，将会引发诸如由于结构热变形不均而导致的振动及胀差超出安全运行范围等影响，因此需要打开新加的中低压缸连通管旁路阀门，通入少量汽流（0～15t/h）维持一个可接受的稳定流场带走缸内热量，此时低压缸后缸喷水系统要投入运行，对后缸排汽进行冷却。低压缸的润滑油系统、轴封系统均要正常投入，且凝汽器要保持高真空状态。

1.4.2　辅机设备适应性改造分析

1. 热网首站

（1）加热用汽系统。热网首站房内布置 4 台换热面积为 $2500m^2$ 的卧式汽水热交换器。其中 1 号汽轮机对应 2 台汽水热交换器，2 号汽轮机对应 2 台汽水热交换器，整个热网首站采用单元制设计。

苏家屯热电厂原有系统 2 号机组五段采暖抽汽管道连至 2 台热网加热器，热网首站两台加热器最大采暖抽汽为 252×2＝504（t/h）。机组额定工况最大采暖抽汽量为 420t/h，背压运行时 2 号机可增加抽汽量约 130t/h，扣除工业抽汽最小约 56t/h，有 420＋130－56＝494（t/h）蒸汽进入热网首站，在两台热网加热器的设计流量范围内。另外，目前外网的最大热负荷为 275MW，折算为抽汽 405.6t/h 蒸汽即可满足，因此机组切除低压缸后以热定电运行，热网首站蒸汽侧能够满足运行要求。

（2）疏水系统。在汽机房 0m 层布置 6 台疏水泵，每个单元 3 台，两运 1 备。水泵额定流量：$200m^3/h$，额定扬程：220m。疏水分别回 1 号机、2 号机 4 号低压加热器入口凝结水管。

2 号机额定最大背压工况抽汽疏水量为 494t/h，三台疏水泵同时运行可以满足要求；另外，热网首站疏水侧能够满足运行要求。

（3）热网水系统。在汽机房 0m 层布置 5 台循环水泵，4 运 1 备。水泵额定流量：$2000m^3/h$，额定扬程：125m，热网水采用母管式布置方式，热网水合并一根母管供至各热力站。设计供水温度为 120℃，回水温度 60℃。苏家屯热电厂目前外网供热参数为：供热初期由单台汽轮机抽汽供热，实际热网供/回水温度为 61℃/42℃；高寒期由两台汽轮机抽汽供热，实际热网供/回水温度为 86℃/56℃。

2 号机切除低压缸运行，接待全厂民用供热，对应的两台热网加热器水侧最大容纳 2580×2＝5160（t/h）热网水，按照目前的供热现状，采暖初期 5000t/h 能够满足外网需求，高寒期时需要 275MW 热负荷，在不增加热网水的情况下提高供水温度到约 105℃就可以满足外网需求，因此加热器水侧满足 2 号机切除低压缸运行要求，暂定不动，待后期外网接待面积增大之后再做调整。

同时，根据苏家屯热电厂提供的一次管网现状平面图，并和电厂沟通，考虑接下来几年中即将接入的新负荷分布，未来几年需要接入的最远换热站为沈大新城的汽车零部件产业园，距离首站约 10km。经过水力计算分析，按照满足 2020 年热负荷分析，外网不需要加装升压装置。

2. 凝结水系统

凝结水系统是指由凝汽器到除氧器之间的相关管道和设备。它的作用主要是加热给水，因此主凝结水的流程不变，依然为：凝汽器热井—凝结水泵—汽封冷却器—1 号低压加热器—2 号低压加热器—3 号低压加热器—4 号低压加热器。

苏家屯热电厂 2 号机组原有系统的凝结水系统配置 3 台凝结水泵，其中 2 台运行，1 台备用，每台凝结水泵高速运行时设计流量为 298t/h，最小流量要求为 65t/h。

背压运行时，凝汽器要接受来自汽轮机旁路系统的蒸汽、加热器事故疏水、汽轮机疏水、补给水及其它送入凝汽器的杂项回水等，凝汽器要处于工作状态，只是需要凝结水泵抽出的水量减小。工业抽汽补水最小为 70t/h 左右，平均为 100t/h，为满足凝结水泵的运行，还需投入再循环，再循环开启后凝结水泵出口流量控制在 150t/h，达到机组最大抽汽工况的凝结水流量，经核实此时凝结水压力仍可满足杂用水相关减温喷头工况需求，不需改造相关喷嘴或增加增压泵。

3. 回热加热系统

汽轮机纯凝运行或者抽汽凝汽运行工况下，抽汽运行装置与以往运行方式无异。

背压运行时，1、2 号低压加热器不能对流经的凝结水加热，后续加热设备所需的加热汽量均需增加。机组凝结水系统及各级抽汽加热系统原始设计以机组 VWO 工况设计，并且满足当临近加热器失去加热功能时，能适应所需增加的汽侧流量长期运行，因此不必改动。

4. 循环水（开式水）系统

苏家屯热电厂 2 号机组原有系统的循环水系统设置 2 台循环水高、低速泵将凝汽器余热通过冷却塔排至大气，每台循环水泵高速运行时设计流量为 15120t/h，实际流量约 14000t/h，低速运行时设计流量为 9000t/h。实际运行时循环水温升在 10～15℃之间。

开式水系统水源取自循环水，其主要用户分别为发电机空冷器、真空泵换热器、闭式水换热器、给水泵冷油器、润滑油冷油器，开式水系统需要约 2500t/h 冷却水维持正常运行，切除低压缸之后的循环水流量完全能够满足要求。

背压运行时，凝汽器处于运行状态。但是进入凝汽器的热量大幅度减少，所需循环水量也大幅度减少，但是考虑到此改造项目的特殊性，暂定对原有循环水泵的配置及选型不做改动，待后期长期运行工况确定后，依据实用及节能的角度再做选择。

5. 汽封系统

背压运行时，低压缸缸内真空提高，汽封供汽参数调节范围暂定不动，待机组实现切除低压缸运行后根据相关实测数据再做调整。

汽封冷却器：切除低压缸运行后，主凝结水量减少，凝结水最小流量再循环系统与凝汽器补水系统两者结合，完全能够实现对流量约 0.8t/h、焓值约 3200kJ/kg 的汽封蒸汽降温至约 260kJ/kg 的凝结水，轴加风机正常工作维持供汽管的负压状态，因此不必改动。

6. 润滑油系统

汽轮机润滑油系统由主油箱、补油箱、主油泵、交流润滑油泵、直流润滑油泵、两台顶轴油泵、一台排油烟机、两台冷油器及附属的管道和阀门组成，其任务是保证可靠地把足够量的润滑油送到汽轮机轴承中去，使轴承中的摩擦耗功达到最小，防止摩擦面产生磨损，并导出轴中的热量，开式水冷却流量完全能够满足需求，因此不必改动。

1.4.3 缸内流场实时监测

汽轮机是依靠蒸汽作为动力的透平机械，其缸内金属部件的工作环境相当恶劣，尤其转子及叶片长期处于高温、高压、高转速的恶劣环境之中，对其内部工作状况的跟踪及分析，非常有助于我们更好、更安全地控制和运用。

机组背压运行期间，低压缸缸内的温度场将发生变化。极小流量蒸汽在缸内后几级甚至在第一级就会出现鼓风现象，此时缸内的温度场已经与以往常规运行中的顺流降温降压不一样了。据多方调研得出结论：现有的数据库内没有类似工况作为参考，并且目前的有限元商业软件还不能有效的对此种工况进行模拟分析。

为了更好更准确地跟踪缸内汽流温度的分布，除了机组高中压侧监测点之外，特别关注的测点如下：

温度监测：低压缸进口温度、六段抽汽温度（2 号低压加热器进汽温度）、七段抽汽温度（1 号低压加热器进汽温度）、低压缸次末级级后温度、低压缸末级叶片温度、低压缸排汽口温度、低压缸内缸温度。

压力监测：低压缸进汽口压力、六段抽汽压力（1 号低压加热器进汽压力）、七段抽汽压力（2 号低压加热器进汽压力）、低压缸排汽口压力。

排汽蒸汽湿度监测、凝汽器真空监测。

以上凡是原 DCS 和 DEH 系统没有的测点，都要求加装，其中温度测点采用高精度热电偶，压力测点要求采用绝压变送器。新加的测点同原有监测点一并进入 DCS 系统，实现自动化监测及数据记录。

1.5　技术风险分析及控制措施

1.5.1　叶片水蚀安全性分析

1. 常规运行的动叶水蚀分析

小容积流量时，原设计流场被破坏，末级叶片沿叶高的热力参数将重新分布，沿汽缸壁和叶轮的汽流发生了分离，汽流在动叶片根部和静叶栅出口顶部出现汽流脱离，形成倒涡流区，如图 13-5 所示。整个汽道只通过小部分汽流，相对容积流量越小，旋涡区越大，脱流区高度也越大。另外，脱流区高度还与机组背压有很大的关系，机组背压越高，脱流区范围也越大。

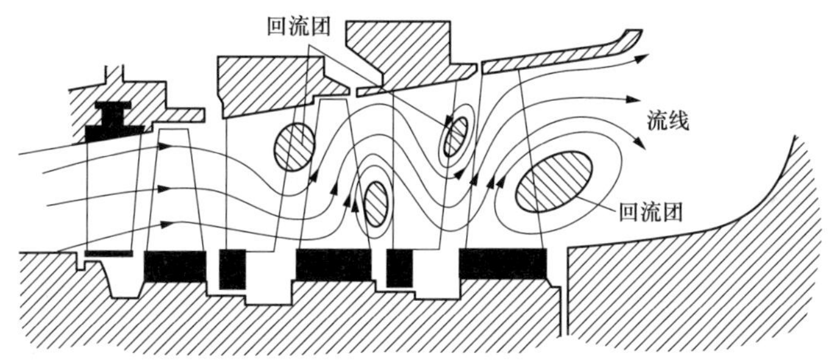

图 13-5　汽轮机末级叶片小容积流量流谱图

汽轮机末级叶片长期处于湿蒸汽区域工作，蒸汽在运行中易凝结成小水滴。这些小水滴在高速运转中因受到离心力的作用而被甩向叶片顶端并发生爆破，叶片长期受到冲击爆破力的作用，会在叶顶部背弧进汽边出现蜂窝状的凹坑和锯齿状损伤，即为进汽边水蚀。水蚀有的甚至伤到叶片拉筋，造成应力集中，水蚀不但使叶片的气动性能降低，使机组的效率降低还可能造成叶片和拉筋断裂，严重影响机组的安全和经济运行。

图 6-9 为来自国内专家进行的某机组叶片测试数据。当相对容积流量 $GV=0.839$ 时，出现流动脱离，随着容积流量的减小，脱流区高度增加。当 $GV=0.422$ 时脱流区明显扩大。当 $GV=0.363$ 时，根据计算分析，其处于末级由透平工况到鼓风工况的过渡工况，故当负荷或容积流量进一步减小时脱流区急剧增大。

当负荷低至一定程度时根部出现负反动度，同负反动度一起出现的是动叶前后的逆压梯度，此时动叶后的静压力将大于动叶前的静压力，在这种汽流条件下将使叶型表面的附面层增厚乃至脱离，为在根部形成一个较大的涡流区创造外部条件。当汽流在动叶片根部和静叶栅出口顶部出现汽流脱离，形成倒涡流区时，由于末级排汽湿度大，汽流中夹带的水滴随蒸汽倒流冲击叶栅即形成水蚀。水冲蚀使得根部截面积减小，大大削弱了其强度，对机组的安全运行造成了威胁。

2. 切除低压缸进汽运行的动叶水蚀分析

机组切低压缸运行期间，极小流量在低压缸内势必会沿着叶高发生流动分离，末级、次末级叶顶部位在小容积流量下被蒸汽长期冲刷可能会导致水蚀；同时，末级叶片根部出现倒涡流区，甚至会扩大到整个低压缸，此时喷水装置处于运行状态，如果喷水雾化效果不好，会随着回流汽流冲刷叶根，但此时的蒸汽数量级很小（相比于常规低负荷运行），同时由于末级处的蒸汽是被前几级鼓风加热后的过热蒸汽，分析认为其自身夹带水滴的能力很有限，切低压缸长期运行会有水蚀的危害，但是比机组低负荷运行（末级叶片长期处于湿蒸汽区）危害要小，得出结论：切缸运行叶片水蚀问题较长期低负荷运行更安全，此次切低压缸改造，机组开缸后叶片仅做常规维护即可。待本采暖季运行结束后开缸验证前述判断，根据叶片实际损伤情况再做针对性防护处理。

1.5.2 叶片颤振保护措施

1. 小容积流量工况的动叶颤振分析

末级叶片颤振也是小流量工况时经常发生的。根据流量连续方程 $GV=FC_Z$，当负荷下降时，流量 G 将减小；或者负荷不变，在高背压工况，比容 V 减小，都使容积流量 GV 减小进入小流量工况。由流量连续方程知，GV 减小级的轴向速度 C_Z 相应减小，由速度三角形知，动叶进口角 β_1 增大，于是在动叶进口出现大的负攻角，在内弧出汽边出现大尺度分离流团，如图 13-6 所示。

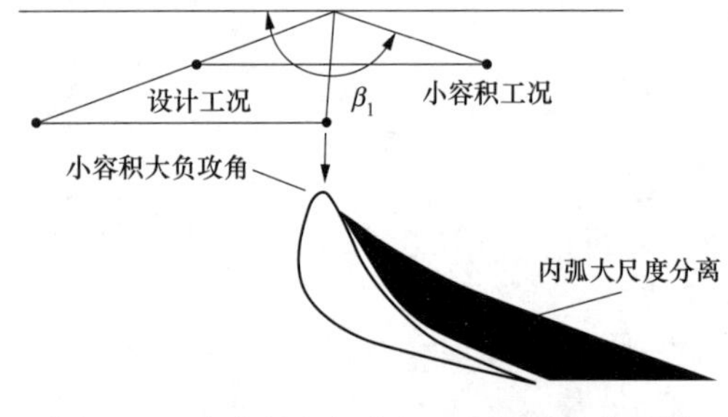

图 13-6 小容积大负攻角、大尺度分离工况

由叶片表面蒸汽流发生脱离现象形成涡流所致的自激振动，即为失速颤振。根据苏联哈尔科夫工学院的一些实验数据：当相对容积流量 $GV=0.54$ 时，叶片开始脱流；当 $GV=0.46$ 时，根部、顶部开始倒流和旋涡，当 $GV=0.28$ 时，强烈脱流。苏联莫斯科动力学院研究证实：当 $GV=0.2\sim0.3$ 时，动应力开始增大，当 $GV=0.05\sim0.1$ 时，动应力达到最大值。

图 6-15 是对国内 685mm 和 665mm 两只叶片做的动应力特性曲线，也得出了类似的结论，685mm 叶片在末级相对容积流量 $GV=0.13\sim0.3$ 时，叶顶（0.81）处动应力增大，在 $GV=0.16$ 时，达到最大值 59.3MPa。665mm 叶片在 $GV=0.335$ 时，叶根（0.051）处动应力达到最大值 11.62MPa。两只叶片在高背压小容积流量下，因汽流脱离使得叶片动应力增大，在 $GV=0.2\sim0.3$ 时，均达到应力峰值。

图 13-7 是某电厂末级叶片动应力随容积流量和背压变化的试验测量数据，流量减小，动应力逐渐增大，在 0.1～0.2 时达到最大。

在容积流量减小时，汽流激振力的频率并没有发生变化，因此这种动应力的突增不能用强迫振动来解释。由于动应力突增现象是发生在小容积流量工况，所以小容积流量工况的气动特性是引起动应力突增的根源。

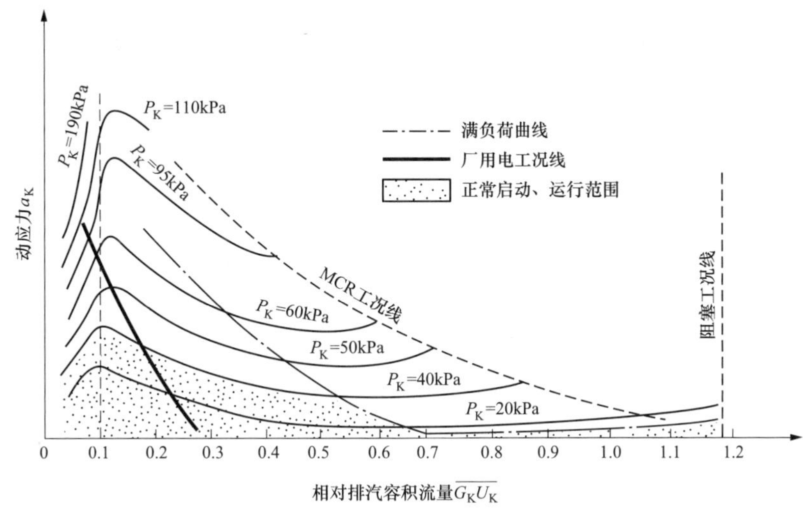

图 13-7　动应力与容积流量、背压的关系

在小容积流量工况下，动叶根部区域由于汽流脱离所造成的涡流和叶根处的汽流偏转而激发了叶片的自激振动。即使在设计工况下调开叶片的固有频率，仍有可能由于自激振动而落入共振区，使叶片的动应力突增。

研究表明：引起汽轮机叶片在小容积流量工况下动应力突增的是流体自激振动中的失速颤振。失速汽流对叶片所作的正功小于机械阻尼所消耗的功时，叶片从汽流吸收的能量不断被机械阻尼所消耗，叶片振动的振幅逐渐衰减，振动趋于消失。反之，叶片从汽流吸收的能量不断增加，叶片振动的振幅逐步加大，于是发生颤振。

2. 切除低压缸进汽运行的动叶颤振分析

上述分析是国内某些机组的实测数据，都得到了相同的规律，分析认为可以作为机组切除低压缸运行后末级叶片颤振分析的指导性文件。

机组切除低压缸供热运行期间，低压转子在高真空条件下“空转”；10t/h 左右的进汽流量已经不在动应力临界区域，因此得出结论：此时失速汽流对叶片的激振力已经非常微弱，其对叶片所做的正功完全能够被机械阻尼所消耗，不会引起叶片颤振。此次机组切除低压缸供热改造，要重点关注对低压缸转子及叶片的检修，如叶轮、轮毂部位的零部件及其锁紧件有无松动现象；叶片围带、拉筋有无松动和损伤。同时需要对转子及叶片连接位置如围带、拉筋等进行加固，充分利用摩擦阻尼特性起到减振的目的。使其能够承受高真空、10t/h 左右蒸汽流量下可能发生脱流、倒流等引发的交变动应力，具有较高的强度、刚度、良好的阻尼特性和频率特性。

1.5.3　鼓风发热减弱措施

汽轮机是在高温高压蒸汽推动下高速旋转的转动设备，在主机升速至工作转速或发电机负荷较低、汽轮机进汽量较少的情况下，转子上的叶片随其高速旋转搅动周围空气，大量的机械能很快地转化为热能而加热了汽缸内部空气及金属，使得转子及汽缸内金属温度急剧升高。

低压缸转子在“高真空”条件下空转运行，微量的空气在缸内也会被鼓风加热，如不将鼓风所产热量带走，势必会引起鼓风超温的危险，空气如若被短时间鼓风加热后，导致缸内金属部件出现较大温差，温差所导致的过大热应力会引起机组的热疲劳损伤，同时，温度一旦超出材料的正常工作范围，它的机械性能就会大幅下降，比如蠕变强度和持久强度降低。因此，必须采用相应的减弱措施来有效降低鼓风发热。上述中所新增加的蒸汽冷却系统即为鼓风发热的减弱措施。

1.5.4 胀差与振动检测及减弱措施

1. 胀差与振动检测

汽轮机在启动或者工况变化时，转子和汽缸分别以自己的死点为基准膨胀或收缩。由于汽缸质量大，而接触蒸汽的面积小。转子的质量小而接触蒸汽的面积大，因而各自的受热面不一样，使得汽缸和转子之间热膨胀的数值各不一样，其二者之间的差值成为相对膨胀，即为转子与汽缸间的胀差。

汽轮机转子与汽缸的相对膨胀，就是所谓的胀差。习惯上规定转子膨胀大于汽缸膨胀时的胀差值称为正胀差；转子膨胀小于汽缸膨胀时的胀差值称为负胀差。胀差在很大程度上反应轴向间隙的变化，为了保证机组在运行中轴向动静间隙安全可靠，不至发生摩擦，需要控制胀差值，如果胀差过大，引起机组强烈振动，则有可能危及转子及其叶片的安全，测量能提供预先报警，过大则应拉闸停机。

针对本工程项目，以低压缸为单缸机组分析，工况切换的过程类似于机组负荷的变化或者是启动过程中的额定转速阶段与停机过程中的额定转速阶段。基于以上对胀差产生机理的分析，工况切换的过程势必会引发胀差，如果胀差过大，还会引起机组的振动，甚至会危及转子及叶片的安全。

本机组已经装备了完善的胀差及振动的监测分析系统，我们将严格按照原始评判标准对工况切换过程的安全性进行把控。

2. 减弱措施

制定合理的蒸汽参数变化过程是减少机组胀差与振动的有效手段。

1.5.5 中压末级叶片保护分析

机组在采暖抽汽量加大时中压缸的焓降将大于原有抽凝工况的值，增大的焓降主要由中压末级来承担，这对中压末级的强度是不利的。为了保证汽轮机的安全运行，需要采取保护措施。本机组正常运行时按下述数据进行中压末级保护装置的参数整定，第14～15级压差保护：

(1) 正常值：0.25MPa；

(2) 报警值：0.255MPa；

(3) 停机值：0.27MPa。

当前主要为了平稳工况切换及切换后的稳定运行，暂不考虑优化工作。待后续运行平稳后，将再进行中压缸排汽压力优化工作。

1.6 切除低压缸进汽的运行操作技术分析

汽轮机是在高温、高压下高速旋转的动力机械，是一个由许多零件、部件组成的复杂整体。除了优良的设计、制造、安装工艺以外，正确地操作极为重要。保证它的正常运行是一项复杂而细致的工作，操作人员必须熟悉汽轮机本体及相关附属设备，掌握汽轮机的性能和要求。如操作不当，就会发生故障，甚至造成重大设备事故。尤其，针对此次改造后机组切换低压缸供热工况的过程，机组始终是在额定转速情况下实现的，因此必须建立正确的切换低压缸供热工况的运行操作规程。

机组切除低压缸供热的投入可以认为是机组由纯凝工况向抽汽供热工况投入的延续。因此，在切除低压缸投入之前，机组先要由纯凝工况转变为抽汽供热运行工况。机组由纯凝工况转变为抽汽供热工况的操作将严格按照厂家指定的操作规程进行。

1.6.1　制定工况切换方案遵循的原则

（1）基于满足机组的寿命损耗要求，制定合适的机组运行工况切换曲线，降低机组的寿命损耗和部件的损坏几率。

（2）正确控制低压缸进口温度梯度和流量变化率，确保工况切换过程中转子叶片的热应力与热疲劳在安全范围内。

（3）正确控制低压缸进口温度梯度和流量变化率，确保工况切换过程中转子与气缸的胀差在安全范围内，防止发生胀差超限。

（4）正确控制低压缸进口温度梯度和流量变化率，确保在容易引发叶片颤振的区域快速而平稳的逃离。

（5）在满足预定寿命损耗的要求下，尽量缩短工况切换时间。

（6）为了在限定时间内实现工况切换操作，必须改善运行操作和加强监视功能。

1.6.2　切除低压缸进汽的运行原则

机组的启动、暖机、升速和并网都按纯凝汽式机组进行，当带到一定的负荷时先投入抽汽供热运行，之后实现切除低压缸供热。对于抽汽供热启动前还需做下述的检查和准备：

（1）检查抽汽供汽逆止门和蝶阀的动作应灵活可靠，低压缸喷水装置应能正常投入和切除，逆止门的气动执行机构的工作压力已经整定好，抽汽安全门已按规定压力调整好。

（2）气动逆止门、蝶阀与发电机油开关或主汽阀联动跳闸机构在安装后和机组启动前联动试验应好用并投入备用。

（3）热网及热网加热器等经过全面联调、试压、无泄漏、无缺陷、并投入备用。

（4）抽汽供热系统投入前应开启该系统上的疏水门，对抽汽管道进行暖管和疏水，供热抽汽投入后关闭疏水门。

（5）开启供热抽汽门时应先使低压油动机逐渐关小，抽汽压力逐渐升高。待本机的抽汽压力略高于热网抽汽母管内的压力时开启抽汽门，接带负荷，再调整到所需压力。

（6）当蝶阀动作不灵活、卡涩、抽汽供热安全门压力和低压缸喷水装置未整定、试验以及工作不正常时禁止抽汽供热投入。

1.6.3　真空系统严密性试验

切除低压缸供热运行需要系统具有良好的真空严密性，届时必须完成此项性能试验工作。

1. 试验条件

（1）试验时要求机组在 80%～100%额定负荷下稳定运行。

（2）真空系统各部正常，备用真空泵处于良好备用状态。

（3）DEH 应处于功率控制方式。

（4）试验时凝汽器真空不得低于－90kPa，否则禁止或停止试验。

2. 试验要求

(1) 试验时间是8min，试验数值取从第三分钟开始的5min平均值。

(2) 真空下降速度小于0.13kPa/min (1mmHg/min) 为优。

(3) 真空下降速度小于0.27kPa/min (2mmHg/min) 为良。

(4) 试验过程中凝汽器真空下降速度不得超过4kPa/min，否则应停止试验，全开真空泵进气门。

3. 试验操作步骤

(1) 汇报值长，在专业单元长监护下进行。

(2) 试验备用的真空泵，一切正常后停止两台真空泵运行。

(3) 每分钟记录一次凝汽器真空值及排汽温度。

(4) 8min后全开真空泵进气门。

(5) 试验结束后，检查凝汽器真空应正常，投入真空泵联锁。

1.6.4 六段抽汽逆止门在线活动试验

低压缸有两处抽汽口，六段抽汽到2号低压加热器，其疏水利用疏水泵打入主凝结水系统；七段抽汽到1号低压加热器，其疏水系统采取自流的方式回到凝汽器。

切除低压缸供热运行期间，低压缸缸内汽流稀少，1号低压加热器疏水采取自流的方式回到凝汽器，低压缸不会出现倒灌的危险；2号低压加热器疏水量减少，疏水泵不能正常工作，此时需要关闭疏水泵打开2号低压加热器通向凝汽器的疏水调节门，以自流的形式回到凝汽器，因此也不会出现倒灌的危险，但是在工况切换过程中，需要适时关闭疏水泵开启疏水调节阀，为了保证安全，防止此时发生低压缸倒灌的危险，因此必须对六段抽汽逆止门做针对性性能试验。

1. 试验条件

(1) DCS画面中各抽汽逆止门开启信号正常。

(2) 机组运行中监视段压力正常。

(3) 2号低压加热器运行中疏水调节器装置动作正常。

(4) 贮气罐压力不低于0.6MPa，气控系统各部正常。

2. 安全措施

试验中注意加热器水位和加热器汽侧压力的变化情况。

3. 试验步骤

(1) 就地操作抽汽逆止门活动手柄，压缩空气排大气。

(2) 当抽汽逆止门关至1/4时，关闭抽汽逆止门活动手柄，抽汽逆止门复位。

(3) 试验完毕，恢复正常。

1.6.5 切除低压缸进汽的启动

(1) 按照机组原抽汽供热的投入原则及操作流程，首先实施机组从纯凝工况到抽汽供热工况的转换，直至机组达到当时的最大抽汽供热工况，并稳定运行1小时。

(2) 投入切除低压缸供热控制。

(3) 打开新增旁路阀，投入减温器，将减温器出口汽流控制在10t/h左右。

(4) 全开2号低压加热器至凝汽器疏水调整门，关闭2号低压加热器的疏水泵。

(5) 关小抽汽蝶阀，直至全关（贯穿于整个启动过程）。

（6）在切除低压缸投入过程中应注意监视整个调压系统的工作情况，监视各抽汽段压力、轴向位移、胀差检测、汽缸膨胀等表计变化并做好记录，确保在安全范围内。

（7）蝶阀关小过程中，应严密监视机组振动情况，发现异常振动停止关小阀门，必要时拉闸停机。

（8）注意排汽缸温度，大于 80℃投入后缸喷水，控制排汽缸温度在 120℃以下。

（9）注意真空变化，根据情况拉大真空度，减小鼓风损失。

（10）增加热负荷的速率一般不大于 4～5t/min，在容易引发低压缸末级叶片颤振的区间要快速通过，在低压缸进汽流量低到一定程度时，要快速关闭防止发生不稳定振动。

（11）当低压缸排汽流量到 15t/h 左右时，将蝶阀迅速全关。

（12）凝汽器维持高真空，投入必要的循环水量。

（13）轴封供汽正常运行。

（14）为提高机组的经济性，在保证向热用户正常供热的条件下，应尽量使抽汽点的压力保持在热网允许压力的低点。

（15）热网投运（包括抽汽供热和切除低压缸供热）后，应加强凝结水的回收和补充，防止凝结水的泄漏和污染。

1.6.6　切除低压缸进汽的解除

（1）若都需要将切除低压缸供热切换到抽汽供热工况，则应使低压蝶阀逐渐开启，电负荷逐渐增大，热负荷逐渐减少，进入低压缸内的蒸汽量逐渐增大。

（2）在容易引发末级叶片颤振的区间要快速通过。

（3）在切除低压缸供热的切除过程中应注意监视整个调压系统的工作情况，监视各抽汽段压力、轴向位移、胀差检测、汽缸膨胀等表计变化并做好记录，确保在安全范围内。

（4）注意排汽缸温度，大于 80℃投入后缸喷水，控制排汽缸温度在 120℃以下。

（5）注意真空变化，根据情况调整真空度。

（6）当低压缸进汽大于出厂设计最小进汽流量约 50t/h 时，关停新增旁路系统。

（7）打开 2 号低压加热器疏水泵，关闭 2 号低压加热器至凝汽器疏水调整门。

（8）至此，机组已处于原出厂设计的抽汽供热工况运行。

1.6.7　切除低压缸进汽运行的日常维护

（1）在运行中的供热系统中各设备应定期进行巡查，及时发现问题、解决问题。

（2）应经常检查热网返回的凝结水水质，一旦发现泄漏和水质污染，应立即采取措施补救，若污染和泄漏严重，应立即切除供热运行或停机，及时进行修复和处理。

（3）应定期检查调压系统是否正常工作，所属表计指示是否正确，旋转隔板及油动机的动作是否灵活可靠，旋转隔板应定期进行活动试验。

（4）正常运行时按下述数据进行中压末级保护装置的参数整定。

1.6.8　切除低压缸供热运行时停机

汽轮机处于切除低压缸供热运行工况时停机，先由切除低压缸供热运行切换到抽汽供热运行工况，再按照原汽轮机的停机操作进行停机。

1.6.9　切除低压缸供热运行时甩电负荷

汽轮机处于切除低压缸供热运行工况时甩电负荷，汽轮机高压旁路投入，低压旁路对空排汽。电负荷恢复时，恢复系统正常投运。

1.6.10 切除低压缸供热运行时甩热负荷

汽轮机处于切除低压缸供热运行时甩采暖热负荷，调整汽轮机进汽量，保持背压，根据情况投入高压旁路，低压旁路对空排汽。查明原因正确处理，如果不能恢复时，打开低压蝶阀，直接切换为纯凝工况运行。

1.7 改造后的技术经济性分析

1.7.1 机组运行方式分析

2 号机组切除低压缸供热改造后，优先接待民用和工业热负荷。按照 2017 年接待 550 万 m^2 热负荷分析，在采暖季开始机组即可以热定电背压运行。表 13-16 列出了采暖季不同环境温度下，机组供热负荷和电负荷等主要参数。为了便于计算，工业抽汽负荷的变化按照 56t/h 分析维持不变，仅考虑采暖抽汽负荷变化对机组发电出力的影响。工业抽汽变化时，也可通过调整满足 2 号机背压运行。

表 13-16　　不同环境温度下背压机组主要参数

环境温度	℃	5	0	−5.1	−10	−15	−16.9
采暖室外计算温度	℃	−16.9	−16.9	−16.9	−16.9	−16.9	−16.9
热负荷系数	—	0.372	0.516	0.662	0.802	0.946	1.000
热负荷	MW	102.44	141.84	182.02	220.63	260.04	275.00
采暖抽汽流量	t/h	151.1	209.21	268.47	325.41	383.54	405.60
工业用热负荷	t/h	56	56	56	56	56	56
主汽流量	t/h	262.05	323.16	418.66	480.02	549.97	605.26
发电机出力	MW	58.93	73.59	96.10	113.91	131.10	139.53

采暖季刚开始时，机组热负荷较小仅为 106.50MW，发电机出力也较小仅为 58.93MW，此时主蒸汽流量约为 262t/h，对应锅炉蒸发量约为 38%锅炉 TMCR 蒸发量。随着采暖季气温降低，采暖热负荷逐渐增大，机组负荷也逐渐增大，当达到沈阳冬季室外计算温度−16.9℃时，采暖热负荷为 275MW，对应主汽流量为 605t/h，相当于锅炉 87% TMCR 蒸发量，发电机出力为 139.5MW。对应如图 13-8 所示曲线。

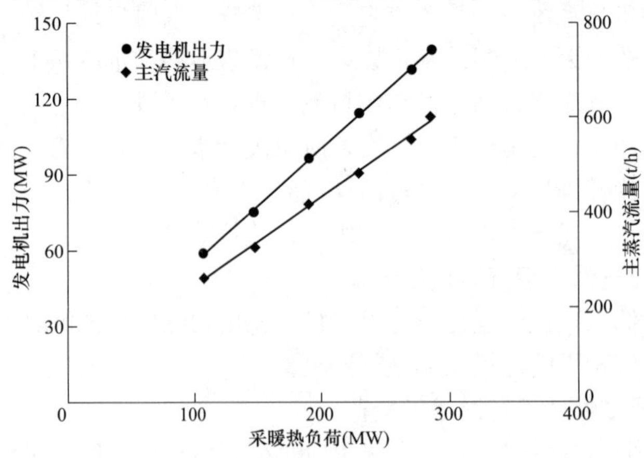

图 13-8　机组出力和采暖热负荷的关系曲线

1.7.2　经济性分析

改造前，采暖季 1、2 号机组共同供热，按照 1、2 号机组平均承担热负荷进行分析。

2 号机组切除低压缸运行后，高中压缸类似背压机发电，机组经济运行方式为“以热定电”运行，全厂热负荷分配可优先满足 2 号机组的热负荷接带，1 号机组在采暖季大多数时间保持纯凝工况运行，只有当工业抽汽负荷和采暖抽汽负荷均为大负荷叠加时，再根据 2 号机组的能力投入 1 号机组抽汽运行。按照平均供热工况计算 1、2 号机改造前后主要经济指标见表 13-17。

表 13-17　　改造前后 1、2 号机主要经济指标

主要指标	单位	改造前		改造后	
		1 号机组	2 号机组	1 号机组	2 号机组
全厂采暖供热量	万 GJ	237.47			
全厂工业供热量	万 GJ	171.88			
全年利用小时数	h	4500			
冬季发电量	10^8kWh	4.20	4.20	4.95	3.87
夏季发电量	10^8kWh	5.70	5.70	4，95	6.03
全年发电量	10^8kWh	9.9	9.9	9.9	9.9
冬季发电煤耗量	t	119168.64	119168.64	176305.3	63698.84
夏季发电耗煤量	t	200943.47	200943.47	176305.3	213812.59
全年发电耗煤量	t	320112.11	320112.11	352610.7	277511.43
供热耗煤量	t	81616.33	81616.33	10367.38	152865.29
全厂全年发电耗煤量	t	640224.22		630122.10	
热电比	%	57.43	57.43	7.30	107.56
全厂热电比	%	57.43		57.43	
锅炉效率	%	89		89	
管道效率	%	98		98	
加热器效率	%	98		98	
发电标准煤耗率	g/kWh	323.35		323.35	
全厂发电标准煤耗率	g/kWh	323.3		318.2	
全厂供电标准煤耗率	g/kWh	351.4		345.9	
全年耗煤差	t	10102.11			

改造前后供热量不变进行收益计算，切除低压缸后，机组对外供热量不变，2 号机组热电比大幅提高。按照全年电量不变计算，切除低压缸运行后，夏季需要多发电，全年计算下来，切除低压缸运行可以节煤约 1.0 万 t 标准煤，按照苏家屯标准煤价 630 元/t，节煤收益约 636 万元/年。

1.8　项目的财务评价

本改造工程静态投资 1760 万元，建设期贷款利息 37 万元，工程动态投资 1797 万元。其中总投资 70%贷款，其余 30%自筹，还款以等额本金方式，15 年还清。项目生产经营期选取 20 年。

采暖季切除低压缸进汽运行工况下，2 号机组热电比大幅提高，按照全年电量不变计

算，切除低压缸运行后，夏季需要多发电，全年计算下来，切缸运行可以节煤约 1.01 万 t 标准煤，按照苏家屯标准煤价 630 元/t（含税），采暖季节煤收益约 636 万元。

对本项目改造方案和投资估算进行财务评价。具体财务指标见表 13-18。

表 13-18　　财务评价指标表

项　目　名　称		单位	经济指标
项目投资	内部收益率	%	19.38
	财务净现值	万元	929.14
	投资回收期	年	5.35
资本金	内部收益率	%	50.03

1.9　项目的创新性

本项目已顺利完成投产运行，项目所取得的技术创新如下：

（1）提出了新型凝抽背供热技术，实现了机组在纯凝、抽汽与背压工况之间的实时切换和采暖季稳定运行；特别是在背压工况下，实现了机组低压缸不进汽做功的稳定运行，提升了机组的对外供热能力及电负荷调峰能力。

（2）提出了高效的低压缸冷却蒸汽系统，在背压工况时，利用高品质的冷却蒸汽，对低压缸实施高效、快速冷却，保证了低压缸各部件的运行安全性。

（3）提出了后缸喷水优化系统、快开导汽旁路及改变热网疏水与回热系统的连接方式等新技术，在切除低压缸进汽工况下保证了低压缸及辅机设备的长期安全运行。

（4）提出了机组在不同电、热负荷工况下低压缸进汽切换的优化策略，建立了低压缸实时监测系统，解决了冷却蒸汽系统的调节方式、低压缸进汽切换速率及胀差控制等技术难题，实现了机组最优经济性方式运行。

第 2 节　丹东金山热电有限公司厂网一体化供热改造项目

2.1　项目概况

丹东金山热电有限公司（简称丹东热电厂）位于丹东市区中部以西约 3km 的振兴区与振安区交界处的五道沟地区，西北距同兴镇约 3km。近年来随着丹东城市的快速发展，丹东市对城市集中供热建设采取了相应措施。主要是对原有小锅炉房实行拆小并大，经过这几年的改造与建设，锅炉房数量从原有的约 310 座减少至现在的 215 座，供热面积则由原 1235 万 m^2 增加至 1618 万 m^2。

丹东热电厂一期两台机组于 2012 年投产，单台机组设计最大抽汽流量为 600t/h，平均采暖抽汽流量 550t/h，额定采暖抽汽流量 340t/h，采暖抽汽压力可调整，最大采暖抽汽压力为 0.49MPa。集中供热热网也仅投产一期第一阶段，2012～2013 年供热季电厂接待供热面积较小，挂网供热面积约为 550 万 m^2，实际供热面积约 440 万 m^2，供热季总计供热量 269.05 万 GJ。2014～2015 年采暖季挂网供热面积增至约 1000 万 m^2，实际供热面积约为 900 万 m^2。

2.1.1　热网首站概况

1. 热网首站概述

热网首站供热蒸汽采用单元制。每台机组设置 2 台换热面积为 2800m^2 的卧式高效汽水热交换器。设计为市区采暖热网 60℃回水回到热网首站后，经热网加热器加热到 120℃后外供市区采暖热网。

在汽机房 0m 层布置 6 台疏水泵，每个单元 3 台，2 运 1 备。每个单元疏水量为：550m³/h，水泵额定流量：300m³/h，额定扬程：185m。疏水分别回 1 号机和 2 号机除氧器。

热网水系统采用母管制布置方式，本期工程热网水系统总循环水量为：10320m³/h，最不利环路阻力损失：1.0MPa。在汽机房 0m 层布置 5 台循环水泵，4 运 1 备。水泵额定流量：3000m³/h，额定扬程：135m，功率 1600kW。

热网水管网的补给水采用除氧软化水，按系统循环水量的 1.0%设计。采用补给水泵定压方式，定压值为 0.35MPa，补给水泵采用变频控制。

2. 主要设备参数

(1) 热网加热器技术参数见表 13-19。

表 13-19　　热网加热器技术参数

项目	规范	项目		壳程	管程
产品编号	E0923	设计压力（MPa）		1.0	2.5
压力容器类别	II	耐压试验压力（MPa）		1.47	3.13
容器净重	72885kg	最高允许工作压力		0.191～0.39	2.0
换热面积	2800	设计温度（℃）		280	150
折流板间距	656mm	工作温度	进口（℃）	250.46	60
产品标准	GB 751—1999		出口（℃）	200.1	120
设备编码	21502120820100026	工作介质		饱和蒸汽	水
管程安全阀型号	A48W-4.0C DN150	主体材料		Q345R	Q345R
壳程安全阀型号	A42W-1.6C DN200	安全阀开启压力		0.6	2.3

(2) 电动热网循环水泵技术参数见表 13-20。

表 13-20　　电动热网循环水泵技术参数

水　泵			电　动　机		
项目	单位	规范	项目	单位	规范
型号	500RS140		型号	YXKS560-4	
型式	卧式离心泵		额定电压	V	6000
级数	1		额定电流	A	179
流量	m³/h	3000	功率	kW	1600
扬程	m	135	功率因数		0.89
转速	r/min	1480	转速	r/min	1490
轴功率	kW	1282	频率	Hz	50
重量	kg	4350	绝缘等级	F	
汽蚀余量	m	8.5	冷却方式	IC81W	
效率	%		效率	96.7	
出厂编号	110443		防护等级	IP54	
出厂日期	2011.8		生产日期	2011.5	

(3) 热网疏水泵技术参数见表 13-21。

表 13-21　　热网疏水泵技术参数

水泵			电动机		
项目	单位	规范	项目	单位	规范
型号	200DG43X5		型号	YKS3554-4	
型式			额定电压	V	6000
级数			额定电流	A	30.3
流量	m^3/h	300	功率	kW	250
扬程	m	185	功率因数		0.85
转速	r/min	1480	转速	r/min	1479
轴功率	kW	191	频率	Hz	50
重量	kg	1620	绝缘等级	F	
汽蚀余量	m	5.4	冷却方式	IC81W	
效率	%		效率		
出厂编号	T110434		防护等级	IP54	
出厂日期	2011.8		出厂编号	J1112229	

3. 首站运行现状

(1) 供热抽汽分析。上个采暖季供热面积约 520 万 m^2，极寒期最大供热量约 240MW，抽汽量约 330t/h，抽汽压力约 0.2MPa，抽汽温度约 220℃。由于抽汽量较小，供热抽汽仅由单机接待即可满足。

(2) 热源热负荷调节分析。在目前的体制下，由于热网首站和热网监控中心之间不能很好统一协调调度，导致当气温突降时，热源调整不及时，造成供热量不够。

从 2013～2014 年采暖热负荷曲线（见图 13-9）可以看出，在采暖初期，热负荷调整相对不及时，且首站热负荷调节频率较低，在一天中很少根据环境温度变化进行主动调节，有时甚至几天调整一次。这种情况在供热初末期易造成过量供热。

(3) 热网循环水泵运行分析。热网首站现有 5 台热网循环水泵，均为液耦驱动。在上个采暖季中，主要运行 A、B 循环水泵。热网水流量在 6000～7500t/h 之间，热网回水定压点为 0.35MPa，热网供水压力最高约 0.75MPa。

(4) 疏水系统分析。2013～2014 年采暖季疏水温度约为 90～130℃，尖峰期疏水温度较

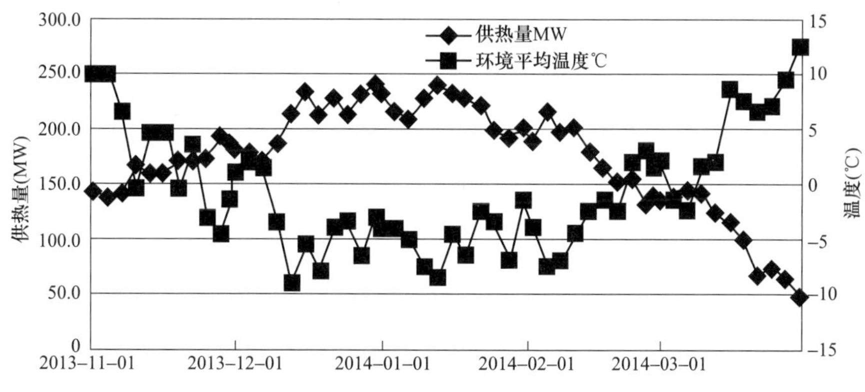

图 13-9　2013～2014 年供热季热负荷曲线

高，疏水返回主机除氧器，热网回水温度为 37～50℃，热网加热器疏水端差较大，达到 50℃。疏水若能进一步加热热网回水，再回至主机更低级低压加热器入口，利用更低品位抽汽加热，可以提高供热机组经济性。

2.1.2　换热站及二次网概况

1. 换热站概述

2014 年老区换热站共 81 个，新接入供热面积约 374.7 万 m^2，2014～2015 年采暖季实际供热面积达到约 900 万 m^2。

目前共有约 34 个换热站实现了自控功能，其中 32 个换热站（除海燕馨居换热站、万达嘉华酒店换热站）的一次网侧安装了热/流量计，二次网补水安装有流量计，并且每个换热站的二次网分区加装了流量计，剩余 47 个老换热站未实现自控功能。

丹东公司 2013 年在知春园换热站二层新建一座热网监控中心，可以对自控换热站的循环泵、补水泵及运行参数进行实时监视和调整。各换热站温度、补水等参数均有实时统计和报表，通过报表可以分析各个换热站温度情况和补水量大小。但数据报表缺少循环水泵功率（电流）、电动调节阀开度等数据，不便于水泵和调节阀的运行分析。

2. 主要设备现状

换热站内主要涉及的设备有：

机务方面：板式换热器（核心）、二次网循环水泵、补水泵、除污器、软化水箱、水处理设备等。

电气方面：电气控制柜、配电柜、变频器。

阀门仪表：手动截止阀、电动调节阀、安全阀门、流量测量装置、温度/压力测点及变送器等。

板式换热器的换热负荷根据各个换热站所接带换热面积进行具体设计，换热器的负荷有：2、2.5、3、3.5、5、6、7MW 等。换热介质均为水-水换热，最大设计压力为 1.6MPa，设计温度为热侧 150℃、冷侧 10℃。表 13-22～表 13-26 列举部分换热站的设备技术参数。

表 13-22　　大偏岭换热站地热区主要设备技术参数

循环水泵（2）			循环水电动机（2）		
型号	SLW300-400		型号	Y2-315S-4	
扬程（m）	50		额定功率（kW）	110	
流量（m^3/h）	550		额定电流（A）	201.0	
额定转速（r/min）	1480		额定转速（r/min）	1480	
	补水泵 1	补水泵 2		补水电动机 1	补水电动机 2
型号	SLG 8-6	50BLF16-40	型号	Y2-90L-2	Y2-112M-2
扬程（m）	48	48	额定功率（kW）	2.2	4
流量（m^3/h）	10	18	额定电流（A）	4.9	4.7
额定转速（r/min）	2900	2900	额定转速（r/min）	2860	2880
板式换热器（2）					
型号	BBR0.52×1.6/150				
换热面积（m^2）	62				
试验压力（MPa）	2.08				
设计压力（MPa）	1.6				
设计温度（℃）	150				

表 13-23　　御鑫园换热站主要设备技术参数

循环水泵（2）		循环水电动机（2）	
型号	JB/T8680-2008	型号	Y2-1601-2
扬程（m）	44	额定功率（kW）	18.5
流量（m^3/h）	88	额定电流（A）	34.8
额定转速（r/min）	2900	额定转速（r/min）	2930
补水泵（2）		补水电动机（2）	
型号	40DFL6-12K8	型号	Y2-112M-2
扬程（m）	96	额定功率（kW）	4
流量（m^3/h）	6	额定电流（A）	8.3
额定转速（r/min）	2900	额定转速（r/min）	2890
板式换热器（1）			
型号	TLG-0.81-H		
换热面积（m^2）	22		
试验压力（MPa）	1.25		
设计压力（MPa）	1.0		
设计温度（℃）	150		

表 13-24　　博泰换热站散热区主要设备技术参数

循环水泵（2）			循环水电动机（2）		
型号	SLW100-200		型号	Y2-180M-2	
扬程（m）	44		额定功率（kW）	22	
流量（m^3/h）	94		额定电流（A）	41	
额定转速（r/min）	2950		额定转速（r/min）	2940	
补水泵 1		补水泵 2	补水电动机 1		补水电动机 2
型号	SLG 4-6	40BLF8-60	型号	Y2-802-2	Y2-90L-2
扬程（m）	37	37	额定功率（kW）	1.1	2.2
流量（m^3/h）	6	12	额定电流（A）	2.7	4.85
额定转速（r/min）	2900	2900	额定转速（r/min）	2820	2840
板式换热器（1）					
型号	BBR0.5×1.6/150				
换热面积（m^2）	41				
试验压力（MPa）	2.08				
设计压力（MPa）	1.6				
设计温度（℃）	150				

表 13-25　　知春园换热站地热低区主要设备技术参数

循环水泵（2）		循环水电动机（2）	
型号	SLW125-200	型号	Y2-200L1-2
扬程（m）	44	额定功率（kW）	30
流量（m^3/h）	150	额定电流（A）	55.5
额定转速（r/min）	2950	额定转速（r/min）	2950
补水泵（2）		补水电动机（2）	
型号	SLG3-10	型号	Y2-80M1-2
扬程（m）	50	额定功率（kW）	0.75
流量（m^3/h）	2.8	额定电流（A）	1.8
额定转速（r/min）	2900	额定转速（r/min）	2830
板式换热器（1）			
型号	BBR0.35×1.6/150		
换热面积（m^2）	25		
试验压力（MPa）	2.08		
设计压力（MPa）	1.6		
设计温度（℃）	150		

表 13-26　　军苑换热站散热区主要设备技术参数

循环水泵（2）			循环水电动机（2）		
型号	ISW200-400-1		型号	Y2-280M-4	
扬程（m）	50		额定功率（kW）	90	
流量（m^3/h）	400		额定电流（A）	167	
额定转速（r/min）	1450		额定转速（r/min）	1480	
补水泵 1		补水泵 2	补水电动机 1		补水电动机 2
型号	SLG8-4	50BLF16-30	型号	Y2-90S-2	Y2-100L-2
扬程（m）	36	36	额定功率（kW）	1.5	3
流量（m^3/h）	8	16	额定电流（A）	3.5	6.31
额定转速（r/min）	2900	2900	额定转速（r/min）	2860	2870
板式换热器（3）					
型号	BBR0.5×1.6/150				
换热面积（m^2）	50				
试验压力（MPa）	2.08				
设计压力（MPa）	1.6				
设计温度（℃）	150				

3. 换热站运行现状

换热站作为连接供热一次管网和热用户二次管网的中间纽带，在整个供热系统中起着重要的作用。通过对换热站最核心的水、电、热指标统计和整理分析，发现部分换热站存在能耗指标过高的不节能现象，因此建议对指标高的换热站进行重点优化改造，以降低能耗。根据各换热站所在的位置及接带的小区，综合考虑环境因素，制定“一站一优化曲线”，改变一贯的凭经验进行调节的模式，减少过量供热。

（1）总的水、电、热运行指标情况。2013～2014 年供热季（11 月至次年 3 月）丹东热电厂总的水、电、热等统计数据见表 13-27。

表 13-27　　总的水、电、热统计数据

统计日期	用水量（t）	用电量（kWh）	用热量（GJ）
2013.11	139647	2497022	413719.94
2013.12	121502	3185076	597678.05
2014.1	110030	2133961	584700.6
2014.2	92130	2613364	482939.28
2014.3	74489	1567767	339760.06
合计	537798	11997190	2418797.93
全年平均值	171kg/GJ	4.96kWh/GJ	0.61GJ/m^2

注　用水量、用电量、用热量统计仅限于丹东热电厂所属热力公司管辖的 22 个换热站。

(2) 各个换热站水、电、热指标情况。表 13-28 对 22 个换热站的水、电、热数据进行了统计。

表 13-28　各个换热站水、电、热数据统计

换热站	用水量（t/a）	用电量（kWh/a）	用热量（GJ/a）	供热面积（m^2）
大偏岭	3179.82	364000	30701	111000
丹建	1587.86	279760	28003	50700
化纤	21575.28	275152	57421	135800
众盟	5549.14	26765.97	16497	14400
御鑫园	704.25	431100	39851	81400
博泰	11407.99	365520	45887	95700
海燕	1506.01	130590	—	39700
同兴镇	9750	104907	160502	50900
军苑	22909.2	467910	75063	117000
交警	9726.59	610800	74456	170900
万邦	3722.62	169970	29790	11200
二院	—	—	16592	97700
建盛	18176.14	464400	92790	238700
马车桥	19603.71	550920	101475	244500
桃源逸景	5113.95	248760	24661	58200
知春园	62451.41	589020	76208	322600
天然	3338.78	1039892	191802	545800
桃北	14219.05	215964	81006	146500
锦绣东	7076.84	193360	112645	177000
锦绣西	37074.68	393600	214070	252000
桃源	42389.88	279084	80721	119800
万达超市	—	—	2227	28800
万达大商业	—	—	46990	75000
万达外铺	—	—	3020	34600
合计量	301063.2	7201475	1430246	2983800

注　海燕换热站无热量统计数据，二院只有热量统计，万达三个换热站只有热量和供热面积统计数据。

为更好地对各个换热站的能耗指标进行对比分析，找出彼此之间的可能差距，分别选取单位水耗（kg/GJ）、单位电耗（kWh/GJ）、平方米耗热（GJ/m^2）进行数据对比分析。根据表13-28，数据分析结果见表13-29～表13-31。

表13-29　各换热站水耗指标对比分析

序号	所属区	换热站	单位水耗（kg/GJ）
1	供热3所	知春园	0.819
2	供热2所	万邦	0.771
3	供热1所	众盟	0.641
4	供热6所	桃源	0.525
5	供热1所	同兴镇	0.461
6	供热1所	化纤	0.376
7	供热2所	军苑	0.305
8	供热1所	博泰	0.249
9	供热3所	桃源逸景	0.207
10	供热3所	建盛	0.196
11	供热3所	马车桥	0.193
12	供热6所	桃北	0.176
13	供热6所	锦绣西	0.173
14	供热2所	交警	0.131
15	供热1所	大偏岭	0.104
16	供热6所	锦绣东	0.063
17	供热3所	丹建	0.057
18	供热1所	御鑫园	0.018
19	供热5所	天然	0.017
20	供热1所	海燕	—
21	代管	二院	—
22	供热3所	万达超市	—
	供热3所	万达大商业	—
	供热3所	万达外铺	—

表13-29数据反映了两个方面的内容：在现役的换热站中，部分换热站由于运行年限较长，管道存在较严重跑冒滴漏现象，同时管道冲洗和用户侧放水等同样造成了补水量大的现状；另一方面，对于水耗低的部分换热站，可能由于运行时间短、设备密封性好、接带面积小、管道无跑冒漏滴、供热效果较好等原因，用户侧基本无放水现象，因而补水量小，水耗

较低。建议根据水耗排序对水耗较高的换热站进行重点巡视监测，加强二次网平网，降低水耗。

表 13-30　　各换热站电耗指标对比分析

序号	所属片区	换热站	单位电耗（kWh/GJ）
1	供热 1 所	大偏岭	11.856
2	供热 3 所	丹建	9.990
3	供热 1 所	化纤	4.792
4	供热 1 所	众盟	3.091
5	供热 1 所	御鑫园	10.818
6	供热 1 所	博泰	7.966
7	供热 1 所	海燕	—
8	供热 1 所	同兴镇	4.956
9	供热 2 所	军苑	6.234
10	供热 2 所	交警	8.204
11	供热 2 所	万邦	35.217
12	供热 3 所	建盛	5.005
13	供热 3 所	马车桥	5.429
14	供热 3 所	桃源逸景	10.087
15	供热 3 所	知春园	7.729
16	供热 5 所	天然	5.422
17	供热 6 所	桃北	2.666
18	供热 6 所	锦绣东	1.717
19	供热 6 所	锦绣西	1.839
20	供热 6 所	桃源	3.457
21	供热 3 所	万达超市	—
	供热 3 所	万达大商业	—
	供热 3 所	万达外铺	—

换热站内的主要耗电设备是循环水泵和补水泵以及水处理系统，从表 13-30 反映的数据来看，部分换热站电耗高的原因可能是水泵运行严重偏离设计工况，效率低下、设备容量选型不合理、管路阻力损失过大等，另外部分换热站的统计数据不准也可能是影响原因之一。

表 13-31 数据反映，部分换热站热耗指标严重偏大，可能的原因有：供热管线长并且分散导致管路保温差散热损失大，二次网存在较严重的水力失调现象，补水量大；末端用户欠供，进而进一步加大循环水泵流量，导致过量供热现象严重；另一方面，相比热耗指标偏大的换热站，部分换热站统计的数据偏小，可能原因有换热站接带面积小，另外存在其他形式

的供热（空调、地暖）等。

表 13-31　各换热站热耗指标对比分析

序号	所属片区	换热站	平方米热耗（GJ/m²）
1	供热 1 所	大偏岭	0.277
2	供热 3 所	丹建	0.552
3	供热 1 所	化纤	0.423
4	供热 1 所	众盟	0.601
5	供热 1 所	御鑫园	0.490
6	供热 1 所	博泰	0.479
7	供热 1 所	海燕	—
8	供热 1 所	同兴镇	0.416
9	供热 2 所	军苑	0.642
10	供热 2 所	交警	0.436
11	供热 2 所	万邦	0.431
12	供热 3 所	建盛	0.389
13	供热 3 所	马车桥	0.415
14	供热 3 所	桃源逸景	0.424
15	供热 3 所	知春园	0.236
16	供热 5 所	天然	0.351
17	供热 6 所	桃北	0.553
18	供热 6 所	锦绣东	0.636
19	供热 6 所	锦绣西	0.849
20	供热 6 所	桃源	0.674
21	供热 3 所	万达超市	0.077
	供热 3 所	万达大商业	0.627
	供热 3 所	万达外铺	0.087

以上针对各个换热站的水、电、热指标，只能部分反映出换热站的运行好坏情况，另外再结合各个站内换热器性能、水泵运行参数（频率、扬程、流量等）、阀门开度情况等具体参数，对各个换热站详细分析以及具体改造措施，在第 2.4 节有详细的专门论述。

4. 二次网概况

丹东市二次管网特点是新老管线并存，老管线较多；管网较复杂，缺少图纸资料。目前主要有如下几个方面问题：

水力失调相对严重。一方面由于丹东热电厂集中供热处于快速发展阶段，每年都有新接入面积，各项工作、制度、人员配置还在逐渐完善中，另一方面二次网侧缺少可靠高效灵活的调节设备和手段，导致二次网平网工作开展相对较慢，造成一些换热站二次网水力失调、冷热不均现象较严重，导致系统耗热量增加和二次网循环水泵电耗增加。

失水量大。造成失水量大的原因既有一些末端用户室内温度不达标，用户放水；还有一些居民随意放水用于日常生活洗刷；同时一些老管网存在跑冒滴漏等现象。

补水管网未成形。热力站二次网补水管道设计由电厂内部中水管道接出。但在上一采暖季中仍有一些热力站的补水未从电厂补水接出，而采用自来水补水。自来水流量小，压头低，对有些热力站来说难以满足运行要求；从一次网补水将破坏一次网水力平衡。

地热区和散热区混在一起影响调温。目前热网所辖一些换热站如韩国城换热站、城市丽景换热站、交警支队换热站和大偏岭换热站等均存在地热和散热混合供热，由于地热所需供水温度低，散热要求供水温度高，混合供热致使调温困难。

5. 供热能耗现状

丹东热电厂自 2012 年供热季开展集中供热以来，短短 2 年时间，供热得到快速发展，供热面积从 2012～2013 年供热季的 445 万 m^2 增长到 2013～2014 年供热季的 519 万 m^2，2014～2015 年供热季实际接待面积达到约 900 万 m^2，供热面积实现了翻番增长。

过去的这两年供热面积增长迅速，供热处于规模效益的阶段。而随着老城区支线接待负荷接近饱和，规模效益将逐渐减弱，供热势必将向“质量”要效益，向节能供热、经济供热要产出。下面通过上两个供热季的供热指标来分析丹东热电厂整个供热管网的节能潜力。

表 13-32 是丹东热电厂近两年供热季单位面积耗热量的情况。从表中可以看出，2012～2013 年供热季单位面积耗热量为 0.605GJ/(m^2・a)，修正到设计采暖度日数下的单位面积耗热量为 0.560GJ/(m^2・a)，2013～2014 年供热季单位面积耗热量为 0.629GJ/(m^2・a)，修正到设计采暖度日数下的单位面积耗热量为 0.687GJ/(m^2・a)。

表 13-32　　近两年供热季单位面积耗热量对比

项　目	单　位	2012～2013 年供热季	2013～2014 年供热季
购热量	10^4GJ	269.65	327.00
供热面积	万 m^2	445.6	519.4
单位面积耗热量	GJ/(m^2・a)	0.605	0.629
采暖度日数	℃・d	3347	2835
修正到设计度日数下的单位面积耗热量	GJ/(m^2・a)	0.560	0.687

按照 JGJ 26—2018《严寒和寒冷地区居住建筑节能设计标准》计算，在设计采暖度日数下，丹东地区所需最小耗热量为 0.26GJ/(m^2・a)。近两个年供热季的能量输配效率仅为 40%，在热量从热网首站向热用户输送过程中的各种热损失相当大，高达 50%以上，这些损失包括过量供热损失（15%左右）、不均匀供热损失（换热站间、楼宇间和楼内用户间 25%左右）及管网散热损失（一次网和二次网 10%左右）等。

另一方面从热源系统和换热站实际运行分析可看出，目前热负荷调节品质相对较差，一是换热站热负荷调节曲线不够准确，二是厂网未联动，未实现首站热负荷实时调节，厂侧没有及时根据网侧用户的负荷变化进行调整，尤其在初末期过量供热比较明显。

2.2 热源侧扩容改造技术方案

2.2.1 吸收式热泵供热改造技术方案

1. 边界参数确定

(1) 驱动蒸汽参数。依据丹东热电厂提供的热力特性说明书，冬季采暖抽汽工况分别为额定采暖抽汽工况（340t/h）、平均采暖抽汽工况（550t/h）以及最大抽汽工况（600t/h），其中，采暖抽汽的压力在0.291MPa(a) 和0.49MPa(a) 之间可调。

根据丹东热电厂2012年及2013年的采暖抽汽参数，采暖抽汽的压力一般维持在0.15MPa(a) 左右，该压力参数对运用于热网供热的溴化锂吸收式热泵而言，工况恶劣，热泵系统从凝汽器循环水中提取的余热将减少，热网循环水经过热泵系统的出口温度也将大幅降低，而且该种热泵机型的设计、生产难度增大，造价偏高，按这种参数研究丹东热电厂的余热供热方案，其技术优势难以凸显，经济效益也大打折扣。另一方面，丹东热电厂目前采暖抽汽LV阀基本处于全开状态，还有较多的调整空间，通过调整采暖抽汽LV阀及热网加热器进汽阀，采暖抽汽压力尚有较多的上升空间；同时丹东热电厂共有2台300MW机组，两台机组间可以进行热负荷的调配，从而保持1号机组采暖抽汽具有较高的压力参数值以保证驱动蒸汽压力品质。基于以上因素，为尽可能最大回收凝汽器循环水余热，从而发挥热泵回收余热供热优势，适当提高采暖抽汽压力至0.32MPa(a) 以作为热泵机组设计工况以及热泵系统投入后的运行指导参数。同时，考虑抽汽至热泵机组管道压损（约0.02MPa)，本项目以进入热泵系统的驱动蒸汽压力为0.30MPa(a)、过热度不超过10℃进行方案优化。

由于2012～2013年供热季未进行过最大抽汽试验，为验证机组抽汽压力调节范围，根据现场情况，在2014年1月进行了1号机四段抽汽（采暖抽汽）压力调整试验。试验时机组负荷为203MW，试验前中低压缸连通管控制调节阀（LV阀）保持全开100%，四段抽汽至热网快关调节阀开度分别为42%和42%，快关调节阀前抽汽压力为0.059MPa(g)，抽汽温度为215℃，至热网采暖抽汽流量312t/h。通过关小1号机的1号和2号连通管控制调阀阀位，从100%～20%，并调整热网快关调节阀的开度，从42%关小到20%，快关调节阀前抽汽压力提高到0.213MPa(g) 左右，此时抽汽温度约为257℃，至热网采暖抽汽流量约280t/h。

(2) 热网水参数。通过2013～2014年供热季丹东热电厂一次网的历史运行数据来看，初末寒期热网回水温度较低为40～45℃之间，高寒期回水温度较高为45～50℃之间。目前运行时全厂热网水的供水总流量一般在6500～7000t/h之间，考虑到城市建设的发展及供热需求的增加，2014～2015年供热季实际接带供热面积将达到900万m^2，热网水流量还将进一步增加。按照其他地区供热经验，随着供热面积增加，热网回水温度将进一步下降，同时由于热网为电厂所有，具备调控的能力，可对供热参数进行有效调节，故本项目的热网回水参数可按48℃选取，以获得更好的经济效益。

考虑到本项目的热泵在基础热负荷下工作，以及吸收式热泵的性能优化，将热网循环水在热泵的进口温度设定为48℃作为本项目优化方案的额定工况点，同时参照热网初步设计报告，考虑近期的供热增长及设计的供热负荷，热网水流量按10000t/h进行设计。如果实际回水温度低于该设计值，热泵性能将更加优化，因此回水温度的控制也是优化运行的主要手段。

根据历史运行数据，整个采暖期热网的回水压力维持在 0.3MPa(g) 左右，该回水压力足以克服热泵系统的阻力损失（约 0.1MPa），故热网回水进入热泵后可直接回到首站热网循环水泵前，而不需要增设升压泵设备。

（3）低温热源参数。丹东热电厂循环水泵为两台，设计参数为流量 18720t/h，扬程 24m，在夏季工况采用双泵运行。2013 年对循环水泵进行了高低速改造，目前冬季运行采用单机低速泵运行，转速为 424r/min（原高速泵转速为 495r/min），泵厂家计算设计低速泵运行状态下循环水的流量约为 16000t/h，扬程为 16.3m。2013 年采暖季 1 号机低速泵运行时，使用便携式超声波流量计测量循环水流量，测量结果单侧循环水流量为 8400t/h，总流量约为 16800t/h。因此，本次热泵设计循环水流量选取 16000t/h。

由于丹东热电厂投运时间较短，且机组未进行过最大抽汽工况的试验，故无法直接通过实际运行数据来支持机组在高寒期的乏汽余热量。经过对丹东热电厂近期热负荷以及目前机组所连接热网的分析，初步选取其平均抽汽工况和实际供热运行参数作为热泵选型的基础，其中主机的乏汽流量以平均抽汽工况［进汽 986t/h，抽 550t/h，0.291MPa(a)，补水率 0%］为参考，此时机组的乏汽流量为 196t/h，余热量为 120.91MW。同时，根据运行数据分析，主机的工业循环水中的余热量约 10MW，该部分热量原来通过循环水上塔进行冷却，新增热泵系统后，也将对该部分热量进行回收。由于热泵系统的循环水侧阻力约 10m，与上塔高度相当，主机循环水系统仍保持原单台低速泵运行方式，则进热泵的循环水流量为 16000t/h，根据热平衡计算，循环水进出热泵的总温降为 7℃。上一采暖期两台机组都采用高速泵运行，循环水温升为 5～7℃左右，当采用低速泵运行后，循环水流量有所下降，则温升将有所升高，接近 7℃。

投入热泵系统运行后，为尽可能实现机组的凝汽器循环水余热全部回收利用，可通过调整抽汽量与低压缸进汽量，寻找平衡点，控制机组的乏汽量，实现机组余热量与热泵回收余热量之间的匹配。在初末寒期等工况下，由于机组采暖抽汽量较小，乏汽量比热泵设计运行工况较大，可调整循环水的运行方式，部分循环水进热泵保证热泵机组的满负荷运行，剩余的循环水则上塔进行冷却。在其他工况可以通过调整两台机组间的电负荷和热负荷等措施满足全厂高效的运行，保证供热的需求。

在原冬季运行工况下，循环水温度较低，按该温度设计，热泵设备成本很高，余热回收经济性较差，同时也不利于热泵机组的运行。为更好、更经济地实现循环水余热回收，本项目需要适当对机组的背压和循环水的温度进行优化选择。

根据凝汽器的性能及热泵的工作条件，一方面提高循环水进出口温度，将影响机组的真空，影响发电，另一方面提高循环水进出口温度，在相同初投资情况下可增加热泵机组的出力和回收余热量，从而减少抽汽量，增加发电，故而合理选择热泵循环水侧的进出口温度将直接影响项目的经济性。

2. 技术方案比选

本项目是利用第一类吸收式溴化锂热泵技术将循环水中低品质的热量提取出来，对热网循环水进行加热。此项目由于提取低品位的热量，减少了排放损失，提高了整机的热效率。

表 13-33 列出不同循环水参数下（凝汽器入口温度从 24～29℃，循环水出水温度分别从 31℃变化至 35℃）五种变工况下方案主要参数的比选情况。

表 13-33　　不同方案下的主要技术经济参数对比表

编号	项目	单位	方案 1	方案 2	方案 3	方案 4	方案 5
1	循环水热泵入口温度	℃	31	32	33	34	35
2	循环水热泵出口温度	℃	24	25	26	27	28
3	循环水进热泵流量	t/h	16000	16000	16000	16000	16000
4	乏汽温度	℃	35.0	36.0	37.0	38.0	39.0
5	机组背压	kPa	5.61	5.93	6.26	6.61	6.98
6	热泵驱动汽源压力	MPa（a）	0.3	0.3	0.3	0.3	0.3
7	抽汽流量	t/h	271.0	271.0	271.0	271.0	271.0
8	减温水流量	t/h	14.1	14.1	14.1	14.1	14.1
9	热网水回水温度	℃	48	48	48	48	48
10	热网循环水量	t/h	10000	10000	10000	10000	10000
11	热网水热泵出口温度	℃	75.3	75.3	75.3	75.3	75.3
12	尖峰加热蒸汽量	t/h	829.0	829.0	829.0	829.0	829.0
13	尖峰加热供水温度	℃	123.27	123.27	123.27	123.27	123.27
14	总耗汽量	t/h	1100	1100	1100	1100	1100
15	热泵供热量	MW	317.93	317.93	317.93	317.93	317.93
16	驱动蒸汽供热量	MW	187.02	187.02	187.02	187.02	187.02
17	热泵吸收余热量	MW	130.91	130.91	130.91	130.91	130.91
18	热泵台数		8.00	8.00	6.00	6.00	6.00
19	热泵单机功率	MW	39.74	39.74	52.99	52.99	52.99
20	热泵 *COP*		1.70	1.70	1.70	1.70	1.70
21	热泵单价	万元/台	950	900	1130	1080	1050
22	热泵总价	万元	7600	7200	6780	6480	6300
23	单位制热量造价	万元/MW	23.90	22.65	21.33	20.38	19.82
24	供热收益	万元	7480.63	7480.63	7480.63	7480.63	7480.63
25	背压升高减少负荷	MW	1.02	2.96	3.06	3.82	5.24
26	热泵系统新增厂用电	kW	700	700	600	600	600
27	背压影响用电成本	万元	155.14	447.76	463.38	578.49	792.78
28	厂用电影响用电成本	万元	113.54	113.54	113.54	105.97	105.97
29	总收益	万元	7325.49	7032.87	7017.24	6902.14	6687.85

由图 13-10 和图 13-11 可知，随着循环水进出热泵温度升高，汽轮机排汽压力逐渐增大，且排汽压力对发电的影响损失逐渐增大，方案一对发电量的影响不明显，方案二排汽压力对发电量的影响有了激增，方案五对发电量影响又有一个激增。而在此过程中，热泵设备造价逐渐降低。

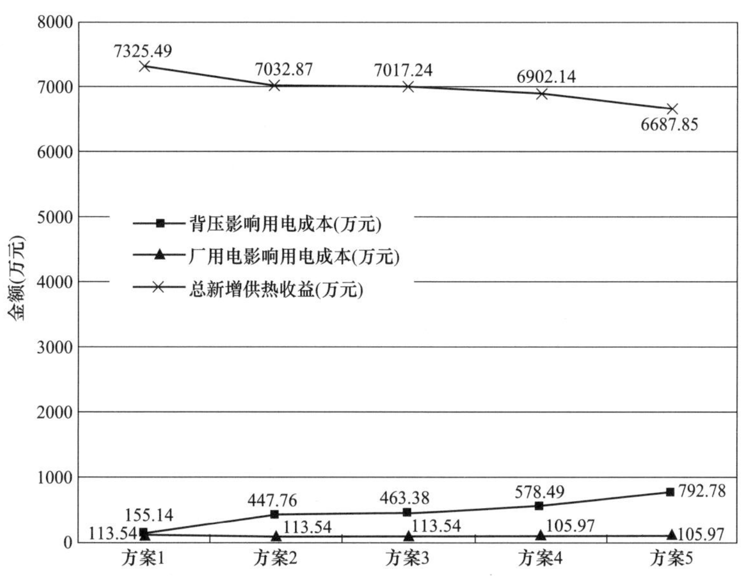

图 13-10　不同方案下的主要运行成本与收益曲线图

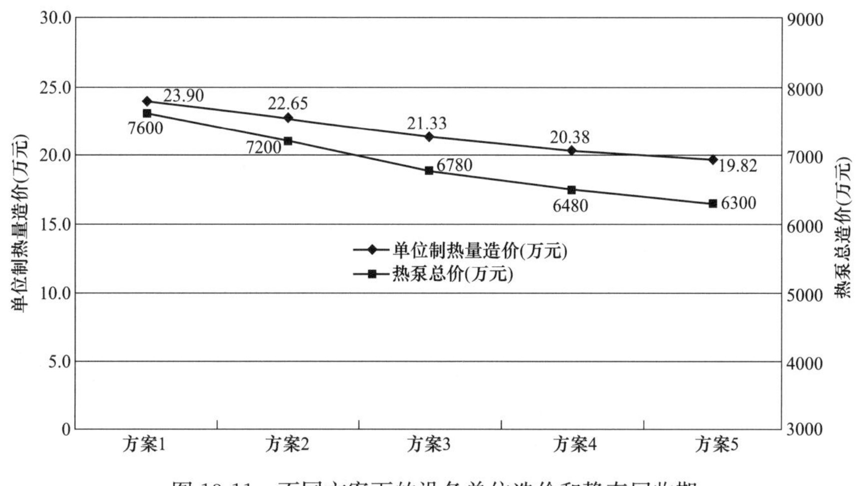

图 13-11　不同方案下的设备单位造价和静态回收期

根据数据情况分析，方案 1 和方案 2 虽然机组的循环水温度较低，背压对发电的影响最小，但由于该参数下需要 8 台热泵机组，相比其他 3 个方案，热泵台数较多，设备成本较高，相应配套的热泵厂房、附属管道阀门等其他投资将大幅增加，故而整体的经济性不好；方案 3、方案 4 和方案 5 都是 6 台热泵机组，厂房和附属系统的投资基本一致，根据总收益和热泵设备造价相比较而言，方案四的经济性较好，因此确定方案 4 为最佳方案。

通过对不同工况的比较和分析，选择以平均采暖抽汽工况为基础，通过运行方式的调整提高抽汽压力作为余热回收设计的边界条件。其中采暖抽汽压力为 0.2MPa（表压），驱动蒸汽用汽量为 271.1t/h，减温水约为 14.2t/h，循环水进出热泵的温度分别为 34/27℃，热网水进出热泵的温度分别为 48/75.3℃，热泵余热回收量为 130.9MW，热泵总制热量约为 317.9MW。

3. 吸收式热泵选型

单台热泵选型参数如表 13-34 所示。

表 13-34　　单台热泵机组选型参数

参数名称		单　位	数　值
制热量		kW	52340
热水	进出口温度	℃	48.0/75.3
	流量	t/h	1667
	阻力损失	mH_2O	10
	接管直径（DN）	mm	450
余热水	进出口温度	℃	34/27
	流量	t/h	2660
	阻力损失	mH_2O	10
	接管直径（DN）	mm	600
蒸汽	压力	MPa(绝压)	0.3
	耗量	kg/h	47065
	凝水温度	℃	90
	汽管直径（DN）	mm	2X450
	凝水管直径（DN）	mm	2X150
电气	电源	3ϕ-380V-50Hz	
	电流	A	118
	功率容量	kW	50
外形	长度	mm	11300
	宽度		8500
	高度		6800（含运输架）

注　1. 各外部条件——蒸汽、热水、余热水均为名义工况值，实际运行时可适当调整。

2. 蒸汽压力 0.3MPa（绝压）指进机组压力，不含阀门的压力损失。

3. 热水、余热水侧污垢系数 0.086m^2K/kW（0.00001h·m^2·℃/kJ）。

4. 热水水室承压 1.6MPa、余热水水室设计承压 0.8MPa。

5. 热泵换热管与凝汽器传热管材采用同型号管材。

4. 工程实施效果

（1）煤耗率分析见图 13-12。

煤耗分析为在 950 万 m^2供热面积下，以电厂 2013 年度全年统计数据为比较基准，且考虑到背压影响和热泵系统耗电量。

2013 年度丹东热电厂全年发电量 27.3 亿 kWh，年平均供电煤耗 314g/kWh，纯凝工况供电煤耗 335g/kWh，供热煤耗 40.5kg/GJ，综合厂用电率 9.5%，按 1 号机和 2 号机发电量相同为 13.65 亿 kWh 进行估算。

在 950 万 m^2 供热面积下，根据绘制的热负荷延续曲线，可得到热泵的热负荷延续曲线，假定热泵 *COP* 为设计值 1.7，可得到 6 台热泵回收余热量延续性曲线（见图 13-13），积分计算整个采暖季回收循环水余热量为 150.53 万 GJ。

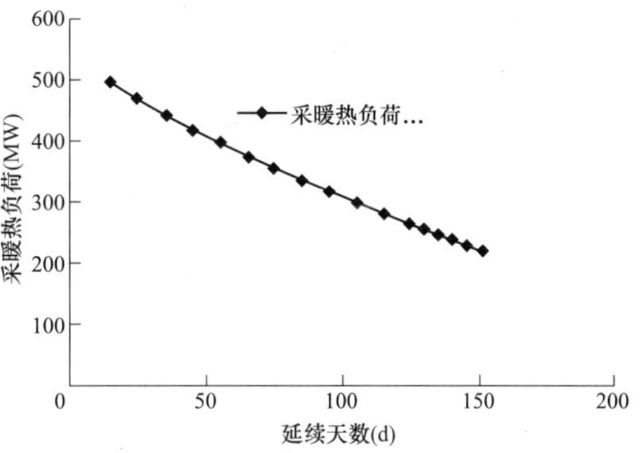

图 13-12　950 万 m^2 供热面积时的热负荷延续性曲线

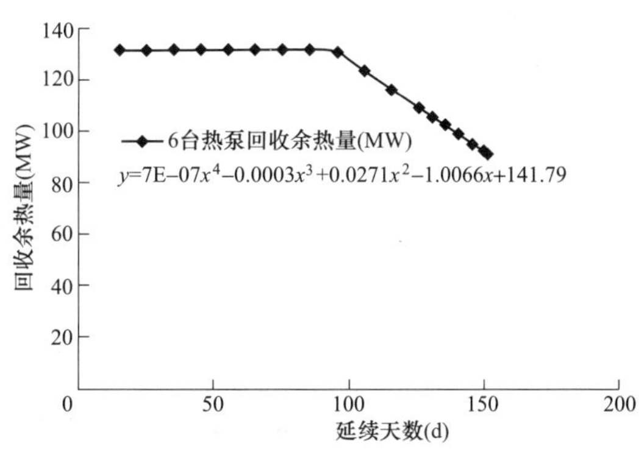

图 13-13　950 万 m^2 供热面积时 6 台热泵回收余热量拟合曲线

按供热煤耗 40.5kg/GJ 折算，可节约标准煤 6.1 万 t，仍按 1 号机全年发电量 13.65 亿 kWh 折算，可降低年平均煤耗 44.66g/kWh。由于背压升高和新增厂用电，减少发电负荷 4.52MW，故在夏季纯凝工况下需多发电 1649.31 万 kWh，全年多耗煤 0.5 万 t，影响全年煤耗 3.66g/kWh。则在该情况下 1 号机组整体可节约标准煤量约 5.6 万 t，年平均煤耗率下降 41g/kWh。

（2）节能效益分析。本项目为余热供热项目，采用吸收式溴化锂热泵，回收利用汽轮机排汽冷凝余热，将热能转移到热网对外供热。初步估算，当回收余热全部用于新增供热时，可增加电厂对外供热能力 130.9MW，扣除背压和厂用电影响，相当于电厂每年可节约 5.6 万 t 标准煤，并可减排相应的大气污染物和粉煤灰，具有良好的节能减排效益。冬季采暖期间，汽轮机凝汽器冷却水将不再经过冷却塔进行冷却循环使用，而是经由吸收式热泵吸收转换为城市的采暖供热，从而使废热造福于民。同时循环水不再上塔喷淋，可减少水的蒸发损失，经过计算每年节水 70 万 t。

（3）经济性分析。热泵相当于新增了热源点，新增供热面积时经济效益最明显。目前丹东地区有供热市场，随着国家关停小锅炉的步伐不断加快，应该努力增加供热面积，拓展供热市场。另一方面，热泵回收余热量也有很好的节煤效果和收益。下面介绍几种不同的经济性分析方式。

1）余热回收用来新增供热面积。若本项目回收的余热量可用来新增供热面积，则收益为新增供热收益。回收余热量为 130.9MW，按照 49W/m^2，可新增供热面积 267 万 m^2。按照 28 元/m^2，可增加供热收益 7480.6 万元。扣除背压和厂用电影响 684 万元，每年可增加收益 6902 万元。

2）余热量回收计量方式。直接从原主机凝汽器循环水中提取排汽废热以回收的余热量作为节能量依据，是最为常用直观的一种计量方式，可以通过第三方检测合格的热量表计计量或采用更先进的计量方式，其计算公式为

$$Q=\int_{t_1}^{t_2} m\cdot(h_{\mathrm{i}}-h_{\mathrm{o}})\mathrm{d}t \tag{13-1}$$

式中 Q——余热量，kJ；

m——循环水流量，kg/s；

h_{i}——循环水进热泵系统焓值，kJ/kg；

h_{o}——循环水出热泵系统焓值，kJ/kg。

如下面煤耗分析中所述，在当前 950 万 m^{2}供热面积下，一个采暖期可提取的余热总量为 150.53 万 GJ，热价按 43.5 元/GJ 计算，一个采暖季供热收益可达 6548 万元，扣除背压影响和厂用电增加造成收益损失约 684 万元，则整个采暖期供热收益可达 5863 万元。

3）节煤收益。增加热泵系统后，抽汽供热量减少，在当前 950 万 m^{2}供热面积下，回收余热量 150.3 万 GJ，按照 40.5kg/GJ，总计节煤 5.6 万 t。采暖期机组煤耗成本降低了 3536 万元；背压影响、热泵系统耗电使机组煤耗成本升高了 290 万元，最终煤耗成本降低了 3246 万元。

以上三种节煤收益计算方法，第一种适用于回收余热来新增供热面积，第二种较适用于合同能源管理方式，第三种适用于未新增供热面积，主要是节煤收益。电厂目前供热条件下，可采用第三种计算方式，每年回收余热节煤收益约 3246 万元。

2.2.2 热网首站改造技术方案

1. 首站疏水泵改变频

（1）改造背景。由于外网用户热负荷随环境温度改变而不断变化，使得首站热网加热器出力也相应变化，造成疏水泵始终在变工况运行，没有固定负荷点。热负荷在一个采暖季中既有初末期和尖峰期大变化，一天中还有早中晚小变化。例如在采暖初末期，热负荷低，热网加热器所需采暖抽汽量小，疏水泵负荷低；而在采暖尖峰期，热负荷高，热网加热器所需采暖抽汽量大，疏水泵负荷高。疏水泵运行工况波动较大，对疏水泵调节要求高，采用定速运行将很难满足频繁变工况需求，这一点可以从上一个采暖季运行情况印证。

上一采暖季运行中通过疏水泵出口调节疏水流量，这种调节方式会使泵的运行工况点偏离设计高效区，运行效率低，同时管路阻力特性发生变化，相当大一部分能量消耗在管路中，能量利用率低；其次，还会造成调节阀运行条件恶劣，缩短使用寿命，造成管路振动增大。针对此种情形，需对泵进行节能改造，目前流行的改造方式有采用液耦调节和变频调节两种。

（2）改造方案。由于液力耦合器的效率一般在 75%左右，并随泵转速的降低而下降；而变频器效率较稳定，可达 95%。因此，推荐使用加装变频器的改造方式。丹东热电厂两个热网首站共 6 台疏水泵本次改造其中 2 台，每个首站可以各改造 1 台疏水泵。

（3）投资收益见表 13-35。

表 13-35　　单台疏水泵改造成变频调节收益计算分析

项　　目	单　　位	参数
疏水流量	t/h	280
疏水泵进水压力	MPa	0.1
疏水泵出口压力	MPa	1.65
疏水泵平均扬程	m	164.4
疏水泵有效功率	kW	125.41
1 号疏水泵电流	A	21.0
疏水泵电动机功率	kW	178.95
轴端输入功率	kW	170.0
疏水泵效率	%	73.77
疏水泵出口调节阀开度	%	22
疏水泵出口调节阀后压力	MPa	0.9
阀门节流损失	m	79.5
折算到电动机功率损耗	kW	82.22
能量损失率	%	45.95
回收电量（按 80%计算）	kWh	239963.88
电价	元	0.4
收益	万元	9.60

原疏水泵电动机为 6kV 高压电动机，而电动机功率为 250kW，通过增加变压器，单台疏水泵加装 ABB 低压变频器的成本约为 60 万元。疏水泵加装变频器后一个采暖季节电收益约 10 万元，同时考虑到疏水泵和管路阀门长期安全运行需求，应实施改造。

2. 首站加热器疏水路由改造

（1）改造背景。热网疏水温度设计为采暖抽汽压力对应的饱和温度（132℃），回到主机除氧器。而从节能降耗角度考虑，因为热网回水温度较低（设计为 60℃），实际运行工况回水温度更低，为 40～50℃，高温疏水若能对热网水进一步加热，将比直接回除氧器方式更经济。

此外，在实际运行中，由于疏水往往存在过冷，疏水温度和设计值相比通常偏小较多，在上一采暖季两者相差 40℃左右，若回到除氧器势必造成除氧器多抽汽来加热低温疏水，同时这种大温差换热也会使除氧器不可逆“㶲”损变大。

基于以上考虑，按照温度对口、能量梯级利用原则，有必要对目前的疏水路由进行改造，根据实际疏水温度大于接入点温度重新选择对口位置接入主机系统。

通过上一采暖季运行数据分析，热网加热器疏水温度约 95℃，而 4 号低压加热器入口凝结水温度在 80℃左右，疏水返回 4 号低压加热器入口合适。

（2）改造方案。在疏水泵出口至除氧器入口管路之间合适位置处开孔加三通，接管路至 4 号低压加热器入口凝结水管道上，管路上加装电动截止阀和止回阀，原疏水至除氧器管路保留作为旁路（见图 13-14）。

疏水接入 4 号低压加热器凝结水入口后，需注意疏水压力和主凝结水压力匹配问题，保证疏水顺畅及加热器平稳安全运行。除氧器水位以及主凝结水压力调节通过主凝结水泵变频运行实现，必要时辅助调节主凝结水调节阀（又名除氧器水位调节阀，轴封加热器后、1 号

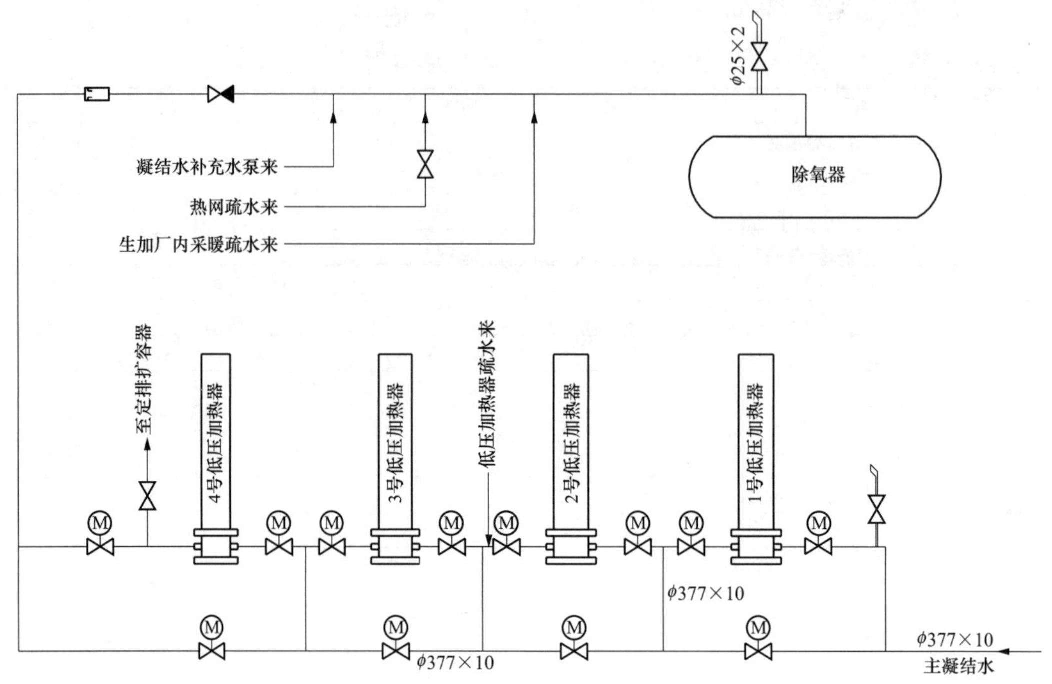

图 13-14　改造前热网疏水路由示意图

低压加热器前）控制，运行时一般要求除氧器入口主凝结水压力需和除氧器内压力相匹配，以保证除氧器安全平稳运行。而 4 号低压加热器入口凝结水压力略大于除氧器入口压力（相差 4 号低压加热器水阻），上一采暖季运行值基本在 0.6～1MPa 之间，而疏水泵最大扬程为 185m，运行时可通过变频调节，控制疏水压力和主凝结水压力相匹配，同时维持疏水装置液位平稳变化以保证主凝结水流量平稳。

2.3　一次网水力工况分析

2.3.1　热网现状

2013～2014 年采暖季丹东热电厂挂网供热面积约为 730m^2，实际接带供热面积为 520 万 m^2。由于城区集中供热需求增大，电厂在热网原有设计基础上新接入较多的供热面积，然而有些新接入面积不在规划之内，使管网支干线所接待的供热面积远大于最初的设计面积，造成管网的实际水力平衡与设计偏差较大，出现局部水力失调现象。为满足供热需求，电厂采取大流量供热的方法，虽然满足了用户的供热需求，但是造成了较大的能源浪费。

此外，电厂当前热网新建工程仍在进行，且待接入面积较大，目前已知的超 370 万 m^2，主要在原管线末端接入，对原有热网影响较大，为保证新增供热面积与原有供热面积均有较好的供热效果，必须对供热系统进行水力工况分析。基于对供热系统水力工况的了解，重新对供热系统进行有效的调节。

综上可见，为了减少供热系统水力失调现象，保证用户的供热质量，同时节约热能减少电能，须对供热系统进行水力工况分析。

当前，丹东热电厂所辖热网区域的平面布置图，如图 13-15（见文末插页）所示。该图主要涵盖换热站点名称、原有一次网、新增一次网以及一次网管径等数据，为系统建模和一次网整体分析做好基础。

2.3.2　水动力特性计算模型

解决水力失调最基本方法是水力计算。对于资料比较详尽的供热管段，可进行精细水力计算。根据相关资料，供热管网任意区段内的总阻力压降 ΔP 为：

$$\Delta p = \Delta p_{zw} + \Delta p_{jb} + \Delta p_{mc} \tag{13-2}$$

式中　ΔP_{zw}——重位压降；

ΔP_{jb}和 ΔP_{mc}——局部阻力和摩擦阻力，之和则为流动阻力 ΔP_{ld}。

对于供热管网，ΔP_{jb}包括弯头、阀门、三通、变径、滤水器等。

$$\Delta p_{zw} = \bar{\rho} g \Delta h \tag{13-3}$$

$$\Delta p_{mc} = \lambda l \frac{\bar{\rho}\bar{w}^2}{2} \tag{13-4}$$

$$\Delta p_{jb} = \xi_{jb} \frac{\bar{\rho}\bar{w}^2}{2} \tag{13-5}$$

式中　$\bar{\rho}$——供热管网工质平均密度，kg/m^3；

Δh——管子高度差，m；

λ——单相区内每米摩擦阻力系数，1/m；

l——单相区的总长，m；

$\bar{w}$——单相区内流体的平均流速，m/s；

ξ_{jb}——单相区内的局部阻力系数。

对于现场情况复杂，资料收集不齐，局部阻力难以精细计算管段，则需参考相关资料进行估算。估算规则如下：管道局部阻力按当量长度法计算，当管径大于 DN400 时，局部阻力取摩阻的 40%；当管径小于或等于 DN400 时，局部阻力取摩阻的 30%。

热网水动力分析系统可以抽象为由“节点”和“阻力区段”组成的“水动力流程图”。其中，热源、分汇、以及逻辑划分点等被抽象为“节点”，而两个相连节点之间的管段抽象为“阻力区段”，阻力区段包含有沿程摩擦阻力及弯头、突变、阀门等局部阻力。

2.3.3　原有热网水力工况优化

根据原有热网结构，利用 Pipe Flow Expert 进行管网水力工况建模分析，它是一款管道系统水力建模的专业软件。

1. 最不利环路分析

基于热网模型计算，结合实际运行数据（2013 年 12 月），排除数据异常或缺乏的换热站，按换热站内阻力从小到大排序，依次为：SK、马车桥、部队、和谐家园、万邦福春、太阳、太阳财富、太阳 1、交警大队、太阳 2、天然。换热站内阻力越小，说明该环路（除换热站）的局部阻力、沿程阻力越大。

从表 13-36 可以看出，2013 年 12 月的运行工况下，最不利环路为 SK 换热站，马车桥换热站阻力也较大。

表 13-36　　最不利环路分析　　kPa

换热站	换热站阻力（kPa）	
	软件计算	运行数据
SK	28	异常
马车桥	30	30
部队	36	40
和谐家园	64	异常
万邦福春	68	30
太阳	73	90
太阳财富	73	80
太阳 1	75	80
交警大队	77	50
太阳 2	77	170
天然	78	50

注　取换热器水阻约 50kPa，根据情况个别换热器水阻小于 50kPa。

2. 异常管诊断

(1) 沿程堵塞。假定管路无异常现象（如堵塞），经过模型计算得到热网中各换热站进出口压差，与实际运行数据得到的进出口压差进行比较，得到异常管路结果见表 13-37～表 13-39。

表 13-37　　支干线异常判断（一）　　kPa

换热站	进出口压差	进出口压差	压差	备注
	（软件）	（运行数据）	比较	
化纤	227	60	167	偏小
化纤 2	271	110	161	偏小
化纤 3	258	130	128	偏小
化纤 4	254	120	134	偏小
调谐	174	250	−76	数据异常
无线	184	120	64	偏小
水映华庭	250	150	100	偏小

表 13-38　　支干线异常判断（二）　　kPa

换热站	进出口压差	进出口压差	压差	备注
	（软件）	（运行数据）	比较	
剧院	216	90	126	偏小
韩国城	207	160	47	偏小
丹纸	188	120	68	偏小
金叶	204	170	34	偏小
福临	203	130	73	偏小
欧洲花园	167	90	77	偏小

表 13-39　　支干线异常判断（三）　　kPa

换热站	进出口压差（软件）	进出口压差（运行数据）	压差比较	备注
东皇国际一期	281	190	91	偏小
大偏岭	269	190	79	偏小

表 13-37～表 13-39 分别为三片不同的区域计算与统计数据。可以看出，实际运行数据较软件计算数据均偏小，结合经验分析以上数据确实存在异常现象，因此博泰和化纤之间的支干线、大偏岭附近的支干线及德隆 1 上端的支干线均可能存在阀门调节或者堵塞的现象，需要根据现场进一步的实验诊断分析。

经过对热网支干线堵塞修正后得到计算结果与实际运行数据比较如下表，由于软件计算结果及实际运行数据均有一定的偏差，允许偏差量取为 5m，偏差值低于总阻力 5m 判断为正常，高于 5m 则需要根据现场实验进行进一步分析。各换热站支线分析结果见表 13-40。

表 13-40　　支线异常判断

换热站	流速（m/s）	进出口压差（软件，kPa）	进出口压差（运行数据，kPa）	压差比较（kPa）	备注
SK	0.547	28	170	−142	数据异常
博泰	0.799	290	250	40	正常
部队	0.446	36	40	−4	正常
城市丽景	1.431	109	100	9	正常
大偏岭	0.499	200	190	10	正常
丹纸	0.679	110	120	−10	正常
德隆 1	0.374	139	—	—	缺数据
德隆 2	1.188	113	—	—	缺数据
东皇国际一期	0.211	213	190	23	正常
福临	0.541	125	130	−5	正常
富贵山庄	0.915	72	130	−58	正常
韩国城	0.338	129	160	−31	正常
和谐家园	1.337	64	140	−76	数据异常
化纤	1.120	109	60	49	正常
化纤 2	0.713	153	110	43	正常
化纤 3	0.734	141	130	11	正常
化纤 4	0.374	136	120	16	正常
建盛	0.969	156	110	46	正常
建委	1.562	87	110	−23	正常
交警大队	1.281	77	50	27	正常
金叶	0.420	126	170	−44	正常

续表

换热站	流速（m/s）	进出口压差软件，kPa	进出口压差（运行数据，kPa）	压差比较	备注
锦绣	1.883	175	150	25	正常
锦园	2.291	83	—	—	缺数据
剧院	0.192	138	90	48	正常
军苑	1.037	110	50	60	正常
立交	0.309	219	190	29	正常
马车桥	1.560	30	30	0	正常
欧洲花园	1.069	89	90	−1	正常
水映华庭	0.333	133	150	−17	正常
太阳	0.803	73	90	−17	正常
太阳 1	0.464	75	80	−5	正常
太阳 2	0.166	77	170	−93	数据异常
太阳财富	0.362	73	80	−7	正常
桃北	1.652	109	60	49	正常
桃源	1.249	134	140	−6	正常
桃源逸景	0.671	182	150	32	正常
天然	1.314	78	50	28	正常
调谐	0.99	56	250	−194	数据异常
同兴	1.284	326	310	16	正常
万邦福春	0.511	68	30	38	正常
万达	1.634	222	50	172	数据异常或堵塞
无线	0.108	67	120	−53	正常
梧桐	0.888	397	150	247	数据异常或堵塞
馨园二	0.446	245	—	—	缺数据
馨园一	2.517	211	—	—	缺数据
御馨园	0.553	374	360	14	正常
知春园	1.005	221	110	111	数据异常或堵塞
中心医院	1.703	129	100	29	正常
海燕馨居	0.883	113	1920	−1807	数据异常

从表 13-40 计算结果可以看出，SK、和谐家园、太阳 2、调谐运行数据较软件计算结果大很多，与附近换热站比较运行数据也明显偏大，因此这 4 个换热站收集到的运行数据异常。德隆 1、德隆 2、锦园、馨园一、馨园二这 5 个换个站数据缺乏，不好进行判断。而万达、梧桐、知春园这 3 个站数据异常或存在支线堵塞现象。

2.3.4　新建热网后水力工况优化

同样，根据新建热网后的结构，利用 Pipe Flow Expert 进行管网的水力工况建模分析。

1. 设计流量水力计算

供热系统整体调节后各换热站应有的设计流量见表 13-41。表中原有换热站建筑面积为实际供热面积，而新建换热站建筑面积为待接入面积，热负荷指标取为 47W/m^2，通过计算得到各换热站的流量。

表 13-41　　设计流量水力计算表

序号	换热站名称	建筑面积（万 m^2）	流量（t/h）	流量（m^3/s）
1	SK 换热站	4.66	47.08	0.0131
2	博泰换热站	9.57	96.64	0.0268
3	部队楼换热站	—	54.00	0.0150
4	城市丽景换热站	7.43	75.09	0.0209
5	大偏岭换热站	11.10	112.10	0.0311
6	丹建锦园换热站	5.07	51.26	0.0142
7	丹纸换热站	3.51	35.50	0.0099
8	德隆 1 换热站	8.32	84.03	0.0233
9	德隆 2 换热站	6.77	68.40	0.0190
10	东皇国际换热站	10.74	108.52	0.0301
11	福临换热站	8.32	84.11	0.0234
12	富贵山庄换热站	14.16	143.09	0.0397
13	海燕馨居换热站	3.97	40.10	0.0111
14	韩国城换热站	13.14	132.71	0.0369
15	和谐家园换热站	9.17	92.64	0.0257
16	化纤 2 换热站	6.10	61.63	0.0171
17	化纤 3 换热站	6.30	63.65	0.0177
18	化纤 4 换热站	3.20	32.33	0.0090
19	化纤换热站	15.02	151.75	0.0422
20	建盛换热站	23.87	241.20	0.0670
21	建委换热站	8.13	82.09	0.0228
22	交警支队换热站	17.09	172.69	0.0480
23	金叶换热站	16.22	163.91	0.0455
24	锦绣换热站	42.90	433.38	0.1204
25	剧院换热站	0.99	10.00	0.0028
26	军苑换热站	11.17	112.85	0.0313
27	立交新村换热站	2.73	27.61	0.0077
28	马车桥换热站	24.45	247.01	0.0686
29	欧洲花园换热站	5.51	55.64	0.0155
30	水映华庭换热站	2.85	28.75	0.0080
31	太阳 1 期换热站	2.41	24.35	0.0068
32	太阳 2 期换热站	1.40	14.14	0.0039

续表

序号	换热站名称	建筑面积（万 m^2）	流量（t/h）	流量（m^3/s）
33	太阳财富换热站	3.60	36.37	0.0101
34	太阳大厦换热站	5.40	54.56	0.0152
35	桃北热站	14.65	147.96	0.0411
36	桃源花都换热站	4.03	40.74	0.0113
37	桃源换热站	11.98	121.02	0.0336
38	桃源逸景换热站	5.82	58.84	0.0163
39	天然换热站	54.58	551.40	0.1532
40	调节器厂换热站	4.45	44.93	0.0125
41	同兴镇换热站	5.09	51.41	0.0143
42	万邦福春换热站	1.12	11.32	0.0031
43	万达	14.49	146.40	0.0407
44	无线电四厂	0.49	4.98	0.0014
45	梧桐苑换热站	3.52	35.52	0.0099
46	馨园 1 换热站	26.78	270.54	0.0752
47	馨园 2 换热站	4.10	41.44	0.0115
48	御鑫园换热站	8.14	82.21	0.0228
49	知春园换热站	32.26	325.97	0.0905
50	中心医院换热站	9.77	98.66	0.0274
51	* 体校换热站	20.00	202.06	0.0561
52	* 自来水公司换热站	5.00	50.52	0.0140
53	* 口岸换热站	66.00	666.81	0.1852
54	* 一中换热站	15.00	151.55	0.0421
55	* 十九中	25.00	252.58	0.0702
56	* 沿江换热站	80.00	808.25	0.2245
57	* 和馨园换热站	34.00	343.51	0.0954
58	* 清华园换热站	25.00	252.58	0.0702
59	* 电视机厂换热站	13.00	131.34	0.0365
60	* 65735 部队换热站	10.00	101.03	0.0281
61	* 滨江换热站	56.00	565.78	0.1572
62	* 月亮岛换热站	15.00	151.55	0.0421
63	* 五龙金矿换热站	8.00	80.83	0.0225
64	* 世纪嘉苑换热站	2.70	27.28	0.0076
65	* 颐泰	3	30.31	0.0084
66	* 香江	3	30.31	0.0084
67	* 东升	3	30.31	0.0084
68	* 绿地	3	30.31	0.0084
69	* 水岸	3	30.31	0.0084
	总计	906.22	9209.72	2.5583

注 带“*”表示新建换热站。

2. 最不利环路分析

基于表 13-41 的设计流量，计算得到各换热站内阻力，按换热站内阻力从小到大排序，依次为：水岸、绿地、滨江、沿江、颐泰佳、香江佳园、东升丽园、清花园、自来水、锦绣、口岸、马车桥。换热站内阻力越小，说明该环路（除换热站）的局部阻力、沿程阻力越大。

从表 13-42 可以看出，设计工况下最不利环路为水岸换热站，绿地、滨江换热站阻力也较大。

表 13-42　　最不利环路分析

序号	换热站	换热站阻力（kPa）	阀门调节阻力（kPa）
1	* 水岸	49	0
2	* 绿地	50	1
3	* 滨江	56	7
4	* 沿江	59	10
5	* 颐泰佳	72	23
6	* 香江佳园	75	26
7	* 东升丽园	78	29
8	* 清花园	127	78
9	* 自来水	228	179
10	锦绣	269	220
11	* 口岸	351	302
12	马车桥	378	329

注　1. 取换热器水阻为 50kPa，根据情况个别换热器水阻小于 50kPa。
2. 带“*”表示新建换热站。

3. 循环水泵分析

（1）循环水泵流量分析。根据表 13-41，设计流量约为 9210t/h，考虑 10%的裕度后，循环水泵流量为 10100t/h。

（2）循环水泵扬程分析。根据模型计算，得最不利环路压降约为 1500kPa，热网首站的阻力根据经验值取为 150kPa，则总阻力压降为 1650kPa。

若按工程经验算法，统计最不利环路总长约 L=16377m，取修正系数为 1.1，局部阻力折合为沿程阻力的 40%，主干线经济比摩阻为 R_m=30～70Pa/m，由于管网新增流量后流速较大，故取 R_m=60Pa/m，热网首站的阻力根据经验值取为 150kPa，二级换热站的阻力根据经验值取为 50kPa，则总阻力压降为 1720kPa。

综合上述两种计算分析，热网最不利环路总压损约为 1800kPa，热网首站循环水泵设计扬程为 1350kPa，故需加装中继泵，扬程约为 450kPa。

2.4 换热站设备改造分析

2.4.1 换热站自动化改造

1. 自动化现状

目前34个换热站实现了就地及远程自动化控制及测量，换热站控制器采用PLC，主要品牌有ABB和西门子。测量表计实现各换热站的一次及二次供回水温度和压力、室外温度、补水箱水位、一次网热量计、循环水泵和补水泵运行状态等数据采集。换热站就地控制器实现了换热站供回水温度的调节、循环水泵及补水泵的控制及故障保护等功能。其中对于换热站供回水温度的调节功能，由于各换热站调节曲线及控制策略不够精确，目前换热站不具备一站一优化曲线智能调节功能。据统计，仍有32个换热站未安装自动化设备，运行采用人工操作，自动化水平低。

2. 自动化改造措施

换热站自动化改造是实现智能供热进而开展节能经济供热的基础，对于目前未实现自控的32个换热站通过自动化改造实现自控功能。换热站自控系统主要拟实现功能如下：

（1）数据采集。系统能够采集换热站的相关参数，如压力、温度等参数：一次网供水和回水温度，二次网供水和回水温度，室外温度，一次网供水和回水压力，二次网供水和回水压力；变频器运行参数：变频器电流、电压、状态、频率等；电动调节阀门开度。

（2）实时控制。系统能够根据换热站或公共建筑的用热特点进行自动化控制，系统软件有多种控制策略组成，可以满足不同用热特性的控制要求，提高换热站及建筑的供暖质量，降低能源消耗。

（3）顺序控制功能。一次网电动调节阀门在系统发生故障和断电时自动关闭；来电时启动顺序为：控制器上电→补水泵（如果需要）→二次网循环水泵→一次电动调节阀门缓慢开启；当系统发生故障时的顺序为：一次网电动调节阀门关闭→二次网循环水泵关闭→补水泵关闭；远程关闭阀门：直接关闭即可；远程开关二次网循环水泵：关泵先关一次网电动调节阀门，开泵后开启一次网电动调节阀门。

（4）故障保护功能。当二次网供水温度、二次网供水压力过高时，系统将自动停止运行，关闭一次网阀门，同时向上位机报警；当二次网回水压力超高时，补水泵自动停止运行；当二次网回水压力超低时，系统将自动停止运行；关闭一次网阀门，停止循环水泵，同时向上位机报警。压力恢复正常后，自动启动系统；当补水箱液位过低时，自动停止补水泵，同时向上位机报警，液位恢复正常一段时间后，自动启动补水泵。

（5）跟现有热网通信系统及InTouch监控系统兼容。系统能够通过现有网络系统，将换热站的实时数据传输到InTouch监控软件，InTouch监控软件也可以通过网络系统将控制指令下达到现场控制器，执行控制调节指令。

2.4.2 循环水泵运行分析

对2013～2014年采暖季有热量和二次网水流量数据记录的19个换热站进行数据分析，选取2013年12月份的运行数据进行水泵性能分析。

换热站内热网循环水泵均为变频调速，不同流量工况下，泵效率较为稳定。通过数据分析得出（见表13-43），换热站泵组平均效率为51.7%，泵组效率小于40%的有大偏岭、丹建、同兴镇、交警高区、建盛高区、知春园散热低区、知春园散热高区、锦绣西八个换热站。

表 13-43 换热站热网循环水泵组计算效率统计表

换热站名称		二次网流量（t/h）	循环泵组扬程（m）	电动机轴功率（kW）	循环泵组效率（%）
大偏岭		474	19	83.1	29.5
丹建		300	25	82.3	24.8
化纤	低区	489	27	71.0	50.7
	高区	21	30	2.3	76.6
众盟		189	29	8.6	173.4
御鑫园低区		593	13	67.8	45.2
博泰	低区	473	21	42.2	64.1
	中区	151	32	29.3	45.0
	高区	235	18	21.2	54.4
	散热区	46	31	3.9	97.6
同兴镇		198	16	26.7	32.2
军苑		796	39	140.0	60.4
交警	低区	775	25	126.7	41.6
	高区	572	30	117.2	39.9
万邦	地热区	227	35	34.7	62.3
	散热区	174	29	17.8	76.9
建盛	散热低区	617	27	85.6	53.0
	散热中区	276	32	35.8	67.2
	散热高区	59	23	25.7	14.5
马车桥		831	31	145.3	48.3
桃源逸景	地热区	506	31	60.0	71.1
	散热区	43	30	4.7	76.9
知春园	散热低区	495	23	99.7	31.1
	散热高区	118	25	24.2	33.2
	老区	38	21	3.9	55.8
	地热低区	91	23	3.8	147.9
	地热高区	148	23	17.4	53.2
天然	六合区	450	36	65.8	67.0
	福春区	1423	38	252.7	58.2
桃北		515	27	86.3	43.9
锦绣东		642	23	60.7	66.2
锦绣西		1156	27	230.6	36.8
桃源		783	31	92.5	71.4
循环泵组平均效率（剔除效率大于 95%）					51.7

实际运行参数中，大多数换热站循环水泵的实际运行扬程行在 13～39m，而循环水泵的设计扬程一般在 32～65m，实际运行工况偏离设计点较远，导致水泵效率偏低。循环泵组电

动机轴功率是按照整个换热站耗电量的 90%折算出来，若换热站补水量大，补水泵耗电量大，也会导致热网循环泵组的计算效率偏低。

换热站主要用电设备为热网循环水泵，泵组效率的高低直接反映出换热站用电的经济性。2013～2014 年采暖季供热耗电所缴纳电费为 1244.8 万元，若换热站泵组平均效率提高至 60%，一个采暖季可节约电费 172.2 万元。

为提高循环泵组效率，降低换热站的耗电量，建议进行以下优化：①通过二次网调平来解决近远端冷热不均的问题，避免采用加大热网水流量的方法；②严控补水水质并加强板换清洗，将板换压降控制在合理范围内；③加强查漏工作，避免过量补水，降低补水泵的耗电量。

2.4.3 换热器性能分析

通过对 17 个换热站在 2013 年 12 月份的运行数据进行分析，得出这 17 个换热站板式换热器的传热系数见表 13-44。

表 13-44　　换热站板式换热器的传热系数计算

换热站名称	大偏岭	化纤		众盟	御鑫园低区	博泰
		低区	高区			低区
传热系数 $W/(m^2 \cdot ℃)$	3389	1317	240	3300	1513	3710
换热站名称	博泰	同兴镇	军苑	交警		万邦
	中区			低区	高区	地热
传热系数 $W/(m^2 \cdot ℃)$	2912	2400	9213	3982	3608	5721
换热站名称	万邦	建盛	建盛	建盛	马车桥	桃源逸景
	散热	散热低区	散热中区	散热高区		地热区
传热系数 $W/(m^2 \cdot ℃)$	2421	3125	1801	2999	6680	1988
换热站名称	桃源逸景	知春园	知春园	知春园	知春园	知春园
	散热区	散热低区	散热高区	老区	地热低区	地热高区
传热系数 $W/(m^2 \cdot ℃)$	1780	5750	3868	5435	1549	5027
换热站名称	天然		桃北	锦绣东	桃源	
	六合	福春				
传热系数 $W/(m^2 \cdot ℃)$	4918	6782	5636	4484	4377	

17 个换热站的板换平均传热系数 K 为 3917W/(m² · ℃)。根据上述表格数据统计可知，板换传热系数 K 小于 3000W/(m² · ℃) 的换热站占比为 43%；板换传热系数 K 小于 2000W/(m² · ℃) 的换热站占比为 21%。

如表 13-45 分析可知，部分板换的下端差较大，此时可通过增加板换面积来缩小端差，进一步提高供热管网输送能力。

表 13-45　　换热站板换新增换热面积计算

换热站名称		板换面积（m^2）	下端差（℃）	按下端差 3℃计算换热面积（m^2）	需增加板换热面积（m^2）
化纤散热低区		118	15.18	227	109
化纤众盟		37	15.24	71	34
二院高区		60	22	121	61.4
建盛	散热低区	105	8.20	155	50
	散热中区	49	13.56	87	38
桃源		132	8.78	2.3	71
锦绣东		85	7.68	122	37
东皇国际	散热低区	116	13	212	96
	地热低区	26.25	19	60	34
梧桐苑		60	9	92	32
和谐低区		80	10	126	46
丹建锦园低区		53.9	10	85	31
万达嘉华酒店	低区	21	20	48	27
	高区	17	30	49	32
金叶	低区	120	7	162	42
	高区	88	8	126	38
立交新村	低区	35	9	54	19
	高区	30	14	56	26
	中区	40	9	60	20
	高区	40	10	63	23

注　下端差小于或等于 3℃，不需要增加板换面积。

普通的板式换热器设计传热系数一般在 3000W/（m^2·℃）以上。通过以上分析发现目前一些换热器传热系数偏小较多，传热系数越小，换热效果越差。

鉴于换热器传热系数普遍偏低，建议在后续检修清洗过程中加大对换热器清洗力度，在供热季加强设备日常运行维护。另一方面，要严控一、二次网的热网水质，影响换热器传热系数的主要因素就是换热水质，补水必须要经过软化处理，定期监测水质，尤其是水中悬浮物、Ca 和 Mg 等浓度。换热站二次网补水时不能将未经处理的自来水直接补入热网中。

2.5　换热站“一站一优化”智能调节改造

2.5.1　换热站调节现状

目前，二次网采用质调节的方法，在整个供暖期间，随着室外环境的变化，通过改变各换热站二次网侧供水温度，调整控制二次网的回水温度，而二次网的循环流量维持不变。

在这种调节形式下，管网路的水力工况比较稳定，管理简单，操作方便，但在整个供暖期，管网路循环水总量保持不变，消耗电能比较多，是我国目前采用最多的一种调节方法。

2.5.2　“一站一优化”智能调节改造的必要性

目前，热电厂并没有针对每个换热站制定各自的二次网温度调节曲线，而是制定统一的二次网温度调节曲线。然而每个换热站所处的区域环境以及所辖小区建筑的特性存在着很大差异：

（1）建筑物保温性能。不同的体形系数、窗墙面积比、屋面和外墙的传热系数，决定了建筑物保温性能的差异。而保温性能不同的建筑物所需的单位面积采暖能耗就不同。保温性能差的建筑物所需的单位面积能耗较大，甚至能高出数倍。

（2）建筑物朝向。不同朝向的建筑物所接受的太阳辐射量有较大差异，也就决定了其采暖能耗的差异。研究结果表明，同样的多层住宅，东西向比南北向的建筑物能耗要增加5.5%左右。

（3）小区所在区域平均温度。小区所处的区域不同，其室外平均温度不同，建筑物的散热量也就不同。室外平均温度低的小区，为保证相同的室内温度，其所需的单位面积采暖能耗相对就高。

因此，统一的二次网温度调节曲线显然不合理。

另一方面，现有的二次网温度调节曲线仅考虑气象温度，而未考虑太阳辐射和建筑物热惰性因素：

（1）太阳辐射。太阳辐射通过墙体的传热和通过窗户的直射为建筑物提供热量，是建筑物一项重要的得热源，对能耗的影响可大于8%。

（2）建筑物热惰性。如果实现供热的实时调节，建筑物的热惰性是一个重要的影响因素。由于建筑物墙体存在蓄热和传热两种特性，外界环境变化对建筑物室内的影响存在延迟性和衰减性。

在未考虑这些重要的影响因素下，制定的二次网温度调节曲线并不能反映真实的热负荷。因此，需要对目前的二次网温度调节曲线进行优化。

通过上述分析可以看出，采用目前的二次网温度调节曲线进行调节，往往存在过量供热的问题。因此，制定“一站一优化”智能调节曲线十分必要。

2.5.3　二次网温度调节曲线的绘制依据

集中供热调节的关键是温度调节曲线的绘制。而温度调节曲线，是基于供热系统的热平衡进行绘制。当热水网路在稳定状态下运行时，如不考虑管网沿途热损失，则网路的供热量等于供热用户系统散热设备的放热量，同时也应等于热用户的热负荷。根据热平衡，建立温度调节曲线。

表13-46为丹东热电厂某时间段的二次网供、回水温度调节（散热）的数据，对其进行曲线拟合，得到二次网供、回水温度的调节曲线，如图13-16所示。

表13-46　二次网供、回水温度调节（散热）的数据

项目	环境温度（℃）							
	<−10	−10	−5	0	5	10	15	20
二次网供水温度（℃）	56～58	54～56	5～53	49～51	47～49	45	42	38
二次网回水温度（℃）	46	45	43	42	40	39	37	35

根据供、回水温度，计算出供回水平均温度，再进行二次网供回水平均温度调节曲线（地热）的拟合，得到图13-17。

表13-47为丹东热电厂某时间段的二次网供、回水温度调节（地热）的数据，对其进行

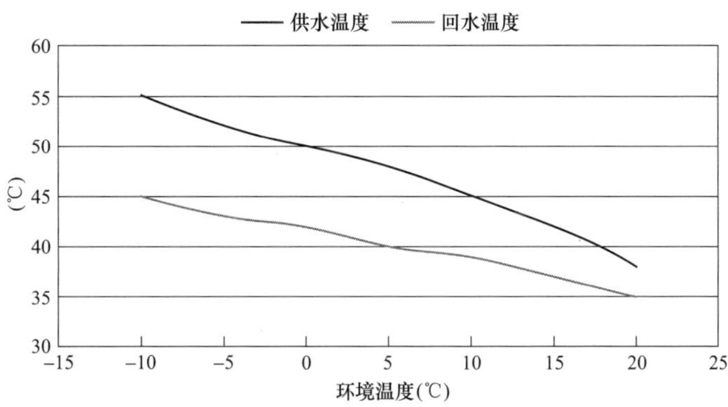

图 13-16　某时间段的二次网供回水温度调节曲线（散热）

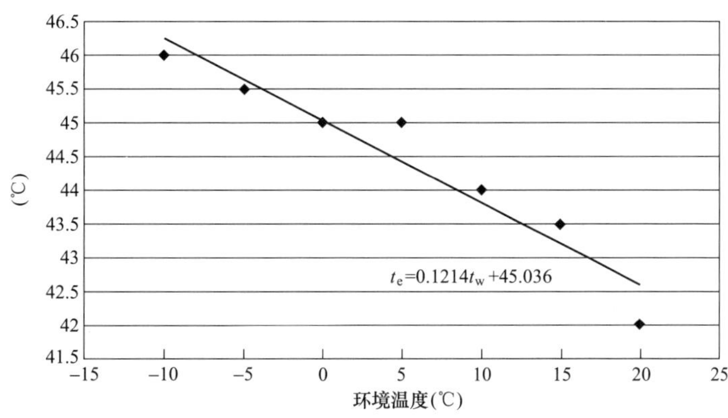

图 13-17　某时间段的二次网供回水平均温度调节曲线（散热）

曲线拟合，得到二次网供、回水温度的调节曲线，见图 13-18。

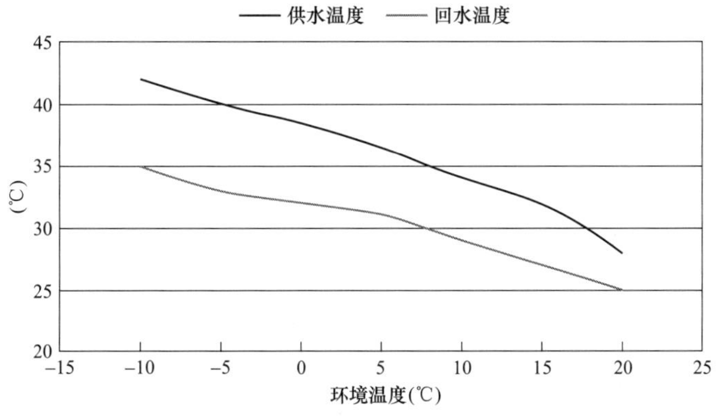

图 13-18　某时间段的二次网供回水温度调节曲线（地热）

表 13-47　　二次网供回水温度调节曲线（地热）

项目	环境温度（℃）							
	<−10	−10	−5	0	5	10	15	20
二次网供水温度（℃）	43～45	41～43	39～41	38～39	36～37	34	32	28
二次网回水温度（℃）	36	35	33	32	31	29	27	25

根据供、回水温度，计算出供回水平均温度，再进行二次网供回水平均温度调节曲线（地热）的拟合，得到图 13-19。

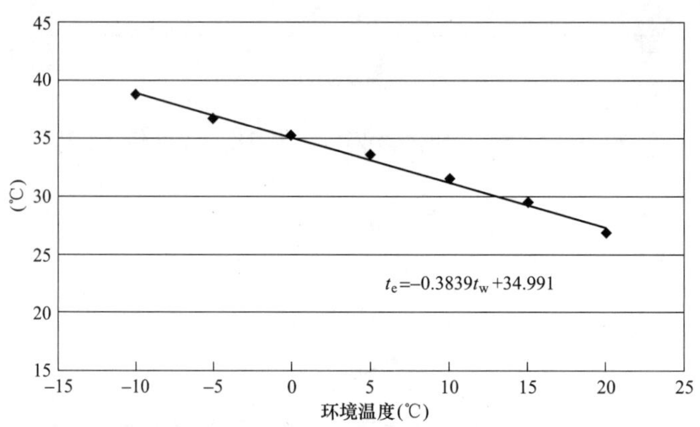

图 13-19　某时间段的二次网供回水平均温度调节曲线（地热）

本方案将在上述原有曲线及拟合曲线的基础上，结合考虑其他因素建立每个换热站特定的“一站一优化”智能调节曲线。

2.5.4　“一站一优化”智能调节曲线的数学模型

本方案通过综合考虑室外气温、太阳辐射以及建筑物热惰性对供热负荷的影响，折算成一个综合环境温度，实现对温度调节曲线的优化，并建立数学模型：

（1）太阳总辐射能通过墙体的热量传递，增加建筑物的得热量，进而影响其热负荷。考虑到保证北面房间的温度，因此，本方案以北面太阳总辐射确定室外环境计算温度。

$$t_z = t_w + \frac{\rho I}{\alpha} \tag{13-6}$$

式中　t_z——室外环境计算温度，℃；

t_w——气象温度，℃；

ρ——墙体对辐射的吸收率；

α——外墙表面传热系数，W/(m^2·k)；

I——太阳总辐射强度，W/m^2。

（2）建筑物外墙具有蓄热和导热两种特性，而这两种特性间的关系就是建筑物外墙的热惰性。由于建筑物外墙热惰性的存在，当外界环境条件变化时，需要一定的时间才能影响至内墙和室内，即存在延迟时间，并且这种影响存在衰减性。本方案通过试验研究确定延迟时间 τ 和衰减系数 υ，并由上式得到建筑物的室外环境计算温度的基础上，建立公式计算综合环境温度。

$$t_{zw}=\frac{t_{z,\tau}-t_{z,24}}{\nu}+t_{z,24} \tag{13-7}$$

式中　t_{zw}——室外环境温度,℃；

$t_{z,\tau}$——τ 小时前的室外环境计算温度,℃；

$t_{z,24}$——一个周期（24h）前的室外环境计算温度,℃。

在优化措施建立的综合环境温度的基础上，并结合室内设计温度和当前室外温度，建立供回水平均温度的调节曲线。即供回水平均温度为

$$t_{m}=at_{zw}+bt_{w}+ct_{n} \tag{13-8}$$

式中　t_{n}——室内设计温度,℃；

a、b、c——拟合系数参数。

2.5.5 “一站一优化”智能调节的工作流程

1. 二次网平网

在二次网入单元楼加装自力式压差平衡阀的基础上，通过建筑物的供热能耗指标计算出每个单元楼需要的热水流量，根据流量调整自力式压差平衡阀的刻度即可对二次网进行动态平网。

对单元楼上楼下平网（纵向平网）。对于高低层温度不一致的情况平高放低，逐层、逐一对热量分配不均用户进行调整。

根据测温信息平网。根据用户测温情况，对原来“平过的”和“欠平的”地方进行修正。

2. 关键参数确定及数据采集

（1）延迟时间 τ 和衰减系数 υ。在一个周期（通常为 24h）内，计算分析建筑物通过墙体传递的热流变化，并进行多次实验，计算出建筑物的延迟时间 τ 和衰减系数 υ。

（2）供回水平均温度计算公式中的系数 a、b、c。根据原有数据拟合出的曲线，确定室内设计温度前的系数 c，选取站内所辖小区中的某个建筑物为对象，计算通过玻璃和墙体的传热量，并计算它们的比值，根据以上参数确定综合环境温度和气象温度前的系数 a 和 b。

（3）气象温度。在每个换热站建立独立的小气象站，测量获得换热站所在区域的气象温度。可在一天中整点时刻进行测量，测量的气象温度数据储存于数据库，以便进行调取计算。

（4）太阳辐射强度。在每个换热站设置太阳辐射仪测量北面的太阳总辐射强度，获得太阳总辐射强度后，再结合每个换热站小气象站获得的气象温度，共同计算每个换热站室外综合环境温度。

3. 试验校验

基于建立的“一站一优化曲线”进行供热调节，并对其进行校验修正。通过试验，对小区各建筑室内温度、供回水平均温度、室外气温进行检测记录，并进行分析。根据分析结果，对“一站一优化曲线”的关键参数进行修正优化。

4. 换热站控制策略

换热站系统控制策略为根据综合环境温度确定二次网回水温度目标值。在自动化调节方面，通过细化热负荷区间，采用分阶段 PID 调节的模式。

2.5.6 “一站一优化”智能调节实施方案

为了实施“一站一优化曲线”控制策略，实现换热站精细化智能调节，需要建设一套智

能曲线调节控制系统。由于目前热力公司已经实现了每个换热站的常规自动控制，以及远程集中监控，本着经济性原则，本方案实施原则是最大限度利用现有自控设备资源，在现有自控软硬件的基础上增加必要的设备。主要实施方案细述如下。

本方案是在各换热站端进行功能扩展，主要流程是在各典型换热站室外安装高精度气象监测设备，在站内控制器安装智能曲线调节控制功能。控制器与气象监测设备相连接，如图13-20所示。智能曲线调节功能通过采集储存气象及供热参数，并根据“一站一优化曲线”计算模型对所采集数据进行实时计算，计算出当前换热站最佳供回水温度，换热站PLC接收到智能曲线调节控制器目标供回水温度后启动现有PID算法，自动调整换热站供回水温度为目标值。

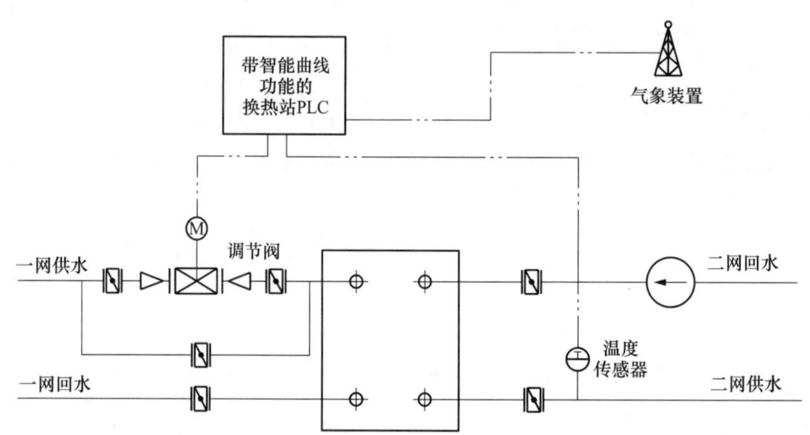

图13-20　基于换热站智能曲线调节系统示意图

此种方案需在热力公司换热站建设一套气象采集、智能控制器及配套电源等设备，并需要对原换热站PLC的曲线调节程序进行逐一修改，对于不可更改的换热站PLC，对其进行更换，在保留换热站原有功能的基础上增加智能曲线调节功能。由于换热站之间系统是独立的，站与站之间不会相互干扰，整体可靠性相对较高。为保持各站调节信息及便于统计分析，增加一台服务器，可与能耗系统共用。在换热站增加智能调节曲线功能后，需要对上位机进行相应修改。

目前，丹东热电厂存在各换热站采用统一温度调节曲线和温度调节曲线绘制不准确的两个主要问题，往往造成过量供热，供热调节的可靠性和经济性有待提高。建立“一站一优化曲线”能够有效地解决上述两个问题，提高供热调节的可靠性和经济性。

2.6　热网首站热负荷实时调节

2.6.1　热网首站实时调节必要性

目前热网首站调节方式存在的主要问题在于：一是大热网系统的热惯性较大，首站对热量调节反馈到末端建筑需要较长时间，调节周期较长，首站一天之中一般主动调一到两次负荷，有时甚至几天不调，滞后于负荷需求，与实际不符。然而由于环境温度、太阳辐射等因素在一天中都在变化，因此供热需求也在实时变化。另一个问题是首站根据热负荷预测结果进行调节，但是环境温度预测难度较大，仅凭经验调节很难做到热量供需平衡，为保证供热效果，容易造成系统整体过量供热，在供热初末期相对更明显。根据权威报告试验分析，北京两个小区锅炉房考察运行调节策略对单位面积供热量的影响，折算到同一采暖度日数下，改变运行调节策略后的采暖季两个小区与改变调节策略前相比分别节省了 14.4%和 9.4%的热量，这表明目前这种过量供热损失至少可达 10%～15%。

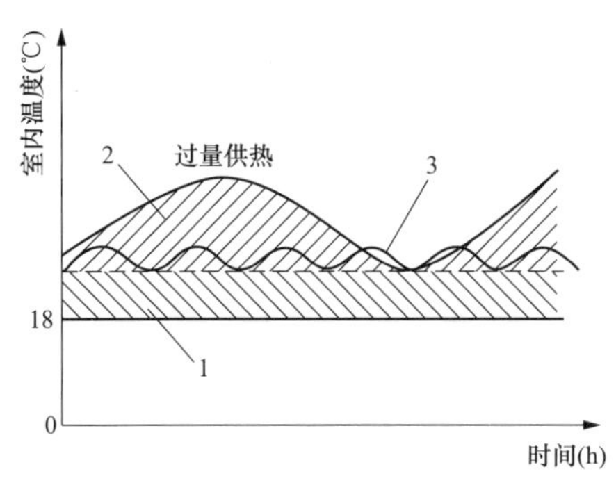

图 13-21　集中供热系统过量供热示意图

通过热负荷实时调整，可减小室内温度波动幅度，若一天中室内温度波动幅度下降 2℃，可以使过量供热损失下降约 10%。在目前的供热方式下，室内温度波动上限可达到 24℃，通过实时调整将波动上限降到 20℃是可以实现的。图 13-21 中所示"2 过量供热"即是由于调整不及时造成的过量供热，我们通过首站热负荷实时调节，就是缩小室温波动幅度，达到下图中"3"的效果，降低这部分过量供热损失。

2.6.2　热网首站实时调节方案设计

1. 首站热负荷调节现状

目前，一次网调节措施是采用质调节的方式，不调整流量，只根据天气温度实时调节一次网温度，满足热负荷需求。

当前热负荷调节手段主要通过手动控制蒸汽调门开度，调节进汽量，从而实现热负荷的调节。补水定压系统的实现，通过监视热网循环水泵进口热网水压力，自动判定压力是否符合要求，控制补水泵补水定压。目前热网水流量及蒸汽调门开度完全由运行人员监视，人工控制，没有实现自动化以及实时调节，调节次数少，频率低，存在调节不及时，容易造成整体过量供热或欠供。

2. 实时调节控制策略

改变控制方式，采用分阶段定压差、定供回水平均温度的调节模式。查找系统最不利环路，分析最不利环路压差。由于系统管道管径大小，弯头、变径数量，管道长度均为已知，可以得到不同流量段的最不利环路的压差阶段曲线。在满足热负荷的情况下，根据曲线实时调整热网循环水泵，使其处于最经济的运行状态，同时将不同热力站的不均匀损失降到最低。压力控制的同时，自适应控制热网水供水温度。通过热负荷曲线分析，制定合理的供水温度和流量，根据实际运行调节热网水流量，自适应调节供水温度，待系统稳定后，制定供水温度为 PID 系统的目标值，通过控制多种执行机构，维持目标值。为保证热负荷调节稳定性和及时性，可采取抽汽联动调节或蓄热罐调节等方式。

3. 具体设计构想

热网首站的实时调节，要满足机组运行安全性和经济性，还要满足热网调节的平稳性。

硬件方面：增加最不利环路压力监控测点，供水温度冗余测点，蓄热系统温度监控测点，改造热网加热器进汽阀为调节阀。

软件方面：建立供水温度实时调节模型，建立压差计算曲线，建立蒸汽以及热网水调门 PID 控制逻辑，建立热网循环水泵 PID 控制逻辑。

系统方面：采取抽汽联动或蓄热罐调节方式。

2.6.3 热网首站实时调节技术比选

1. 抽汽联动调节分析

目前的热网运行调节方式下，热网供水温度通常是一天中调整一两次，有些甚至几天不进行调整。在这样的调节品质下，中低压联通管上的采暖抽汽蝶阀（LV 阀）调整或者热网加热器进汽电动阀调整不会影响到机组的正常运行和负荷需求，采暖抽汽控制几乎不需要专门的控制策略。

采暖抽汽蝶阀一般都是液控蝶阀，需要的扭矩较大。其阀门特性在小于 50%的开度内具有一定的调节作用，一般相对开度在 10%～50%范围内具有快开特性。

要实现热负荷实时调节，抽汽调节联动供水温度变化，需建立首站供水温度和采暖抽汽蝶阀的控制反馈关系。而机组采暖抽汽蝶阀反复频繁操作为来满足抽汽实时调节，相对容易引起低压缸进汽口导流板冲击脱落。

若热网加热器进汽电动阀具备调节功能，在不大的热网负荷波动范围内，可以维持抽汽蝶阀开度不变，通过调节进汽电动阀开度来实现热网加热器进汽量的调整。

但实时调节会导致抽汽参数发生变化，而正常机组发电负荷需保持稳定，这样势必会影响汽轮机进汽参数发生变化，需要一系列连锁投入（包括锅炉侧设备）才能保持负荷稳定。

有学者通过试验研究表明，机组变工况运行例如在短时间内的升降负荷变化会影响机组煤耗率。

通过以上分析，抽汽联动势必要修改发电机组整体的控制调节策略（包括锅炉、汽轮机），且即便如此，操作稳定性和对设备的安全可靠性都不能得到很好保障，因此不建议采用此方式，国外也均未采用此方式。

2. 利用蓄热系统实时调节

如上文分析，要实现热负荷实时调节，需要建立首站供水温度和采暖抽汽蝶阀的联动关系，根据热负荷需求变化来实时调节采暖抽汽流量。但采暖抽汽流量频繁变化会对机组运行安全性和负荷稳定性造成影响。采用蓄热系统则可以很好满足首站热负荷实时调节需求。带蓄热系统的热网首站运行方式为通过蓄热系统来控制供水温度，根据最不利环路压差调节热网循环水泵转速。

国外先进供热系统的热电厂均采用蓄热系统来满足供热需求的实时变化。蓄热系统可以带来如下好处：实现一次网热负荷实时调节，减少过量供热；根据外界需求调节蓄热量或供热量，保持供热机组电负荷稳定，从而满足机组热负荷调节的需要；可用于紧急补水和定压，提高管网安全性；增强调节的灵活性。

2.6.4 蓄热系统设计

1. 蓄热罐蓄热容量选择

图 13-22 和图 13-23 为 2013～2014 年采暖季高寒期典型采暖日的热负荷曲线以及调整后的热负荷曲线。

从图 13-22 的 2014 年 1 月 10 日热负荷曲线结合当天气温波动范围－5～16℃，可以看出，热负荷调整幅度较小。经过优化调整后的热负荷曲线如图 13-23 所示。

在一天的工作周期内，蓄热罐起到削峰填谷作用。根据调整后热负荷曲线计算蓄热罐蓄热量 Q，再根据式（13-9）即可求得蓄热罐应有的有效容积

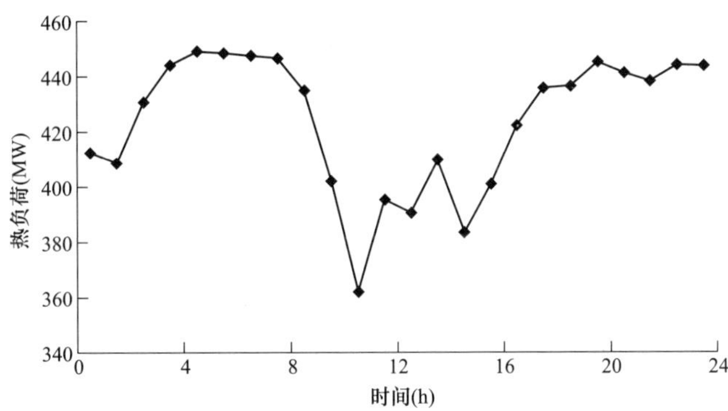

图 13-22　2014 年 1 月 10 日的热负荷曲线

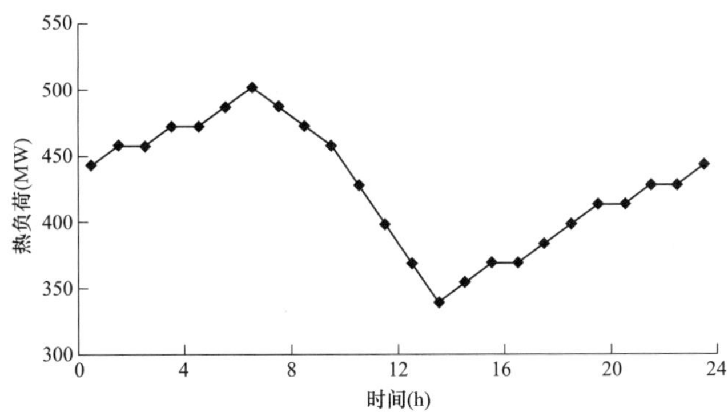

图 13-23　调整后的热负荷曲线

$$V=\frac{Q}{1000C(T_1-T_2)} \tag{13-9}$$

根据上述计算公式计算出在当下 632 万 m^2 供热面积下，蓄热系统的基本蓄热能力应为 395MWh。按照丹东热电厂热力系统近两个采暖季的运行数据分析，热网回水温度为 31～52℃，考虑到蓄热系统需满足供热尖峰期时热负荷调节需求，发挥尖峰热源作用，罐内冷水温度按照 45℃设计，蓄热罐为常压设计，罐内热水温度按照 90℃设计。再按照公式（13-9）可得出对应蓄热罐容量为 7400m^3。再考虑未来热网扩容，满足一定的设计裕量，最后确定蓄热罐公称容量为 10000m^3。

2. 蓄热罐高度确定

目前电厂一次网回水压力定压点为 0.35MPa。若以该压力作为蓄热罐高度设计依据，将导致蓄热罐高度过高，截面积过小，显得“高瘦”，导致蓄热罐本体结构的整体稳定性不好。最终蓄热罐高度确定为 25m，届时可采取增加升压泵等措施解决蓄热罐出水问题。

3. 蓄热罐与热网的连接方式

本次丹东热电厂智能热网改造项目，依据丹东热电厂供热系统的特点及运行参数以及初投资角度，选择直接式蓄热系统。直接式蓄热系统的示意图如图 13-24 所示。

直接式蓄热系统指蓄热罐系统与原有热网系统直接连接，与热网水是相通的。在换热站

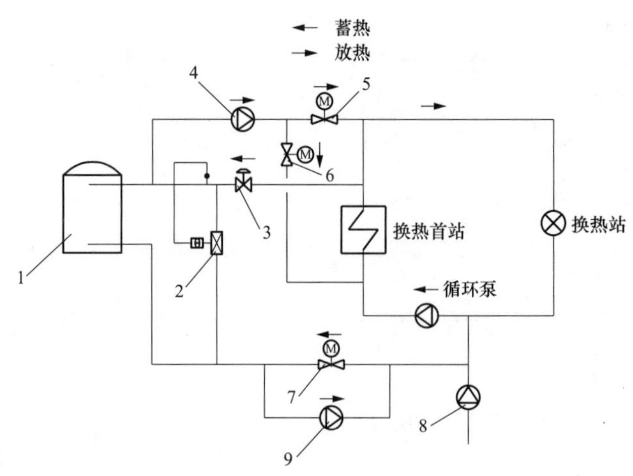

图 13-24　直接式蓄热系统示意图

1—蓄热罐；2—混合阀；3—蓄热减压阀；4—放热泵；5—放热热水控制阀 a；6—放热热水控制阀 b；7—放热冷水控制阀；8—补水泵；9—蓄热泵

用热低峰期的时候，换热首站可以将多余的热量输入到蓄热罐中进行储存，同样在用热高峰期的时候，就可以将蓄热罐中储存好的热量释放出来用于补充热用户的用热需求。蓄热罐的蓄放热过程也是随着用户对于热量的需求而时刻发生变化的。本次直接式蓄热系统考虑了放热过程中，用户对于热源品质在高于 98℃和低于 98℃两种情况下的不同需求，可以通过放热热水控制阀 a（图 13-24 中 5）和放热热水控制阀 b（图 13-24 中 6）两个阀门之间的切换来维持热网系统供热的品质。同样本次直接式蓄热系统考虑了蓄热过程中用户对于热源品质在高于 98℃和低于 98℃两种情况下的不同需求，可以根据温度反馈调节混合阀从而确保蓄热系统的安全稳定性。

4. 蓄热罐设计型式及参数的选择

（1）蓄热罐型式的选取。立式蓄热罐根据顶部结构的形式可以分为固定顶蓄热罐、浮顶蓄热罐。

固定顶蓄热罐在设计时又可以分为锥顶蓄热罐、拱顶蓄热罐、伞形顶蓄热罐和网壳顶蓄热罐。其中锥顶蓄热罐又可以分为自支撑锥顶和支撑锥顶两种。

浮顶蓄热罐可以分为外浮顶蓄热罐以及内浮顶蓄热罐，其中外浮顶根据浮顶的形式可以分为双盘式、单盘式和浮子式蓄热罐等。

蓄热罐的选型首先需根据储存介质的性质和储液的需要来确定是选择固定顶罐还是选择浮顶罐。若是常压罐，主要为了减少蒸发损耗和防止污染环境，保证储液不受空气污染，要求干净等宜选用浮顶罐或内浮顶罐。若是常压或者低压罐，蒸发损耗不是主要问题，环境污染也不大，可不必设置浮顶，且需要适当加热储存，宜选用固定顶罐。现各类固定顶罐的选型参见表 13-48。

本工程中蓄热罐为 10000m^3规格容积的罐体，通过比较，结构形式选用固定顶罐中的拱顶蓄热罐。

表 13-48　　固定顶罐的选型

类型		罐顶表面形状	受力分析	罐体特点及使用范围	备注
锥顶罐	自支撑式	接近于正圆锥体	荷载靠锥顶板周边支撑于罐壁上	$VN<1000\text{m}^3$，直径不宜过大，制造容易，不受地域条件限制	1/16≤坡度≤3/4 分有加强肋和无加强肋两种锥顶版
	支撑式	接近于正圆锥体	荷载主要由梁檩条或桁架和柱子承担	$VN\geqslant1000\text{m}^3$，坡度较自支撑式小，顶部气体空间最小，可减少“小呼吸”损耗	不适用地基有不均匀沉降，耗钢量较自支撑式多
拱顶罐（一般只有自支撑式）		接近于球形表面拱顶 $R=0.8\sim1.2D$	荷载靠拱顶板周边支撑于罐壁	受力状况好，结构简单，刚性好能承受较高剩余压力，耗钢量小	气体空间较锥顶大，制造需胎具，单台成本高，分有加强肋和无加强肋两种拱顶板
伞形顶罐（一般只有自支撑式）		一种修正的拱形顶，其任一水平截面都是规则的多边形	荷载靠伞形板周边支撑于罐壁上	强度接近于拱顶，安装较拱顶容易	系美国 API 650 和日本 JIS B 8501 规范中的一种罐顶结构形式，但国内很少采用
网壳顶罐		一种球面形状	荷载靠网格结构支撑于罐壁上	刚性好，受力好，可用于 $VN>2\times10^4\text{m}^3$ 以上的固定顶罐	可制造成部件，在现场组装成整体结构

(2) 蓄热罐设计温度及压力的选择。蓄热罐顶部气体空间的压力（表压）由蓄热罐的工作压力决定。一般来说，正压力在罐内的升力不大于罐顶结构的单位面积重力时，为常压蓄热罐，否则属于压力蓄热罐。蓄热罐在蓄热和放热过程中或者由于环境温度的变化会造成蓄热罐罐内形成负压情况。对常压蓄热罐而言，设计压力范围为－490～6000Pa。

蓄热罐的设计温度应取蓄热罐在正常操作时，罐体可能达到的最高或者最低温度。本蓄热罐中水温最高不超过 90℃，因此设计温度可以选为 100℃，为一个大气压下的饱和温度。罐体外表面需采取保温措施。

5. 蓄热罐本体主要部件的设计

立式固定顶式蓄热罐本体设计主要包含有：罐壁、罐底、拱顶、罐顶平台、盘梯，上布水盘，下布水盘。

蓄热罐本体的设计材料主要有：碳钢（碳素钢和低合金钢）和不锈钢。不锈钢主要用于储存液体化学用品的储罐。本次蓄热罐的介质为水，故本蓄热罐主要部件选用碳钢材料。

蓄热罐罐壁，尤其是底圈壁板。第二圈壁板和罐底的边缘板对选材来说是主要的，也是最重要的。它们之间的连接焊缝受力较大，且较复杂，也往往容易出现事故。为从材料的选择方面保证强度和焊缝质量，罐底边缘板应与底圈壁板同材质。蓄热罐其他部分，如罐底的中幅板、罐顶及肋板、抗风圈、加强圈等一般可选用 Q235A、Q235B 或者 Q235AF。

罐壁的设计厚度 t_1 有三种方法确定，有定点法、变点法和应力分析法。

本次 10000m^3 的蓄热罐，我们在进行罐壁厚度设计时采用定点法，定点法罐壁厚度计算公式为：

$$t_1=0.0049\frac{\rho(H-0.3)D}{[\sigma]^t\varphi}+C_1+C_2 \tag{13-10}$$

式中 ρ——物料密度，kg/m^3；

H——计算罐壁板底边至罐壁顶端（如有溢流口，则应至溢流口下沿）的垂直距离，m；

D——蓄热罐内直径，m；

ϕ——焊缝系数；

$[\sigma]^t$——设计温度下罐壁钢板许用应力，MPa。

在进行罐壁和罐拱顶设计时必须考虑以下载荷：

（1）静载荷。蓄热罐本体的自重（包含焊接与罐体上的固定件如透光孔、人孔、梯子、平台等，以及装在罐体开口接管法兰和管接头上的部件如阀门等）；保温层载荷；罐顶的附加载荷；储液载荷；雪载荷。

（2）罐内气体空间正压和负压造成的载荷。

（3）罐顶的设计压力。

（4）罐壁强度的设计载荷。影响罐壁强度的载荷包括储液对罐壁造成的载荷，液压高度一般按蓄热罐包边角度钢至计算圈板底边的距离；罐内气体空间的压力造成的载荷。

（5）风载荷。

（6）地震作用。在抗震设计中，地震作用的计算是重要步骤之一。蓄热罐的抗震设计应该遵守 SH 3048《石油化工钢制设备抗震设计规范》中的相关规定。

蓄热罐的设计当中上下布水盘的设计也是一个主要部件。上下布水盘的设计主要考虑水进出蓄热罐时的流速大小以及流场对整个蓄热罐内水的影响。上下布水盘示意图如图 13-25。

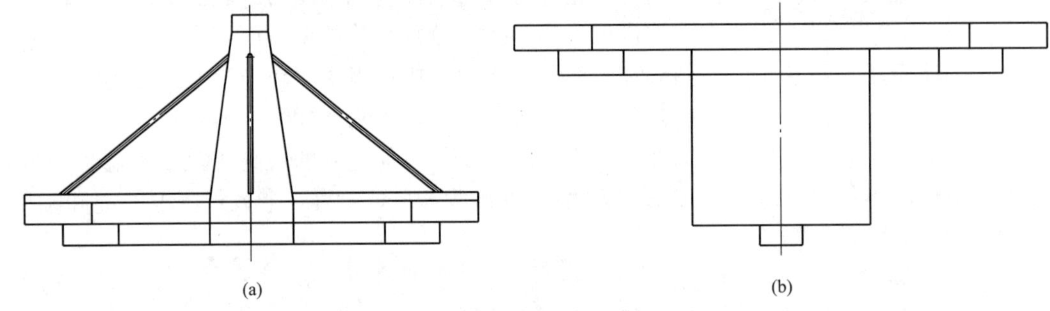

图 13-25　上下布水盘示意图

（a）下布水盘；（b）上布水盘

6. 蓄热罐本体基础的设计

蓄热罐基本尺寸：内经 ϕ24m，高 H=25m，建筑面积 452m^2。

蓄热罐基础的选型，应根据蓄热罐的形式、容积、地质条件、材料供应情况，业主要求及施工技术条件、地基处理方法和经济合理性等条件综合考虑。

蓄热罐基础的形式基本有四种：环墙式基础、护坡式基础、外环墙式基础和刚性桩基钢筋混凝土承台式基础。根据丹东市地质资料情况，结合蓄热罐本体形式和常用基础优缺点等，蓄热罐基础最终选用环墙式基础。

环墙式基础具有整体性好、地基压力分布均匀、基础稳定性和抗震性能好、罐壁安装方便等特点，适用于坐落在软或中软场地上浮顶、内浮顶及固定顶蓄热罐。环墙内用砂垫层、沥青绝缘层等换填素（回）填土，分层夯压，与环墙基础共同承受罐底板传给基础的压力。

环墙式基础：采用天然地基，埋深 1.2m，钢筋混凝土结构形式。

7. 其他设计

包括保温厚度选取、透光孔、溢流口、人孔、盘梯、罐顶平台等附件的设计。

（1）按保温层外表面温度计算。因为保温层厚度跟罐体直径比较太小，可认为罐体为平面，则保温层厚度为

$$\delta = 1000\lambda(t_b - t_s)/\alpha(t_s - t_0) \tag{13-11}$$

式中　δ——保温层厚度，mm；

λ——保温层导热系数，W/(m·℃)，对聚氨酯泡沫塑料 λ=0.03W/(m·℃)；

t_b——罐体外表面温度,℃，取 90℃；

t_s——保温层外表面温度,℃；

t_0——室外环境温度,℃，可采用冬季采暖计算温度，取－12.9℃；

α——保温层外表面放热系数，W/(m·℃)，可按如下公式计算

$$\alpha = 1.163(10 + 6v^{0.5}) \tag{13-12}$$

式中　α——保温层外表面放热系数，W/(m·℃)；

v——冬季室外平均风速，m/s，v=3.4m/s。

各种保温层外表面温度下保温层厚度见表 13-49。

表 13-49　　按保温层外表面温度计算的保温层厚度

项目	单位	各种保温层外表面温度下保温层厚度			
保温层外表面温度	℃	0	−3.8	−8	−12
保温层厚度	mm	6.37	8.07	11.46	19.10

（2）按保温层外表面散热损失计算的保温层厚度。散热负荷为蓄热能力的 1%、0.1%、0.075%、0.05%，罐外表面面积为 4800m²，蓄热能力为 441000kW，当散热损失为 1%时其损失 4410kW（919W/m²）；0.1%时其损失 441kW（91.9W/m²）；0.075%时其损失 330.75kW(68.9W/m²)；0.05%时其损失 220.5kW(45.94W/m²)。

根据保温层外表面散热损失计算的保温层厚度从公式 $q = (t_b - t_0)/(/1000\lambda + 1/\alpha)$，得出

$$\delta = 1000\lambda(t_b - t_0 - q/\alpha)/q = 1000\lambda[(t_b - t_0)/q - 1/\alpha]$$

如表 13-50 中可见，保温厚度 34.02mm 和 45.78mm 时，表面散热损失为 91.9W/m² 和 68.9W/m²，均小于 DL/T 5072—2007《火力发电厂保温油漆设计规范》所规定的常年运行允许损失 93W/m²，及季节运行的允许损失 163W/m²。

表 13-50　　按保温层外表面散热损失计算的保温层厚度

项目	单位	各种保温层外表面散热损失下保温层厚度			
保温损失比例	%	1	0.1	0.075	0.05
保温损失	W/m²	919	91.9	68.9	45.94
保温层厚度	mm	2.32	34.02	45.78	69.26

本工程选用按保温层外表面散热损失计算的保温层厚度，所以保温结构采用厚度 δ=50mm。

8. 制氮系统简介

制氮系统也可称为氮气密封系统。主要起稳定蓄热罐罐顶气相空间的压力以及隔离空气的作用。

（1）工作原理。碳分子筛是一种以煤或果壳为原料经特殊加工而成的黑色颗粒。其表面布满了无数的微孔。碳分子筛分离空气的原理，取决于空气中氧分子和氮分子在碳分子筛微孔中的不同扩散速度，或不同的吸附力或两种效应同时起作用。在吸除平衡条件下，碳分子筛对氧、氮分子吸附量接近。但在吸附动力学条件下，氧分子扩散到分子筛微孔隙中速度比氮分子扩散速度快得多。因此，通过适当的控制，在远离平衡条件的时间内，使氧分子吸附于碳分子筛的固相中，而氮分子则在气相中得到富集。同时，碳分子筛吸附氧分子的容量，因其分压升高而增大，因其分压下降而减少。这样，碳分子筛在加压时吸附氧分子使氮分子得到富集，减压时解吸出氧分子排到空气中，如此反复循环操作，达到分离空气的目的。简称 PSA 制氮。

（2）工艺流程。本装置按工艺流程划分：可分为空气源净化处理部分；变压吸附制氮部分；缓冲罐部分等三部分，示意图如图 13-26 所示。

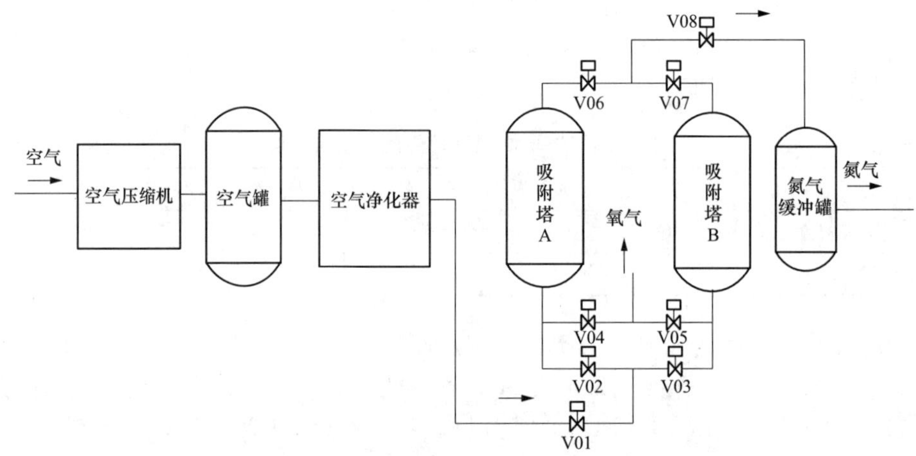

图 13-26　制氮系统工艺流程图

空气源净化处理部分：由冷冻干燥机（气源系统），多级过滤器（气源系统），高效除油器，空气缓冲罐等组成。由无油压缩机压缩的空气（含油量小于或等于 0.01mg/m^3，压力大于或等于 0.65MPa）经过滤器分离滤除杂质，然后进入冷冻干燥机（或冷却器）进行冷冻干燥出水。（冷冻干燥机设有自动排水器能自动排出大量的水分。）然后进入高效除油器除去微量油分。经以上处理后的压缩空气是洁净的无油干燥空气贮于空气缓冲罐中。

变压吸附制氮部分（又称组件），由吸附罐 B1、B2 及相关管路阀门组成。

干燥的空气进入 B1 或 B2 罐时，空气中氧气和二氧化碳被分子筛吸附，从吸附塔输出的是工业粗氮，经过滤器 F2 源源不断贮存在氮气缓冲罐 C2 中。B1 和 B2 罐每隔 1 分钟自动交换一次，一个工作，一个再生。再生时碳分子筛减压，解吸出氧的成分排放至大气中，形成循环操作。

缓冲罐部分：本设备设有空气缓冲罐 C1 和氮气缓冲罐 C2。C1 用于平衡系统空气压力，C2 为保证氮气有一个连续稳定输出而设置的。

9. 供配电设计

蓄热系统用电负荷主要为185/110kW的循环水泵，还包括制氮系统空压机、阀门配电箱等负荷，负荷统计如表13-51所示。

表 13-51　用电负荷统计

序号	设备名称	额定容量（kW）	安装台数（台）	工作台数（台）	备用台数（台）	换算系数	计算容量（kW）
1	蓄热泵	110	1	1		0.8	88
2	放热泵	185	1	1		0.8	148
3	制氮系统	7.5				0.8	6
4	阀门配电柜	30				0.5	15
5	检修电源	50	1			0.5	25
6	通风空调	2				1	2
7	照明负荷	2				1	2
8	合计（kW）	$S_j=\sum P=286$					
9	变压器容量选择（kVA）	$1.1S_j=314.6$					

考虑到厂内低压备用回路容量不足，且就地需配置变频柜和DCS控制柜，因此选择集中供电方式，在蓄热罐附近建造电气设备间。

在电气设备间设置两台500kVA（根据厂用电备用裕量及业主远期规划可扩大变压器容量）干式变分别对应一段PC，两段PC之间设置母联断路器，两台干式变互为备用，手动切换。蓄热罐低压厂用电系统采用动力与照明网络共用的中性点直接接地方式，电压采用～380/220V。

干式变高压侧两路电源分别引自厂用6kV A、B段备用回路（或新增开关柜），根据实际情况，将电动机综合保护装置跟换为变压器综合保护装置。

蓄热罐配电房两段PC供电控制电源采用110V直流，分别从主厂房110V直流Ⅰ、Ⅱ段各引一路至蓄热罐电气间。

本项目不新增UPS装置，热工UPS电源从1号机UPS馈线柜备用回路接线。

供配电的远程监控及电能参数计量接入蓄热罐热工DCS系统。

10. 热工控制系统设计

蓄热罐控制系统I/O点约170个，采用与厂内品牌一致的DCS系统，考虑到原热网首站备用点位不足，且无新增机柜空间，需在蓄热罐附近建造电子设备间来安置远程站。

本项目为集中监视控制，整个系统接入热网首站控制系统，不设置就地控制室。就地设置临时工作站，便于整套系统的调试工作。

DCS机柜电源一路引自主厂房UPS，一路引自主厂房保安段。

2.7　供热信息化系统升级

2.7.1　监控系统现状及改造措施

1. 监控系统现状

监控中心控制系统包括3台工控机、大屏幕及控制设备软硬件、Intouch操作组态软件

3 套、容错服务器等系统硬件设备、InSQL 数据库等软、硬件设备。热网监控中心和热力站之间的数据传输模式为有线。自动控制调节上位机软件采用 Wonderware 公司开发的 InTouch 软件，组态编程由天津高登威尔公司负责。InTouch 组态软件是一个开放的、可扩展的人机界面，为定制应用程序设计提供了灵活性，可通过添加自定义 ActiveX 控件、向导、常规对象以及创建 InTouch QuickScript 等来进行充分的扩展。

监控中心实现了 23 个换热站的远程自动化控制调节。通过输入二次网供水温度设定值，实现一次网侧调节阀的自动调节。主要不足在于：

（1）二次网供水温度的设定值根据室外温度的变化并参照供热质量调节曲线和经验人工输入温度值，未实现精细化智能调节。

（2）监控平台未挂载热网水力平衡计算功能模块，对管网的堵塞、泄漏诊断能力及水力运行工况的分析计算能力较为薄弱。导致管网的查漏基本靠人工沿全线巡检完成，对管网的不利点识别及潜在危险的识别基本靠经验。

2. 监控系统改造措施

建议对监控系统进行如下升级：

（1）公司其余换热站安装自动化设备后，监控系统软硬件系统进行相应的升级及扩容。

（2）增加一站一优化曲线智能调节模块，实现各换热站精细化智能调节。

（3）安装水力平衡分析软件。关于水力平衡分析软件的功能及原理见下节描述。

2.7.2 热网水力平衡分析软件

采用热力管网水力平衡分析软件有助于大量的日常计算分析，在热网运行状态发生变化时，系统能够及时进行计算分析，方便热力公司管理人员随时调整管网运行状态，达到经济、稳定运行的目的；系统可以获得在各种负荷条件下各换热站、热用户等的热量需求，各种负荷状态下的压力、流量和温度的分布；系统可以计算热网的压力和热量的统计值，生成各种运行统计表，包括管网运行质量统计报表、管网运行费用分析统计报表，进行费用分析。

水力平衡分析软件包括多个多方面建设项目以及计算分析功能，下面就各功能子系统进行详细的模块划分及说明。

1. 管网模型管理

在软件系统中建立管网模型，在后续管网计算过程中直接调用在图形基础上建立的模型数据即可对管网分析计算。

系统由多个基础资料库组成，将中国热力行业常用的基础数据直接录入到基础数据库中，在后续的建模过程中直接调用基础资料库即可自动生成管网模型。

通过管网模型的建立，可以精确的定位、查询热网中从热源到用户各个对象的信息，同时系统可以准确的统计出热网中的各种信息，比如管网、负荷等各种信息。

2. 分析计算

工况计算实现的目标是针对热网模型，通过设置热源、外温等参数，系统将计算出热网模型中所有有效对象的理论工况参数，并且通过报告、图表等各种形式为决策者提供帮助。

管网计算可用于环状管网以及枝状管网；从范围包括一次网以及二次网；热源包括单热源和多热源；从调节方式包括量调节以及质调节。从计算分析方法上包括依据热源参数计算管网；依据热网参数计算热源；变频水泵运行调节计算；调节阀门分析计算。

计算的结果包括：

（1）热网系统基础数据查询与显示。可以查看热网上任何一个节点（包括热源点、用户、中间节点等）的详细基础数据，也可以查看热网上管道的详细数据（包括管径、长度、管道材质等基础信息）。

（2）热网平面图形查询与打印。可以查询、打印热网压差平面图、流量、流速、压力损失、热量损失平面图等。

（3）热网水压图查询与打印。可以查询打印热网上任何两点之间的水压图。

（4）全部计算数据查询与打印。可以查询打印热网分析计算的全部计算数据，包括管段、节点基础数据，计算结果数据。

（5）多热源热网各个热源的供热范围。对于多热源联网分析计算，系统通过压差等计算结果判断、显示各个热源的供热范围。

（6）管道流向示意图。针对计算结果，系统通过图形的表现形式体现各个管段的流向。

通过各种情况的工况计算，系统将实现：

1）优化热网的规划与设计，降低建设成本；

2）优化运行方案，降低运行成本；

3）寻找不热用户，改善供热质量；

4）消除过热，节约能源。

2.7.3　供热能耗及经济运行分析系统

建设能耗及经济运行分析系统，可对全网各种生产资料及能耗进行统一管理，方便工作人员及时了解最新生产运行及能耗信息，确保供热系统低能耗、经济化运转。

考虑能耗系统数据采集与监控系统运行参数采集不相互干扰，本可研提出能耗相关运行数据采集不经过生产 PLC 及其线路上传，而是单独设立数据采集板，并通过无线网络上传至监控中心能耗分析平台。主要网络结构如图 13-27 所示。

该系统主要由生产资料管理、气象管理、调度方案与经济运行分析及能耗分析等功能模块组成。

1. 生产资料管理

系统有效支持热源、换热站、用户台账等生产资料信息的管理，能够方便地查询其基础信息、相关设备、检修、故障等信息，为生产调度工作提供依据。

2. 气象管理

能够通过互联网读取当地气象信息，包括实况、预报等信息，能够通过接口读取热力公司相关检测点的气象信息，所有气象信息系统能够保存，通过曲线等方式进行展示，以便进行历史能耗的分析以及作为未来供热调度的依据。

3. 调度方案与经济运行分析

提供负荷预测功能，针对未来采暖期供热负荷，结合历史气象信息以及各个热源具体的供热能力、经济价格等多种因素，计算出不同的供热指标下多套新采暖期供热量的预测方案，在满足最经济的条件下，通过水力计算进行验证，制定出最经济并且满足水力工况需求的可行的新采暖期供热运行方案，指导热力公司新采暖期供热量的规划以及经济预算。

4. 能耗分析

（1）能耗数据分析统计。数据分析、统计功能。结合实际情况，建立各种统计方式的模

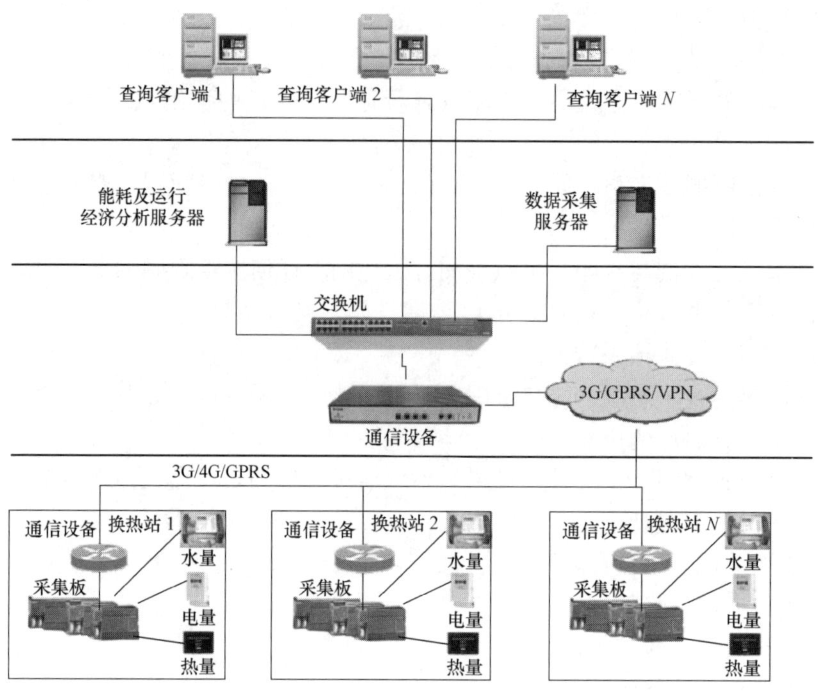

图 13-27　能耗及经济运行分析系统网络结构

型，进行数据统计、分析，甚至挖掘，得出最后结论，为制订供热企业的节能标准提供基础数据。热耗、水耗、能源单耗、能效 KPI 指标的柱状图、线图、饼图显示等。

（2）供热能耗指标体系管理。首先，系统通过对气温、生产等相关信息多种形式的展示、分析、挖掘，按照科学的计算方法加以人工的调整建立热源、站以及用户各级能源消耗的指标，为科学核算供热成本及节能降耗工作提供依据。

通过指标体系，对各个时段的供热质量、能耗水平等进行评价分析，对超标等信息甚至报警，从而使公司相关管理人员可以及时掌握自己所负责的相关各项指标情况，从而有效地进行运作；对于各级管理部门，可以有效地监管与控制各个基层的情况，对当前所采取的供热策略和方法进行评估和调整，从而不断提高供热质量和热网的经济运行水平，不断提高企业的技术水平和科学化管理程度；此外，在对历年数据分析的基础上，可以预测未来热力供应趋势。

2.7.4　管理系统信息化现状及改造方案

目前热力公司对供热能耗、供热管网设施、经营收费、客户服务等方面的管理信息化水平偏低，企业信息流转不够顺畅，影响生产经营服务的综合管理效率。主要体现在以下几个方面：

（1）未建成专门的生产运行及能耗管理信息平台。该企业生产设备及技术资料，生产台账，调度指令等由松散的计算机文件及纸质档案文件形成，管理效率较低；供热系统的水、电、热等生产能耗统计基本靠人工计算统计，统计工作量大，效率低，难以做到实时能耗分析，难以评价当前运行调度的经济性，能耗管理工作较困难。

（2）由于企业供热面积较大，在经营管理方面内容涉及工程、运行、计费到服务等各个专业，机构多、供热站点多、收费点多，范围广、地点分散，既有上门（走收）收费、又有窗口收费，导致财务管理压力较大，效率有待提高。

（3）供热客服系统较为落后，对供热用户的咨询、费用查询、投诉、回访等客服信息管理较松散，企业响应市场的能力相对较弱。

（4）企业信息流转问题突出。各部门之间信息交换采用纸质文件及松散的计算机文件传输，财务业务数据无法共享，信息滞后、失真，管理层较难及时了解企业最新信息，决策难度大。

针对以上几方面的问题，提出以下具体信息化改造方案。

1. 供热生产运行及能耗分析管理系统

针对企业生产调度及能耗管理现状，可建设生产运行及能耗管理信息平台。对全网各种生产资料及能耗进行统一管理，方便工作人员及时了解最新生产运行及能耗信息，确保供热系统低能耗、经济化运转。

（1）生产资料管理。系统有效支持热源、换热站、用户台账等生产资料信息的管理，能够方便地查询其基础信息、相关设备、检修、故障等信息，为生产调度工作提供依据。

（2）气象管理。能够读取互联网当地气象信息，包括实况、预报等信息，能够通过接口读取热力公司相关检测点的气象信息，所有气象信息系统能够保存，通过曲线等方式进行展示，以便进行历史能耗的分析以及作为未来供热调度的依据。

（3）调度方案与经济运行分析。提供负荷预测功能，针对未来采暖期供热负荷，结合历史气象信息以及各个热源具体的供热能力、经济价格等多种因素，计算出不同的供热指标下多套新采暖期供热量的预测方案，在满足最经济的条件下，通过水力计算进行验证，制定出最经济并且满足水力工况需求的可行的新采暖期供热运行方案，指导热力公司新采暖期供热量的规划以及经济预算。

（4）能耗分析。

1）能耗数据分析统计。数据分析、统计功能。结合实际情况，建立各种统计方式的模型，进行数据统计、分析，甚至挖掘，得出最后结论，为制订供热企业的节能标准提供基础数据。开展热耗、水耗、能源单耗、能效 KPI 指标的柱状图、线图、饼图等显示功能。

2）供热能耗指标体系管理。首先，系统通过对气温、生产等相关信息多种形式的展示、分析、挖掘，按照科学的计算方法加以人工的调整建立热源、站以及用户各级能源消耗的指标，为科学核算供热成本及节能降耗工作提供依据。

通过指标体系，对各个时段的供热质量、能耗水平等进行评价分析，对超标等信息甚至报警，从而使公司相关管理人员可以及时掌握自己所负责的相关各项指标，从而有效地进行运作；对于各级管理部门，可以有效地监管与控制各个基层的情况，对当前所采取的供热策略和方法进行评估和调整，从而不断提高供热质量和热网的经济运行水平，不断提高企业的技术水平和科学化管理程度；此外，在对历年数据分析的基础上，可以预测未来热力供应趋势。

2. 供热经营收费管理系统

针对企业经营收费管理现状，宜建立供热经营收费管理系统，构建热用户信息数据库，实现先进的费用管理、收费管理、用户供热停热管理、票据及财务信息、银行代收费等管理。提升企业经营管理效率。

3. 供热客户服务管理系统

针对企业客服系统的现状，宜建立企业供热客户服务管理系统平台，提升企业服务质量及市场响应速度。客户服务管理系统由呼叫中心功能块、座席软件功能块及业务处理模块等组成。

4. 热网地理信息管理系统

地理信息系统具有强大的网络拓扑及网络分析功能。能满足管网的许多网络分析要求，系统采用了先进的数据库引擎，支持规划设计时多用户的同时操作，系统是一个开放的开发平台，它能兼容和联接其他系统，如热网监控系统、微机收费系统等，是企业管理信息化体系的组成部分之一。

地理信息系统拟实现的主要功能如下：

(1) 热网导航窗口。通过此窗口能实现热网管线及换热站的定位，在导航窗口上点击一点，则在主窗口中能显示这点的位置，可实现窗口热网显示区域的缩放，地理信息查看。

(2) 生产管理。用来记录设备检修、故障及其相对应的统计功能；主要包括检修管理、故障管理、检修报表、故障报表、检修统计图表、故障统计图表六部分。

检修管理包括：热源检修、换热站检修、管线检修、井室检修、水泵检修、阀门检修、补偿器检修、设备检修。

故障管理包括：热源故障管理、换热站故障管理、管线故障管理、井室故障管理、水泵故障管理、阀门故障管理、补偿器故障管理、设备故障管理；

检修报表主要包括：热源检修统计、换热站检修统计、管网检修统计、井室检修统计、水泵检修统计、阀门检修统计、补偿器检修统计、设备检修统计。

故障报表包括：热源故障统计、换热站故障统计、管网故障统计、井室故障统计、水泵故障统计、阀门故障统计、补偿器故障统计、设备故障统计。

检修统计图表：以列表、图形、曲线的形式显示某段时间内的上面九种检修统计记录。

(3) 查询统计。功能包括两部分：一种是用户通过查询界面输入查询条件；另一种是直接在地图上绘制一定区域，查询区域内的所有数据：

第一部分条件查询统计：由设备综合查询、热源统计查询、管网统计查询、换热站统计查询、井室统计查询、阀门统计查询、建筑统计查询、用户查询统计、设备台账查询；

第二部分地图查询统计：由多边形区域统计查询、圆形区域统计查询、矩形区域统计查询。

(4) 统计报表。功能包括：热源统计、管网统计、换热站统计、井室统计、阀门统计、建筑统计、用户温度达标统计、内部设备统计。

(5) 专题地图。包括十二部分：换热站专题图、建筑物专题图、管线专题图、爆管分析专题图、检修专题图、故障专题图、管道长度统计图、管道类型统计图、收费状况统计图、缺失设施属性专题图、水力计算专题图、客服专题图。专题地图主要是通过不用的图形颜色或图形，反映同种设备的不同状态。

(6) 图形工具。包括绘制、删除、修改地图设备和地图背景，管线连通性、爆管分析、设备关联行，行政、热力区域绘制，栅格图调用和关闭等功能。

(7) 设备类型库。库包括五部分：管道类型库、水泵类型库、调节阀类型、水泵曲线及单位设置，这种类型库是软件自带，用户也可以根据需要自己添加、修改、删除。

(8) 爆管分析。进行爆管分析，记录爆管分析的数据记录，可以对这些数据进行修改、删除、导出等功能。

在已知爆管出现的具体位置的情况下分析与之相连通的其他管路和设备，以此来控制需要关闭的阀门和了解爆管影响的范围（爆管分析之前建立爆管分析拓扑）。

（9）系统维护。包括：系统账户维护、区域权限设置、设备类型维护、设置设备显示标注、设置标注属性表、设置设备关联、查阅系统日志、调用符号设计器、导入设备数据、导入内部设备数据、下载设备图层、自动升级设置、查询拓扑错误。

5. 供热控制信息化综合管理平台

针对企业内部信息流转问题，宜建立企业综合管理平台，打通生产运行、经营收费、财务、行政、客服等各环节的信息通道。实现公司各部门按权限、分层次的信息共享，从而提高企业整体运行效率。

2.8　项目经济性分析

2.8.1　项目改造的经济效益

本项目为丹东热电厂集中供热系统扩容增效改造项目，按照能源利用率最大化原则，实施厂网一体化协调控制，主要改造工作包括利用吸收式热泵技术回收汽轮机乏汽余热对外供热、热网首站增效改造、热负荷实时调节、换热站设备改造、一站一优化智能调节、热网水力平衡分析等。

通过厂侧扩容增效改造，可以回收电厂汽轮机排汽余热用于供热，优化首站的供热流程，实现供热设备节能改造，从而提高电厂的热能利用率，并大幅降低机组煤耗，在供热期可将单机综合效率从 60%提高到 85%。

通过网侧扩容增效改造，可以降低网侧的过量供热损失和不均匀损失，使供热系统输配效率由 40%提升至 50%以上，实现单位面积耗热量从近 2 个供暖季的平均单位面积耗热量 0.624GJ/(m^2·a) 下降到 0.528GJ/(m^2·a)。

根据上述分析，本项目改造可实现每年共节约标准煤 9.6 万 t（厂侧节煤 6.15 万 t，网侧节煤 3.45 万 t），具有良好的经济效益。

2.8.2　项目改造的财务评价

本项目静态投资水平为 2014 年，实施厂网一体化扩容改造项目静态投资为 15034 万元，建设期利息为 185 万元，动态投资 15218 万元。项目融资暂时按银行贷款考虑，年贷款利率为 6.15%。按照等额还本付息方式进行还款，还款期 10 年，宽限期 1 年。项目经营期 20 年。

对本项目改造方案和投资估算进行财务评价。具体财务指标见表 13-52。

表 13-52　　财务评价指标表

项目名称		单位	经济指标
项目投资	内部收益率	%	36.36
	净现值	万元（I_c=10%）	30575
	投资回收期	年	3.72
资本金	内部收益率	%	174.87
	净现值	万元（I_c=10%）	31438.57
	投资回收期	年	1.58

经过计算，项目投资的内部收益率为 36.36%，投资回收期为 3.72 年；项目资本金的内部收益率为 174.87%，投资回收期为 1.58 年。内部收益率高于基本收益率 10%，因此项目盈利能力较强。

参 考 文 献

[1] 吴承康，徐建中，金红光．能源科学发展战略研究［J］．世界科技研究与发展，2000，22（4）：1-6.
[2] 杨松梅，王婕．全球能源格局发展现状及未来趋势［J］．国际金融，2014（3）：44-51.
[3] 李四海，柳丽萍，关键，等．国外热电联产发展回顾与借鉴［J］．中国特种设备安全，2011（7）：65-69.
[4] 宋景慧，冯永新，徐刚，等．火力发电厂烟气低温余热利用技术［M］．北京：中国电力出版社，2017.
[5] 张赟，朱斌帅．电厂集中供热领域中吸收式热泵与压缩式热泵的经济性比较［J］．节能技术，2016，34（5）：440-443.
[6] 董燕京．热水蓄热器在多热源联网供热系统的应用与节能分析［J］．区域供热，2013（2）：94-97.
[7] 张殿军，闻作祥．热水蓄热器在区域供热系统中的应用［J］．区域供热，2005（6）：13-16.
[8] 田立顺．蓄热罐在热电联供集中供热系统的应用［J］．煤气与热力，2016，36（11）：21-24.
[9] 孟锋，安青松，郭孝峰，等．蓄热过程强化技术的应用研究进展［J］．化工进展，2016，35（5）：1273-1282.
[10] 雷翠红，邹平华，任志远，等．蓄热器在蒸汽供热系统中的应用［J］．区域供热，2005（6）：17-20.
[11] 凌双梅，高学农，尹辉斌．低温相变蓄热材料研究进展［J］．广东化工，2007，34（3）：48-51.
[12] 王胜林，王华，祁先进，等．高温相变蓄热的研究进展［J］．能源工程，2004（6）：6-11.
[13] 张婷，赵华，王芃，等．罐体容量对分布式蓄热罐应用于集中供热系统的影响［J］．暖通空调，2017（47）：153-156.
[14] 吴玉庭，任楠，马重芳．熔融盐显热蓄热技术的研究与应用进展［J］．储能科学与技术，2013，2（6）：586-592.
[15] 李亚奇，胡延铎，宋鸿杰，等．梯级相变蓄热技术的研究现状及展望［J］．节能，2014（6）：7-11.
[16] 房丛丛，钱焕群．相变蓄热技术及其应用［J］．节能，2011，30（2）：27-30.
[17] 包艳华，王庭慰．脂肪酸相变材料的研究进展及应用［J］．现代化工，2010，30（2）：33-36.
[18] 徐治国，赵长颖，纪育楠，等．中低温相变蓄热的研究进展［J］．储能科学与技术，2014，3（3）：179-190.
[19] 孙士恩，高新勇，赵明德．背压影响热泵回收循环水余热的试验研究［J］．汽轮机技术，2016，58（5）：373-376.
[20] 孙士恩，高新勇，俞聪，等．吸收式热泵回收排汽冷凝热的性能分析［J］．暖通空调，2016，46（12）：104-108.
[21] 李文涛，袁卫星，付林，等．利用吸收式热泵的电厂乏汽余热回收性能分析［J］．区域供热，2015（4）：23-28.
[22] 刘媛媛，隋军，刘浩．燃煤热电厂串并联耦合吸收式热泵供热系统研究［J］．中国电机工程学报，2016，36（22）：6148-6155.
[23] 黄志坚，袁周．热泵工业节能应用［M］．北京：化学工业出版社，2014.
[24] 钟晓晖，勾昱君．吸收式热泵技术及应用［M］．北京：冶金工业出版社，2014.
[25] 张昌，胡平放，陈焰华，等．热泵技术与应用［M］．2版．北京：机械工业出版社，2015.
[26] 陈东，谢继红．热泵技术手册［M］．北京：化学出版社，2012.
[27] 张军．地热能、余热能与热泵技术［M］．北京：化学工业出版社，2014.
[28] 王雪，张赵青，王智，等．南方城市热电联产应用现状及前景探讨［J］．能源与节能，2014（4）：

7-8.
[29] 陈菁，邓勉，高新勇 1000MW 纯凝机组改供热的技术经济性比选 [J]. 节能，2018 (1) .
[30] 张金生 . 浅析亚临界 600MW 凝汽机组供热改造 [J]. 能源与节能，2015 (3)：170-172.
[31] 张明，于淼，徐良胜，等 . 智慧热网框架下节能改造实例分析 [J]. 煤气与热力，2017，37 (10)：18-23.
[32] 毛小鹏，蒋全球，魏军伟 . 国电濮阳 210MW 机组高中压工业抽汽供热节能改造 [J]. 东方汽轮机，2012 (3)：62-65.
[33] 刘冬升，王文营 . 直接空冷机组高背压供热改造分析 [J]. 河北电力技术，2016，35 (1)：48-50.
[34] 王力彪，李染生，王斌，等 . 基于吸收式热泵的循环水余热利用技术在大型抽凝机组热电联产中的应用 [J]. 汽轮机技术，2011，53 (6)：470-472.
[35] 高新勇，孙士恩，何晓红，等 . 基于热力学第二定律的热电厂低真空供热能耗分析 [J]. 热能动力工程，2016，31 (6)：59-65.
[36] 江浩，黄嘉驷，王浩 . 200MW 高背压循环水供热机组热力特性研究 [J]. 热力发电，2015 (4)：17-21.
[37] 冯澎湃，王宁玲，杨志平，等 . 直接空冷高背压供热机组的梯级供热特性与冷端变工况协同优化 [J]. 中国电机工程学报，2016，36 (20)：5546-5554.
[38] 高新勇，孙士恩，田亚 . 不同工况下的热泵与低真空供热对比分析 [J]. 汽轮机技术，2017 (6)：459-462.
[39] 闫森，王伟芳，蒋浦宁，等 . 300MW 汽轮机供热改造双低压转子互换技术应用 [J]. 热力透平，2015，44 (1)：10-12.
[40] 包伟伟，孙桂军，李贺莱，等 . 600MW 超临界空冷机组双背压低真空供热改造 [J]. 热力透平，2017 (4)：252-257.
[41] 孟繁晋 . 抽凝机组低真空循环水供热技术热力学分析 [J]. 暖通空调，2012，42 (9)：58-60.
[42] 戈志华，孙诗梦，万燕，等 . 大型汽轮机组高背压供热改造适用性分析 [J]. 中国电机工程学报，2017，37 (11)：3216-3222.
[43] 朱奇，陈鹏帅，侯国栋 . 低真空循环水供热改造 [J]. 热力发电，2013，42 (3) .
[44] 王凤良 . 高背压供热改造关键技术及经济性评价探讨 [J]. 汽轮机技术，2016，58 (2)：133-135.
[45] 王学栋，郑威，宋昂 . 高背压供热改造机组性能指标的分析与评价方法 [J]. 电站系统工程，2014 (2)：49-51.
[46] 王学栋，姚飞，郑威，等 . 两种汽轮机高背压供热改造技术的分析 [J]. 电站系统工程，2013 (2)：47-50.
[47] 万逵芳 . 末级最小安全流量对空冷机组高背压供热的影响 [J]. 汽轮机技术，2017，59 (5)：381-384.
[48] 王凤良，李玉贵 . 汽轮机组高背压供热改造轴系振动特性分析 [J]. 汽轮机技术，2017，59 (3)：211-214.
[49] 李泽培，谢苏燕，刘全 . 双转子互换高背压改造叶片安全评估 [J]. 东方汽轮机，2015 (4)：13-16.
[50] 高新勇，孙士恩，何晓红，等 . 基于热力学第二定律的热电厂低真空供热能耗分析 [J]. 热能动力工程，2016，31 (6)：59-65.
[51] 曹丽华，李勇，栾忠兴 . 中小型汽轮机低真空供热的安全性分析 [J]. 汽轮机技术，2004，46 (5)：330-332.
[52] 李勇，张卫会，曹丽华，等 . 汽轮机低真空供热时轴向推力的变化特性 [J]. 汽轮机技术，2003，45 (5)：279-281.
[53] 高新勇，孙士恩，田亚 . 不同工况下的热泵与低真空供热对比分析 [J]. 汽轮机技术，2017 (6)：

459-462.
[54] 邵建明，陈鹏帅，周勇．300MW 湿冷汽轮机双转子互换高背压供热改造应用［J］. 能源研究与信息，2014，30（2）：100-103.
[55] 包伟伟，孙桂军，李贺莱，等．600MW 超临界空冷机组双背压低真空供热改造［J］. 热力透平，2017（4）：252-257.
[56] 王富民，张晓霞，李杨，等．可互换式双转子、双背压机组的研发及应用［J］. 热力透平，2015，44（3）：175-178.
[57] 王学栋，姚飞，郑威，等．两种汽轮机高背压供热改造技术的分析［J］. 电站系统工程，2013（2）：47-50.
[58] 郑杰．汽轮机低真空运行循环水供热技术应用［J］. 节能技术，2006，24（4）：380-382.
[59] 李泽培，谢苏燕，刘全，等．双转子互换高背压改造叶片安全评估［J］. 东方汽轮机，2015（4）：13-16.
[60] 金红光，林汝谋．能的综合梯级利用与燃气轮机总能系统［M］. 北京：科学出版社，2008.
[61] 伊恩・C・肯普．能量的有效利用——夹点分析与过程集成［M］. 2 版．项曙光，贾小平，夏力译．北京：化学工业出版社，2010.
[62] 金红光，王宝群，刘泽龙，等．化工与动力广义总能系统的前景［J］. 化工学报，2001，52（7）：565-571.
[63] 冯志兵，金红光．冷热电联产系统的评价准则［J］. 工程热物理学报，2005，V26（5）：725-728.
[64] 赵月红，王韶锋，温浩，等．过程集成研究进展［J］. 过程工程学报，2005，5（1）：107-112.
[65] 沈晓莹，陈伟亚．化工过程能量集成途径与实证［J］. 广州化工，2010，38（9）：39-41.
[66] 龚俊波，杨友麒，王静康．化工系统工程：可持续发展时代的过程集成［J］. 中国学术期刊文摘，2006（22）：10-11.
[67] 吴仲华．能的梯级利用与燃气轮机总能系统［M］. 机械工业出版社，1988.
[68] 马建华，刘兴艳，赵仕林，等．夹点技术——一种有效的清洁生产方法［J］. 新疆环境保护，2004，26（2）：31-34.
[69] 冯宵．化工节能原理与技术［M］. 2 版．北京：化学工业出版社，2003.
[70] 姚平经．全过程系统能量优化综合［M］. 大连：大连理工大学出版社，1995.
[71] 靳智平，王毅林，张国庆，等．电厂汽轮机原理及系统［M］. 2 版．北京：中国电力出版社，2006.
[72] 曹祖庆．汽轮机变工况特性［M］. 北京：水利电力出版社，1991.
[73] 沈士一，王毅林，张国庆，等．汽轮机原理［M］. 北京：中国电力出版社，1992.
[74] 方钢，蔡睿贤，林汝谋．燃气轮机与汽轮机功热联产基本参数的分析研究［J］. 动力工程学报，1988（6）：50-56＋68.
[75] 孟凡林．665 毫米末级叶片在小容积流量工况下的试验研究［J］. 汽轮机技术，1986（6）：26-31.
[76] 倪永君，秦华魂，钱国荣，等．叶片水蚀的发展过程［J］. 汽轮机技术，2006，48（6）：460-461.
[77] 倪永君，王志军，孙毓铭．汽轮机末级长叶片水蚀的初步研究［J］. 汽轮机技术，2008，50（1）：67-69.
[78] 孟凡林．665 毫米末级叶片在小容积流量工况下的试验研究［J］. 汽轮机技术，1986（6）：26-31.
[79] 王仲博．小容积流量下汽轮机末级长叶片可靠性的试验研究［J］. 中国电机工程学报，1987（4）：45-51.
[80] 刘万琨．汽轮机末级叶片颤振设计［J］. 东方电气评论，2007，21（4）：12-21.
[81] 周盛，郑叔琛．蒸汽轮机叶片颤振研究［J］. 力学与实践，1986，8（1）：13-17.
[82] 佚名．大功率汽轮机叶片安全运行问题［J］. 热力发电，1974（7）：36-49.
[83] 夏宝鸾，杜鲜明，郑德澍．国外大型汽轮机事故的一些情况［J］. 热力发电，1974（7）：94-131＋133＋

135-139.

[84] 唐炼．世界能源供需现状与发展趋势［J］．国际石油经济，2005，13（1）：30-33.

[85] 孟凡林．665 毫米末级叶片在小容积流量工况下的试验研究［J］．汽轮机技术，1986（6）：26-31.

[86] 倪永君，王志军，孙毓铭．汽轮机末级长叶片水蚀的初步研究［J］．汽轮机技术，2008，50（1）：67-69.

[87] 常乐．以系统集成促进能源产业链差异化发展［J］．中国能源，2012，34（6）：36-39.

[88] 郑立文．350MW 超临界燃煤供热机组凝抽背装机方案及经济性分析［J］．华电技术，2013，35（5）：1-4.

[89] 沈卫国．350MW 级超界抽凝机型与 NCB 机型热经济性对比［J］．机械工程师，2013（7）：46-47.

[90] 张波，邢培杰．NCB 供热机组的应用前景分析［J］．吉林电力，2014，42（1）：25-27.

[91] 何坚忍，徐大懋．“NCB”新型专用供热机［J］．热力透平，2010，39（1）：34-36.

[92] 邵德让．SSS 离合器工作原理探讨［J］．科技与企业，2014（15）：378-378.

[93] 鲍大虎，何成君，王文斌，等．带 SSS 离合器 NCB 式汽轮机工况切换的研究［J］．汽轮机技术，2015（4）：295-296.

[94] 吴华新．低位烟气余热深度回收利用状况述评（Ⅱ）——传热过程与技术应用研究［J］．热能动力工程，2012，27（4）：399-404.

[95] 吴华新．低位烟气余热深度回收利用状况述评（Ⅰ）——新技术路线与回收条件改变的影响［J］．热能动力工程，2012，27（3）：271-276.

[96] 郭浩，公茂琼，董学强，等．低温烟气余热利用有机朗肯循环工质选择［J］．工程热物理学报，2012，V33（10）：1655-1658.

[97] 宋景慧，阚伟民，许诚，等．电站锅炉烟气余热利用与空气预热器综合优化［J］．动力工程学报，2014，34（2）：140-146.

[98] 裴哲义，王新雷，董存，等．东北供热机组对新能源消纳的影响分析及热电解耦措施［J］．电网技术，2017，41（6）：1786-1792.

[99] 徐建中，邓建玲．分布式能源定义及其特征［J］．华电技术，2014（1）：3-5.

[100] 李军军，吴政球，谭勋琼，等．风力发电及其技术发展综述［J］．电力建设，2011，32（8）：64-72.

[101] 孙佳南，高佳颖．高效、供热最大化及运行灵活的 NCB 式汽轮机［J］．电站系统工程，2016（3）：51-53.

[102] 贺平，孙刚．供热工程［M］．中国建筑工业出版社，1993.

[103] 杨希贤，滓田光宏，何兆红，等．化学蓄热材料的开发与应用研究进展［J］．新能源进展，2014（5）：397-402.

[104] 柳磊，杨建刚，王东，等．火电汽轮机组热电解耦技术研究［J］．宁夏电力，2017（6）.

[105] 刘乐．空调水系统的可调性和水力平衡技术研究［D］．西安建筑科技大学，2009.

[106] 史进渊．汽轮机动叶片的可靠性设计方法［J］．应用力学学报，2007，24（2）：331-334.

[107] 刘俊峰，高景辉，李季，等．燃气-蒸汽联合循环机组汽轮机 NCB 工况切换特性研究［J］．燃气轮机技术，2016，29（4）：53-56.

[108] 王智辉，滓田光宏，杨希贤，等．热化学蓄热系统研究进展［J］．新能源进展，2015，3（4）：289-298.

[109] 闫云飞，张智恩，张力，等. 太阳能利用技术及其应用［J］. 太阳能学报，2012（s1）：47－56.

[110] 时永兴．烟气余热换热器低温腐蚀分析及对策［J］．发电与空调，2014（5）：10-13.

[111] 胡深亚，潘卫国，姜未汀，等．中低温烟气余热利用中防腐措施及利用方式的探讨［J］．上海节能，2011（1）：30-34.

[112] 孙士恩，赵晓坤，彭桂云，等．汽轮机抽凝背系统及其调节方法：中国，201710193938.3［P］.

2017-08-08.
[113] 孙士恩，俞聪，郑立军，等．一种提高供热机组经济性的热网疏水加热系统：中国，201410078218.9 [P]. 2014-06-04.
[114] 孙士恩，常浩，应光伟，等．建筑供暖中确定二网供回水温度的方法：中国，201410298183.X [P]. 2014-10-01.
[115] 孙士恩，俞聪，高新勇，等．一种低温余热利用系统及余热利用方法：中国，201510090863.7 [P]. 2015-07-29.
[116] 孙士恩，高新勇，郑立军，等．一种用于抽汽供热系统的能量梯级利用装置和方法：中国，201610100676.7 [P]. 2016-05-11.
[117] 孙士恩，高新勇，彭桂云，等．一种提高热电机组火电灵活性的梯级调峰系统及其运行方法：中国，201610738356.4 [P]. 2017-02-15.
[118] 孙士恩，高新勇，彭桂云，等．一种热电联产机组深度调峰系统及其运行方法：中国，201610738334.8 [P]. 2017-02-22.
[119] 孙士恩，彭桂云，田亚，等．一种提高火电纯凝机组灵活性的系统及其运行方法：中国，201610738668.5 [P]. 2017-05-10.
[120] 孙士恩，高新勇，庄荣，等．一种用于汽轮机低压缸胀差的控制方法：中国，201810170985.0 [P]. 2018-09-28.
[121] 高新勇，孙士恩，陈菁，等．用于热电联产机组双负荷调峰的供热系统及智能控制方法：中国，201610335241.0 [P]. 2016-08-17.
[122] 费盼峰，孙士恩，冯亦武，等．一种工业抽汽网源一体负荷自动调节结构及其调节方法：中国，201710168509.0 [P]. 2017-07-28.
[123] 王启业，孙士恩，郑立军，等．蒸汽驱动型串联式热泵余热回收方法及装置：中国，201410833292.7 [P]. 2015-04-29.
[124] 徐朝阳，孙士恩，俞聪，等．一种蓄热罐布水盘连接结构：中国，201510090859.0 [P]. 2015-07-29.
[125] 何晓红，孙士恩，孙科，等．第一类与第二类吸收式热泵耦合的热水供应方法及系统：中国，201510643969.5 [P]. 2016-01-20.

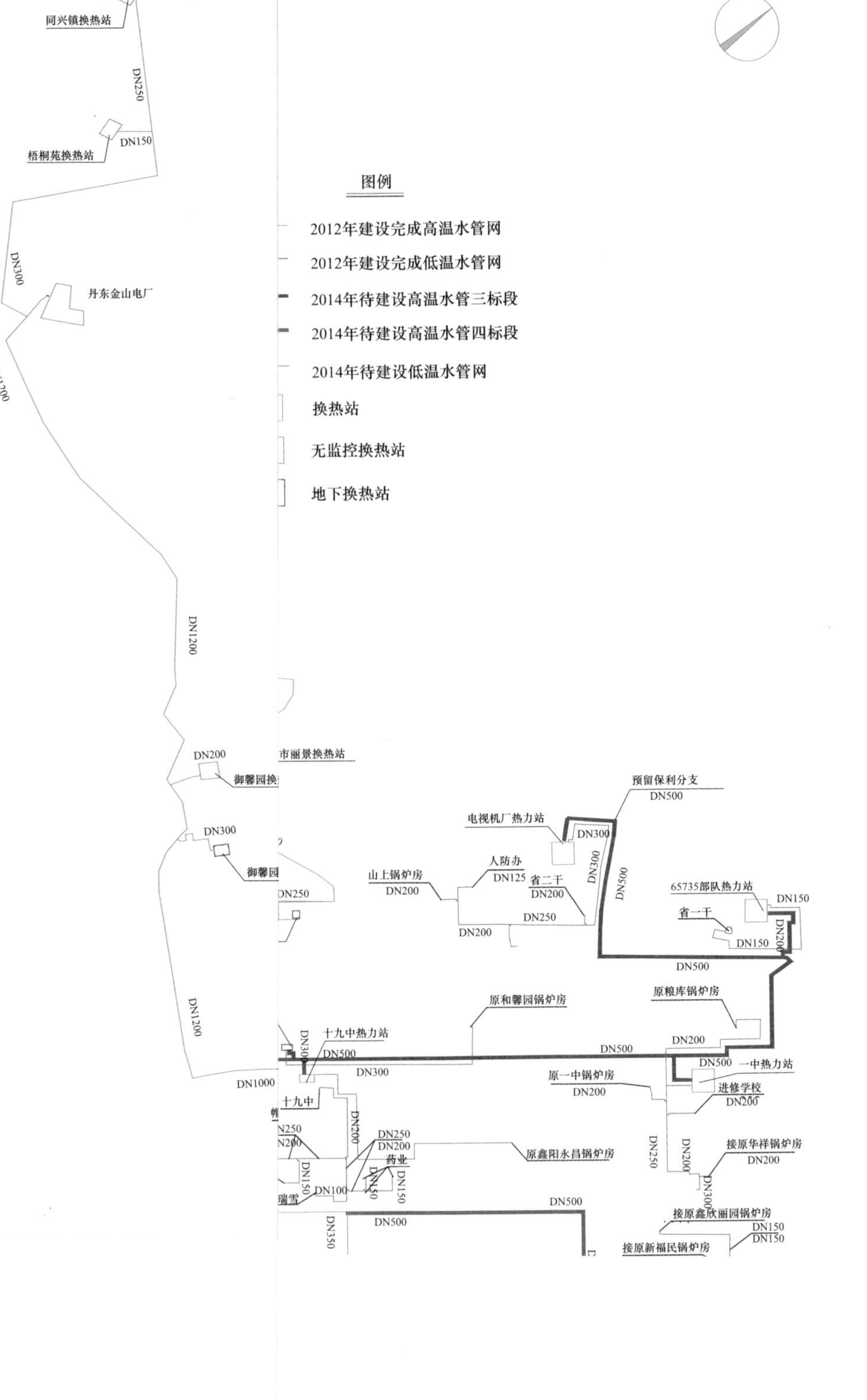

同兴镇换热站
DN250
梧桐苑换热站
DN150
DN300
丹东金山电厂
DN1200
图例
2012年建设完成高温水管网
2012年建设完成低温水管网
2014年待建设高温水管三标段
2014年待建设高温水管四标段
2014年待建设低温水管网
换热站
无监控换热站
地下换热站
DN1200
市丽景换热站
DN200
御馨园换
预留保利分支
DN500
电视机厂热力站
DN300
DN300
DN500
山上锅炉房
DN200
人防办
DN125
省二干
DN200
DN250
DN200
65735部队热力站
DN150
省一干
DN150
DN200
DN500
原和馨园锅炉房
原粮库锅炉房
十九中热力站
DN500
DN500
DN200
DN300
DN500
一中热力站
原一中锅炉房
DN200
进修学校
DN200
DN1000
十九中
DN200
DN250
DN200
DN250
DN200
药业
原鑫阳永昌锅炉房
DN250
DN200
接原华祥锅炉房
DN200
DN150
DN150
DN150
DN100
瑞雪
DN300
DN500
DN500
DN350
接原鑫欣丽园锅炉房
DN150
DN150
接原新福民锅炉房